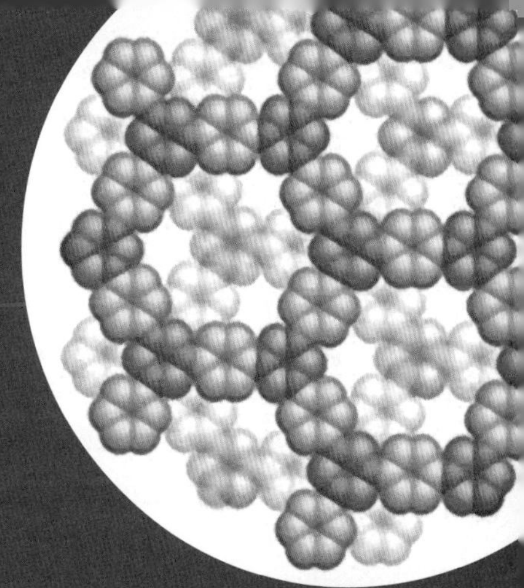

新型显示前沿
科学技术丛书

孟 鸿 著

Organic Electrochromic Materials and Devices

有机电致变色材料与器件

北京大学出版社
PEKING UNIVERSITY PRESS

图书在版编目(CIP)数据

有机电致变色材料与器件/孟鸿著. —北京：北京大学出版社，2022.9
（新型显示前沿科学技术丛书）
ISBN 978-7-301-33401-0

Ⅰ.①有… Ⅱ.①孟… Ⅲ.①有机材料－变色材料－应用－电致发光－发光器件－研究 Ⅳ.①TN383

中国版本图书馆 CIP 数据核字（2022）第 172931 号

书　　名	有机电致变色材料与器件 YOUJI DIANZHI BIANSE CAILIAO YU QIJIAN
著作责任者	孟　鸿　著
责任编辑	郑月娥　王斯宇　曹京京
标准书号	ISBN 978-7-301-33401-0
出版发行	北京大学出版社
地　　址	北京市海淀区成府路 205 号　100871
网　　址	http://www.pup.cn　新浪微博：@北京大学出版社
电子信箱	caojingjing@pup.cn
电　　话	邮购部 010-62752015　发行部 010-62750672　编辑部 010-62767347
印　刷　者	北京九天鸿程印刷有限责任公司
经　销　者	新华书店
	787 毫米×1092 毫米　16 开本　31.75 印张　600 千字
	2022 年 9 月第 1 版　2022 年 9 月第 1 次印刷
定　　价	215.00 元（精装）

作者简介

孟鸿，北京大学深圳研究生院新材料学院副院长、讲席教授、博士生导师，国家特聘专家，广东省领军人才，深圳市海外高层次人才计划 A 类，享受深圳市政府特殊津贴，2021 年入选美国斯坦福大学发布的全球前 2% 顶尖科学家榜单。孟鸿教授师从加利福尼亚大学洛杉矶分校有机光电材料科学家、美国国家科学院院士 Fred Wudl 教授，斯坦福大学有机半导体材料专家、美国国家工程院和美国艺术与科学院院士鲍哲南教授，诺贝尔化学奖获得者、美国国家科学院和工程院院士 Alan J. Heeger 教授。孟鸿教授 30 年来一直从事有机光电材料的研发工作，曾在美国杜邦公司、贝尔实验室和朗讯科技公司从事有机光电材料研究工作。在美国杜邦公司担任高级化学家期间，发明了当时世界上最好的蓝光有机发光二极管（OLED）材料（迄今依然是主要的商业化材料）和红光、绿光有机发光二极管材料。孟鸿教授在固态有机合成法、有机半导体器件工程、有机电子学等科学技术领域，特别是在有机发光二极管、显示技术、有机薄膜晶体管、有机导电聚合物和纳米技术的应用研发方面有着丰富的工作经验与理论基础。截至 2022 年 9 月，孟鸿教授发表 SCI 论文 270 余篇，同行引用逾 11 000 次（H-index：53），并申请 160 项发明专利（70 余项已授权），其中国际发明专利 45 项（17 项已授权）。出版了 *Organic Light-Emitting Materials and Devices*、*Organic Electronics for Electrochromic Materials and Devices*、《有机薄膜晶体管材料器件和应用》等学术专著。

丛书总序

新型显示技术已成为引领国民经济发展的变革性技术之一，新型显示产业是新一代信息技术产业的核心基础产业之一，不仅体量大、贡献率高，而且技术含量高，具有承上启下的作用，可以大大拉动上游材料、电子装备、智能制造等基础产业的发展。近年来，随着5G、物联网及人工智能等信息技术的发展和新型显示形态的不断涌现，融合催生出VR、可穿戴、超大尺寸及三维显示等一批新型应用场景，正在形成近万亿元的市场规模。当前，中国新型显示产业规模已跃居全球第一，累计投资总额超过1.3万亿元。以京东方、TCL华星、天马、惠科等企业为代表的面板企业，逐步成为面板行业的领头羊，中国新型显示产业的产值已经占据全球显示产业的半壁江山。

当今社会，显示无处不在，从人手一部的手机，到家家户户必有的电视，再到商场里、大街上的各种商用显示屏幕，以及汽车上的车载显示屏，显示屏已成为我们日常生活的重要组成部分，作为我们获取信息、观看世界的一个非常重要的窗口，具有不可替代的重要作用。随着人民美好生活需求的不断提升，对显示面板的品质也提出了更高的要求，各种不同技术的显示屏也经历着更新换代、产品升级，从最初的阴极摄像管(cathode ray tube，CRT)显示器，到薄膜晶体管液晶显示器(thin film transistor liquid crystal display，TFT-LCD)，再到当下已经广泛应用的有源矩阵有机发光二极管(active-matrix organic light-emitting diode，AMOLED)显示器，以及目前被大力研究的微型发光二极管(micrometer-scale light-emitting diode，micro-LED)显示器。除此之外，有机电致变色(organic electrochromic，OEC)材料与器件在电子纸、汽车车窗与天窗及玻璃幕墙等低功耗显示领域也具有广泛的应用前景。

随着新材料、新工艺和新型仪器设备的不断涌现，新型显示正朝着超高分辨率、大尺寸、轻薄柔性和低成本方向发展。随着各种半导体发光材料与器件的不断发展，新型显示技术与照明技术结合更加紧密，为未来显示与照明技术的交叉和多元化应用奠定了基础。从器件角度看，新型显示前沿科学技术所对应的显示器件包括：有机电致发光二极管、量子点发光二极管、钙钛矿发光二极管、电致变色材料与器件（作为被动显示器件），以及其他新型半导体发光器件。

“新型显示前沿科学技术丛书”涉及化学、物理、材料科学、信息科学和工程技术等多学科的交叉与融合。尽管我国显示产业非常庞大，但由于我国基础研究起步较晚，依然面临“大而不强”的局面，显示关键材料和核心装备仍然是产业的薄弱环节，产业自主可控性差。而在新型显示前沿科学技术方面，中国的基础研究可与世界水平比肩，新型发光材料与器件及其应用已发展到一定高度，并在一些领域实现了超越。

本丛书作者自 2014 年起，于北京大学深圳研究生院讲授“有机光电材料与器件”课程，本丛书是作者 8 年讲课过程中对新型显示技术的深度思考与总结，系统而全面地整理了新型显示前沿科学技术的科学理论、最新研究进展、存在的问题和前景，能为科研人员及刚进入该领域的学生提供多学科、实用、前沿、系统化的知识，启迪青年学者与学子的思维，推动和引领这一科学技术领域的发展。

“新型显示前沿科学技术丛书”以高质量、科学性、系统性、前瞻性和实用性为目标，内容涉及有机电致发光材料、量子点材料、钙钛矿光电材料、有机电致变色材料等先进的光电功能材料以及相应的光电子器件等方面，涵盖了新型显示前沿科学与技术的重要领域。同时，本丛书也对新型显示的专利情况进行了系统梳理与分析，可为我国新型显示方面的知识产权布局提供参考。

期待本丛书能为广大读者在新型显示前沿科学技术方面提供指导与帮助，加深新型显示技术的研究，促进学科理论体系的建设，激发科学发现，推动我国新型显示产业的发展。

前　言

电致变色现象是指在外加电场的作用下，具有电化学活性的材料发生氧化还原反应，使其对不同波长光的透射率、反射率和吸收率发生可逆性的变化，从而在外观上呈现出不同的颜色。自 20 世纪 60 年代首次发现电致变色现象以来，科学家们在新材料开发和器件优化等方面进行了大量的研究，促进了该领域的蓬勃发展。电致变色器件具有结构简单、能耗低、控制方便、变色范围广、响应速度快等特点，符合国家绿色低碳能源的发展趋势。因此，电致变色器件在很多领域已经实现商业化应用，包括智能窗、电子书、汽车后视镜、电子标签等。但市场上主流产品的产能低、良率低、生产条件苛刻、价格昂贵、使用方式不灵活等缺点限制了其的大面积推广。高性能电致变色材料的获取是制约这一领域发展的瓶颈。

本书旨在向读者介绍近年来国内外有机电致变色研究发展现状及存在的问题，尤其是突出电致变色材料领域的研究及前沿发展方向，使读者能全面了解电致变色领域的发展。全书共分为十五章，第一章主要对电致变色的基本结构和性能参数做简单的介绍，第二章介绍了应用于电致变色的聚合物电解质的研究进展，第三～九章详细介绍了主要的几类电致变色活性材料，包括小分子电致变色材料（第三章）、紫精电致变色材料（第四章）、普鲁士蓝和金属六氰酸盐（第五章）、共轭聚合物（第六章）、基于三苯胺的聚酰亚胺和聚酰胺电致变色材料（第七章）、金属超分子聚合物（第八章），以及基于金属有机骨架和共价有机骨架的电致变色材料（第九章）。第十～十二章针对电致变色器件的创新，对纳米结构改性和多功能电致变色器件等进行了阐述。第十三章从应用的角度，总结了电致变色器件的应用场景及发展状况。更进一步，在第十四章中，将商业化有机电致变色材料及代表性公司的相关专利进行了系统的总结，为促进电致变色材料及器件的产业化进程提供了重要参考。最后，第十五章根据有机电致变色器件商业化面临的主要挑战提出了观点与建议。

著者于21世纪初开始电致变色材料及器件的研究，近二十年的研究工作，对这一领域有独到的见解，本书正是基于此背景下完成的。著者在编写期间汇总了国内外该领域的重大研究成果和最新研究进展，引用了大量的文献，在此向书刊的作者们表示诚挚的感谢。同时也要感谢课题组宁皎邑、贺耀武、贺超、邢星、王密、王子龙、张赫、刘雨萌、殷语阳、陈又铨、孙越、汪芸锐、陈雯璐、邓斌、张雪乔、常译夫、张非助理及其他科研人员对书稿的完成所做的贡献。感谢国内外电致变色专家和同行们的鼓励与帮助，最后感谢北京大学出版社及编辑郑月娥、王斯宇、曹京京给予此书编辑出版的大力支持。

由于著者的知识水平有限，书中难免存在疏漏及不妥之处，恳请广大读者和专家批评指正。我们在此深表谢意。

著 者

2022 年 8 月

目　　录

第一章　有机电致变色简介

1.1 引　言

电致变色是指材料在外部电压或电流的作用下通过电化学氧化还原过程发生光学性质(吸光度/透射率/反射率)可逆变化的现象[1]。通常,电致变色材料可以在单色和无色,或者两种甚至多种颜色之间切换;从本质上讲,它源于材料内部电子状态的占用数量的变化。作为电致变色技术的核心,经过数十年的发展,电致变色材料体系得到了充分的扩展与完善。例如,根据着色类型,可以将其分类为阳极着色材料(氧化时着色)或阴极着色材料(还原时着色)[2];基于太阳辐射中的光吸收区域(图 1.1),主要分为紫外线(UV),可见光(Vis)和近红外吸收(NIR)三个部分,因此电致变色材料可以分为适用于智能窗户和指示器的可见光电致变色材料(波长 380～780 nm),以及适用于热调制技术和国防军事应用的近红外电致变色材料(波长 780～2500 nm)[3]。根据材料种类的不同,主要有无机、有机和有机-无机杂化电致变色材料[4−6]。无机电致变色材料主要是过渡金属氧化物(WO_3、NiO、TiO_2 和普鲁士蓝),有机电致变色材料包括小分子电致变色材料(例如紫晶)、共轭聚合物(例如聚吡咯、聚噻吩、聚咔唑)及芳香族聚合物[例如聚酰亚胺(PI)、聚酰胺(PA)],有机-无机杂化材料是指金属-超分子聚合物和金属有机骨架(MOF)。其中,无机材料与有机材料相比具有优异的长期稳定性;但是,考虑到结构多样性、柔韧性和低成本的溶液可加工性,有机电致变色材料更具优势;有机-无机杂化材料旨在结合有机和无机材料的优点。

电致变色材料(EC)在电化学氧化还原过程中会伴随着颜色的变化,因此电致变色器件(ECD)通常由三个元素组成:透明电极、电致变色材料和电解质溶液。电极

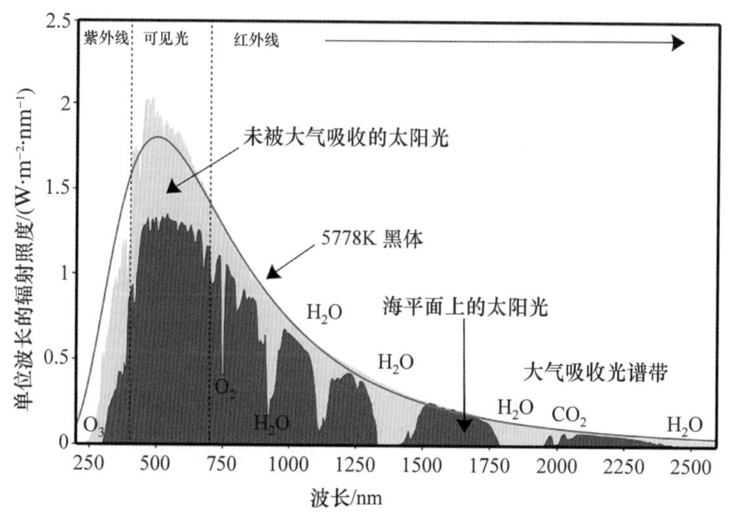

图 1.1　大气层上方和地球表面的太阳辐射光谱
（来源：Wikimedia Commons）

提供恒定的电流供应，电解质溶液传导离子，电致变色材料在相应的电化学反应体系中进行氧化和还原，导致材料光学带隙的变化，从而引起颜色变化。典型的电致变色器件由五层组成：透明导电氧化物（TCO）层、电致变色材料层、离子导电层、离子存储层及 TCO 层。其中离子存储层用作“对电极”以存储离子并保持电荷平衡。如图 1.2 所示，根据电致变色材料的三态，可以分为三种电致变色器件：薄膜型（Ⅰ）、溶液型（Ⅱ）和混合型（Ⅲ）。其中薄膜型（Ⅰ）ECD 是最常见的，许多不溶解于电解液的

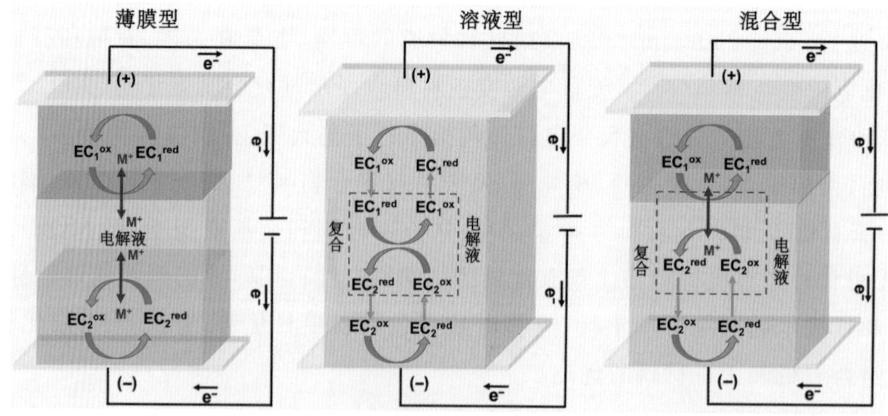

图 1.2　三种类型的电致变色器件

EC材料都适用于此类型，包括过渡金属氧化物、共轭/非共轭聚合物、金属超分子聚合物和 MOF/COF 材料，通常使用旋涂/喷涂涂层/浸涂法形成均匀的膜。溶液型(Ⅱ)ECD 需要 EC 材料在电解质溶液中具有良好的溶解性，因此许多有机小分子(如紫精、对苯二甲酸酯衍生物等)都适用于这种类型的器件，此类器件的制备方法最为简易，只需将电解质和电致变色材料溶解在特定的溶剂中，然后注入到封装好的导电玻璃夹层中即可。混合型(Ⅲ)ECD 结合薄膜型 EC 材料和溶液型 EC 材料，协调运行实现更多颜色的转换以及更稳定的离子储存。

1.2　电致变色材料的发展历史

“电致变色”一词是由 John R. Platt 于 1960 年类比“热致变色”和“光致变色”而首次发明的[7]。然而，电致变色现象的发现可以追溯到 19 世纪。早在 1815 年，Berzelius 就观察到在干燥氢气流下加热时纯三氧化钨(WO_3)还原过程的颜色变化。从 1913 年到 1957 年，一些专利描述了基于 WO_3 的电致变色器件的雏形[8—9]。因此，电致变色的起源可以认为是 19—20 世纪。从此之后，电致变色技术开始飞速发展，科学家们建立了许多种类的电致变色材料体系。如发展历程图所示(图 1.3)，我们总结了在长期发展过程中逐步建立的几代电致变色材料。

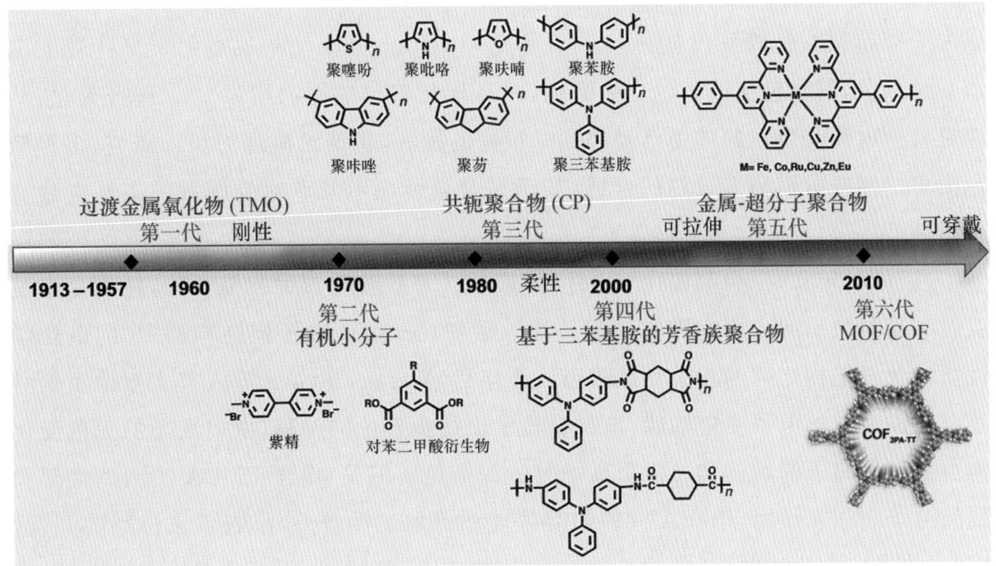

图 1.3　电致变色材料发展历程

第一代EC材料是过渡金属氧化物(TMO,例如 WO_3、NiO 和普鲁士蓝),其中 WO_3 在电致变色领域起着重要作用。作为第一个被发现的 EC 材料,它已经实现了在智能窗户的商业化应用。普鲁士蓝于 1704 年由 Diesbach 发现,后来在 1978 年由 Neff 首次报道了 PB 的电化学行为和电致变色性能[10]。得益于这些无机过渡金属氧化物的结构稳定性和可逆氧化还原过程,科学家们广泛地研究了基于薄膜 TMO 的电致变色,包括新型 TMO EC 材料的开发、新的纳米结构的引入、不同元素的掺杂等。

继第一代 TMO EC 材料之后,有机小分子 EC 材料从 1970 年开始出现,其中,最有代表性的小分子 EC 材料是由 Michaelis 等人于 1932 年首次发现的紫精[11],由于其还原时的紫罗兰色,这种 1,1′-二取代-4,4′-联吡啶化合物被命名为"紫精"。然后,在 1973 年,Shoot 使用庚基紫精制作了一种新的平面字母数字显示器,这可以看作是紫精用于电致变色技术的开端[12]。经过近一个世纪的发展,紫精已经成功地实现商业化。除紫精外,其他小分子 EC 材料,例如对苯二甲酸酯衍生物、间苯二甲酸酯衍生物、甲基酮衍生物和某些染料分子,由于其结构简单且成本低廉,也引起了科学家的广泛关注。

第三代发展出来的 EC 材料是共轭聚合物。Francis Garnier 及其同事在 1983 年首次表征了一系列五元杂环聚合物的电致变色特性[13],包括聚吡咯、聚噻吩、聚 3-甲基噻吩、聚(3,4-二甲基噻吩)和聚(2,2′-二噻吩)。从这时起,共轭聚合物迅速发展,成为一类新型的电致变色材料[13]。五年后,Berthold Schreck 观察到了聚咔唑的电致变色现象,其颜色从浅黄色变为绿色,并且伴随着导电性的增强[14]。迄今为止,共轭聚合物电致变色材料体系已经得到了很好的发展,包括对机理的深入研究、多种颜色的可溶性或电沉积聚合物的合成,甚至是全彩色显示及卷对卷制备的柔性电致变色器件。

在 2000 年初,作为第四代 EC 材料,基于三苯基胺的芳香族聚合物,特别是聚酰亚胺和聚酰胺引起了研究界的广泛关注。最初在 1990 年,不同结构的 PI 的电化学性质与化学结构之间的相关性被报道。十年后,Wang Zhiyuan 等人首次报道了聚醚萘二甲酰亚胺的电致变色性能,该材料显示出逐步着色的过程,由中性态的无色变化为自由基阴离子的红色和二价阴离子时的深蓝色。但是,由于 PI/PA 的刚性骨架和强的分子间相互作用,PI/PA 材料的溶解性和可加工性较差,限制了该材料的开发。因此,为了解决此问题,科学家们将三苯基胺(TA)基团引入到 PI/PA 骨架中,以提高芳香族聚合物的溶解度。1990 年,科学家们首次合成了第一个基于 TA 的聚酰胺[15]，并于 2005 年公开了第一个具有电致变色性能的含 TA 基团的聚酰亚胺[16]。此后，Liou、Hsiao 等课题组开发了许多基于 TA 的电致变色 PI/PA。大多数 PI/PA 都具有可溶液加工性，可以稳定地附着于 ITO 电极表面，成膜均匀，并且具有良好的热稳定性和电化学稳定性。目前，基于 TA 的 PI/PA 材料被认为是出色的阳极电致变色材料。

得益于有机聚合物的蓬勃发展和进步，将金属结合到聚合物链中的金属-超分子聚合物作为第五代 EC 材料，也得到了逐步的发展。其实早在 1955 年，首个含金属的聚合物聚乙烯基-二茂铁就被报道出来[17]，但是，由于这些超分子的不溶性和早期技术的局限性，直到 1990 年代中期，金属-超分子聚合物一直都没有得到快速的发展[18]。在此之后，金属-超分子聚合物开始在电致变色领域得到广泛的探索，其优点是结合了有机材料和无机材料的优势。特别是由于过渡金属通常在近红外区域具有强烈的电荷转移跃迁，因此金属-超分子聚合物在近红外电致变色应用中通常显示出巨大的潜力。

最近，随着科研界对多孔 MOF 和 COF 的广泛研究，出现了第六代 MOF/COFs 电致变色材料。2013 年，M. Dincă 教授课题组报道了第一个使用萘二酰亚胺(NDI)作为有机配体的 MOF 电致变色材料[19]，2019 年，报道了首个使用三苯胺和并噻吩作为结构单元的 COF 电致变色材料[20]。总而言之，MOF/COF 材料的一些基本特征使其在电致变色的应用中具有优势，但是，这类新型电致变色材料尚未得到充分的发展，需要进一步探索性能提升的策略以及进行深入的机理研究。

1.3　电致变色的关键参数

为了评估电致变色材料的性能，通常需要联用分光光度计和电化学工作站，进行原位 UV-Vis-NIR 光谱电化学(SEC)测量，该 SEC 光谱动态记录了在不同施加电压下电致变色材料的吸收率或透射率的变化，从而反映整个氧化还原过程中材料的颜色变化。例如，图 1.4 显示了一种黑色到透明的电致变色材料的 SEC，其中图 1.4(a)采用吸收率模式，图 1.4(b)采用透射率模式。在实际的研究中，两种模式都得到广泛的应用。

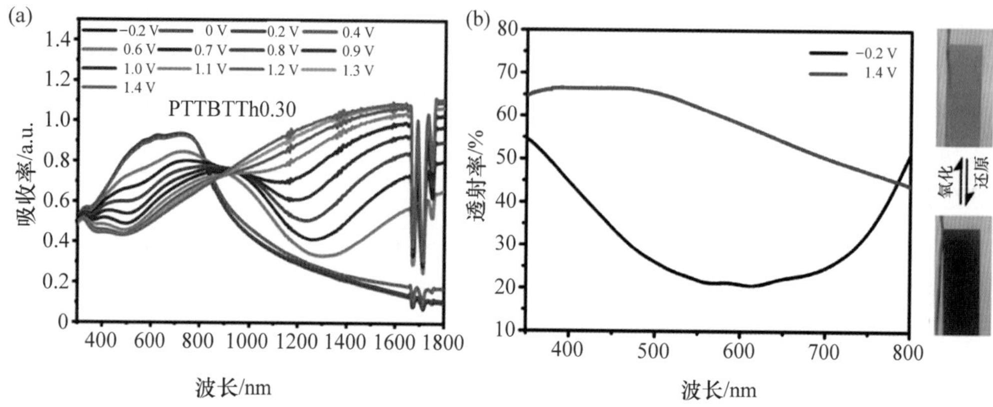

图 1.4 已报道的一种黑色到透明的 EC 材料的光谱电化学[21]吸收率模型(a),透射率模型(b)

1.3.1 光学对比度

光学对比度(Δ%T)是指 EC 材料在某个给定波长下的透射率变化量[5],是用于表征 EC 材料颜色变化程度的重要参数。具体测试方法是将电化学工作站与分光光度计联用,电化学工作站施加方波阶跃电位,同时分光光度计记录 EC 材料在指定波长处的透射率(TM)变化曲线,最后根据褪色(TM_b)和着色(TM_c)状态透射率的差异计算得出的。其中,特定波长一般选择具体颜色的特征波长[如图 1.5(b)所示的各个颜色的特征波长范围]。通常,此特征波长处的对比度也是该 EC 材料对比度的最大值(λ_{max})。此外,有研究表明人眼对 555 nm 波长的绿光最为敏感[23],因此还建议测量 555 nm 波长处的对比度,以便在不同的出版物中进行比较。图 1.5(a)为一个具体 EC 材料的对比度示例,可以看出在 425 nm 的 TM_b 和 TM_c 分别为 1%和 99%,因此 Δ%T 计算为 98%。对于智能窗户等需要明显颜色变化的应用场景,EC 材料的对比度应当高于 80%,许多无机 EC 材料及有机小分子和 PEDOT 系列聚合物等在褪色状态下具有较高透射率的材料可以满足该指标,其中某些已报道的小分子 EC 材料甚至显示出超过 95%的高对比度[24]。

同时,对于某些宽吸收的 EC 材料,测量电致变色的相对亮度变化(Δ%Y)会比某一波长的 Δ%T 更能传递材料的整体颜色变化信息。例如,图 1.5(c)显示了某种黑色至透明的 EC 材料在氧化还原过程中的亮度变化曲线,亮度值 L^* 从 37.5 增加到 60(其中 $L^*=0$ 对应黑色,$L^*=100$ 对应透明),因此该材料的 Δ%Y 计算为 22.5%。

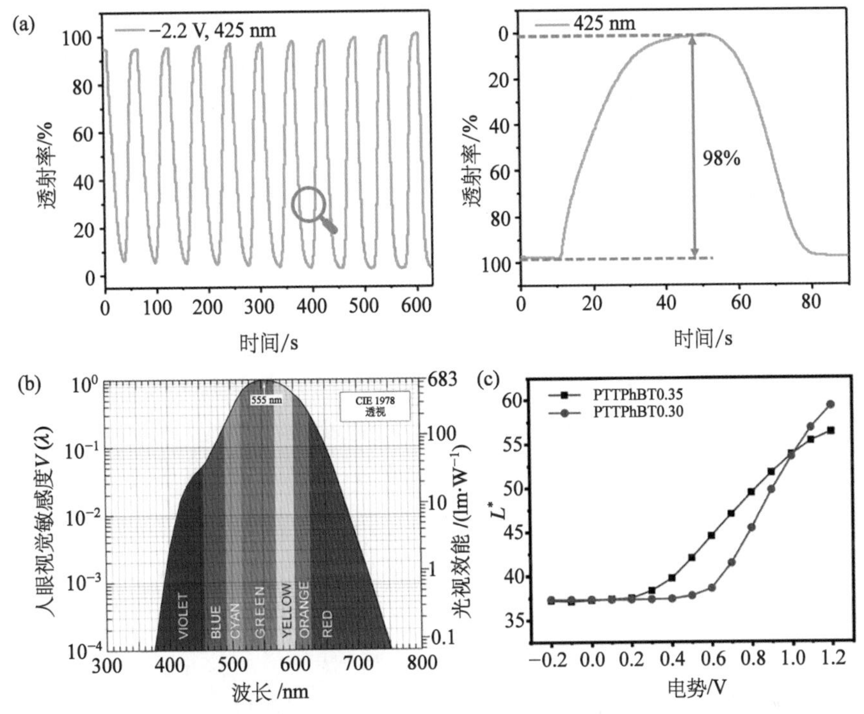

图 1.5　小分子 EC 材料的电致变色对比度[24](a)，人眼的灵敏度函数 $V(\lambda)$ 和发光效率与波长的关系(来源：Wikimedia Commons)(b)，该材料从中性到氧化态的亮度值的变化[21](c)

除了上述用于电化学对比度测量的方法外，Javier Padilla 等人还提出了考虑了光学加权值的光学对比度[25]。该光学对比度可反映整个可见光区域的总体对比度，更加符合实际应用情况，可由以下公式计算：

$$T_{\text{photopic}}=\frac{\int_{\lambda_{\min}}^{\lambda_{\max}} T(\lambda)S(\lambda)P(\lambda)\mathrm{d}\lambda}{\int_{\lambda_{\min}}^{\lambda_{\max}} S(\lambda)P(\lambda)\mathrm{d}\lambda}$$

其中，T_{photopic} 是光学透射率，$T(\lambda)$ 是材料的透射率光谱曲线，$S(\lambda)$ 是 6000 K 黑体的归一化光谱发射率，$P(\lambda)$ 是归一化的对人眼的光谱响应。$\lambda_{\min}$ 和 $\lambda_{\max}$ 是测试的波长范围。

1.3.2　响应时间

电致变色材料的响应时间(t)是反映材料切换速度快慢的参数，也是采用方波阶跃电位与光学光谱相结合的测试方法。响应时间取决于很多方面，例如电解质传导离子的能力，离子在电致变色活性层上的嵌入和脱出的难易程度，电解质和透明电极的电阻，等等。通常液体电解质的电阻比固体电解质低，因此半器件和液体电解质的EC器件会比全固态EC器件的响应时间更快。同时，由于透明电极的电阻随着面积的增大而增大，所以与小型实验室样品相比，大面积EC器件（例如大型的智能窗口）的响应时间会有所增加。但是，并非在所有应用场景中都需要快速的响应时间，例如在智能窗户的应用中，明显的颜色变化过程会增加用户体验的趣味性。相反，对于一些显示的应用会要求亚秒级的响应时间。

通常，响应时间与对比度的测量一样，也在 λ_{max} 或 555 nm 处评估。因此，有两种响应时间，一种是电化学响应时间，如图 1.6(a)所示，这是电流密度在两个恒定电压之间变化 90％或 95％所需的时间，同时氧化和还原过程的响应时间可以从该曲线估算出来；另一个是光学响应时间，如图 1.6(b)所示，它定义了透射率改变 90％或 95％所需的时间。相应的，在该测量中记录了着色响应时间（$t_{coloration}$）和褪色响应时间（$t_{bleaching}$）。值得注意的是，电位阶跃的脉冲长度会影响透射率，如图 1.6 所示，较短的电位阶跃将获得较小的对比度，而较长的电位阶跃将使 EC 材料在着色和褪色状态下均达到固定的透射率值。但是经过一定长度后，持续增加脉冲长度并不会提高对比度，因此，刚达到最高对比度的脉冲长度将用于切换时间以及对比度测试。

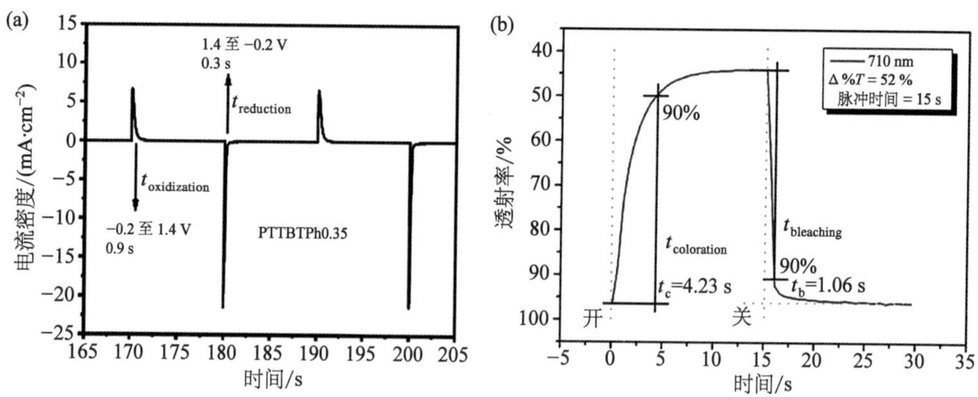

图 1.6　EC 材料的电化学响应时间[21] (a)，光学响应时间[26] (b)

但是，上述响应时间的测量方法是一种经验测量，在不同的研究组中都有差异，例如透射率变化的百分比不同（90％或 95％）。因此，很难比较不同课题组之间的响应时间数据。近年来，Javier Padilla 及其同事提出了一种计算电致变色响应时间的标准方法，他们将对比度值作为脉冲长度的函数拟合到以下指数增长的函数中

$$\Delta \mathrm{TM}(t) = \Delta \mathrm{TM}_{max}(1 - e^{-t/\tau})$$

其中，ΔTM_{max} 表示在长脉冲长度下获得的最大对比度，而 τ 是时间常数。如果响应时间 t 等于 τ，则达到最大透射率变化的 63.2%，在 2.3τ 时，切换了 90% 的 ΔTM_{max}，同样，切换了 95% 和 99% 的 ΔTM_{max} 对应于 3τ 和 4.6τ。

因此，对于一个新的 EC 材料，应测量吸光度响应，并将其与上述公式拟合，并从拟合中获取 ΔTM_{max} 的最大值（对应于最大对比度）、时间常数 τ 以及相应的回归系数 R^2。之后，可以计算出切换时间 $t_{90\%}$ 或 $t_{95\%}$。这种方法可以直接比较不同的报道的响应时间值。

1.3.3　着色效率

着色效率（CE）在评估电致变色过程中的电荷利用效率时起着基本作用。它将 EC 材料在给定波长下的吸光度变化（ΔA）与诱导其完全转换（Q_d）所需的注入/排出的电化学电荷的密度相关，CE 值越高，表明在一个较小的电荷注入下可以实现的透射率变化越大，即可以更有效地利用注入的电荷。CE 值可以使用以下公式计算

$$\mathrm{CE} = \frac{\Delta A}{Q_d} = \frac{\lg\left(\frac{T_{ox}}{T_{neut}}\right)}{Q_d}$$

其中 T_{ox} 和 T_{neut} 分别是在氧化态和中性态下的透射率，Q_d 表示每单位面积的注入/排出电荷，这可以从电压切换过程中电流密度曲线的积分面积获得（图 1.7）。

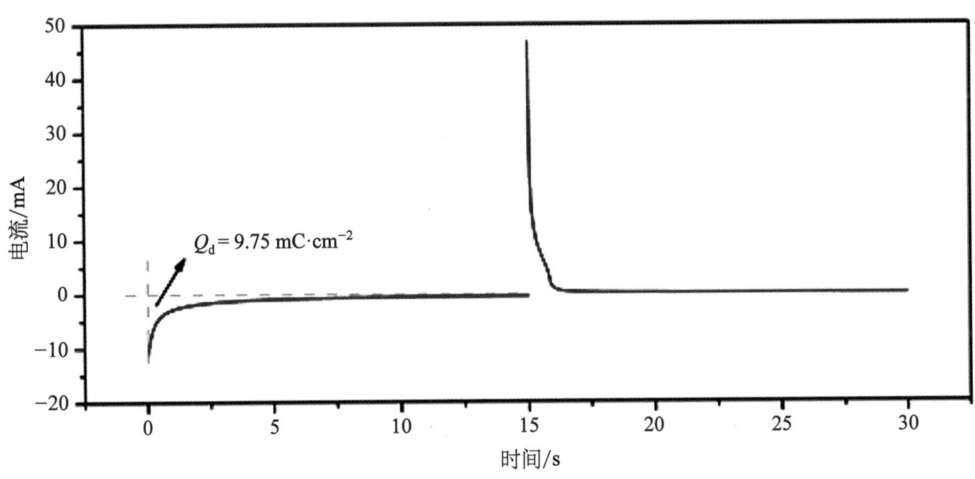

图 1.7　Q_d 的计算[26]

与之前提到的参数对比度和响应时间非常相似，CE 值也取决于选择的确定波长。如图 1.8 所示，图中显示了相同 EC 材料的几种 CE 值：在大多数报道的文献中，CE 的计算采用达到最大对比度的特征波长(λ_{max})，即最大 CE 值(CE_{max})。另外，由于人眼在 555 nm 处的最高灵敏度，计算了 555 nm 处的 CE 值，可用于不同出版物的比较。以及基于光学透射率的光学 CE，它考虑了在 380～780 nm 波长范围内的光透射率，该波长范围已通过人眼的光谱灵敏度进行了归一化处理。因此，研究者应测试多个 CE 值，而不是单一 CE 值，以提供有关 EC 材料性能的更多信息。

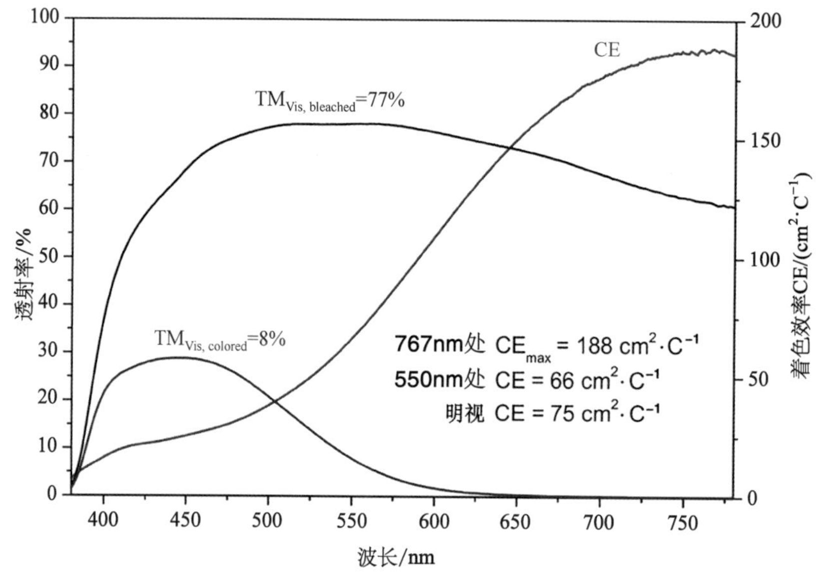

图 1.8　相同 EC 材料的不同类型的 CE 值[5]

此外，当深入了解每单位面积的注入/排出电荷 Q_d 时，人们发现它实际上包括三个部分：与掺杂/去掺杂相关的法拉第电荷 Q_F，由于 EC 器件的电容性质而产生的电容性电荷 Q_C 以及与电解质/杂质反应相关的寄生电荷 Q_P。其中，法拉第电荷实际上是导致氧化铬变化的氧化还原活性的来源，因此，Fabretto 等人报道了一种通过从总电荷中提取法拉第电荷来测量 CE 的新方法，并计算了唯一的基于法拉第电荷的 CE 值[28]。正如以上所讨论的，总电荷流只是三个单独电荷流的加和而得出

$$Q_d = Q_F + Q_C + Q_P$$

与其他两个相比，如果寄生电流是一个很小的分量(大约<2%)，因此可以忽略不计，那么随时间变化的总电流可以描述为

$$I_d(t) = I_F(t) + I_C(t) = \frac{nFAc_0D^{1/2}}{\pi}t^{-1/2} + I_0 e^{-t/RC} = kt^{-1/2} + I_0 e^{-t/RC}$$

其中 n 是每个分子转移的电子数，F 是法拉第常数(96 500 C・mol^{-1})，A 是电极面积(cm^2)，c_0 是本体溶液中物质的量浓度(mol・cm^{-3})，D 是表观扩散系数(cm^2・s^{-1})，t 是以秒为单位的时间，I_0 是 $t=0$ 时的最大电流，R 是电池电阻，C 是双层电容。然后将实验数据拟合到该方程式，并代入常数 k，获得时间-演化法拉第电流的图，并可以计算出相应的经法拉第校正的 CE。通常，法拉第校正后的 CE 大于未校正的结果，因为总电荷进/出(即 Q_d)大于法拉第电荷(即 Q_F)。

1.3.4　光学记忆效应

EC 材料的光学或电致变色记忆效应(optical memory)可以定义为材料在消除外部偏压后保持其氧化还原/有色状态的倾向。通常，在薄膜状态的 EC 材料(例如共轭聚合物)中能较多观察到记忆效应，这些材料能很好地粘附在电极上，因此限制了电子的移动。相反，某些基于溶液状态的电致变色器件(例如紫精)会表现出自擦除效应，这意味着在没有施加电压的情况下，由于电子在这种类型的器件中自由扩散，有色状态迅速消失。记忆效应对于节能设备很有用，也可以用于数据存储。图 1.9 显示了光学记忆效应的测试，在形成开路状态 600 s 之前，通过施加 2 s 的电位脉冲来研究短期存储；同时监测 423 nm 处的透射率变化[图 1.9(a)]。然后通过施加 2 s 的电位并去除 1 h 的偏压来研究长期记忆效应[图 1.9(b)]，在没有施加电压的情况下，EC 共轭聚合物仍然很好地保持了初始透射率对比，显示出良好的光学记忆效应。

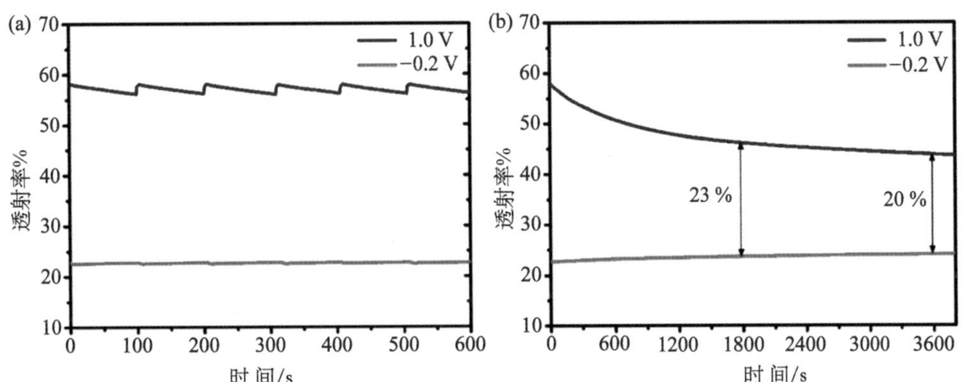

图 1.9　423 nm 处 0.1 mol・L^{-1} $TBAPF_6$/ACN 中喷涂在 ITO 涂层载玻片上的 PBOTT-BTD 的光学记忆测试：短期(a)和长期(b)记忆效应

1.3.5 稳定性

在大多数的实验室研究中，研究人员记录了 EC 材料的电化学循环稳定性，即在没有明显性能衰退情况下的最大循环次数。引起不可逆氧化还原的原因主要是 EC 材料与电解质中的水或氧气发生副反应。通常，电化学稳定性测试的方法为在电化学循环 $10^4 \sim 10^6$ 圈下记录的电荷密度 Q_d 的变化，如图 1.10(a)所示，掺杂 Ti 的 V_2O_5 EC 膜的电荷密度在循环了 2×10^5 圈后仍然没有变化，展现了较好的电化学稳定性[22]。同时，在连续循环过程中特定波长处的透射率变化对于描述 EC 材料的稳定性也很重要，例如图 1.10(b)，ECD 的透射率在 2×10^5 个周期内保持稳定。实际上，经过多次循环后的着色效率的变化也可用于评估 EC 材料的长期稳定性，因为它既包含透射率信息，又包含电荷密度信息。

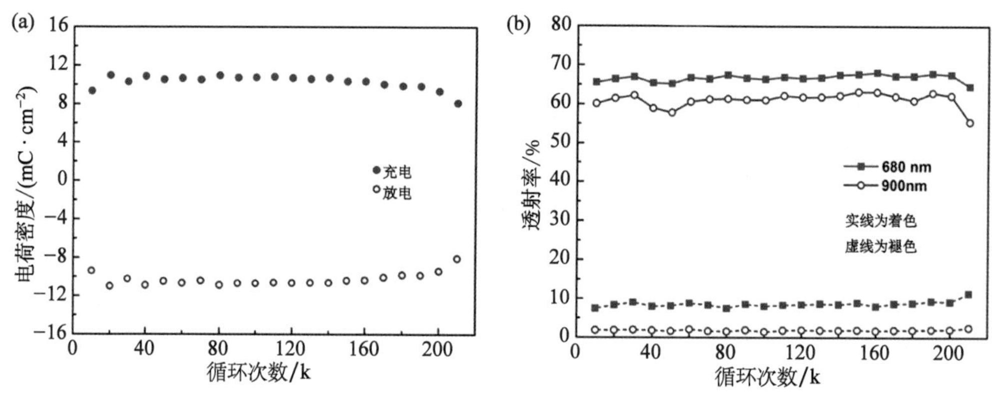

图 1.10 ECD 的电荷密度[22](a)和透射率(b)随循环次数的变化曲线，k：1000

但是，如果考虑到电致变色设备在建筑物窗户中的实际应用，对于耐用性和可靠性则有更严格的条件。例如，必须要有超过 10^6 个循环周期才能达到 20 年的使用寿命，极端气候条件(例如低于－20℃和高于 40℃的温度)对 EC 材料和电解质以及其他降解因素均构成巨大挑战，例如高的太阳辐射水平、快速的温度变化、不均匀的温度分布和附加应力、雨水、湿度、机械冲击和干燥。因此，在 1998 年，卡尔·兰伯特(Carl M. Lampert)提出了针对电致变色的商业化应用的标准测试指南[27]，如表 1.1 所示。最近，国际标准化组织(ISO)还发布了一个国际标准《建筑玻璃　电致变色嵌装玻璃　加速老化试验和要求(ISO 18543：2021)》。

表 1.1　外部建筑应用 EC 窗户的推荐测试准则[27]

EC 着色/褪色循环周期	1. 25℃下 25 000 个循环周期 2. －20℃下 10 000 个循环周期 3. 紫外光照射、65℃下 25 000～100 000 个循环周期
紫外光照稳定性	长时间循环(12 h 着色,12 h 漂白),总曝光量为 6000 MJ · m^2,紫外线强度积分在 300 nm 和 400 nm 之间
高温储存	90℃下 500 h
低温储存	－20℃至－30℃下 1000 h
湿度/温度储存	90%湿度、70℃下 1000 h
热循环	85℃保持 4 h,然后是－400℃保持 4 h,然后在 100%相对湿度下 37℃保持 16 h(每个条件之间的斜坡上升 4 h)(重复 4 次)
热冲击	染色 1 h,漂白 1 h,在紫外线室中测试,在染色过程中打开紫外线灯,在漂白状态下用 250℃水喷洒(24 次循环)

1.4　结论与展望

在本章中,简要介绍了电致变色材料的器件结构、发展历史以及电致变色的关键参数,将在接下来的各章中进行详细讨论。总而言之,电致变色技术的研究在过去的几十年中取得了重大突破。从传统的金属氧化物到最近的有机聚合物、小分子和杂化材料,人们已经开发了许多代电致变色材料。此外,得益于电致变色器件的设计和结构优化,可采用低成本的卷对卷工艺制备柔性器件,这使电致变色技术具有广泛的应用范围,例如用于减少建筑能耗的智能窗户,使用有机光伏电池作为电源补充的自供电电致变色窗,用于提高安全性的汽车后视镜以及用于更好地防止紫外线辐射的智能太阳镜。这些技术和应用中的一大部分已经商业化并可以在市场上获得。在研究人员和工程师的共同努力下,我们相信新的电致变色材料和先进技术将不断发展,并且将以较低的制造成本开发更先进的电致变色器件以实现实际应用。

参考文献

[1] Fletcher S. The definition of electrochromism. Journal of Solid State Electrochemistry, 2015, 19 (11): 3305-3308.

[2] Camurlu P. Polypyrrole derivatives for electrochromic applications. RSC Advances, 2014, 4

(99): 55832-55845.

[3] Wang Z, Wang X, Cong S, et al. Fusing electrochromic technology with other advanced technologies: A new roadmap for future development. Materials Science and Engineering: R: Reports, 2020, 140: 100524.

[4] Wu W, Wang M, Ma J, et al. Electrochromic metal oxides: Recent progress and prospect. Advanced Electronic Materials, 2018, 4(8): 1800185.

[5] Beaujuge P M, Reynolds J R. Color control in pi-conjugated organic polymers for use in electrochromic devices. Chemical Reviews, 2010, 110(1): 268-320.

[6] Mortimer R J. Electrochromic materials. Annual Review of Materials Research, 2011, 41(1): 241-268.

[7] Platt J R. Electrochromism, a possible change of color producible in dyes by an electric field. The Journal of Chemical Physics, 1961, 34(3): 862-863.

[8] Hutchison M R. Electrographic display apparatus and method: US Patent. 1,068,774. 1913.

[9] Lehovec K. Photon modulation in semiconductors: US Patent. 2,776,367. 1957.

[10] Neff V D. Electrochemical oxidation and reduction of thin-films of prussian blue. Journal of The Electrochemical Society, 1978, 125(6): 886-887.

[11] Michaelis L, Hill E S. The viologen indicators. Journal of General Physiology, 1933, 16(6): 859-873.

[12] Schoot C J, Ponjee J J, Van Dam H T, et al. New electrochromic memory display. Applied Physics Letters, 1973, 23(2): 64-65.

[13] Garnier F, Tourillon G, Garzard M, et al. Organic conducting polymers derived from substituted thiophenes as electrochromic material. Journal of Electroanalytical Chemistry, 1983, 148 (2): 299-303.

[14] Mengoli G, Musiani M M, Schreck B, et al. Electrochemical synthesis and properties of polycarbazole films in protic acid media. Journal of Electroanalytical Chemistry and Interfacial Electrochemistry, 1988, 246(1): 73-86.

[15] Oishi Y, Takado H, Yoneyama M, et al. Preparation and properties of new aromatic polyamides from 4, 4′-diaminotriphenylamine and aromatic dicarboxylic acids. Journal of Polymer Science Part A: Polymer Chemistry, 1990, 28(7): 1763-1769.

[16] Cheng S-H, Hsiao S-H, Su T-H, et al. Novel aromatic poly (amine-imide) s bearing a pendent triphenylamine group: Synthesis, thermal, photophysical, electrochemical, and electrochromic characteristics. Macromolecules, 2005, 38(2): 307-316.

[17] Arimoto F S, Haven A C. Derivatives of dicyclopentadienylironl. Journal of the American Chemical Society, 1955, 77(23): 6295-6297.

[18] Whittell G R, Manners I. Metallopolymers: New multifunctional materials. Advanced Materi-

als, 2007, 19(21): 3439-3468.

[19] Wade C R, Li M, Dincă M. Facile deposition of multicolored electrochromic metal-organic framework thin films. Angewandte Chemie International Edition, 2013, 52(50): 13377-13381.

[20] Hao Q, Li Z-J, Lu C, et al. Oriented two-dimensional covalent organic framework films for near-infrared electrochromic application. Journal of the American Chemical Society, 2019, 141(50): 19831-19838.

[21] Li W, Ning J, Yin Y, et al. Thieno[3,2-b]thiophene-based conjugated copolymers for solution-processable neutral black electrochromism. Polymer Chemistry, 2018, 9(47): 5608-5616.

[22] Wei Y, Zhou J, Zheng J, et al. Improved stability of electrochromic devices using Ti-doped V_2O_5 film. Electrochimica Acta, 2015, 166: 277-284.

[23] Rushton W A H, Baker H D. Red/green sensitivity in normal vision. Vision Research, 1964, 4(1): 75-85.

[24] Jiang M, Sun Y, Ning J, et al. Diphenyl sulfone based multicolored cathodically coloring electrochromic materials with high contrast. Organic Electronics, 2020, 83: 105741.

[25] Padilla J, Seshadri V, Filloramo J, et al. High contrast solid-state electrochromic devices from substituted 3,4-propylenedioxythiophenes using the dual conjugated polymer approach. Synthetic Metals, 2007, 157(6-7): 261-268.

[26] Hsiao S-H, Lin S-W. Electrochemical synthesis of electrochromic polycarbazole films from *N*-phenyl-3,6-bis(*N*-carbazolyl)carbazoles. Polymer Chemistry, 2016, 7(1): 198-211.

[27] Lampert C M, Agrawal A, Baertlien C, et al. Durability evaluation of electrochromic devices—an industry perspective. Solar Energy Materials and Solar Cells, 1999, 56(3): 449-463.

[28] Fabretto M, Vaithianathan T, Hall C, et al. Faradaic charge corrected colouration efficiency measurements for electrochromic devices. Electrochimica Acta, 2008, 53(5): 2250-2257.

第二章　用于电致变色应用的聚合物电解质的进展

2.1 引　言

电解质是电极和电致变色材料之间的离子传导介质，它是电致变色设备中最重要的活性成分之一，对电致变色器件的性能起着重要作用，同时阻止电致变色器件中两个电极之间的电子传导。影响电致变色性能的是电解质的离子电导率、离子解离、电解质和界面的离子传输速率以及热稳定性[1]。20 世纪 70 年代初首次报道了电解质，包括陶瓷、玻璃、晶体和聚合物电解质（PE）。Fenton 等人[2]于 1973 年首次提出聚合物电解质，随后自 1980 年起聚合物电解质[3]因其在电化学存储/转换装置中的广泛应用而受到世界各国研究人员的广泛关注。

通常，电解质可分为聚合物电解质、液体电解质、陶瓷电解质和固体无机电解质[4—6]。简而言之，聚合物电解质是由盐溶解在高相对分子质量聚合物基质中组成的膜[7]。PE 广泛应用于电化学设备，例如固态电池和锂电池、电致变色器件、超级电容器、燃料电池和染料敏化太阳能电池。从技术上讲，聚合物电解质是从聚合物、液体离子导体和固态离子导体发展而来的。可以通过将金属盐溶解在极性聚合物主体中来制备 PE，这些金属盐可以用来代替液体离子溶液。具有高离子电导率的液体电解质有一些不可避免的缺点，例如电解质易泄漏、化学稳定性低、对静水压力的考虑、难以确保密封以及对于实际应用（尤其是按比例放大）工艺不安全[8]。与液体电解质相比，PE 具有几个突出的优势，例如高离子导电性、安全性、柔性和宽的电化学窗口等[9—10]。

2.2 聚合物电解质在电致变色应用中的要求

电致变色器件中聚合物电解质的基本要求及优势如下(图 2.1)。

1. 高的光学透过性

理想的电致变色应用中需要高光学透过性的聚合物电解质。高透射率提高了褪色状态下电致变色器件的透明度。电解质不能影响着色和褪色状态下的光学位移。

2. 柔性和机械可伸缩性

聚合物电解质具有柔性和机械可伸缩的优点,可以更好地应用于电致变色器件,特别是在柔性器件中。聚合物基体是至关重要的。聚合物电解质要在弯曲和拉伸状态下保持机械稳定性。

3. 隔离

如果两个电极之间有直接接触,没有任何分离层,这将导致器件短路。聚合物电解质可以作为电致变色器件的分离层,使这些设备更轻便紧凑,不需要额外的分离器。此外,聚合物电解质要有较好的结合效果,与电极有良好的电接触,与 EC 层有良好的粘附性。

4. 宽的工作温度范围

与其他电解质相比,聚合物电解质天生具有在大范围温度下工作的能力。

5. 阳离子的配位能力

电解质中的聚合物具有良好的阳离子配位能力,可以更好地与金属阳离子进行配位键合作用。

6. 宽的工作电压范围

当前,基于小分子电致变色材料的器件吸引了很多人的研究兴趣。但是,这种器件通常需要更高的工作电压。因此,需要具有宽电位窗口的聚合物电解质。稳定的电化学窗口是在电解液本身没有被击穿的情况下,电致变色器件工作电位的范围。最高电位由氧化反应的电位决定。同时,最低电位由还原反应的电位决定。为了保证电致变色器件的长寿命和循环稳定性,必须在电解液的安全电化学工作范围内考虑器件的工作电位窗口。

7. 热、光、化学和电化学稳定性

理想的聚合物电解质应具有良好的热稳定性和光稳定性。在电致变色过程中,

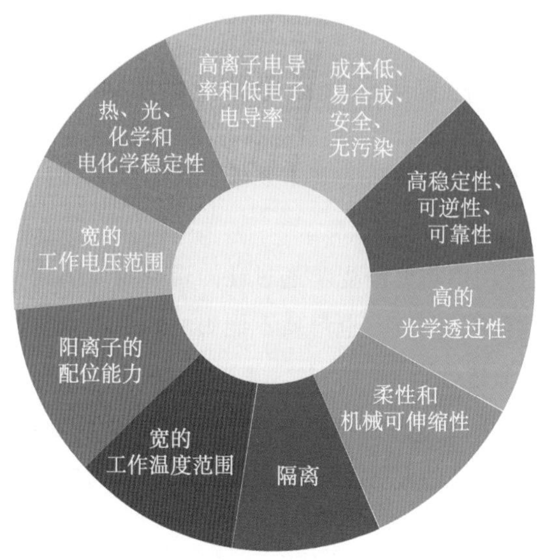

图 2.1 电解质的基本要求

设备可能释放热量，这可能导致电致变色设备性能下降。同样，具有光稳定性的理想电解质可以避免长时间暴露在空气中而损坏器件。在电致变色器件的电压范围内保持良好的电化学稳定性是十分必要的。在电致变色过程中，电致变色器件中不应存在 EC 层与电解质之间的不良相互作用，从而使器件在实际应用中可以保持良好的可逆性和长寿命。在沉积过程和循环过程中都必须确保这种化学稳定性。

8. 高离子电导率($>10^{-4}$ S·cm^{-1})和低电子电导率

聚合物电解质应该是良好的离子导体，并且应具有电子绝缘性($\sigma_e<10^{-12}$ S·cm^{-1})，以便促进离子传输，以最大限度地减少自放电。在电致变色过程中，颜色变化的本质是 EC 层离子的嵌入和脱出。即使经过数千次循环，电解质也应保持较高的离子电导率。柔性的聚合物基体链允许离子在非晶相中多次迁移。离子的这种传输在晶相中受到阻碍；在晶相中，材料密堆积并且没有足够的空间允许离子快速传输。[11] 离子转移数在聚合物电解质的表征中很重要。较大的转移数可以减少氧化还原过程中电解质的浓度极化[12]。

9. 成本低、易合成、安全、无污染

聚合物电解质的价格不能成为阻碍其实际应用的因素。廉价、容易获得的聚合物电解质对于电子商务设备的成功商业化实施是非常必要的。值得一提的是，聚合物电解液膜的厚度应控制好并易于操作。

安全、环保是电致变色器件实际应用的迫切需要。目前，电致变色技术已广泛应用于人们的日常生活中，如电致变色眼镜、汽车后视镜、驾驶舱眼镜等。无毒、环保、可回收的电解液是 EC 设备的重中之重，不会危害我们的健康。

10. 高稳定性、可逆性、可靠性

可逆是指分子电离后成为离子，还有可能成为分子，可以重复循环此过程，并具有较好的化学稳定性和可靠性。

2.3 聚合物电解质分类

聚合物电解质是通过将盐分散到中性聚合物基体中而形成的。在 ECD 中，基体的组成在机械强度、电解液/活性物质接触、柔韧性和加工性能方面起着重要的作用。应用于 ECD 的聚合物电解质主要分为凝胶聚合物电解质、自愈型聚合物电解质、交联聚合物电解质、陶瓷聚合物电解质、离子液体聚合物电解质和明胶基聚合物电解质。

2.3.1 凝胶聚合物电解质(GPE)

凝胶聚合物电解质又称塑性聚合物电解质，最早由 Feuillade 和 Perche 于 1975 年提出[13]。GPE 通常是在聚合物基体中加入大量的液体增塑剂和/或溶剂，形成具有聚合物基体结构的稳定凝胶，具有较高的环境温度离子电导率[14]。一般来说，聚合物凝胶电解质由离子传导介质聚合物，如聚环氧乙烷(PEO)、金属盐(锂盐等)与合适的溶剂组成。GPE 能表现出与固体相媲美的快速离子扩散特性和内聚性能[15]。第一是众所周知的高传导性与 H^+ 施主源，如硫酸(H_2SO_4)或磷酸(H_3PO_4)[16]。第二是可移动的 Li^+ 物种，由高氯酸锂($LiClO_4$)[17]、三氟甲磺酸锂($LiCF_3SO_3$)[18]、六氟磷酸锂($LiPF_6$)[19]、四氟硼酸锂($LiBF_4$)[20]在质子溶剂(丙烯、乙腈、碳酸乙烯等)中的溶解提供。在部分报道中，还使用了二元或三元溶剂，如 EC+PC 和 DMC+PC+EC[21-22]。这些类型的电解质具有较高的离子电导率，但机械性能较差。尽管大多数 GPE 在室温下具有 10^{-3} S·cm^{-1} 的高离子电导率，但较差的机械性能和相当大的黏度不可避免地会导致内部短路和器件泄漏。紫外线和光照是电解液降解的其他潜在因素。增塑剂如聚碳酸酯(PC)、碳酸乙烯(EC)、碳酸二乙酯(DEC)和碳酸二甲酯(DMC)可用于开发整体共混物的物理特性。增塑剂通过增加非晶相含量、解离离子聚集、增加凝胶电解质内的离子迁移率或降低体系的玻璃化转变温度(T_g)来提高离子电导率[23]。在塑化过程中，需要保持离子电导率增加和机械强度降低之间的平衡。凝胶聚合物电解质已有许多应用，但最近发表的大多数论文是关于电致变色的应用。在凝胶聚合物电解质中，聚合物基体中的固定溶剂对离子电导率有较大的影响。目前为止，聚甲基丙烯酸甲酯（PMMA）、聚偏氟乙烯-共六氟丙烯（PVDF-HFP）、聚丙烯腈（PAN）[24—25]、聚环氧乙烷（PEO）、聚乙二醇（PEG）[26]、硼酸酯[27]、聚苯乙烯磺酸钠[28]、水性聚氨酯[29]、聚酯[30]、聚乙烯醇（PVA）、聚甲基丙烯酸乙酯（PEMA）、聚（2-乙氧基乙基甲基丙烯酸酯）（PEO EMA）[31]、聚氯乙烯（PVC）、聚乙烯砜（PVS）、聚偏氟乙烯（PVDF）[32]等物质引起了研究人员的兴趣。

（1）PEO/PEG 基电解质

PEO（相对分子质量在 20 000 以上）或 PEG（相对分子质量在 20 000 以下）是指环氧乙烷的低聚物或聚合物。PEO 基电解质是形成最早和研究最广泛的聚合物电解质基质。自 1978 年 Armand[33]提出一种基于聚乙烯氧化物的锂电池聚合物电解质，该领域的研究得到了广泛开展。聚乙烯氧化物具有极性醚基团和显著的段迁移率。作为一种广泛应用的盐聚合物，特别是高锂离子稳定聚合物，具有优良的相容性[34]，但也存在结晶度高、熔点低、操作温度范围有限、羟基离子迁移数低、界面特性差等缺点，未能达到预期效果。在以 PEO 为基础的电解液中，增加离子解离最常用的方法是使用低晶格能盐和添加可能阻止聚合物晶体形成的填料，通过填料与电解液之间的相互作用实现快速离子运输[35]。但是，如果电致变色器件中使用 PEO-H_3PO_4 和$(PEO)_8$-$LiClO_4$ 电解质[36]，低的 Li^+ 电导率限制了它的应用性。后来，PEO-$LiSO_3CF_3$ 和 PEO-$LiN(SO_2CF_3)_2$ 被报道达到更高的离子电导率[37—38]。据报道，离子电导率为 2 mS · cm^{-1} 的凝胶状 PEO 作为电解液，在 WO_3 薄膜电致变色装置中表现出优异的 EC 性能和记忆特性[39]。此外，Desai 等人还研究了用碳酸乙烯/碳酸丙烯或 *N*-丁基-3-甲基吡啶三氟甲烷磺酰胺（P_{14} TFSI）增塑的 PEO 基凝胶聚合物电解质电致变色装置[40]。离子电导率明显提高，PEO 与增塑剂的相分离被抑制。Yang 等人[41]研究了以聚（2，5-二甲氧基苯胺）（PDMA）和氧化钨（WO_3）为电极材料，以聚碳酸酯增塑 PEO-$LiClO_4$ 为凝胶聚合物电解质制备的 EC 器件的性能。类似地，各种其他基于 PEO 的混合电解质也成功地应用于电致变色[42]。

（2）PMMA 基聚合物电解质

PEO 基聚合物电解质由于结晶程度高，在室温下离子电导率低[43]。聚甲基丙烯酸甲酯和聚偏氟乙烯聚合物电解质近年来在电致变色方面引起了广泛的关注。包括非晶相和柔性骨架的 PMMA 可以提高离子电导率。据报道，PMMA 具有高透明性、优异的环境稳定性、良好的糊化性能、较高的溶剂保持能力以及与液体电解质的良好相容性[44—45]。此外，PMMA 对电极具有良好的界面稳定性，具有较高的溶剂化能力，能够形成聚合物与盐的配位。高离子导电 PMMA 以凝胶形式存在，主要用于电致变色[45]。Anderson 等人[46—47]研究的电致变色器件具有氧化钨和五氧化二钒薄膜以及 PPG-PMMA-$LiClO_4$ 的中间层。Reynold 等人首先报道了一种聚合物电致变色装置，该装置使用聚(3,4-丙二氧噻吩)($PProDOTMe_2$)和聚[3,6-双(2-(3,4-乙烯二氧基)硫烯基)-*N*-甲基咔唑](PBEDOT-*N*-MeCz)分别作为阴极和阳极着色聚合物[48]。在该装置中，以单体的氧化电位在 PEDOT-PSS 电极上电合成了 EC 膜，并以聚甲基丙烯酸甲酯为新型聚合物基体预制备了电解质。聚合物凝胶电解质组成为 70∶20∶7∶3[ACN∶PC∶PMMA∶$TBAPF_6$(四丁基六氟磷酸铵)]，应用于 ECD[48]。为了设备的耐久性，在密封过程中，凝胶聚合物电解液在边缘处蒸发。电致变色器件表现出很大的透射率变化($\Delta\%T$)，在 530 nm 处的透射率变化高达 51%，且在 32 000 次循环后只有 5% 的衰减。Beaupre 等人报道了一种使用 PMMA-$LiClO_4$ 电解液的柔性电致变色电池，该电解液与碳酸丙烯酯增塑形成高度透明的导电凝胶。Sonmez 等人[49]探索了一种高度透明的导电凝胶，其中添加了 $LiClO_4$∶ACN∶PC∶PMMA(相对分子质量：350 000)(3∶70∶7∶20)。加入乙腈(ACN)作为高蒸气压溶剂，使凝胶成分易于混合。Oral 等人[49]使用类似的电解质来研究电致变色性能。Tung 等[50]研究了以 PMMA 为凝胶聚合物电解质的 PEDOT-普鲁士蓝(PB)器件的电致变色性能。该装置显色效率高，长期循环稳定性好。最近，Yang 等人[51]研究了一种由独立的芳纶纳米纤维组成的新型凝胶聚合物电解质，制造用于近红外遮蔽应用的全固态近红外电致变色器件。与现有的凝胶聚合物电解质相比，这种新型凝胶聚合物电解质具有良好的力学性能和耐热性。Kim 等人提出了一种基于电致变色器件的新型光子器件，该器件使用 PMMA 凝胶电解质，其中含有质量分数为 5%的 PMMA、4%的吩噻嗪、0.1 mol·L^{-1} $LiClO_4$ 和 11.25×10^{-3} mol·L^{-1} 二茂铁，可以在平面光波导 ECD 中调节红外光强[52]。研究结果证实了一种将基于 ECD 的光调制器用于平面光集成电路和系统开发的新方法。

(3) PVDF 基聚合物电解质

PVDF 是另一种常用的电解质基体材料，近年来已广泛应用于电致变色器件中。PVDF 具有良好的热机械性能，较高的介电常数，较高的疏水性、热化学稳定性和耐化学性等优点。作为一种半结晶聚合物，PVDF 结晶相提供热稳定性，而非晶相提供电致变色器件所需的灵活性。PVDF 可溶于 NMP、DMF 等高沸点工业溶剂中。然而，与锂盐相比，PVDF 的供体数较低，不溶于水，不能有效地用于聚合物-盐复合物中。根据 Fabretto 组[53]的报道，利用 PVDF 制备了电致变色装置，用于研究着色效率。凝胶电解质器件的平均离子电导率为 2.84×10^{-5} S·cm^{-1}，在凝胶状态下表现出稳定且可逆的光调制，高达 65%。研究发现，凝胶态器件受自由离子数量的影响，而电解质体积中离子的运动和半固态器件中光的调制则由电解质/EC 材料界面来指示。

加入大量增塑剂或与离子液体(IL)结合可以提高 PVDF 聚合物电解质的离子电导率。Jia 等人[54]研究了在 EC 装置中使用 1-丁基-3-甲基咪唑六氟磷负载 $SCCO_2$ 处理电纺(PVDF-HFP)膜作为电解液。

最近，Reynold 组[55]报道了纸基电致变色器件，包括 PEDOT：PSS 电极和[EMI][TFSI]/PVDF-HFP 离子凝胶电解质层(图 2.2 和 2.3)。含有离子凝胶电解质的该电致变色器件实现红色-无色转变，达到色彩对比($\Delta E^*=56$)。研究发现，凝胶态器件受自由离子量的影响，而电解质体积中离子的运动和半固态器件中光的调制则由电解质/EC 材料界面来调节。

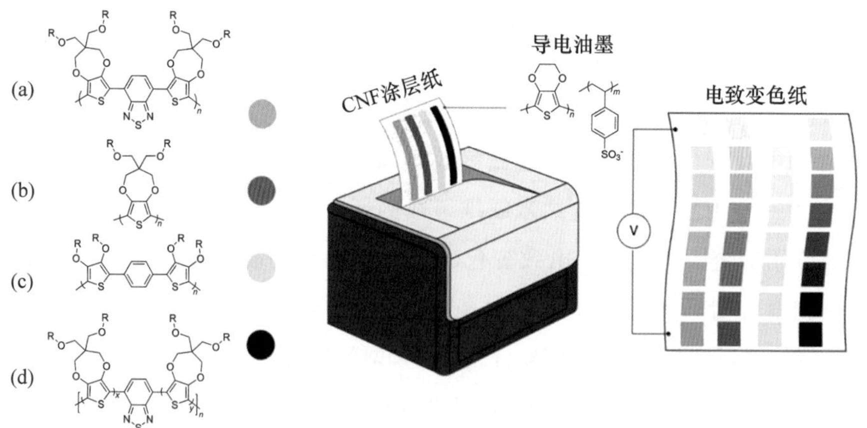

图 2.2 彩色电致变色纸印刷示意图，包括 CNF 涂层纸基材和 PEDOT：PSS 电极以及重复单元结构：蓝绿色彩色电致变色纸(ECP-Cyan)(a)，品红色彩色电致变色纸(ECP-Magenta)(b)，黄色彩色电致变色纸(ECP-Yellow)(c)，黑色彩色电致变色纸(ECP-Black)(d)。R 为乙基已基[55]

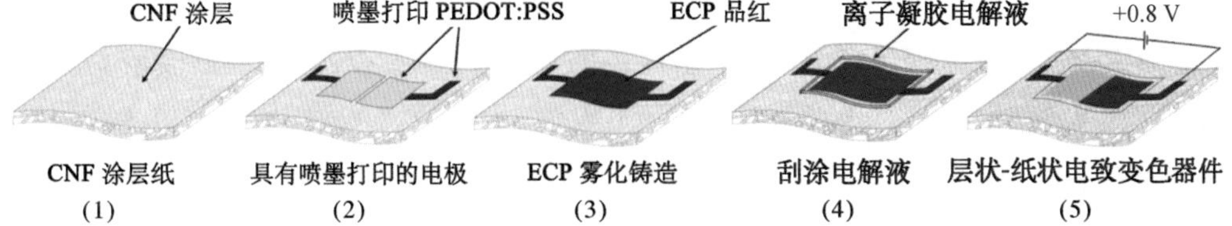

图 2.3　横向电致变色器件的制备过程，具有喷墨打印的 PEDOT：PSS 电极，ECPs 沉积层和[EMI][TFSI]/PVDF-HFP 离子凝胶电解质层。电极间施加 0.8 V 电压[55]

2.3.2　自愈型聚合物电解质

自愈材料是在其使用寿命内具有部分修复损伤和恢复机械性能的材料[56]。自愈材料由于其固有的修复裂缝的能力，从而避免了这类风险，减少了浪费，提高了设备的寿命、耐久性和可靠性，在智能材料领域尤其具有吸引力。相信使用具有自愈特性的电致变色聚合物薄膜将是克服 ECD 裂纹生成风险的有效方法。到目前为止，基于 Diels-Alder(DA)反应[57]的自愈聚合物，是一种将固有自愈实现为功能材料的有效方法，已被探索用于各种电子和光电应用，如导电膜[58]、OLED[59]、超级电容器[60]等。自愈可以从微观层面上升到宏观层面。由于环境条件、疲劳或操作损坏等原因，工程材料中的某些性能可能会长期退化。自愈材料可以解决这种退化。自愈材料可在外部影响(如 pH、光、电、温度、压力变化)下，通过材料本身的各种物理或化学相互作用发生自修复。物理相互作用主要包括氢键、π-π 堆叠、离子偶极相互作用；化学相互作用主要有二硫键、亚胺键等。Geubelle 等人首先报道了一种完全自主的人工自愈材料[69]。后来，研究了一种含微胶囊的环氧体系，微胶囊由液体热固性单体包覆而成[70]。如果系统中出现微裂纹，微胶囊就会破裂，裂纹将被单体填充。这种新型的自修复系统可以在聚合物和聚合物涂层中得到很好的应用[71]。

Zheng 团队[72]制备了一种双物理交联水凝胶，其中包含了聚(丙烯酰胺-丙烯酸)和(乙烯醇)之间的氢键，从而在水凝胶中产生自愈能力。据报道，由聚合物网络和电解质溶液组成的具有自愈性能的离子凝胶引起了人们的广泛关注[74]。研究设计了电致变色中自愈材料的不同策略和方法。例如，在聚苯乙烯-聚甲基丙烯酸甲酯-聚苯乙烯(PS-PMMA-PS)三嵌段共聚物与离子液体中，活性甲基丙烯酸甲酯共混使多功能 EC 离子凝胶成为可能[75]。聚[苯乙烯-兰-1-(4-乙烯基苄基)-3-甲基咪唑六氟磷酸](P[S-r-VBMI][PF_6])无规共聚物(图 2.4)[76],聚(苯乙烯-兰-甲基甲基丙烯酸酯)(PS-rPMMA)无规共聚物[77],聚(甲基丙烯酸甲酯-b-聚苯乙烯)六星形嵌段共聚物(图 2.5)[73]和聚(偏氟乙烯-共六氟丙烯)(PVDF-co-HFP)[78]等已被开发用于实现自愈合固体聚合物电解质。使用不同种类的 PVDF-co-HFP 基聚合物和非晶聚合物电解质可以提高 PVDF-co-HFP 基聚电解质的离子电导率,例如 PEG[78]、PMMA[79]、PVAC[80,81]等。此外,Leong 的团队[82]还报道了含有离子液体/聚合物共混物的材料用于自愈 EC。聚合物共混物的相互作用或反应位点和离子液体的加入可能在较低的温度下诱导快速愈合,这是由于增加了流动性和抑制了玻璃化转变温度。此外,通过 Diels-Alder 反应[83]合成的自修复聚合物是另一种有效的自修复功能材料。聚合物 DATPFMA 是关于双功能自愈电致变色聚合物的首次报道,该聚合物表现出优越的循环稳定性和颜色变化[57]。*N*,*N*′-双(4-氨基苯基)-*N*′,*N*′-二苯基-1,4-苯二胺作为核心和电活性单元用于合成聚合物 PPFMA,提供更多的电化学活性位点,以提高电致变色性能(图 2.6)[84]。这种 DA 聚合物还可以通过逆向 DA 和 DA 反应修复裂缝,具有自修复能力[57]。

然而,开发一种在低温条件下同时具有优良电致变色性能和良好自愈性能的材料仍然是一个未满足的挑战,如大的光学对比度、高着色效率、长期、稳定和快速愈合过程。

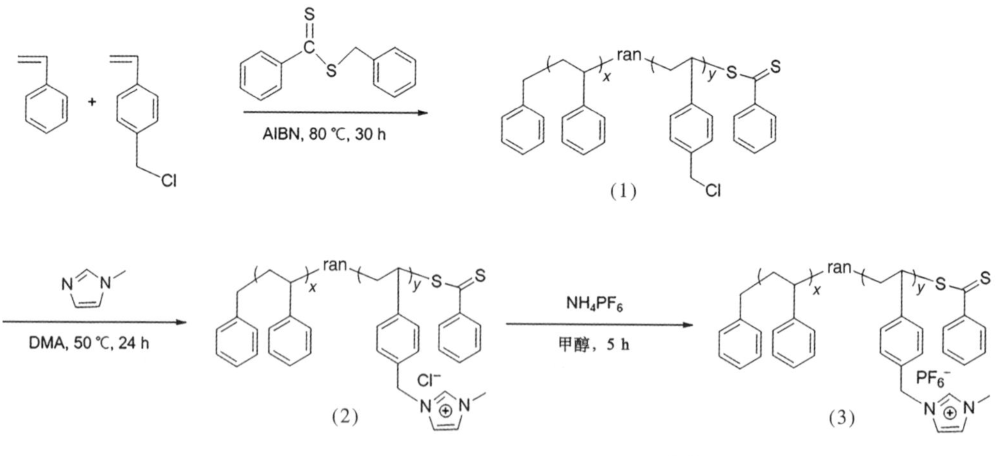

图 2.4 P[S-r-VBMI][PF_6]合成过程[75]

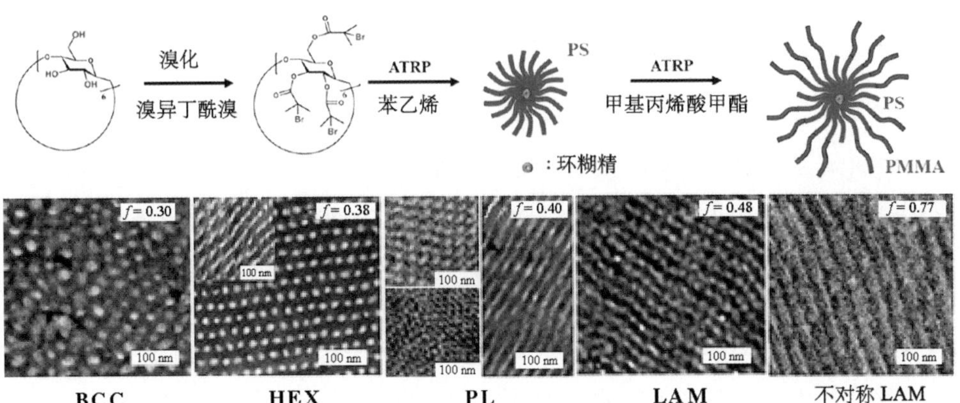

图 2.5　(PS-b-PMMA)$_{18}$ 合成路径[73]

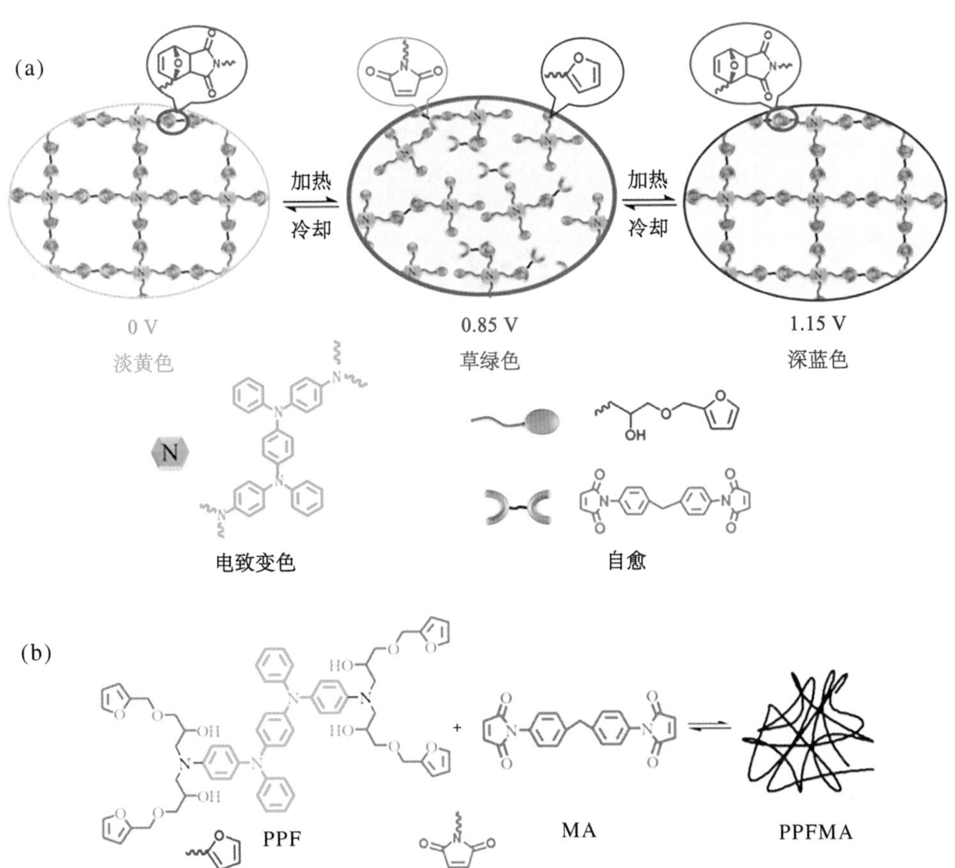

图 2.6　电致变色 PPFMA 薄膜自愈过程机理(a)，

自愈聚合物 PPFMA 的逆转录 DA 和 DA 反应(b)[84]

2.3.3 交联聚合物电解质(CPE)

聚合物电解质在低温下的高离子电导率与聚合物基质的无定形性质有关。交联的聚合物电解质表现出良好的离子导电性和非晶态特征[85]。据报道,交联可改善聚合物电解质的尺寸稳定性并增加其动态储能模量,该技术可用于积极地改变聚合物电解质的各种性能[86—87],制备示意图如图 2.7。同时,交联中不可避免地会出现脆性、低弹性和可加工性连接的聚合物[88]。在研究基于锂盐的电解质时,PEO、PMMA、PVC 等通常被组织成交联的聚合物电解质。Matsui 团队[89]制备了聚(环氧乙烷)2-(2-甲氧基乙氧基)乙基缩水甘油醚,烯丙基缩水甘油醚,(PEO/MEEGE/AGE)配位在 $LiN(CF_3SO_3)_2$ 盐中的交联聚乙烯。Kuratomi 等人[90]研究了环氧乙烷和环氧丙烷与 $LiBF_4$ 或 $LiN(CF_3SO_2)_2$ 盐的交联共聚物。锂盐中的浓度和阴离子是影响电化学性能的关键参数。研究表明,高相对分子质量的聚氧乙烯聚合物电解质的交联表现出良好的离子传导性和机械强度[91]。Lee 和他的同事还报道了通过在 $LiPF_6$/EC 中聚合烷基单体和聚乙二醇二甲基丙烯酸酯(PEGDMA)来形成交联的复合 PE[92]。研究表明,聚合物电解质的离子电导率和柔性取决于单体含量。

图 2.7 交联聚合物的制备

事实上,许多使用交联聚合物凝胶电致变色介质的传统电致变色设备都暴露在真实世界温度的动态范围内。交联聚合物凝胶可能由于视觉上的不规则性和/或缺陷而不能用于商业用途。2003 年专利报告了一种作为电致变色介质的自愈交联聚合物凝胶电解质,可以解决电致变色器件的这些缺陷[92]。

离子液体聚合物(ILP)的另一个可能的应用领域是在电致变色装置中。在不同的离子液体电解质中,交联离子液体聚合物电解质是近年来研究的热点。Yan 等人的研究报告了一种热-电-双反应 ILP 电解质,该电解质是通过 ILM、3-丁基-1-乙烯基-咪唑溴化铵([BVIm][Br])和 NIPAM 的共聚合合成的,分别使用二烯丙基紫精作为交联剂和电致变色材料(图 2.8)[93]。在电刺激和温度刺激下,可以同时发现电和热响应行为,这证明了双响应智能窗的应用[93]。

(a)

n=1, 3, 5, 7

H_2O

聚合

NIPAM DAV

P(NIPAM+DAV) IL Gels
LCST: 22.8~30.1℃

H_2O

P(NIPAM–BVIm–DAV) Gels
LCST: 35.2~46.3℃

(b)

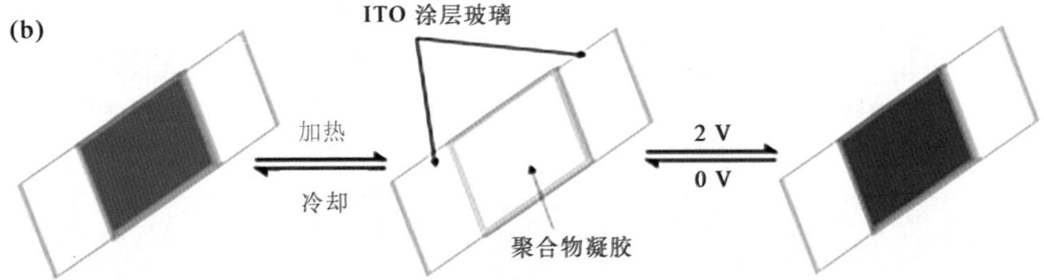

图 2.8 P(NIPAM-DAV)IL 凝胶和 P(NIPAMBVIm-DAV)凝胶的一般合成路线(a),以及基于所制备的聚合物凝胶的热致变色和电致变色装置的原理图(b)[93]

2.3.4 陶瓷聚合物电解质

与液体和凝胶电解质不同，盐在类固聚合物电解质中直接溶解到固体介质中。它通常是一种相对高介电常数的聚合物(PEO、PMMA、PAN、聚磷腈、硅氧烷等)和一种低晶格能的盐。在电化学电池中使用固体聚合物电解质的优点如下：

(1) 不易挥发；

(2) 电极表面不分解；

(3) 不易泄漏；

(4) 降低成本(如 PEO、PMMA 等)；

(5) 柔性；

(6) 降低器件重量——固体器件不需要沉重的钢质外壳；

(7) 安全。

为了提高聚合物的力学性能，降低聚合物的结晶度，解决 SPE 离子电导率低的问题，研究者们进行了大量将惰性氧化物陶瓷颗粒加入到聚合物电解质中的研究。例如，各种复合材料被混合到聚合物中(见图 2.9)[94]，包括惰性陶瓷填料[95—96]、快离子导电陶瓷[97—98]、锂盐[99]、离子液体[100]等。

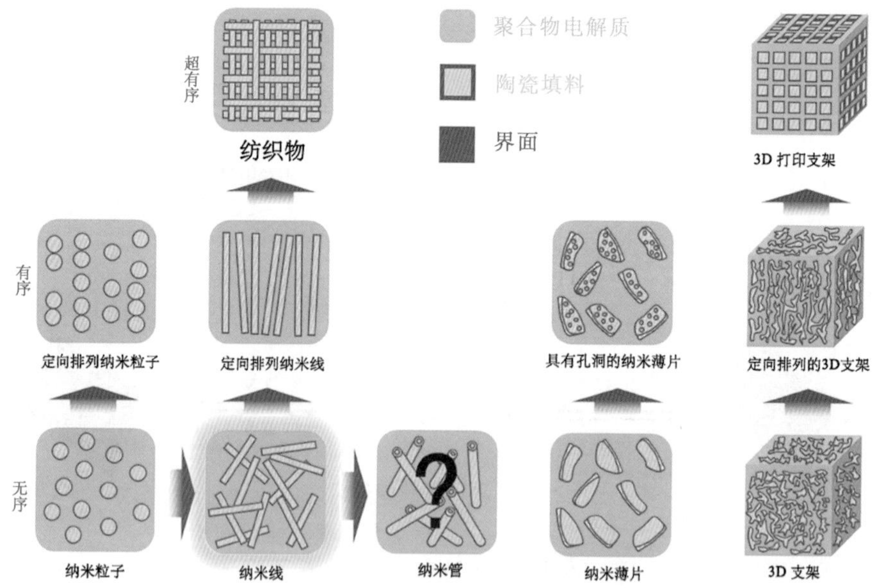

图 2.9 陶瓷填料在 SCE 中的形貌演变[94]

结合陶瓷填料和聚合物材料这两种材料的优点，可以制造具有高介电常数的新型混合复合材料。通过将聚合物与填料（例如 SiO_2[101]，Al_2O_3[102]，TiO_2[103] 沸石等）共混，不同类型的惰性陶瓷混入聚合物中。1982 年，Weston 和 Steele[103] 制备了 PEO 与 Al_2O_3 的复合材料，证明两者混合后，即使在超过 100℃的温度下，PEO 仍显示出机械性能和离子电导率的改善[103]。在聚合物复合物中添加陶瓷填料的想法是提供稳定的固体基质[103]，其中包含精细陶瓷颗粒的复合聚合物材料被视为非均相无序体系[104]。后来，Capuano 等人于 1991 年[105] 研究了 $LiAlO_2$ 粉末的掺杂量和粒径对固体电解质电导率的影响。在 $LiAlO_2$ 的掺杂量为质量分数约 10%之后，电导率达到最高。换句话说，惰性陶瓷材料的粒径会影响 SPE 的电导率，当粒径小于 10 μm 时，电导率随着粒径的增加而增大[106]。据报道，Al_2O_3 还可以有效降低 PEO 的结晶度和玻璃化转变温度，证明聚合物结晶度的降低促进了离子电导率的提高[107]。Liang 等人于 2015 年[108] 报道，基于 PEO-PMMA 的复合电解质的离子电导率从 6.71×10^{-7} S·cm^{-1} 提高到 9.39×10^{-7} S·cm^{-1}，其中 PEO-PMMA 和纳米 Al_2O_3 分别用作基质和填充剂[108]。而且，SiO_2 还是用于合成 SPE 的常用惰性陶瓷填料。据报道，PEO 基体和 SiO_2 填料的复合物在环境温度下的离子电导率达到 2×10^{-4} S·cm^{-1}[109]，填料质量分数为 2.5%。另外，可以将 SiO_2 设计为掺杂到聚合物中的三维骨架。近年来，据报道，PEO-二氧化硅气凝胶具有高离子电导率（6×10^{-4} S·cm^{-1}）和高模量（0.43 GPa）[110]。通过控制粉末分散性，可以提高机械性能和离子电导率。另外，一些研究已经将多种无机陶瓷整合到聚合物中，离子电导率也得到了改善。

快速离子导体陶瓷，也称为活性无机电解质，在 25℃时具有高达 10^{-2} S·cm^{-1} 的高离子电导率。快速离子导体陶瓷与聚合物的复合材料可以增强界面接触。自 2009 年以来，陶瓷聚合物方法被引入复合高分子电解质领域[111]。它包括将聚合物-盐配合物引入多孔陶瓷结构中。与长期储存的锂金属电极相比，所研究的系统具有优异的机械性能、高电导率和良好的稳定性[111]。正如最近报道的那样，研究了从不同尺寸的石榴石颗粒到“陶瓷聚合物”（PIC）的复合电解质在树突抑制方面的有效性[112]。纳米石榴石陶瓷填料具有大的比表面积，可提高离子的跃迁速率[113]。含有体积分数为 80%的 5 μm $Li_{6.4}La_3Zr_{1.4}Ta_{0.6}O_{12}$（LLZTO）（PIC-5 μm）的 PIC 电解质显示出最高的拉伸强度（12.7 MPa）[113]。陶瓷填料颗粒的形态、分布和三维结构可能会影响聚合物复合电解质的离子电导率[114]。崔等人[115] 探索了 LLZTO 的不同形态以增加离子传输。这种 LLZTO 纳米线在 30℃下的离子电导率为 6.05×10^{-5} $S\cdot cm^{-1}$。据报道，PEO 和 $Li_{0.33}La_{0.557}TiO_3$ 纳米线的聚合物-陶瓷复合电解质，在 25℃时锂离子电导率为 2.4×10^{-4} $S\cdot cm^{-1}$[116]。此外，玻璃陶瓷电解质是另一种固体陶瓷电解质，其中离子借助于晶格内的空位或间隙通过陶瓷相转移。典型的例子是玻璃/玻璃陶瓷 Li_2S-P_2S_5 和硫代陶瓷 LISICON $Li_{4-x}Ge_{1-x}P_xS_4$（$0<x<1$），这是最有希望的将离子电导率提高到 10^{-5} $S\cdot cm^{-1}$ 的电解质[117]。

陶瓷填料对固体聚合物体系离子电导率的影响已讨论多年。已发表的论文表明，提高电导率是其中的关键。聚合物-陶瓷复合材料具有优异的力学性能和导电性。然而，陶瓷材料的探索仍然是一个挑战。

2.3.5 离子聚合物电解质

离子液体（IL）是在室温（<100℃）下为熔融盐的液体，由离解的离子组成[118]。离子液体电解质由于具有非挥发性、热稳定性、不易燃性、高离子电导率和宽的电化学稳定性窗口而被广泛应用于电化学领域[119]。近来，将室温离子液体掺入聚合物电解质中以制备无溶剂的聚合物电解质已被认为是改善 ECD 性能的有前途的方法。例如，据报道 RTIL[1-丁基-3-甲基咪唑六氟磷酸盐（BMIM）PF_6]可以提高 ECD 的光学对比度和着色效率[120]，Zhou 等人[121]研究了 RTIL 非挥发性聚合物电解质，在这项工作中将具有高离子电导率、良好的电化学稳定性和低黏度的 1-丁基-3-甲基咪唑四氟硼酸酯（$BMIM^+BF_4^-$）添加到了 ECD 应用中。PPC/$LiClO_4$ SPE 形成新型的聚合物电解质，提高了离子导电性、热和电化学性能以及安全性[121]。最近，人们尝试将 RTIL 和陶瓷填料结合到聚合物电解质中。Murali 等人[122]研究了锌离子，由聚氯乙烯（PVC）/聚（甲基丙烯酸乙酯）（PEMA）共混物、三氟甲烷磺酸锌[$Zn(OTf)_2$]盐、1-乙基-3-甲基咪唑鎓双（三氟甲基磺酰基）制成的导电凝胶聚合物电解质（NCGPE）酰亚胺（EMIMTFSI）离子液体和二氧化硅表现出最高的离子电导率。

聚合的离子液体（PIL）是由聚合物主链和单体重复单元中的 IL 组分组成的聚电解质。离子液体的可变性和可设计性丰富了其性能，在聚合物材料领域引起了极大的关注[123]。Mecerreyes 等人[124]于 2011 年总结了 IL 的合成方面，PIL 的合成方法及其理化特性。Yuan 等人[125]还报告了 PIL 和 IL 的应用。通过调节离子电导率、亲水性、疏水性、化学耐久性、热力学稳定性，离子液体可广泛应用于各个领域。Marcilla

等人[126]已经报道了基于 IL 和 ECD 中的聚合物离子液体的新型聚合物电解质，其具有 PEDOT/电解质/PEDOT 构型。通过混合 1-丁基-3-甲基咪唑双(三氟甲烷磺酰亚胺)([bmim][Tf_2N])、1-丁基-3-甲基咪唑四氟硼酸酯([bmim][BF_4])和 1-丁基-3-甲基咪唑溴化铵([bmim])来制备电解质[Br]，以及阴离子[Tf_2N]、[BF_4]和[Br]的聚(1-乙烯基乙基-咪唑鎓)。通过使用这种电解质，循环寿命显著增加。据报道，疏水性离子液体[$(P(EO)_{10}LiTFSI^{+}_{0.96}PYR_{14}TFSI)$]电解质可改善全固态 ECD 的性能[127]。Puguan 等人[128]报道了一种可切换的单分子电致变色器件，该器件是由紫精系列的三氮杂化聚离子液体同时作为电活性材料和电解质，简化了器件结构(图 2.10)。

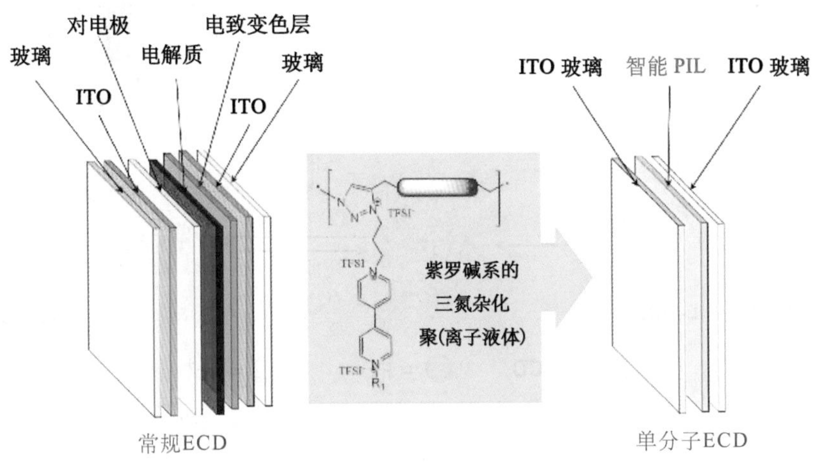

图 2.10　一种可切换的单分子电致变色装置，它来自一种由紫罗碱系的三氮杂化聚(离子液体)[128]

Yan 团队[129]报道了一个构造灵活和电压调节的高分子 Velcro 结构，使用主体-客体识别的方法合成聚离子液体，在空气和水溶液中表现出强附着力(包括酸性和碱性水，以及人工海水)，并且可以通过机械和化学方法来解开和固定(图 2.11)[129]。温度、电化学氧化还原反应、化学氧化还原反应均可激活 PIL 可逆相变行为。Vancso 等人[130]制备了氧化还原活性有机物质 PIL。基于 PIL 制备的聚合物 Velcro 在空气和水溶液中具有较强的附着力，可以通过机械、化学和电化学方法进行调节。

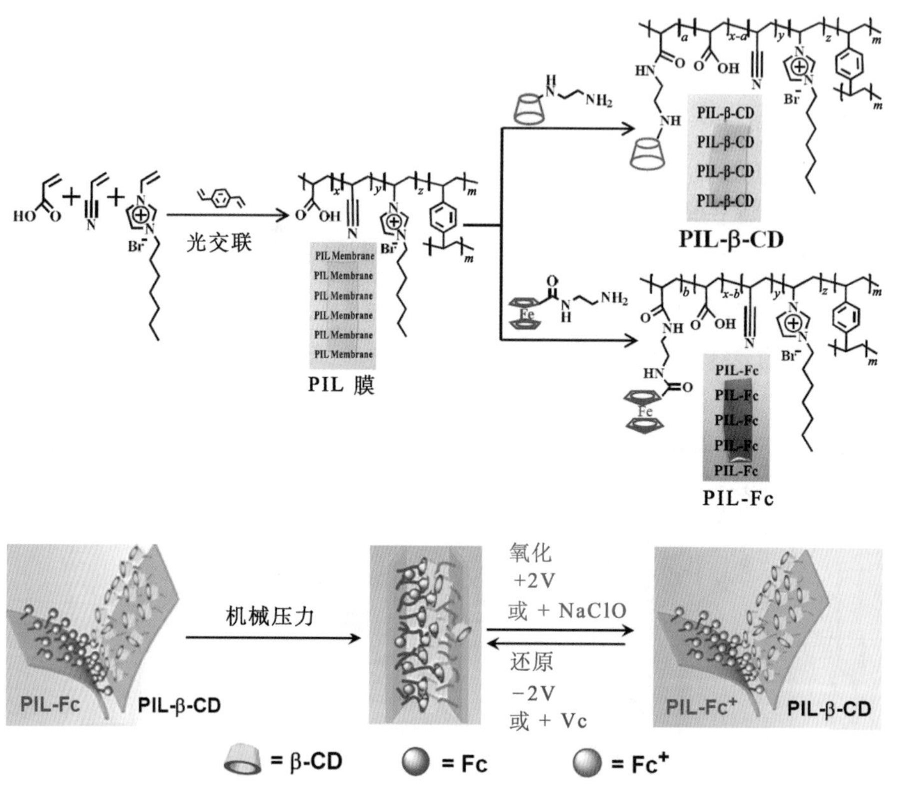

图 2.11 PIL-β-CD 和 PIL-Fc 膜的合成示意图，以及基于 β-CD 和 Fc 修饰的 PIL 膜表面的方法[129]

2.3.6 明胶基聚合物电解质

天然聚合物由于其生物可降解性、生态友好性、较低的生产成本以及良好的物理和化学性质，可以成为合成聚合物的有前途的替代品，并引起研究人员的极大关注。在天然聚合物中，自然界大量存在的多糖和蛋白质是最佳选择。明胶是主要由脯氨酸、羟脯氨酸和甘氨酸组成的多肽，可用作电致变色应用中的聚合物电解质。Avellaneda 等人[131]已经报道了将明胶、$LiClO_4$、甘油溶解在水中以用于电致变色应用而制备的固体明胶聚合物电解质。该电解质的离子电导率在室温下达到 1.53×10^{-5} S·cm^{-1}，在 80℃时达到 4.95×10^{-4} S·cm^{-1}。具有 K-glass/Nb_2O_5：Mo EC 层/明胶基电解质/$(CeO_2)_x(TiO_2)_{1-x}$ ion-storage(IS)层/K-glass 构造的 EC 器件已组装成功，据报告会增加离子电导率和良好的长期循环稳定性[132]。Silva 等人[133]探索了一种包括明胶基电解质的固态电致变色器件。该原型电致变色器件表现出良好的光密度。在漂白状态下，包含明胶Ⅰ和明胶Ⅱ样品的ECD显示器在可见光区域的平均透射率超过68%[133]。另有报道提出了一种新颖的凝胶电解质组合物，该组合物将碘化锂LiI与1-丁基-3-甲基咪唑鎓碘化物(BMII)离子液体、三碘化物 I_3^-/I^- 氧化还原介体和可生物降解的明胶相结合，用于电致变色器件(图2.12)[134]。该ECD记录了快速的转换时间和高达20 000个循环的高循环稳定性。

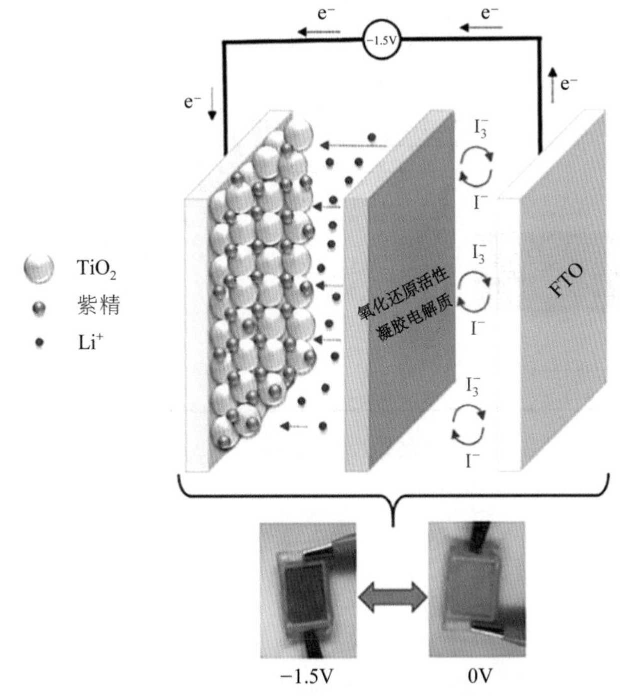

图2.12 包含凝胶电解质组合物的ECD结构，该凝胶电解质组合物包括1-丁基-3-甲基咪唑碘化锂(BMII)离子液体、三碘化 I_3^-/I^- 氧化还原介质和生物可降解明胶[134]

此外，明胶电解质还可用于反射电致变色装置。在450 nm时，玻璃/Cr/PB/电解质/CeO_2-TiO_2/ITO/玻璃结构的反射电致变色装置褪色和有色状态的变化从8%到15%。Tihan等人[135]在电致变色装置中使用了一种新的基于DNA-$LiClO_4$的固体聚合物电解质(图2.13)。此研究的新颖之处在于使用不同$LiClO_4$比例的DNA膜，以获得性能良好的新型电致变色窗[135]。

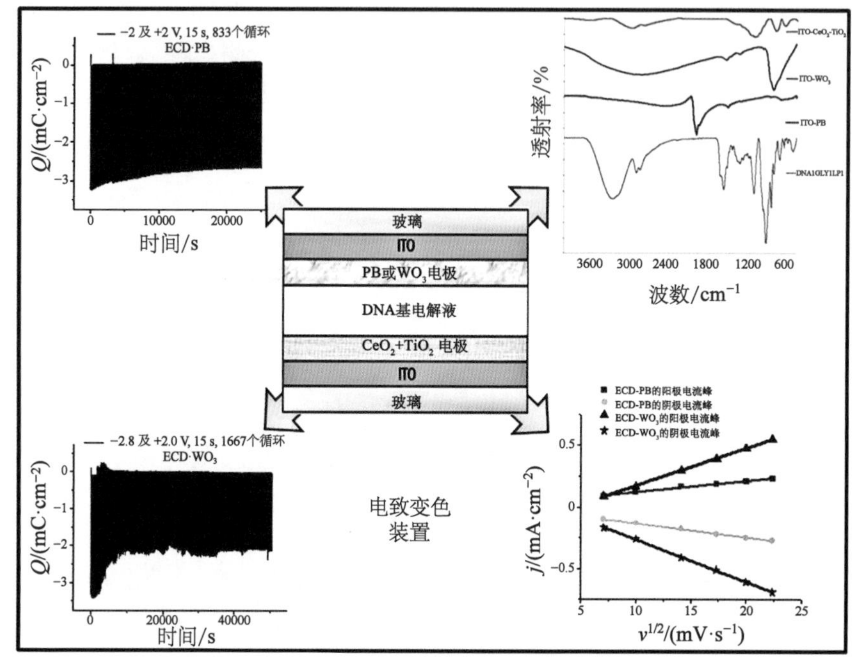

图 2.13　电致变色装置，含有 DNA 基电解液

2.4　结论与展望

聚合物电解质的应用越来越广泛，其应用领域也在不断扩大。尽管基于锂离子的电解质已经商业化，如应用于波音 787 梦幻客机下拉窗口阴影，法拉利 575 Superamerica Flexity 2 轻轨车辆的智能玻璃，但是，如不安全、很容易泄漏和不稳定的电化学性能的缺点限制了其进一步的发展和更广泛的应用。在本章中，我们对电致变色的应用要求进行了基本的了解，同时，综述了聚合物基电解质的最新进展，包括 PEO/PVDF/PMMA 凝胶聚合物、自愈聚合物、交联聚合物、陶瓷聚合物、离子液体聚合物和明胶聚合物电解质。复合聚合物电解质的应用已被认为是提高电解质性能的一种有前途的方法。

虽然聚合物电解质已经得到了广泛的研究，但在商业化之前仍有一些基本问题需要解决。离子电导率仍低于锂基液体电解质的数量级。温度是决定离子电导率最主要的参数之一，特别是在较低的温度下，聚合物固体电解质中的离子电导率显著下降。此外，电解液与 EC 层之间的界面作用机制尚不清楚。

目前,以 PEO/PVDF/PMMA 为基础的凝胶-聚合物电解质也得到了广泛的研究,但室温离子电导率(≈10^{-5} S・cm^{-1})过低,在相对较高的电压下抗氧化能力差。较差的机械性能限制了离子液体电解质提高离子电导率。安全问题同样不容忽视。开发一种同时具有优良电致变色性能和良好低温自愈性能的自愈电解质仍是一项未解决的挑战。交联复合聚合物电解质能有效地包封电解质溶液,无溶剂泄漏,具有良好的界面特性。然而,室温下的低离子电导率仍需改善。陶瓷聚合物电解质的难点在于如何构建良好的分散性,增强填料与聚合物之间的相互作用,制约着离子电导率的进一步提高。明胶为基础的聚合物电解质已被证明是一种替代粘合剂,但其在测试条件下的流变性行为限制了这种材料在工业上的使用。

为了克服这些挑战,未来可能的研究方向如下:

(1) 提高电解液的电化学稳定电位窗口(ESPW)。电化学窗口依赖于导电盐和溶剂的正离子和负离子。应该注意的是,在大多数情况下,电解质的增加可能会导致其他性能的恶化,如电解质的离子电导率和粘度。ESPW 的改进可以通过探索新的有机溶剂、新的导电盐或优化/修改常用的有机电解质来实现。然而,要达到所有的要求是很困难的,例如高 ESPW、高离子电导率、高物理化学稳定性、低粘度和环保。在解决实际问题时,有些妥协可能是合理的。

(2) 提高 EC 运行的工作温度范围。可以探索乙二醇等添加剂来降低电解液的功率温度极限。在有机电解质方面,开发新型有机溶剂混合物可能获得工作温度范围更广的电解质。

(3) 优化电解质与电极材料之间的相互作用,以改善 EC 性能。可以使用原位表征方法(例如 FTIR,拉曼光谱等)表征工作条件下的电解质。可以在传统的透射电子显微镜(TEM)下观察到 EC 层和电解质之间的界面[136—137]。

(4) 结合理论和实验研究来分析、指导和设计电解质。可以通过材料计算来模拟和解释相应的离子机理。有必要通过理论建模和实验方法从根本上理解电解质离子动力学的机理。

(5) 制定评估电解质性能的标准方法。开发适当和标准化的方法来评估不同电解质及其相关 EC 的性能是必要且重要的。

最后,在宽温度范围内寻找合适的高电导率复合电解质始终值得进一步努力研究。商业电解质需要在室温下具有高离子传导性、安全性和易于加工的特性。

近来报道的一些聚合物电解质及其性质分别列于表 2.1～表 2.4。

表 2.1 近来报道的聚合物电解质及其离子电导率

聚合物电解质	EC 材料	离子电导率 /($S \cdot cm^{-1}$)	电化学稳定电位窗口/V	光学调制 /%	稳定性	参考文献
P(TMC)/PEO	普鲁士蓝/PEDOT	1.33×10^{-6}	−1.5~1	8%~30%	最大化颜色转换(>600 s)	*Electrochimica acta*, 2010, 55,1495
PEO/PVDF	TiO_2	6.98×10^{-6}	—	90%	—	*J. Sol-Gel Sci. and Technol.*, 2017,81,850
PEO/$LiClO_4$	PEDOT:PSS	4.2×10^{-4}	−3.0~3.0	22%	无显著变化	*J. Turkish Chem. Soc. Sect. Chem.*, 2019,5,1413
P(VDF-TrFE)/PEO	PEDOT:PSS	6.79×10^{-4}	−1.0~0.5	60%	—	*Phys. Chem. Chem. Phys.*, 2011,13,13319
PEMA/PVdF-HFP	WO_3//CeO_2-TiO_2	1.46×10^{-6}	−1.3~−0.8	81%	—	*Solid State Ionics*, 2012, 209,15
PVdF-HFP/silane-functionalized ZrO_2	PANI:DBSA	1.78×10^{-3}	−4.0~4.0	70%	—	*Electrochim. Acta*, 2016,196, 236
PVDF-HFP/POEI-ISF_4	纳米纤维	8.62×10^{-3}	0~1.2	68.7%	95.5% ΔT	*Sol. Energy Mater. Sol. Cells*, 2018,177,32
PVDF-co-HFP/[EMI][TFSI]	TFMFPhV$(TFSI)_2$	6.7×10^{-3}	−0.35~0	~73%	24 h 后 ΔT 约 14%降低	*Organic Electronics*, 2017, 51,490
IL/PVDF-HFP	PEDOT:PSS	1.13×10^{-3}	−1.4~1.4	~24%	—	*J. Membr. Sci*, 2011,376, 283
TMPD/HV$(BF_4)_2$/SN/PVDF-HFP	TMPD/HV$(BF_4)_2$/丁二腈	1×10^{-3}	0~0.9	60.1%	2000 循环后 ΔT 为初始值的 74.7%	*Sol. Energy Mater. Sol. Cells*, 2015,143,606
[Emim]BF_4/PMMA	WO_3	2.9×10^{-3}(RT)	−3.0~1.5	88%	—	*Mater. Des.*, 2017,118,279

续表

聚合物电解质	EC 材料	离子电导率/($S\cdot cm^{-1}$)	电化学稳定电位窗口/V	光学调制/%	稳定性	参考文献
PEEK 膜	IR-VEDs	6.8×10^{-3}	−1.0～1.0	47%	高循环稳定性	*Electrochim. Acta*, 2020, 332,135357
PVDF-HFP：PMMA/$LiClO_4$	—	2.83×10^{-4}	—	—	—	*J. Adv. Dielectr.*, 2018, 8, 1850005
PMMA/SN-PC	WO_3//PBNPs	1.46×10^{-3}	−2.5～2.0	52.4%	2250 循环后 44.5%	*Sol. Energy Mater. Sol. Cells*, 2017, 160, 476
PCL/SiO_2	PEDOT：PSS	5.2×10^{-3}	−4.0～1.0	30.6%	高稳定性（100 循环）	*Mater. Sci. and Engineering*: B, 2019, 241, 36
PVB-based GPEFs	WO_3//$Ni_{1-x}O$	4.0×10^{-5}	−2.0～2.0	65.8%	减弱 4.8%（16 h）	*Ionics*, 2017, 23, 1879
PAN-DMF-LiTFSI	WO_3//CeO_2-TiO_2	2.54×10^{-4}	−2.0～1.0	29.1%	—	*Electrochim. Acta*, 2017, 229, 22
PADA	LiNiO//WO_3	1.33×10^{-2}(RT)	−2.30～2.30	61%	50 循环后 58.4%	*J. Mater. Chem. C*, 2019, 7, 3744
PVDF-based	P(PVK-co-EDOT)	—	−0.9～0.5	39.1%	—	*J. Colloid Interface Sci.*, 2020
2-APPG/PMDA/ICS	WO_3 薄膜	1.01×10^{-3}	−3.5～2.5	38.2%	450 循环	*Organic Electronics*, 2018, 62, 516

表 2.2 自愈和交联聚合物电解质复合物及其各自的最高离子电导率的例子

电解质	离子电导率/(S·cm^{-1})	电化学电位窗口/V	应用	参考文献
B-PVA/KCl/GO	47.5×10^{-3}	0～1.0	柔性储能器件	*J. Power Sources*, 2019,431,210
SiO_2-UPy	8.0×10^{-5}	0～6.0	锂离子电池	*J. Mater. Chem A*, 2019, 7,10354
P(AA-VIm-VSN)	1.26×10^{-4}	−1.2～0.3	柔性电致变色器件	*Electrochimica Acta*, 2019, 320,134489
[P(PO/EM)]/LiTFPFB	1.55×10^{-4} (70℃)	3～4.2	锂金属电池	*Energy Storage Mater.*, 2020,25,756
Zn-MOG	—	0～2.1	柔性超级电容器	*Chem-Eur J.*, 2019, 25, 14775
PEALiFSI	5.84×10^{-4}	2.5～4.0	固态锂离子电池	*ACS Appl. Mater. Interfaces*, 2019,11,34930
Li^+-PEO	—	−4～4	微型超电容器	*Chemical Engineering Journal*, 2019,123645

表 2.3 几种固体 Li^+ 聚合物电解质的电导率比较

固体聚合物电解质	电解质类型	阴离子	室温下离子电导率/(S·cm^{-1})	参考文献
P(MEO-MALi)	无规共聚物	$-CO_2^-$	1.5×10^{-7}	*Solid State Ionics*, 1985, 17,307-311
PAE_8-co-E_3SO_3Li	无规共聚物	$-SO_3^-$	2.0×10^{-7}	*Electrochim. Acta* 2005, 50,1139-1147
	无规共聚物	$-(C_2O_4)_2B^-$	1.9×10^{-7}	*Macromolecules*, 2004, 37, 2219-2227
POE	无规共聚物	$-CF(CF_3)SO_3^-$	1×10^{-7}	*J. Power Sources*, 1995, 54,456-460
P(LiSMOE$_n$)s	无规共聚物	$-C_6H_5SO_3^-$	1.5×10^{-7}	*Chem. Mater.*, 1998, 10, 1951-1957
聚磷腈	无规共聚物	$-SO_2N^-SO_2CF_3$	3.0×10^{-6}	*Solid State Ionics*, 2006, 177,741-747
Li[PSTFSI-co-MPEGA]	无规共聚物	$-SO_2N^-SO_2CF_3$	7.7×10^{-6}	*Solid State Ionics*, 2017, 309,192-199

续表

固体聚合物电解质	电解质类型	阴离子	室温下离子电导率/($S \cdot cm^{-1}$)	参考文献
LiPI-polyether	共混共聚物	$-CO_2CF_2SO_2N^-$	1×10^{-6}	*Electrochim. Acta*, 2000, 45, 1187-1192
P($LiSMOE_n$)	共混共聚物	$-CO_2^-$	1.5×10^{-7}	*Chem. Mater.*, 1998, 10, 1951-1957
LiPPI	共混共聚物	$-COCF(CF_3)O(CF_2)_2SO_2N^-$	1×10^{-5}	*Electrochim. Acta*, 2001, 46, 1487-1491
PEC-based	共混共聚物	$-SO_2N^-SO_2CF_3$	1×10^{-9}	*Polymer*, 1973, 14, No. 589
LiTFSI	共混共聚物	$-SO_2(CF_2)_4SO_2N^-$	1×10^{-6}	*J. Electrochem. Soc.*, 2004, 151, A1363
LiPSFSI/PEO	共混共聚物	$-SO_2N^-SO_2F$	1×10^{-8}	*Angew. Chem. Int. Ed.*, 2016, 55, 2521- 2525
$PSsTFSI^-$/PEO	共混共聚物	$-SO_2N^-SO(=NSO_2CF_3)CF_3$	1×10^{-8}	*Angew. Chem.*, 2016, 55, 2521-2525
PEO-based	嵌段共聚物	$-CO_2^-$	1×10^{-7}	*J. Electrochem. Soc.*, 2005, 152, A158-A163
PEGM-based	嵌段共聚物	$-SO_2N^-SO_2CF_3$	2.3×10^{-6}	*ACS Appl. Mater. Interfaces*, 2016, 8, 10350-10359
polystyrene-PEO-based	嵌段共聚物	$-SO_2N^-SO_2CF_3$	1.3×10^{-5}	*Nat. Mater.*, 2013, 12, 452-457
PEO-PSLiTFSI	嵌段共聚物	$-SO_2N^-SO_2CF_3$	3.0×10^{-8}	*Electrochim. Acta*, 2000, 45, 1187-1192
methacrylic-PEO	嵌段共聚物	$-SO_2N^-SO_2CF_3$	3.4×10^{-8}	*Electrochim. Acta*, 2001, 46, 1487-1491
PEALiFSI	嵌段共聚物	$-CON^-SO_2CF_3$	5.84×10^{-4}	*ACS Appl. Mater. Interfaces*, 2019, 11, 34930-34938
PEO-PLSS	接枝共聚物	$-SO_3^-$	7.0×10^{-8}	*Electrochim. Acta*, 2004, 50, 375-378
$LiBOPEG_{600}$	均聚物	$-OP^-(C_2O_4)_2$	1.6×10^{-6}	*Solid State Ionics*, 2004, 175, 743-746

表 2.4 离子液体电解质的组成及性能

年份	电解质	室温下离子电导率 /(S·cm^{-1})	参考文献
2005	PVA-KOH	1.0×10^{-2}	*J. Power Sources*, 2005, 152, 303-310
2005	PEGDA-PVdF-EC-DMC-EMC-$LiPF_6$	1.5×10^{-3}	*Electrochim. Acta*, 2005, 50, 1813-1819
2010	$[PPyr_{11}TFSI]_{28\%}LiTFSI_{12\%}[Pyr_{14}TFSI]_{60\%}$	1.6×10^{-6}	*J. Power Sources*, 2010, 195, 3668-3675
2010	$PEO_{20}LiTFSI_1[Pyr_{1.2O1}TFSI]_{1.5}$	7.0×10^{-5}	*Electrochim. Acta*, 2010, 55, 5478-5484
2010	PEO_{25}-LiTf-IL	3.0×10^{-4}	*Indian J. Chem.*, 2010, 49, 743-751
2011	$PEO_{20}LiTFSI_1[S_{2.2.2}TFSI]_1$	5.0×10^{-4}	*J. Power Sources*, 2011, 196, 9767-9773
2012	$PEO_{20}LiTFSI_1[Pip_{13}TFSI]_{1.27}$	2.1×10^{-4}	*J. Solid State Electrochem.*, 2012, 16, 383-389
2013	P(MMA-AN-VAc) *N*-methyl-*N*-butyl pyrrolidinium bis(trifluoromethansulfonyl) imide	1.2×10^{-3}	*Electrochim. Acta*, 2013, 89, 461-468
2013	$PEO_{20}LiTFSI_2[Pyr_{14}TFSI]_6$	5.0×10^{-4}	*Electrochim. Acta*, 2013, 113, 181-185
2013	Chitosan-PEO-NH_4NO_3-EC	2.06×10^{-3}	*Opt Mater*, 2013, 35, 1834-1841
2014	Poly(ε-caprolactone)-NH_4SCN-EC	3.8×10^{-5}	*High Perform. Polym.*, 2014, 26, 637-640
2014	LiTFSI in P14TFS LiTFSI/P14TFSI/PEO	0.4×10^{-3}	*J. Power Sources*, 2014, 245, 779
2015	$PEO_{20}LiTFSI_2[Pyr_{1.2}O_1TFSI]_4$	2.5×10^{-4}	*RSC Adv.* 2015, 5, 13598-13606
2017	PEO-1-butyl-3-methylimidazolium bis (trifluoromethylsulfonyl)imide	2.2×10^{-4}	*J. Power Sources*, 2017, 372, 1-7
2017	PEO-(EMimFSI)	1.3×10^{-3}	*J. Mater. Chem. A*, 2017, 5, 6424-6431
2017	Oligoethylene glycol/*N*-butyl imidazole	4.8×10^{-4}	*J. Mater. Chem. A*, 2017, 5, 18012-18019
2018	PVDF-HFP(EMITFSI)	0.76×10^{-3}	*J. Phys. Chem. C*, 2018, 122, 10334-10342

续表

年份	电解质	室温下离子电导率/(S·cm^{-1})	参考文献
2018	PVDF-HFP-(SiO_2PPTFSI)	0.64×10^{-3}	*J. Mater. Chem. A*, 2018,6,18479-18487
2019	PIL：[PVEIm][TFSI]	5.92×10^{-4}(60℃)	*ACS Sustainable Chem. & Eng.*,2019,7,4675-4683
2019	PEO-TBPHP	2.51×10^{-3}	*J. Membrane Sci.*,2019,586,122-129
2019	PEO-EMimFSI	3.6×10^{-4}	*ACS Sustainable Chem. & Eng.*,2019,7,7163-7170

参考文献

[1] Nguyen C A, Xiong S, Ma J, et al. Toward electrochromic device using solid electrolyte with polar polymer host. The Journal of Physical Chemistry B, 2009, 113(23): 8006-8010.

[2] Zhang Y, Tian D, Fu Y, et al. Hydrostatic pressures effect on structure stability, electronic, optical and elastic properties of rutile VO_2 doped TiO_2 by density functional theory investigation. Materials Research Express, 2019, 6(9): 0965c0962.

[3] Shriver D, Bruce P. In Solid state electrochemistry. Cambridge University Press Cambridge, 1995(95).

[4] Choudhury N, Sampath S, Shukla A. Hydrogel-polymer electrolytes for electrochemical capacitors: An overview. Energy & Environmental Science, 2009, 2(1): 55-67.

[5] Agrawal R, Pandey G. Solid polymer electrolytes: Materials designing and all-solid-state battery applications: An overview. Journal of Physics D: Applied Physics, 2008, 41(22): 223001.

[6] Meyer W H. Polymer electrolytes for lithium-ion batteries. Advanced materials, 1998, 10(6): 439-448.

[7] Ramesh S, Lu S. Enhancement of ionic conductivity and structural properties by 1-butyl-3-methylimidazolium trifluoromethanesulfonate ionic liquid in poly(vinylidene fluoride-hexafluoropropylene)-based polymer electrolytes. Journal of Applied Polymer Science, 2012, 126: 484-492.

[8] Wu T-Y, Li W-B, Kuo C-W, et al. Study of poly(methyl methacrylate)-based gel electrolyte for electrochromic device. International Journal of Electrochemical Science, 2013, 8(8): 10720-10732.

[9] Sa'adun N N, Subramaniam R, Kasi R. Development and characterization of poly (1-vinylpyrrolidone-co-vinyl acetate) copolymer based polymer electrolytes. The Scientific World Journal, 2014, 2014: 254215.

[10] Susan M A B H, Kaneko T, Noda A, et al. Ion gels prepared by in situ radical polymerization of vinyl monomers in an ionic liquid and their characterization as polymer electrolytes. Journal of the American Chemical Society, 2005, 127(13): 4976-4983.

[11] Thakur V K, Ding G, Ma J, et al. Hybrid materials and polymer electrolytes for electrochromic device applications. Advanced materials, 2012, 24(30): 4071-4096.

[12] Sekhon S, Arora N, Singh H P. Effect of donor number of solvent on the conductivity behavior of nonaqueous proton-conducting polymer gel electrolytes. Solid State Ionics. 2003, 160(3-4): 301-307.

[13] Feuillade G, Perche P. Ion-conductive macromolecular gels and membranes for solid lithium cells. Journal of Applied Electrochemistry, 1975, 5(1): 63-69.

[14] Song J, Wang Y, Wan C C. Review of gel-type polymer electrolytes for lithium-ion batteries. Journal of Power Sources, 1999, 77(2): 183-197.

[15] Chen P, Liang X, Wang J, et al. PEO/PVDF-based gel polymer electrolyte by incorporating nano-TiO_2 for electrochromic glass. Journal of Sol-Gel Science and Technology, 2017, 81(3): 850-858.

[16] Azens A, Avendano E, Backholm J, et al. Flexible foils with electrochromic coatings: Science, technology and applications. Materials Science and Engineering: B, 2005, 119(3): 214-223.

[17] Naji A, Ghanbaja J, Willmann P, et al. First characterization of the surface compounds formed during the reduction of a carbonaceous electrode in $LiClO_4$-ethylene carbonate electrolyte. Journal of Power Sources, 1996, 62(1): 141-143.

[18] Fey G, Hsieh M, Jaw H, et al. A rechargeable Li/$Li\chi CoO_2$ cell incorporating a $LiCF_3SO_3$ + NMP electrolyte. Journal of Power Sources, 1993, 44(1-3): 673-680.

[19] Takami N, Ohsaki T, Inada K. The impedance of lithium electrodes in $LiPF_6$-based electrolytes. Journal of The Electrochemical Society, 1992, 139(7): 1849-1854.

[20] Kumar B, Schaffer J D, Nookala M, et al. An electrochemical study of PEO: $LiBF_4$-glass composite electrolytes. Journal of Power Sources, 1994, 47(1-2): 63-78.

[21] Imoto K, Takahashi K, Yamaguchi T, et al. High-performance carbon counter electrode for dye-sensitized solar cells. Solar Energy Materials and Solar Cells, 2003, 79(4): 459-469.

[22] Agnihotry S, Pradeep P, Sekhon S. Pmma based gel electrolyte for EC smart windows. Electrochimica Acta, 1999, 44(18): 3121-3126.

[23] Cowie J M G, Arrighi V. Polymers: Chemistry and physics of modern materials. CRC press, 2007.

[24] Wang Y, Chen K S, Mishler J, et al. A review of polymer electrolyte membrane fuel cells: Technology, applications, and needs on fundamental research. Applied energy, 2011, 88(4): 981-1007.

[25] Miller M, Bazylak A. A review of polymer electrolyte membrane fuel cell stack testing. Journal of Power Sources, 2011, 196(2): 601-613.

[26] Beaujuge P M, Reynolds J R. Color control in π-conjugated organic polymers for use in electrochromic devices. Chemical Reviews, 2010, 110(1): 268-320.

[27] Gaupp C L, Zong K, Schottland P, et al. Poly(3,4-ethylenedioxypyrrole): Organic electrochemistry of a highly stable electrochromic polymer. Macromolecules, 2000, 33(4): 1132-1133.

[28] Pennarun P-Y, Jannasch P. Electrolytes based on $LiClO_4$ and branched PEG-boronate ester polymers for electrochromics. Solid State Ionics, 2005, 176(11-12): 1103-1112.

[29] Pennarun P-Y, Papaefthimiou S, Yianoulis P, et al. Electrochromic devices operating with electrolytes based on boronate ester compounds and various alkali metal salts. Solar Energy Materials and Solar Cells, 2007, 91(4): 330-341.

[30] Boehme J L, Mudigonda D S, Ferraris J P. Electrochromic properties of laminate devices fabricated from polyaniline, poly(ethylenedioxythiophene), and poly(*N*-methylpyrrole). Chemistry of Materials, 2001, 13(12): 4469-4472.

[31] Yang C-H, Huang L-R, Chih Y-K, et al. Simultaneous molecular-layer assembly and copolymerization of aniline and *o*-aminobenzenesulfonic acid for application in electrochromic devices. The Journal of Physical Chemistry C, 2007, 111(9): 3786-3794.

[32] Reiter J, Krejza O, Sedlaříková M. Electrochromic devices employing methacrylate-based polymer electrolytes. Solar Energy Materials and Solar Cells, 2009, 93(2): 249-255.

[33] Sherwood C, Price F, Stein R. In Journal of Polymer Science: Polymer Symposia. Wiley Online Library, 77-94.

[34] Armand M, Chabagno J, Duclot M. "Second International Meeting on Solid Electrolytes, St. Andrews, Scotland, September 20-22", presented at Extended Abstracts, 1978.

[35] Pitawala H, Dissanayake M, Seneviratne V. Combined effect of Al_2O_3 nano-fillers and EC plasticizer on ionic conductivity enhancement in the solid polymer electrolyte $(PEO)_9LiTf$. Solid State Ionics, 2007, 178(13-14): 885-888.

[36] Pedone D, Armand M, Deroo D. Voltammetric and potentiostatic studies of the interface WO_3/polyethylene oxide-H_3PO_4. Solid State Ionics, 1988, 28: 1729-1732.

[37] Visco S J, Liu M, Doeff M M, et al. Polyorganodisulfide electrodes for solid-state batteries and electrochromic devices. Solid State Ionics, 1993, 60(1-3): 175-187.

[38] Baudry P, Aegerter M A, Deroo D, et al. Electrochromic window with lithium conductive poly-

mer electrolyte. Journal of the Electrochemical Society, 1991, 138(2): 460-465.

[39] Su L, Wang H, Lu Z. All-solid-state electrochromic window of prussian blue and electrodeposited WO_3 film with poly(ethylene oxide) gel electrolyte. Materials Chemistry and Physics, 1998, 56(3): 266-270.

[40] Desai S, Shepherd R L, Innis P C, et al. Gel electrolytes with ionic liquid plasticiser for electrochromic devices. Electrochimica Acta, 2011, 56(11): 4408-4413.

[41] Yang C-H, Chong L-W, Huang L-M, et al. Novel electrochromic devices based on composite films of poly(2,5-dimethoxyaniline)-waterborne polyurethane. Materials Chemistry and Physics, 2005, 91(1): 154-160.

[42] Nishikitani Y, Uchida S, Asano T, et al. Photo-and electrochemical properties of linked ferrocene and viologen donor-acceptor-type molecules and their application to electrochromic devices. The Journal of Physical Chemistry C, 2008, 112(11): 4372-4377.

[43] Mendoza N, Paraguay-Delgado F, Hechavarría L, et al. Nanostructured polyethylene glycol-titanium oxide composites as solvent-free viscous electrolytes for electrochromic devices. Solar Energy Materials and Solar Cells, 2011, 95(8): 2478-2484.

[44] Panero S, Scrosati B, Baret M, et al. Electrochromic windows based on polyaniline, tungsten oxide and gel electrolytes. Solar Energy Materials and Solar Cells, 1995, 39(2-4): 239-246.

[45] Vasilopoulou M, Raptis I, Argitis P, et al. Polymeric electrolytes for WO_3-based all solid-state electrochromic displays. Microelectronic engineering, 2006, 83(4-9): 1414-1417.

[46] Zhou Y, Gu P, Tang J. in Optical Materials Technology for Energy Efficiency and Solar Energy Conversion XII. International Society for Optics and Photonics, 155-160.

[47] Andersson A M, Granqvist C G, Stevens J R. Electrochromic Li_xWO_3/polymer laminate/$Liyv_2O_5$ device: Toward an all-solid-state smart window. applied Optics, 1989, 28(16): 3295-3302.

[48] Argun A, Cirpan A, Reynolds J. Using poly (3, 4-ethylenedioxylthiophene) polystyrene sulfonate (PEDO/PSS). Advanced Materials. 2003, 15: 1338-1341.

[49] Oral A, Koyuncu S, Kaya i. Polystyrene functionalized carbazole and electrochromic device application. Synthetic metals, 2009, 159(15-16): 1620-1627.

[50] Tung T-S, Ho K-C. Cycling and at-rest stabilities of a complementary electrochromic device containing poly (3, 4-ethylenedioxythiophene) and prussian blue. Solar Energy Materials and Solar Cells, 2006, 90(4): 521-537.

[51] Yang X, Cong S, Li J, et al. An aramid nanofibers-based gel polymer electrolyte with high mechanical and heat endurance for all-solid-state nir electrochromic devices. Solar Energy Materials and Solar Cells, 2019, 200: 109952.

[52] Kim J T, Song J, Ryu H, et al. Electrochromic infrared light modulation in optical

waveguides. Advanced Optical Materials, 2020: 1901464.

[53] Fabretto M, Vaithianathan T, Hall C, et al. Faradaic charge corrected colouration efficiency measurements for electrochromic devices. Electrochimica Acta, 2008, 53(5): 2250-2257.

[54] Jia P, Yee W A, Xu J, et al. Thermal stability of ionic liquid-loaded electrospun poly (vinylidene fluoride) membranes and its influences on performance of electrochromic devices. Journal of Membrane Science, 2011, 376(1-2): 283-289.

[55] Lang A W, Österholm A M, Reynolds J R. Paper-based electrochromic devices enabled by nanocellulose-coated substrates. Advanced Functional Materials, 2019, 29(39): 1903487.

[56] Çelik E. Investigations of self-healing property of chitosan-reinforced epoxy dye composite coatings. Journal of Materials, 2013, 2013: 613717.

[57] Zheng R, Zhang J, Jia C, et al. A novel self-healing electrochromic film based on a triphenylamine cross-linked polymer. Polymer Chemistry, 2017, 8(45): 6981-6988.

[58] Li J, Qi S, Liang J, et al. Synthesizing a healable stretchable transparent conductor. ACS Applied Materials & Interfaces, 2015, 7(25): 14140-14149.

[59] Liang J, Li L, Niu X, et al. Elastomeric polymer light-emitting devices and displays. Nature Photonics, 2013, 7(10): 817.

[60] Sun H, You X, Jiang Y, et al. Self-healable electrically conducting wires for wearable microelectronics. Angewandte Chemie International Edition, 2014, 53(36): 9526-9531.

[61] Ko J, Kim Y-J, Kim Y S. Self-healing polymer dielectric for a high capacitance gate insulator. ACS Applied Materials & Interfaces, 2016, 8(36): 23854-23861.

[62] Han L, Lu X, Wang M, et al. A mussel-inspired conductive, self-adhesive, and self-healable tough hydrogel as cell stimulators and implantable bioelectronics. Small, 2017, 13(2): 1601916.

[63] Cao Y, Morrissey T G, Acome E, et al. A transparent, self-healing, highly stretchable ionic conductor. Advanced Materials, 2017, 29(10): 1605099.

[64] Canadell J, Goossens H, Klumperman B. Self-healing materials based on disulfide links. Macromolecules, 2011, 44(8): 2536-2541.

[65] Yoon J A, Kamada J, Koynov K, et al. Self-healing polymer films based on thiol-disulfide exchange reactions and self-healing kinetics measured using atomic force microscopy. Macromolecules, 2012, 45(1): 142-149.

[66] Chao A, Negulescu I, Zhang D. Dynamic covalent polymer networks based on degenerative imine bond exchange: Tuning the malleability and self-healing properties by solvent. Macromolecules, 2016, 49(17): 6277-6284.

[67] Wei Z, Yang J H, Zhou J, et al. Self-healing gels based on constitutional dynamic chemistry and their potential applications. Chemical Society Reviews, 2014, 43(23): 8114-8131.

[68] Xu Z, Zhao Y, Wang X, et al. A thermally healable polyhedral oligomeric silsesquioxane (POSS) nanocomposite based on Diels-Alder chemistry. Chemical Communications, 2013, 49(60): 6755-6757.

[69] White S R, Sottos N R, Geubelle P H, et al. Autonomic healing of polymer composites. Nature, 2001, 409(6822): 794-797.

[70] Caruso M M, Delafuente D A, Ho V, et al. Solvent-promoted self-healing epoxy materials. Macromolecules, 2007, 40(25): 8830-8832.

[71] Trask R, Williams G, Bond I. Bioinspired self-healing of advanced composite structures using hollow glass fibres. Journal of the Royal Society Interface, 2007, 4(13): 363-371.

[72] Gong Z, Zhang G, Zeng X, et al. High-strength, tough, fatigue resistant, and self-healing hydrogel based on dual physically cross-linked network. ACS Applied Materials & Interfaces, 2016, 8(36): 24030-24037.

[73] Jang S, Moon H C, Kwak J, et al. Phase behavior of star-shaped polystyrene-block-poly(methyl methacrylate) copolymers. Macromolecules, 2014, 47(15): 5295-5302.

[74] Moon H C, Lodge T P, Frisbie C D. Solution processable, electrochromic ion gels for sub-1 V, flexible displays on plastic. Chemistry of Materials, 2015, 27(4): 1420-1425.

[75] Michaelis L, Hill E S. The viologen indicators. The Journal of General Physiology, 1933, 16(6): 859.

[76] Seo D G, Moon H C. Mechanically robust, highly ionic conductive gels based on random copolymers for bending durable electrochemical devices. Advanced Functional Materials, 2018, 28(14): 1706948.

[77] Zhou N C, Xu C, Burghardt W R, et al. Phase behavior of polystyrene and poly (styrene-ran-styrenesulfonate) blends. Macromolecules, 2006, 39(6): 2373-2379.

[78] Alsalhy Q F, Rashid K T, Ibrahim S S, et al. Poly(vinylidene fluoride-co-hexafluoropropylene) (PVDF-co-HFP) hollow fiber membranes prepared from PVDF-co-HFP/PEG-600Mw/DMAC solution for membrane distillation. Journal of Applied Polymer Science, 2013, 129(6): 3304-3313.

[79] Saikia B J, Dolui S K. Designing semiencapsulation based covalently self-healable poly (methyl methacrylate) composites by atom transfer radical polymerization. Journal of Polymer Science Part A: Polymer Chemistry, 2016, 54(12): 1842-1851.

[80] Ulaganathan M, Nithya R, Rajendran S, et al. Li-ion conduction on nanofiller incorporated PVDF-co-HFP based composite polymer blend electrolytes for flexible battery applications. Solid State Ionics, 2012, 218: 7-12.

[81] Ponmani S, Kalaiselvimary J, Prabhu M R. Structural, electrical, and electrochemical properties of poly (vinylidene fluoride-co-hexaflouropropylene)/poly (vinyl acetate)-based polymer

blend electrolytes for rechargeable magnesium ion batteries. Journal of Solid State Electrochemistry, 2018, 22(8): 2605-2615.

[82] Ko J, Surendran A, Febriansyah B, et al. Self-healable electrochromic ion gels for low power and robust displays. Organic Electronics, 2019, 71: 199-205.

[83] Kavitha A A, Singha N K. "Click chemistry" in tailor-made polymethacrylates bearing reactive furfuryl functionality: A new class of self-healing polymeric material. ACS Applied Materials & Interfaces, 2009, 1(7): 1427-1436.

[84] Zheng R, Fan Y, Wang Y, et al. A bifunctional triphenylamine-based electrochromic polymer with excellent self-healing performance. Electrochimica Acta, 2018, 286: 296-303.

[85] Nishimoto A, Agehara K, Furuya N, et al. High ionic conductivity of polyether-based network polymer electrolytes with hyperbranched side chains. Macromolecules, 1999, 32(5): 1541-1548.

[86] Kang Y, Cheong K, Noh K-A, et al. A study of cross-linked PEO gel polymer electrolytes using bisphenol A ethoxylate diacrylate: Ionic conductivity and mechanical properties. Journal of Power Sources, 2003, 119: 432-437.

[87] Kono M, Hayashi E, Watanabe M. Network polymer electrolytes with free chain ends as internal plasticizer. Journal of the Electrochemical Society, 1998, 145(5): 1521-1527.

[88] Wen Z, Itoh T, Uno T, et al. Thermal, electrical, and mechanical properties of composite polymer electrolytes based on cross-linked poly(ethylene oxide-co-propylene oxide) and ceramic filler. Solid State Ionics, 2003, 160(1-2): 141-148.

[89] Matsui S, Muranaga T, Higobashi H, et al. Liquid-free rechargeable Li polymer battery. Journal of Power Sources, 2001, 97: 772-774.

[90] Kuratomi J, Iguchi T, Bando T, et al. Development of solid polymer lithium secondary batteries. Journal of Power Sources, 2001, 97: 801-803.

[91] Matoba Y, Ikeda Y, Kohjiya S. Ionic conductivity and mechanical properties of polymer networks prepared from high molecular weight branched poly(oxyethylene)s. Solid State Ionics, 2002, 147(3-4): 403-409.

[92] Lee K-H, Kim K-H, Lim H S. Studies on a new series of cross-linked polymer electrolytes for a lithium secondary battery. Journal of the Electrochemical Society, 2001, 148(10): A1148-A1152.

[93] Chen F, Ren Y, Guo J, et al. Thermo-and electro-dual responsive poly (ionic liquid) electrolyte based smart windows. Chemical Communications, 2017, 53(10): 1595-1598.

[94] Li S, Zhang S Q, Shen L, et al. Progress and perspective of ceramic/polymer composite solid electrolytes for lithium batteries. Advanced Science, 2020, 7(5): 1903088.

[95] Aravindan V, Vickraman P. Characterization of SiO_2 and Al_2O_3 incorporated PVdF-HFP based

composite polymer electrolytes with $LiPF_3(CF_3CF_2)_3$. Journal of Applied Polymer Science, 2008, 108(2): 1314-1322.

[96] Liu W, Lin D, Sun J, et al. Improved lithium ionic conductivity in composite polymer electrolytes with oxide-ion conducting nanowires. ACS Nano. 2016, 10(12): 11407-11413.

[97] Ling S-G, Peng J-Y, Yang Q, et al. Enhanced ionic conductivity in LAGP/LATP composite electrolyte. Chinese Physics B, 2018, 27(3): 038201.

[98] Keller M, Appetecchi G B, Kim G-T, et al. Electrochemical performance of a solvent-free hybrid ceramic-polymer electrolyte based on $Li_7La_3Zr_2O_{12}$ in $P(EO)_{15}LiTFSI$. Journal of Power Sources, 2017, 353: 287-297.

[99] Do J-S, Chang C-P, Lee T-J. Electrochemical properties of lithium salt-poly(ethylene oxide)-ethylene carbonate polymer electrolyte and discharge characteristics of $LiMnO_2$. Solid State Ionics, 1996, 89(3-4): 291-298.

[100] Subianto S, Mistry M K, Choudhury N R, et al. Composite polymer electrolyte containing ionic liquid and functionalized polyhedral oligomeric silsesquioxanes for anhydrous PEM applications. ACS Applied Materials & Interfaces, 2009, 1(6): 1173-1182.

[101] Ketabi S, Lian K. Effect of SiO_2 on conductivity and structural properties of PEO-$EMIHSO_4$ polymer electrolyte and enabled solid electrochemical capacitors. Electrochimica Acta, 2013, 103: 174-178.

[102] Pal P, Ghosh A. Influence of TiO_2 nano-particles on charge carrier transport and cell performance of PMMA-$LiClO_4$ based nano-composite electrolytes. Electrochimica Acta, 2018, 260: 157-167.

[103] Weston J, Steele B. Effects of inert fillers on the mechanical and electrochemical properties of lithium salt-poly(ethylene oxide) polymer electrolytes. Solid State Ionics, 1982, 7(1): 75-79.

[104] Kontos G, Soulintzis A, Karahaliou P, et al. Electrical relaxation dynamics in TiO_2-polymer matrix composites. Express Polymer Letters, 2007, 1(12): 781-789.

[105] Capuano F, Croce F, Scrosati B. Composite polymer electrolytes. Journal of the Electrochemical Society, 1991, 138(7): 1918-1922.

[106] Chandrasekhar V. Polymer solid electrolytes: Synthesis and structure. Blockcopolymers-Polyelectrolytes-Biodegradation, Springer, 1998, 139-205.

[107] Tambelli C, Bloise A, Rosario A, et al. Characterisation of PEO-Al_2O_3 composite polymer electrolytes. Electrochimica Acta, 2002, 47(11): 1677-1682.

[108] Liang B, Tang S, Jiang Q, et al. Preparation and characterization of PEO-PMMA polymer composite electrolytes doped with nano-Al_2O_3. Electrochimica Acta, 2015, 169: 334-341.

[109] Nan C-W, Fan L, Lin Y, et al. Enhanced ionic conductivity of polymer electrolytes containing nanocomposite SiO_2 particles. Physical Review Letters, 2003, 91(26): 266104.

[110] Lin D, Yuen P Y, Liu Y, et al. A silica-aerogel-reinforced composite polymer electrolyte with high ionic conductivity and high modulus. Advanced Materials, 2018, 30(32): 1802661.

[111] Syzdek J, Armand M, Gizowska M, et al. Ceramic-in-polymer versus polymer-in-ceramic polymeric electrolytes-a novel approach. Journal of Power Sources, 2009, 194(1): 66-72.

[112] Chen L, Li Y, Li S-P, et al. PEO/garnet composite electrolytes for solid-state lithium batteries: From "ceramic-in-polymer" to "polymer-in-ceramic". Nano Energy, 2018, 46: 176-184.

[113] Kumar B, Scanlon L G. Composite electrolytes for lithium rechargeable batteries. Journal of Electroceramics, 2000, 5(2): 127-139.

[114] Yao P, Yu H, Ding Z, et al. Review on polymer-based composite electrolytes for lithium batteries. Frontiers in Chemistry, 2019, 7: 522.

[115] Zhang X, Liu T, Zhang S, et al. Synergistic coupling between $Li_{6.75}La_3Zr_{1.75}Ta_{0.25}O_{12}$ and poly (vinylidene fluoride) induces high ionic conductivity, mechanical strength, and thermal stability of solid composite electrolytes. Journal of the American Chemical Society, 2017, 139(39): 13779-13785.

[116] Zhu P, Yan C, Dirican M, et al. $Li_{0.33}La_{0.557}TiO_3$ ceramic nanofiber-enhanced polyethylene oxide-based composite polymer electrolytes for all-solid-state lithium batteries. Journal of Materials Chemistry A, 2018, 6(10): 4279-4285.

[117] Zhao Y, Wu C, Peng G, et al. A new solid polymer electrolyte incorporating $Li_{10}GeP_2S_{12}$ into a polyethylene oxide matrix for all-solid-state lithium batteries. Journal of Power Sources, 2016, 301: 47-53.

[118] Čolović M, Jerman I, Gaberšček M, et al. Poss based ionic liquid as an electrolyte for hybrid electrochromic devices. Solar Energy Materials and Solar Cells, 2011, 95(12): 3472-3481.

[119] Lewandowski A, Świderska-Mocek A. Ionic liquids as electrolytes for Li-ion batteries—An overview of electrochemical studies. Journal of Power Sources, 2009, 194(2): 601-609.

[120] Ma L, Li Y, Yu X, et al. Fabricating red-blue-switching dual polymer electrochromic devices using room temperature ionic liquid. Solar Energy Materials and Solar Cells, 2009, 93(5): 564-570.

[121] Zhou D, Zhou R, Chen C, et al. Non-volatile polymer electrolyte based on poly (propylene carbonate), ionic liquid, and lithium perchlorate for electrochromic devices. The Journal of Physical Chemistry B, 2013, 117(25): 7783-7789.

[122] Candhadai Murali S P, Samuel A S. Zinc ion conducting blended polymer electrolytes based on room temperature ionic liquid and ceramic filler. Journal of Applied Polymer Science, 2019, 136(24): 47654.

[123] Macfarlane D R, Forsyth M, Howlett P C, et al. Ionic liquids and their solid-state analogues

as materials for energy generation and storage. Nature Reviews Materials, 2016, 1(2): 1-15.

[124] Mecerreyes D. Polymeric ionic liquids: Broadening the properties and applications of polyelectrolytes. Progress in Polymer Science, 2011, 36(12): 1629-1648.

[125] Yuan J, Mecerreyes D, Antonietti M. Poly(ionic liquid)s: An update. Progress in Polymer Science, 2013, 38(7): 1009-1036.

[126] Marcilla R, Alcaide F, Sardon H, et al. Tailor-made polymer electrolytes based upon ionic liquids and their application in all-plastic electrochromic devices. Electrochemistry communications, 2006, 8(3): 482-488.

[127] Shin J-H, Henderson W A, Tizzani C, et al. Characterization of solvent-free polymer electrolytes consisting of ternary PEO-LiTFSI-PYR_{14} TFSI. The Electrochemical Society, 2006, 153 (9): A1649-A1654.

[128] Puguan J M C, Kim H. A switchable single-molecule electrochromic device derived from a viologen-tethered triazolium-based poly (ionic liquid). Journal of Materials Chemistry A, 2019, 7(38): 21668-21673.

[129] Guo J, Yuan C, Guo M, et al. Flexible and voltage-switchable polymer velcro constructed using host-guest recognition between poly(ionic liquid) strips. Chemical Science, 2014, 5(8): 3261-3266.

[130] Sui X, Hempenius M A, Vancso G J. Redox-active cross-linkable poly (ionic liquid)s. Journal of the American Chemical Society, 2012, 134(9): 4023-4025.

[131] Avellaneda C O, Vieira D F, Al-Kahlout A, et al. All solid-state electrochromic devices with gelatin-based electrolyte. Solar Energy Materials and Solar Cells, 2008, 92(2): 228-233.

[132] Avellaneda C O, Vieira D F, Al-Kahlout A, et al. Solid-state electrochromic devices with Nb_2O_5: Mo thin film and gelatin-based electrolyte. Electrochimica Acta, 2007, 53(4): 1648-1654.

[133] Silva M, Barbosa P, Rodrigues L, et al. Gelatin in electrochromic devices. Optical Materials, 2010, 32(6): 719-722.

[134] Danine A, Manceriu L, Fargues A, et al. Eco-friendly redox mediator gelatin-electrolyte for simplified TiO_2-viologen based electrochromic devices. Electrochimica Acta, 2017, 258: 200-207.

[135] Tihan G T, Mindroiu M, Rau I, et al. The electrochromic device performance with DNA based electrolyte. Materials Chemistry and Physics, 2020, 241: 122349.

[136] Zachman M J, Tu Z, Choudhury S, et al. Cryo-stem mapping of solid-liquid interfaces and dendrites in lithium-metal batteries. Nature, 2018, 560(7718): 345-349.

[137] Wang X, Zhang M, Alvarado J, et al. New insights on the structure of electrochemically deposited lithium metal and its solid electrolyte interphases via cryogenic TEM. Nano Letters, 2017, 17(12): 7606-7612.

第三章　小分子电致变色材料

3.1　小分子电致变色材料的背景

20 世纪 30 年代，随着科技进步和发展，第一篇关于电致变色材料的报道应运而生。到了 20 世纪 60 年代，Plant 在研究有机染料时发现，在外加电场的作用下材料会产生变色效果，于是研究人员进一步深化了对于电致变色现象的研究。第一个电致变色器件是 1969 年由 S. K. Deb 用 WO_3 薄膜进行制备的，并同时提出“氧空位色心”机理，开启了电致变色研究的大门。

20 世纪 70 年代以来，一系列以无机物为主的小分子电致变色材料逐渐走进了人们的视野，同时，对电致变色机理的研究也逐渐展开，更多的电致变色材料被发现。根据文献报道，早期的电致变色材料主要是过渡金属氧化物(如 W、Mo、V、Nb、Ti、Ir、Rh、Ni、Co 等)和普鲁士蓝。这些材料分为还原态着色和氧化态着色，有些材料在氧化态和还原态都可能出现不同的颜色。而在 1987 年，日本研究人员报道了一系列分子结构简单的有机电致变色材料，例如二甲基对苯二甲酸二甲酯的电致变色性能，并研究了温度、时间和电压对材料电致变色性能的影响[1]。

常见的有机小分子电致变色材料包括紫精、金属有机螯合物(如肽菁)等研究较多的材料，及酯类、酮类、酸类等近年来研究较多的材料。紫精材料作为一种商业化程度较高的小分子电致变色材料，在其他独立章节有介绍。在本章当中主要介绍其他类型的小分子电致变色材料。相比无机小分子电致变色材料和有机高分子电致变色材料，有机小分子电致变色材料具有以下优点：(1) 纯度高，易于纯化；(2) 色彩丰富、持久且鲜艳；(3) 合成路线简单，工业化前景广阔；(4) 采用溶液法和电化学法均可形成薄膜;(5) 可以作为阴极材料使用,也可以作为阳极材料使用;(6) 由于部分分子结构较为简单,极性强,因此可以用水溶液处理,降低成本;(7) 易于通过分子设计调整电致变色材料的结构和性能。然而,小分子电致变色材料仍然存在着一些亟待解决的缺陷,例如变色电压偏高、循环性较差、对水和氧气的敏感性偏高等等。

典型的 EC 器件一般由五层结构组成,包括透明导电氧化物(TCO)层/离子储存层(IS)/离子导电层(电解质)/EC 层/透明导电氧化物(TCO)层,在某些特殊情况下,可以简化为三层或四层。可溶性小分子电致变色材料的电致变色器件通常采用如图 3.1 所示的三明治结构。以 ITO 玻璃为电极,将电解液和电致变色材料溶解在特定的溶剂中,注入两层玻璃之间。在这一章当中,我们将根据材料分类详细介绍小分子电致变色材料的类型、特点及应用。

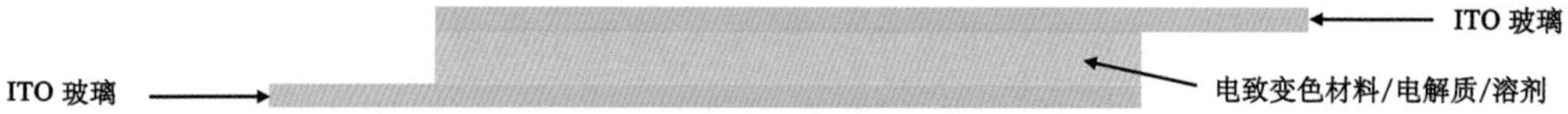

图 3.1 小分子电致变色材料常用器件结构

3.2 发展历程

在图 3.2 当中,我们以小分子电致变色材料的类型作为横坐标,其发展过程作为纵坐标,对小分子电致变色材料的发展过程进行了一定的分类和排序。本章所叙述的材料大致可分为紫罗精-菁类杂化物、对苯二甲酸/间苯二甲酸衍生物、甲基酮衍生物、氟代染料衍生物、TPA 染料衍生物等。随着研究逐步深入,小分子电致变色材料不仅在种类上逐渐丰富,稳定性也在不断提高,从最初 Kenichi Nakamura 等人研究邻苯二甲酸的电致变色性能,到近年来对双稳态电致变色材料的制备、表征以及对电极改性的研究,小分子电致变色材料的实用性和稳定性正在逐步提高,同时也有着非常良好的工业应用前景。

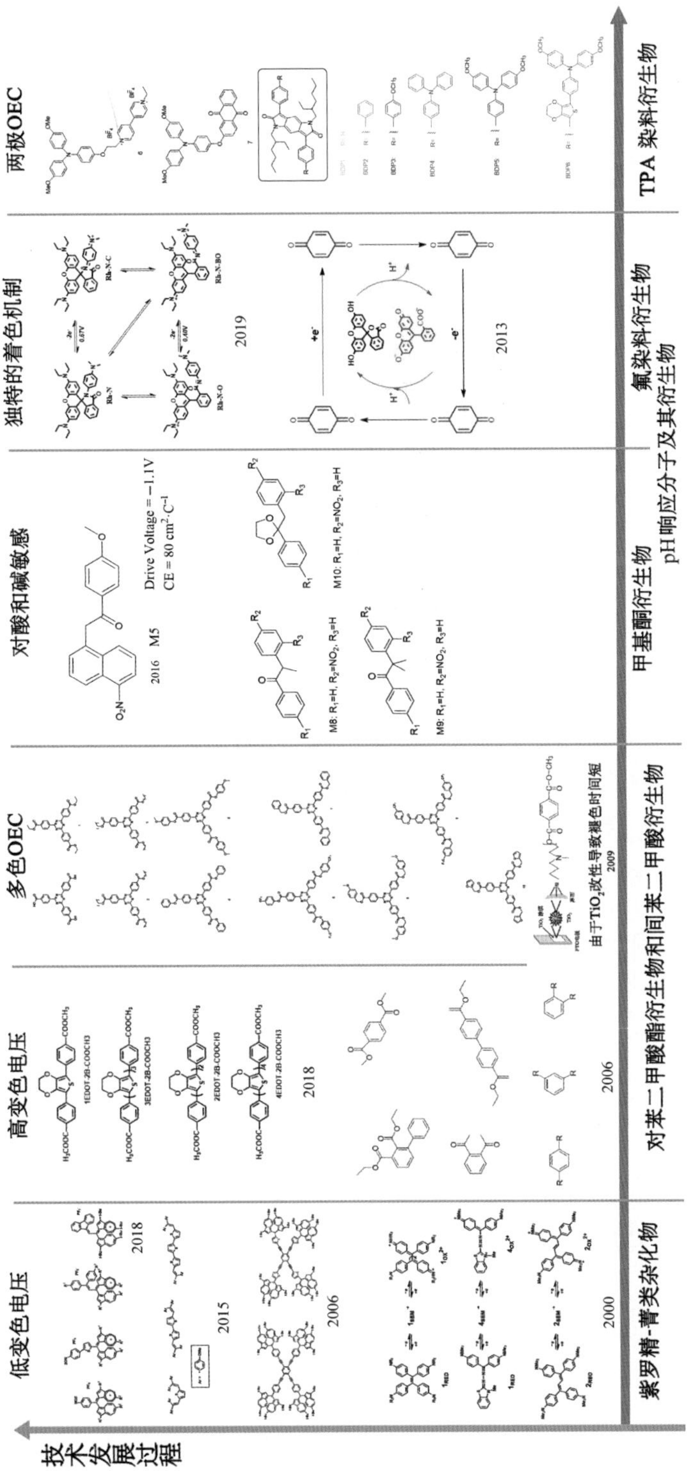

图 3.2 小分子电致变色材料的技术发展

3.3 紫罗精-菁类杂化物(AIE PL OEC)

紫罗精-菁类杂化物是一种具有高颜色强度、高热力学稳定性的电致变色材料。在 1999 年,Siegfried Hünig 等人第一次报道了几种紫罗兰/花青素(violene/anthocyanin)杂化结构(图 3.3),在这系列材料当中,花青素(anthocyanin)结构的功能主要是提供颜色显示,在外加电场作用下,分子的氧化水平可以变化为−4、−2、0、2、4,从而实现颜色的变化[2]。

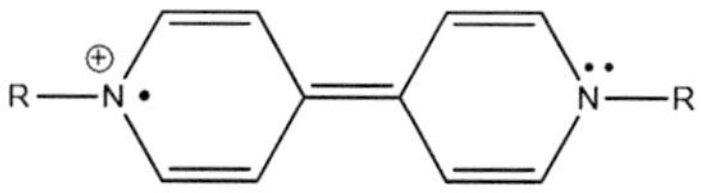

(闭壳材料)

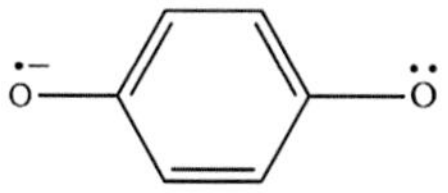

(开壳材料)

图 3.3 紫罗精-菁类杂化物的一般结构

紫罗精-菁类杂化物分为闭壳材料(closed-shell)和开壳材料(opened-shell)。由于自由基反应通常与低活化能有关,故开壳层体系比类似结构的闭壳层体系分解速度更快,因此利用闭壳层分子的自由基结构能够提高材料的稳定性。在电场的作用下,此类材料的结构变化如图 3.4 所示。

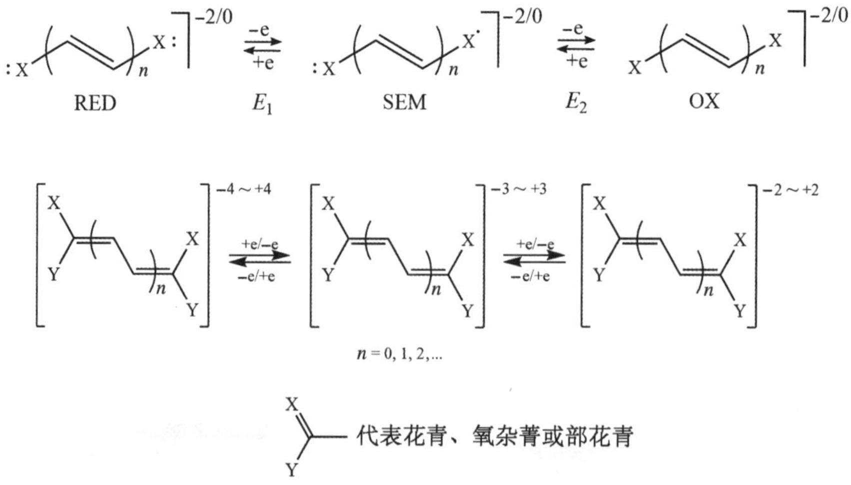

RED E_1 SEM E_2 OX

$n = 0, 1, 2, \ldots$

代表花青、氧杂菁或部花青

图 3.4 紫罗精-菁类杂化物在电场作用下的结构变化[3]

根据上述原理，通过改变取代基(包括吩噻嗪、苯基嗪、噻嗪、芳香二羧酸酯等)或用N原子取代中间乙烯基的C原子，能够调整材料的结构和性能，从而设计出具有特定颜色和驱动电压范围的小分子电致变色材料。另外一点令人注意的是，文章当中所制备的ECD能够在黄色中性状态下保持薄膜的强荧光，最重要的是，它的荧光可以通过电压打开/关闭，控制器件颜色变化。因此这种材料具备ECD的同步荧光开关和电致变色开关特性。

在2006年和2018年，Shunji Ito等人报道了两个系列的菁类-菁类杂化材料。其中一个系列是根据新的菁类-菁类结构设计原则合成的二薁基甲基单元组成的四聚体，如图3.5，这种材料具有两种颜色变化。而另一系列则是基于新的菁类-菁类结构设计原理，合成了二薁基甲基单元组成的两种阳离子，如图3.6所示。这种材料的驱动电压相对较低，通常小于1 V，变色机理如图3.7所示。但实际上并非所有如上推定的结构都有较好的电致变色性能，因此在设计此类结构时，应适当考虑取代基和分子间作用力对电致变色材料稳定性的影响。

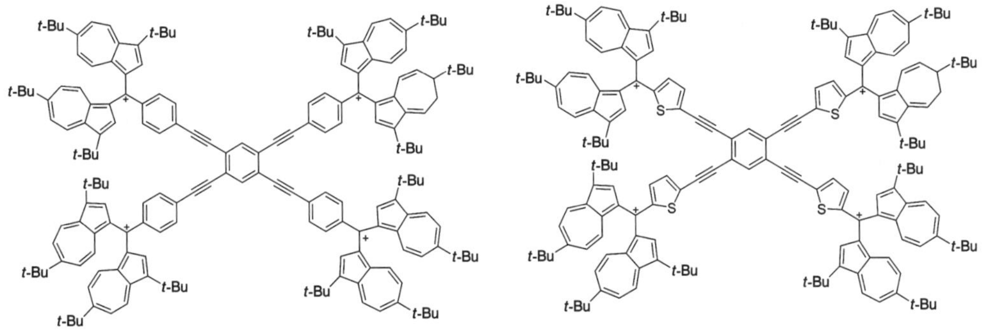

图3.5 第一类菁类-菁类杂化材料的结构[4]

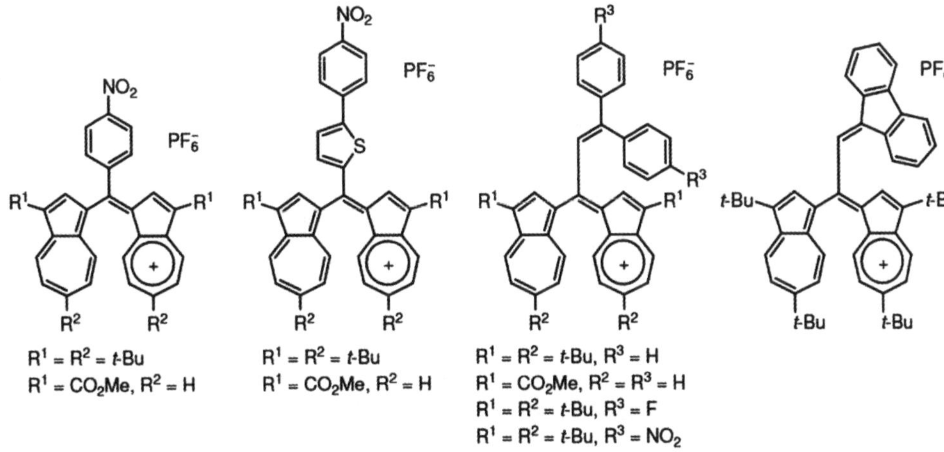

PF$_6^-$

$R^1 = R^2 = t$-Bu
$R^1 = CO_2Me$, $R^2 = H$

$R^1 = R^2 = t$-Bu
$R^1 = CO_2Me$, $R^2 = H$

$R^1 = R^2 = t$-Bu, $R^3 = H$
$R^1 = CO_2Me$, $R^2 = R^3 = H$
$R^1 = R^2 = t$-Bu, $R^3 = F$
$R^1 = R^2 = t$-Bu, $R^3 = NO_2$

图3.6 第二类菁类-菁类杂化材料的结构[5]

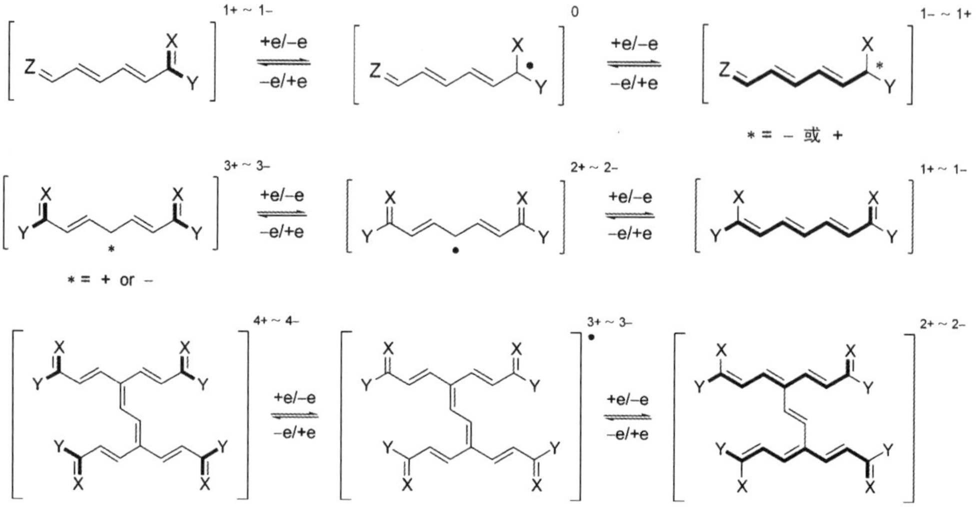

图 3.7 在一端/两端带有菁单元的菁菁杂化物的机理[4]

在 2016 年，Yusuke Ishigaki 等人设计合成了一种新的紫罗精-菁类杂化型供电子体系，在这种结构当中，两个菁类基团的部分上各有两个 4-甲氧基苯基，并能够产生两次可逆的单电子氧化，如图 3.8 所示。他们提出，噻吩的硫原子和芳基的 ipso 碳(Cipso)之间的短接触很可能与 σ^*(C—S)和 π(Cipso)之间的电子相互作用有关，从而使得共面扩展几何结构的构象稳定性提高，适用于扩展 π-系统的电子离域效果[6]。他们还提出，噻吩单元的数目可以作为一个变量，在不改变 HOMO 能级的情况下，修改和调整光谱性质(UV-Vis-NIR，FL)和 LUMO 能级。

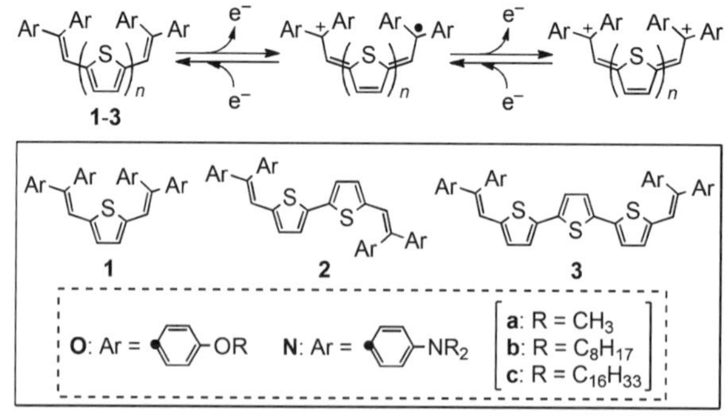

图 3.8 新的紫罗精-菁类杂化型供电子体系变色机理

紫罗精-菁类杂化材料可以通过调节其氧化程度来调节电化学和光化学性质。此类材料具有较高的颜色强度和热力学稳定性。对于结构相似的分子，闭壳的自由基结构能够提高材料的稳定性。然而，在分子设计中应考虑取代基和分子间作用力对电致变色材料稳定性的影响，否则很难获得满意的材料和性能。

3.4 对苯二甲酸酯衍生物(多色 OEC)

邻苯二甲酸酯及其衍生物是一种颜色丰富多样、可调节性强的小分子电致变色材料。这类材料在非掺杂状态下的溶液通常是透明无色的，而在外加电场的作用下能够通过可逆的氧化还原反应显示包括三原色在内的不同颜色。因此，这种材料理论上能够满足目前市场对多色电致变色材料的需求。由于其良好的溶解性，也可以结合柔性基板生产电子纸等柔性电子产品，具有非常良好的商业化应用前景。

1987 年，Kenichi Nakamura 等人研究了邻苯二甲酸的电致变色性能。2008 年，Norihisa Kobayashi 等人以苯乙酮、对苯二甲酸二甲酯和邻苯二甲酸二乙酯为原料合成了一系列颜色各异的材料，其中包括三原色(青色、洋红和黄色)(图 3.9)[7]。在实验中，他们发现氧、水和外加电压对这种材料的稳定性有很大的影响。因此，在制作器件时，必须做好脱水、脱氧和密封处理。

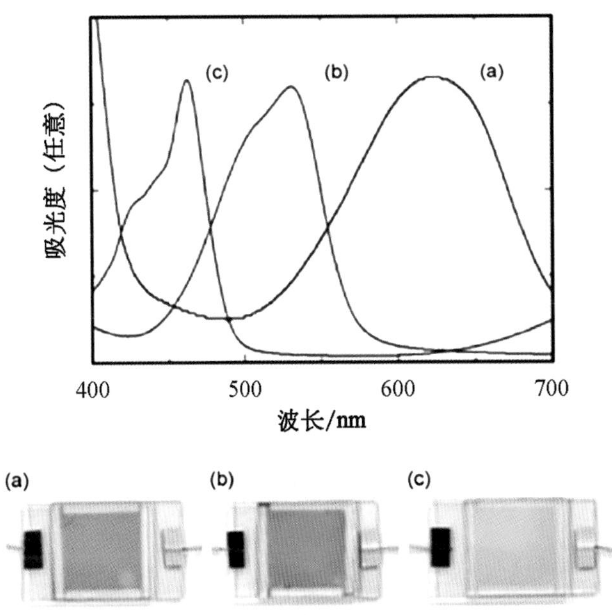

图 3.9 着色状态器件的结构、吸收光谱和图片

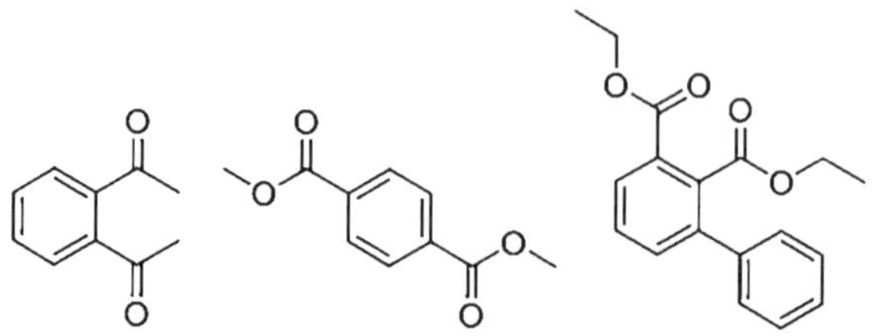

图 3.9 续

众所周知，紫精是目前商业化程度较高的小分子电致变色材料。如何在使用邻苯二甲酸酯类衍生物作为电致变色材料的情况下实现紫精体系的快速响应无疑是一个有价值的研究课题。

2009 年，Satomi Tanaka 等人针对这一问题，提出邻苯二甲酸衍生物可以被修饰在电极上[8]。在实验研究的基础上，采用修饰电极进行 150 次开关后，DMT 溶液仍然具有良好的开关性能。这些材料具有合成简单、成本低的优点，但同时也存在着驱动电压高、稳定性差等缺点。为了提高稳定性，可以将二茂铁作为电子供体（即抗氧化还原材料）添加到电解质溶液当中。这种材料和电解液通常夹在 ITO 电极之间。制作期间，应采取密封措施，防止水和氧气对材料稳定性和颜色产生影响。

类似结构的二酯类衍生物（如图 3.10）的变色机理是通过两个得到和失去电子的过程实现的，烷氧基和苯环能产生协同电子效应。如果将分子的核由苯环改为联苯基，由于联苯酯化合物的两个苯环在同一平面上，可以形成更大的共轭体系。此外，采用 NiO 修饰电极也可以获得较高的显色效率和长期的开关稳定性。

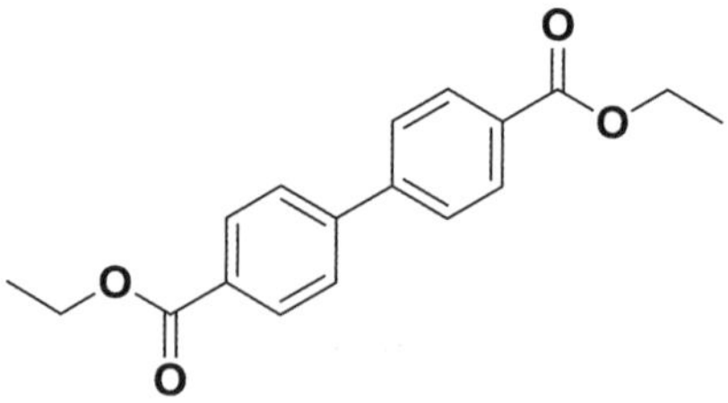

图 3.10 具有较大共轭体系的联苯酯化合物的结构

同时一些研究人员还以小分子材料为基础，合成并表征了苯/二苯酯衍生物聚合物电致变色材料。2011 年，Yuichi Watanabe 等人研究了交联邻苯二甲酸酯聚合物（PET 衍生物）修饰电极的电致变色性能，通过电化学掺杂工艺，PET 膜呈现出从透明到品红的颜色变化。与单体 DMT 相比，PET 膜修饰电极具有更好的着色、记忆性能和开关稳定性。同时也证明了小分子电致变色材料仍存在许多缺陷，需要进一步研究和改进。

EDOT 是一种常用的电致变色单体材料，相较于对聚噻吩及其衍生物电致变色材料的广泛研究相比，EDOT 低聚物的研究相对较少，含 EDOT 和芳香族的低聚物膜在电化学掺杂和脱掺杂后也能够呈现可逆的颜色变化。

2008 年，腊明等人报道了 4 种噻吩低聚物的电致变色性能。具有良好结构的噻吩低聚物除了能够作为导电聚噻吩的单体之外，还能够作为一类新的功能 π-电子体系，近年来受到了一定的关注。这种材料在场效应晶体管、光伏器件和有机电致发光器件当中有着潜在的应用。所有的材料均表现出两种氧化还原曲线，它们在电化学掺杂和脱掺杂过程中产生可逆的、清晰的颜色变化。CV 测试表明，低聚噻吩衍生物的结构与电化学性质如图 3.11 所示，但文章当中并未很好地描述材料的变色机理[9]。

(a)

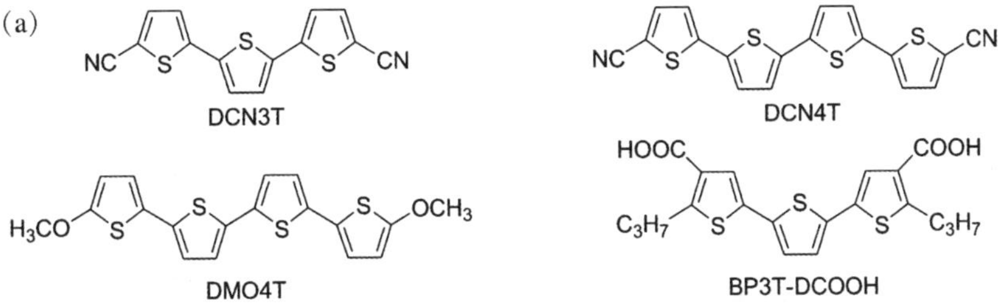

DCN3T DCN4T DMO4T BP3T-DCOOH

(b)

噻吩低聚物	$E_{ox}{}^{a}$/V (vs. Ag/Ag^{+})	$E_{red}{}^{b}$/V (vs. Ag/Ag^{+})
DCN3T	1.16	−1.15
DCN4T	1.22	−0.93
DMO4T	1.23	−1.31
BP3T-DCOOH	1.93	−0.83

[a]起始氧化电位，[b]起始还原电位

图 3.11 噻吩低聚物的结构(a)和电化学性质(b)

2010 年，Binbin Yin 等人合成了 5,5″-联苯胺 2,2′：5,2′-三噻吩(OHC-3T-CHO)和 2,3,4,5-四噻吩基噻吩(XT)(图 3.12)并研究了它们作为阴极着色材料的电致变色性能[10]。他们设计并制备了三种电致变色器件，在不同的设备中，材料经过氧化还原处理后会呈现出略微不同的颜色，铟锡氧化物(ITO)/OHC-3T-CHO/电解液/ITO 器件在电化学掺杂和脱掺杂过程中呈现出由黄色到亮蓝绿色的可逆、清晰的颜色变化，而 ITO/OHC-3T-CHO/导电凝胶/ITO 器件和 ITO/OHC-3T-CHO/导电滤纸/ITO 器件呈现出由黄色到绿色的颜色变化，ITO/XT/电解液/ITO 器件在电化学掺杂和脱掺杂过程中呈现出黄橙色和银灰色之间可逆、清晰的颜色变化。

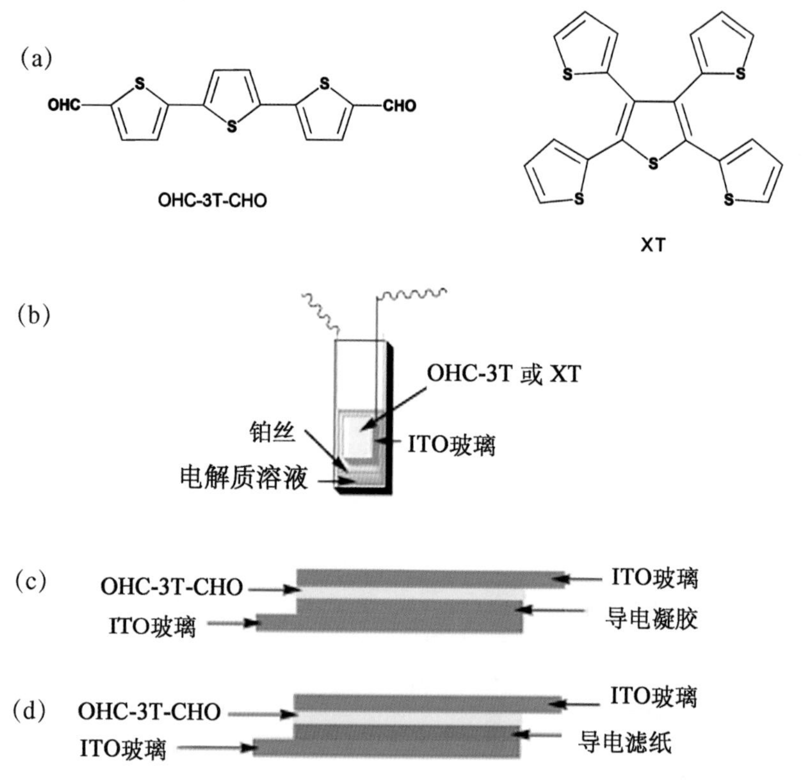

图 3.12　OHC-3T-CHO 和 XT 的分子结构(a)，电致变色器件的分子结构示意(b)～(d)

同时对这两种材料的电致变色机理进行了分析和表征，其机理如图 3.13 所示。OHC-3T-CHO 作为一种阴极着色材料，在电化学掺杂过程中，获得一个电子并形成对应于 630 nm 新吸收带的阴离子自由基。在电化学去核过程当中，OHC-3T-CHO 的阴离子自由基失去一个电子变成中性 OHC-3T-CHO，并呈现黄色。在电解液中，给 ITO 电极和铂丝电极之间施加＋4.6 V 电压时，OHC-3T-CHO 在电化学掺杂过程中会损失一个电子，在 412、520 和 553 nm 处形成与新吸收带对应的阳离子自由基。而相同的电压下，XT 的阳离子自由基获得一个电子，并生成电中性 XT，显示黄橙色。

根据实验结果，这两种材料的响应时间都很快，但由于缺乏时间测试设备，这项研究还没有测试出准确的响应时间，但实际上这种材料提供了一种降低电致变色材料响应时间的策略。

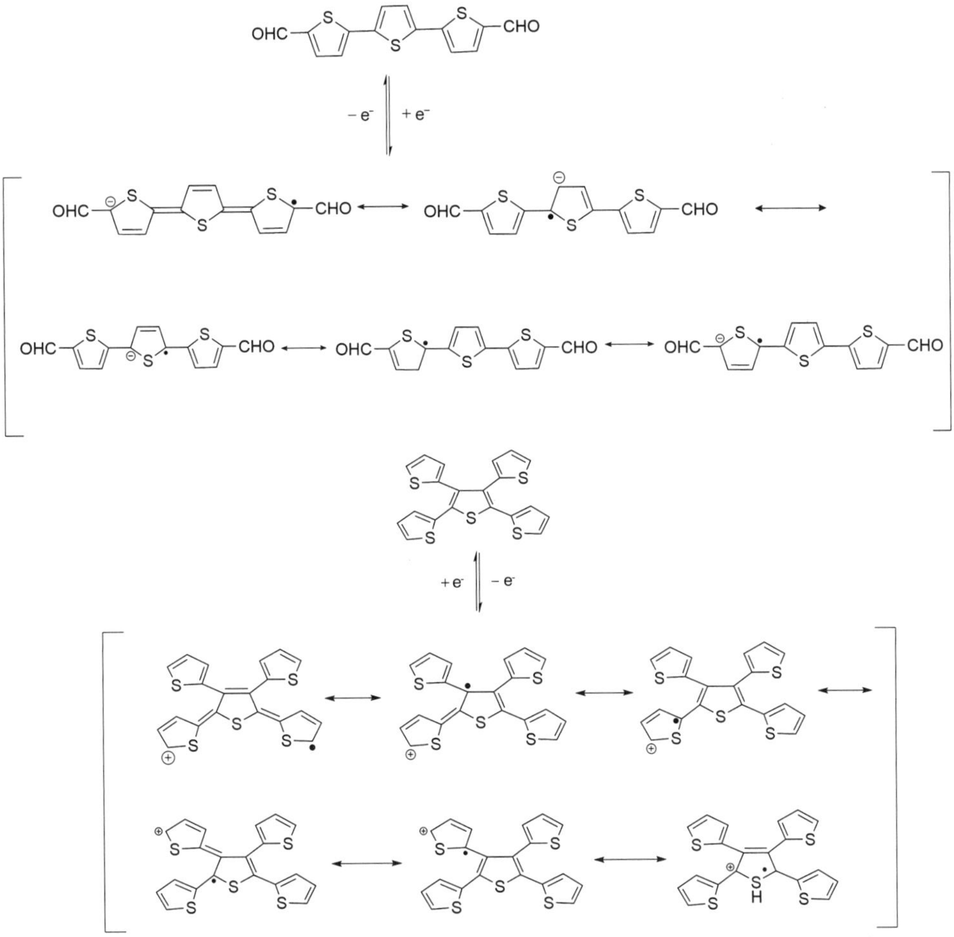

图 3.13　寡噻吩衍生物电致变色机理

2017 年，Jinming Zeng 等人研究了一系列含噻吩或 EDOT 的星形低聚物（图 3.14）。研究表明，与小相对分子质量的有机酯类相比，这些低聚物具有较低的掺杂电压和较低的循环次数，但这些低聚物能够显示的颜色并不如酯类材料丰富，低聚物是在电化学掺杂过程中形成的，在电化学掺杂和脱掺杂条件下，低聚物薄膜呈现可逆的颜色变化，且变色/漂白时间较短。与普通的线性低聚物相比，星形低聚物具有更高的离子自由基稳定性。但他们也发现，除了 P3ETB，这些寡聚物薄膜在电化学脱附后不能恢复其固有颜色。只有 P3ETB 膜能可逆地由橙色变为浅绿色，响应时间短，电化学稳定性好。P3ETB 薄膜的掺杂和脱掺杂时间分别为 1.2 和 0.9 s[11]。

(a)

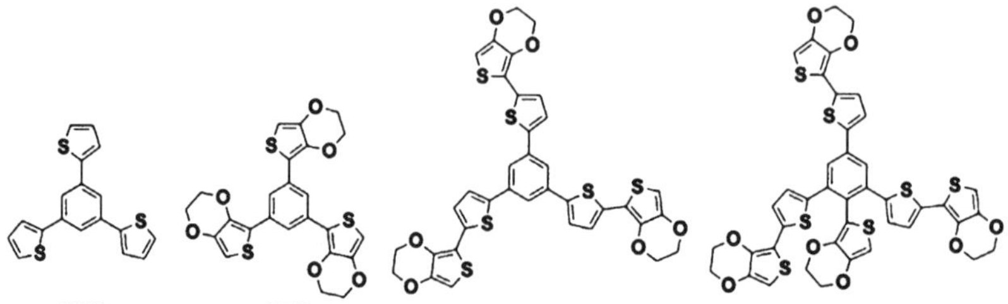

3TB 3EB 3ETB 3TB-4EDOT

(b)

复合物	λ_{max}/nm (吸收)	λ_{edge} /nm	λ_{max}/nm (释放)	$E_g^{opt[a]}$ /eV	E_{ox}^{onset} /V(vs.SCE)	E_{red}^{onset} /V(vs.SCE)	$E_g^{electro[b]}$ /eV
3TB	293	330	370	3.76	1.5	−0.85	2.35
3EB	302	345	378	3.54	0.85	−0.75	1.60
3ETB	369	426	423	2.91	0.65	−0.80	1.45
3TB-4EDOT	367	426	448	2.91	0.66	−0.75	1.41

[a] E_g^{opt} (eV) =1240/λ_{edge}; E_g^{opt} :光学带隙

[b] $E_g^{electro}$ (eV):电化学带隙

图 3.14 3TB、3EB、3ETB 和 3TB-4EDOT 的分子结构(a);3TB、3EB、3ETB 和 3TB-4EDOTs 的光电特性数据(b)

2018 年,Zhijun Wa 等人发表了一篇关于低压驱动的柔性多色电致变色器件的研究论文,合成了 4 种含 1～4 个 EDOT 单元的电致变色材料,并用苯甲酸甲酯封端[图 3.15(a)][12]。利用这些低聚物,他们制备了一些柔性有机电致变色器件,并对其电致变色性能进行了研究。这些低聚物在电化学掺杂和脱掺杂后呈现可逆的颜色变化,使用这种材料制备的器件结构为铟锡氧化物-PET 塑料载玻片(ITO-PET)/活性层/导电凝胶/ITO-PET。这些低聚物薄膜的最大吸收峰分别位于 391、438、451 和 493 nm。随着 EDOT 组分的增加,溶液和薄膜的电子吸收光谱出现红移,这是由于共轭长度的增加和骨架平面度的增大所致。此外,由于分子聚集导致共轭度增加,薄膜的红移比溶液中的红移更明显。在四种化合物中,4EDOT-2B-$COOCH_3$ 具有最高的光学对比度,在 700 nm 时为 75.2%。响应时间小于 5 s。

对于所有齐聚物,由于电化学测定导致电荷载流子的形成,电化学带隙小于光学带隙。根据 CV 曲线,推测 1EDOT-2B-$COOCH_3$ 的电致变色机理是阳离子自由基的形成,而其他低聚物的氧化变色则是双极性的形成。在双极子结构中,正电荷主要集中在苯中。这四种低聚物均能在外加电场下呈现清晰、可逆的颜色变化,如果将其中若干种或 4 种化合物混合在一起并集成在同一设备上,重叠部分则会有接近黑色的颜色显示。

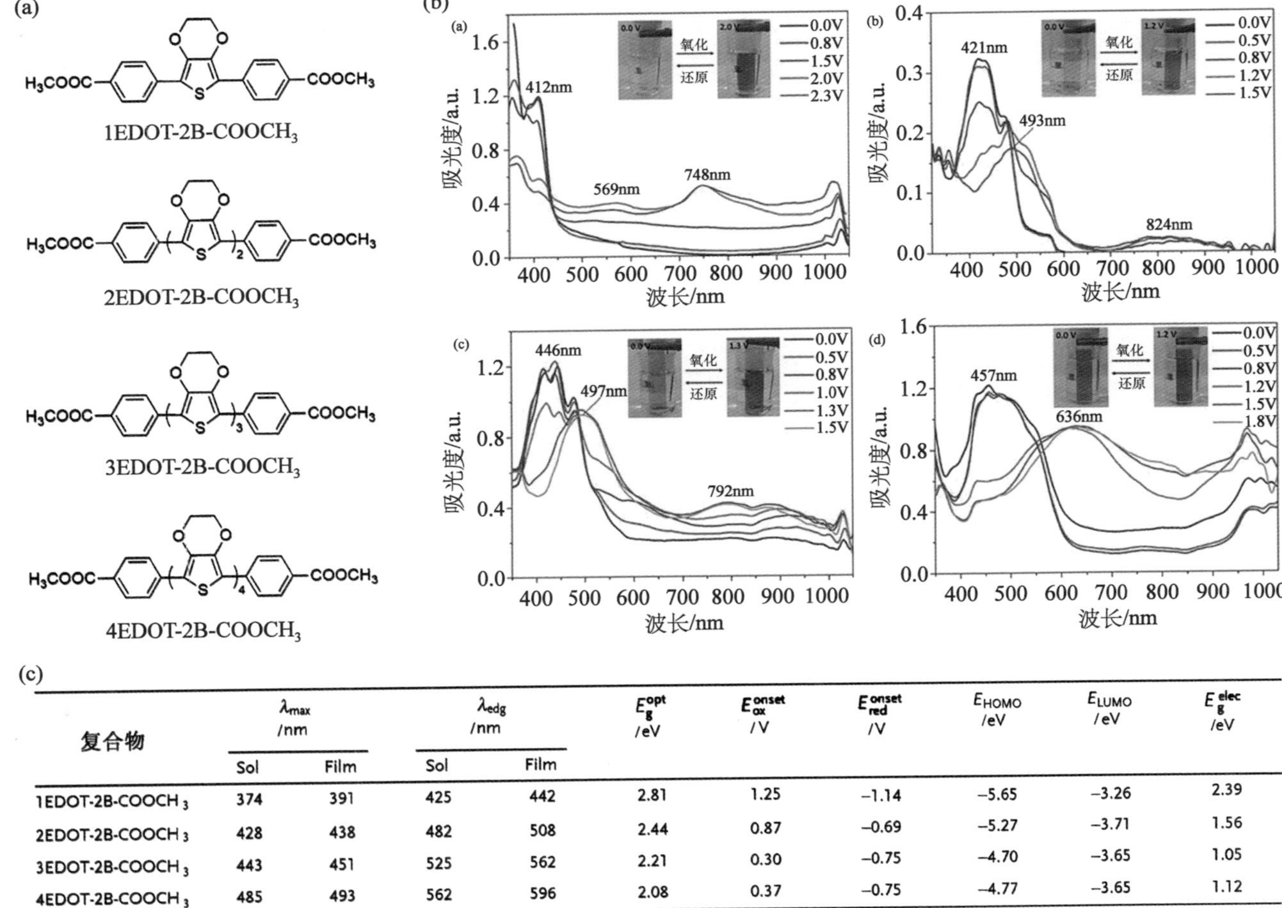

复合物	λ_{max} /nm		λ_{edg} /nm		E_g^{opt} /eV	E_{ox}^{onset} /V	E_{red}^{onset} /V	E_{HOMO} /eV	E_{LUMO} /eV	E_g^{elec} /eV
	Sol	Film	Sol	Film						
1EDOT-2B-COOCH$_3$	374	391	425	442	2.81	1.25	−1.14	−5.65	−3.26	2.39
2EDOT-2B-COOCH$_3$	428	438	482	508	2.44	0.87	−0.69	−5.27	−3.71	1.56
3EDOT-2B-COOCH$_3$	443	451	525	562	2.21	0.30	−0.75	−4.70	−3.65	1.05
4EDOT-2B-COOCH$_3$	485	493	562	596	2.08	0.37	−0.75	−4.77	−3.65	1.12

图 3.15 1EDOT-2B-COOCH$_3$、2EDOT-2B-COOCH$_3$、3EDOT-2B-COOCH$_3$ 和 4EDOT-2B-COOCH$_3$ 的分子结构(a)；低聚物的光电性质(b)(c)

总的来说,对苯二甲酸酯衍生物是一系列合成路线较为简单的材料,可以通过调节分子结构达到呈现出多种颜色的目的。由于合成简单,纯度较高,因此这类材料非常适合工业化生产。但和其他的小分子电致变色材料一样,这类材料同时也存在着稳定性差、循环次数少、水氧敏感性差等关键问题。从一些文献中证明了共轭结构面积的增加有利于提高稳定性。但由于共轭结构的增加会降低材料的溶解度,因此在分子设计和制备过程中,应注意共轭面积与加工性能的平衡,从而达到材料性能和实用性的最大化。

3.5 间苯二甲酸衍生物

和对苯二甲酸酯衍生物相似,间苯二甲酸衍生物是一种制备工艺简单、成本低廉的电致变色材料,但也存在稳定性差、循环次数低等缺点。因此,除了研究材料本身的性质外,提高材料着色能力的策略也成为研究的热点。

1987 年,Kenichi Nakamura 等人对邻/间苯二甲酸衍生物的电致变色性能进行了研究,文中虽对其电致变色机理研究不多,但他们的研究为小分子电致变色材料的研究奠定了基础(图 3.16)。

图 3.16 常见间苯二甲酸衍生物的结构

与紫精和吩噻嗪类化合物相比,1,4-对苯二甲酸酯衍生物的研究相对较少,由于5-位容易引入官能团,并且在之前还没有关于 1,3-间苯二甲酸盐电致变色的报道,因此在 2008 年,W. Sharmoukh 等人制备了几种不同的 5-取代间苯二甲酸酯,并观察到 5 号位的官能团对于此类材料的颜色是有着显著影响的(图 3.17)[13]。而且在这些材料中，电化学活性的硝基能够诱导多色显示，这表明使用更多种类的 5-取代间苯二甲酸酯衍生物可进一步控制电致变色性能。在所有化合物中，5-(2-硫苯基)-邻苯二甲酸盐在中性形态时呈淡黄色，而其他化合物呈现无色状态。

文中以 0.2 mol · L^{-1} 四丁基六氟磷酸铵（$TBAPF_6$）为电解液，G-丁内酯为溶剂，对样品进行了循环伏安法研究。结果表明，以 Ag/Ag^+ 电极为参比，这些化合物在 2.5～2.90 V 范围内出现可逆还原峰。因此能够合理地推断，共轭体系的长度越长，HOMO-LUMO 能级越小，最大吸收峰随之红移。基于这一猜想，推断在 5 号位点引入一个官能团可以控制颜色。并用含时密度泛函理论（TDDFT）计算证明了还原粒子的颜色趋势。

R'=5-己烯基　　　　电致变色

复合物 R′=	氧化还原电位 V(vs. Ag/Ag)	外施直流电压/V
H, M1	−2.68(rev)[c]	5.05
Ph, M2	−2.55(rev)	5.14
4-氟苯基，M3	−2.58(rev)	5.20
4-甲氧苯基，M4	−2.62(rev)	5.54
2-噻吩，M6	−2.57(rev)	4.38
4,4-联苯，M5	−2.63(rev)	5.15
CH_3, M7	−2.72(rev)	5.32
OMe, M8	−2.61(rev)	5.21
NO_2, M9	−1.88,−2.71,−2.81(rev)	4.17, 5.19
硝基苯	−2.04,−3.08	4.38, 5.27

图 3.17　5-取代间苯二甲酸衍生物的电致变色性质(a)；化合物在循环伏安法中的氧化还原电位和用于显色的外加电压(b)

从图 3.18 中可以看出，LUMO 和 LUMO+10 之间的分子轨道不参与吸收过程，这意味着分子轨道从 HOMO 向 LUMO 和 LUMO+10 转变过程中并不参与吸收过程。有趣的是，这类材料的电子密度主要分布在 LUMO 和 LUMO+10 之间的两个酯基的分子轨道上。这可能是导致所研究的 5-取代间苯二甲酸衍生物颜色较纯的原因。那么如果引入一个电化学活性基团会发生什么呢？根据这个猜想，文章中研究了芳香族硝基化合物的电致变色性质，并采用聚乙烯吡咯烷酮凝胶电解质制备了准固态器件。

图 3.18　M1 还原物种的 HOMO、LUMO 和 LUMO+10 的计算结果

芳香族硝基化合物的阴离子自由基一直是一个非常重要的电化学研究课题，文章中对芳香族硝基化合物的还原机理进行了电化学表征，如图 3.19 所示，硝基化合物的电化学过程由两个单电子还原过程组成。第一步还原物种是阴离子自由基，可以进一步还原形成二离子。考虑到硝基苯的多步还原过程，作者合成了 5-硝基间苯二甲酸(M9)并对其电致变色性能进行了研究，如图 3.17 所示。循环伏安法测试显示了在－1.88、－2.71 和－2.81 V 下的多步还原过程(相对于 Ag/Ag^+ 参比电极)。如文献所述，当对硝基苯进行测试的情况下，在几乎相同的模式下观察到两个还原峰，其转移电位为－2.04 和－3.08 V(相对于 Ag/Ag^+)，这表明硝基苯的还原需要比 M9 更高的能量。值得注意的是，M9 有两个额外的吸电子酯基。因此，M9 的前两个还原峰可以归因于阴离子自由基和二离子的形成，这与硝基苯的原理相似。

$$\mathrm{Ph{-}NO_2} \underset{}{\overset{e^-}{\rightleftharpoons}} [\mathrm{Ph{-}NO_2}]^{\bullet -} \overset{e^-}{\rightleftharpoons} [\mathrm{Ph{-}NO_2}]^{2-}$$

图 3.19　硝基苯的已知还原过程

通过比较 M9 和硝基苯的电化学测量得到 M9 和硝基苯的电流-电压曲线，观察发现有两个氧化还原峰，M9 分别于 4.17 V 和 5.19 V 处显示亮蓝色和红色(图 3.17)。而简单硝基苯在 0～6 V 范围内没有明显的颜色变化，这说明了两种酯在电致变色反应中起着重要作用。因此推测蓝色和红色分别是阴离子自由基和阴离子，但仍需进一步研究和计算模拟。研究表明，用更多的 5-取代间苯二甲酸衍生物可以进一步控制电致变色性能(图 3.20)。这一发现不仅为硝基自由基和二离子的各种光谱电化学方法的研究打开了大门，也为多色显示器件的发展打下了基础。

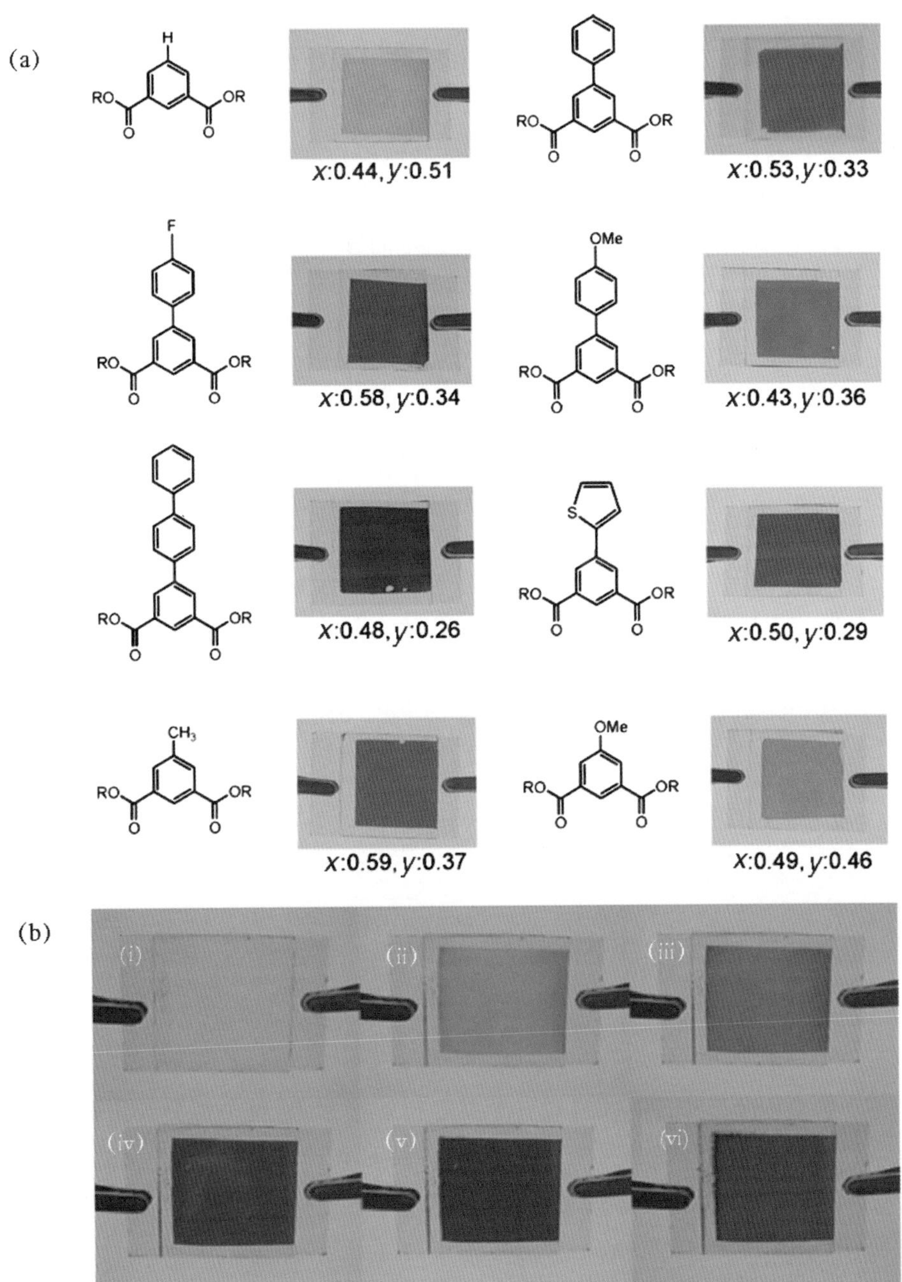

图 3.20 (a) 5-取代间苯二甲酸酯衍生物的电致变色(计算坐标见 CIE 色度图);(b) 5-硝基间苯二甲酸酯衍生物在直流电压下的多色显示,在施加电压之前(i),第一步有色还原物产物(ii,iii)和第二步有色还原产物(iv)~(vi)

2008年，W. Sharmoukh等人设计并制备了基于间苯二甲酸二酯的新型电致变色体系(图3.21)。这种新的电致变色系统更具有双稳性，能够通过定制以控制显示颜色。他们通过双电子还原实现电致变色行为，显示出的颜色表现出极大的增强双稳性质，并且与两个间苯二甲酸基团之间的共轭桥长度有关。因此推断，两个电致变色系统通过共轭桥连接是获得新的双稳态电致变色系统的一个很好的基本策略，这种方法也可以应用于更多样化的电致变色系统的设计。

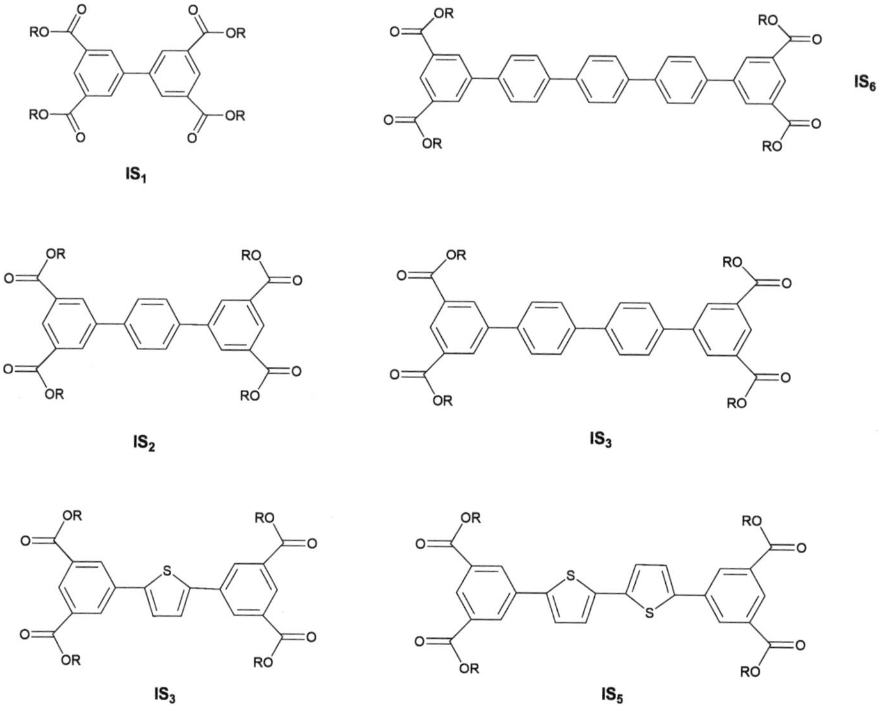

IS$_1$ IS$_6$ IS$_2$ IS$_3$ IS$_3$ IS$_5$

图3.21 双间苯二甲酸衍生物IS1～IS6的结构

如果两个间苯二甲酸基团通过一个共轭桥连接起来，每一部分产生的自由基都可以耦合形成一个更稳定的类醌二离子，就像奇希宾的碳氢化合物一样。在单重态的情况下，理论上预计两个芳烃之间的二面角(39.6°)将通过两个电子的还原而减小为共面(图3.22)。

文中用循环伏安法研究了材料的电化学性能。发现随着联苯桥长度的增加，CV曲线上两个分离的还原峰逐渐接近并重合，并且第二次还原比第一次还原需要更高的能量。用紫外可见吸收光谱对电致变色器件的颜色进行表征后发现，如果在桥中引入噻吩基团，吸收峰会发生红移(图3.22)。在桥上含有噻吩单元的化合物中，IS4

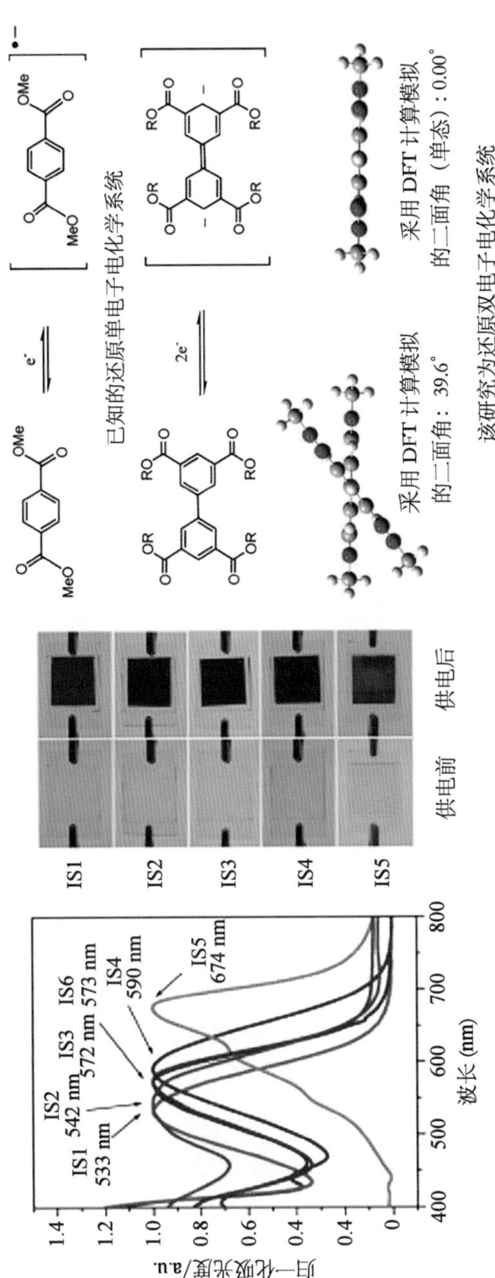

图 3.22　供电前后器件颜色的紫外可见光谱和照片

为深蓝色。噻吩因其电子转移特性而广泛应用于有机电子系统中。IS4 在循环伏安法中出现了两个分离的还原峰，表明两个间苯二甲酸基团之间存在着简单的电子通讯，当噻吩环增加时，电子通讯仍然良好[14]。

由此，电致变色材料的颜色和电子传输能力与共轭桥的长度有很大关系。随着共轭桥长度的增加，记忆效应减小。这一结果有助于解释不同结构材料的性能差异。如何提高小分子电致变色材料的稳定性一直是研究的关键问题。要使小分子电致变色材料商业化，必须提高其稳定性，减少水和氧对材料的影响。

因此在 2009 年，Satomi Tanaka 等人研究了邻苯二甲酸酯类衍生物(TP)的电致变色性能，通过电化学反应使材料由无色透明可逆地转变为三种颜色。但由于小分子酯类电致变色材料的稳定性实际上不如高分子材料，因此为了提高开路条件下的保色能力，他们制备了对苯二甲酸酯类衍生物/TiO_2 修饰电极(图 3.23)，方法是用邻苯二甲酸衍生物对 TiO_2 进行改性[8]。实验中，对改性后的 TiO_2 在溶液中进行物理分散溶解，是为了改善其在溶液中的化学性质。通过电化学还原，材料呈现出明亮的品红色并在 530 nm 处有吸收峰。品红的颜色来源于 DMT 与邻苯二甲酸盐类似物的电化学反应产生的阴离子自由基(图 3.24)。

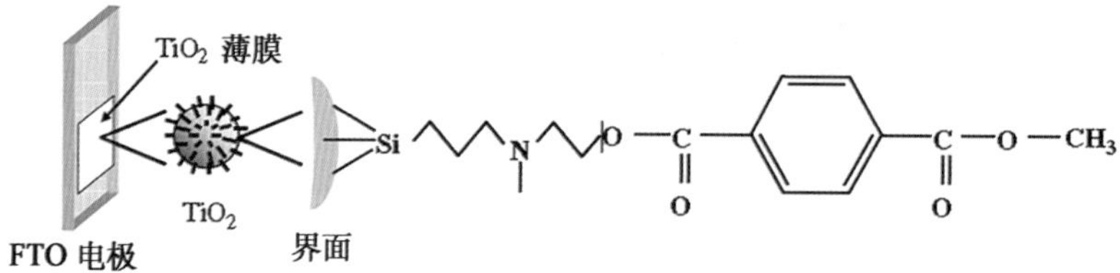

图 3.23 TP 膜的结构

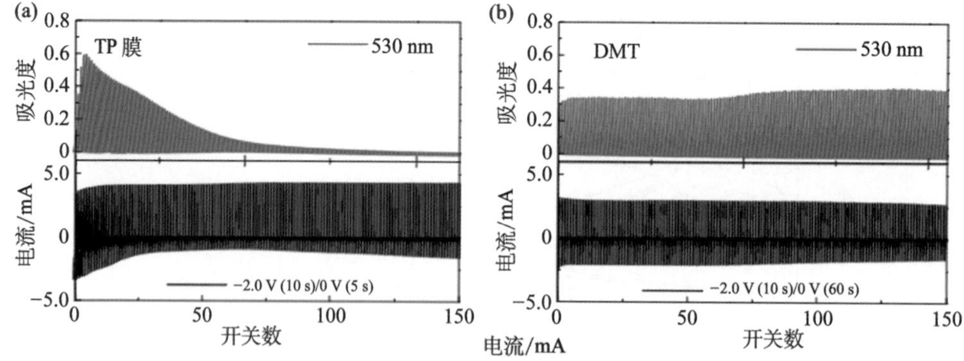

图 3.24 通过增加 TP 膜(a)和 DMT 溶液(b)的电位进行 530 nm 处光学响应(上半部分)和电流响应(下半部分)

实验证明，改性电极与材料本身相比，具有更好的短路漂白效果和开路记忆效果。循环试验表明，DMT 溶液比 TP 膜需要更长的漂白时间(图 3.24)。由于 DMT 的有色阴离子自由基必须扩散到电极上才能被氧化，因此对 DMT 溶液进行漂白需要较长的时间(36 s)。TP 膜的漂白反应包括两个过程。第一个过程是由于 TP 在 0～2 s 内氧化，导致品红色消失。TP 应将电子转移到 TIO_2 上，然后将电子转移到电极上。第二个过程是由于蓝黑在 2～4 s 内消失，此时仍处于还原状态的二氧化钛发生氧化反应。

邻苯二甲酸衍生物对电极的修饰作用与紫精体系相似。一方面，采用 FTIR 分析发现，1717 cm^{-1} 的 C ═O 酯伸缩振动与 1273 cm^{-1} 的 C—O 酯伸缩振动有显著差异。这些峰在开关实验后减小，说明了在电极表面有一些 C ═O 键和 C—O 键消失。另一方面，苯的峰值在 1473 cm^{-1} 处没有变化。说明当电位变化时，不在 TP 苯环电极侧的酯键会发生断裂，这一性质还需要更多的实验来证明。但可以推断，这种修饰电极在彩色电子纸的应用中具有很大的潜力。

事实上，对位二酯的阴离子自由基比邻位或间位取代形式更稳定，因为芳香环中的电子密度更高，导致—OR 或—SH 基团的亲核性更低，因此更不容易与水或氧分子反应。2014 年，Xiuhui Xu 等人研究了 11 种氧/硫二酯的电致变色性能，并筛选出三种原色材料(图 3.25)[15]。

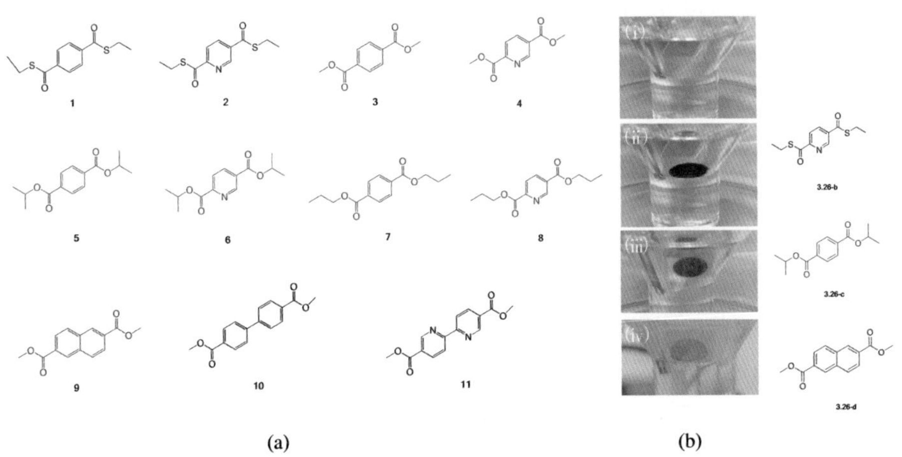

图 3.25 (a) 合成的 11 种酯的结构；(b) 在 CH_3CN 中获得的金微网电极照片，无外加电位(i)，10 mol · L^{-1} M2(ii)，10 mol · L^{-1} M5(iii)和 15 mol · L^{-1} M9(iv)

根据下面的电子还原方程式[图 3.26(f)]，图中所示的九种材料可以在乙腈溶液中还原而不发生氧化，但并非所有化合物都能实现化学可逆性。因为有些离子的化学性质不稳定，这就阻止了它们被氧化并还原成原来的化合物。据报道，对于单电子还原形成的具有长期稳定自由基阴离子的化合物，自由基最终会与分子氧(或水)分

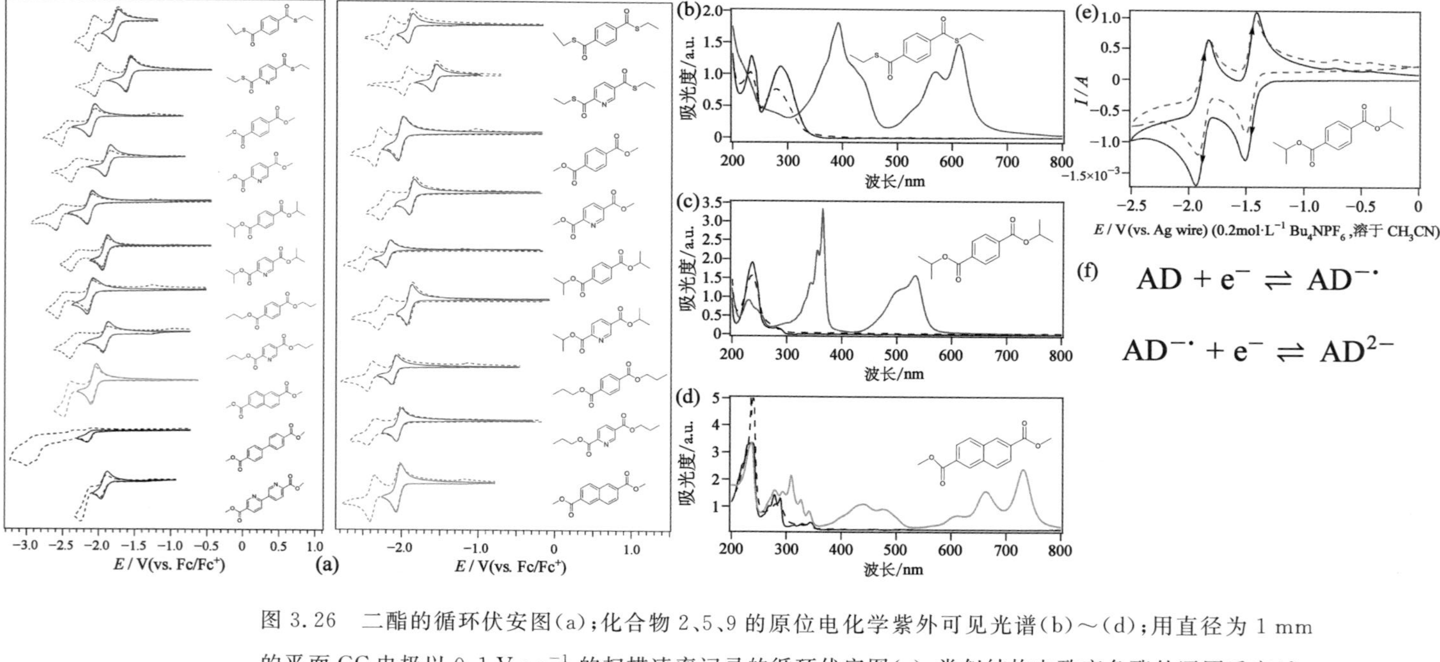

图 3.26　二酯的循环伏安图(a)；化合物 2、5、9 的原位电化学紫外可见光谱(b)～(d)；用直径为 1 mm 的平面 GC 电极以 0.1 V · s^{-1} 的扫描速率记录的循环伏安图(e)；类似结构电致变色酯的还原反应(f)

解形成羧酸盐阴离子。伏安法测试表明，苯基酯比类似的吡啶酯衍生物更难还原。随着酯上烷基链长的增加，还原电位略有下降。当浓度为 10 mmol・L^{-1} 时，微栅电极在正向(着色)步骤中的响应时间约为 2 s。然而，虽然在短时间尺度(几秒)内的响应是高度可逆的，但在长时间内着色态的寿命受到痕量污染物的强烈影响。因此，为了保持着色状态，微网格周围的溶液必须完全没有氧气和微量水。为了解决这一问题，有必要合成还原电位较低的化合物，以降低还原态对痕量水和氧的反应性。

2019 年，Zhang Pengfei 等人设计并制备了一系列基于邻苯二甲酸盐的新型电子商务材料(图 3.27)，这是一类分子结构相对简单的廉价苯甲酸盐材料。尽管由于还

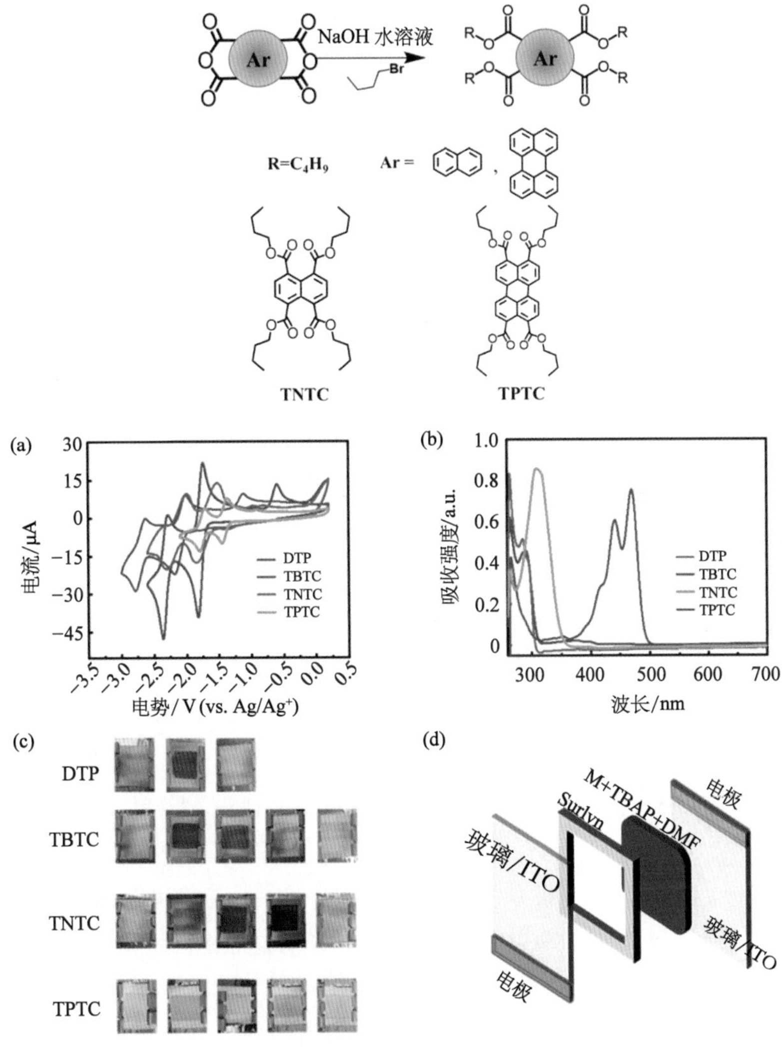

图 3.27　邻苯二甲酸酯基 EC 材料的结构、合成及性能

原后颜色的明显变化而成为 EC 器件的良好候选者，但使用邻苯二甲酸酯衍生物(PD)制造的器件易受到高驱动电压的影响。他们提出了一种简单的策略，用多环芳烃取代苯核，以扩大共轭面积，合成 PD 以降低 EC 器件的驱动电压。此外，器件显示出良好的记忆效果(数百秒)，能够经受多种颜色变化和增强的稳定性，这是由于分子两侧具有较好的共轭桥的大小。所制备的基于多环芳烃酯的 EC 器件具有较低的驱动电压(2.6 V)。已经证明，在这类新型的 EC 材料中，共轭区的芳香酯环的数目对于获得不同的颜色是非常关键的。由于在较低的驱动电压下，电化学刺激时颜色能够发生非常明显的变化，因此该系列 EC 材料具有广阔的工业应用前景[16]。

在有机电致变色的阳极着色领域中，对如何控制带电态的吸收存在着知识空白。2019 年，Dylan T. Christiansen 等人提出了共轭阳极着色电致变色分子设计的新策略(图 3.28)[17]。通过简单地调整取代基的位置和类型，可以实现对材料的颜色控制，而两种物质的混合物可以形成从无色到黑色的可逆变色效果。实验结果表明，自由基阳离子的能级可以由与发色团交叉共轭的富电子/缺电子部分控制，最终控制材料的光吸收和颜色。

近年来，偶氮苯及其衍生物以其独特的光物理性质，在光响应材料、超分子结构和非线性光学等领域得到了广泛的应用。光异构化偶氮苯及其衍生物可以在适当波长的光照射下生成。热力学稳定的反式异构体越多，同分异构体越不稳定。同分异构体的颜色、折射率、介电常数和偶极矩都有明显的变化，因此偶氮苯及其衍生物作为功能材料具有很大的潜力。但事实上，偶氮苯在电致变色中的应用鲜有报道。其电致变色器件具有开关时间快、对比度高、光存储性能好、氧化还原稳定性高等优点。

2012 年，Li-hua He 等人研究了偶氮苯-4,4′-二烷基二羧酸衍生物的电致变色性能，该衍生物具有良好的可逆光异构化性能和电致变色性能[18]。这类材料制备的 ECD 能够在 0.0 V 和 3.0 V 之间由无色变为品红。此外，ECD 开关时间快，对比度合理，同时具有令人满意的光学存储器和氧化还原稳定性。这类新型氧化还原偶氮苯衍生物有望应用于全彩电子显示器件、电子纸、智能视窗、光存储器件、双刺激响应系统等领域。

该材料也采用的是 ITO 玻璃夹层器件结构。将材料和电解液溶解在 DMF 中，注入电致变色器件，并用循环伏安法测定了这些化合物的性质。由图 3.29 可见，只有化合物 c 表现出准可逆的单电子还原，说明化合物 c 只有一对氧化还原峰，出现这种现象的可能原因是二次还原比一次还原需要更高的能量。同一系列的其他材料都有两对分离的氧化还原峰，这表明由于取代基效应，可以观察到两个准可逆的氧化还原峰。第一次还原在 1.0 V 以上可视为加合物的还原,第二次氧化还原可归因于加合物的还原。

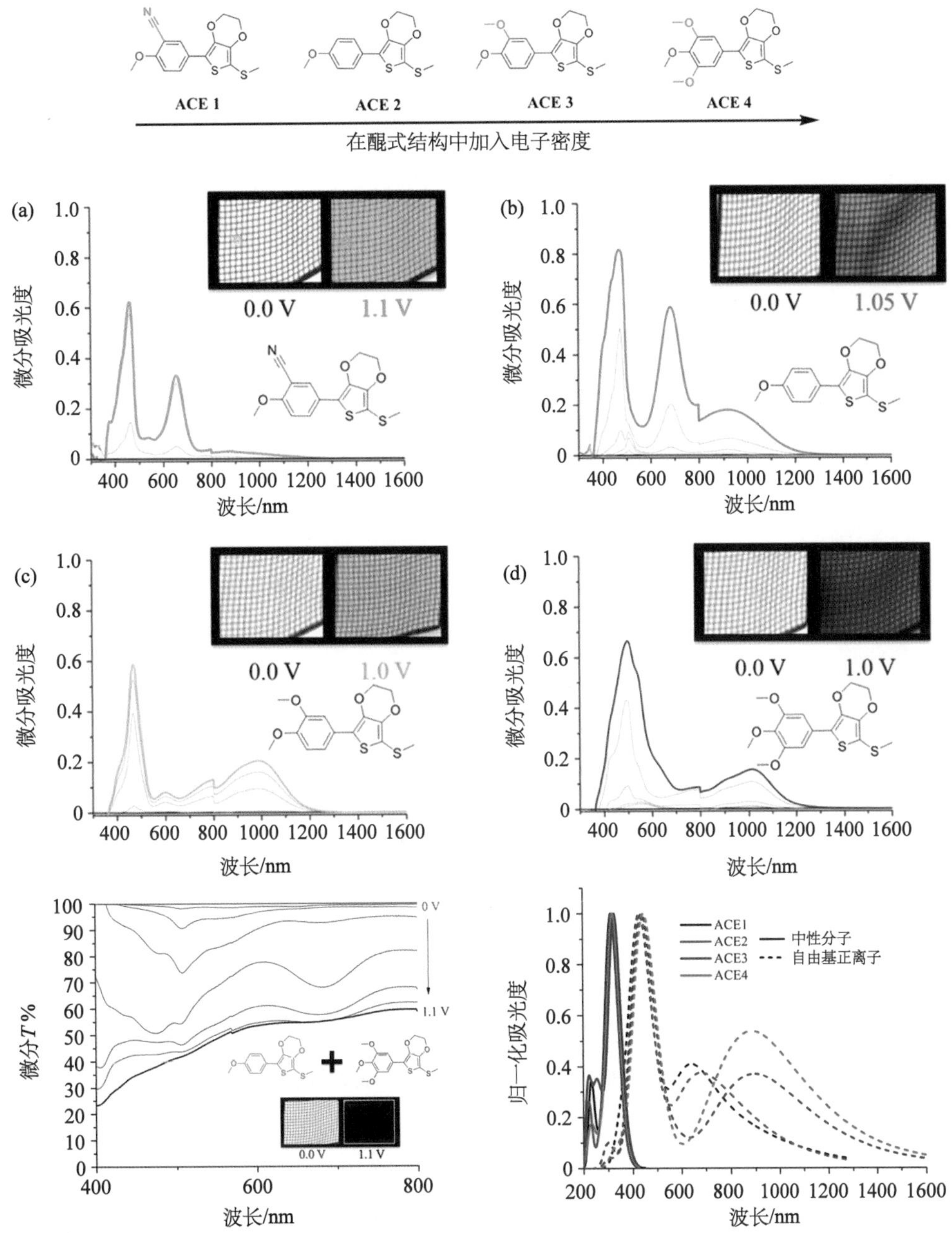

图 3.28 共轭阳极着色电致变色分子的结构和紫外光谱

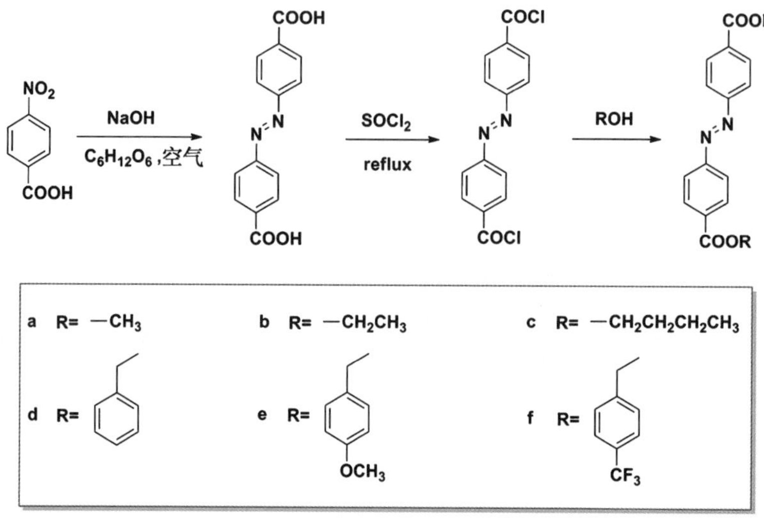

图 3.29 ADDEDs 的合成路线和结构

相应的电致变色机理如图 3.30。

$$\text{ADDED} + \text{Fc}(\text{II}) \rightleftharpoons \text{ADDED}^{\cdot -} + \text{Fc}(\text{II})$$

图 3.30 ADDEDs 的电致变色机理

该系列材料的 b、c、d 具有良好的稳定性和近 100 个周期的光学透明性。然而，由于取代基 a 和 e 的影响相对不稳定，光学透明性相对较低。

取代基通常对小分子电致变色材料有重要影响。2017 年，Jun fei-Long 等人研究了一系列吡啶类电致变色材料。通过在 2,4-双(4-吡啶基)-4-苄基吡啶衍生物的苯环中引入酯类化合物，设计合成了一系列萜烯吡啶类化合物(图 3.31)[19]。研究发现，羧酸和氮取代基的种类对其电致变色性能有显著的影响。这些材料具有显色效率高、对比度合理、光存储性能好、氧化还原稳定性好等优点，具有广阔的应用前景。该系列吡啶的变色机理与紫精的变色机理相似。但紫精通常只有一种可逆的颜色变化，在电化学还原过程中会产生自由基阳离子。在液体介质中，由于自由基阳离子还原成中性分子的可逆性和稳定性差，一些吡啶只能观察到一种可逆的颜色变化。由此，Vin Uales 等人报道了一种以紫精为基础，聚乙烯醇凝胶为聚电解质的双电致变色器件，其中聚电解质能稳定自由基阳离子还原到中性状态，为用这种材料制备双色电致变色器件提供了更好的策略。

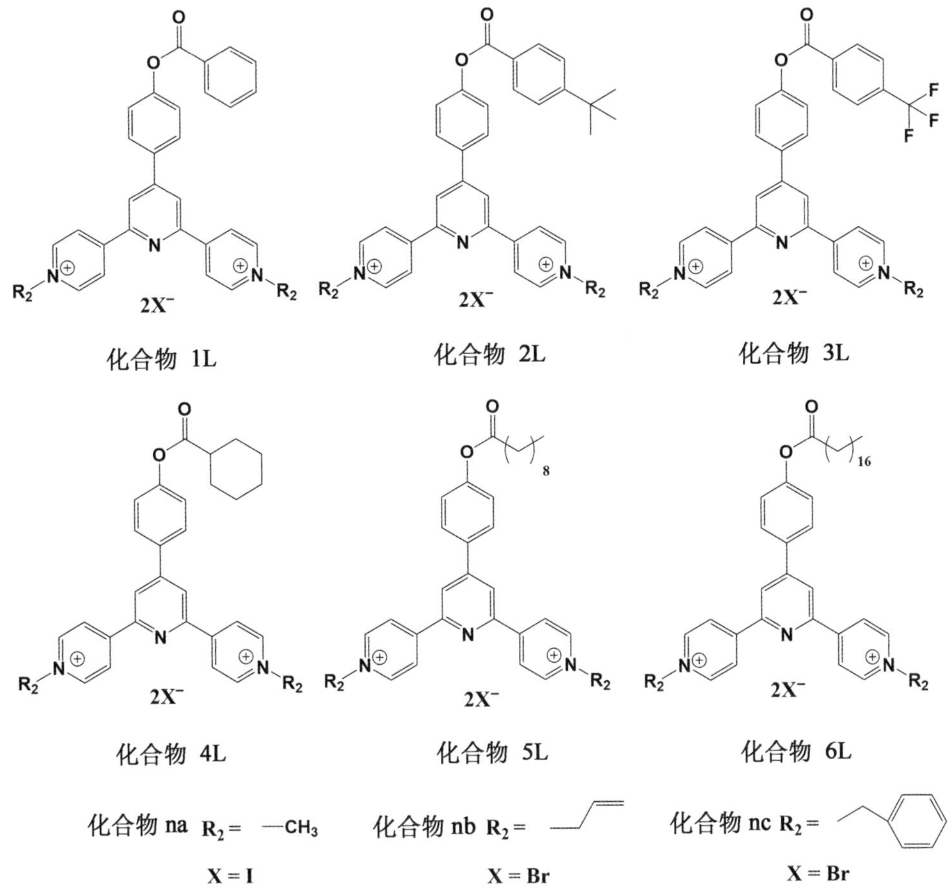

化合物 1L　化合物 2L　化合物 3L

化合物 4L　化合物 5L　化合物 6L

化合物 na $R_2 = —CH_3$　X = I

化合物 nb $R_2 =$　X = Br

化合物 nc $R_2 =$　X = Br

图 3.31　吡啶电致变色材料的结构

用三电极系统测量 ITO 三明治结构的伏安特性曲线。结果表明，羧酸对电化学过程有显著影响。芳香酯具有较强的共轭性，通过共振使中性分子稳定，有利于形成带 1 或 2 个正电荷的分子，可以发现两对氧化还原过程。

2019 年，Weijing Zhang 等人研究了具有电子给体-受体结构的 2,4,6-三苯基-1,3,5-三嗪酯的电致变色性能。这些材料的结构中有 2,4,6-三苯基-1,3,5-三嗪核和三个酯侧臂，从而形成电子供体 π 受体的结构(图 3.33)。一些化合物(1,2,4,5 和 10)的电致变色器件具有变色强、开关时间快(<2 s)、光学对比度高(>60%)、开关稳定性好、光学密度高(>1.0)和着色效率高(>1000 $cm^2 \cdot C^{-1}$)等特点。这些器件的着色状态在很大程度上取决于三脚架元件的共轭结构。短链长(1 和 2)和电子给体基团(4、5、8 和 10)有利于电致变色性能,而长链长(3)和电子受体基团(6 和 9)对电致变色性能不利。

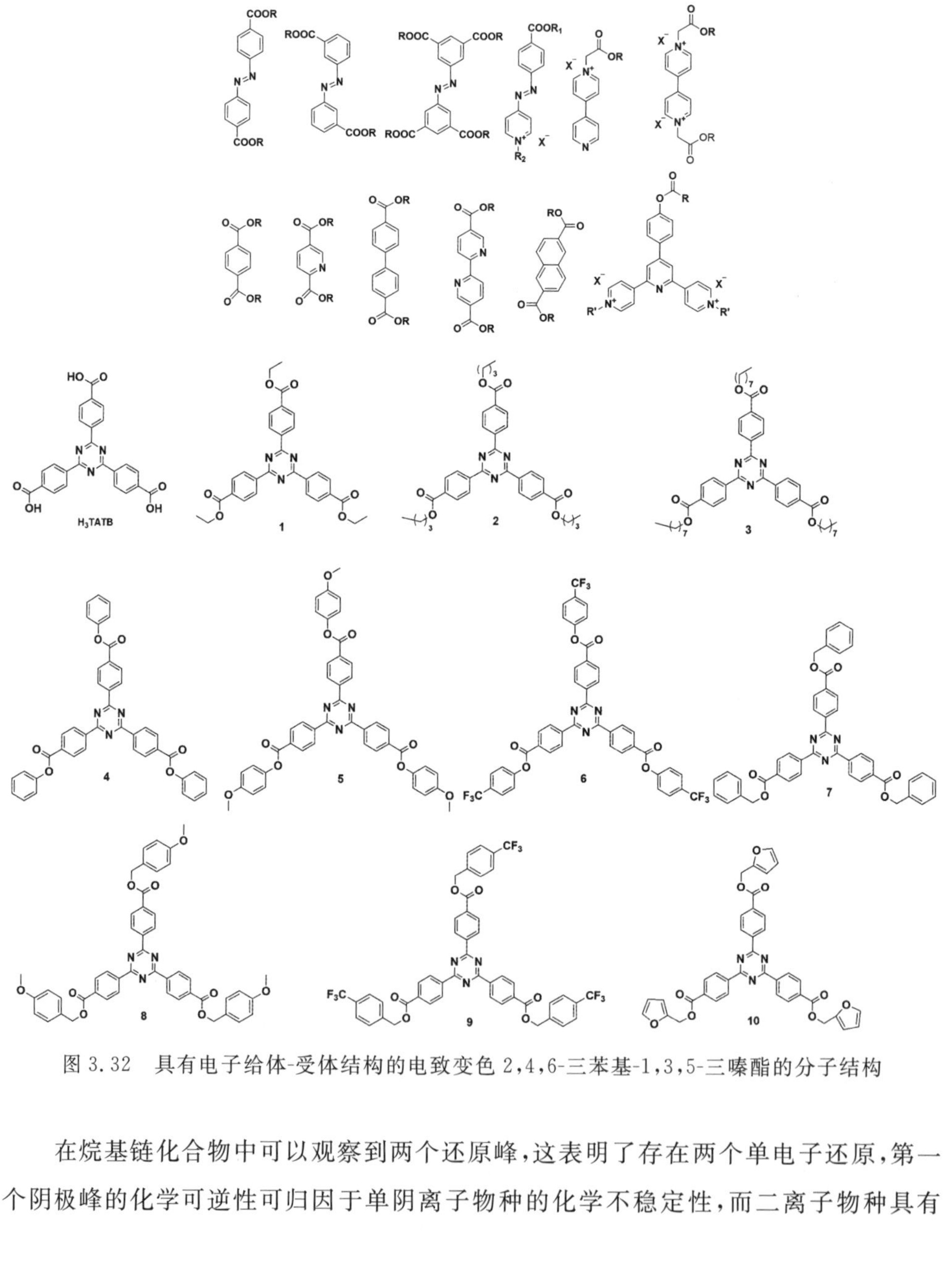

图 3.32　具有电子给体-受体结构的电致变色 2,4,6-三苯基-1,3,5-三嗪酯的分子结构

在烷基链化合物中可以观察到两个还原峰,这表明了存在两个单电子还原,第一个阴极峰的化学可逆性可归因于单阴离子物种的化学不稳定性,而二离子物种具有

更好的化学可逆性。在含吸电子基团的化合物 6 中,可以观察到不可逆的阳极峰,这可能是由于一些不稳定的中间产物被氧化所致,说明吸电子基团不利于优化三嗪酯的电化学特性。在对化合物电致变色开关特性的测量中,还证明吸电子基团可以降低材料的电致变色性能,而给电子基团可以提高材料的稳定性[20]。

总结前文,可知间苯二甲酸酯衍生物与对苯二甲酸酯衍生物具有相似性,这类材料的电致变色反应通常由酯基驱动。研究人员发现,在这些材料的 5 位可以很容易地引入官能团,且不同的官能团对材料的颜色有不同的影响。有趣的是,如果在 5 位引入一个电化学活性基团硝基,它会诱导多色显示。这些材料具有结构简单、可调、色泽鲜艳等优点。但同时也需要找到一种更好的方法来解决这种材料稳定性差的问题。

3.6 甲基酮衍生物

多响应分子开关是一种通过光、电、热、酸碱等外界刺激激活或失活机制控制分子结构的智能分子。它可以应用于多功能显示、智能伪装、多功能传感器、复合材料、制造和多模式数据存储,已成为彩色开关逻辑门操作的一个重要领域。在设计多响应彩色开关时,通常的策略是对已知的开关单元、共轭连接基团和非共轭间隔基团进行组合和集成。然而,这种方法往往存在技术复杂、带隙匹配精度高、性能不稳定等缺点。还有一种方法是使用多响应开关单元,如 azo、bis、硫醚和螺吡喃,这些材料能够对两种或两种以上不同的刺激产生反应。因此这种策略的关键是开发一种新的多响应彩色开关单元。

Yu-Mo Zhang 等人在甲酮及其衍生物电致变色材料领域做了大量工作。2013 年,他们设计了甲酮作为电寻址分子颜色开关的开关单元。利用循环伏安法(CV)、X 射线光电子能谱(XPS)、红外光谱(IR)和原位紫外可见光谱(UV-VIS)研究了酸碱(自由基离子)诱导色开关分子间质电子转移的机理(图 3.33)[21]。

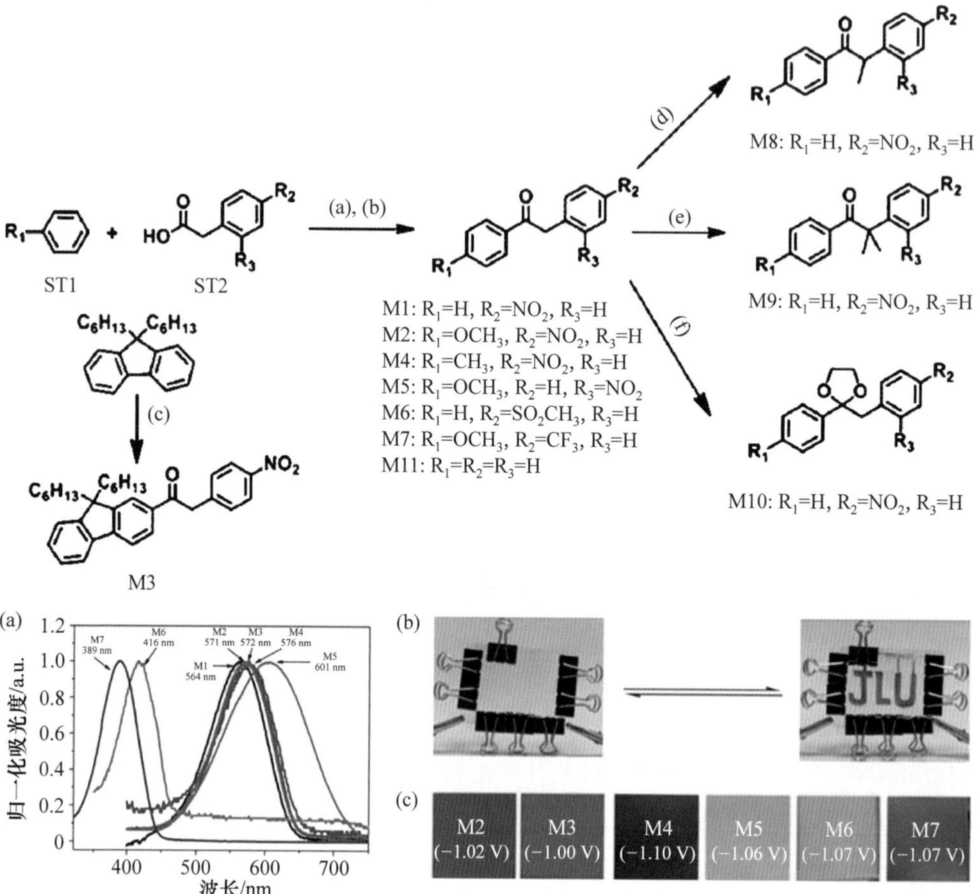

图 3.33 甲酮合成方案和在外加电压下 M1-M7 在乙腈中的吸收光谱(a);基于 M1 的电动驱动显示器件的实物图示(b);在 ITO 器件中的 M2～M7 的实际颜色(c)

2015 年,他们合成了一系列新的化合物,并通过表征和密度泛函理论对其进行了研究。结果表明,这种材料通过调节碱度、溶剂化和外加电场来改变颜色,多色电致变色器件(包括绿色、蓝色和品红)经久耐用,显色效率高,转换时间快(50 ms),可逆性好,这项研究是一个成功的尝试,将碱性变色、溶剂变色和电致变色整合到电子显示器中(图 3.34)。这种集成不仅为颜料的结构设计带来了新的途径,而且通过这种方法还可以促进导电性、氧化还原性等许多其他性能的进一步发展。从而加速了在数据记录、超薄柔性显示、光通信和传感元件中的多功能应用[22]。

2016 年,Zhang 等人针对可见光和近红外吸收电致变色器件,研制了一种新型的甲基酮桥多刺激响应 M5 器件。采用光谱电化学方法和密度泛函理论计算方法,研

OH^- or e^-

TM1　　TM1-烯醇化物

TM2　　TM3　　Ar =

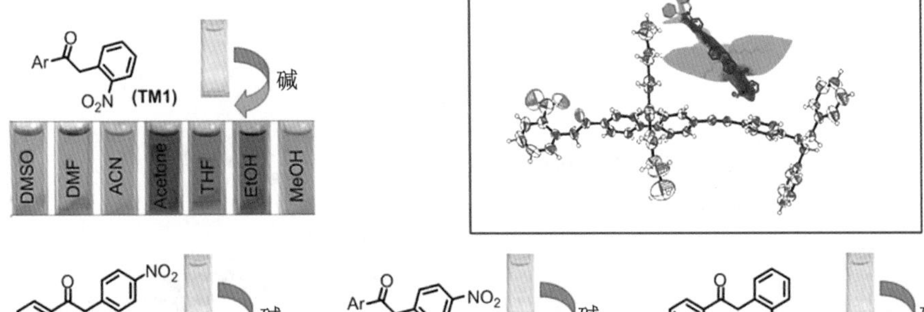

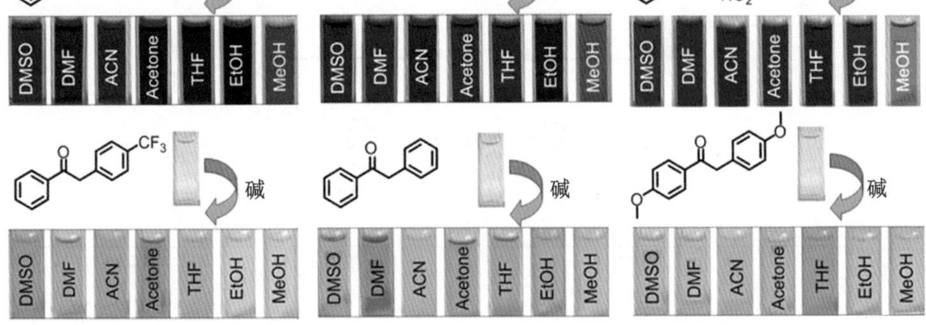

图 3.34　七个含甲基酮结构的分子结构在不同溶剂中烯醇盐的颜色以及 TM1 分子在晶体中的结构形态

究了含硝基萘的甲基酮 M5 的基本性质和电致变色性能。研究证明，无色 M5 在碱和电的刺激下可转化为绿黄色，具有很宽的可见光和近红外吸收范围(400～500 nm、550～800 nm)，图 3.35 说明了分子结构和吸收能级之间的关系。M5 的油酸酯在 692 nm 处的吸收带分布在 55 个分子内电荷转移带上，从主要位于氧阴离子部分的 HOMO 到主要位于硝基的 LUMO。432 nm 处的吸收带具有从 HOMO 到 LUMO+2 的 π-π^* 跃迁，该跃迁分布在共轭体系上。

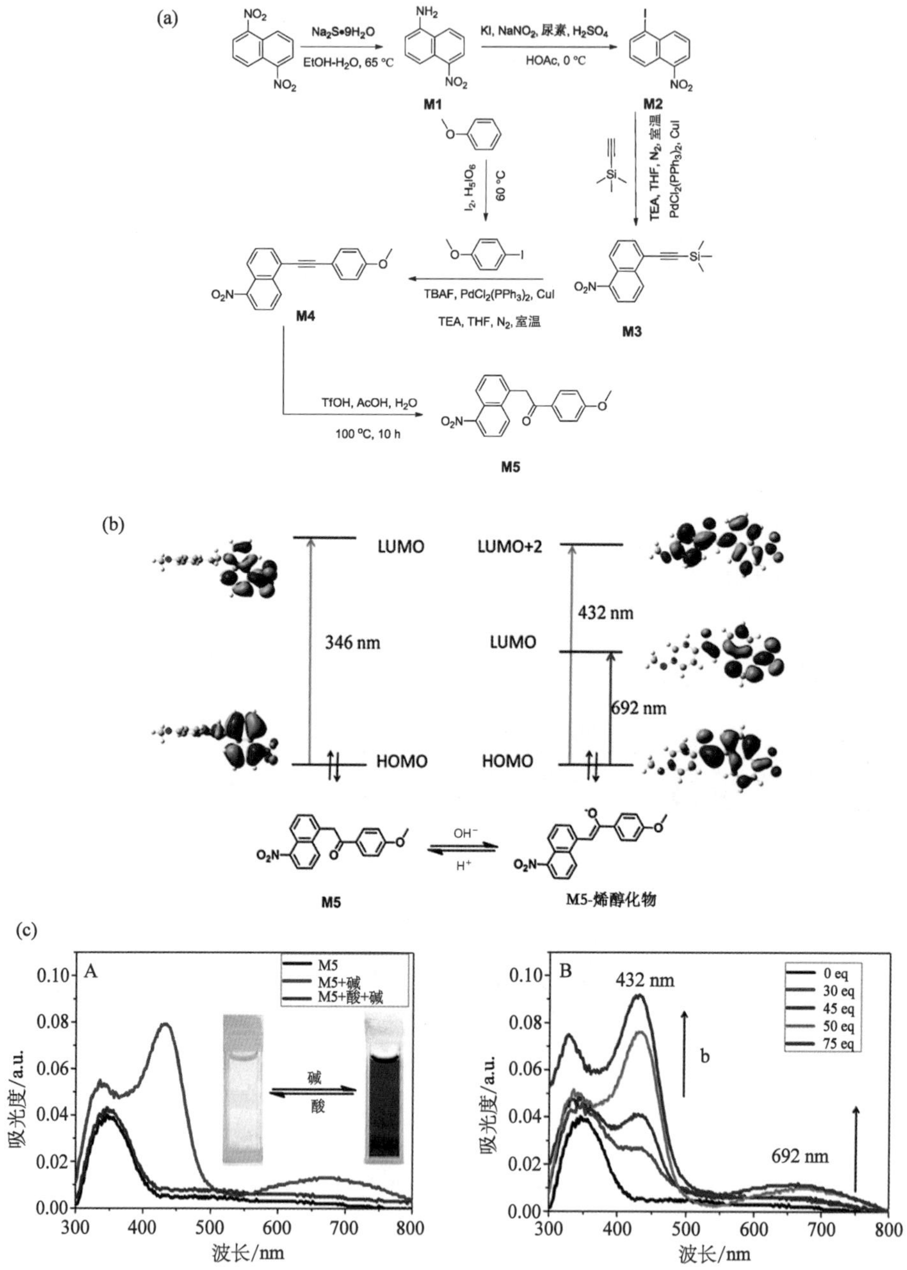

图 3.35 (a) M5 的合成路线;(b) M5 的 HOMO(底部)和 LUMO 或 LUMO+2(顶部)轨道,以及 M5 烯醇盐;(c) (A)M5 的吸收光谱(1.0×10^{-5} mol·L^{-1},黑色曲线),用叔丁醇钾(红色曲线)处理后的吸收光谱,在 DMF 中用 CH_3COOH 中和后的吸收光谱(蓝色曲线),(B) M5(1.0×10^{-5} mol·L^{-1})在叔丁醇钾(0eq,30eq,45eq,50eq,75eq)存在下在 DMF 中的吸收光谱

M5 的开关机制可以通过电化学工作站的紫外光谱测试来推断(图 3.36)。M5 的亚甲基质子转移到 M5 的还原产物过程产生中间体 M5 烯酸盐,如硝基自由基阴离子、羰基自由基阴离子、硝基二价阴离子。因此,M5 的电致变色机制是质子耦合电子转移,如图 3.36(单电子还原机制)。在这张图中,硝基或羰基的自由基阴离子/二离子可以诱导亚甲基的质子转移,类似于化学碱。因此,可以将自由基阴离子/二离子称为电子碱,质子转移的机理被定义为电碱机理。这种材料可以成功应用在电致变色器件中,具有切换时间短、可逆性好等优点[23]。

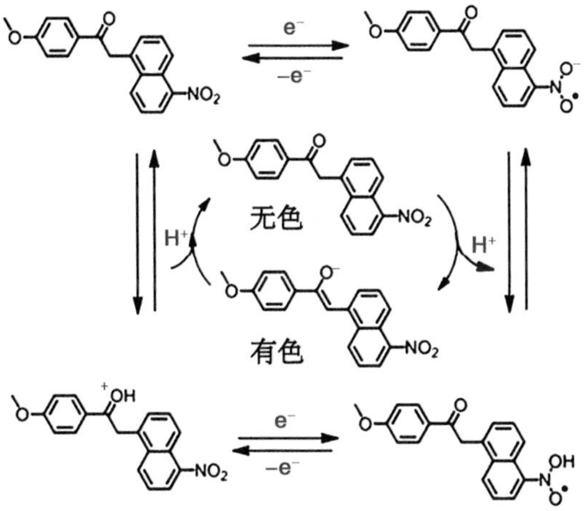

图 3.36　M5 具有单电子还原机制的电致变色机理

这种新的驱动方法和分子结构设计将促进并加速各种类似的电致变色材料的进一步发展及其在超薄柔性显示器中的应用。这项工作也证实了酮基自由基体系与间苯二甲酸盐电致变色体系的结合是一种获得多电致变色体系的成功策略。

总之,甲酮衍生物作为一种多响应分子,具有非常广阔的应用前景。这种材料的电致变色机理是质子耦合电子转移(PCET)。硝基或羰基阴离子/二离子可以诱导亚甲基的质子转移,类似于化学碱这种机理也被定义为电碱机理。这种材料具有开关时间短、可逆性好等优点。它可以通过多种方式激活响应。

3.7　二苯乙炔衍生物

电致变色材料,如氰基联苯,是典型的液晶成分。1981 年,Nakamura 的小组首次发现了一种电致变色液晶(ECLC),它由液晶分子氰基烷基联苯(nCB)和氰基烷氧基联苯(nCOB)组成,并掺杂了四烷基碘化铵$[(C_nH_{2n+1})N]^+I^-$电解质。2005 年,

Nicoletta 等人研制了一种以乙基紫精为电致变色材料的电致变色聚合物分散液晶(EC-PDLC),该液晶在单电池中应用交流电和直流电场可同时改变透射率和颜色,并使用商用材料改进了制备工艺。

实际上,ECLC 单元存在开关时间长、容量不足、电光性能差等缺点。研究人员尝试使用非水性非质子电解质来改善 EC 的性能。离子液体由于具有挥发性小、电位窗宽、导电性好等优点,近年来在电化学领域得到了广泛的应用。

2016 年,Zemin He 等人报道了一种仅由液晶(LC)和离子液体组成的电致变色液晶(ECLC)材料[24]。将含有取代二苯乙炔的 LC 用作电致变色材料,具有指定阴、阳离子的离子液体作为电解质,能够实现直流电场下的透过率和颜色变化(图 3.37)。通过选择合适的 IL 电解质,对含 1-乙氧基-4-[2-(4-戊苯基)乙炔基]-苯(PEB)的 ECLC 和 IL 的电光性能进行了评估。与其他 PEB-IL 相比,在低工作电压下,PEB-[Bmim][NTf2]与[Bmim][NTf2]电解质显示出令人满意的透射率,ECLC 电池的光散射也因为较低的 EC 电位而得到改善。

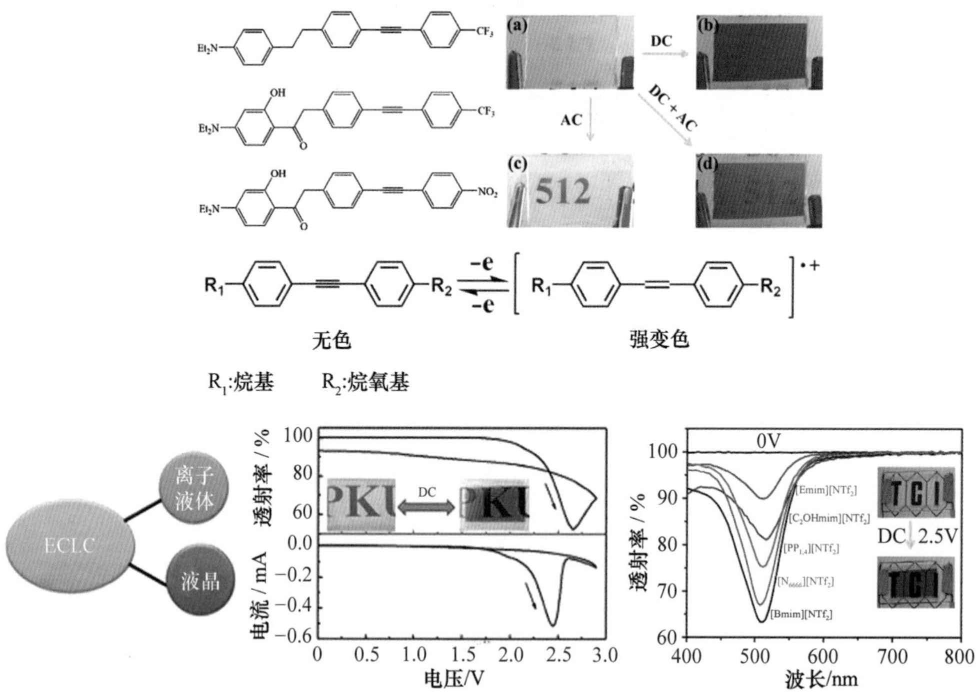

图 3.37 取代二苯乙炔的 EC-PDLC 电池的结构、电致变色机理和四种状态的照片

另外,通过在 PDLC 膜中加入电活性分子,可以实现 PDLC 膜的电控透射率与电

致变色器件的颜色控制相结合，这将在大面积显示、智能窗口和电光快门等领域有着潜在的应用前景。

3.8 氟染料衍生物

与大多数其他电致变色材料通过电子转移反应改变颜色的机理不同，氟染料的变色反应通常基于内酯环的开闭反应，因此这类材料可以通过两种方式激活，第一种是路易斯酸碱的氧化还原反应(带阳极的电子转移)，另一种是 Brønsted-Lowry 酸碱的氧化还原反应(质子转移质子供体)。目前所有报道的基于氟染料的 ECD 的文献都采用了第一种电致变色反应方法。

2018 年，Gyeong Woo Kim 等人报道了一种基于氟烷染料的高性能电致变色光阀(图 3.38)[25]。氟烷染料的电致变色反应是由氢醌衍生物生成的质子激活的，它根据其氧化还原状态来传输电荷或吸收可见光。这种电致变色光快门可与 OST-HMD 一起用在 AR 显示系统当中，这将提高显示图像在强环境光条件下的可见性。

适合用作光快门的材料通常有以下两个主要特点：① 电致变色染料及其相关组分材料在漂白状态下必须是高透明的；② 在着色状态下必须是全可见波长范围内的大吸光度。氟烷衍生物通常是透明的，因为通过 sp^3 杂化轨道连接蒽和内酯单元的螺旋结构的中心碳破坏了共轭长度，导致了较大的带隙。另外，当氟衍生物被氧化，内酯环被打开时，中心碳的 sp^3 杂化轨道转变为 sp^2 杂化轨道，共轭长度变长，从而减小了带隙，吸收波长向红色区域移动。因此，氟衍生物通常用作热致变色染料和电致变色材料。

参考本章开头所述，活性氟染料有两种方法，一种是将在 ECD 电极上通过氧化还原反应生成质子的结构应用于氟基 ECD 系统，而另一种方法则可能引起氟染料的电致变色反应。实验发现，氢醌氧化产生两个质子，并通过电极上失去两个电子而转化为苯醌，氢醌很可能起到生成质子的作用。而内酯开环反应是由 DMHQ 在阳极氧化生成的质子激活的，即 DMHQ 通过电子转移将内酯开环反应转变为通过质子转移的内酯开环反应(图 3.39)。

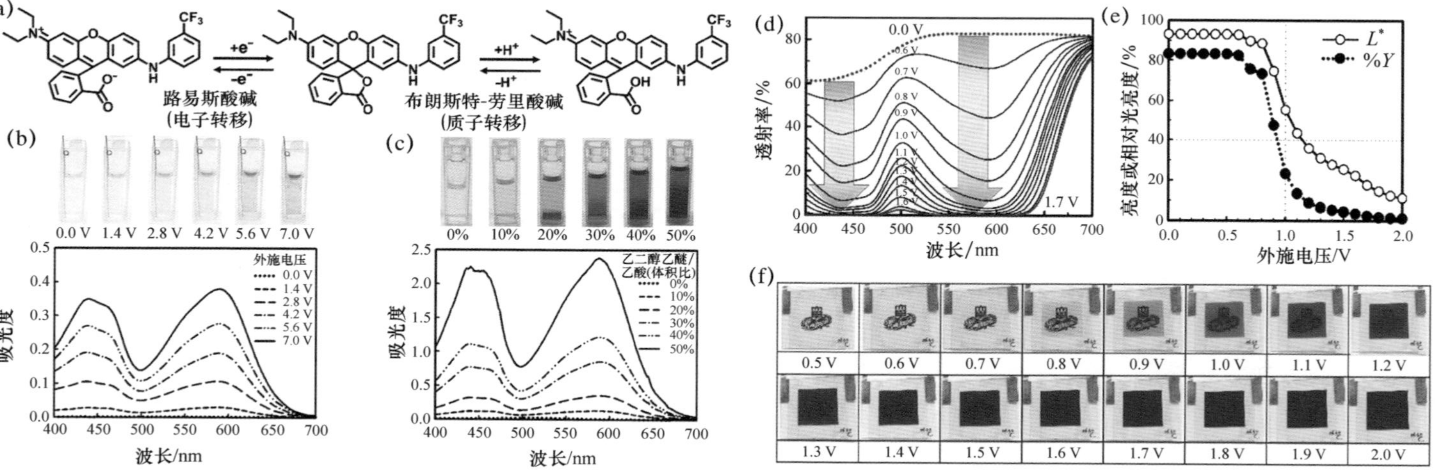

图 3.38 氟染料的内酯环开闭反应(a)；1×10^{-6} mol·L^{-1} DATFMF 和 1×10^{-6} mol·L^{-1} TBTF 吸收光谱的变化(b)；在 2-乙氧基乙醇中溶解的 1×10^{-6} mol·L^{-1} DATFMF 溶液的吸收光谱随添加乙酸量的变化(c)；电压从 0.0 到 1.7 V 过程中 ECD 的光学透过率随外加电压的变化(d)；亮度(L^*)和 ECD 的相对亮度百分比(Y)随外加电压的变化(e)；在不同电压作用下 ECD 的实际照片(f)

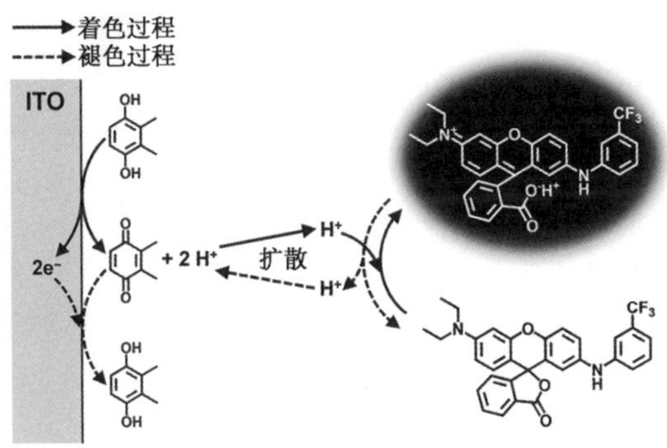

图 3.39 内酯开环反应机理

他们用这种材料制作了一个 OST-HMD 并测试了它的性能。使用电致变色光快门的 OST-HMD 在环境对比度和色域方面有显著改善。由于环境光的独立可见度，所提出的 AR 显示系统将通过扩大 AR 显示器的使用范围来最大限度地提高可用性。

实际上在 2010 年，为了实现高扫描速率和高显示质量，Wu Weng 等人用上述含氟染料和具有垂直孔的介孔二氧化钛电极制备并报道了一种高速、高分辨率的电致变色被动矩阵显示器(图 3.40)[26]。这种电极的垂直孔可以支持垂直于电极的含氟染料的有效扩散，并且可以防止染料在电极周围扩散。这种设计提供了一个更透明的背景显示，对将来电致变色材料在电子纸上的应用有着非常大的潜力。

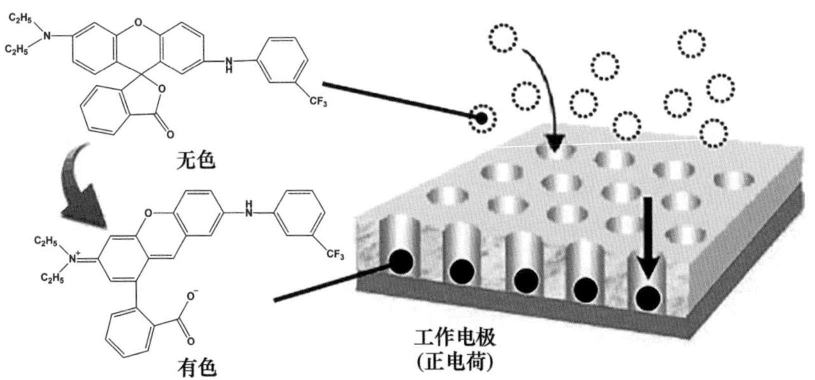

图 3.40 在具有垂直孔的介孔 TiO_2 电极上使用无色染料成像的机理

在对荧光染料电致变色性能的研究中，对苯醌(BQ)电还原自由基离子也被引入并对其性能进行了测试。2013 年，Yu-Mo Zhang 等人做了这项工作并发表论文，其结果是在1500个周期的扩展开关测试中，这些设备显示出良好的可切换性和可逆性，而没有明显的退化现象[27]。在先前的研究中，作者发现硝基分子的自由基阴离子可以从亚甲基酮基捕获酸性质子并引发分子烯醇化。因此，他们推测所有的自由基阴离子都可以作为“电酸碱”来交换合适的pH敏感分子。

分子的设计如图3.42所示，分子的颜色变化只能由外加电场驱动。由于荧光素易降解，因此可在反ITO电极表面沉积一层致密的NiO膜以避免不必要的氧化并提高器件的响应时间和可逆性。这种材料的着色机理如图3.41所示。

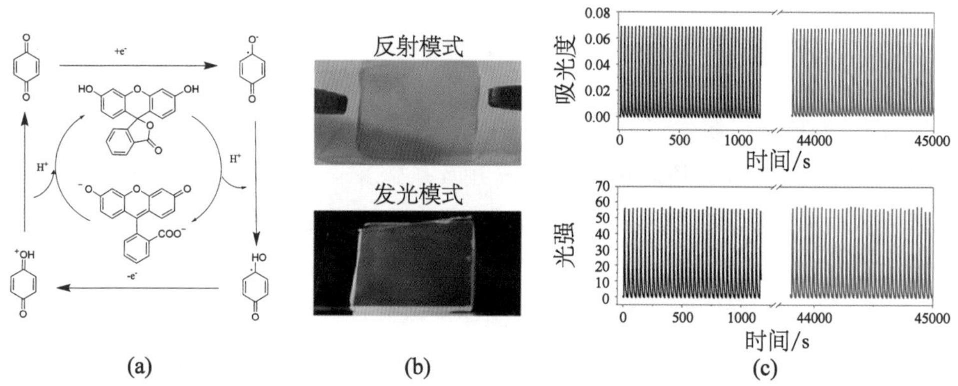

图3.41 以电还原对苯醌为原位基的荧光素的切换机理(a)；在－1.5 V下，固体薄膜的反射模式和发射模式(ex：365 nm)的照片(b)；在PMMA薄膜中，使用活化NiO电极，通过1.5 V(5 s)和1.0 V(25 s)的交替开关循环，吸收(515 nm)和发射(535 nm)随循环而变化(c)

随着电荧光变色器件的发展，如果能研制出理想的RGB可调谐EFC器件，对加快实际光电应用具有重要意义。一种策略是分离氧化还原部分和荧光团，利用质子转移来控制发射，以引发自由基阴离子/阳离子的光致发光淬灭，这是由Xiaojun Wang等人[28]报道的。如图3.42所示，他们合成了一种pH敏感发光材料。基于相同的电极机制，新制备了具有“开启”模式的RGB可调谐EFC器件(红色、绿色和蓝色)。这种“开启”可调谐EFC器件具有高的色纯度、较快的循环速度、高的荧光对比度和优异的耐久性。

他们还提出了一个可逆键耦合电子转移(BCET)的仿生系统，同时研究了具有氧化还原活性亚基的可切换Rh-N分子。利用可调色罗丹明与具有氧化还原活性的苯二胺巧妙连接，合成了Rh-N分子。根据实验结果和计算，提出了以下电子转移机理(图3.43)[29]。

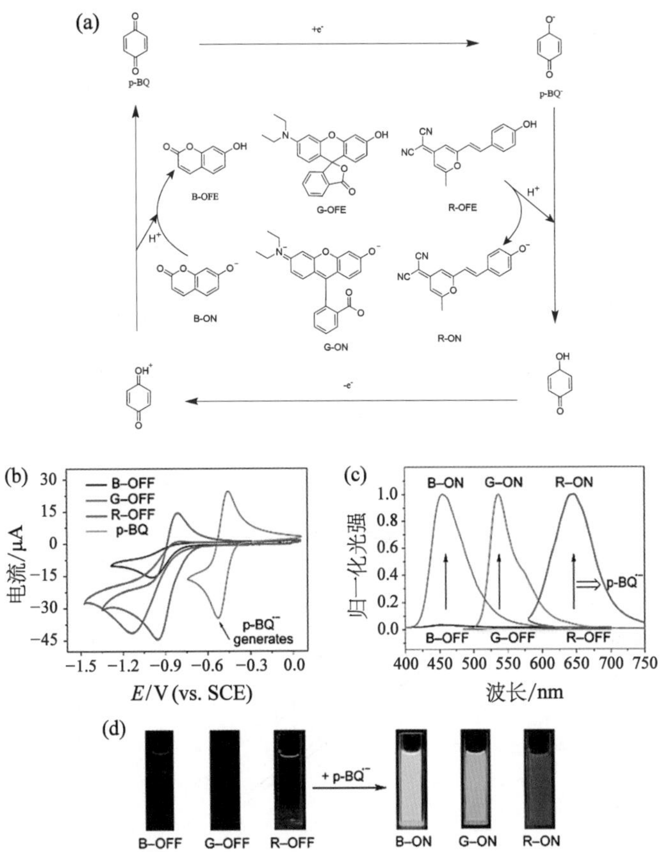

图 3.42 p-BQ 作为电碱基引起的荧光开关机制(a);B、G、R 分子和 p-BQ 的循环伏安图(b);B、G、R 分子的荧光光谱(c);B、G、R 分子在紫外光下的图像(d)

在这个 BCET 系统中,一个有机阳离子在其 C—N 键断裂后立即从氧化部分带走正电荷。这一过程与 PCET 和 MCET 在电子转移的同时转移质子和金属离子具有相似的特性。这些相似性促使他们强烈推荐一个统一的概念,即阳离子耦合电子转移(CCET),以简化那些关于相似耦合的现有概念(如 PCET、MCET 和 BCET)。众所周知,在多用途的生物过程中,有效地实现多步复杂反应只需要非常低的活化能,同时涉及离子(如质子、金属离子、电子、小有机离子等)转移、键裂解/形成、结构改变等,并且在酶催化作用下,离子的引入或消除也会大大改变分子或分子聚集体活性侧的电子密度。

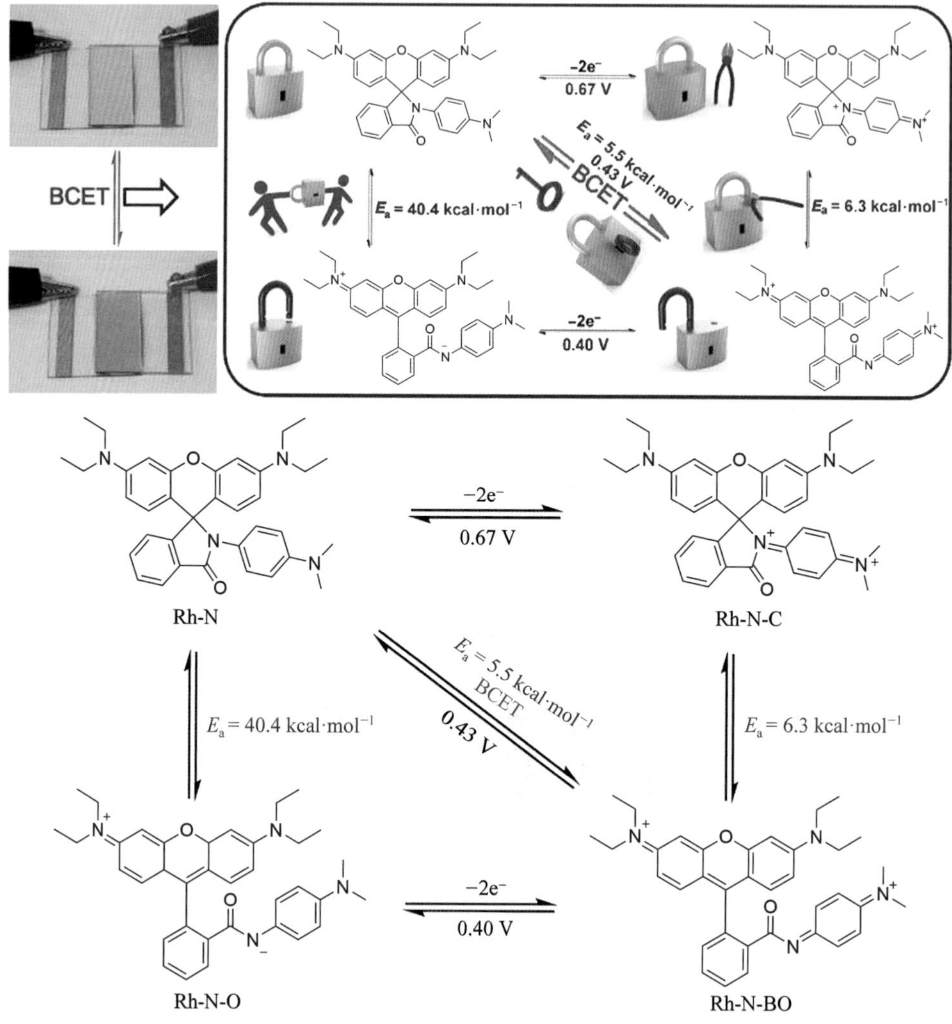

图 3.43　通过键耦合电子转移的 Rh-N 键切换过程

3.9　pH 响应分子及其衍生物

近年来,提高电致变色材料的双稳态性能成为了研究热点。2019 年,Yuyang Wang 等人设计并合成了一种新材料,即将罗丹明 B 与苯二胺互连,并将尿素的衍生物尿素-N 应用于该电致变色器件当中。在 Rh-N 分子中尿素-N 电酸质子释放形成完全可逆的键耦合电子转移(图 3.44)。研究表明,尿素-N 与 Rh-N 之间的超分子相互作用能有效地稳定这种有色态，同时，尿素-N+Rh-N 的快速显色反应也说明了分子间氢键的存在可以加速酸性染料与 pH 敏感染料之间的质子转移。

同年，他们还提出利用质子耦合电子转移(PCET)和键耦合电子转移(BCET)技术制备理想的双稳态电致变色材料。PCET 机制通过调节超分子间的相互作用，拓宽 pH 值的选择范围，避免可能降低材料稳定性的高能中间体，增强了电致变色材料的双稳态性能。他们提出为了进一步提高材料的性能，还应探索一种延长双稳态保留时间的方法，因此提高分子间质子转移和电子转移的耦合效率是关键。

基于以上概念，能够让制备出的器件具有较宽的颜色可调谐性和良好的电致变色特性，包括开关时间小于 7.0 s、70%的透射率变化、1240 $cm^2 \cdot C^{-1}$ 的着色效率，双稳态持续时间超过 52 h，可逆性超过 12000 个周期。

作者制备了包括五层结构的共聚物 RHMAs 的电致变色器件，展示了其在显示领域的潜在应用(图 3.45)。在相同的电压处理下，器件可以得到不同的颜色。他们还优化了器件的双稳性，即在不施加恒定电压的情况下保持无色和有色状态的能力。

实验结果表明，RHMA-M1 的无色状态在没有电压的情况下维持了 30 天以上。在+1.7 V 下刺激 1.5 s 后，在无电压条件下着色态能够稳定 1 h 左右，透射率变化大于 70%。证明了这种材料具有优异的循环稳定性，在 12000 次循环后可保持小于 7.8%的颜色衰减率[30]。

如图 3.46，这种对苯醌结构新分子是从电还原对苯醌(BQ)中引入自由基离子，这种离子可以方便地为荧光素显色/发射切换提供碱的来源，是一种性能较好的 pH 响应分子。在 1500 次循环开关试验中，均显示出良好的切换性和可逆性，且无明显性能衰减。在实验中，他们发现只有当 BQ 和荧光素共同存在时，电场才能在 535 nm 处改变荧光素的发射。在制备器件的过程中，可以在 ITO 电极上涂覆 NiO 以防止不必要的氧化，从而成功地解决了荧光素的降解问题。

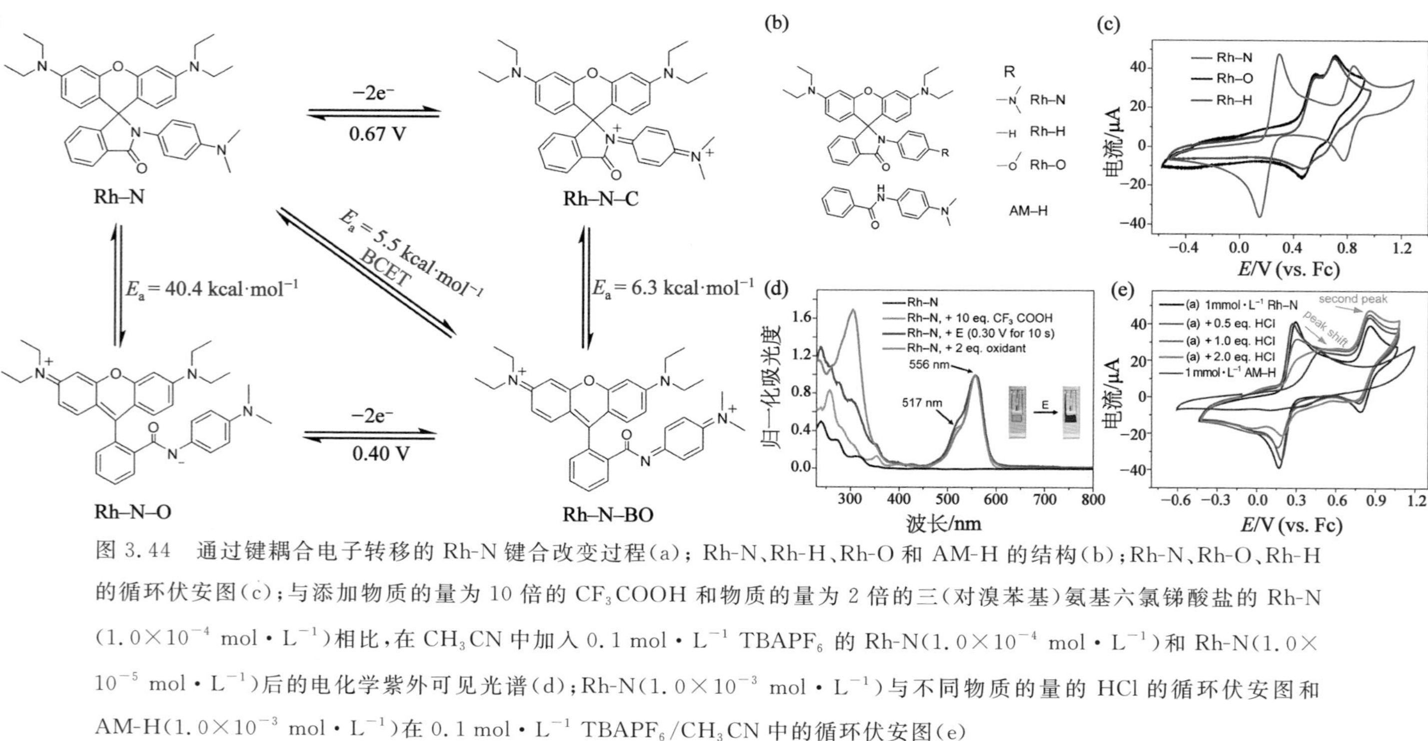

图 3.44　通过键耦合电子转移的 Rh-N 键合改变过程(a)；Rh-N、Rh-H、Rh-O 和 AM-H 的结构(b)；Rh-N、Rh-O、Rh-H 的循环伏安图(c)；与添加物质的量为 10 倍的 CF_3COOH 和物质的量为 2 倍的三(对溴苯基)氨基六氯锑酸盐的 Rh-N(1.0×10^{-4} mol·L^{-1})相比，在 CH_3CN 中加入 0.1 mol·L^{-1} $TBAPF_6$ 的 Rh-N(1.0×10^{-4} mol·L^{-1})和 Rh-N(1.0×10^{-5} mol·L^{-1})后的电化学紫外可见光谱(d)；Rh-N(1.0×10^{-3} mol·L^{-1})与不同物质的量的 HCl 的循环伏安图和 AM-H(1.0×10^{-3} mol·L^{-1})在 0.1 mol·L^{-1} $TBAPF_6/CH_3CN$ 中的循环伏安图(e)

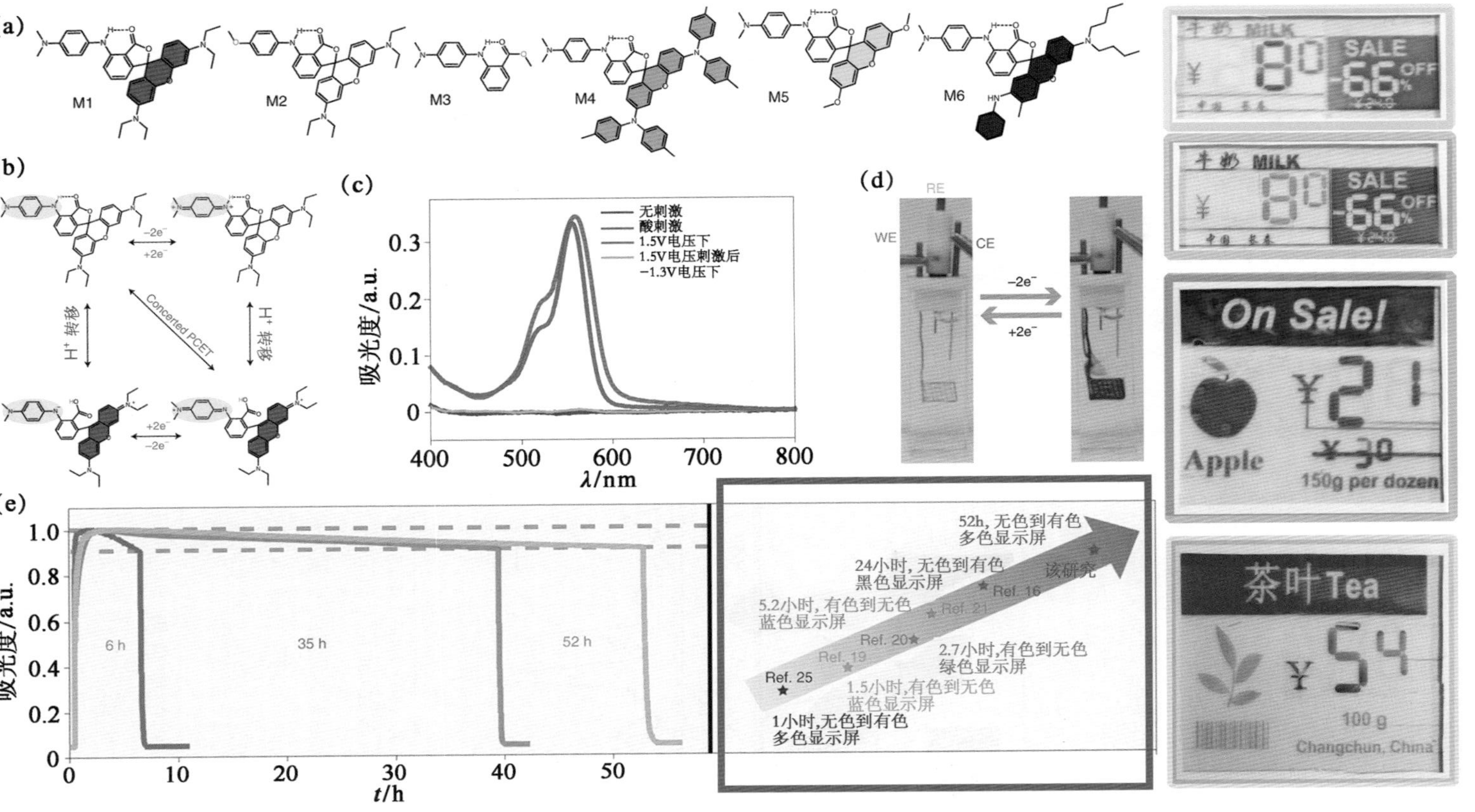

图 3.45　M1～M6 的分子结构(彩色阴影代表分子的不同颜色发色团)(a)；提出的机理(虚线代表 H 和 O 之间的氢键，蓝色阴影代表对苯二胺，粉色阴影代表氟染料结构)(b)；RHMA-M1 溶液在＋1.5 V 与 SCE 作用前后的合成、吸收光谱和照片(c)；导电层厚度为 250 μm(蓝色)、348 μm(橙色)和 425 μm(青色)的器件的吸收，并对不同电致变色材料的保留性能进行了比较(d)；多色 ESL 原型(彩色轮廓代表 ESL 的边缘)(e)

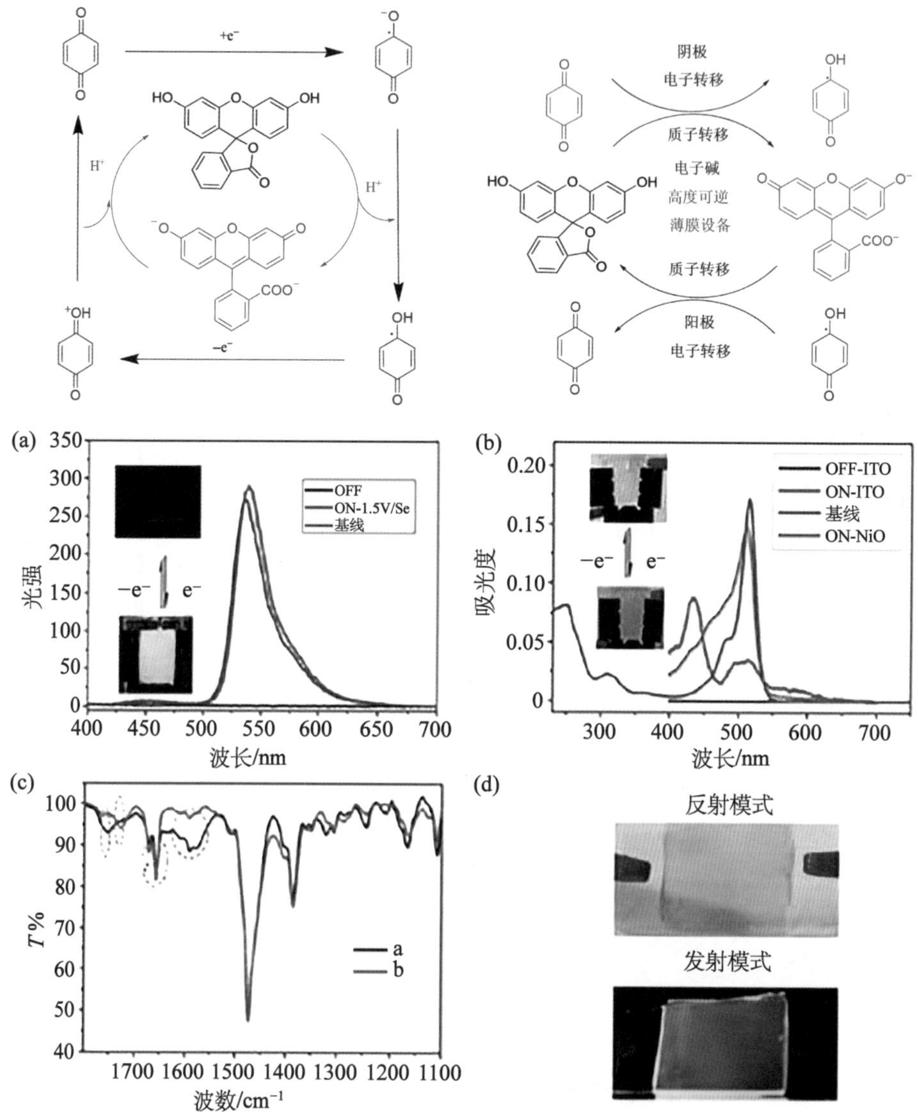

图 3.46 以电还原对苯醌为原位碱的荧光素的开关机理和用 BQ-荧光素混合溶液制备的器件的发射光谱(a);吸收光谱(b);BQ-荧光素溶液在乙腈还原前后的红外光谱(c);1.5 V 下固体薄膜的反射模式和发射模式的照片(d)

作者对这类材料的变色机理进行了推测:① BQ 首先还原为 BQ^-;② 双 BQ^- 从附近的荧光素分子中捕获两个质子生成 BQH 和双阴离子形式的荧光素(着色剂);③ BQH 在反向偏压下被氧化为 BQH^+,质子重新回到荧光素双阴离子上并生成单阴离子形式,最后还原为中性荧光素,颜色逆向变化[31]。

3.10 TPA 染料衍生物

三苯胺(TPA)及其衍生物由于优异的电化学性能,可以引入到电致变色材料的结构当中,以获得更加有趣和优异的性能,甚至达到双响应特性。2014 年,Jingwei Sun 等人设计合成了一种具有聚集诱导发射(AIE)效应和高对比度力致变色(MC)行为双重响应功能的供体-受体(D-A)十字型共轭发光材料——DMCS-TPA(图 3.47)[32]。DMCS-TPA 同时具有 AIE 效应和高对比度力致变色行为,在 87 nm 处有明显的吸收,并具有多色显示的电致变色特性。研究表明,在发光体中引入电活性组分构成 D-A 十字形共轭结构是制备具有 MC 和 EC 双重功能材料的一种很有前途的设计策略。

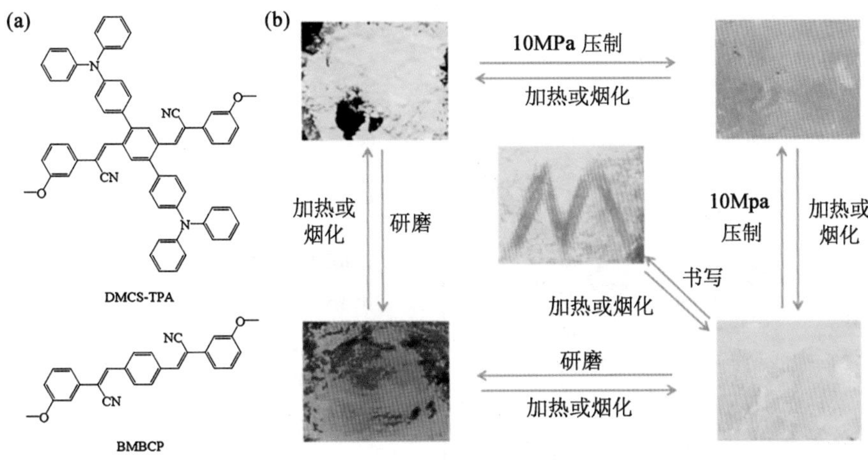

图 3.47 DMCS-TPA 和 BMBCP 的结构(a);DMCS-TPA 在 365 nm 紫外光下经不同处理后的照片(b)

由于与 EC 阳极材料相比,阴极材料的研究较少,因此目前对该类材料的研究报道较少。近年来,具有 D-A 结构的有机/高分子半导体作为电子商务材料得到了广泛的应用。D-A 分子内的电荷转移(ICT)相互作用能够实现较低的带隙,通过施加正负电位,可以方便地在基于 D-A 材料的 ECDs 中实现多色电致变色。

2016 年,Yuan Ling 等人设计合成了一系列由吸电子苯并吡咯烷酮(BDP)组成的双极电致变色材料(图 3.48)[33]。他们选用苯并吡咯烷酮(BDP)作为缺电子单元,构建了低禁带 D-A 结构分子,通过引入合适的电子给体,该材料可以实现电子给体与受体之间不同的 ICT 相互作用,使目标发色团的颜色能够覆盖整个可见光范围。BDP 部分的电化学过程中,在负电位下的多色电致变色是由可逆的两步还原引起的。当接受两个电子时,具有类醌结构的 BDP 单元转变为具有不同芳香共振结构的二离子。因此,通过简单地刻蚀 ITO 电极,由于 BDP 的双极性,单层 ECD 在固定电位下也可以实现可逆的多色电致变色双极性电致变色。这为设计新型高效多色 ECD 双极材料提供了新的思路。

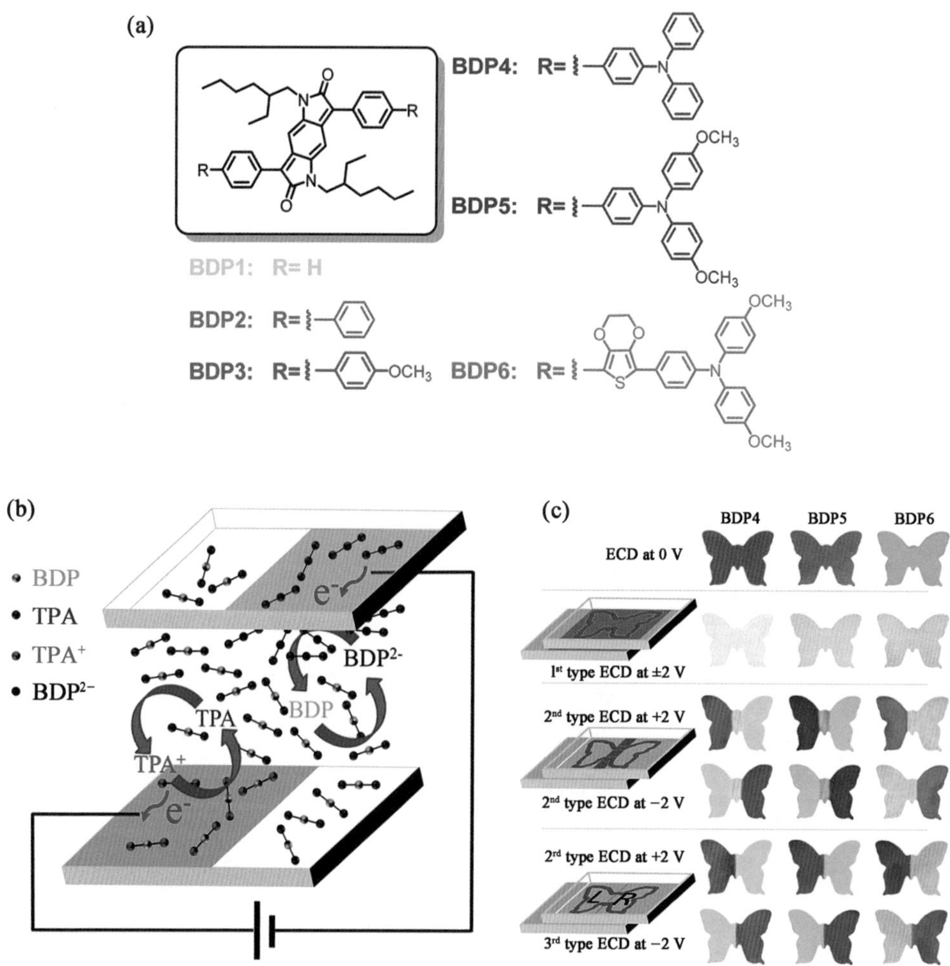

图 3.48 双极性 EC 材料 BDP1～BDP6 的化学结构(a)；基于双极性 BDP 的第 2 和第 3 型 ECD 的工作原理(b)；基于双极性 BDP4、BDP5 和 BDP6 的 ECD 在不同电位下的照片(c)

2017 年，De-Cheng Huang 等人将三苯胺与紫精结构结合，利用单个小分子融合双极 EC 行为，提出了一种简单的“连锁”方法，并合成了两种含醚键的双极性电致变色材料 TPA-VIO 和 TPA-OAQ(图 3.49)。通过在 TPA 中加入阴极 EC 部分作为电荷俘获层得到的双极 ECD 相比仅使用 TPA 的器件，不仅降低了 EC 过程中的驱动电压和开关时间，而且还显示出将阳极 TPA 和阴极 EC 部分所贡献的颜色合并的能力。这提高了含有双极性 EC 材料的 ECD 的电化学稳定性和 EC 性能。这些结果最终证明，在 TPA 衍生物中加入合适的反 EC 部分是制备新型 ECD 的一种简便可行的方法[34]。

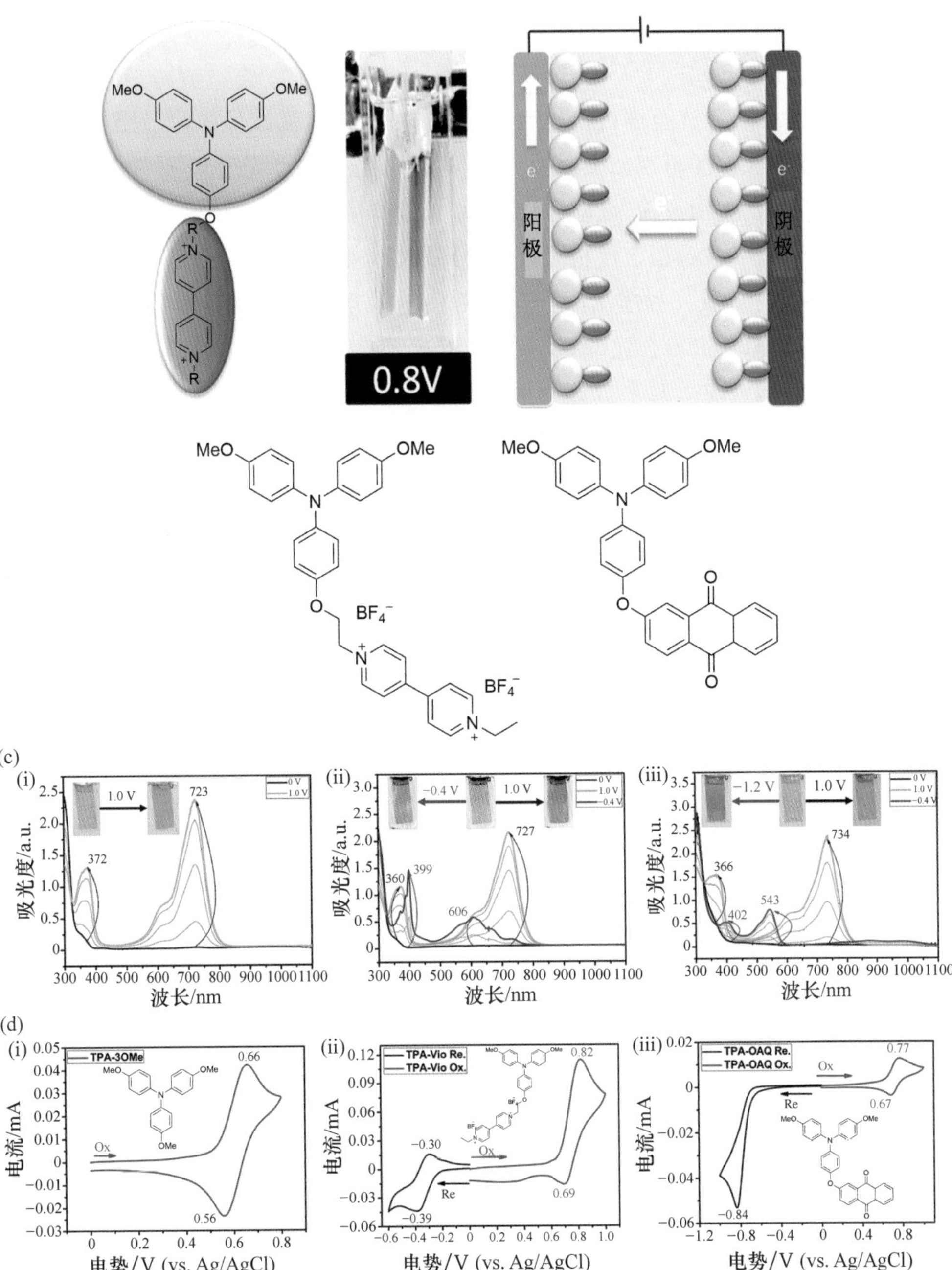

图 3.49　双极性材料的颜色变化示意图(a)；双极性 TPA 衍生物的结构(b)；电致变色特性和相应的照片(c)；极材料的 CV 图(d)

3.11 碳氢化合物衍生物-NIR-OEC

近年来，除了可见光范围内的电致变色材料外，具有强红外吸收/发射特性的材料也越来越受到人们的重视。强吸收/发射近红外光的有机分子具有许多潜在的应用，包括安全墨水、生物成像、光动力疗法、光免疫疗法和光电器件。虽然这类材料的种类繁多，但仍然存在着稳定性相对较低，合成成本较高的缺点。

在这类材料中，有一种喹诺酮类化合物桥连四芳基对苯二甲酸(BTAQ)能够用氟化无色染料为原料进行合成(图 3.50)[35]。这种 BTAQ 材料的类醌结构没有双自由基的性质，而是表现出两步近红外电致变色，在 800～900 nm 区域有较强的吸收带。近红外吸收峰与不同的取代基有关，其中四氯衍生物(3hex)的吸收峰最长(874 nm)。

根据密度泛函理论的计算结果，测得的吸收带对应于 HOMO→LUMO 跃迁并且能归因于 $\pi \to \pi^*$ 跃迁，因为 HOMO 和 LUMO 在 π-骨架上是非定域的。BTAQ 的近红外吸收峰位置与溶剂极性有关。由于它们在基态不表现出双自由基性质，因此 BTAQ 相对稳定。BTAQ 是一类新型的有机分子，在近红外光谱技术中有着广泛的应用前景。

3.12 结论与展望

本章主要综述了近年来电致变色小分子的研究进展，小分子电致变色材料虽然在很长一段时间内没有进入研究者的视野中，但却是十分具有前途的一类材料。本章着重介绍了不同结构的电致变色材料、设计策略和机理。这种材料具有色泽鲜艳、对比度高、溶解性好、易加工等优点。它们也更加灵活，能够适应不同的基底材料，实现目前无法实现的更多功能。同时，其相对简单的合成步骤使其具有很大的工业化优势。然而，这些小分子化合物也面临着水和氧对其稳定性有较为严重的影响和驱动电压偏高的缺陷。因此，提高这些材料的稳定性应引起研究者的重视。在这方面，研究人员取得了令人瞩目的成就，如双稳态材料的发现、修饰电极的方法等。相信这些材料将在未来巨大的电致变色材料市场中发挥不可或缺的作用。

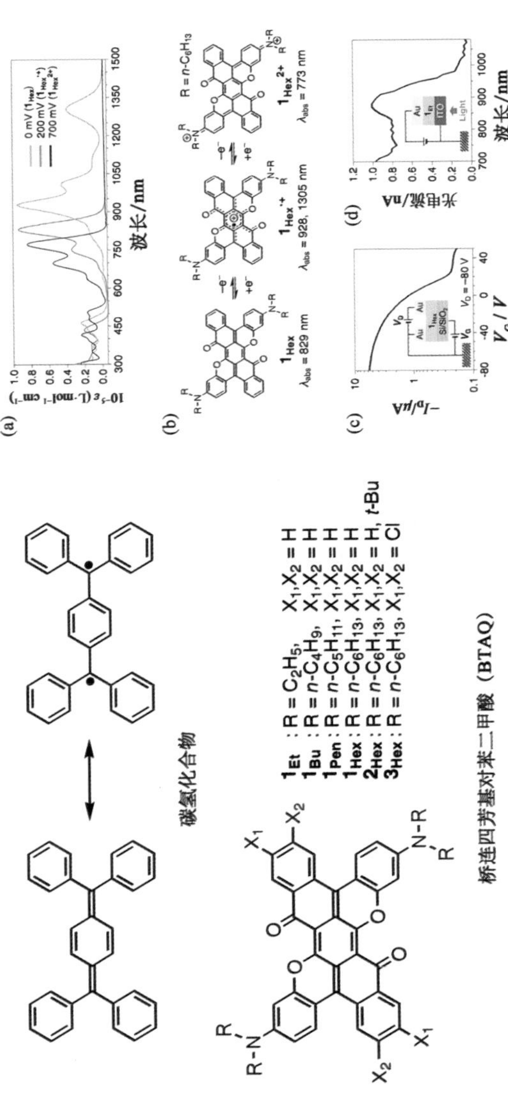

图 3.50　碳氢化合物的结构和 1 Hex 和 0.1 mol·L^{-1} 的 n-Bu_4NClO_4 的 CH_2Cl_2 溶液在空气中逐步电化学氧化过程的吸收光谱(a);1 Hex 的两步平衡(b);1 Hex 晶体管的传输特性(c);在 1 V 电压下,1Et 薄膜中的近红外光电流(d)。(c)和(d)的插图显示了器件结构

参考文献

[1] Kenichi Nakamura Y O, Toshikazu Sekikawa, Mitsuhiro Sugimoto. Electrochromic characteristics of organic materials with a simple molecular structure. Japanese Journal of Applied Physics, 1987, 26(6): 931-935.

[2] Siegfried Hünig, Kemmer M, Wenner H, et al. Violene/cyanine hybrids: A general structure for electrochromic systems. Chemistry A European Journal, 1999, 5(7): 1969-1973.

[3] Siegfried H, Kemmer M, Wenner H, et al. Violene/cyanine hybrids as electrochromics part 2: Tetrakis(4-dimethylaminophenyl) ethene and its derivatives. Chemistry A European Journal, 2000, 6(14): 2618-2632.

[4] Shunji Ito, Akimoto K, Kawakami J, et al. Synthesis, stabilities, and redox behavior of mono-, di-, and tetracations composed of di(1-azulenyl) methylium units connected to a benzene ring by phenyl-and 2-thienylacetylene spacers. A concept of a cyanine-cyanine hybrid as a stabilized electrochromic system. Journal of Organic Chemistry, 2006, 72(1): 162-172.

[5] Ito S, Sekiguchi R, Mizushima A, et al. Cyaninecyanine hybrid structure as a stabilized polyelectrochromic system: Synthesis, stabilities, and redox behavior of di(1-azulenyl) methylium units connected with electron-accepting π-electron systems. Arkivoc, 2018, (2): 145-169.

[6] Ishigaki Y, K H, Katoono R, et al. Bis(diarylethenyl) thiophenes,-bithiophenes, and -terthiophenes: A new series of electrochromic systems that exhibit a fluorescence response. Canadian Journal of Chemistry, 2017, 95(3): 243-252.

[7] Kobayashi N, Miura S, Nishimura M, et al. Organic electrochromism for a new color electronic paper. Solar Energy Materials and Solar Cells, 2008, 92(2): 136-139.

[8] Tanaka S, Watanabe Y, Nagashima T, et al. Phthalate-derivative/TiO_2-modified electrode for electrochromic application. Solar Energy Materials and Solar Cells, 2009, 93(12): 2098-2101.

[9] La M, Liu M-M, Liu P, et al. Electrochromic properties based on oligothiophene derivatives. Chinese Journal of Chemistry, 2008, 26(8): 1523-1526.

[10] Yin B, Jiang C, Wang Y, et al. Synthesis and electrochromic properties of oligothiophene derivatives. Synthetic Metals, 2010, 160(5-6): 432-435.

[11] Zeng J, Zhang X, Zhu X, et al. Synthesis and electrochromic properties of star-shaped oligomers with phenyl cores. Chemistry-An Asian Journal, 2017, 12(17): 2202-2206.

[12] Wan Z, Zeng J, Li H, et al. Multicolored, low-voltage-driven, flexible organic electrochromic devices based on oligomers. Macromolecular Rapid Communications, 2018, 39(10): 1700886.

[13] Sharmoukh W, Ko K C, Ko J H, et al. 5-substituted isophthalate-based organic electrochromic

materials. Journal of Materials Chemistry, 2008, 18(37): 4408.

[14] Sharmoukh W, Ko, Park S, et al. Molecular design and preparation of bis-isophthalate electrochromic systems having controllable color and bistability. Organic Letters, 2008, 10(23): 5365-5368.

[15] Xu X, Webster R D. Primary coloured electrochromism of aromatic oxygen and sulfur diesters. RSC Advances, 2014, 4(35): 18100.

[16] Zhang P, Xing X, Wang Y, et al. Multi-colour electrochromic materials based on polyaromatic esters with low driving voltage. Journal of Materials Chemistry C, 2019, 7(31): 9467-9473.

[17] Christiansen D, Tomlinson A, Reynolds J, New design paradigm for color control in anodically coloring electrochromic molecules. Journal of the American Chemical Society, 2019, 141(9): 3859-3862.

[18] He L H, Wang G-M, Tang Q, et al. Synthesis and characterization of novel electrochromic and photoresponsive materials based on azobenzene-4,4′-dicarboxylic acid dialkyl ester. Journal of Materials Chemistry C, 2014, 2(38): 8162-8169.

[19] Long J-f, Tang Q, Lv Z, et al. Synthesis and characterization of dual-colored electrochromic materials based on 4′-(4-alkyl ester)-4,2′: 6′,4″-terpyridinium derivatives. Electrochimica Acta, 2017, 2017 (248), 1-10.

[20] Zhang W J, Zhu C R, Huang Z J, et al. Electrochromic 2,4,6-triphenyl-1,3,5-triazine based esters with electron donor-acceptor structure. Organic Electronics, 2019, 67, 302-310.

[21] Zhang Y-M, Li M, Li W, et al. A new class of "electro-acid/base"-induced reversible methyl ketone colour switches. Journal of Materials Chemistry C, 2013, 1(34): 5309.

[22] Zhang Y-M, Wang X, Zhang W, et al. A single-molecule multicolor electrochromic device generated through medium engineering. Light: Science & Applications, 2015, 4(2): e249-e249.

[23] Zhang Y-M, Xie F, Li W, et al. A methyl ketone bridged molecule as a multi-stimuli-responsive color switch for electrochromic devices. Journal of Materials Chemistry C, 2016, 4(21): 4662-4667.

[24] He Z, Yuan X, Zhao Y, et al. A greener electrochromic liquid crystal based on ionic liquid electrolytes. Liquid Crystals, 2016, 43(8): 1110-1119.

[25] Kim G W, Kim Y C, Ko I J, et al. High-performance electrochromic optical shutter based on fluoran dye for visibility enhancement of augmented reality display. Advanced Optical Materials, 2018, 6(11): 1701382.

[26] Weng W, Higuchi T, Suzuki M, et al. A high-speed passive-matrix electrochromic display using a mesoporous TiO_2 electrode with vertical porosity. Angewandte Chemie. International Ed. in English, 2010, 49(23): 3956-3959.

[27] Zhang Y M, Li W, Wang X, et al. Highly durable colour/emission switching of fluorescein in a thin film device using "electro-acid/base" as in situ stimuli. Chemical Communications, 2014, 50(12): 1420-1422.

[28] Wang X, Li W, Li W, et al. An RGB color-tunable turn-on electrofluorochromic device and its potential for information encryption. Chemical Communications, 2017, 53(81): 11209-11212.

[29] Wang X, Wang S, Gu C, et al. Reversible bond/cation-coupled electron transfer on phenylene-diamine-based rhodamine B and its application on electrochromism. ACS Applied Materials & Interfaces, 2017, 9(23): 20196-20204.

[30] Wang Y Y, Wang S, Wang X, et al. A multicolour bistable electronic shelf label based on intramolecular proton-coupled electron transfer. Nature Materials, 2019, 18(12): 1335-1342.

[31] Zhang Y M, Li W, Wang X, et al. Highly durable colour/emission switching of fluorescein in a thin film device using "electro-acid/base" as in situ stimuli. Chemical Communications, 2014, 50(12): 1420-1422.

[32] Sun J, Lv X, Wang P, et al. A donor-acceptor cruciform π-system: High contrast mechano-chromic properties and multicolour electrochromic behavior. Journal of Materials Chemistry C, 2014, 2(27): 5365.

[33] Ling Y, Xiang C, Zhou G. Multicolored electrochromism from benzodipyrrolidone-based ambipolar electrochromes at a fixed potential. Journal of Materials Chemistry C, 2017, 5(2): 290-300.

[34] Huang D C, Wu J T, Fan Y Z, et al. Preparation and optoelectronic behaviours of novel electrochromic devices based on triphenylamine-containing ambipolar materials. Journal of Materials Chemistry C, 2017, 5(36): 9370-9375.

[35] Okamoto Y, Tanioka M, Muranaka A, et al. Stable thiele's hydrocarbon derivatives exhibiting near-infrared absorption/emission and two-step electrochromism. Journal of the American Chemical Society, 2018, 140(51): 17857-17861.

第四章 紫精电致变色材料

4.1 引 言

4.1.1 背景介绍

有机电致变色材料(OEC)是一类在施加外部电压后会发生可逆颜色变化的有机半导体材料。由于其具有成本较低、易于制造、着色效率高和对比度高的特性,因此在节能窗、全彩无源显示器、自动调光镜和用于军事或健康监测目的的可穿戴设备中有着广泛的应用[1-4]。一系列有机半导体已经被应用于 OEC,并且该领域也引起了研究人员的广泛关注。

通常来讲,我们将 1,1′-二取代-4,4′-联吡啶化合物统称为紫精,该系列化合物由 Michaelis 于 1933 年首次提出。自 20 世纪 70 年代以来,各种新型有机电致变色材料层出不穷,其中包括导电聚合物、共轭小分子、COFs 等。其中,紫精由于具有驱动电压低、对比度高、切换灵活、混色能力强、器件结构简单等优点,成为了电致变色器件的优选材料,也是第一个由 Gentex 公司成功商业化的 OEC 材料[5]。有很多书的章节和综述中都对紫精做过全面的介绍,我们在表 4.1 中筛选并列举了其中一些比较重要的工作。

表 4.1 涉及紫精电致变色性能和器件的综述和书籍

书/综述名	年份	作者	重点
The Electrochemistry of the Viologens’	1981	Bird and Kuhn[6]	紫精的氧化还原性能
The Bipyridines	1984	Summers[7]	合成与性质
Chemistry of Viologens	1991	Sliwa et al.[8]	紫精的化学机理

续表

书/综述名	年份	作者	重点
The Viologens: Physicochemical Properties, Synthesis, and Applications of the Salts of 4,4′-Bipyridine	1998	Monk[9]	基础研究和应用
The Viologens	2007	Monk et al.[10]	基本结构和性质
Electrochromic Materials and Devices Based on Viologens	2015	Monk et al.[11]	从材料到 ECD 的综述
Viologens-based Electrochromic Materials and Devices	2018	Xu et al.[12]	氧化还原的紫精基电致变色材料的合成及其电化学性能
Design Strategies and Redox-Dependent Applications of Insoluble Viologen-Based Covalent Organic Polymers	2019	Skorjanc et al.[13]	有机共价聚合物
Viologen-Inspired Functional Materials: Synthetic Strategies and Applications	2019	Ding et al.[14]	类紫精材料和应用

4.1.2 紫精的研究历史

如图 4.1 所示，在 20 世纪，由于发现了紫精的电致变色特性，研究人员开始通过简单地添加不同的 N 取代基，对阴离子改性和聚合的方法来调整所显示的颜色。在 2000 年后，电致变色材料调节透射率的功能引起了广泛的关注。研究人员开始致力于改善电致变色器件的性能，通过电极修饰，例如使用纳米晶电极，其稳定性和效率已得到显著提高。随着新功能的出现，电致变色材料也得到了更新，诸如多孔材料和超分子材料之类的更高级的结构如雨后春笋般出现。总而言之，自发现紫精作为电致变色材料以来，其研究的历史共计约一百年，而这一百年的研究历史可以简单分为四个阶段。

1. 第一阶段(1930s～1970s)

1933 年，Michaelis 首次发现 1,1′-二甲基-4,4′-联吡啶(DMP)在氧化还原过程中可以显现出紫罗兰色，因此该化合物被称为“紫精”[4]。在此之后，研究者对紫精分子氧化还原反应的中间态进行了大量研究[15—18]。并且，他们通过合成不同 N 取代基的紫精化合物研究了 N 取代基的变化对于电致变色颜色的影响。1973 年，Shoot 使用庚基紫精制作了一种新的平面字母数字显示器，这可以看作是紫精在文献报道中用于电致变色的最初尝试[19]。

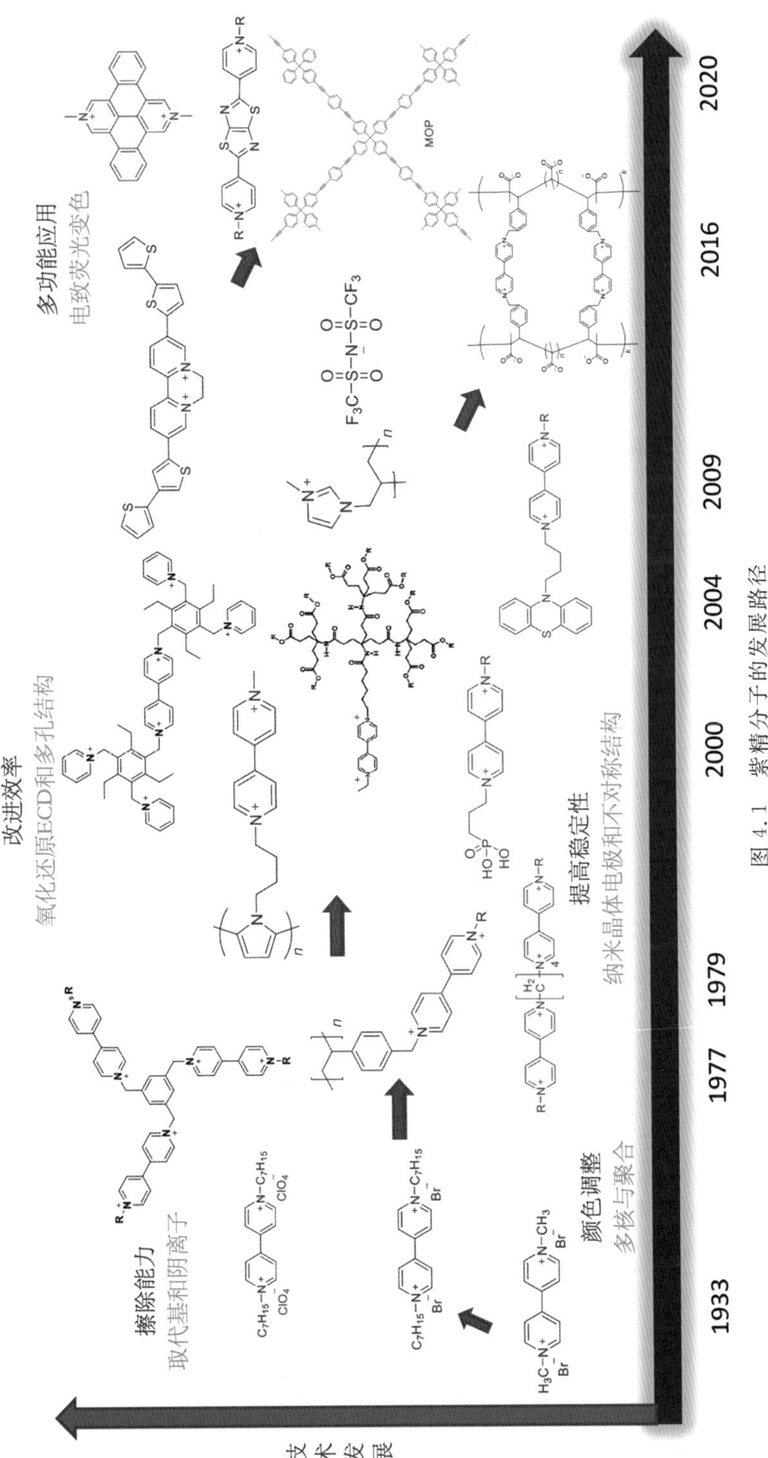

图 4.1 紫精分子的发展路径

2. 第二阶段(1970s～2000s)

由于在反应过程中存在生成其他不可逆物质的副反应和紫精分子在电极扩散速率的限制,使得紫精作为电致变色材料的器件的稳定性和开关速度受到了极大影响。因此在这一阶段,基本上是第一阶段的更深入研究和设备性能的优化。下面列举出一些典型的方法。

阴离子修饰:1977 年,Bruinink 尝试使用非卤素的大尺寸阴离子(ClO_4^-,BF_4^-)作为紫精化合物的对阴离子,以减少紫精在自由基阳离子状态下结晶的可能性。此外,他使用 SnO_2 作为电极,以提高器件在非通电状态下的透明度和对于高电压的耐受性[20]。

聚合:具有紫精和类紫精结构的聚合物会表现出独特的性能,例如更高的稳定性、更出色的机械性能和更高的溶解性。1979 年,Hirotsugu Sato 通过在电极上沉积紫精形成的自由基膜来制作新型的电致变色器件。从那以后,研究者利用聚合物的这种优点制成了记忆时间更长、驱动电压更低的电致变色器件[21]。随后,1988 年,研究人员开始将紫精作为侧链接在导电聚合物骨架上。Shu 和 Wrighton 使用电化学聚合合成了以聚吡咯为主链的侧链型紫精聚合物[22]。

此外,随着现代光谱技术的发展,紫精自由基阳离子的机理也在逐渐被研究者所揭示。1985 年,Gaudiello 首先通过 ESR 光谱系统地阐明了紫精的二聚化[23]。之后,1992 年,Monk 用原位电化学 EPR 和 UV-Vis 光谱研究了二联吡啶鎓配位反应的机理[24]。

3. 第三阶段(2000s～2010s)

在这一阶段,科学家开始通过电极修饰来优化基于紫精的电致变色器件。在 2000 年初,出现了越来越多不同结构的紫精化合物,例如树枝状聚合物[25]、超分子环化合物[26]、不对称取代紫精[27]等。

在 1999 年,科学家首次使用了 TiO_2 纳米晶体电极作为电致变色电极。为了获得更高的电导率、更快的电子传输效率和更优秀的光放大性能,Bonhote 合成了一系列磷酸取代的紫精分子吸附在纳米 TiO_2 电极表面。在这项研究中,研究者通过添加普鲁士蓝来制造透射器件,并使用阳极 Zn 电极和对电极与工作电极之间的白色反射器制造反射器件。这项研究为获得高性能的 ECD 打下了重要基础[28]。2004 年,Moller 成功地利用喷墨印刷技术和自组装的紫精单层修饰的纳米晶体半导体电极实现了 ECD 的高效率着色和快速转换[29]。

在 2005 年,Jee-Hyun Ryu 提出了一种反射显示的新概念,方法是将紫精部分掺入单分散聚合物微球表面。ECD 系统具有固有的白色背景，但显响应时间较长[30]。在后续研究中，他专注于通过在 ECD 中引入多孔结构来提高转换速度。由于高的比表面积可以增加电解质含量，从而有效地提高离子电导率，因此该设备的响应时间减少到了 270 ms[31]。Gentex 和 Essilor 等光学公司开始正式发布基于该技术的电致变色商用设备[5,32—35]。

4. 第四阶段（2010s 至今）

在此阶段，研究人员开始使用多孔材料制作电极以实现更高的离子电导率和对比度，并且还将诸如 MOF 和 COF 等新型材料用于相关的探索性研究。设备的结构不断优化，设备的功能性不断拓展，为新的应用提供了更多可能的选择。

2010 年，Marina Freitag 通过将非功能化的紫精封装到作为分子容器的 CB 中形成了 V^{2+}-CB[7]，将 V^{2+}-CB 锚定在 TiO_2 薄膜表面上形成了宿主-客体复合物系统。这种策略有效地减少了副反应并延长了器件的循环寿命[36]。

2011 年，Xi Tu 将阴极材料紫精与一系列阳极材料相结合，以选择最适合 ECD 应用的阴极-阳极复合材料[37]。

想要提高 ECD 的耐久性，最普遍的方法是将电致变色基团与聚合物电解质或电极直接结合，但是这种方法可能会严重破坏器件的开关性能和着色效率。2014 年，Eunhee Hwang 使用石墨烯量子点紫精纳米复合材料设计了无电解质的柔性 ECD。由于石墨烯具有很高的离子电导率和耐热性，该器件具有出色的操作稳定性、理想的开关性能和热稳定性[38]。

新型多功能器件的发展也对新的多功能材料的发展提出了进一步的需求。2015 年，Christian Reus 用缺电子的磷原子扩展了 π 系统，获得了可以用简单金属元素还原的变色系统[39]。之后，在 2018 年，李国平用其他氧族元素代替了磷，形成了新的一系列化合物。由于它们具有很高的可见光吸收率和理想的能级，因此可以用作可见光驱动的氢气释放的催化剂[40]。2017 年，Alexis N Woodward 通过在紫精分子两个吡啶之间添加噻唑-[5,4-d]噻唑（TTz）杂环，获得了一种可以同时展现荧光和电致变色性能的材料，并且其电致变色的氧化态的改变会可逆地影响到荧光性质[41]。

下一节，我们将讨论紫精的氧化还原电化学和存在的问题。

4.1.3　紫精及基于紫精器件的电致变色机理和电化学

紫精本身的结构如图 4.2 所示，在氧化还原过程中，紫精分子中存在三种氧化态。正二价的吡啶鎓盐是三种状态中最稳定的形式，因此可以在实验室简单合成或直接购买。通常,除非存在其他显色或电子给体的对阴离子,否则二吡啶𬭩盐是无色的。如果我们选择弱吸收性阴离子(例如氯离子或硫酸根),则指示盐是无色的,但是如果我们改变强吸收性阴离子(例如碘化物),则会显示出猩红色[42]。正一价的电子还原态称为自由基阳离子,这种自由基也很稳定,因为氮上的自由基电子使整个二环联吡啶核的 π 骨架离域,因此这种自由基阳离子可以在溶液中保持较长的时间。由于分子光电子激发的影响,它显示出强烈的颜色。第三种氧化还原形式是中性化合物或二还原的紫精,该化合物仅被视为一种反应性胺,但由于没有明显的光学电荷转移,因此它不会显示鲜艳的颜色[43—46]。引发还原反应所需的电压取决于氮上的取代基和联吡啶的共轭体系。根据研究,第二次还原需要更高的电压[6,47]。

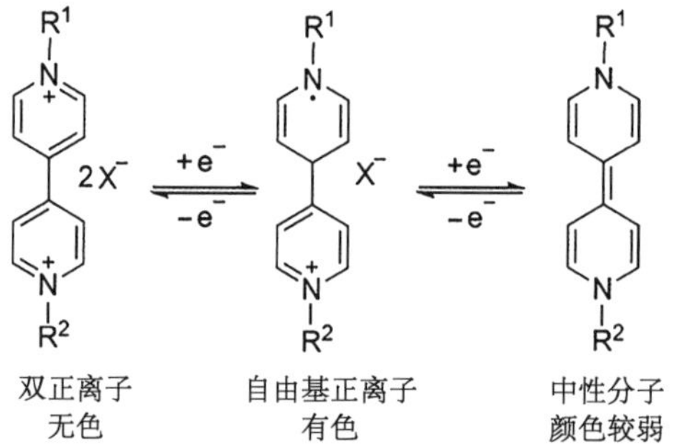

双正离子 无色 ⇌ 自由基正离子 有色 ⇌ 中性分子 颜色较弱

图 4.2 紫精的三种氧化态,R^1 和 R^2 分别是指 N 上的取代基

4.2 紫精电致变色材料的不同结构

4.2.1 紫精的合成

迄今为止,研究者已开发出一些典型的方法来合成不同的紫精及其衍生物,简要介绍如下。

1. 直接取代反应

吡啶和相应的卤代烃的直接取代反应是合成这种化合物的最简单,最常见的方法,其机理主要基于 Menshutkin 反应[48],反应步骤简单,并且易于控制阴离子种类[49]。

2. Zincke 反应

Zincke 反应也已广泛用于共轭紫精化合物的合成。该反应为合成具有共轭环的取代结构提供了一个极好的方式[50]。

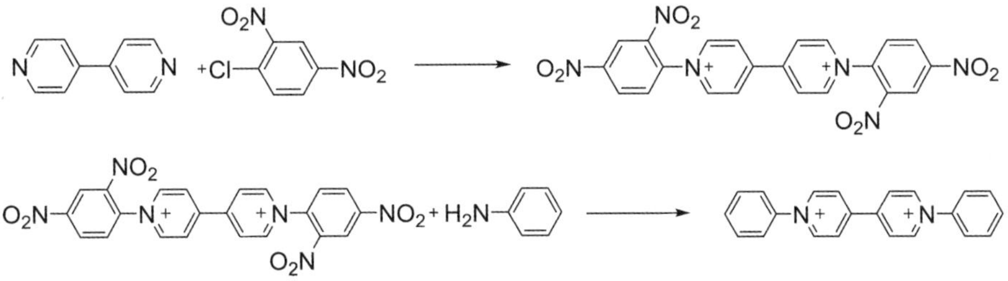

(1) 氧鎓离子盐和伯氨的反应提供了不同的 N 取代紫精结构

(2) 吡啶分子可通过自偶联形成紫精(通常须添加钠)

(3) 采用锡试剂实现紫精共轭体系的扩展[51]

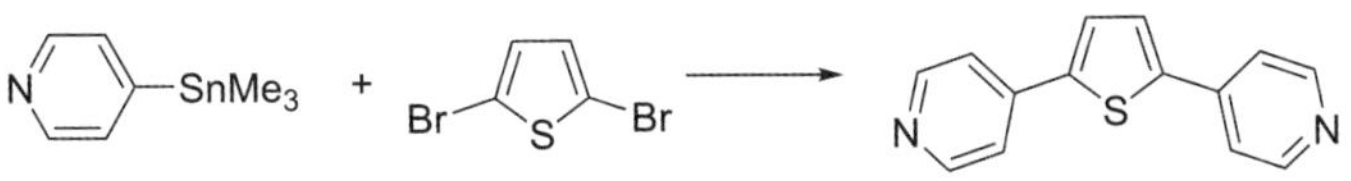

4.2.2 1,1′-取代的紫精分子

1. 简单烷基取代

作为商业化材料,紫精的溶解度是关键因素。研究人员发现,自由基物种在水溶液中的溶解度低于离子物种,并且其溶解度受阳离子和阴离子的尺寸大小影响很大,因此,他们研究了具有 C_1 至 C_{13} 的简单烷基链取代的紫精的溶解度、稳定性、膜性和吸收光谱。

R 基团保护阳离子不受溶剂分子的影响。通常,阴离子的半径越大,二吡啶鎓离子之间的静电排斥力越小,因此,这种平衡状态可使紫精系统更稳定。综合考虑,研究人员发现 C_7 具有最佳的电致变色性能。此外,多氟烷基取代物种也已经有人报道[52]。

表 4.2　一些典型紫精自由基阳离子的光学和比色性质[12,47,53,54]

取代基	阴离子	溶剂	颜色	ε_{max} /(L·mol^{-1}·cm^{-1})
甲基	Cl^-	H_2O	蓝	13 700
乙基	ClO_4^-	DMF	蓝	12 200
庚基	Br^-	H_2O	淡紫色	26 000
辛基	Br^-	H_2O	深红	28 900
苯甲基	Cl^-	H_2O	淡紫色	17 200
氰苯基	BF_4^-	PC	绿/黑	83 300

a：自由基阳离子二聚

从上面的表 4.2，我们可以得出一个粗略的结论。被简单烷基取代的紫罗兰色自由基阳离子通常显示为蓝紫色，而被芳基取代的自由基阳离子通常为绿色[55]。紫精二聚体的形成会使溶液颜色变为红色。

2. 酸基团取代

1999 年，Bonhote[28]首次使用 TiO_2 纳米晶体电极和磷酸取代的紫精分子(图 4.3)以期获得电导率更高、基础透射率更低和响应时间更短的 ECD。该实验的原理是纳米晶体电极的高比表面积纳米晶体可以吸附单层离子，从而获得一种衍生化的高度多孔膜，并且纳米晶体的线性结构可以增强光吸收，从而获得光放大的效果。通过吸收光谱研究了不同结构的紫精在二氧化钛表面的吸附行为，也可以验证二聚化的存在以及不同的紫精结构对二聚程度的影响。这项工作为研究人员制作更高性能的 ECD 提供了新的思路。

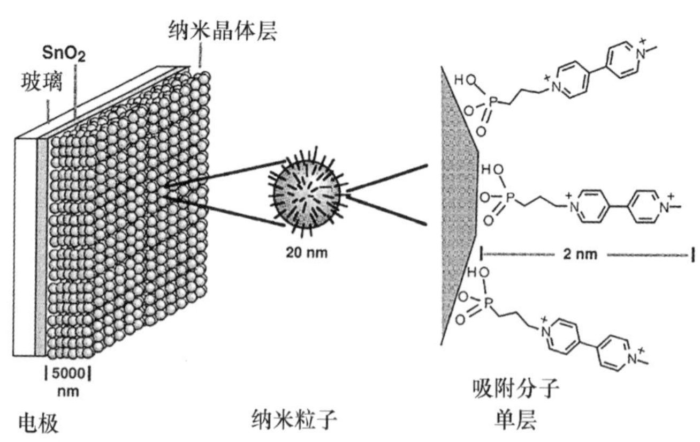

图 4.3　紫精在纳米晶电极表面的吸附[28]

此外，由于紫精阳离子在可控的扩散速率下在阴极还原，研究人员还对 TiO_2 膜厚度对透射率和器件着色效率的影响进行了后续研究[56]。

3. 酯基和含氮杂环取代

通常来讲，酯基一般也具有电致变色作用，并且它们通常呈现红色。研究人员通过将含酯类物质与紫精混合，合成了在不同电压下具有不同颜色的物质(图 4.4)。该物质在 2.0 V 时呈现红色，在 0.8 V 时呈现蓝色，虽然它们的光学对比度低于 43%[57]。

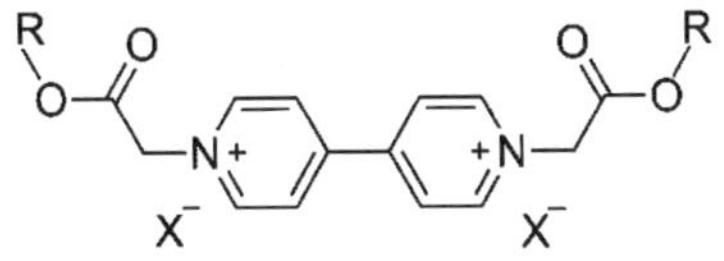

图 4.4　酯基取代紫精结构

氮杂环物质(如吩噻嗪，吲哚，吗啉，吡咯和咔唑)是电致变色的重要阳极材料，而且其驱动电压约为 2 V，比普通的紫罗兰变色电压高 1 V。研究人员将此特性用作实现阴极阳极耦合材料的机会，这也可以简化器件结构[37]。

4. 不对称取代

研究表明，对称的紫精具有形成二聚体的趋势，这会严重损害 ECD 的性能。因此一种有效抑制二聚体形成的可行方法就是合成不对称取代的紫精化合物，Moon 等人[58]发现，基于不对称的紫精制作的 ECD(苄基庚基紫精，BHV^{2+})具有较高的对比度、高的着色效率和显著的着色/漂白稳定性。

此外，不对称结构的紫精电致变色的颜色通常会由于综合因素的影响呈现灰色或者中性色，恰巧的是，如灰色这类中性色因其在各种环境的适用性而更适合用作滤镜。从结果上来讲，表现为无色至灰色/深绿色/黑色的电致变色器件由于可以很好地保护个人隐私而在电子书和智能窗等产业中非常受欢迎。Alesanco 等[59—60]发现，不对称紫精比相应的对称紫精可以提供更多的中性色状态并保持令人满意的漂白状态(如 $\%T_b \approx 70\%$)(图 4.5，图 4.6)。而这对于中性色和高透射率漂白状态需求十分高的电致变色器件产业具有重大的意义。

电位/V	$\%T_b$	$\%T_c$	$\Delta\%T$[a]	x[b]	y[b]	Y[b]	L^*[c]	a^*[c]	b^*[c]	颜色[d]
off	77,5	—	—	0.309	0.326	78.4	91	0	−2	
−0.5		59.7	17.9	0.307	0.337	64.0	84	−6	2	
−0.6		41.5	36.0	0.317	0.353	44.1	72	−7	8	
−0.7		31.4	46.1	0.326	0.366	33.1	64	−7	11	
−0.8		23.1	54.4	0.335	0.380	24.2	56	−8	15	
−0.9		16.6	60.9	0.316	0.370	18.8	50	−10	9	
−1.2		0.9	76.6	0.234	0.559	3.3	21	−38	19	

图 4.5 不对称紫精器件的色坐标[60]

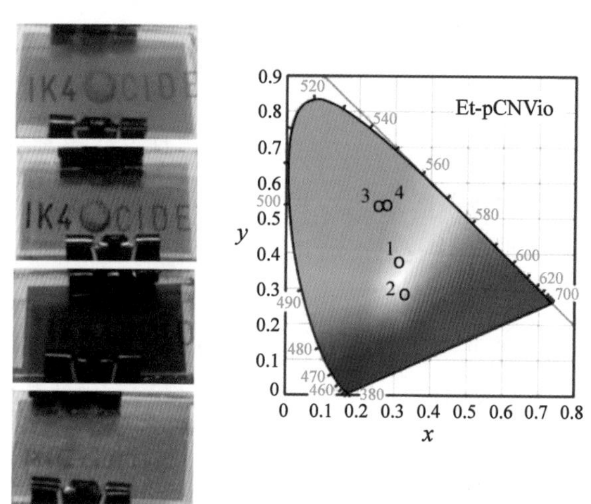

图 4.6 不同的器件颜色和色坐标[60]

4.2.3 共轭环系统的拓展

1. 噻唑并噻唑(TTz)单元

该工作证明，通过添加荧光基团，电致变色材料可能具有双功能特性。Walter 等[61]以刚性噻唑并噻唑(TTz)结构为核，制备了一系列甲基、辛基和苄基取代的紫精衍生物。如图 4.7 所示，TTz 结构的引入使紫精衍生物具有了出色的低还原电位(相对于 SCE 为−0.46～−0.58 V)和高荧光量子产率($\Phi_F=0.96$)。在 Bz_2TTz^{2+} 衍生物溶液中施加−0.7 V 偏置电压 25 min 后，可以观察到荧光淬灭的现象(图 4.8)。这种相互影响的电致变色和荧光的相互作用被认为在传感器和生物识别应用中具有广阔的应用前景。

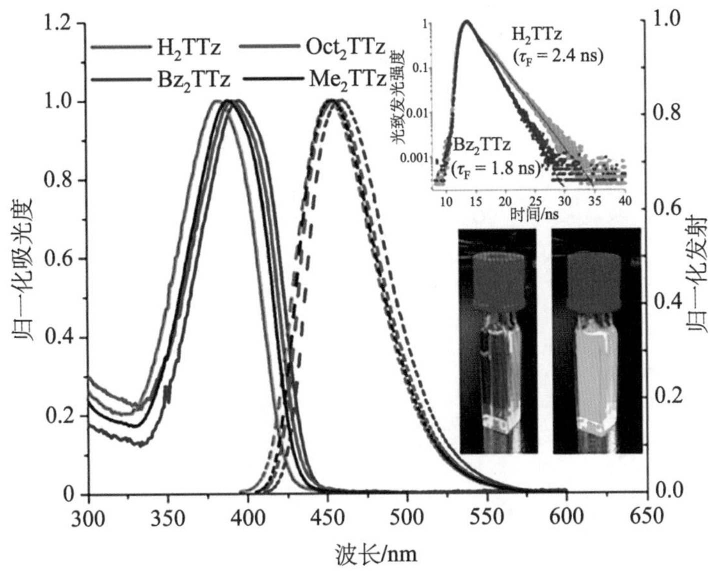

图 4.7 H_2TTz^{2+},Me_2TTz^{2+},Oct_2TTz^{2+} 和 Bz_2TTz^{2+} 的吸收和发射光谱

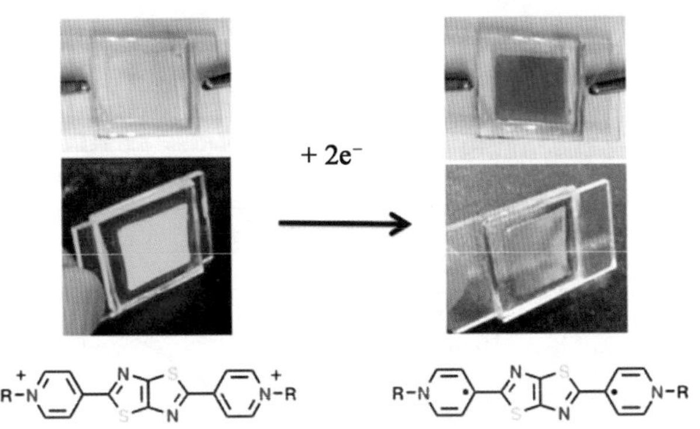

图 4.8 荧光猝灭[61]

2. 苝二酰亚胺(PDI)单元

苝二酰亚胺是一种电致变色材料,在中性状态下呈红色,在半还原状态下呈蓝色,在还原状态下呈紫色。Moon 等[59]报导了基于 PDI 的紫精的合成,他们合成了 PDI-$2V^{2+}$ 多层膜,该膜表现出从红色到蓝色的多色电致变色现象,该多层膜是通过 LBL 方法制备的,该膜可以交替地用水基聚阴离子和聚阳离子涂层覆盖基材。

结果表明,PDI-2V ECD 具有多种强烈的颜色,从红色到紫色,并且颜色的强度与薄膜层数成正比(图 4.9)。随着扫描速率从 5 mV · s^{-1} 逐渐增加到 200 mV · s^{-1},

峰值电流与扫描速率呈线性关系(图 4.10),证明 PDI-$2V^{2+}$ 多层膜在多个循环中表现出良好的稳定性。

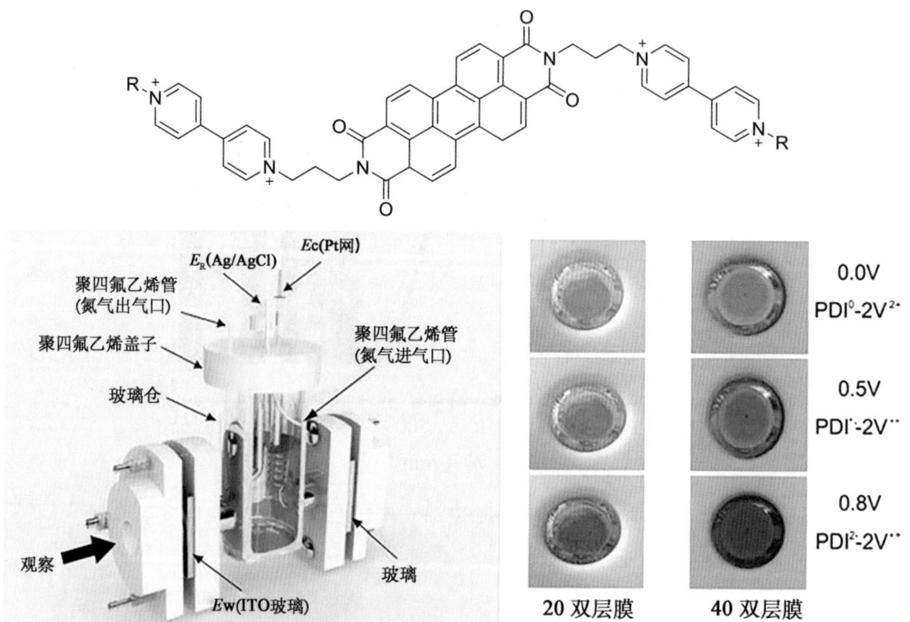

图 4.9　多层 PDI-MV 设备[59]

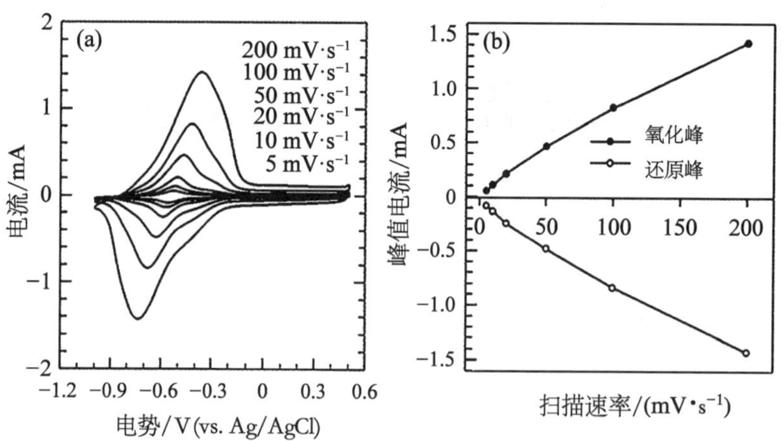

图 4.10　多层器件在不同扫描速率下的电化学曲线[59]

3. PBEDOT-Ph

聚合(BEDOT-Ph)是很优秀的聚合物主链,可以使紫精分子呈现多种不同的颜色，由于它在不同电位下具有不同的 EC 颜色，并且它们的氧化还原电位不重叠，所得的紫精的导电聚合物表现出五种不同的颜色（图 4.11），作为单种材料来讲算是比较罕见的[62]。

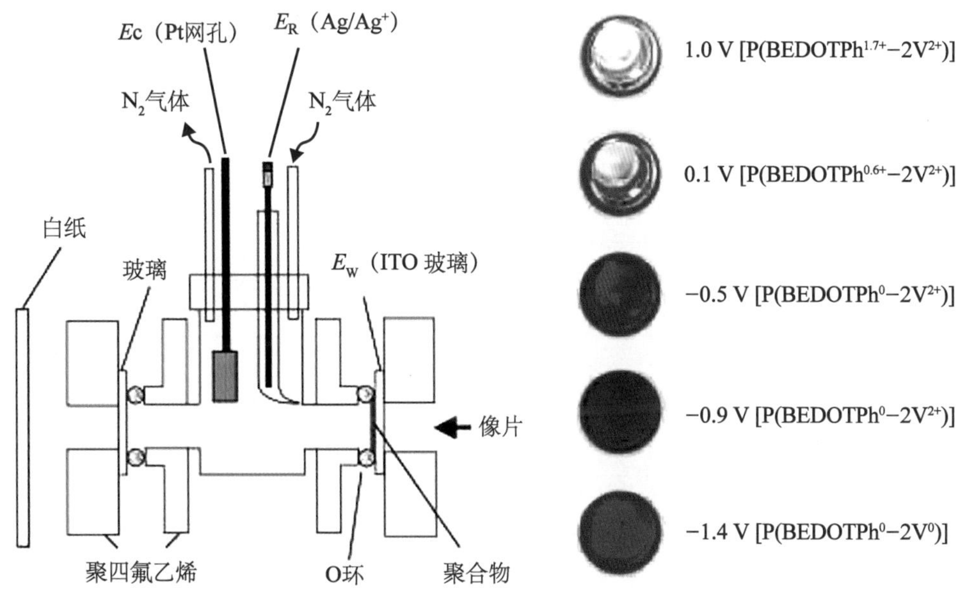

图 4.11 摄影装置的结构[62]

4. 杂原子桥接

有研究报道，有一系列硫族元素桥接和磷元素桥接[39,63—64]的紫精分子由于其中心的硫族元素和磷原子缺乏电子，可提供更好的 ECD 性能。Baumgartner 等人[64—66]合成了一系列不同的以磷原子作为桥联的紫精分子，研究表明 Π 共轭体系的扩展和高效率的电子核心的结合大大降低了 HOMO-LUMO 带隙（表 4.3）。当 N 上是芳基取代时其 HOMO-LUMO 带隙最低，有趣的是，ECD 实验证实，能带带隙的改变不会影响紫精的颜色。

1. LDA, −85°C, THF

2. $CuCl_2$

Ph P=O

表 4.3 硫族元素桥接紫精和通常紫精的光学和电子性质[63]

compd	λ_{max}/nm (ε/[L·mol^{-1}·cm^{-1}])	E_{red}/V	E_g/eV[(a)] (calcd)[(b)]	E_{LUMO}/eV[(c)] (calcd)	E_{HOMO}/eV (calcd)
2a	270(2608),345(5443)	−2.69,−2.07	3.50(4.50)	−2.73(−2.07)	−6.23(−6.57)
3a	272(6424),388(3060)	−1.12,−0.67	3.06(3.81)	−4.13 (−3.92)	−7.19 (−7.73)
5a	271(12079),395(5670)	−1.05,−0.60	3.00(3.40)	−4.20(−3.88)	−7.20(−7.283)
2b	267(3370),355(4002)	−2.60,−2.08	3.38(4.31)	−2.72(−2.09)	−6.10(−6.40)
3b	271(8824),408(2460)	−1.12,−0.69	2.81(3.54)	−4.11(−3.90)	−6.92(−7.44)
5b	273(11782),422(3851)	−2.64,−1.05,−0.63	2.78(3.48)	−4.17(−3.86)	−6.95(−7.281)
2c	280(8291),385(4917)	−2.56,−2.11	3.08(3.95)	−2.69(−2.07)	−5.77(−6.02)
3c	272(12343),479(3380)	−1.18,−0.77	2.38(3.22)	−4.03(−3.82)	−6.41(−7.04)
5c	278(16300),491(3680)	−2.66,−1.10,−0.68	2.33(3.17)	−4.12(−3.80)	−6.45(−6.97)
MeV	275(12773)	−1.20,−0.81	3.97	−3.99	−7.96
BnV	279(13458)	−1.08,−0.74	3.78	−4.06	−7.84
P-BnV	257(10700),298(8270)	−0.97,−0.53	3.5	−4.3	−7.8

[a] 根据吸收光谱计算能隙值. [b]使用 Gaussian09 程序集进行计算. [c]从 CV 数据和光学确定的能隙计算出能级与真空能级的关系.

Gang He 和他的合作者[63]合成了一系列具有窄 HOMO-LUMO 带隙的重硫属元素原子(S,Se 和 Te)桥联的紫精化合物,CV 实验表明这些材料还原电位低,他们将这种现象归因于杂原子的引入,使其获得了更强的刚性结构和更大的共轭面积。结果表明,Se-BnV^{2+} 和 Te-BnV^{2+} 具有所需的电子接受特性和较强的 UV-Vis 吸收能力,为探索可见光驱动的氢气制备提供了新的策略。Lichtenberger 等[67]进行了详细的研究,以探索联吡啶二硫化物二价阳离子中的分子内电子转移,结果表明联吡啶部分为 S—S 键的还原提供了一条低能途径。此外,他们发现第一还原电位取决于两者之间的杂环的二面角,结构的平面性促进了电子离域,这为我们提供了一种通过分子修饰降低还原电位的有效方法。

5. 联噻吩桥接

通过氧化还原过程调节光致发光颜色的材料称为电致变色材料。联噻吩桥接的紫精是典型的电致变色荧光材料,可通过电化学开关淬灭荧光。

2014 年,Beneduci 课题组[68]在含有 *N*-季铵盐基团的 4,4′-联吡啶和长烷基链取代基之间引入了联噻吩基团。所得化合物具有独特的离子液晶性质,并具有电致变色和荧光性质(图 4.12)。在氧化还原状态下,它具有高达 80%的荧光对比度和较短的切换时间(<3.5 s)。同时,在各向同性液体上施加电位偏压会导致晶体结构变为近晶相,并在荧光光谱中表现为明显的红移。这种完全可逆的现象可以调节荧光的颜色。但是,这种材料的荧光转换需要在高温(>100℃)下完成,所需的高温工作环境限制了它们在室温设备中的直接应用。

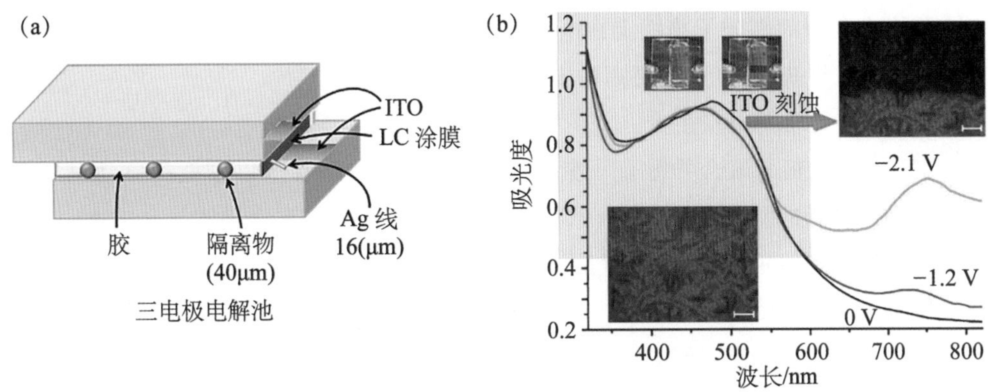

图 4.12 三电极液晶盒(a);在不同电位下 SmA 相的吸收光谱和图片(b)[68]

在同一年,Benedduci 小组[69]改进了硫代紫精分子,将其制成了聚合物凝胶。通过改变凝胶中荧光基团的百分比,可以有效地实现室温下可见光范围内荧光强度的调节(图 4.13)。

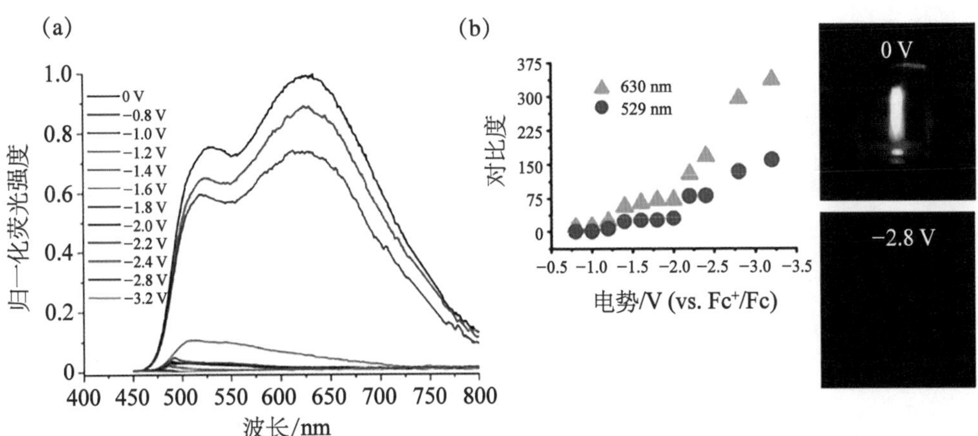

图 4.13 对含有质量分数为 10% 的硫代紫精的凝胶施加不同电压时的荧光光谱(a);630 和 529 nm 处的荧光对比度以及不同电压下的图像[69](b)

4.2.4 含有紫精的聚合物

1977 年，研究人员开始采用聚合策略来合成新的紫精化合物，因为通常来讲常规的紫精 ECD 属于溶液型 ECD，ECD 的响应时间容易受到紫精分子扩散速率的影响；此外，溶液型 ECD 在实际使用中会有泄漏的危险。因此，一种解决方案是通过电聚合将含有紫精的高分子膜固定在电极上。含紫精的聚合物具有以下 3 个优点：

(1) 聚合物基 ECD 具有更高的安全性和更好的性能。

(2) 聚合物易于批量生产。

(3) 基于紫精的聚合物融合了紫精和聚合物的特性，有望以较低的驱动电压呈现出更丰富多彩的颜色。

从所处位置的角度来看，聚紫精可以分为主链和侧链聚合物。

1. 紫精在侧链上的聚合物

与主链聚紫精相比，通过合适的化学手段将紫精附着到导电聚合物主链上的情况更为普遍。值得注意的是，Zincke 反应是将紫精引入聚合物骨架的最常用方法[70—71]。如图 4.14 所示，聚合物主链基本上是聚乙烯[72—73]（**P1**），聚亚苯基[71]（**P2**），聚吡咯[70]（**P3**），聚酰亚胺[74]（**P4**），聚咔唑[75]（**P5**），聚噻吩及其衍生物[76—77]（**P6**，**P7**）。

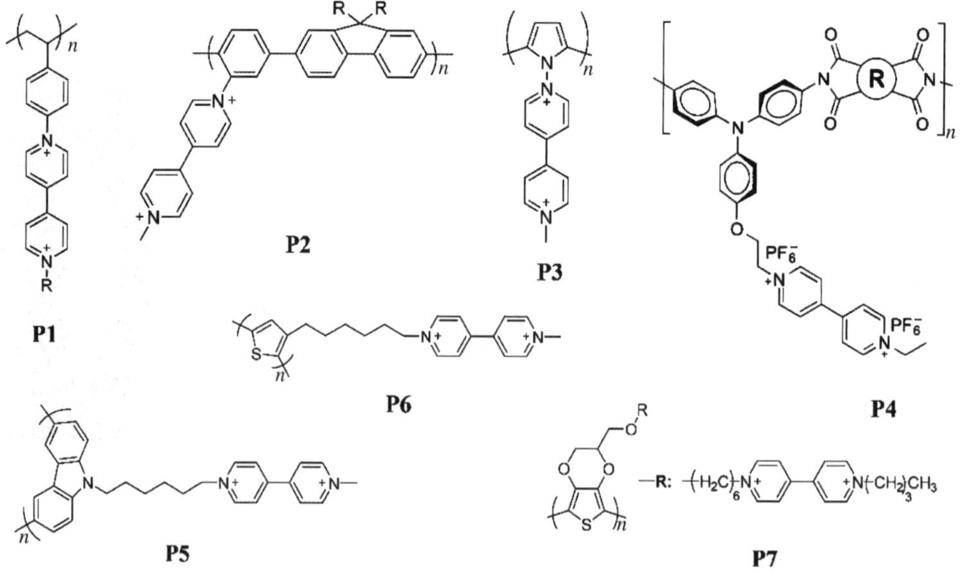

图 4.14 紫精位于侧链的聚合物

聚(3,4-乙撑二氧噻吩)(PEDOT)和紫精均为阴极着色材料(即在氧化态下为透明,在还原态下着色),有望获得协同电致变色作用。Lee 等人[77]验证了这一假设,他们首先将紫精单元掺入到乙二氧基噻吩(EDOT)单体中,然后通过电聚合形成 PEDOT-V^{2+} 膜。结果表明,与单一 PEDOT 聚合物相比,PEDOT-V^{2+} 的对比度得到了提高(在 610 nm 下,$\Delta T=65\%$)。

研究人员一直希望解决紫精的聚集和二聚化的问题并提高电子传输的效率。如图 4.15 和图 4.16 所示,研究人员发现,在高支化甘油分支末端连接紫精可以实现此目标[78]。在此过程中,高相对分子质量紫精分子在紫外线甚至是自然光下均表现出光致变色特性,但低相对分子质量紫精则无光致变色现象,这种变色过程可被 O_2 漂白。

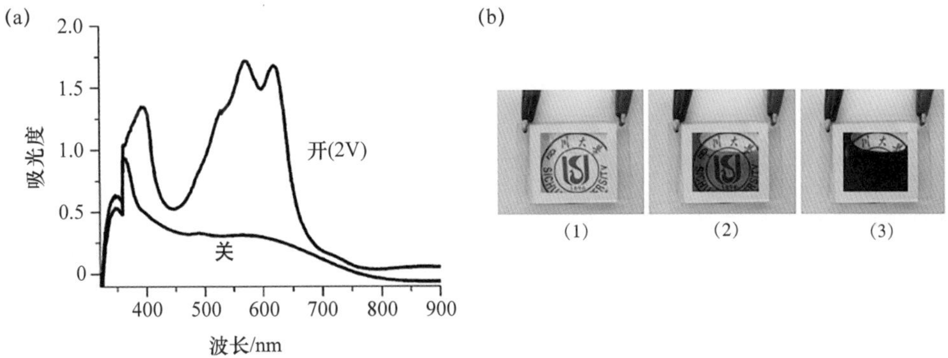

图 4.15 树枝状聚合物紫精的吸收光谱[78]

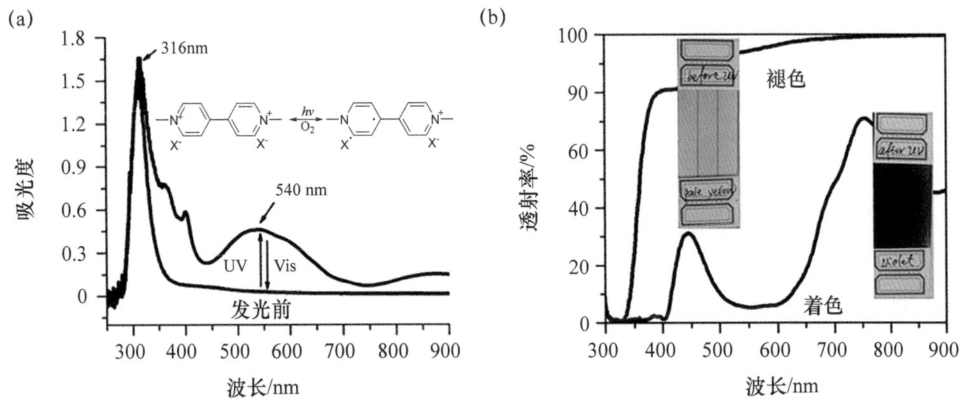

图 4.16 可逆光致变色光谱[78]

2. 紫精在主链中的聚合物

通常通过 Menshutkin 反应合成的主链聚紫精，需要卤代烯烃或电活性单体。Oyaizu 和其合作者[79]通过 Menshutkin 反应将聚乙二醇与 3,3′-二甲基-4,4′-联吡啶共聚合成了聚紫精，如图 4.17 所示，在联吡啶中引入甲基取代基会导致 pp 堆积的构象改变，使该聚合物呈现蓝色并且具有较快的反应时间。而且，结果表明这种修饰可以有效地抑制 EC 显示器中的颜色残留，为聚紫精的密集商业化创造了条件。

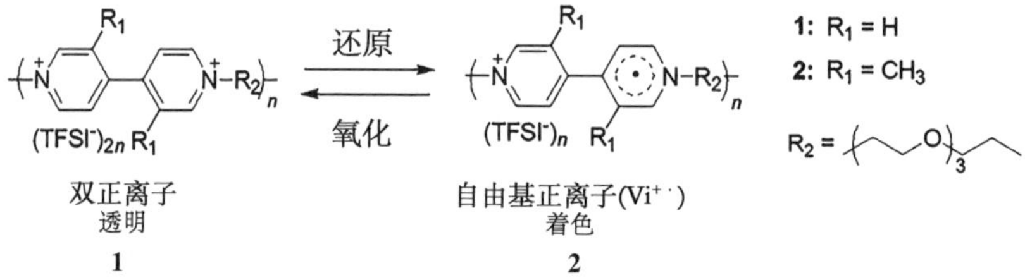

还原

氧化

$(TFSI^-)_{2n}$ 双正离子 透明 1

$(TFSI^-)_n$ 自由基正离子($Vi^{+\cdot}$) 着色 2

1: R_1 = H

2: R_1 = CH_3

R_2 =

图 4.17 通过 Menshutkin 反应合成聚紫精[79]

Khokhlov 等人[80]开发了含有三芳基胺（TAA）的阴极-阳极互补电致变色共轭聚紫精。该聚合物具有多种优点：① 在聚合物基质中包含高浓度的电致变色基团；② 制成聚合物后提高了溶解度和玻璃化转变温度；③ TAA 和紫精的氧化还原电位不重叠，从而增强了对比度和多重电致变色。

紫精是一种氧化还原组件，在目前的研究中有一种潮流是将其放置在共轭或刺激相应性的聚合物主链中，以期得到性能更好或者功能更多样的 ECD。

Jang 等人[81]通过一锅聚合反应合成了含有聚(2-异丙基-2-恶唑啉)($PiPO_x$-v)的紫精，该 $PiPO_x$ 被称为热敏聚合物。他们制作了一个简单的三明治结构 ECD，结果表明，该 ECD 在不同电压和温度下可以呈现四种不同的颜色。

还有研究者通过 Stille 偶联反应和 Menshutkin 反应合成了主链上具有紫精的聚噻吩[82]。该共轭聚合物同时具有 p 和 n 掺杂单元，具有很高的电稳定性。

如图 4.18 所示，研究人员设计了一种基于聚(NIAPM-DAV)离子液体凝胶的热致变色(TED)和电致变色器件[83]。基于热致变色和电致变色双响应聚离子液体电解质的智能窗系统既显示出可调的透射率，又具有电致变色特性。更重要的是，可以同时观察到热敏和电致变色行为(图 4.19)。尽管该聚合物在响应时间(3～5 s)和循环稳定性(100 个循环)方面不是很理想，但这种双功能器件在智能车窗和高级传感器中具有巨大的潜力。

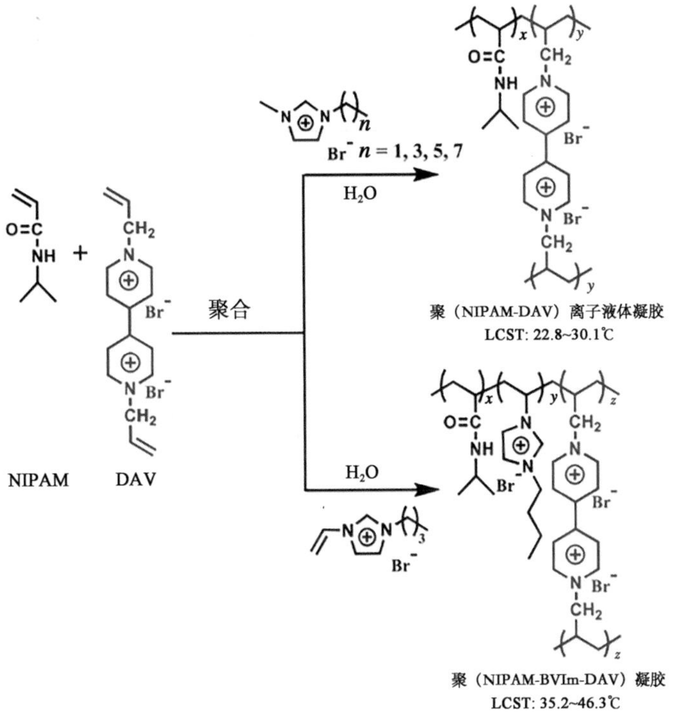

图 4.18　聚(NIPAM-DAV)离子液体凝胶和聚(NIPAM-BVIm-DAV)凝胶的合成[83]

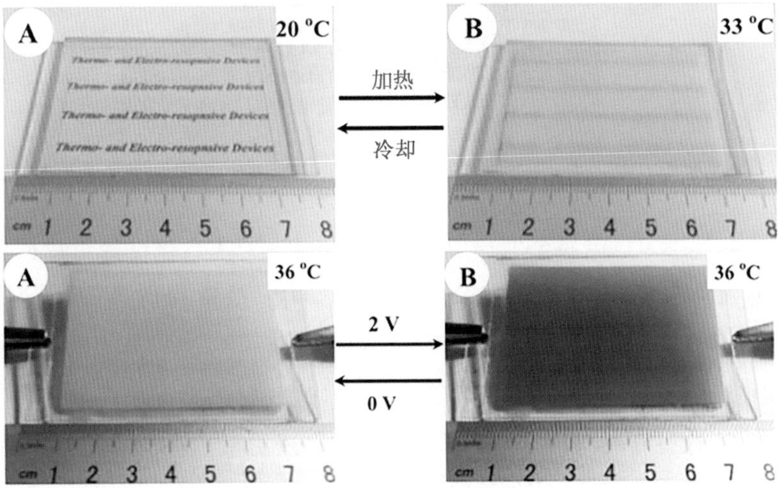

图 4.19　热致变色和电致变色效应[83]

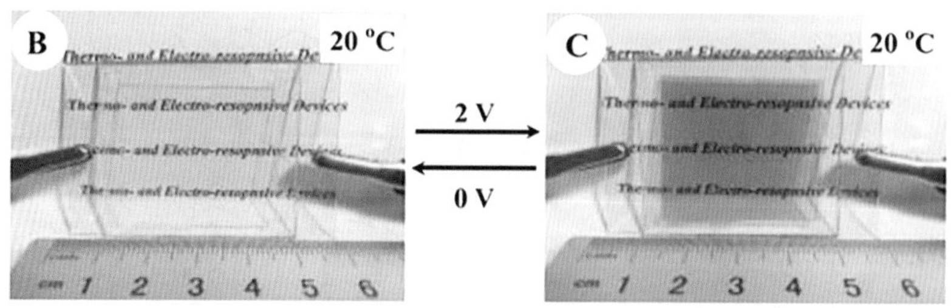

图 4.19　续

4.3　紫精电致变色器件

4.3.1　器件结构

1. 五层经典结构

一般而言，大多数 OEC 器件都来自此基础结构。如图 4.20 所示，五层设备包含以下基本组件：透明导电层，电致变色层，离子导电层，离子存储层和另一个透明导电层。

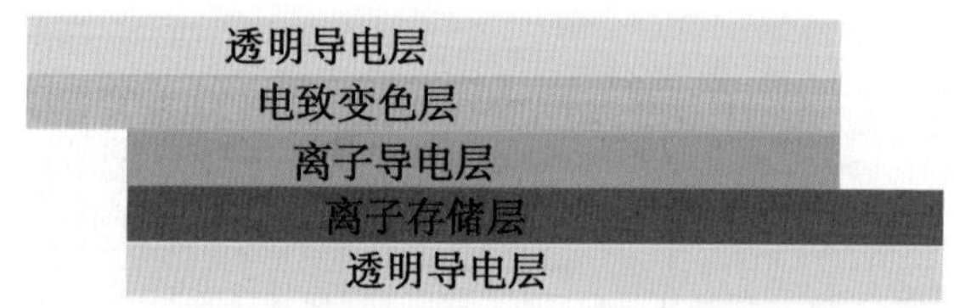

图 4.20　五层器件结构

透明导电层：ECD 需要至少一个透明导电电极（TCE），该电极可以同时传输光线和传导电流。金属氧化物已被公认为是 ECD 中最常用的 TCE，[84] 如氧化锡（ITO）膜，掺杂的氧化物膜（SnO_2 ∶ F，Cd_2SnO_4）等。不久之后，基于碳的材料迅速出现，例如碳纳米管、单层和多层石墨烯等材料[85]，这些材料具有取代金属氧化物的潜力，这主要由于这些新材料具有高电子迁移率和高透射率。对于全聚合物 ECD，另一种选择是 PEDOT ∶ PSS[86]，它是旋涂在透明塑料薄膜上的导电透明聚合物。

电致变色层：设备最重要的部分。该层通常要求电致变色材料在中性状态下具有高透明度，并且在施加电位时具有高透射率变化。对于小分子电致变色化合物，它们通常溶解在有机溶剂中；对于基于紫精的聚合物，传统方法是通过电聚合在电极基材上沉积薄膜。

离子导电层：通常离子导体层也可以称为“电解质”，它应该是具有高离子电导率的透明电子绝缘体。对于小分子紫精，使用的电解质通常是极性有机溶剂，例如PC、ACN、DMF，使用这种溶剂的风险主要在于容易泄露，并且低沸点溶剂会损害器件的稳定性。近年来，电解质已经逐渐由溶液态向电解质凝胶和聚合物转变。

离子存储层：该层通常需要强大的存储电子的能力，以在氧化还原过程中稳定中间体，防止不可逆的转变，并提高器件的循环稳定性。

五层结构仅仅是理论结构。为了节省成本并简化实际实验中的生产过程，研究人员通常使用具有多种功能的材料来简化多层功能。

2. 简单三明治结构

最简单的形式可以是三层结构(图 4.21)。尽管它是最简单的形式，但仍然可以同时包含多种颜色，可以在不同的驱动电压下实现单独的颜色或混合显色[87]。

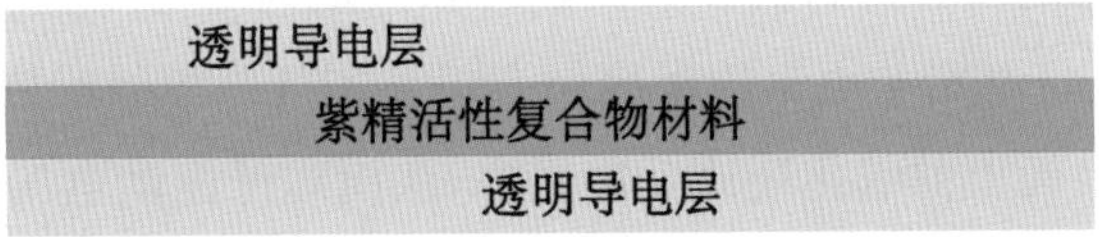

透明导电层
紫精活性复合物材料
透明导电层

图 4.21　简单三明治器件结构

由于其简单的结构，要求同一层中的构成材料独立地承担不同的功能。我们可以根据功能将它们分为四种物质：电致变色活性物质、氧化还原调节剂、电解质和其他填充剂，将在后面详细介绍。

3. 阴极阳极分离结构

这种结构可以通过双电致变色层增强透射率的变化，但是它要求两种不同的电致变色材料具有一定的电压关系和颜色关系(图 4.22)。阳极材料通常是吩嗪、普鲁士蓝、吩噻嗪等[88]，当然也可以用过化学结合的方法来控制阴极和阳极着色材料的固定比例[89]。

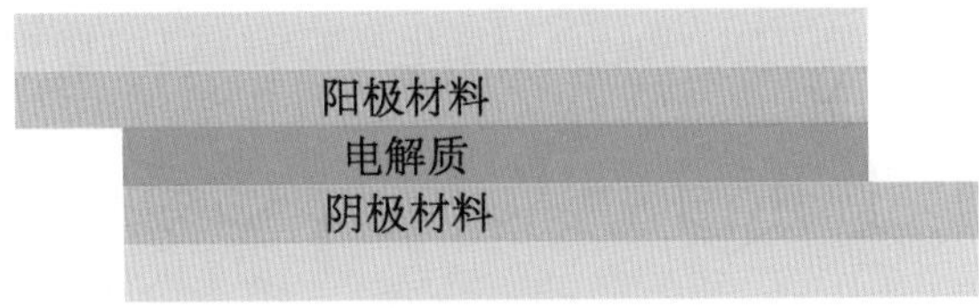

图 4.22　阴阳极分离结构图示

4. 反射器件结构

通常除了反射层以外，各层的组成与上述透射装置相同，导电反射层优选为银、铱、铝、镍、铂或氧化锌(图 4.23)。

图 4.23 反射器件结构图示

4.3.2 电解质

具有转移离子功能的电解质层是发生电致变色反应的重要部位。电致变色基质通常可分为液体和凝胶两种类型。考虑到操作难度和稳定性等综合的原因，液体基质通常在实验室中使用，而凝胶基质主要在商业生产中使用。电解质层位于 EC 材料和电极之间，因此这两种材料的接触面积可以决定离子电导率。

研究表明，将 EC 材料与电解质凝胶粘合[81,88,90]可以控制紫精分子扩散速率和局部浓度，降低电极表面上的氧化还原反应速率，从而降低驱动电压。更重要的是这种固定化策略也可以应用于离子液体和聚合物离子液体，研究人员发现聚合物离子液体的存在可以降低基于紫精的 ECD 的整流电流密度，为电解质提供额外的离子，从而改善离子电导率，在恒定吸光度的情况下，可获得较低的测量电流密度，降低了驱动电压并增强了循环稳定性[91]。

4.3.3 氧化还原介质

由于紫精阳离子的发色过程中存在自由基中间体，因此这种高活性物质易于发生不可逆的转化，从而损害设备的使用寿命，并且在氧化和还原过程中很容易产生聚集体，这也会对器件的循环性能产生影响。众所周知，氧化还原介质通常在保持高透明性的同时具有快速、稳定和可逆的氧化还原性能，其中被最广泛使用的物质是二茂铁、吩嗪、TEMPO、石墨烯量子点(GQD)和还原型氧化石墨烯(RCD)(图 4.24)[37,92—96]。

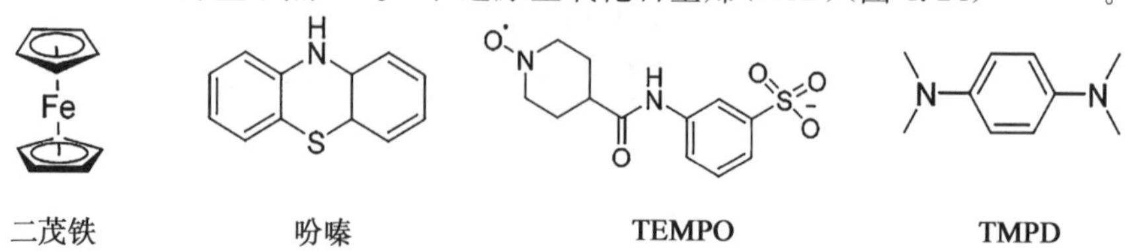

图 4.24 常规氧化还原介质的结构

值得一提的是，当 GQD 阴离子用作氧化还原介体时，可以实现无电解质装置[96]。由于 GQD 具有出色的热稳定性和柔韧性，因此可以大大降低机械弯曲或温度对电致变色器件的影响。该器件由静电、π-π 堆积和阳离子-π 电子的相互作用引起的均相 MV^{2+} 和 GQD 组成(图 4.25)，与普通的 MV^{2+} 器件相比，在 0 至 −2.8 V 之间切换时，所得器件在 3000 s 内显示出更出色的操作稳定性，且开关速度更快。

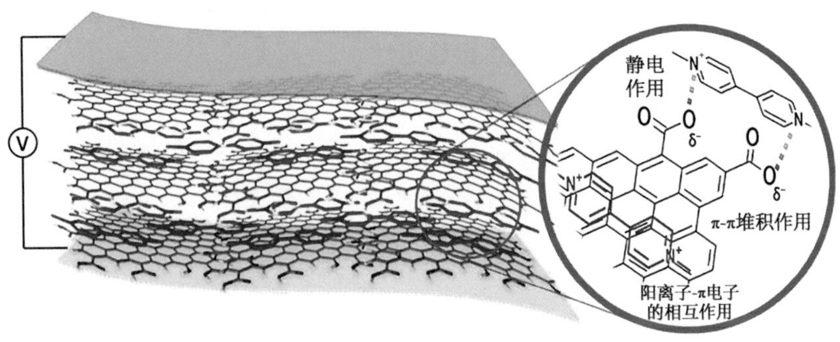

图 4.25　GQD 阴离子和紫精的组合[96]

溶液相氧化石墨烯/还原氧化石墨烯(GO/RGO)已被证明可以作为促进 MV^{2+}/$MV^{+\cdot}$ 氧化还原反应和随之而来的颜色转换的催化剂[94]，可以使相应的 ECD 具有更低的工作电压(图 4.26)。

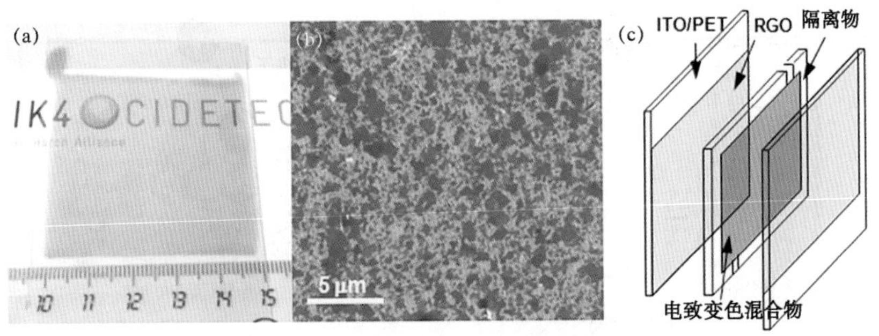

图 4.26　乙基紫精装置中 RGO 膜的照片[94]

4.3.4　导电介质

(1) 异氰酸酯：异氰酸酯通常在羟基化合物的作用下交联形成聚合物网络。

(2) 离子液体：离子液体不仅可以充当 ECD 中的电解质层，而且还可以作为电致变色共轭聚合物电聚合的电解质介质。离子液体/聚合物离子液体[91]的引入为制造低驱动电压的 ECD 提供了机会。咪唑基离子液体的种类最多，是目前使用最广泛的离子液体。Wang 等人[97]报道了 1-乙基-3-甲基咪唑四氟硼酸（[Emim] BF_4^-）掺杂的聚（甲基丙烯酸甲酯）（PMMA）基凝胶电解质，结果发现不但其离子电导率大大提高（2.9×10^{-3} S · cm^{-1}，20℃），阳极电位也有效降低。

（3）微孔有机聚合物（MOP）凝胶：如图 4.27 所示，这种电解质可以通过形成交联的网络结构有效地分离电解质体系中的阴离子和阳离子，并防止形成电子转移配合物，从而可以有效地改善 ECD 的运行稳定性。

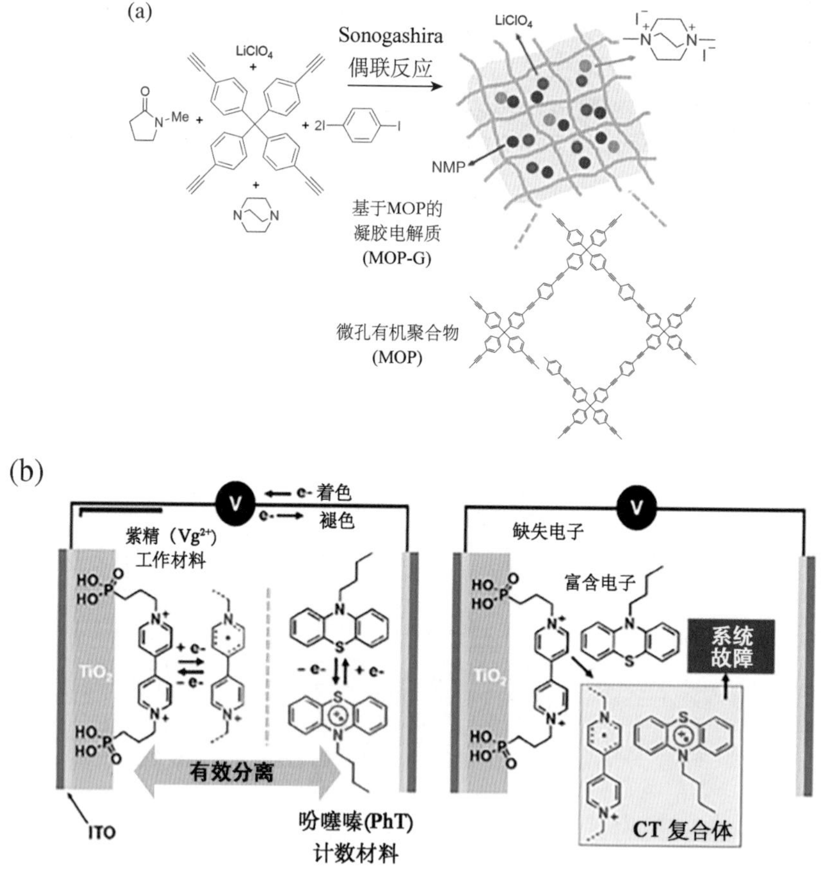

图 4.27 (a) 基于 MOP 的凝胶电解质的形成；(b) 具有（左）凝胶和（右）液体电解质的电致变色电池的运行示意[98]

（4）香豆素：如图 4.28 所示，祢若公司合成了一种基于香豆素和聚丙烯酸酯共聚物的功能性凝胶，该凝胶可以通过提供 12 h 的自然光从而实现自修复[99]。此外，当存在由外部冲击引起的微裂纹时，可以通过光照射实现自我修复，因此这种功能性凝胶对延长 ECD 的使用寿命具有显著作用。

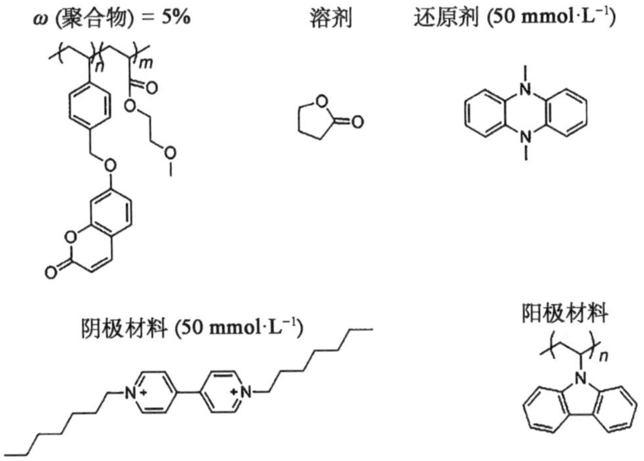

图 4.28　自愈电致变色器件

4.3.5　紫精化合物存在的问题

虽然紫精有着众多优点，但是作为电致变色的商业化材料。仍然存在许多问题(例如开关速度不足、装置稳定性低、对比度不够强烈和无法避免的副反应)，需要解决。在本小节中，将详细介绍该领域中有限的报导。

1. 二聚

由于自由基中间体的存在，在机理上产生了中间体的二聚化和不可逆转化的问题。对于紫精来讲引起广泛关注的第一件事就是自由基阳离子二聚化导致的颜色不纯，这对于一种显色材料来说通常是致命的。

多数人接受的二聚体生成机理是等式中的相称反应。一旦自由基阳离子还原为中性态(V^0)，V^0 就可以与 V^{2+} 反应以获得二聚的紫罗兰色自由基阳离子$(V^{+\cdot})_2$，然后解离为单一的 $V^{+\cdot}$ 物种。由于有机溶液中溶剂化能量较低，因此溶剂化相对简单，解离常数足够大，在有机电解质中几乎不形成二聚体。而对于水溶液，该方程被证明是准可逆的。根据研究[100]，由于两个自由基阳离子之间的 π 电子重叠，会产生不可逆的歧化反应，紫精的二聚体表现出较差的着色-擦除性能。

$$V^{2+} + V^0 \longrightarrow (V^{+\cdot})_2 \longrightarrow 2V^{+\cdot}$$

ESR 和紫外可见光谱已应用于验证是否生成二聚体。图 4.29 显示了由于分子内电子转移,二聚的自由基阳离子向单体自由基阳离子的转化,以及存在甲基紫精自由基阳离子二聚体的证据。当电位为 1.0 V 时,在 620 nm 处仅存在一个吸收峰,当将电位增加至 3 V 时,λ_{max} 蓝移至 540 nm 附近,并在 874 nm 处出现新的吸光度。由于二聚体并未完全转变,因此颜色从蓝色变为紫红色。

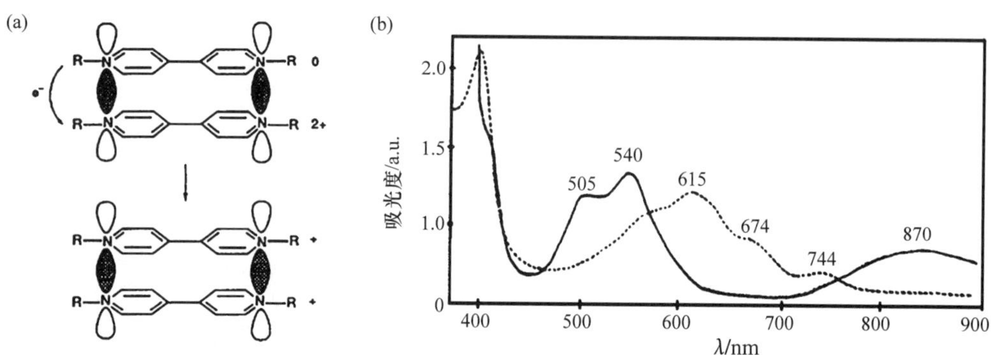

图 4.29 自由基阳离子的二聚行为(a);二聚的庚基紫罗兰自由基阳离子(实线)和单自由基阳离子(虚线)的吸收光谱[100](b)

以下是我们总结的一些结论:

(1) 已经研究了联吡啶鎓上二聚化程度和烷基链长之间的相关性。自由基阳离子溶液的颜色随 CH_2 单位的增加从蓝紫色变为深红色,表明呈正相关[47]。

(2) 较大尺寸的阴离子可以对阳离子形成静电屏蔽作用,还可以降低紫精分子的二聚度。

(3) 利用磷酸或羧酸基团吸附 TiO_2 纳米晶体电极通过空间效应减少二聚作用,并且还可以改善装置的寿命和稳定性。为了增强紫精分子与电极之间的电子传递,研究人员采用 TiO_2 纳米晶电极吸附磷酸基团来达到目的。他们合成了一系列不同结构的紫精分子,并测量了它们的吸收光谱以研究其二聚化率[6,23]。

(4) 二聚化程度可以通过使用相同化合物产生蓝色和紫色两种颜色的聚合物凝胶的不同组合来控制[101—102]。

2. 聚集和溶解性

除二聚化问题外,紫精通常采用直接接触电极表面以在装置上形成膜的方法,因此其在溶液中的溶解度和扩散速率也对其电致变色性能产生负面影响。

(1) 较早的研究表明紫精的两性离子和自由基阳离子状态可溶,但在许多电化学循环后,仍会产生不受控制的结晶。一旦紫精结晶,它将对其擦除能力或循环稳定性产生影响[103]。

(2) 当阴极有大量电子通过时，$PV^{+\cdot}$ 将开始形成附聚物，这将阻碍漂白阶段的进行。

(3) 应当注意到，紫精的阴离子的种类变化是调节紫精的热力学性质的另一重要方法。改变抗衡离子的类型(例如 Br^- 到 PF_6^-)可以轻易改变紫精化合物的溶解特性，这也广泛用于紫精的纯化和重结晶过程中[104]。其中，TCNQ 阴离子以其特殊的绿色引起了研究人员的关注[105]。

3. 响应时间

响应速度不足是我们应注意的另一个缺点。对于商业视频图像应用，切换速度需要降低到 10^{-2} s 级。因此电解质中低的离子电导率无疑是限制相应速度的最关键因素。为了解决电子传输速度的问题，将电致变色层固定在电极上被认为是一种行之有效的方法。

就动力学而言，可以通过扩大反应物的接触面积来提高反应速率。因此，Jee-Hyun Ryu[31] 致力于通过在 ECD 中引入多孔结构来提高开关速度。器件的响应时间降低至 270 ms，这是因为高比表面积可以增加电解质含量，从而有效地提高离子电导率。

4. 驱动电压

通常，基于紫精的 ECD 具有 1～4 V 的驱动电压。在节能方面，研究人员期望获得更低的驱动电压。氧化还原介体意味着可逆的无色还原氧化物种，例如二茂铁，将非常有帮助[92]。高胜元采用 TEMPO 作为氧化还原介体，然后获得 0.4 V 的极低驱动电压，这是目前报道的最低驱动电压。并且因此也得到了器件寿命和循环稳定性的提升[93]。

5. 结论

在本章中，我们简要介绍了紫精化合物的开发及其颜色显示机理、独特优势以及一系列问题。总之，在过去的几十年中，有关紫精的电致变色研究取得了重大突破。不难发现的是，研究人员的研究重心已从紫精本身的结构的拓展转变为基于紫精的 OEC 器件结构的改良。采用不同的电解质和不同的添加剂来实现更高的稳定性、更快的响应时间和更低的驱动电压。尽管该领域的技术已经相当成熟，但我们可以发现仍有许多不足，也还有巨大的潜力等待我们去发掘。

4.3.6 紫精电致变色器件商业化实例

作为参考，我们给出了用于电致变色器件的几种配方(表 4.4 和表 4.5)。

表 4.4 紫精 ECD 的典型配方[34,35]

编号	溶剂	测量数据	Viologen Ⅰ	Viologen Ⅱ	还原剂	导电电解液	其他填料
1	PC 82.3 wt.%	电位：0.9 V ΔT：16%～75%	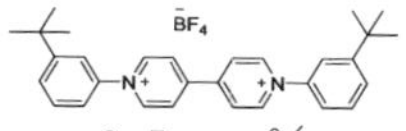 3.5 wt.%	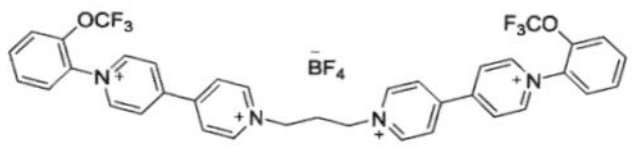 2.0 wt.%	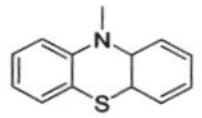 5.9 wt.%	TBA-BF_4^- 5.5 wt.%	Berry red 0.8 wt.%
2	PC 88.8 wt.%	电位：0.9 V	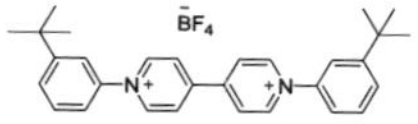 4.3 wt.%		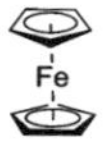 1.2 wt%	TBA-BF_4^- 4.3 wt.%	Red 2 BLSE 1.4 wt.%

表 4.5 ECD 应用实例中的代表性结构和组件[5,33]

编号	阴极材料	聚合物基体	溶剂	催化剂
薄膜 1	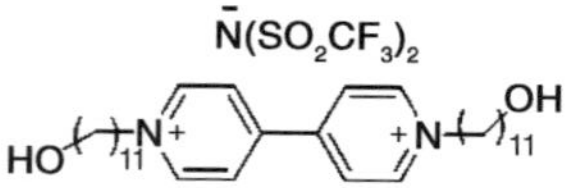 9.8 wt.%	PMMA 7.9 wt.%	PC 79%	DBTDA 1% 110 μL
编号	氧化还原介质	聚合物基体	溶剂	催化剂
薄膜 2	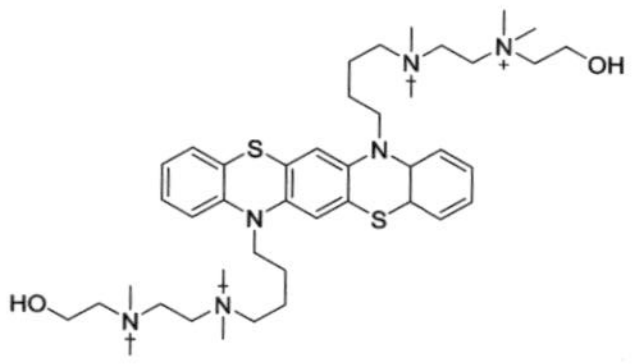 18.5 wt.%	PMMA 7.1 wt.%	PC 71%	DBTDA 1% 110 μL

注：wt.%代表质量分数。

4.4　将紫精用于电致变色商业化领域的公司

4.4.1　金泰克斯

金泰克斯(Gentex)成立于1974年,是一家高科技公司,总部位于密歇根州 Zeeland。它是美国纳斯达克市场上的一家上市公司,是汽车内外自动防眩光后视镜的全球领先供应商,此外,它还拥有超过105项紫精专利,占有约90%以上的汽车后视镜市场份额。因此,它是EC行业的领导者。

对于实际产品而言,Gentex的设备使用凝胶电解质,这些器件被要求具有较高的热稳定性和光稳定性。因此,我们经常在Gentex的专利中找到诸如UV吸收剂之类的物质。

从Gentex的专利来看,其总体发展方向是:

(1) 通过成膜和不对称分子控制二聚化。

(2) 通过离子对提高溶解度以提高稳定性。

(3) 热固化以形成交联的凝胶体系。

(4) 自愈交联凝胶。

Gentex的产品通常采用一种自修复凝胶(过量的异氰酸酯共聚物多元醇或三元共聚物多元醇)和锡试剂加热,并且由一种统一的方式进行生产和设备测试。

4.4.2　依视路

依视路(Essilor)于1849年成立于法国巴黎。1959年,Essilor发明了树脂镜片,并于同年发明了世界上第一个渐进式镜片,命名为"万里路"。迄今为止,该公司拥有超过5600项专利。由于Essilor是一家眼镜公司,因此专注于透明电致变色系统,我们可以在其专利体系中找到光致变色物质,并且通常是棕色、灰色或其他常见的太阳镜颜色。

4.4.3　祢若

宁波祢若电子科技有限公司位于中国浙江宁波。该公司是一家在中国从事电致变色玻璃(也称为EC玻璃)研究和生产的制造商。

祢若的业务范围与Gentex相似。因此,它在紫精电致变色器件领域也有自己独特而全面的系统。它通过简单的钠偶联方法合成了一系列 3,3′-取代的紫精化合物，并通过香豆素基团的光学活性制备了轻质的自愈凝胶[99]，是一家新兴的科技企业。

4.5 结论与展望

作为唯一已成功商业化的电致变色材料，紫精具有其独特的优势。首先，从结构的角度来看，4,4′-联吡啶化合物易于合成且性能稳定。尽管某些衍生物具有毒性，但随着取代基烷基链的增长，其毒性相对减弱。其次，卓越的电子俘获特性使基于紫精的电致变色器件具有低能量驱动和长使用寿命的特点。最后，紫精系统的颜色变化较小，但是染料或其他阳极材料可以实现复杂的颜色和多种颜色变化。在最近的几十年中，紫精的研究非常活跃。从材料的角度来看，基于紫精的结构已扩展到聚合物、超分子和金属配合物，结构的多样性导致更丰富的颜色和出乎意料的性能。从电致变色器件的角度来看，器件结构趋于多样化。随着对电化学和电致变色的深入研究，紫精的研究还会进行下去，在新的领域如隐私保护、建筑玻璃、航空航天玻璃和智能家居等领域继续展现自己独特的魅力。

参考文献

[1] Lampert C M. Towards large-area photovoltaic nanocells: Experiences learned from smart window technology. Solar Energy Materials and Solar Cells, 1994, 32(3): 307-321.

[2] Wang M, Xing X, Perepichka I F, et al. Electrochromic smart windows can achieve an absolute private state through thermochromically engineered electrolyte. Advanced Energy Materials, 2019, 9(21): 1900433.

[3] Grätzel M. Ultrafast colour displays. Nature, 2001, 409(6820): 575-576.

[4] Michaelis L, Hill E S. The viologen indicators. The Journal of General Physiology, 1933, 16(6): 859-873.

[5] Byker H J. Variable reflectance automobile mirror: Google Patents. 1998.

[6] Bird C L, Kuhn A T. Electrochemistry of the viologens. Chemical Society Reviews, 1981, 10(1): 49.

[7] Summers L A. The bipyridines. Advances in Heterocyclic Chemistry, 1984, 35(10): 281-374.

[8] Sliwa W, Bachowska B, Zelichowicz N. Chemistry of viologens. Heterocycles (Sendai), 1991,

32(11)：2241-2273.

[9] Monk P M S. The viologens：Physicochemical properties，synthesis and applications of the salts of 4,4′-bipyridine. 1998.

[10] Monk P，Mortimer R，Rosseinsky D. Electrochromism and electrochromic devices. Cambridge University Press，2007.

[11] Monk P M，Rosseinsky D R，Mortimer R J. Electrochromic materials and devices based on viologens. Electrochromic Materials and Devices，2015.

[12] Ho K-C，Lu H-C，Yu H-F，Viologens-based electrochromic materials and devices. In Electrochromic Smart Materials，2018：372-405.

[13] Škorjanc T，Shetty D，Olson M A，et al. Design strategies and redox-dependent applications of insoluble viologen-based covalent organic polymers. ACS Applied Materials & Interfaces，2019，11(7)：6705-6716.

[14] Ding J，Zheng C，Wang L，et al. Viologen-inspired functional materials：Synthetic strategies and applications. Journal of Materials Chemistry A，2019，7(41)：23337-23360.

[15] Michaelis L. Semiquinones，the intermediate steps of reversible organic oxidation-reduction. Chemical Reviews，1935，16(2)：243-286.

[16] Kosower E M，Cotter J L. Stable free radicals. Ⅱ. The reduction of 1-methyl-4-cyanopyridinium ion to methylviologen cation radical. Journal of the American Chemical Society，1964，86(24)：5524-5527.

[17] Leest R. The coulometric determination of oxygen with the electrolytically generated viologen radical-cation. Journal of Electroanalytical Chemistry and Interfacial Electrochemistry，1973，43(2)：251-255.

[18] Allen J Bard. Formation，properties and reactions of cation radicals in solution. Advances in Physical Organic Chemistry. 1976，13：155-278.

[19] Schoot C J，Ponjee J J，Van Dam H T，et al. New electrochromic memory display. Applied Physics Letters，1973，23(2)：64-65.

[20] Bruinink J，Kregting C，Ponjee J. Modified viologens with improved electrochemical properties for display applications. Journal of the Electrochemical Society，1977，124(12)：1854-1858.

[21] Sato H，Tamamura T. Polymer effect in electrochromic behavior of oligomeric viologens. Journal of Applied Polymer Science，1979，24(10)：2075-2085.

[22] Shu C F，Wrighton M S. Synthesis and charge-transport properties of polymers derived from the oxidation of 1-hydro-1′-(6-(pyrrol-1-yl)hexyl)-4,4′-bipyridinium bis(hexafluorophosphate) and demonstration of a pH-sensitive microelectrochemical transistor derived from the redox properties of a conventional redox center. The Journal of Physical Chemistry，1988，92(18)：

5221-5229.

[23] Gaudiello J G, Ghosh P K, Bard A J. Polymer films on electrodes. 17. The application of simultaneous electrochemical and electron spin resonance techniques for the study of two viologen-based chemically modified electrodes. Journal of the American Chemical Society, 1985, 107(11): 3027-3032.

[24] Monk P M S, Fairweather R D, Ingram M D, et al. Evidence for the product of the viologen comproportionation reaction being a spin-paired radical cation dimer. Journal of the Chemical Society, Perkin Transactions 2. 1992, (11): 2039-2041.

[25] Heinen S, Walder L. Generation-dependent intramolecular CT complexation in a dendrimer electron sponge consisting of a viologen skeleton. Angewandte Chemie International Edition, 2000, 39(4): 806-809.

[26] Balzani V, Bandmann H, Ceroni P, et al. Host-guest complexes between an aromatic molecular tweezer and symmetric and unsymmetric dendrimers with a 4, 4′-bipyridinium core. Journal of the American Chemical Society, 2006, 128(2): 637-648.

[27] Foster J A, Steed J W. Exploiting cavities in supramolecular gels. Angewandte Chemie International Edition, 2010, 49(38): 6718-6724.

[28] Bonhote P, Gogniat E, Campus F, et al. Nanocrystalline electrochromic displays. Displays, 1999, 20(3): 137-144.

[29] Möller M, Asaftei S, Corr D, et al. Switchable electrochromic images based on a combined top-down bottom-up approach. Advanced Materials, 2004, 16(17): 1558-1562.

[30] Ryu J H, Shin D O, Suh K D. Preparation of a reflective-type electrochromic device based on monodisperse, micrometer-size-range polymeric microspheres and viologen pendants. Journal of Polymer Science Part A: Polymer Chemistry, 2005, 43(24): 6562-6572.

[31] Ryu J H, Lee J H, Han S J, et al. Novel electrochromic displays using monodisperse viologen-modified porous polymeric microspheres. Macromolecular Rapid Communications, 2006, 27(14): 1156-1161.

[32] Guarr T F, Roberts K E, Lin R, et al. Controlled diffusion coefficient electrochromic materials for use in electrochromic mediums and associated electrochromic devices: Google Patents. 2004.

[33] Byker H J. Electrochromic devices with bipyridinium salt solutions: Google Patents. 1994.

[34] Aiken S, Gabbutt C D, Heron B M, et al. Electrochromic single and two-core viologens and optical articles containing them: Google Patents. 2017.

[35] Biver C, Archambeau S, Berit-Debat F. Electrochromic composition: Google Patents. 2017.

[36] Freitag M, Galoppini E. Cucurbituril complexes of viologens bound to TiO_2 films. Langmuir, 2010, 26(11): 8262-8269.

[37] Tu X, Fu X, Jiang Q, et al. The synthesis and electrochemical properties of cathodic-anodic composite electrochromic materials. Dyes and Pigments, 2011, 88(1): 39-43.

[38] Hwang E, Seo S, Bak S, et al. An electrolyte-free flexible electrochromic device using electrostatically strong graphene quantum dot-viologen nanocomposites. Advanced Materials, 2014, 26(30): 5129-5136.

[39] Reus C, Stolar M, Vanderkley J, et al. A convenient n-arylation route for electron-deficient pyridines: The case of π-extended electrochromic phosphaviologens. Journal of the American Chemical Society, 2015, 137(36): 11710-11717.

[40] Li G, Xu L, Zhang W, et al. Narrow-bandgap chalcogenoviologens for electrochromism and visible-light-driven hydrogen evolution. Angewandte Chemie International Edition, 2018, 57(18): 4897-4901.

[41] Woodward A N, Kolesar J M, Hall S R, et al. Thiazolothiazole fluorophores exhibiting strong fluorescence and viologen-like reversible electrochromism. Journal of the American Chemical Society, 2017, 139(25): 8467-8473.

[42] Rosseinsky D R, Monk P M. Comproportionation in propylene carbonate of substituted bipyridyliums. Rates and equilibria by rotating ring-disc electrode and associated electrochemical studies. Journal of the Chemical Society, Faraday Transactions, 1993, 89(2): 219-222.

[43] Ito M, Sasaki H, Takahashi M. Infrared spectra and dimer structure of reduced viologen compounds. Journal of Physical Chemistry, 1987, 91(15): 3932-3934.

[44] Mohammad M. Methyl viologen neutral MV(Ⅰ). Part 1. Preparation and some properties. The Journal of Organic Chemistry, 1987, 52(13): 2779-2782.

[45] Bockman T, Kochi J. Isolation and oxidation-reduction of methylviologen cation radicals. Novel disproportionation in charge-transfer salts by x-ray crystallography. The Journal of Organic Chemistry, 1990, 55(13): 4127-4135.

[46] Porter W W, Vaid T P. Isolation and characterization of phenyl viologen as a radical cation and neutral molecule. The Journal of Organic Chemistry, 2005, 70(13): 5028-5035.

[47] Monk P M, Hodgkinson N M, Ramzan S A. Spin pairing ('dimerisation') of the viologen radical cation: Kinetics and equilibria. Dyes and pigments, 1999, 43(3): 207-217.

[48] Menschutkin N. Beiträge zur kenntnis der affinitätskoeffizienten der alkylhaloide und der organischen amine. Zeitschrift für Physikalische Chemie, 1890, 5(1): 589-600.

[49] Singh R P, Shreeve J M. Syntheses of the first *N*-mono-and *N*, *N′*-dipolyfluoroalkyl-4,4′-bipyridinium compounds. Chemical Communications, 2003, (12): 1366-1367.

[50] Oh H, Seo D G, Yun T Y, et al. Novel viologen derivatives for electrochromic ion gels showing a green-colored state with improved stability. Organic Electronics, 2017, 51: 490-495.

[51] Takahashi K, Nihira T. One-pot synthesis and redox properties of conjugation-extended 4, 4′-

bipyridines and related compounds. New ligands consisting of a heterocyclic three-ring assembly. Bulletin of the Chemical Society of Japan, 1992, 65(7): 1855-1859.

[52] Singh R P, Shreeve J N M. Bridged tetraquaternary salts from N, N'-polyfluoroalkyl-4, 4′-bipyridine. Inorganic chemistry, 2003, 42(23): 7416-7421.

[53] Van Dam H, Ponjee J. Electrochemically generated colored films of insoluble viologen radical compounds. Journal of the Electrochemical Society, 1974, 121(12): 1555.

[54] Xu J W, Toppare L, Li Y, et al. Electrochromic smart materials: Fabrication and applications. Royal Society of Chemistry, 2019.

[55] Alesanco Y, Viñuales A, Ugalde J, et al. Consecutive anchoring of symmetric viologens: Electrochromic devices providing colorless to neutral-color switching. Solar Energy Materials and Solar Cells, 2018, 177: 110-119.

[56] Nakajima R, Yamada Y, Komatsu T, et al. Electrochromic properties of ITO nanoparticles/viologen composite film electrodes. RSC Advances, 2012, 2(10): 4377-4381.

[57] Zhu C-R, Long J-F, Tang Q, et al. Multi-colored electrochromic devices based on mixed mono- and bi-substituted 4,4′-bipyridine derivatives containing an ester group. Journal of Applied Electrochemistry, 2018, 48(10): 1121-1129.

[58] Kim M, Kim Y M, Moon H C. Asymmetric molecular modification of viologens for highly stable electrochromic devices. RSC Advances, 2020, 10(1): 394-401.

[59] Alesanco Y, Viñuales A, Cabañero G, et al. Colorless-to-black/gray electrochromic devices based on single 1-alkyl-1′-aryl asymmetric viologen-modified monolayered electrodes. Advanced Optical Materials, 2017, 5(8): 1600989.

[60] Alesanco Y, Vinuales A, Cabanero G, et al. Colorless to neutral color electrochromic devices based on asymmetric viologens. ACS Applied Materials & Interfaces, 2016, 8(43): 29619-29627.

[61] Woodward A N, Kolesar J M, Hall S R, et al. Thiazolothiazole fluorophores exhibiting strong fluorescence and viologen-like reversible electrochromism. Journal of the American Chemical Society, 2017, 139(25): 8467-8473.

[62] Ko H C, Kim S, Lee H, et al. Multicolored electrochromism of a poly{1,4-bis[2-(3,4-ethylenedioxy)thienyl]benzene} derivative bearing viologen functional groups. Advanced Functional Materials, 2005, 15(6): 905-909.

[63] Li G, Xu L, Zhang W, et al. Narrow-bandgap chalcogenoviologens for electrochromism and visible-light-driven hydrogen evolution. Angewandte Chemie. International Ed. in English, 2018, 57(18): 4897-4901.

[64] Stolar M, Borau-Garcia J, Toonen M, et al. Synthesis and tunability of highly electron-accepting, N-benzylated “phosphaviologens”. Journal of the American Chemical Society, 2015, 137

(9): 3366-3371.

[65] Reus C, Stolar M, Vanderkley J, et al. A convenient *N*-arylation route for electron-deficient pyridines: The case of π-extended electrochromic phosphaviologens. Journal of the American Chemical Society, 2015, 137(36): 11710-11717.

[66] Durben S, Baumgartner T. 3,7-diazadibenzophosphole oxide: A phosphorus-bridged viologen analogue with significantly lowered reduction threshold. Angewandte Chemie International Edition, 2011, 50(34): 7948-7952.

[67] Hall G B, Kottani R, Felton G A, et al. Intramolecular electron transfer in bipyridinium disulfides. Journal of the American Chemical Society, 2014, 136(10): 4012-4018.

[68] Beneduci A, Cospito S, La Deda M, et al. Electrofluorochromism in π-conjugated ionic liquid crystals. Nature Communications, 2014, 5(1): 1-8.

[69] Beneduci A, Cospito S, Deda M L, et al. Highly fluorescent thienoviologen-based polymer gels for single layer electrofluorochromic devices. Advanced Functional Materials, 2015, 25(8): 1240-1247.

[70] Yamaguchi I, Asano T. Uncatalyzed synthesis of polypyrrole with viologen side groups and its chemical properties. Journal of Materials Science, 2011, 46(13): 4582-4587.

[71] Yamaguchi I, Mizoguchi N, Sato M. Self-doped polyphenylenes containing electron-accepting viologen side group. Macromolecules, 2009, 42(13): 4416-4425.

[72] Sampanthar J, Neoh K, Ng S, et al. Flexible smart window via surface graft copolymerization of viologen on polyethylene. Advanced Materials, 2000, 12(20): 1536-1539.

[73] Janecek E R, Mckee J R, Tan C S, et al. Hybrid supramolecular and colloidal hydrogels that bridge multiple length scales. Angewandte Chemie. International Ed. in English, 2015, 54(18): 5383-5388.

[74] Yen H J, Tsai C L, Chen S H, et al. Electrochromism and nonvolatile memory device derived from triphenylamine-based polyimides with pendant viologen units. Macromolecular Rapid Communications. 2017, 38(9): 1600715.

[75] Lim J Y, Ko H C, Lee H. Single- and dual-type electrochromic devices based on polycarbazole derivative bearing pendent viologen. Synthetic Metals, 2006, 156(9-10): 695-698.

[76] Ko H C, Park S-A, Paik W-K, et al. Electrochemistry and electrochromism of the polythiophene derivative with viologen pendant. Synthetic Metals, 2002, 132(1): 15-20.

[77] Ko H C, Kang M, Moon B, et al. Enhancement of electrochromic contrast of poly(3,4-ethylenedioxythiophene) by incorporating a pendant viologen. Advanced Materials, 2004, 16(19): 1712-1716.

[78] Cao L-C, Mou M, Wang Y. Hyperbranched and viologen-functionalized polyglycerols: Preparation, photo- and electrochromic performance. Journal of Materials Chemistry, 2009, 19(21):

3412-3418.

[79] Sato K, Mizukami R, Mizuma T, et al. Synthesis of dimethyl-substituted polyviologen and control of charge transport in electrodes for high-resolution electrochromic displays. Polymers, 2017, 9(3): 86.

[80] Keshtov M L, Udum Y A, Toppare L, et al. Synthesis of aromatic poly(pyridinium salt)s and their electrochromic properties. Materials Chemistry and Physics, 2013, 139(2-3): 936-943.

[81] Nam J, Jung Y, Joe J, et al. Dual stimuli-responsive viologen-containing poly(2-isopropyl-2-oxazoline) and its multi-modal electrochromic phase transition. Polymer Chemistry, 2018, 9(26): 3662-3666.

[82] Krompiec M, Grudzka I, Filapek M, et al. An electrochromic diquat-quaterthiophene alternating copolymer: A polythiophene with a viologen-like moiety in the main chain. Electrochimica Acta, 2011, 56(24): 8108-8114.

[83] Chen F, Ren Y, Guo J, et al. Thermo-and electro-dual responsive poly(ionic liquid) electrolyte based smart windows. Chemical Communications, 2017, 53(10): 1595-1598.

[84] Ellmer K. Past achievements and future challenges in the development of optically transparent electrodes. Nature Photonics, 2012, 6(12): 809-817.

[85] Bonaccorso F, Sun Z, Hasan T, et al. Graphene photonics and optoelectronics. Nature Photonics, 2010, 4(9): 611-622.

[86] Argun A A, Cirpan A, Reynolds J R. The first truly all-polymer electrochromic devices. Advanced Materials, 2003, 15(16): 1338-1341.

[87] Mishra S, Pandey H, Yogi P, et al. Interfacial redox centers as origin of color switching in organic electrochromic device. Optical Materials, 2017, 66: 65-71.

[88] Kuo T-H, Hsu C-Y, Lee K-M, et al. All-solid-state electrochromic device based on poly(butyl viologen), prussian blue, and succinonitrile. Solar Energy Materials and Solar Cells, 2009, 93(10): 1755-1760.

[89] Michaelis A, Berneth H, Haarer D, et al. Electrochromic dye system for smart window applications. Advanced Materials, 2001, 13(23): 1825-1828.

[90] Alesanco Y, Vinuales A, Rodriguez J, et al. All-in-one gel-based electrochromic devices: Strengths and recent developments. Materials, 2018, 11(3): 414.

[91] Lu H C, Kao S Y, Yu H F, et al. Achieving low-energy driven viologens-based electrochromic devices utilizing polymeric ionic liquids. ACS Applied Materials & Interfaces, 2016, 8(44): 30351-30361.

[92] Chen P-Y, Chen C-S, Yeh T-H. Organic multiviologen electrochromic cells for a color electronic display application. Journal of Applied Polymer Science, 2014, 131(13): 40485.

[93] Kao S-Y, Kawahara Y, Nakatsuji S I, et al. Achieving a large contrast, low driving voltage,

and high stability electrochromic device with a viologen chromophore. Journal of Materials Chemistry C, 2015, 3(14): 3266-3272.

[94] Palenzuela J, Vinuales A, Odriozola I, et al. Flexible viologen electrochromic devices with low operational voltages using reduced graphene oxide electrodes. ACS Applied Materials & Interfaces, 2014, 6(16): 14562-14567.

[95] Chang T-H, Hu C-W, Kao S-Y, et al. An all-organic solid-state electrochromic device containing poly(vinylidene fluoride-co-hexafluoropropylene), succinonitrile, and ionic liquid. Solar Energy Materials and Solar Cells, 2015, 143: 606-612.

[96] Hwang E, Seo S, Bak S, et al. An electrolyte-free flexible electrochromic device using electrostatically strong graphene quantum dot-viologen nanocomposites. Advanced Materials, 2014, 26(30): 5129-5136.

[97] Tang Q, Li H, Yue Y, et al. 1-ethyl-3-methylimidazolium tetrafluoroborate-doped high ionic conductivity gel electrolytes with reduced anodic reaction potentials for electrochromic devices. Materials & Design, 2017, 118: 279-285.

[98] Ko J H, Lee H, Choi J, et al. Microporous organic polymer-induced gel electrolytes for enhanced operation stability of electrochromic devices. Polymer Chemistry, 2019, 10(4): 455-459.

[99] 曹贞虎，胡珊珊. 一种光照下可凝胶化且自修复的电致变色溶液及其应用: CN 108251099 A. 2018.

[100] Monk P M. The effect of ferrocyanide on the performance of heptyl viologen-based electrochromic display devices. Journal of Electroanalytical Chemistry, 1997, 432(1-2): 175-179.

[101] Chang T-H, Lu H-C, Lee M-H, et al. Multi-color electrochromic devices based on phenyl and heptyl viologens immobilized with UV-cured polymer electrolyte. Solar Energy Materials and Solar Cells, 2018, 177: 75-81.

[102] Zhao S, Huang W, Guan Z, et al. A novel bis(dihydroxypropyl) viologen-based all-in-one electrochromic device with high cycling stability and coloration efficiency. Electrochimica Acta, 2019, 298: 533-540.

[103] Mortimer R J. Organic electrochromic materials. Electrochimica Acta, 1999, 44(18): 2971-2981.

[104] Ryu J-H, Lee J-H, Han S-J, et al. Novel electrochromic displays using monodisperse viologen-modified porous polymeric microspheres. Macromolecular Rapid Communications, 2006, 27(14): 1156-1161.

[105] Wang G, Fu X, Deng J, et al. Electrochromic and spectroelectrochemical properties of novel 4, 4′-bipyridilium-TCNQ anion radical complexes. Chemical Physics Letters, 2013, 579: 105-110.

第五章　普鲁士蓝和金属六氰酸盐

5.1 引　言

在电致变色领域，由于 Li 元素的匮乏和高成本，非锂技术的发展引起越来越多的关注。近年来，人们逐渐用储量更丰富的 Na、Mg、Ca 元素来替代 Li 实现电荷转移[1—3]。因此，必须研发不同的电极和电解质材料以提高非锂电致变色器件中电子和离子的扩散性能。目前，非锂电致变色器件的主要研究方向包括：对现有的锂基电致变色器件进行改进使其适用于不同的原子传输，合成新的非锂基概念材料，以及研究未应用于电致变色领域的材料。因具有独特的结构、电子和离子性能，这些新材料在非锂技术中应用前景非常广阔。普鲁士蓝(PB)及其类似物是典型的锂基材料，具有规则的面心立方结构，适宜储钠，因此在非锂电致变色工业领域取得较大研究进展[4]。

PB 是最早的纯合成颜料，广泛用于油画和其他文物的颜料。PB 被认为是功能材料的一个非常重要的家族：过渡金属六氰铁酸盐[5—7]。现有报道中可应用于众多领域，如电催化[8]、燃料电池[9]、电致变色器件[10—11]、自旋电子[12]、传感器[13—14]、光充电器件[15]和储氢器件[16]等。目前，PB 作为一种典型的电致变色材料，已被广泛研究多年。

5.2 PB 的技术发展

PB 最早是由油漆制造商 Diesbach 于 1706 年左右发现的。当他试图制造红色的胭脂时，因使用被铁污染的钾样品，偶然获得了显示出强烈红蓝色的产品。该产品被命名为 PB，随后被广泛用于涂料行业。该反应过程可描述为：① 通过煅烧草灰和牛血的混合物得到六氰合铁酸钾；② 通过使高铁酸钾与 $FeCl_3$ 反应获得高铁酸根离子。Neff 在 1978 年首次报道了 PB 的电致变色特性[17]。此后，对 PB 的电化学机理和电致变色器件的研究也逐渐展开。其技术发展情况如图 5.1 所示。随着纳米技术的迅速发展，近年来 PB 电致变色的研究主要集中在利用 PB 或其类似物的纳米材料提高器件的性能[18—19]。此外，具有自供电能力、传感器、催化等性能的多功能 PB 电致变色器件也越来越受到人们的关注。

5.3　晶体结构

PB 及其类似物的晶体结构已被各种现代表征和分析技术广泛研究，包括 UV-Vis、Raman、XRD、XPS、SEM、TEM、TGA 等。结果表明，PB 是具有混合价铁(Ⅱ)-铁(Ⅲ)无机配合物的经典面心立方结构，其中 Fe^{II} 和 Fe^{III} 中心交替地通过氰离子桥接，以 $Fe^{II}-C\equiv N-Fe^{III}$ 形式存在(图 5.2)。这就形成了无限三维网络的、理想化的 PB，分子式可以表述为 $Fe_4^{III}[Fe^{II}(CN)_6]_3\cdot xH_2O$[4]。PB 根据晶格中是否存在一价离子分为可溶和不可溶两种。可溶性和不可溶性 PB 的分子式可以分别表述为 $KFe^{III}[Fe^{II}(CN)_6]$和 $Fe_4^{III}[Fe^{II}(CN)_6]_3$[20—21]。这些名称不是指在水中的真实溶解度，而是指钾离子形成胶态的难易程度，而且这两种形态都是高度不溶性物($K_{sp}=10^{-40}$)[22—23]。对于可溶性形式，高自旋三价铁和低自旋的亚铁氰化物位点均被—NC 和—CN 以八面体的形式包围，K^+ 反离子位于间隙位置，而对于不溶形式，四分之一的 $Fe^{II}(CN)_6$ 单元缺失，它们的氮位点被与 Fe^{III} 位点配位的水分子代替，因此存在多达八个额外的水分子，如图 5.2 所示[24—26]。但目前的研究中很难确定 PB 的化学计量到底是哪一种分子式，从而限制了对电致变色机理的探讨[27]。

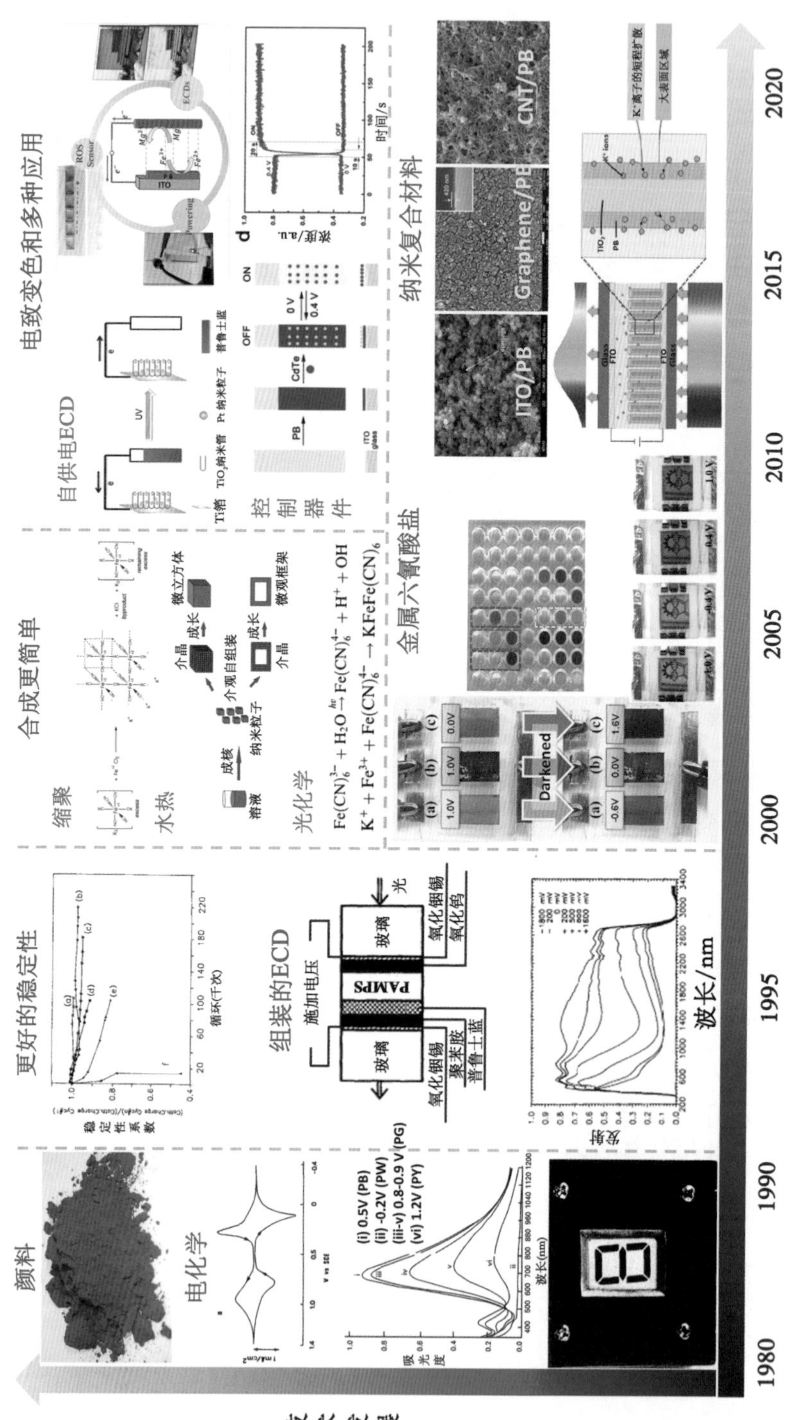
技术发展
颜料
电化学
更好的稳定性
组装的ECD
施加电压
玻璃
PAMPS
氧化铟锡
聚苯胺
普鲁士蓝
氧化钨
光
波长/nm
合成更简单
缩聚
水热
光化学
金属六氰酸盐
自供电ECD
电致变色和多种应用
控制器件
纳米复合材料
ITO/PB
Graphene/PB
CNT/PB
1980
1990
1995
2000
2005
2010
2015
2020

图 5.1 PB的技术发展

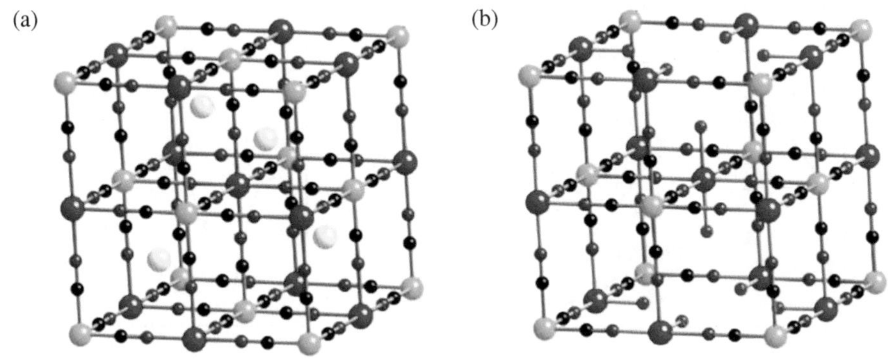

图 5.2 可溶性(a)和不溶性(b)PB 化合物的晶胞[26]

5.4 电致变色原理

PB 薄膜在 500 nm 至 900 nm 处显示出较宽的吸收带，并在 690 nm 处显示出很强的吸收峰，从而产生深蓝色，在氧化态时吸光度大[28]。立方框架中的正方形开口和空位使 PB 具有类似于导电沸石的多孔结构，有助于离子的嵌入和抽出[29—30]。PB 是多色电致变色材料，具有四个氧化还原态。PB 本身是蓝色的，但可以还原为无色普鲁士白(PW，$K_2Fe^{II}[Fe^{II}(CN)_6]$)，有时也称为埃弗里特盐(ES)；它还可以被氧化成柏林绿(BG，$Fe_3^{III}[Fe^{III}(CN)_6]_2[Fe^{II}(CN)_6]$)或更高的氧化态普鲁士黄(PY，$Fe^{III}[Fe^{III}(CN)_6]$)，如图 5.3(a)所示[31—34]。PB 的完整循环伏安曲线如图 5.3(b)所示，它有两个耦合的氧化还原峰，阳极峰为 0.36 V(A_{PB}^{I})和 1.03 V(A_{PB}^{II})，阴极峰值在 0.09 V(C_{PB}^{I})和 0.82 V(C_{PB}^{II})[35]。第一和第二氧化还原对分别与 BG↔PB 和 PB↔PW(ES)反应有关。

PB 及其类似物的颜色随氧化态的变化而变化，且显示出良好的可逆循环能力，因此被广泛用于电致变色领域。电致变色的 PB 薄膜需要具备以下特性：① 每个表面单元的容量低；② 不同状态之间显著的颜色变化；③ 响应速度快；④ 非常高的稳定性(至少几万或几十万次循环)。从理论上讲，PB 和 PW 之间的颜色变化在电化学过程中经历了 K^+ 离子的一步插入和脱嵌，而 BG 和 PW 之间的颜色变化允许 K^+ 离子的插入和脱嵌过程分两步进行，可能导致 K^+ 离子的容量几乎增加一倍[36—37]。PB 薄膜的电致变色过程可以概括为以下方程式：

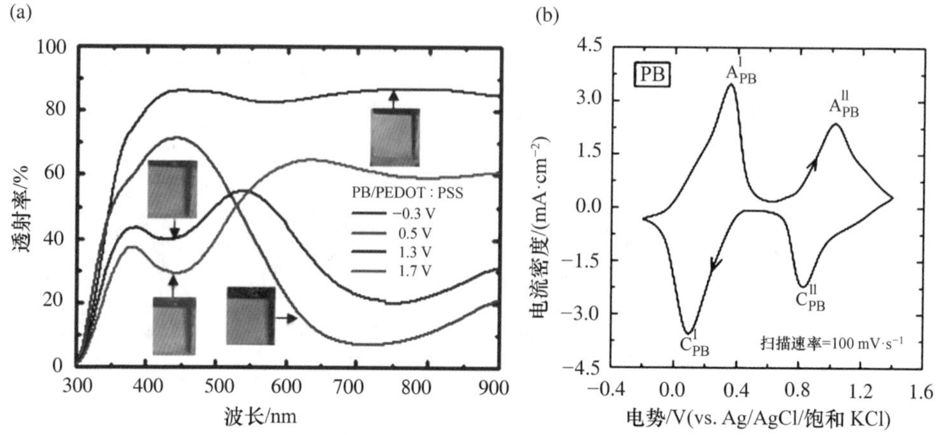

图 5.3 (a) 0.5 mol·L^{-1} KCl 水溶液中，不同电位下 PB 薄膜的透射光谱与照片[34]；(b) 扫描速率为 100 mV·s^{-1} 时，PB 在 −0.2～1.4 V 范围内的伏安曲线[35]

可溶性 PB 的氧化还原过程可描述为[22]

$$KFe^{III}[Fe^{II}(CN)_6] + e^- + K^+ \longleftrightarrow K_2Fe^{II}[Fe^{II}(CN)_6] \tag{5-1}$$

PB：蓝色/蓝绿色薄膜　　　PW：透明薄膜

$$3KFe^{III}[Fe^{II}(CN)_6] - 2e^- - 2K^+ \longleftrightarrow KFe_3^{III}[Fe^{III}(CN)_6]_2[Fe^{II}(CN)_6] \tag{5-2}$$

PB：蓝色/蓝绿色薄膜　　　BG：绿色薄膜

不溶性 PB 的氧化还原过程可描述为[27,32]

$$Fe_4^{III}[Fe^{II}(CN)_6]_3 + 4e^- + 4K^+ \longleftrightarrow K_4Fe_4^{II}[Fe^{II}(CN)_6]_3 \tag{5-3}$$

PB：蓝色/蓝绿色薄膜　　　PW：透明薄膜

$$Fe_4^{III}[Fe^{II}(CN)_6]_3 - 3e^- + 3X^- \longleftrightarrow Fe_4^{III}[Fe^{III}(CN)_6]_3(X)_3 \tag{5-4}$$

PB：蓝色/蓝绿色薄膜　　　PY：黄色/淡黄色薄膜

从电中性角度而言，可溶和不可溶的 PB 还原过程都需要将 K^+（或另一种尺寸合适的电解质阳离子）插入晶格中，并且这种阳离子依赖性已通过实验结果得到证实。对于可溶性 PB，在氧化过程中部分晶格 K^+ 脱离晶格，并且氧化电荷为还原电荷的三分之二。而对于不溶性 PB，电解质阴离子在氧化过程中进入晶格，氧化电荷为还原电荷的四分之三。

5.5 合　成

PB 的合成技术在其实际应用中起着重要作用。大面积薄膜的均匀性对于高科技应用至关重要。目前 PB 的制备主要包括两种不同的方法，分别称为直接法和间接法(如图 5.4 所示)，通过从水溶液中沉淀来合成可溶性或不溶性的 PB，这使得对 PB 合成技术的研究更加复杂[26]。

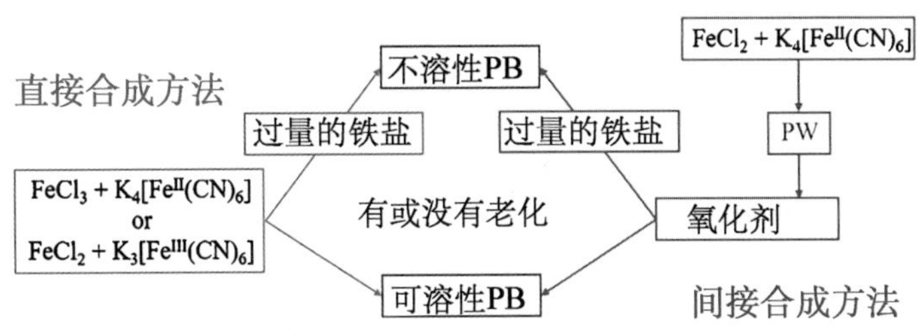

图 5.4 PB 的直接(蓝色)和间接(红色)合成方法路线图

对于直接方法，可通过沉淀极不溶的产物来制备可溶性或不溶性 PB，即利用 $Fe^{Ⅲ}$ 盐与亚铁氰化物盐(如 $FeCl_3+K_4[Fe^{Ⅱ}(CN)_6]$)[38]，或 $Fe^{Ⅱ}$ 盐和铁氰化物盐(如 $FeCl_2+K_3[Fe^{Ⅲ}(CN)_6]$)反应生成 PB[39]。对于间接方法，首先通过 $Fe^{Ⅱ}$ 盐与亚铁氰化物盐(如 $FeCl_2+K_4[Fe^{Ⅱ}(CN)_6]$)反应制备 PW($K_2Fe^{Ⅱ}[Fe^{Ⅱ}(CN)_6]$)，然后通过氧化(通常用 H_2O_2)最终形成可溶或不可溶的 PB[40]。在上述任一种方法中，当使用过量的铁盐时，将制备不溶性 PB，而如果使用 1∶1 的物质的量之比，则可获得可溶性 PB[41—42]。

PB 纳米颗粒的制备采用阶梯生长机制，不同于大多数控制缩聚法制备的纳米粒子。由两个离子配位而得的单个单位晶体，它们分别可溶于水。在室温下，当两种离子的溶液混合在一起时，晶体会出现三维阶梯生长，晶体成核并尺寸增大。参考聚合物的逐步生长机理，反应物之间的化学计量平衡是 PB 晶体大而均匀生长的必要条件(虽然这种推导并不准确，因为 PB 合成过程中存在多相聚合)。当反应物的比例调整到单个反应物过多时，晶体的尺寸可能会减小。PB 纳米颗粒的典型合成反应如图 5.5 所示[43]。利用该合成工艺，可以制备出一种深蓝色的水悬浮液，它不散射光线且在不搅拌或不添加稳定剂的情况下是无限稳定的。这表明 PB 粒子主要是 $KFe^{Ⅲ}[Fe^{Ⅱ}(CN)_6]$，呈离子化且稳定存在。鉴于其广泛的应用潜力，制备性能优良的 PB 薄膜并将其应用于器件越来越受到人们的关注。表 5.1 给出了各种电极表面 PB 薄膜最常用的合成方法。

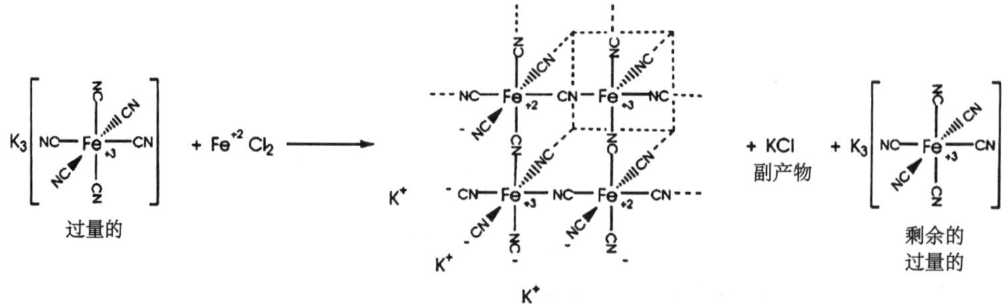

图 5.5　PB 的典型合成方法[43]

表 5.1　PB 薄膜最常用的合成方法

合成方法	描述	参考文献
电化学循环法	在 $K_3Fe(CN)_6+FeCl_3$ 溶液中使用循环伏安法	[28,44,45]
	在 $K_3Fe(CN)_6$ 溶液中使用循环伏安法	[46]
恒电流沉积法	在 $K_3Fe(CN)_6+FeCl_3$ 溶液中固定时间内施加恒定电流	[47—51]
恒电压沉积法	在 $K_3Fe(CN)_6+FeCl_3$ 溶液中固定时间内施加恒定电压	[17,52—54]
水热法	$K_3Fe(CN)_6+C_6H_{12}O_6+HCl$	[55,56]
旋涂法	由 Fe^{3+} 和 $Fe(CN)_6^{4-}$ 自发反应获得的 PB 纳米颗粒，分散在溶剂中形成均匀的悬浮液，然后旋涂形成薄膜	[57,58]
喷涂法	可溶性 PB 粉末($KFe^{Ⅲ}[Fe^{Ⅱ}(CN)_6]\cdot xH_2O$)分散在有机溶剂中形成均一的胶体分散液，然后喷涂成膜	[59]
浸渍成膜法	将基板浸入 PB 的母液中，如 $Fe^{3+}+Fe(CN)_6^{4-}$，洗涤并干燥	[60,61]
浸入法	将基板浸入 PB 胶体分散液中，胶体分散液由 Fe^{2+} 和 $Fe(CN)_6^{3-}$ 自发反应生成	[62]
光化学法	在 pH=1.6，含 1 mmol · L^{-1} $Fe(CN)_6^{3-}$ 和 0.2 mol · L^{-1} KCl 的溶液中，365 nm 光照 5 h	[63]

由于操作简便且耗时少，在过去的几十年中，电化学沉积和旋涂一直用于制备 PB 膜，尤其是前者。基于电化学机理，Neff 和他的同事首次直接合成了 PB 薄膜[17,22,64]。然而，通过电化学沉积或旋涂制备的 PB 薄膜在电解质水溶液中使用时，经过几次电化学循环后很容易从基材上剥离，这极大地限制了 PB 的应用。水热法是目前制备金属氧化物电致变色薄膜的一种重要方法，所制备的薄膜与基体具有很强的附着力，如 WO_3 膜、NiO 膜、ZnO 膜等。因为 PB 不是常见的无机化合物，而是一种配位化合物，它的成膜过程与金属氧化物不同。因此，通过水热法直接生长 PB 膜仍是一个挑战。合成 PB 膜的典型水热过程如图 5.6 所示。

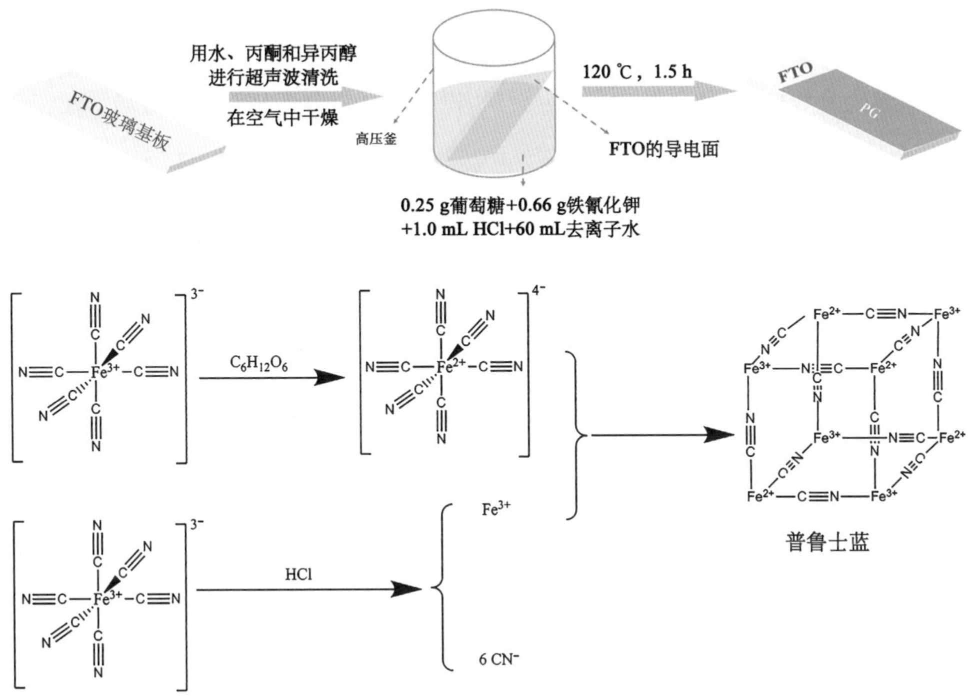

图 5.6 水热法合成 PB 膜的过程[55—56]

电化学沉积法和水热法不适用于大规模生产。相比之下，喷涂是制备大面积电致变色器件的一种高效、适宜的方法，可用于构建图形。上面已经提到，通过简单的方法即可以制备出均匀分散在水中的 PB 纳米颗粒。因此，可以将 PB 或"墨水"水性分散液喷涂在电极上以制备互补型的电致变色器件，例如涂覆于透明导电玻璃上。通过改变喷涂条件可以很好地控制 PB 的膜厚。因此，PB 的喷涂技术使大面积电致变色器件的产业化成为可能，可应用于节能窗户和太阳镜。

在上述化学和电化学合成 PB 及其类似物的方法中，溶液中同时存在游离金属离子和铁氰化物/铁氰化物离子，往往导致 K^+、NH_4^+、Rb^+、Cs^+ 等次要离子过量。利用光化学方法也可以在酸性铁氰化物溶液中获得致密的 PB 膜。在光照下，高价铁氰化物离子被光化学还原为低价铁氰化物离子，然后与酸性介质中从铁氰化物解离的游离铁离子配位，在电极表面形成 PB。该方法也可用于在含铁氰化物和铁离子的溶液中合成铅晶体，从而可以使用标准的光刻技术制作有图案的薄膜。此外，PB 膜还可以通过基于组装的加工技术来制备，该技术被称为"层层自组装"，将离子化的基材交替暴露于具有相反吸引亲和力的稀水溶液/分散液中从而生成 PB 薄膜。尽管与传统的电化学方法相比，通过层层自组装制备的 PB 膜具有更好的均匀性且厚度更易控制，但全无机 PB 膜显示出脆性和多晶性，柔性有限。因此，采用层层自组装制备了金属铁氰酸盐纳米粒子/聚合物纳米复合材料，以解决其组分变化和应用的局限性。

5.6 组装的电致变色器件

电致变色器件通常由工作电极、对电极和电解质组成。近年来，人们对能够快速从黑暗状态转换到透明状态的，具有大对比度的电致变色器件的开发十分关注。尽管 PB 电致变色器件可以在不同的电位下呈现 4 种颜色，但它们的性能仍有很大的改进空间。组装型的电致变色器件通常由多种着色材料组成，具有着色速度快、着色效率高、能耗低等优点。由于具有较高的吸收对比度，组装型电致变色器件在许多未来的应用中显示出巨大的潜力。1993 年，Paoli 等人利用含 $LiClO_4$ 的天然弹性体(Hydrin 200)作为弹性体电解质，制备出基于 PB 和聚苯胺(PANI)的固态电致变色器件，并测试了开路下器件的光存储器，如图 5.7 所示[65]。结果表明，器件的着色状态在开路 10 h 后没有光谱变化，而其褪色态在开始的 10 min 内显示出明显的光谱变化，并在 6 h 后呈着色态。器件的变色能力下降主要是由于还原型的 PB 和 PANI 稳定性差。

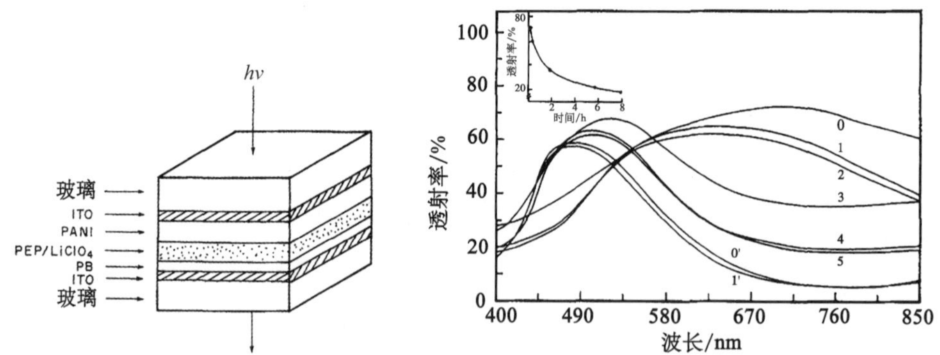

图 5.7 PANI/PB 组装型电致变色器件的结构和透射光谱[65]。着色态：0′—初始，1′—10 h；褪色态：0—初始，1—10 min，2—20 min，3—2 h，4—6 h，5—8 h。插图是器件在漂白状态下 650 nm 处透射率随时间的变化

1993 年，Jelle 等以聚(2-丙烯酰胺-2-甲基丙烷-磺酸)(PAMPS)作为固态有机聚合物电解质，将 PANI、PB 和 WO_3 三种电致变色材料结合在一起，制备成组装型电

致变色器件[66]。不同的驱动电压下，该器件在 290～3300 nm 波长范围内的透射光谱变化显著，说明其具有良好的光学调控性能。当驱动电压从 −1800 mV 上升至 +1600 mV 时，器件在 1000 nm 处的透射率从 0.76 变为 0.11，太阳光调控能力约为 49%，如图 5.8 所示。

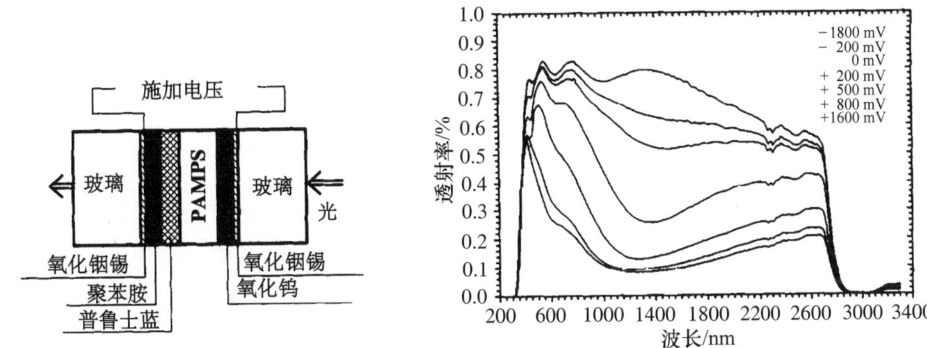

图 5.8　PANI/PB/WO_3 组装型电致变色器件的结构与透射光谱[66]

1998 年，Su 等基于 PB 和 WO_3 膜，利用不同的凝胶电解质(PMMA、PEO、PVC)制备出全固态电致变色器件，研究了温度和凝胶时间对凝胶电解质电导率和电致变色性能的影响[67—70]。结果表明，在这些凝胶电解质下，器件具有良好的电致变色和记忆特性。在 −0.5～1 V 的方波电压下，器件的着色和褪色时间分别为 60 和 30 s，如图 5.9 所示。将器件保持在开路状态 1 周以上，PB 膜氧化态和 WO_3 膜还原态的蓝色基本保持不变，透射率变化仅为 1%/d。

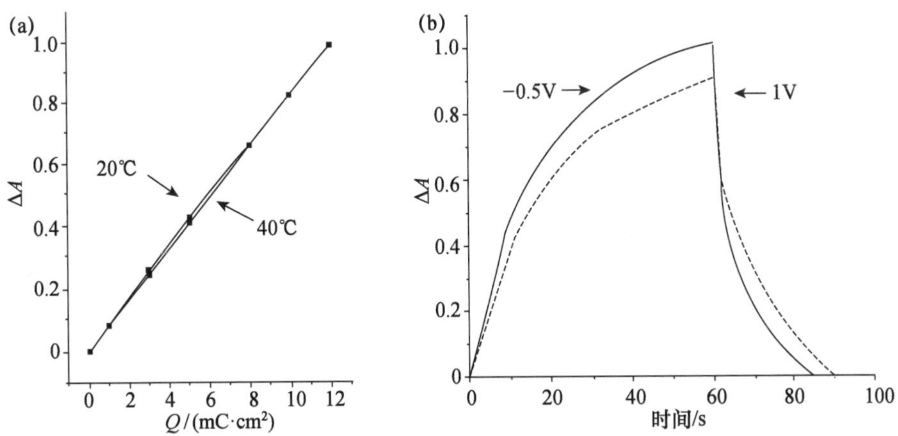

图 5.9　(a) 650 nm 处的吸光度变化与器件注入电荷量的关系图；(b) 器件在 650 nm 处的吸光度变化曲线：实线—20℃；虚线—40℃[68]

2004 年，Hammond 等通过层层自组装制备出 PANI/PB 薄膜及多色电致变色器件[71]。膜的生长是通过聚阳离子 PANI 和负离子化的 PB 纳米颗粒分散体之间固有的静电吸引完成的，因此可以获得优异的光滑性；且随着层数增加，薄膜的厚度呈现线性增加。电化学和分光光度表征证明 PANI 和 PB 之间独特和无相互影响的作用，并揭示了即使厚的、高对比度的薄膜，也完全可以通过电化学方法获得[图 5.10(a)]。当电压从从−0.2 V 变为 0.6 V 时，PANI/PB 电致变色器件的吸光度增加，且在 750 nm 处变化最大[图 5.10(b)]。由于导电 PANI 的存在，电子传输明显增强，PANI/PB 电致变色器件具有快的变色响应速度[图 5.10(c)]。电极膜内电致变色材料的高密度以及每个发色团的消光特性使器件实现了高对比度，呈现出从无色到绿色到蓝色的过渡[图 5.10(d)]。这些结果证实了层层自组装法可应用于设计多色电致变色薄膜。

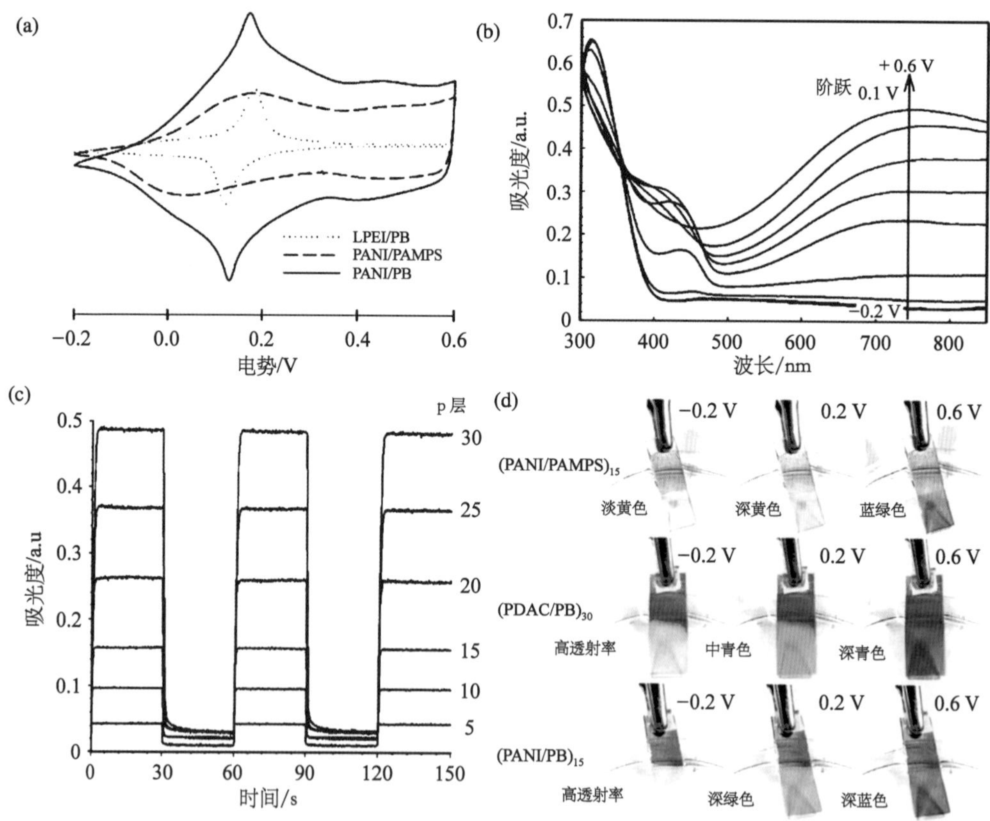

图 5.10 PANI/PB 电致变色器件的 CV(a)；吸收光谱(b)；光学响应(c)和变色性能(d)[71]

在 2016 年，Viñuales 等人以利用 ITO/PET 上的 PB 作为对电极，以 FTO 玻璃

上的紫精修饰 TiO_2 膜作为工作电极，制备出在 600 nm 处的透射率变化高达 71%的电致变色器件[72]。该器件在＋3.0 V 时为无色，在－2.4 V 时为深蓝，着色态的透过率仅为 9%，如图 5.11(b)所示，且光响应速度较快，着色时间为 7 s，漂白时间为 3 s，非常具有竞争力，如图 5.11(a)所示。利用自制的半自动实验室涂布机可以制备出 PET/ITO/紫精-TiO_2/聚合物电解质/PB/ITO/PET 结构的大面积(30 cm×40 cm)柔性全固体电致变色器件，如图 5.11(c)所示。所制备的大面积全固态柔性器件可以在无色和均匀深蓝色之间可逆切换，褪色状态下 600 nm 处的透过率为 75.4%，着色状态下为 43.8%，透过率变化接近 32%。这说明，该技术适用于生产柔性全固态可操作的大面积电致变色器件。

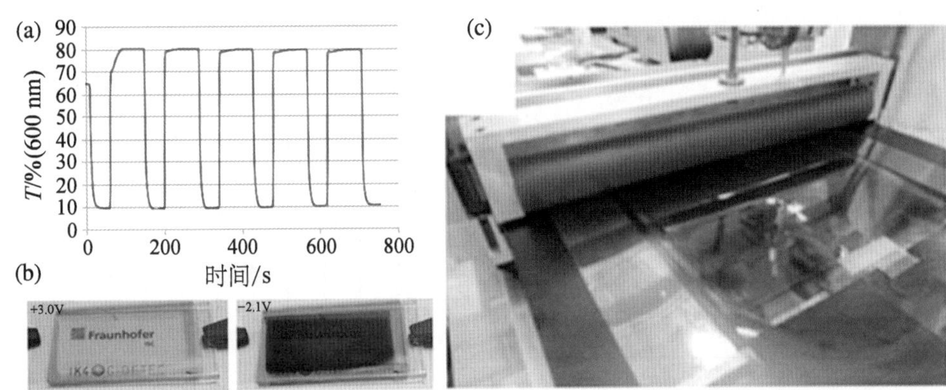

图 5.11　大面积柔性全固体电致变色器件 600 nm 处的光学响应(a)；照片和制备工艺(b)[72]；制备器件的设备(c)

5.7　纳米复合材料

PB 是一种相对稳定的电致变色材料，在低电位下具有可逆的蓝色和无色变色性能。但 PB 电致变色器件的主要缺点是响应时间慢，并且其他性能(如对比度)也会影响其应用范围。通过应用纳米技术的概念可以有效改善这些问题。但 PB 纳米粒子在温和的制备方法下很难形成固体甚至电致变色膜，而有机聚合物可以改善 PB 膜的力学性能，制备大面积柔性电致变色器件。PB 纳米复合材料因其更好的电致变色性能和电化学稳定性而受到越来越多的关注。

2004 年，DeLongchamp 等人通过层层自组装合成了 PB 和聚阳离子聚乙烯亚胺(LPEI)的纳米复合薄膜[43]。采用 LPEI 的目的是提高 PB 薄膜的离子电导率和着色速度。他们用水溶液在 ITO 玻璃上沉积了 50 层 LPEI 和 PB 纳米颗粒，LPEI/PB 物质的量重复比为 1.48。薄膜组装性能良好，膜厚、电荷容量和吸光度与吸附层数呈线性相关。厚的 LPEI/PB 纳米复合膜的电致变色性能优于 PB 膜，显示出优异的响应速度和对比度。图 5.12(a)(b)显示了 50 层 LPEI/PB 薄膜在不同电位下的吸收光谱和相应颜色。可以看到，随着电位从 0.6 V 增加到 1.5 V，700 nm 处的吸收率逐渐降低，450 nm 处的吸收率逐渐提高，从而导致可见的颜色变化。然而，在 0.6 V 和 1.5 V 之间反复切换会导致每个周期的总体吸光度逐渐下降，如图 5.12(c)。此外，LPEI/PB 纳米复合膜的电化学性质随着电解液的连续流动发生了变化，可被认为是控释的一种形式，具有应用于药物输送的潜力。综上所述，LPEI/PB 纳米复合薄膜是一种不同寻常的功能组合，既可用于显示，又可用于药物释放。

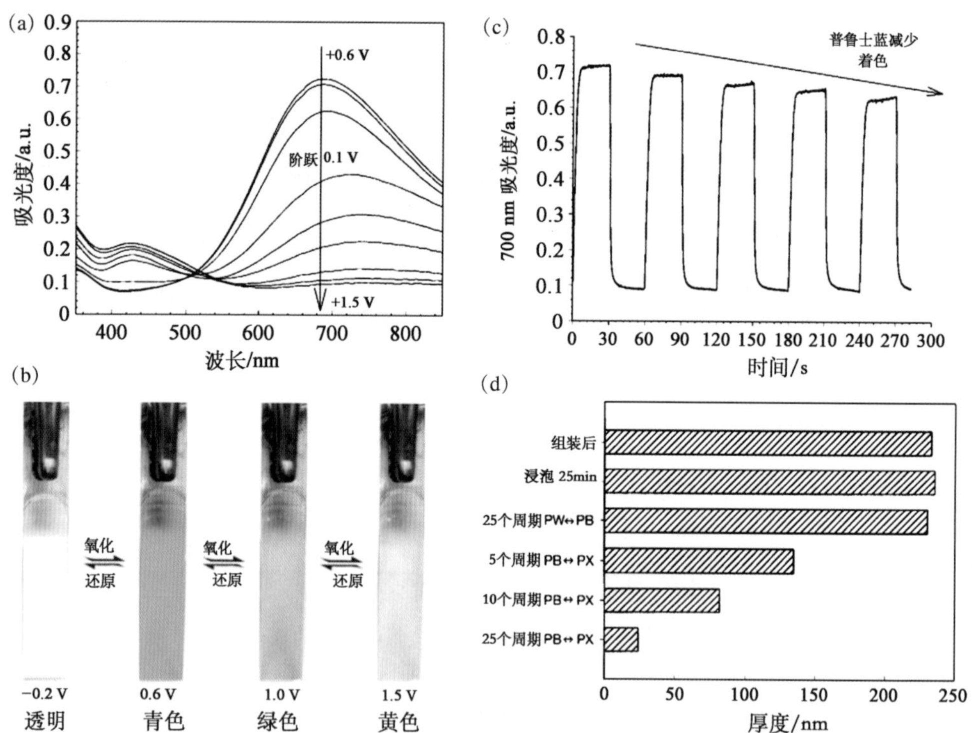

图 5.12　50 层 LPEI/PB 薄膜在不同电位下的吸收光谱(a)；变色特性(b)；静态比色管中的光学响应(c)和剪切槽中电位转换后的薄膜厚度(d)[43]

2007 年，Cheng 等制备了一种纳米复合 PB 膜，旨在同步改善常规 PB 膜的对比度和响应时间[73]。该膜以 ITO 纳米颗粒作为 PB 的介质层，从而在电解质中获得更大的有效反应表面积，如图 5.13(a)所示。纳米复合 PB 膜的 CV 曲线有两个峰，而常规 PB 膜的 CV 曲线只有对称的氧化还原峰，如图 5.13(b)所示。与常规 PB 膜相比，纳米复合 PB 膜中 PB↔PW 对应的峰移动到较低的电位，并具有较高的电流密度。这可以归因于用作 PB 多孔导电模板的 ITO 纳米颗粒，这种结构可以有效地降低 PB 膜的阻抗并提高电子传输效率。从图 5.13(c)(d)可以看出，每步施加±0.5 V 电压 30 s 时，纳米复合 PB 膜在 750 nm 处的最大透射率对比度为 78%，远高于常规 PB 膜在 750 nm 处的 60%的透射率对比度。此外，ITO 纳米粒子可以大大提高开关速度，如图 5.13(e)(f)。纳米复合 PB 膜的褪色速度比常规 PB 膜快 8 倍，在相同着色时间下，可实现比常规 PB 膜高 15%的透明对比度。综上所述，纳米复合 PB 薄膜具有多孔结构，扩大了反应面积，不仅有效地提高了光学对比度，而且还大大缩短了响应时间。

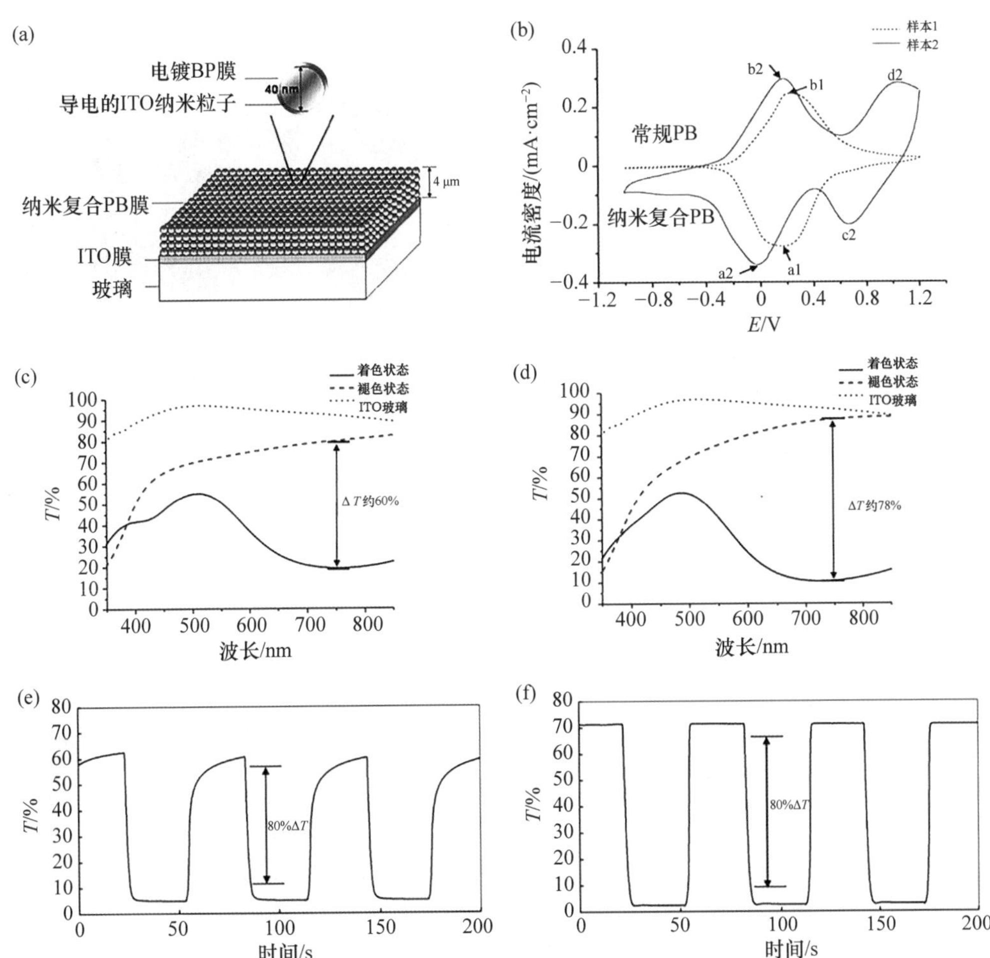

图 5.13　纳米复合 PB 薄膜的结构(a)；CV 曲线(b)；透射光谱(d)和 750 nm 处的光学响应(f)及常规 PB 薄膜在 750 nm 处的透射光谱(c)和光学响应(e)[73]

2011 年，Taya 等基于 viologen 和 PB/ATO 纳米复合材料制备了一种快速切换、高对比度、深色态的新型 ECD[74]，结构如图 5.14(a)所示。阳极电极由致密的 PB/ATO 纳米复合材料组成，该复合材料是在透明的纳米 ATO 薄膜上采用 PB 恒电流沉积法制备的。用带有两个锚定基团的紫精单层对导电玻璃上的纳米二氧化钛薄膜进行了修饰，使 TiO_2 纳米颗粒表面具有较强的吸附能力。夹在阳极层和阴极层之间的聚合物凝胶电解质被用作离子传输层。在阳极层和阴极层之间夹入聚合物凝胶电解质，制备了一个 2.5 cm×2.5 cm 的 ECD。从图 5.14 中可以看到在漂白状态下 ECD 的透射率在 600 nm 处达到最大 64.9%，而在深色状态下 ECD 的透射率在 600 nm 处达到最小 0.1%，新型 ECD 具有良好的电致变色性能，其原因是作为导电材料的 ATO 纳米颗粒。

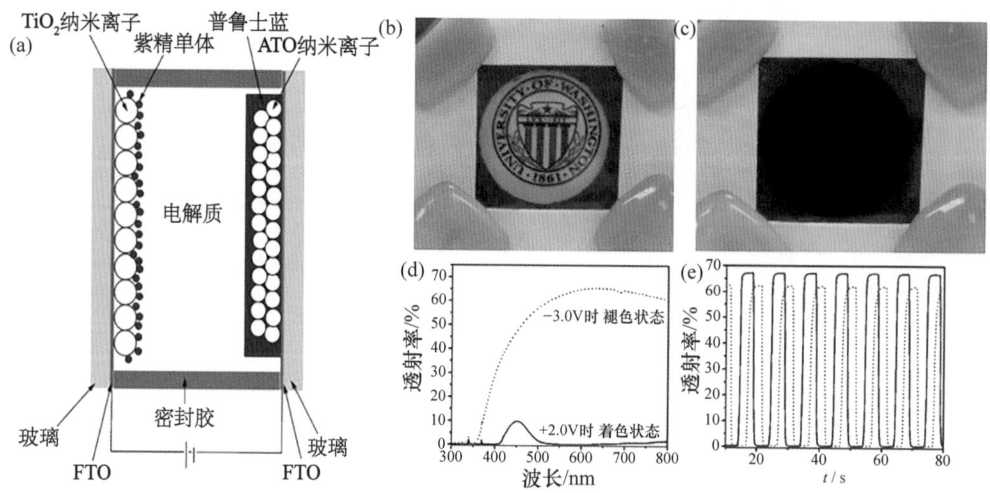

图 5.14　基于紫精和 PB/ATO 纳米复合材料的电致变色器件的结构(a)；褪色态(b)；着色态(c)；透射光谱(d)和 600 nm 的光学响应(e)[74]

2012 年，Son 等研究了电化学沉积在透明石墨烯薄膜上的 PB 纳米颗粒的电致变色性能[75]。一个透明的和高质量的石墨烯膜主要由单层字母 CVD 方法制备，然后 PB 纳米粒子通过循环伏安法在石墨烯薄膜电解沉积，改变扫描周期数(从 10 到 100)控制加载铅纳米颗粒的数量。紫外可见吸收光谱和透射光谱显示，PB 纳米粒子石墨烯的最大吸收峰在 720 nm 处[图 5.15(c)]。720 nm 处的吸光度和 PB 纳米颗粒尺寸随着扫描周期数的增加而增大[图 5.15(a)(b)]，而响应速度随着扫描周期数的增加而减小[图 5.15(d)]。同时，也比较了石墨烯电致变色体系与氧化铟锡(ITO)电极的响应时间。石墨烯上的铅材料的响应时间大约是 ITO 电极上的响应时间的一半，这表明透明石墨烯薄膜上的铅纳米颗粒是一种很有前途的智能（柔性）窗口器件的候选系统。

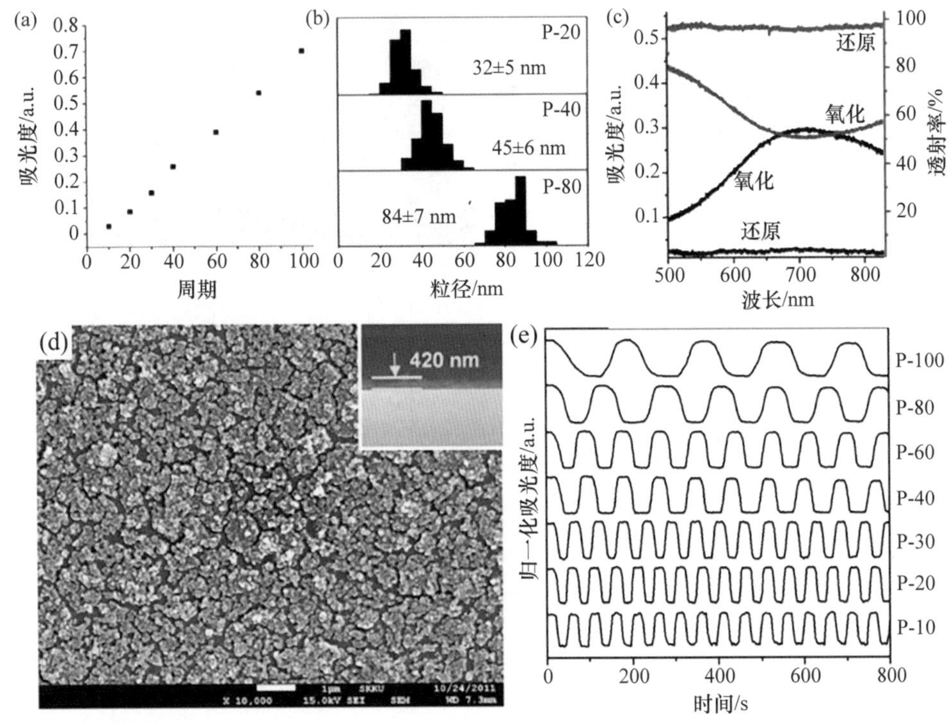

图 5.15 不同扫描周期数的石墨烯上沉积的 PB 纳米粒子在 720 nm 处的吸光度(a)及尺寸分布(b)；PB-40 纳米粒子的电致变色性能(c)，SEM 图像(d)和在 720 nm 处的光学响应(e)[75]

2013 年，Zarbin 等制备了碳纳米管(CNT)/PB 薄膜，并测试了其对 ECD 的电致变色性能[76]。通过改变 CNT 和 PB 的含量来控制 CNT/PB 薄膜的厚度(和透射率)。首先采用滴铸技术在 ITO 电极上合成 CNT 薄膜，然后采用传统电化学方法在 CNT 表面沉积 PB 纳米颗粒，制备出 CNT/PB 薄膜。如图 5.16(a)(b)所示，CNT/PB 薄膜呈现出 PB 纳米管的形貌以及碳纳米管薄膜的细面条状排列，这与相同方法合成的 ITO/PB 薄膜(不含 CNT)有明显不同。从图 5.16(c)的 CV 曲线中可以清楚地看到与 PW 分解 PB 和 PB 分解 BG 过程相关的两对氧化还原酶，CNT/PB 薄膜的吸光度增加，且在 680 nm 处吸光度变化最大，吸光度增加的电位更高，如图 5.16(d)。不同厚度的 CNT/PB 薄膜的库仑效率在 91%～94%之间，显色效率在

61.1～138.6 $cm^2 \cdot C^{-1}$ 之间，响应时间在 1.1～3.2 s 之间，氧化/还原电荷在 0.17～0.69 $mC \cdot cm^{-2}$ 之间，使其适合于技术应用。

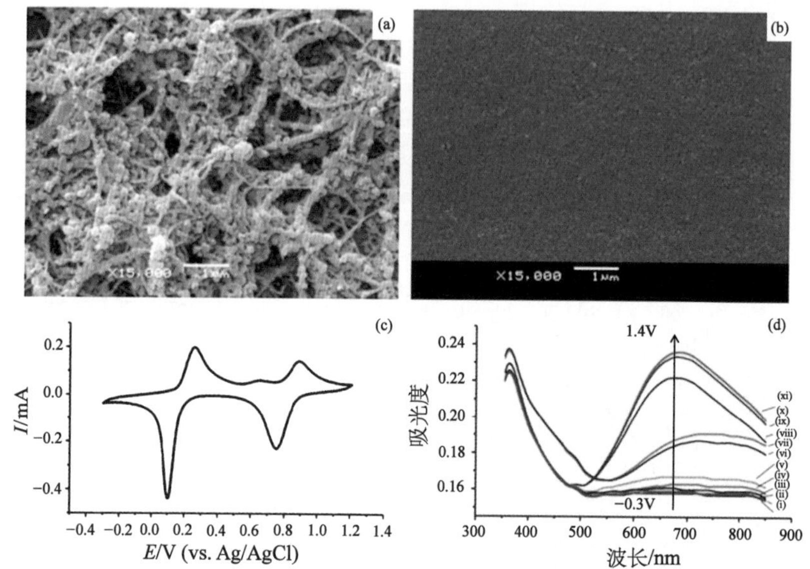

图 5.16 CNT/PB 薄膜(a)和 ITO/PB 薄膜的 SEM(b)；CNT/PB 薄膜的 CV 曲线(c)和吸收光谱(d)[76]

2016 年，Hu 等结合了 PANI 和 PB 电致变色材料合成了一种新的 PB-PANI 纳米复合材料：聚苯乙烯磺酸盐(PB-PANI：PSS)[77]。采用两步聚合法制备了 PB-PANI：PSS 纳米复合材料，并通过湿涂法在导电 ITO 玻璃上制备了纳米复合薄膜。从图 5.17(a)～(c)可以看出，PB-PANI：PSS 薄膜呈现三种光学状态：还原状态下的高度透明(Ag/AgCl 为－0.5 V)、＋0.2 V 时 PANI 贡献的绿色、＋0.5 V 时 PANI 和 PB 共同贡献的蓝绿色。图 5.17(d)的吸光度光谱显示，与纯 PANI 和 PB 相比，PB-PANI：PSS 膜具有更广泛的从 500 到 720 nm 的吸光度范围，从而获得更好的电致变色性能。为了评价这种宽范围的吸光度材料，建立了平均透射率(T)。当施加－0.5～＋0.5 V 的工作电压时，ΔT 值为 52.3%，漂白和暗化的开关时间分别为 8.1 和 13.3 s。在平均可见波长下，其显色效率为 76.6 $cm^2 \cdot C^{-1}$。这种 PB-PAN：PSS 复合薄膜有可能应用于多色电致变色，因为水处理的方便性可以促进大面积薄膜的制备。

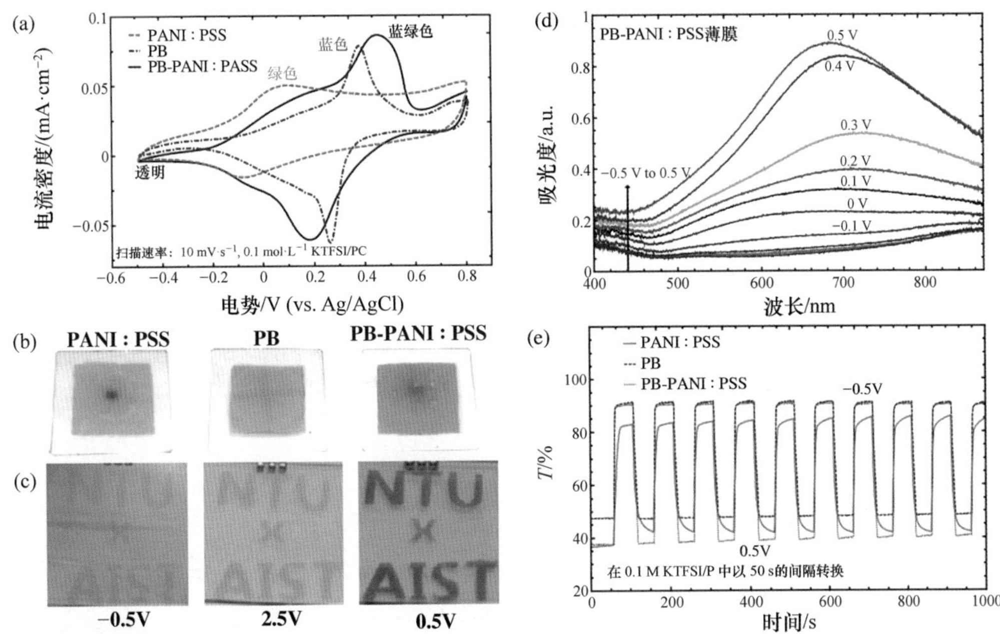

图 5.17 PANI：PSS、PB 和 PB-PANI：PSS 薄膜的 CV 曲线(a)；照片(b)和光学响应(e)；PB-PANI：PSS 薄膜的颜色变化(c)和透射光谱(d)[77]

2017 年，Li 等人制作了一种基于新型多孔 TiO_2@PB 核壳纳米结构作为电极的 ECD[78]。通过两步软化学方法将 PB 涂覆在 TiO_2 纳米棒模板上，得到了以 TiO_2 纳米棒作为 PB 支撑模板的核-壳纳米结构，如图 5.18(a)所示。TiO_2 纳米棒阵列在 FTO 基板上制备。FTO 基板依次在丙酮、乙醇和去离子水中超声清洗。用 15 mL 去离子水稀释 15 mL 浓盐酸，在室温下搅拌 10 min。将 375 μL 的钛酸四丁酯加入上述溶液中，搅拌 10 min。将透明前驱体转移到带聚四氟乙烯衬里的不锈钢高压釜中(体积为 50 mL)，并将 FTO 衬底倾斜放置。密封的高压釜在烤箱中 150℃保持 3 h。然后取出样品，用去离子水和乙醇清洗，去除残留试剂。在 60℃空气中干燥后，TiO_2 纳米棒阵列均匀地生长在 FTO 基底上。以 FTO/TiO_2@PB/电解质/FTO 的形式制作了三明治结构 ECD($1.0\times1.0\ cm^2$)。将 1 mol・L^{-1} KCl 水溶液注入两电极之间的空隙中作为电解液。同时，以相同的方法制备了 FTO/PB/电解质/FTO 形式的 PB 基 ECD，以进行比较。众所周知，电致变色性能主要取决于离子在电致变色材料中的扩散。由于致密的 PB 膜形态致密，K^+ 离子很难插入/脱嵌，导致响应时间较长。此外，由于离子在致密膜中的强扩散过程，反应区域被限制在一个非常薄的表面层，降低了活性材料的利用率和光学对比度，如图 5.18(b)所示。

由图 5.18(e)可知，基于 TiO_2@PB 的 ECD 的染色和漂白过程响应时间分别为 6.2/2.2 s，比基于 PB 的 ECD(7.8/4.8 s)短。PB 层表面积大，K^+离子扩散深度浅是 EC 反应动力学增强的原因。基于 TiO_2@PB 的 ECD 对应的着色和漂白状态如图 5.18(c)所示。

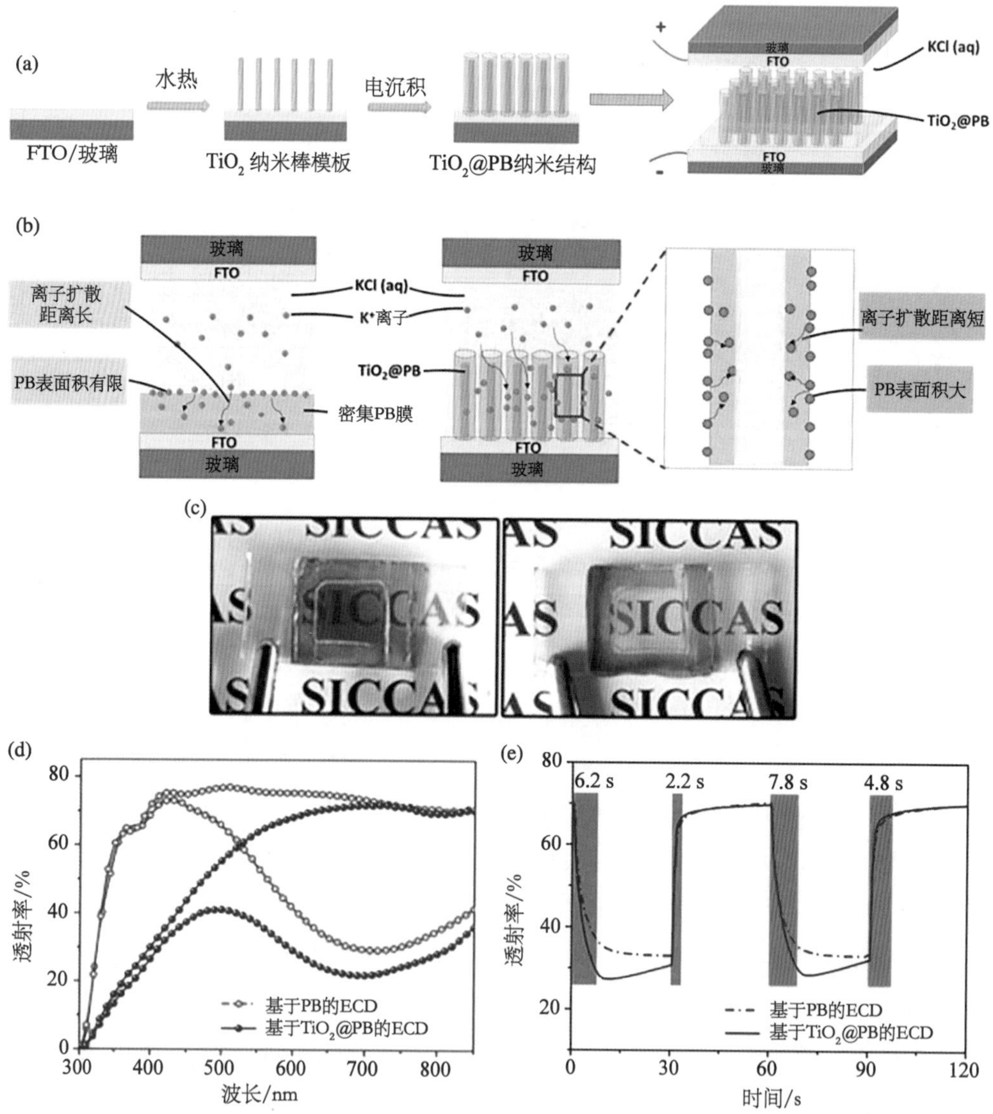

图 5.18 基于 TiO_2@PB 核壳纳米结构的电致变色器件的制备工艺(a)；变色照片(c)；透射光谱(d)；响应时间(e)和循环稳定性(f)；K^+ 离子插入/脱嵌过程如(b)[78]

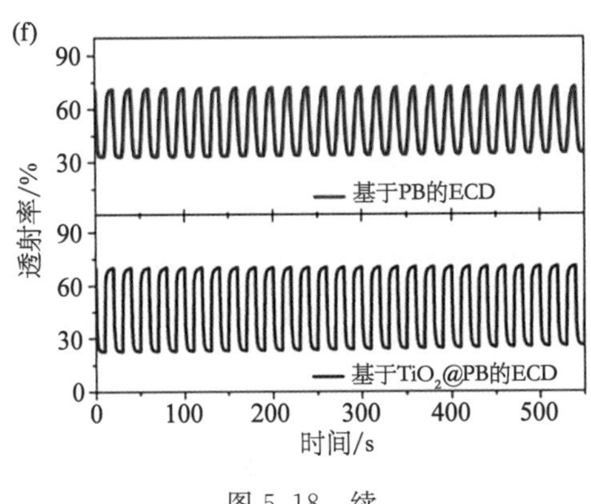

图 5.18 续

5.8 金属六氰酸盐

随着 PB 研究领域的扩大和深化，人们逐渐开始对 PB 类似物（PBA）进行研究，其分子式可以用 $A_kM'[M''(CN)_6]_l \cdot nH_2O$ 来描述[79]。k 和 l 是整数。A 可以从 Li，Na，K，Rb 等中选择。M′和 M″是 Fe、Mo、Cu、Ni、Co、Zn 等过渡金属，可以取代 PB 中 Fe 元素的一种或两种元素。所有的 PBA 都具有与 PB 几乎相同的结构，也是面心立方结构。目前研究最广泛的电致变色 PBA 是六氰氰化钾，可以用 $K_xM_y[Fe^{III}(CN)_6]$（M 为 Ni、Co、Zn、Ru 等）的通式来描述。在正电压下，不同的 PBA 呈现出不同的颜色变化，非常丰富，吸引了很多研究者。PBA 的颜色变化可以总结为[79]

$$[A^A(Fe^{III}[Fe^{II}(CN)_6])]_a + aB^+ + e^- \longrightarrow A^A(B^I Fe^{II}[Fe^{II}(CN)_6])_a$$

PB→蓝色/蓝绿色薄膜　　PW→透明薄膜

$$A^A(Fe^{III}[Fe^{II}(CN)_6])_a \longrightarrow A^A_{1/3}(Fe^{III}[Fe^{II}(CN)_6])_{a/3}(Fe^{III}[Fe^{III}(CN)_6])_{2a/3} + 2/3A^{a+} + 2a/3e^-$$

PB→蓝色/蓝绿色薄膜　　BG→绿色薄膜

$$A^A(Fe^{III}[Fe^{II}(CN)_6])_a \longrightarrow Fe^{III}[Fe^{III}(CN)_6] + A^{a+} + ae^-$$

PB→蓝色/蓝绿色薄膜　　PY→黄色/淡黄色薄膜

钴（Ⅱ）铁氰化物（Ⅲ，Ⅱ）（CoHCF）是一种典型的 PBA，具有独特的电致变色性能：其颜色不仅取决于氧化电位，还取决于还原过程中从电解液中吸收的反相的性质。有人提出将 CoHCF 的氧化还原过程描述为一般方程 $X_2Co^{II}[Fe^{II}(CN)_6] \longleftrightarrow XCo^{II}[Fe^{III}(CN)_6]$，其中 X^+ 代表 K^+ 或 Na^+。1995 年，Pawel 等人在混凝过程中合成了钴(Ⅱ)铁(Ⅱ)氰酸盐膜，并研究了其暴露在含不同阳离子的水溶液中的氧化还原行为和变色性能[80]。$Co_2^{II}Fe^{II}(CN)_6 \cdot nH_2O$ 中性态为深绿色，不含反阳离子。当还原时，在水合 Cs^+(或 K^+)离子存在下，体系呈现橄榄棕色；在 H^+、Na^+ 或 Li^+ 离子存在下，体系呈现绿色，其吸收光谱如图 5.19(a)所示。1996 年 Zamponi 等人利用电沉积方法合成了钴(Ⅱ)铁(Ⅱ)氰酸盐膜，并研究了其在钾、钠电解质中的伏安行为和光谱电化学特性[81]。结果表明，产物 $X_2Co^{II}[Fe^{II}(CN)_6]$在掺入不同的 X 碱金属阳离子时呈现不同的颜色。氧化膜在两种电解质中均呈紫褐色，但还原后，体系在 1 mol·L^{-1} KCl 中变为橄榄褐色，在 1 mol·L^{-1} NaCl 中变为绿色，如图 5.19(b)所示。1998 年，Malik 等人用慢凝聚法将 CoHCF 薄膜沉积在光学透明的金箔上，该薄

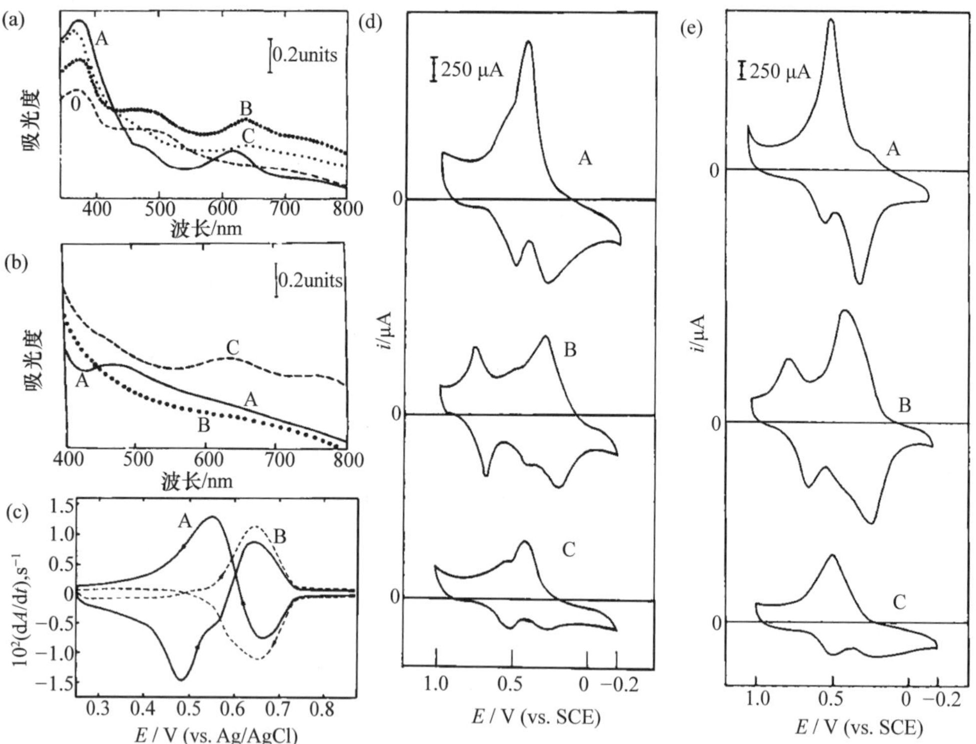

图 5.19 (a) 1 mol·L^{-1} HCl(A)，1 mol·L^{-1} LiCl(B)，1 mol·L^{-1} NaCl(C)和 1 mol·L^{-1} CsCl(D)中，沉积于 SnO_2 涂层玻璃上的 CoHCF 薄膜还原态的吸收光谱[80]；(b)氧化的 CoHCF 膜在 1 mol·L^{-1} KCl 和 1 mol·L^{-1} NaCl(A)中的可见吸收光谱，在 1 mol·L^{-1} KCl(B)和 1 mol·L^{-1} NaCl (C)中的还原态[81]；(c) 360(A)和 410 nm(B)处的 CoHCNF 薄膜的时间导数循环伏安图[82]；(d) CoHCF 修饰电极和(e) CoHCF＋CTAB 修饰电极在 0.1 mol·L^{-1} KCl (A)，0.1 mol·L^{-1} NaCl(B)和 0.1 mol·L^{-1} KCl(C)中的 CV 曲线[83]

膜在钾盐电解液中表现出可逆的电致变色行为[82]。伏安和光谱电化学结果表明，存在两种 CoHCF 形式，推测为 $K_2Co^{II}[Fe^{II}(CN)_6]$和 $KCo^{II}_{1.5}[Fe^{II}(CN)_6]$。二者呈不同颜色，发生不同的、可逆的电致变色反应，这可以通过光谱电化学测量，特别是来自伏安法的光谱电化学测量，其中包括监测吸光度的时间导数信号与线性扫描电位的关系，如图 5.19(c)所示。2002 年，Gomathi 等人引入了一种阳离子表面活性剂——十六烷基三甲基溴化铵(CTAB)，用于 CoHCF 膜修饰电极[83]。研究发现 CTAB 可以改善伏安电流和氧化还原反应的可逆性，对 CoHCF 修饰电极的电化学性能产生有利影响。在相同脉冲宽度下，KCl 和 NaCl 支持电解质中 CoHCF＋CTAB 膜的扩散系数值始终大于 CoHCF 膜，如图 5.19(d)(e)所示。

可以通过以纳米级水滴为反应介质的反向微乳液制备具有均匀形状和尺寸的 PBA 纳米粒子。为了获得良好的电致变色特性，PBA 纳米颗粒在 ECD 中形成更高阶的组织至关重要。PB 在其形成反应期间形成稳定的胶体溶液，即使没有任何稳定剂也是如此。因此，可以使用 Langmuir-Blodgett(LB)技术基于带相反电荷的聚电解质或脂质，通过自组装获得 PB 纳米胶体的受控组织。但是，由于水溶液中的胶体不稳定，即使在非常低的反应物浓度下，类似的方法也不能用于 PBA 的自组织。2004 年，Ganguly 等人在水溶液中合成了六偏磷酸钠(HMP)稳定化的六氰合铁酸镍(NiHCF)纳米颗粒，并以 CTAB 为表面活性剂将其成功萃取到有机相中以形成 LB 膜[84]。制备过程如图 5.20(a)所示。从图 5.20(b)(c)中的 TEM 图像和 DLS 结果可以看出，这些被表面活性剂包裹的纳米颗粒在有机相中的平均尺寸约为 22 nm，在有机相的重复蒸发和再萃取过程中不会改变。LB 槽中有机相的压力-等温线等温线[图 5.20(d)]表明，表面活性剂包封的 NiHCF 纳米颗粒的稳定单层在空气与水的界面处以水为亚相。可以通过 LBL 方法获得具有可逆氧化还原特性的表面活性剂包封的 NiHCF 纳米颗粒的多层，其伏安响应随沉积层数的增加而增加[图 5.20(e)]。

铁氰化铟(InHCF)是一种多色电致变色材料，伴随着单价阳离子(例如 K^+ 和 Na^+)的插入和脱嵌，具有从无色到淡黄色的光电致变色。凭借此功能，InHCF 可能会被应用为 ECD 中的准透明对电极。InHCF 膜在 K^+ 离子存在下的氧化还原反应描述为 $In[Fe^{III}(CN)_6]+K^++e^- \longleftrightarrow KIn[Fe^{II}(CN)_6]$。2002 年，Ho 等人制备出一种基于 PB 和 InHCF 的互补电致变色系统，该系统具有可逆的蓝至黄电致变色现象[85]。PB-InHCF 器件的整体电致变色反应可通过以下方程式描述：$KFe[Fe(CN)_6]+KIn[Fe(CN)_6] \longleftrightarrow K_2Fe[Fe(CN)_6]+In[Fe(CN)_6]$。尽管确定 PB-InHCF ECD 处于完全漂白和完全着色状态的工作电压分别为 1.2 V 和 0 V (InHCF 与 PB)[图 5.21(a)]，比单个材料宽得多，但主要透射率调制发生在一个非

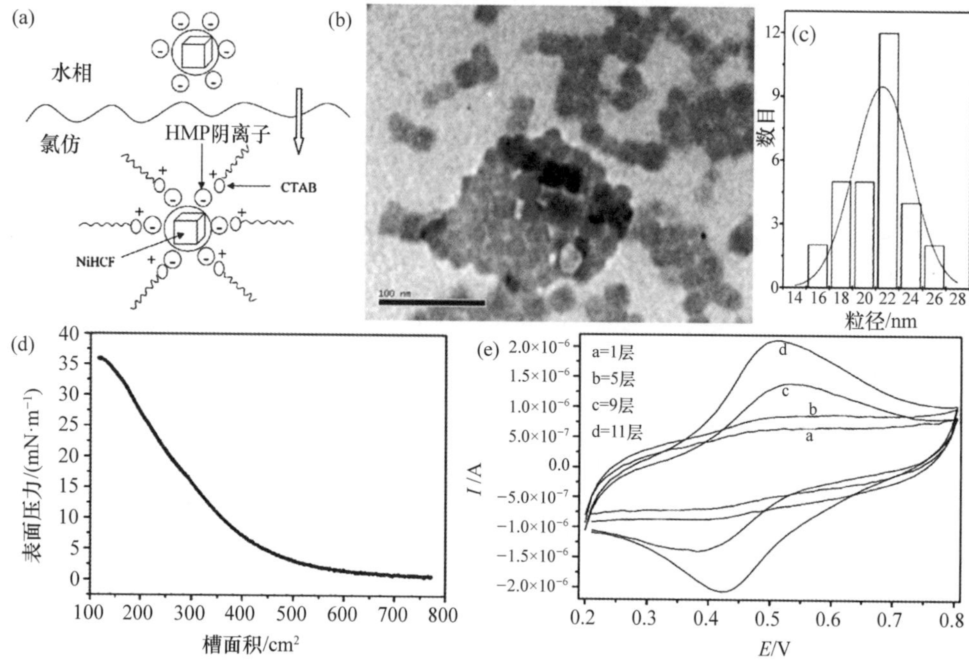

图 5.20　从水相到有机相中提取 NiHCF 纳米颗粒的示意图(a)；来自干燥有机相的 NiHCF 纳米颗粒的 TEM 图像(b)；在有机相中提取的 NiHCF 纳米颗粒的粒径分布(c)；涂有 ITO 的玻璃电极上的 NiHCF 纳米粒子的 1、5、9、11 层的循环伏安图(d)[84]

常狭窄的电压窗口[0.9 V 至 0.5 V，见图 5.21(b)]中。此外，PB-InHCF ECD 与 K-PAMPS 电解质表现出高度的电化学相容性，循环 100 次后库仑容量没有明显降低，如图 5.21(c)所示。2008 年，Chen 等制备了具有 ITO/PANI/K-PAMPS/InHCF/ITO 结构的无预着色 PANI-InHCF ECD，并研究了着色电压对其光学性能和循环稳定性的影响[86]。结果表明，不同的着色电压导致不同的光学性能和循环稳定性，如图 5.21(d)(e)所示。通过施加＋1.5 至－1.5 V(InHCF 与 PANI)范围内的电压，可以可逆地获得 PANI-InHCF ECD 的漂白和有色状态。在 1.5 V 的漂白电压下，当着色电压比－1.2 V 更正时(InHCF 与 PANI)，PANI-InHCF ECD 在 700 nm 处的透射率变化约为 60%，并且至少可以可逆地着色 100 个循环，如图 5.21(f)。

铁氰化锌(ZnHCF)是另一种 PBA。ZnHCF 的化学式为 $A_yFe[Fe(CN)_6]_x$，由具有成本效益的锌阳离子和六氰合铁酸根阴离子组成，还具有可逆的氧化还原行为、容易的离子插入/脱嵌动力学、透明的光学性质和电催化能力，就像 InHCF 一样。因此，ZnHCF 可以用作 ECD 领域的无色反电极，比 InHCF 更具成本效益。然而，典型

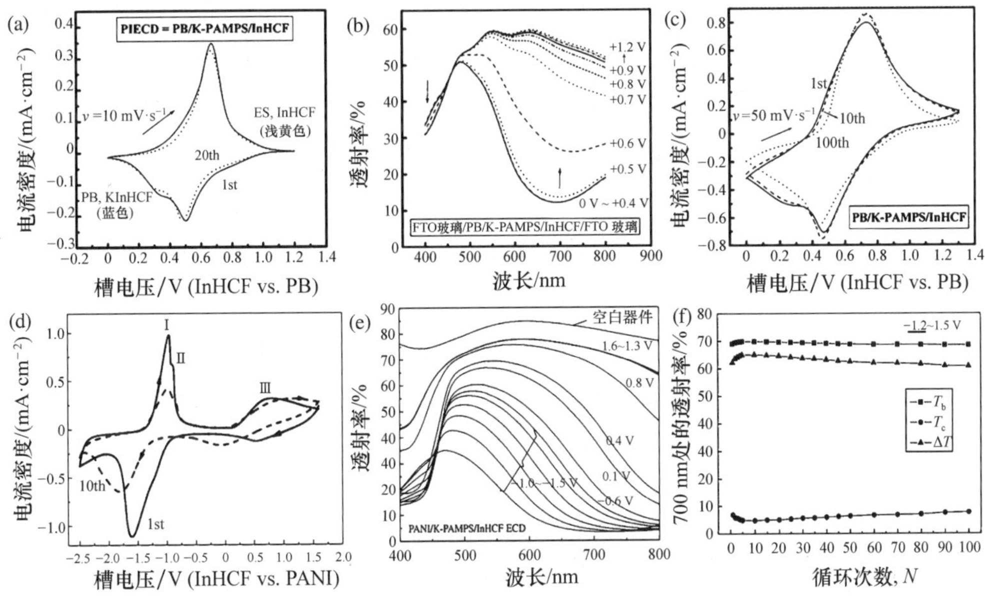

图 5.21　PB-InHCF 电致变色器件的 CV 曲线(a),透射光谱(b)和循环稳定性(c)[85];PANI-InHCF 电致变色器件的 CV 曲线(d),透射光谱(e)和循环稳定性(f)[86]

的电沉积 ZnHCF 薄膜具有差的循环稳定性、低的表面电荷密度、差的沉积产率和均匀性问题,特别是当其沉积在 ITO 玻璃基板上时。因此,已经进行了许多尝试来改善 ZnHCF 的电化学性质。2010 年,Chen 等通过透明的导电聚合物基质分散 ZnHCF 纳米颗粒,以制备用于聚(3-甲基噻吩)(PMeT)ECD 的透明反电极[87]。聚合物基质是市售的聚(3,4-乙烯二氧噻吩)∶聚(苯乙烯磺酸盐)(PEDOT∶PSS)导电油墨。因此,ZnHCF 纳米颗粒可以通过低成本的湿涂方法(如旋涂和丝网印刷)沉积在 ITO 玻璃上,这也适用于柔性 ECD 的制造。结果表明,ZnHCF/PEDOT∶PSS 电极比电沉积 ZnHCF 膜具有更大的表面电荷密度和更高的稳定性。利用图 5.22(d)所示的结构,ZnHCF/PEDOT∶PSS-PMeT ECD 可以在电位大于 0.8 V 的红色状态和电位大于 0 V 的负状态之间可逆切换。在 750 nm 处最大透射比调制为 45.3%,着色响应时间小于 1 s[图 5.22(b)(c)]。尽管仅电沉积的 PMeT 膜只能循环数百次,但在 10000 次循环伏安老化测试后,ECD 的充电容量仍可以保持其原始值的 95%,如图 5.22(a)所示。

虽然与导电聚合物结合可以提高 ZnHCF 的循环稳定性和成膜能力,但 ECD 的成本和对比度仍有很大的提高空间。2013 年,Kawamoto 等通过纳米技术控制尺寸改善 ZnHCF 的氧化还原反应[88]。他们通过 9000～20000 g 的超离合处理,合成了小于 100 nm 的致密 ZnHCF 纳米粒子薄膜，且不含结合材料。随着离心过程中加速度的增大，ZnHCF 的粒径变小，而 ZnHCF 膜的电流密度和转移电荷密度变大。平均粒径为 58.8 nm 的 ZnHCF 膜电流密度最大，最大转移电荷密度为 5.0 mC · cm^{-2}，循环 10000 次后，表现出相当稳定的特性，如图 5.22(e)(f)所示。2014 年，Leung 等人利用三苯胺树枝状聚合物(PG1)和 ZnHCF 制备了高对比度、低驱动电压的 ECD[89]。他们合成了水性分散的 ZnHCF 纳米颗粒，并通过自旋涂层在不借助聚合物的情况下制备了具有高透明度和充足电荷能力的均匀薄膜。ZnHCF 同时保持了较高的透明度。该 ECD 表现出两级电致变色，两种跃迁都表现出明显的透射率变化，在 490 和 740 nm 时均为 60%，如图 5.22(g)(h)所示。值得注意的是，ECD 的第一次跃迁需要 0.5 V 的非常窄的电位窗口，并且在第一次跃迁 4000 个周期后，性能没有明显下降[图 5.22(i)]。

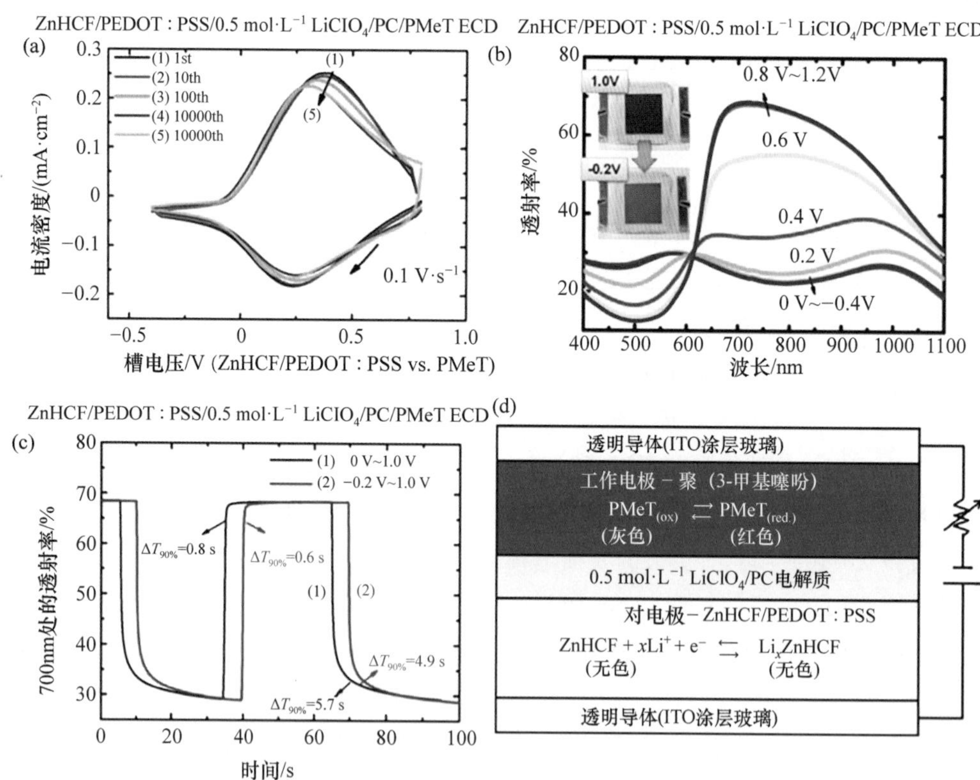

图 5.22 ZnHCF/PEDOT : PSS-PMeT 电致变色器件的 CV 曲线(a)，透射光谱(b)，响应速度(c)和结构简图(d)[87]；平均粒径为 58.8 nm 的 ZnHCF 膜的 CV 曲线(e)和转移电荷密度(f)[88]；PG1-ZnHCF 电致变色器件的第一次(g)和第二次(h)变色，以及第一次变色的循环稳定性(i)[89]

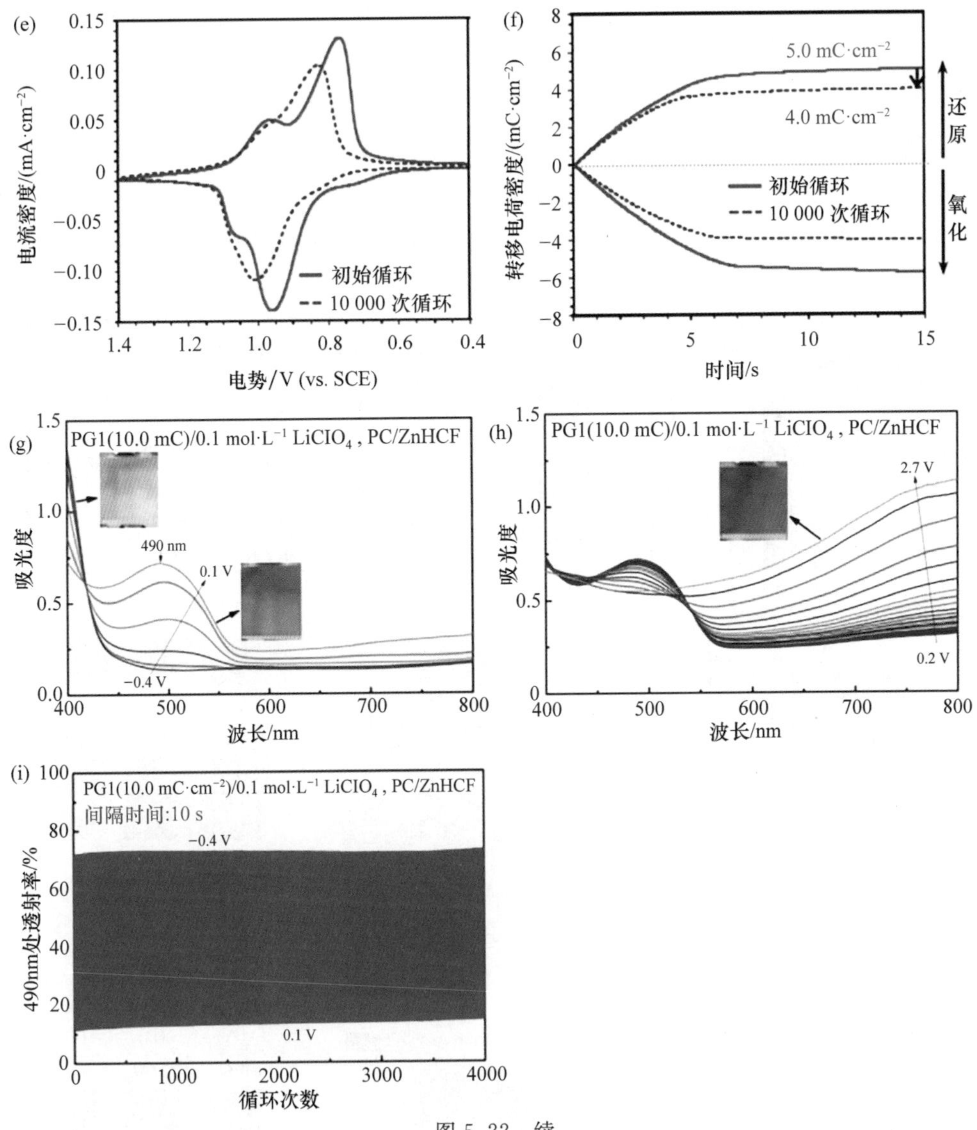

图 5.22　续

2012 年,Chen 等人证明了 PEDOT∶PSS 辅助的自旋涂层是在 ITO 上制备匀质、足够厚的 PBA 膜用于电致变色应用的有效方法[90]。高透明纳米 ZnHCF/PEDOT∶PSS 膜被合成并用作 ECD 的反电极。他们发现制备 ZnHCF 纳米粒子的沉淀浓度和用于自旋涂层的 PEDOT∶PSS 添加量对复合膜的电化学性能有很大影响。如图 5.23(a)(b)所示,自旋涂有 5 mm 纳米 ZnHCF 和 20%体积分数 PEDOT∶PSS 的薄膜的电荷量远远高于其他样品,且自旋涂有 PEDOT∶PSS 的薄膜都比不涂

PEDOT：PSS 的薄膜具有更高的电荷量和循环稳定性。研究者还发现 PEDOT：PSS 不仅作为纳米 ZnHCF 的透明导电粘合剂，而且还作为 ZnHCF 纳米颗粒之间的电子转移的电子存储器[图 5.23(c)]。纳米 ZnHCF/PEDOT：PSS 可以作为有效的透明反电极，用于电致变色窗口和显示器。如图 5.23(d)(e)所示，为实际应用，利用纳米 ZnHCF/PEDOT：PSS 对电极成功制备了在 700 nm 处最大透射率调制为 61.6% 的 WO_3 窗口原型和 1.6 V 低驱动电压的聚合红绿蓝(RGB)器件原型。

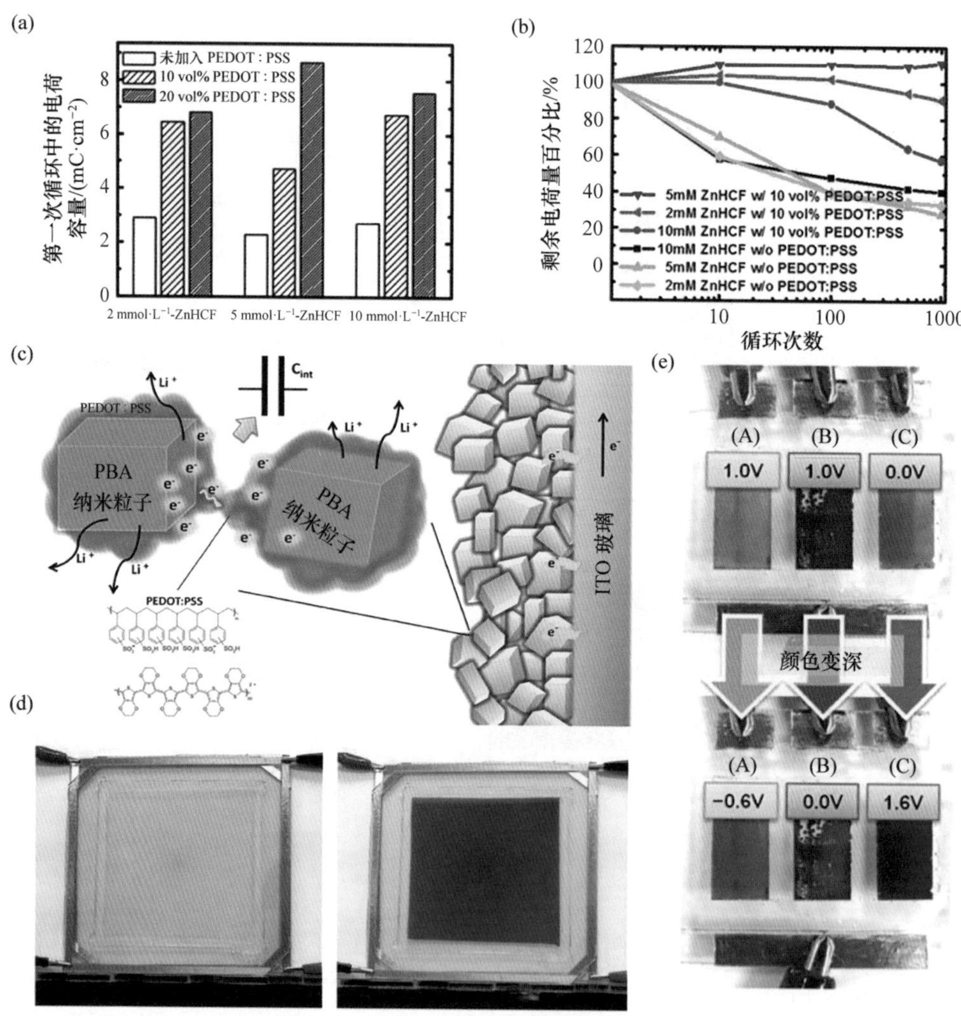

图 5.23 在不同 ZnHCF 沉淀浓度和 PEDOT：PSS 添加体积下，ZnHCF 纳米薄膜第一次 CV 循环的阳极电荷量(a)，以及电荷量百分比与 CV 循环次数的关系(b)；PEDOT：PSS 辅助 ZnHCF 纳米薄膜的电荷转移过程(c)；以 ZnHCF/PEDOT：PSS 薄膜为对电极的 WO_3 电致变色器件(d)和 RGB 器件(e)[90]

2016 年，Chen 等以钼酸盐（MoO）为基料合成了铁氰化物钼酸盐（MoOHCF）阴极着色材料，并用其电沉积膜制备了 PB/MoOHCF 电致变色装置（PMECD）[91]。MoOHCF 的电致变色氧化还原反应可以描述为 $H_3[Fe^{III}(CN)_6]\cdot 2MoO_3 + Na^+ + e^- \longleftrightarrow H_3Na[Fe^{II}(CN)_6]\cdot 2MoO_3$。从图 5.24(a)～(c)可以看出，MoOHCF 的透射率随着电压增加逐渐上升，在 0.51 V 时呈一种褐红色的还原态，在 1.17 V 时呈黄色氧化态，在 480 nm 具有 48％的光学调控能力，响应速度快(2.1 s)，循环稳定性好，在 300 圈循环后调光性能保持 95％[图 5.24(e)]。以 MoOHCF 薄膜为对电极，利用电致变色溶胶-凝胶 PB/PEDOT：PSS 薄膜组装成小型 PMECD 智能窗，其性能如图 5.24(d)(f)所示。PMECD 呈现出从深绿色（几乎黑色）到淡黄色（几乎无色）的颜色过渡，并伴有太阳辐照的宽带透射率调制，几乎整个可见区域的光学透射率约为 40％，遮挡了 192.2 $W\cdot m^{-2}$ 的太阳辐照能量。

2016 年，Chen 等报道了一种 PBA 沉淀的调色板，致力于将其应用于多色薄膜和 ECD 的创新[34]。简单地将金属离子与铁氰化物或亚铁氰化物混合构成调色板，PBA 在氧化态和还原态析出的颜色如图 5.25(a)所示。以 10％体积分数 PEDOT：PSS 为添加剂，通过自旋包覆 PBA 纳米粒子的水性油墨，合成了均匀的 PB、Co-PBA、Ni-PBA 和 Cu-PBA 薄膜，具有明显的可逆电致变色特性。多色颜色的 PBA 电致变色薄膜，复合 EC 薄膜，EC 的颜色从无色、蓝色到黄色，如图 5.25(b)所示。也可由两种不同 PBA NP(如 PB 和 Ni-PBA)的简单层交换涂层制备出多色 EC 薄膜。此外，基于 PB/Ni-PBA 工作电极和 Cu-PBA 反电极组装了全 PBA 多色 ECD 样机，获得 PB(600～800 nm)、Ni-PBA(350～500 nm)和 Cu-PBA(500～600 nm)可见光协同调制。随着应用潜力的变化从－1.0 V 至 1.0 V(PB/Ni-PBA 比 Cu-PBA)，EC 反应从透明的淡黄色、蓝色到红色，当器件电压从－1.0 V 切换到 0.4 V 时，器件可调制 125.01 W/m^2 的太阳能，如图 5.25(c)(d)所示。

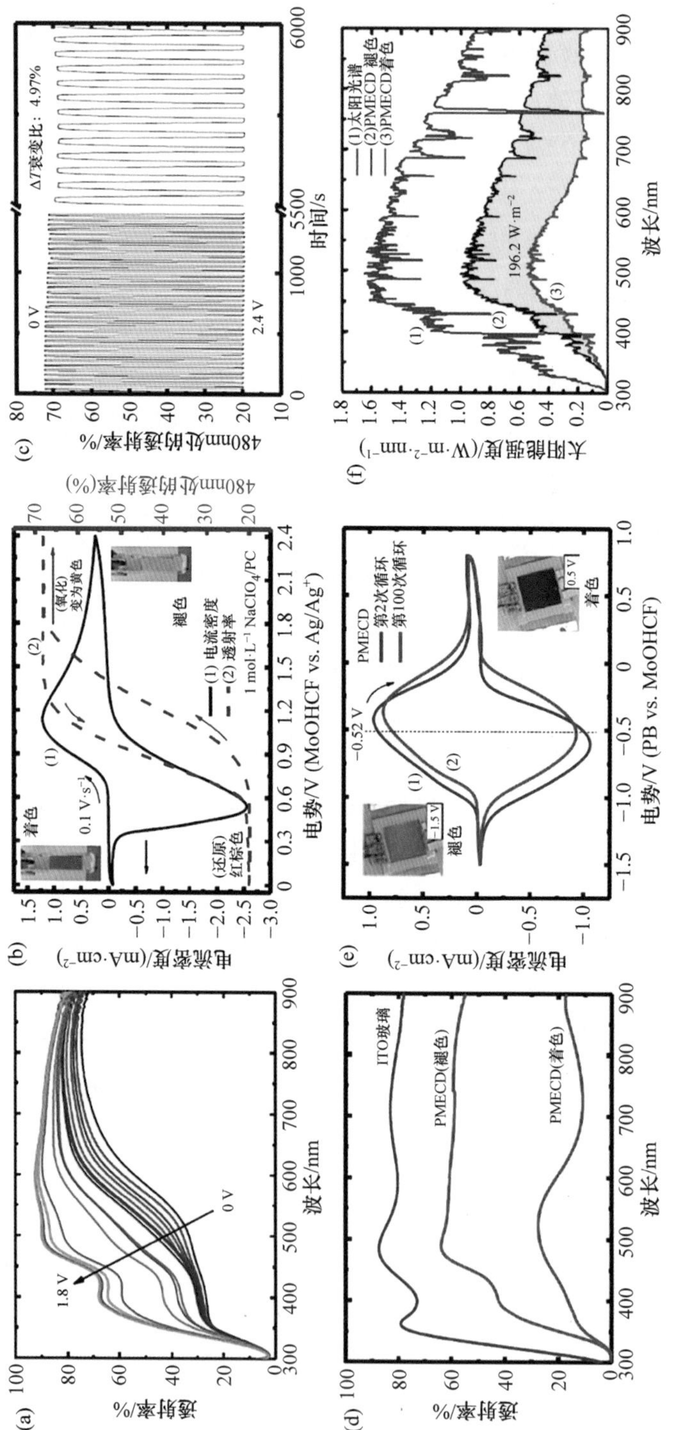

图 5.24　MoOHCF 薄膜的透射光谱(a)，CV 曲线(b)，循环稳定性(c)；以 MoOHCF 薄膜为对电极的 PMECD 器件的透射光谱(d)，CV 曲线(e)，太阳光调控能力(f)[91]

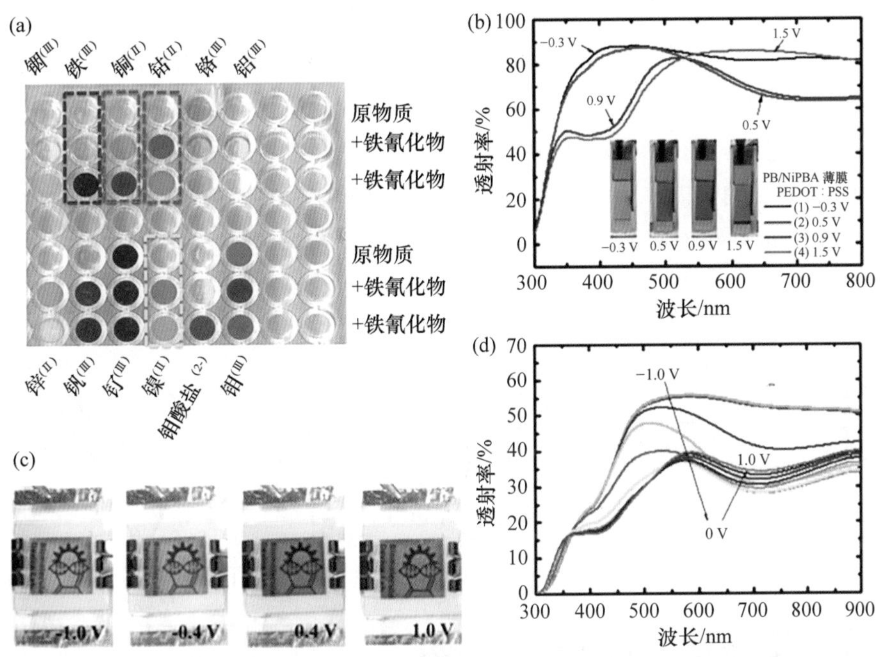

图 5.25 PBA 沉淀物调色板(a);不同电位下的 PB/Ni-PBA 薄膜的透过率谱及照片(b);不同电位下 PB/NiPBA//Cu-PBA 电致变色器件的颜色变化(c)和对应的透射光谱(d)[34]

5.9 电致变色和多功能应用

当 PB 修饰传感器电极表面时,由于 PB 催化 H_2O_2 还原的特性,与 Ag/AgCl 相比,在施加电位为 0.0 V 左右时可以检测到 H_2O_2,电化学干扰很小。因此,PB 被广泛应用于基于 H_2O_2 介质的探针中,有可能在临床、环境和食品分析中得到实际应用[92]。也有许多研究者致力于开发 PB 生物传感器,用于检测其他物质,如葡萄糖、乳酸、胆固醇、半乳糖、胆碱等。PB 传感器大多采用安培检测,肉眼无法看到。目前,具有视觉显示能力的 PB 传感器越来越受到人们的关注。另一个最近的趋势是组装自供电的 PB 传感器、ECDs 或多功能设备。2013 年,Han 等人在碱性溶液中简单合成了聚乙烯亚胺功能化石墨烯,如图 5.26(a)所示[93]。石墨烯片在组装 PEI 活性氨基方面起着重要作用,并为进一步功能化提供了合适的环境,如图 5.26(b)。PEI-石墨烯在水中表现出优异的可分配性,使用 LBL 配位方法构建了$[PB/PEI\text{-石墨烯}]_n$多层膜。研究了$[PB/PEI\text{-石墨烯}]_{10}$膜对 H_2O_2 的电催化行为。如图 5.26 所示,在过氧化氢和苯二甲酸氢钾的电解质溶液中，[PB/PEI-石墨烯]$_{10}$ 比[PB/PEI]$_{10}$ 表现出更正的还原电位，这可能是由于石墨烯的优良电子传递能力，促进了反应体系中过氧化氢的电催化作用。此外，[PB/PEI-石墨烯]$_{10}$ 薄膜具有良好的透明度，并且在PW(低吸光度，−0.2 V)和 PB(高吸光度，0.6 V)之间表现出良好的光切换，如图5.26(d)所示。可以得出，[PB/PEI-石墨烯]$_{10}$ 薄膜具有良好的电致变色性能和对 H_2O_2 的良好电催化性能，具有很好的电传感应用前景。

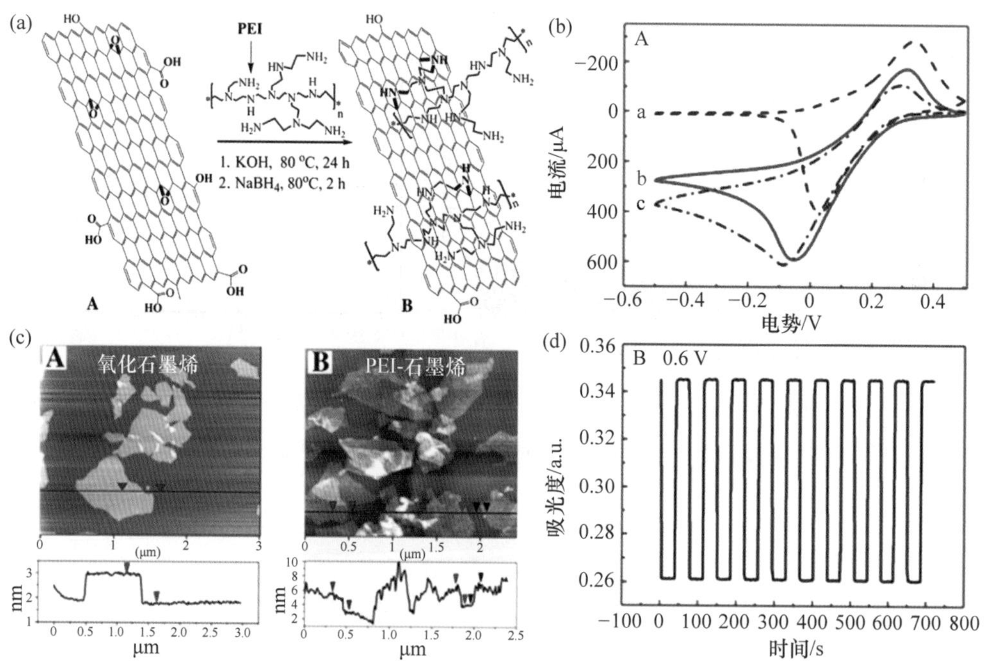

图 5.26 PEI-石墨烯的合成方法(a)和 AFM 表征(c)；[PB/PEI-石墨烯]$_{10}$ 薄膜的 CV 曲线：a-无/b-有 H_2O_2，以及 c-有 H_2O_2 时[PB/PEI]$_{10}$ 薄膜的 CV 曲线(b)；[PB/PEI-石墨烯]$_{10}$ 薄膜的光学响应[93](d)

一些报道聚焦于太阳能驱动的自供电传感器。2014 年，Dong 等结合 Pt 修饰的 TiO_2 纳米管和 PB 修饰的 ITO 制备了一种新型自供电紫外光探测器，利用 PB 电致变色显示，可以很容易地通过肉眼判断紫外的存在，如图 5.27(a)所示[94]。更重要的是，该装置还可以在没有紫外线照射的情况下自动恢复。它的颜色在紫外线照射下由蓝色变为无色，而在黑暗中又恢复到蓝色，如图 5.27(b)(c)所示。2017 年，Yu 等制作了一种太阳能驱动的实时光电化学(PEC)传感平台，通过在支化 TiO_2(B-TiO_2)纳米棒表面原位生成 CdS 量子点并结合 PB 电致变色显示器，对细胞 H_2S 进行了敏感检测[95]。该平台的传感机制基于 CdS 量子点修饰 B-TiO_2 纳米 od 阵列产生的光电流强度和 PB 比色信号响应的检测，如图 5.27(d)所示。由于 CdS-B-TiO_2 的异质结构，可以显著增强光电流，从而使缓冲液和细胞环境中的 H_2S 水平具有较高的敏感性。PB 捕获光电极产生的光电子，转换成 PW，呈蓝色到无色过渡，形成量子光电效应的视觉系统。因此，通过测量 PB 的颜色变化也可以实现检测。在 1.0 mmol·L^{-1} 到 5 mmol·L^{-1} 范围内，得到了吸光度和 S^{2-} 水平的对数之间的线性关系，如图 5.27(e)所示。

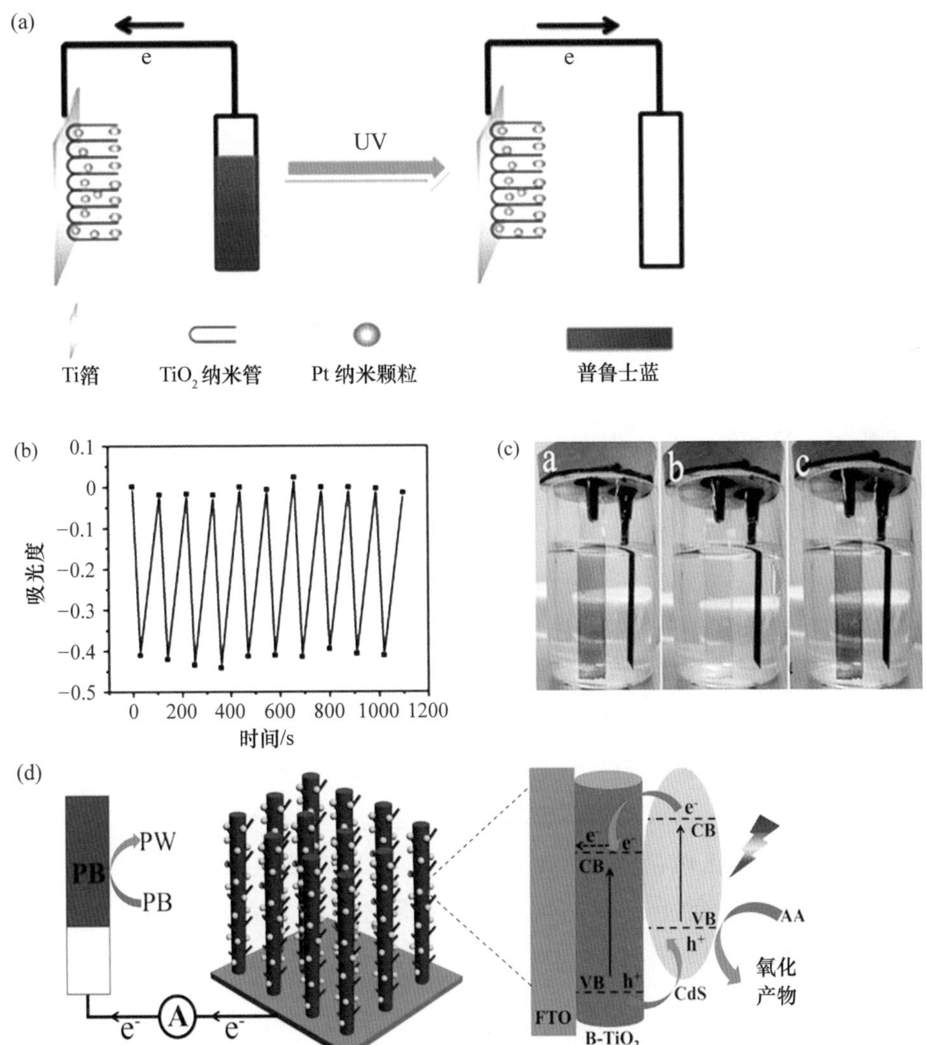

图 5.27　自供电紫外可见光检测器的一般工作原理(a)；PB 在通、关状态的吸收响应(b)和颜色变化(c)[94]；太阳能驱动的可见 PEC 传感平台的工作原理(d)；不同 S^{2-} 浓度处理后 PB 的吸收光谱校准曲线(e)[95]

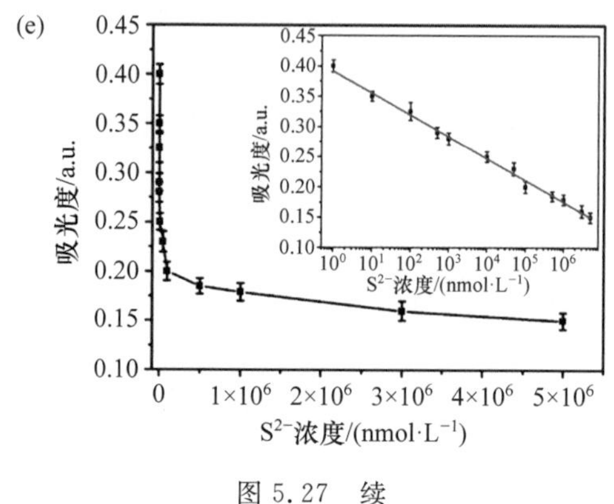

图 5.27 续

一些报告将重点放在生物驱动的自供电传感器上。2014 年，Niedziolka 等人创造了第一个自供电的电致变色传感器，可以提供电解质浓度的定量信息[96]。该装置由用于检测抗坏血酸（AA）的纳米碳阳极与用于自供电的铅电致变色显示器组装，如图 5.28(a)所示。阳极上的 AA 氧化发生在一个非常低的过电位，这使得阳极可以连接到一个生物电极上，形成一个 AA/O_2 生物燃料电池，作为一个自供电的生物传感器。当阳极上的 AA 被氧化时，显示中的 PB 被还原并失去蓝色，变成透明的。通过将显示器连接到能使 PB 恢复到氧化状态的生物电极，显示器可以很容易地再生。此外，由蓝色变为无色的速率取决于抗坏血酸的浓度。因此，通过监测脱色率可以确定样品中 AA 的浓度，如图 5.28(b)所示。通过将橙汁样品曝光 100 s 后的 PB 显示颜色与图 5.28(c)中的校准图像进行对比，确定了橙汁中 AA 的浓度为 $2.77\pm0.5\ mmol\cdot L^{-1}$，与标签上的值基本一致。2018 年，Tang 等通过 Al/pbd 自驱动 ECD 与数字万用表读数耦合，构建了一种酶传感平台，用于简单、快速、灵敏地检测疾病相关生物标志物（甲胎蛋白 AFP 为模型），如图 5.28(d)所示[97]。通过免疫反应和葡萄糖底物的加入，掺入的葡萄糖氧化酶催化葡萄糖分解生成 H_2O_2。H_2O_2 进入单细胞，无色普鲁士白在 Al/PB 细胞反应中，从 PB 中还原出来的转换回蓝色 PB 并放大能量输出。可通过 PB 的电流和颜色变化进行简单量化，如图 5.28(e)。用商品化人甲胎蛋白 ELISA 试剂盒对 8 份临床血清进行分析，验证了该方法的准确性。

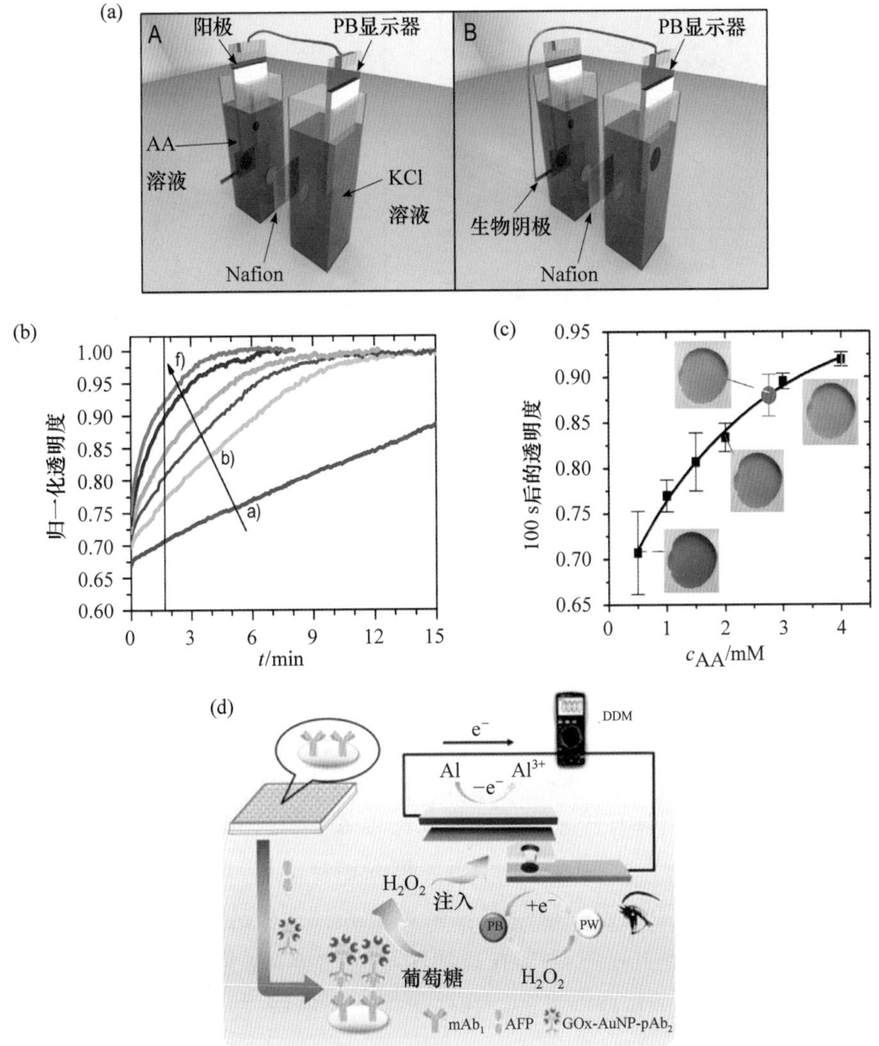

图 5.28　(a) 自供电生物传感器的示意图：用于 AA 检测的配置(A)和用于 PB 显示再生的配置(B)；(b) 阳极浸入 0.5、1、1.5、2、3 和 4 mmol・L^{-1} AA 中时，(A)→(F)，PB 显示的颜色随时间的变化；(c) 100 s 后 PB 的透明度与 AA 浓度的归一化曲线[96]；(d) 基于 Al/PB 的自供电 ECD 传感系统的原理图、校准曲线(e-A)及相应照片(e-B)；(f) Al/PB 自供电 ECD 传感系统对人类血清标本的测试结果与 AFP ELISA 试剂盒进行比较[97]

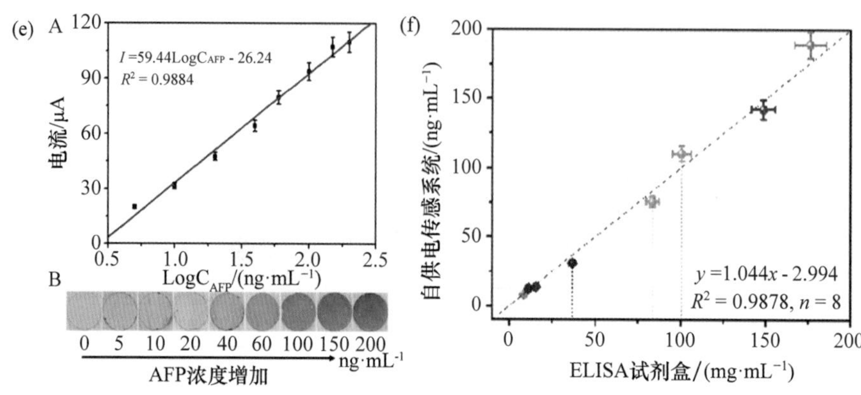

图 5.28 续

一些报道涉及使用铅 ECD 进行荧光控制。2017 年，Wang 等人提出了一种基于闭合双极电极(C-BPE)系统的高效荧光开关系统，如图 5.29(a)所示[98]。在荧光开关系统中，Au 纳米团簇(Au NC)被固定在 BPE 的一个极上，作为荧光供体。由于 PB 的吸收光谱与 Au NC 的发射光谱存在重叠，内部滤光效应导致荧光淬灭(off)状态。由于 PB 和 PW 之间的电化学可逆氧化还原反应，通过改变驱动电压的极性，Au NCs 的荧光很容易恢复(on)状态。通过对 C-BPE 的合理设计和驱动电压的优化，集成荧光开关的通断比达到 2.7，如图 5.29(b)，在通断 10 次后具有良好的稳定性。2019 年，Dong 等制作了具有优异抗疲劳性能的电致变色荧光开关 ITO/PB/CdTe 量子点系统，如图 5.29(c)[99]。由于 PB 的吸光度光谱与 CdTe 量子点的荧光光谱具有理想的重叠，因此可以通过改变应用电位来调节和控制荧光强度。优化后的 ITO/PB/CdTe 电致变色荧光开关系统具有高的荧光对比度(高达 64%)、短的响应时间(10～20 s)和特别优异的抗疲劳性能。连续 133 个周期后，荧光切换对比度基本保持不变，如图 5.29(d)所示。

最新的研究方向是研究用于电致变色窗口、传感器和储能的多功能铅器件。2017 年，Li 等开发了一种高性能电致变色储能装置(EESD)，通过构建一水合三氧化钨($WO_3 \cdot H_2O$)纳米片和 PW 膜作为不对称电极，实现电致变色与储能的多功能结合，如图 5.30(a)所示[100]。在 PW 电极上施加正偏置，从 PW 矩阵中提取 Li^+ 和电子形成 PB，同时 $WO_3 \cdot H_2O$ 通过获取电子还原为 $LiWO_3 \cdot H_2O$，呈现深蓝色。相反，漂白过程发生时，$Li_\alpha WO_3 \cdot H_2O$ 被氧化到初始无色状态($WO_3 \cdot H_2O$)，PB 获得 Li^+ 和电子，还原成无色的 PW。作为一种互补的 ECD，EESD 具有广泛的光调制、超快的响应时间、高显色效率和长周期寿命。当装置作为超级电容器时，充电过程中反

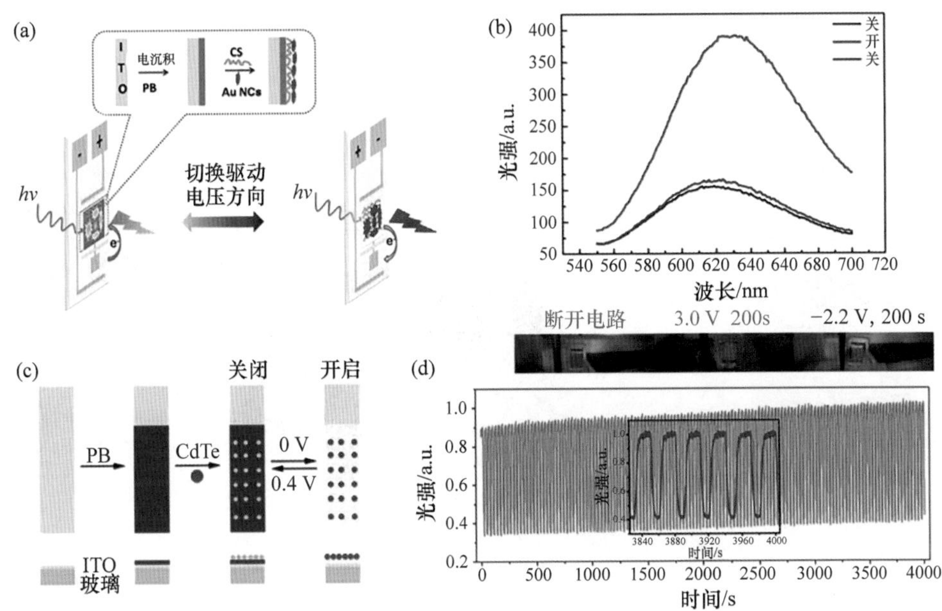

图 5.29　荧光开关系统的工作原理(a)和荧光光谱(b)[98]；ITO/PB/CdTe 电极在 0～0.4 V(d)循环后的荧光强度示意图(c)，插图为最后 5 个循环[99]

应为 PW ⟶ PB，$WO_3 \cdot H_2O$ ⟶ $LiWO_3 \cdot H_2O$，放电过程中反应为逆反应。因此，提出 EESD 能够储存能量的颜色视觉监控水平变化，并结合商业太阳能电池构成一个智能操作系统，这样，EESD 可以通过合理利用太阳能来调节室内阳光，全面提高室内舒适度，从而大幅度降低电能消耗，如图 5.30(b)所示。2019 年 Zhai 等人制作了一种自供电 ECD，实现了电致变色、储能和定量活性氧传感的多功能结合，如图 5.30(c)所示[101]。采用铅、镁分别作为阴极和阳极的自供电 ECD，具有快速的自充电和高功率密度输出，能连续稳定地提供能量。由于 PB 特殊的电化学特性，它不仅可以用于构建自充电电池，还可以作为 ECD 用于高灵敏度的自供电 ROS 检测和视觉分析。

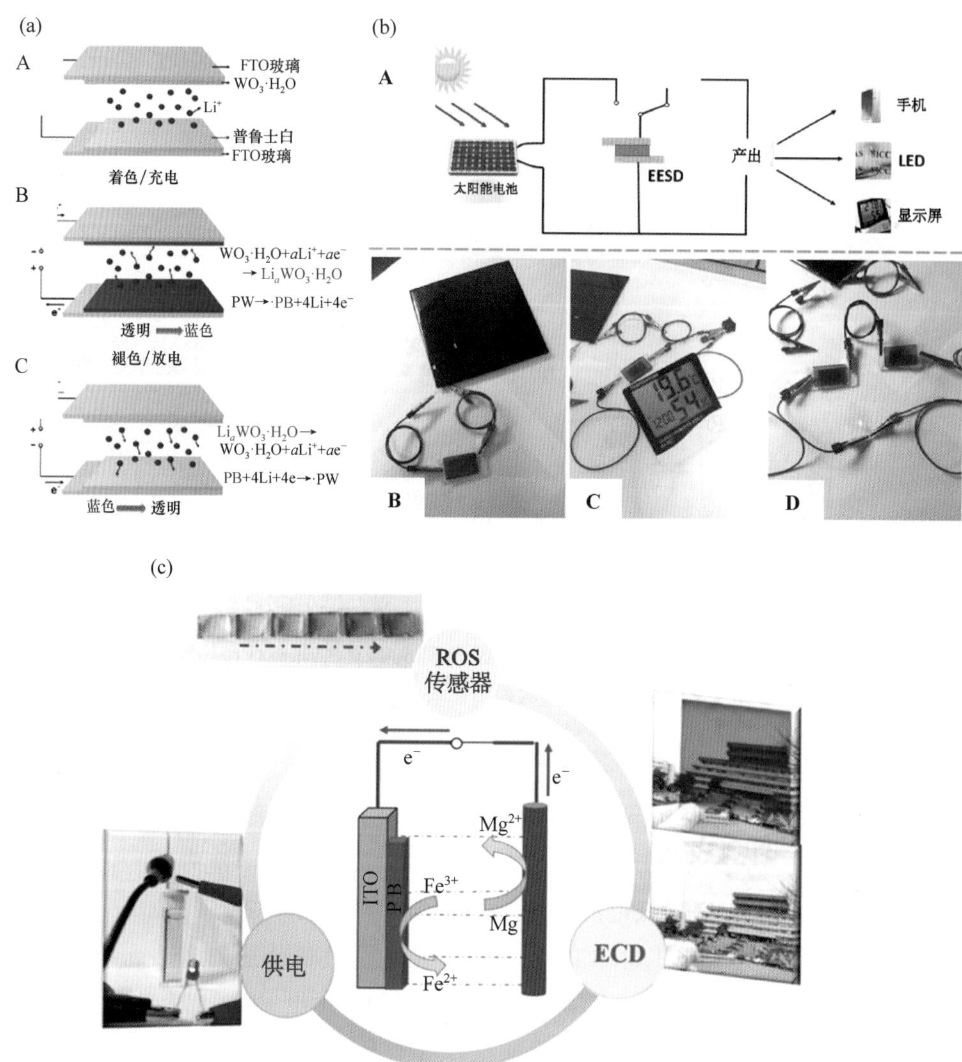

图 5.30 (a) EESD(A)及其在着色(B)和褪色(C)过程中的工作原理；(b) EESD与硅基太阳能电池的集成：智能操作系统电路图(A)；太阳能电池正在为EESD充电(B)；一个EESD可独立驱动液晶显示屏(C)；两个EESD串联可以点亮一个红色LED(D)[100]；(c) 用于ECD、ROS传感器和能量存储的自充电电池驱动装置[101]

参考文献

[1] Hwang J Y, Myung S T, Sun Y K. Sodium-ion batteries: Present and future. Chemical Society Reviews, 2017, 46(12): 3529-3614.

[2] Ponrouch A, Frontera C, Barde F, et al. Towards a calcium-based rechargeable battery. Nature Materials, 2016, 15(2): 169-172.

[3] Tian H J, Gao T, Li X G, et al. High power rechargeable magnesium/iodine battery chemistry. Nature Communications, 2017, 8:14083.

[4] Paolella A, Faure C, Timoshevskii V, et al. A review on hexacyanoferrate-based materials for energy storage and smart windows: Challenges and perspectives. Journal of Materials Chemistry A, 2017, 5(36): 18919-18932.

[5] Hermes M, Lovric M, Hartl M, et al. On the electrochemically driven formation of bilayered systems of solid prussian-blue-type metal hexacyanoferrates: A model for prussian blue vertical bar cadmium hexacyanoferrate supported by finite difference simulations. Journal of Electroanalytical Chemistry, 2001, 501(1-2): 193-204.

[6] Miecznikowski K, Chojak M, Steplowska W, et al. Microelectrochemical electronic effects in two-layer structures of distinct prussian blue type metal hexacyanoferrates. Journal of Solid State Electrochemistry, 2004, 8(10): 868-875.

[7] Sitnikova N A, Komkova M A, Khomyakova I V, et al. Transition metal hexacyanoferrates in electrocatalysis of H_2O_2 reduction: An exclusive property of prussian blue. Analytical Chemistry, 2014, 86(9): 4131-4134.

[8] Xu L, Zhang G Q, Chen J, et al. Spontaneous redox synthesis of prussian blue/graphene nanocomposite as a non-precious metal catalyst for efficient four-electron oxygen reduction in acidic medium. Journal of Power Sources, 2013, 240: 101-108.

[9] Fu L, You S J, Zhang G Q, et al. PB/PANI-modified electrode used as a novel oxygen reduction cathode in microbial fuel cell. Biosensors & Bioelectronics, 2011, 26(5): 1975-1979.

[10] Rong Y, Kim S, Su F Y, et al. New cffective process to fabricate fast switching and high contrast electrochromic device based on viologen and prussian blue/antimony tin oxide nano-composites with dark colored state. Electrochimica Acta, 2011, 56(17): 6230-6236.

[11] Mortimer R J, Varley T S. In situ spectroelectrochemistry and colour measurement of a complementary electrochromic device based on surface-confined prussian blue and aqueous solution-phase methyl viologen. Solar Energy Materials and Solar Cells, 2012, 99: 213-220.

[12] Nelson K J, Miller J S. Incorporation of substitutionally labile $[V^{III}(CN)_6]^{3-}$ into prussian blue

type magnetic materials. Inorganic Chemistry, 2008, 47(7): 2526-2533.

[13] Byrd H, Chapman B E, Talley C L. Prussian blue coated electrode as a sensor for electroinactive cations in aqueous solutions. Journal of Chemical Education, 2013, 90(6): 775-777.

[14] Chu Z Y, Shi L, Liu Y, et al. In-situ growth of micro-cubic prussian blue-TiO_2 composite film as a highly sensitive H_2O_2 sensor by aerosol co-deposition approach. Biosensors & Bioelectronics, 2013, 47: 329-334.

[15] Kaneko M, Hara S, Yamada A. A photoresponsive graphite electrode coated with prussian blue. Journal of Electroanalytical Chemistry, 1985, 194(1): 165-168.

[16] Kaye S S, Long J R. Hydrogen storage in the dehydrated prussian blue analogues $M_3[Co(CN)_6]_2$ (M= Mn, Fe, Co, Ni, Cu, Zn). Journal of the American Chemical Society, 2005, 127(18): 6506-6507.

[17] Neff V D. Electrochemical oxidation and reduction of thin-films of prussian blue. Journal of the Electrochemical Society, 1978, 125(6): 886-887.

[18] Pandey P C, Pandey A K. Novel synthesis of prussian blue nanoparticles and nanocomposite sol: Electro-analytical application in hydrogen peroxide sensing. Electrochimica Acta, 2013, 87: 1-8.

[19] Torad N L, Hu M, Imura M, et al. Large Cs adsorption capability of nanostructured prussian blue particles with high accessible surface areas. Journal of Materials Chemistry, 2012, 22(35): 18261-18267.

[20] Inoue H, Yanagisawa S. Bonding nature and semiconductivity of prussian blue and related compounds. Journal of Inorganic & Nuclear Chemistry, 1974, 36(6): 1409-1411.

[21] Lundgren C A, Murray R W. Observations on the composition of prussian blue films and their electrochemistry. Inorganic Chemistry, 1988, 27(5): 933-939.

[22] Ellis D, Eckhoff M, Neff V D. Electrochromism in the mixed-valence hexacyanides. 1. Voltammetric and spectral studies of the oxidation and reduction of thin-films of prussian blue. Journal of Physical Chemistry, 1981, 85(9): 1225-1231.

[23] Mortimer R J, Rosseinsky D R. Iron hexacyanoferrate films-spectroelectrochemical distinction and electrodeposition sequence of soluble (K^+-containing) and insoluble (K^+-free) prussian blue, and composition changes in polyelectrochromic switching. Journal of the Chemical Society-Dalton Transactions, 1984, (9): 2059-2061.

[24] Ludi A. Structural chemistry of polynuclear transition metal cyanides. Inorganic chemistry, 1973, 14: 1-21.

[25] Zhou P H, Xue D S, Luo H Q, et al. Fabrication, structure, and magnetic properties of highly ordered prussian blue nanowire arrays. Nano Letters, 2002, 2(8): 845-847.

[26] Grandjean F, Samain L, Long G J. Characterization and utilization of prussian blue and its pig-

ments. Dalton Transactions, 2016, 45(45): 18018-18044.

[27] Itaya K, Uchida I, Neff V D. Electrochemistry of polynuclear transition-metal cyanides-prussian blue and its analogs. Accounts of Chemical Research, 1986, 19(6): 162-168.

[28] Yang D J, Hsu C Y, Lin C L, et al. Fast switching prussian blue film by modification with cetyltrimethylammonium bromide. Solar Energy Materials and Solar Cells, 2012, 99: 129-134.

[29] Agnihotry S A, Singh P, Joshi A G, et al. Electrodeposited prussian blue films: Annealing effect. Electrochimica Acta, 2006, 51(20): 4291-4301.

[30] Guo Y Z, Guadalupe A R, Resto O, et al. Chemically derived prussian blue sol-gel composite thin films. Chemistry of Materials, 1999, 11(1): 135-140.

[31] Itaya K, Shibayama K, Akahoshi H, et al. Prussian-blue-modified electrodes-an application for a stable electrochromic display device. Journal of Applied Physics, 1982, 53(1): 804-805.

[32] Itaya K, Ataka T, Toshima S. Spectroelectrochemistry and electrochemical preparation method of prussian blue modified electrodes. Journal of the American Chemical Society, 1982, 104(18): 4767-4772.

[33] Mortimer R J, Rosseinsky D R. Electrochemical polychromicity in iron hexacyanoferrate films, and a new film form of ferric ferricyanide. Journal of Electroanalytical Chemistry, 1983, 151(1-2): 133-147.

[34] Liao T C, Chen W H, Liao H Y, et al. Multicolor electrochromic thin films and devices based on the prussian blue family nanoparticles. Solar Energy Materials and Solar Cells, 2016, 145: 26-34.

[35] Kuo T H, Hsu C Y, Lee K M, et al. All-solid-state electrochromic device based on poly(butyl viologen), prussian blue, and succinonitrile. Solar Energy Materials and Solar Cells, 2009, 93(10): 1755-1760.

[36] Padigi P, Thiebes J, Swan M, et al. Prussian green: A high rate capacity cathode for potassium ion batteries. Electrochimica Acta, 2015, 166: 32-39.

[37] Hegner F S, Galan-Mascaros J R, Lopez N. A database of the structural and electronic properties of prussian blue, prussian white, and berlin green compounds through density functional theory. Inorganic Chemistry, 2016, 55(24): 12851-12862.

[38] Chu Z Y, Liu Y, Jin W Q, et al. Facile fabrication of a prussian blue film by direct aerosol deposition on a Pt electrode. Chemical Communications, 2009, (24): 3566-3567.

[39] Zamponi S, Kijak A M, Sommer A J, et al. Electrochemistry of prussian blue in silica sol-gel electrolytes doped with polyamidoamine dendrimers. Journal of Solid State Electrochemistry, 2002, 6(8): 528-533.

[40] Samain L, Silversmit G, Sanyova J, et al. Fading of modern prussian blue pigments in linseed oil medium. Journal of Analytical Atomic Spectrometry, 2011, 26(5): 930-941.

[41] Jomma E Y, Bao N, Ding S N. Electrochemical sensors for hydroperoxides based on prussian blue. Current Analytical Chemistry, 2016, 12(6): 512-522.

[42] Dacarro G, Grisoli P, Borzenkov M, et al. Self-assembled monolayers of prussian blue nanoparticles with photothermal effect. Supramolecular Chemistry, 2017, 29(11): 823-833.

[43] Delongchamp D M, Hammond P T. High-contrast electrochromism and controllable dissolution of assembled prussian blue/polymer nanocomposites. Advanced Functional Materials, 2004, 14(3): 224-232.

[44] Chi Q J, Dong S J. Amperometric biosensors based on the immobilization of oxidases in a prussian blue film by electrochemical codeposition. Analytica Chimica Acta, 1995, 310(3): 429-436.

[45] Garjonyte R, Malinauskas A. Operational stability of amperometric hydrogen peroxide sensors, based on ferrous and copper hexacyanoferrates. Sensors and Actuators B-Chemical, 1999, 56(1-2): 93-97.

[46] Jaffari S A, Turner A P F. Novel hexacyanoferrate(Ⅲ) modified graphite disc electrodes and their application in enzyme electrodes—Part Ⅰ. Biosensors & Bioelectronics, 1997, 12(1): 1-9.

[47] Tung T S, Ho K C. Cycling and at-rest stabilities of a complementary electrochromic device containing poly(3,4-ethylenedioxythiophene) and prussian blue. Solar Energy Materials and Solar Cells, 2006, 90(4): 521-537.

[48] Jiao Z H, Wang J M, Ke L, et al. Electrochromic properties of nanostructured tungsten trioxide (hydrate) films and their applications in a complementary electrochromic device. Electrochimica Acta, 2012, 63: 153-160.

[49] Chen K-C, Hsu C-Y, Hu C-W, et al. A complementary electrochromic device based on prussian blue and poly(ProDOT-Et_2) with high contrast and high coloration efficiency. Solar Energy Materials and Solar Cells, 2011, 95(8): 2238-2245.

[50] Jiao Z, Song J L, Sun X W, et al. A fast-switching light-writable and electric-erasable negative photoelectrochromic cell based on prussian blue films. Solar Energy Materials and Solar Cells, 2012, 98: 154-160.

[51] Assis L M N, Ponez L, Januszko A, et al. A green-yellow reflective electrochromic device. Electrochimica Acta, 2013, 111: 299-304.

[52] Pinheiro C, Parola A J, Pina F, et al. Electrocolorimetry of electrochromic materials on flexible ITO electrodes. Solar Energy Materials and Solar Cells, 2008, 92(8): 980-985.

[53] Li M L, Wang Z F, Liang J Y, et al. A chemical/molecular 4-input/2-output keypad lock with easy resettability based on red-emission carbon dots-prussian blue composite film electrodes. Nanoscale, 2018, 10(16): 7484-7493.

[54] Fan M-S, Kao S-Y, Chang T-H, et al. A high contrast solid-state electrochromic device based on nano-structural prussian blue and poly(butyl viologen) thin films. Solar Energy Materials and Solar Cells, 2016, 145: 35-41.

[55] Qian J, Ma D, Xu Z, et al. Electrochromic properties of hydrothermally grown prussian blue film and device. Solar Energy Materials and Solar Cells, 2018, 177: 9-14.

[56] Li F, Ma D, Qian J, et al. One-step hydrothermal growth and electrochromic properties of highly stable prussian green film and device. Solar Energy Materials and Solar Cells, 2019, 192: 103-108.

[57] Lu H-C, Kao S-Y, Chang T-H, et al. An electrochromic device based on prussian blue, self-immobilized vinyl benzyl viologen, and ferrocene. Solar Energy Materials and Solar Cells, 2016, 147: 75-84.

[58] Hara S, Tanaka H, Kawamoto T, et al. Electrochromic thin film of prussian blue nanoparticles fabricated using wet process. Japanese Journal of Applied Physics Part 2-Letters & Express Letters, 2007, 46(36-40): L945-L947.

[59] Yan R T, Liu L J, Zhao H, et al. A TCO-free prussian blue-based redox-flow electrochromic window. Journal of Materials Chemistry C, 2016, 4(38): 8997-9002.

[60] Schott M, Lorrmann H, Szczerba W, et al. State-of-the-art electrochromic materials based on metallo-supramolecular polymers. Solar Energy Materials and Solar Cells, 2014, 126: 68-73.

[61] Kumar A, Peters E C, Burghard M. Self-assembled magnetic nanoparticles of prussian blue on graphene. RSC Advances. 2014, 4(35): 18061-18064.

[62] Liu X, Zhou A, Dou Y, et al. Ultrafast switching of an electrochromic device based on layered double hydroxide/prussian blue multilayered films. Nanoscale, 2015, 7(40): 17088-17095.

[63] Hu Y L, Yuan J H, Chen W, et al. Photochemical synthesis of prussian blue film from an acidic ferricyanide solution and application. Electrochemistry Communications, 2005, 7(12): 1252-1256.

[64] Rajan K P, Neff V D. Electrochromism in the mixed-valence hexacyanides. 2. Kinetics of the reduction of ruthenium purple and prussian blue. Journal of Physical Chemistry, 1982, 86(22): 4361-4368.

[65] Duek E a R, Depaoli M A, Mastragostino M. A solid-state electrochromic device based on polyaniline, prussian blue and an elastomeric electrolyte. Advanced Materials, 1993, 5(9): 650-652.

[66] Jelle B P, Hagen G, Nodland S. Transmission spectra of an electrochromic window consisting of polyaniline, prussian blue and tungsten-oxide. Electrochimica Acta, 1993, 38(11): 1497-1500.

[67] Su L Y, Hong Q Y, Lu Z H. All solid-state electrochromic window of prussian blue and elec-

trodeposited WO_3 film with PMMA gel electrolyte. Journal of Materials Chemistry, 1998, 8(1): 85-88.

[68] Su L Y, Wang H, Lu Z H. All-solid-state electrochromic window of prussian blue and electrodeposited WO_3 film with poly(ethylene oxide) gel electrolyte. Materials Chemistry and Physics, 1998, 56(3): 266-270.

[69] Su L Y, Wang H, Lu Z H. All solid-state electrochromic smart window of electrodeposited WO_3 and prussian blue film with PVC gel electrolyte. Supramolecular Science, 1998, 5(5-6): 657-659.

[70] Su L Y, Xiao Z D, Lu Z H. All solid-state electrochromic window of electrodeposited WO_3 and prussian blue film with PVC gel electrolyte. Thin Solid Films, 1998, 320(2): 285-289.

[71] Delongchamp D M, Hammond P T. Multiple-color electrochromism from layer-by-layer-assembled polyaniline/prussian blue nanocomposite thin films. Chemistry of Materials, 2004, 16(23): 4799-4805.

[72] Alesanco Y, Palenzuela J, Tena-Zaera R, et al. Plastic electrochromic devices based on viologen-modified TiO_2 films prepared at low temperature. Solar Energy Materials and Solar Cells, 2016, 157: 624-635.

[73] Cheng K-C, Chen F-R, Kai J-J. Electrochromic property of nano-composite prussian blue based thin film. Electrochimica Acta, 2007, 52(9): 3330-3335.

[74] Rong Y, Kim S, Su F, et al. New effective process to fabricate fast switching and high contrast electrochromic device based on viologen and prussian blue/antimony tin oxide nano-composites with dark colored state. Electrochimica Acta, 2011, 56(17): 6230-6236.

[75] Ko J H, Yeo S, Park J H, et al. Graphene-based electrochromic systems: The case of prussian blue nanoparticles on transparent graphene film. Chemical Communications, 2012, 48(32): 3884-3886.

[76] Nossol E, Zarbin A J G. Electrochromic properties of carbon nanotubes/prussian blue nanocomposite films. Solar Energy Materials and Solar Cells, 2013, 109: 40-46.

[77] Hu C-W, Kawamoto T, Tanaka H, et al. Water processable prussian blue-polyaniline: Polystyrene sulfonate nanocomposite (PB-PANI:PSS) for multi-color electrochromic applications. Journal of Materials Chemistry C, 2016, 4(43): 10293-10300.

[78] Chen Y, Bi Z, Li X, et al. High-coloration efficiency electrochromic device based on novel porous TiO_2@prussian blue core-shell nanostructures. Electrochimica Acta, 2017, 224: 534-540.

[79] Paolella A, Faure C, Timoshevskii V, et al. A review on hexacyanoferrate-based materials for energy storage and smart windows: Challenges and perspectives. Journal of Materials Chemistry A, 2017, 5(36): 18919-18932.

[80] Kulesza P J, Malik M A, Zamponi S, et al. Electrolyte-cation-dependent coloring, electrochromism and thermochromism of cobalt (Ⅱ) hexacyanoferrate(Ⅲ, Ⅱ) films. Journal of Electroanalytical Chemistry, 1995, 397(1-2): 287-292.

[81] Kulesza P J, Malik M A, Miecznikowski K, et al. Countercation-sensitive electrochromism of cobalt hexacyanoferrate films. Journal of the Electrochemical Society, 1996, 143(1): L10-L12.

[82] Kulesza P J, Zamponi S, Malik M A, et al. Spectroelectrochemical characterization of cobalt hexacyanoferrate films in potassium salt electrolyte. Electrochimica Acta, 1998, 43(8): 919-923.

[83] Vittal R, Gomathi H. Beneficial effects of cetyltrimethylammonium bromide in the modification of electrodes with cobalt hexacyanoferrate surface films. Journal of Physical Chemistry B, 2002, 106(39): 10135-10143.

[84] Bagkar N, Ganguly R, Choudhury S, et al. Synthesis of surfactant encapsulated nickel hexacyanoferrate nanoparticles and deposition of their langmuir-blodgett film. Journal of Materials Chemistry, 2004, 14(9): 1430-1436.

[85] Chen L C, Huang Y H, Ho K C. A complementary electrochromic system based on prussian blue and indium hexacyanoferrate. Journal of Solid State Electrochemistry, 2002, 7(1): 6-10.

[86] Wang J-Y, Yu C-M, Hwang S-C, et al. Influence of coloring voltage on the optical performance and cycling stability of a polyaniline-indium hexacyanoferrate electrochromic system. Solar Energy Materials and Solar Cells, 2008, 92(2): 112-119.

[87] Hong S-F, Chen L-C. A red-to-gray poly(3-methylthiophene) electrochromic device using a zinc hexacyanoferrate/PEDOT:PSS composite counter electrode. Electrochimica Acta, 2010, 55(12): 3966-3973.

[88] Lee K M, Tanaka H, Kim K H, et al. Improvement of redox reactions by miniaturizing nanoparticles of zinc prussian blue analog. Applied Physics Letters, 2013, 102(14): 141901.

[89] Kao S-Y, Lin Y-S, Chin K, et al. High contrast and low-driving voltage electrochromic device containing triphenylamine dendritic polymer and zinc hexacyanoferrate. Solar Energy Materials and Solar Cells, 2014, 125: 261-267.

[90] Hong S-F, Chen L-C. Nano-prussian blue analogue/PEDOT : PSS composites for electrochromic windows. Solar Energy Materials and Solar Cells, 2012, 104: 64-74.

[91] Liao H-Y, Liao T-C, Chen W-H, et al. Molybdate hexacyanoferrate (MoOHCF) thin film: A brownish red prussian blue analog for electrochromic window application. Solar Energy Materials and Solar Cells, 2016, 145: 8-15.

[92] Ricci F, Palleschi G. Sensor and biosensor preparation, optimisation and applications of prussian blue modified electrodes. Biosensors & Bioelectronics, 2005, 21(3): 389-407.

[93] Shan C, Wang L, Han D, et al. Polyethyleneimine-functionalized graphene and its layer-by-lay-

er assembly with prussian blue. Thin Solid Films, 2013, 534: 572-576.

[94] Han L, Bai L, Dong S. Self-powered visual ultraviolet photodetector with prussian blue electrochromic display. Chemical Communications, 2014, 50(7): 802-804.

[95] Wang Y, Ge S, Zhang L, et al. Visible photoelectrochemical sensing platform by in situ generated CdS quantum dots decorated branched-TiO_2 nanorods equipped with prussian blue electrochromic display. Biosensors and Bioelectronics, 2017, 89: 859-865.

[96] Zloczewska A, Celebanska A, Szot K, et al. Self-powered biosensor for ascorbic acid with a prussian blue electrochromic display. Biosensors & Bioelectronics. 2014, 54: 455-461.

[97] Yu Z, Cai G, Ren R, et al. A new enzyme immunoassay for alpha-fetoprotein in a separate setup coupling an aluminium/prussian blue-based self-powered electrochromic display with a digital multimeter readout. Analyst, 2018, 143(13): 2992-2996.

[98] Xing H, Zhang X, Zhai Q, et al. Bipolar electrode based reversible fluorescence switch using prussian blue/Au nanoclusters nanocomposite film. Analytical Chemistry, 2017, 89(7): 3867-3872.

[99] Ma Q, Zhang H, Chen J, et al. Reversible regulation of CdTe quantum dots fluorescence intensity based on prussian blue with high anti-fatigue performance. Chemical Communications, 2019, 55(5): 644-647.

[100] Bi Z, Li X, Chen Y, et al. Large-scale multifunctional electrochromic-energy storage device based on tungsten trioxide monohydrate nanosheets and prussian white. ACS Applied Materials & Interfaces, 2017, 9(35): 29872-29880.

[101] Zhai Y, Li Y, Zhang H, et al. Self-rechargeable-battery-driven device for simultaneous electrochromic windows, ros biosensing, and energy storage. ACS Applied Materials & Interfaces, 2019, 11(31): 28072-28077.

第六章　电致变色共轭聚合物

6.1 引　言

20 世纪 80 年代，导电聚合物特殊的光学与电化学性质被发现后[1—2]，一系列共轭聚合物的电致变色特征逐渐被研究并引领着电致变色领域的快速发展[3]。这也给光电领域带来了强烈的反响，引起了广泛的关注与研究。共轭聚合物结构中包含交替的单双键，这使得电子能够在整个主链上离域，赋予了共轭聚合物独特的电子传导能力，从而使其氧化还原过程成为可能。电化学氧化或还原反应使得光学吸收性质发生变化并引起多种颜色的改变。

作为第三种类型（type Ⅲ）的材料[4]，电致变色导电聚合物相比于其他类型材料具有无可比拟的优势。由于聚合物可以呈薄膜状态，其在无外加电信号下可以保持一定的颜色状态，表现为更好的“光学记忆”效果，这有利于降低能量消耗和驱动电压。此外，聚合物结构的易修饰性可使其产生丰富多样的色彩，且色域宽，为实现大面积溶液加工，柔性、低成本以及环境友好型材料的设计带来空间，这对于将来的实际应用是至关重要的。

迄今为止，电致变色聚合物（ECP）已经获得了很好的发展，从对机理的更好理解到使用可溶性或电化学沉积聚合物实现完整的颜色托盘，甚至是全色彩显示样品或卷对卷制造的柔性器件。在本章节，我们将介绍该领域的基本信息和发展态势，尤其是全色彩显示的方法，包括材料的设计与加工，这是重要的应用方向之一。

6.1.1　常见分类与工作原理

不同类型的共轭聚合物材料已经被研发出来，主要包括噻吩及其衍生物、吡咯及其衍生物、呋喃及其衍生物、苯胺及其衍生物、咔唑及其衍生物、芴及其衍生物、三苯胺及其衍生物，如图 6.1。每一种材料均经过了长时间的发展，而其中几类已成为目前电致变色聚合物研究中最常提及的材料，本章节的下一部分将对此进行介绍。

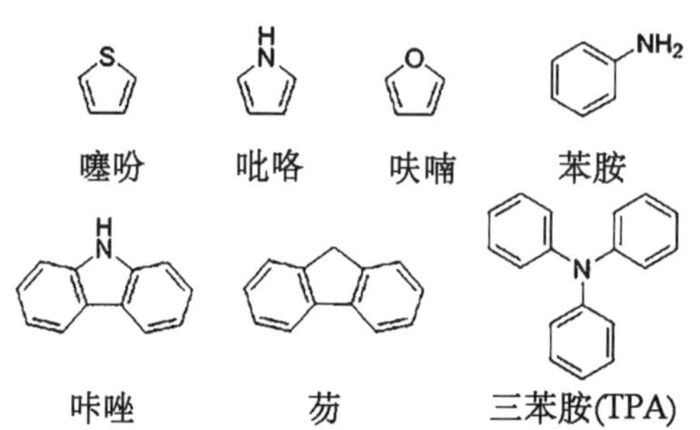

图 6.1 在电致变色聚合物中常见的芳香基团结构

由于含有电子给体(electron-donor)共轭结构，大部分共轭聚合物属于 p 型掺杂电化学材料，即在电化学氧化时发生掺杂过程使其光学性质发生变化。当氧化时，电子的抽出引起正电荷在聚合物链上的形成与迁移以及电解液中反负离子的注入，这将导致聚合物骨架的局域结构畸变，使几何结构由类苯结构转变为类醌体结构。由局域畸变引起的缺陷所产生的载流子被称为极化子和双极化子[5]；极化子为自由基阳离子，双极化子可以认为是双阳离子。图 6.2 是聚噻吩、聚吡咯和聚苯胺的掺杂过程示意。

因此，在氧化还原过程中，电子能带结构也发生了一系列的演变，图 6.3 呈现的是其中交替的电子跃迁与光学性质变化特征。如图 6.3(a)所示，电子带隙(E_g)一般指能带结构中价带顶部到导带底部的能量，能量值可以由 π-π^* 跃迁引起的起始吸收波长估算，如图 6.3(b)。经过电化学氧化后，极化子态形成，会产生两个局域电子态，它们的能级对称地分布在中间间隙，体现在 1.5 eV 和 1.0 eV 左右产生两个新的吸收带，强度逐渐增加，但原吸收带强度逐渐减弱，如图 6.3(a)-ii 中的 E_a 与 E_b。施加的电压逐渐增加，将使得更高浓度的双极化子形成，但仅有一个亚间隙跃迁是允许的，如图 6.3(a)-iii 中的 E_c，体现在低能量带的吸收强度增加。实际上，产生不同电荷载流子的掺杂过程依赖于氧化的程度，可能是极化子与双极化子的结合。另外，在掺杂过程中，原 HOMO 能级变深，原 π-π^* 跃迁的能量增加，原吸收带相应地往更高能量方向移动。在高电压下，以 +1.0 V 为例，富含双极化子的聚合物形成，如图

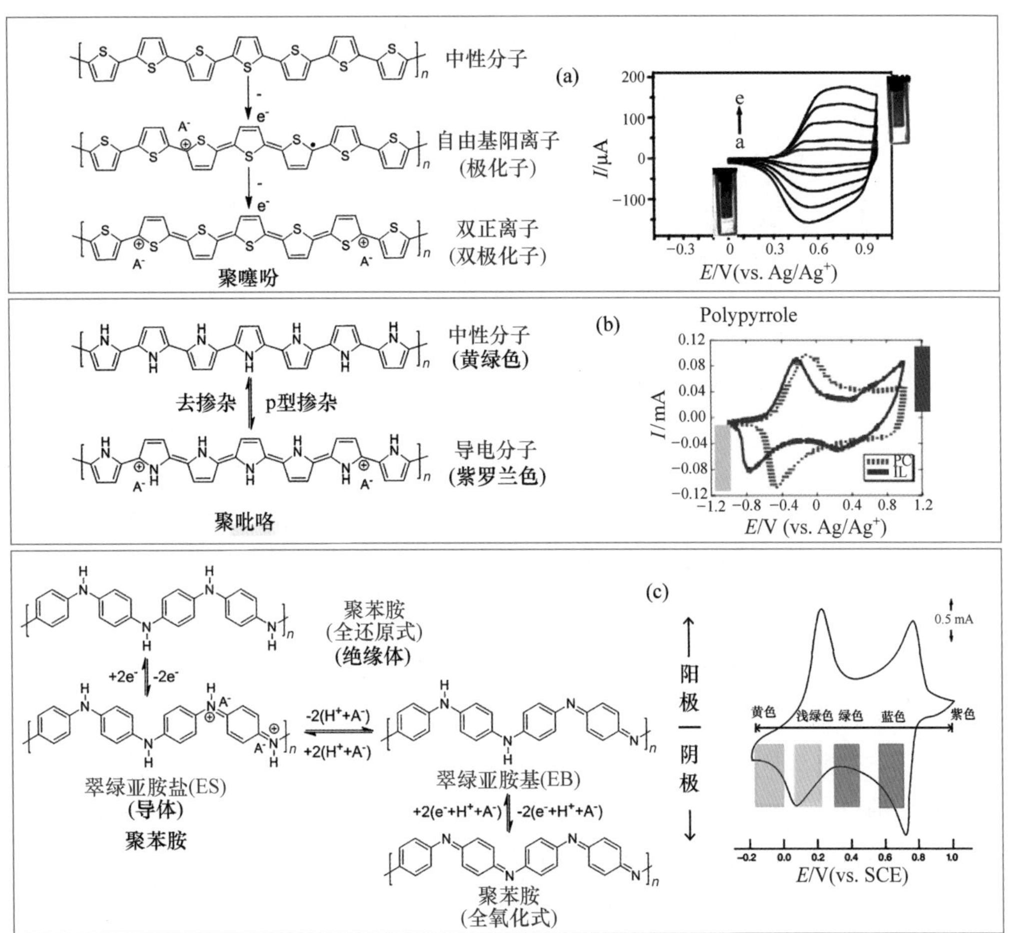

图 6.2　聚噻吩、聚吡咯和聚苯胺的掺杂过程示意与它们相应的颜色变化以及循环伏安曲线。(a) 电化学沉积在氟化硼乙醚(BFEE)的聚噻吩薄膜中性态与氧化态的颜色图以及不同扫速下在 0.1 mol·L^{-1} TBAP/CAN 溶液中测试所得的 CV 曲线[6]；(b) 聚吡咯薄膜氧化还原过程中颜色变化对应的形状以及沉积在铂盘电极上的 PPy-PF_6 薄膜在 $TBAPF_6$/PC 和离子液体[BMIM][PF_6]电解液中测得的 CV 曲线；(c) 聚苯胺的 CV 曲线和在不同电位下的薄膜颜色[7]

6.3(a)-iv 所示，大量可能态的产生使其中间能级可以由带表示。进一步地，在高掺杂水平下中间极化子带可能变得足够宽泛，以使其足够与价带和导带相交，如图 6.3(a)-v 所示。最终，如果施加超高电压，由于过度氧化，聚合物将发生不可逆的降解[5,8—10]。

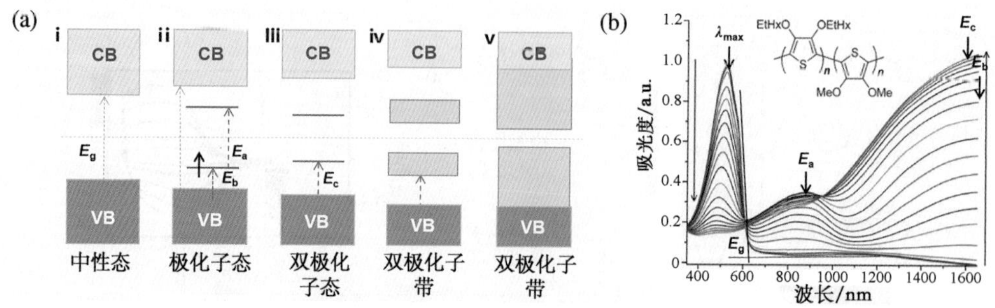

图 6.3　基于文献理解的非简并基态共轭聚合物的电子能带演化(a)[5,8,10]；基于噻吩单元的聚合物被氧化时光学吸收光谱的转变(b)

从含有双电子氧化还原电化学过程的循环伏安曲线可以获得很多信息，如起始氧化电位($E_{onset,ox}$)和氧化还原峰电位($E_{p,ox}$ 与 $E_{p,red}$)。但是，由于大多数测得的 CV 曲线呈现由多个峰组成的宽包峰，氧化还原峰电位不容易确定。关于聚合物 P3HT 的电化学具体过程如图 6.4 所示[5]。用高斯函数绘制了四种不同氧化过程的曲线(标记为 ox1 到 ox4)，最大值分别为 496、667、898 和 1265 mV，得到拟合曲线(粉红色)，并与实验曲线(黑色)进行比较。从四种氧化过程的物理意义来看，ox4 被认为是由于聚合物的过度氧化而产生不可逆电流。其他三个过程则是聚合中不同数目的噻吩单元的氧化过程，也代表了聚合物的掺杂度。ox1 表示每个噻吩单元 0.05 个电荷，分布广且稀。众所周知，一个正电荷位于四到五个噻吩单元(0.2～0.25)上并被表示为极化子，因此 ox1 与 ox2 和极化子的形成有关。此外，掺杂水平为 40%的 ox3 表示双极化子的出现，两个电荷密度超过五个噻吩单元。

6.1.2　合成方法

对于噻吩衍生物，即使电化学聚合操作方便进行，化学聚合法对于制造复杂的共聚物和满足大量可溶液加工的聚合物也非常重要。通常，主要有四种合成方法用于将单体偶联在一起并形成具有所需相对分子质量的聚合物。

$FeCl_3$ 的氧化聚合常用于制备均聚物或不规则共聚物，操作简单方便。将氯化铁溶液和相关单体在室温常压下搅拌数小时，在甲醇中沉淀并洗涤后得到掺杂的聚合物。然后在搅拌氯仿溶液中逐滴加入一水合肼，使掺杂的聚合物被还原，经过反复沉淀和溶解得到最终产物。该方法在比例优化实验中是可行的，但分子结构的不确定性是其缺点之一。例子如图 6.5 所示。

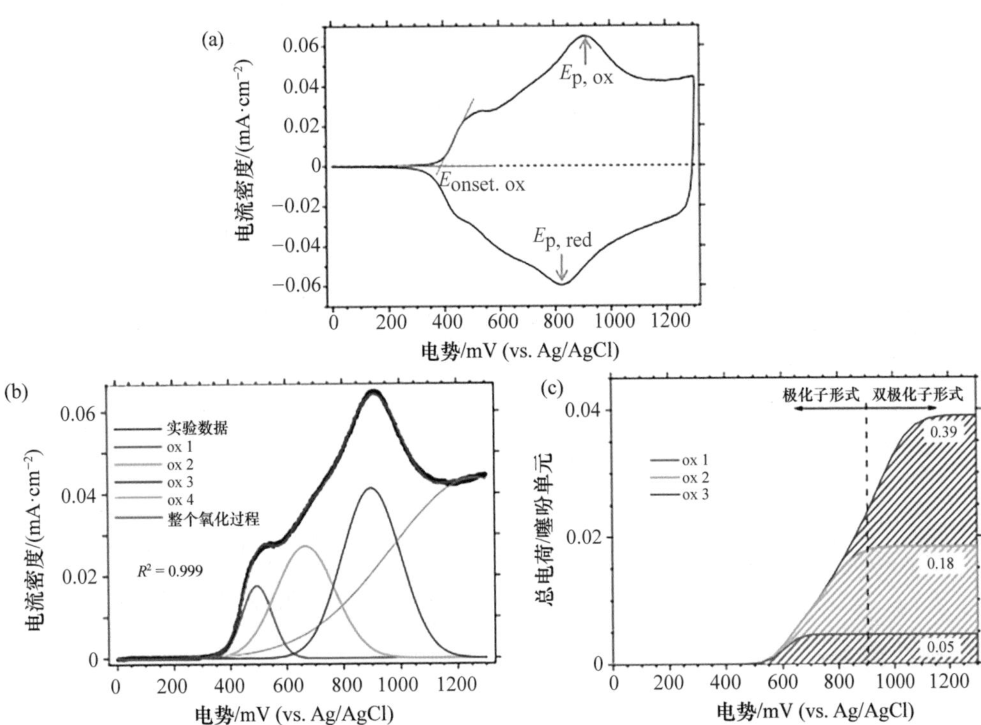

图 6.4 P3HT 的电化学过程研究[5]

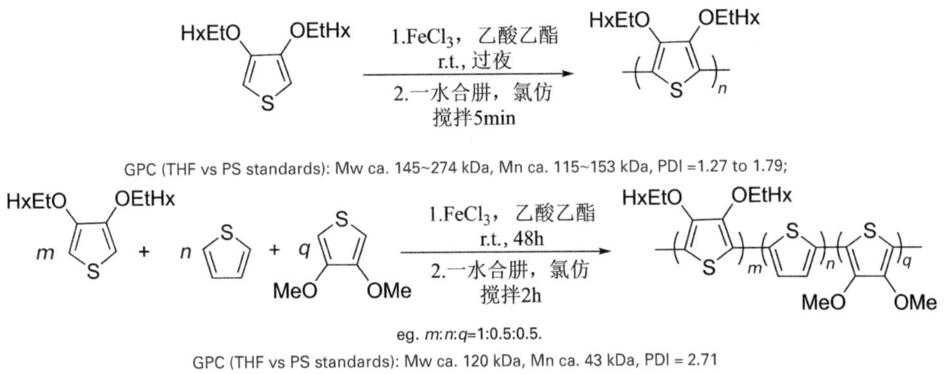

HxEtO OEtHx

1.$FeCl_3$，乙酸乙酯 r.t., 过夜

2.一水合肼，氯仿 搅拌5min

GPC (THF vs PS standards): Mw ca. 145~274 kDa, Mn ca. 115~153 kDa, PDI =1.27 to 1.79;

HxEtO OEtHx *m* + *n* + *q* MeO OMe

1.$FeCl_3$，乙酸乙酯 r.t., 48h

2.一水合肼，氯仿 搅拌2h

eg. *m*:*n*:*q*=1:0.5:0.5.

GPC (THF vs PS standards): Mw ca. 120 kDa, Mn ca. 43 kDa, PDI = 2.71

图 6.5 氧化聚合法制备基于噻吩单元的均聚物和共聚物[11—12]

铃木反应(Suzuki 偶联)和 Stille 偶联是合成不同单体共聚物的有效方法。相关的实例如图 6.6 所示。对于 Suzuki 缩聚或有机锡试剂耦合,其中一个单体应当被溴化,而另一个单体应由硼酸/硼酸酯双取代。对于前者,在氮气(N_2)或氩气(Ar)气氛中,在相转移催化剂的作用下,反应物、Pd 催化剂和磷配体溶于甲苯中并与碱性水溶液混合在一起。Stille 偶联反应需要在保护气氛下使用四价钯催化剂且甲苯回流，但锡取代的有毒前体单体给反应过程和后处理带来了麻烦。这两类偶联方法对于获得相对确定的重复片段结构和满意的相对分子质量方面是有效的，但可能使合成路线更加复杂。

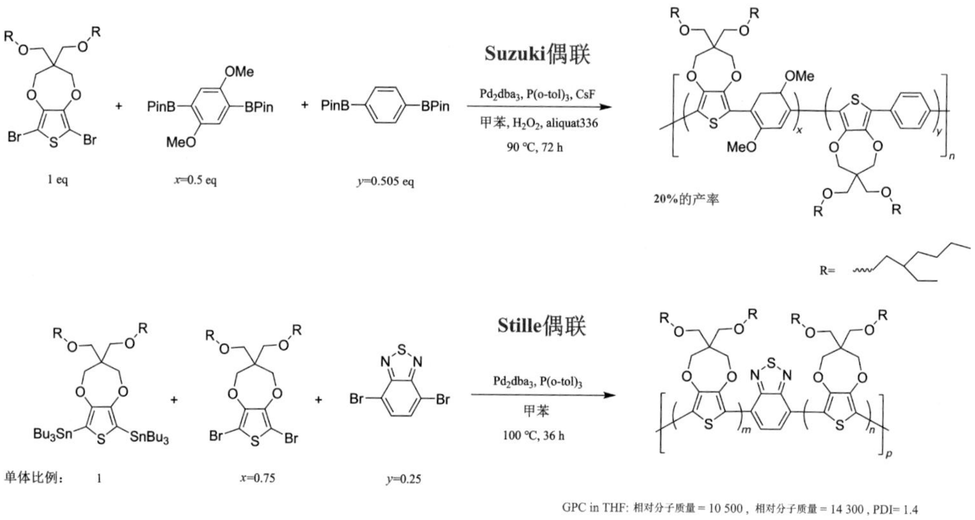

图 6.6　文献中通过 Suzuki 偶联和 Stille 偶联制备的共聚物例子[13—14]

近年来，另一种常用的聚合方法引起了电致变色共轭聚合物领域化学家的关注，这种方法是直接芳基化聚合（简称 DHAP 或 DArP），即 C—H 直接偶联。该聚合反应污染较小，有利于保护环境，反应过程中使用了无毒的锡试剂，不含磷也避免了其混入聚合物主链，使得残留金属量低，简化了净化过程，有利于降低成本。对 DHAP 聚合方法的综述可查阅参考文献[15—16]。为了较好地满足光电研究中对高分子材料的要求，DHAP 聚合方法可与传统聚合方法比较并揭示其优点。例如，在不引入任何磷配体的情况下，DHAP 可应用于制备含噻吩和芳烯的共聚物，与传统的 Stille 偶联相比可以实现较好的产率和相对分子质量[17][图 6.7(a)]，较低的金属元素残留量[图 6.7(b)][18]，更卓越的光伏性能[19][图 6.7(c)]和更短的合成路线[20][图 6.7(d)]。不仅是聚合物，单溴化前驱体也可以通过 DHAP 方法形成小分子[21][图 6.7(e)]。关于合成方法，Barry C. Thompson 和他的合作者做出大量贡献，包括可作为商业反应器的流动合成装置[22]、研究反应溶剂的影响[23]和铜催化合成方法等[24]。为了方便用户使用，一种在甲苯/水双相条件下的强效 DHAP 反应正在发展中[25]。迄今为止，DHAP 在电致变色聚合物的合成中得到了广泛的应用，特别是 D-A 型共聚物[26—28]。

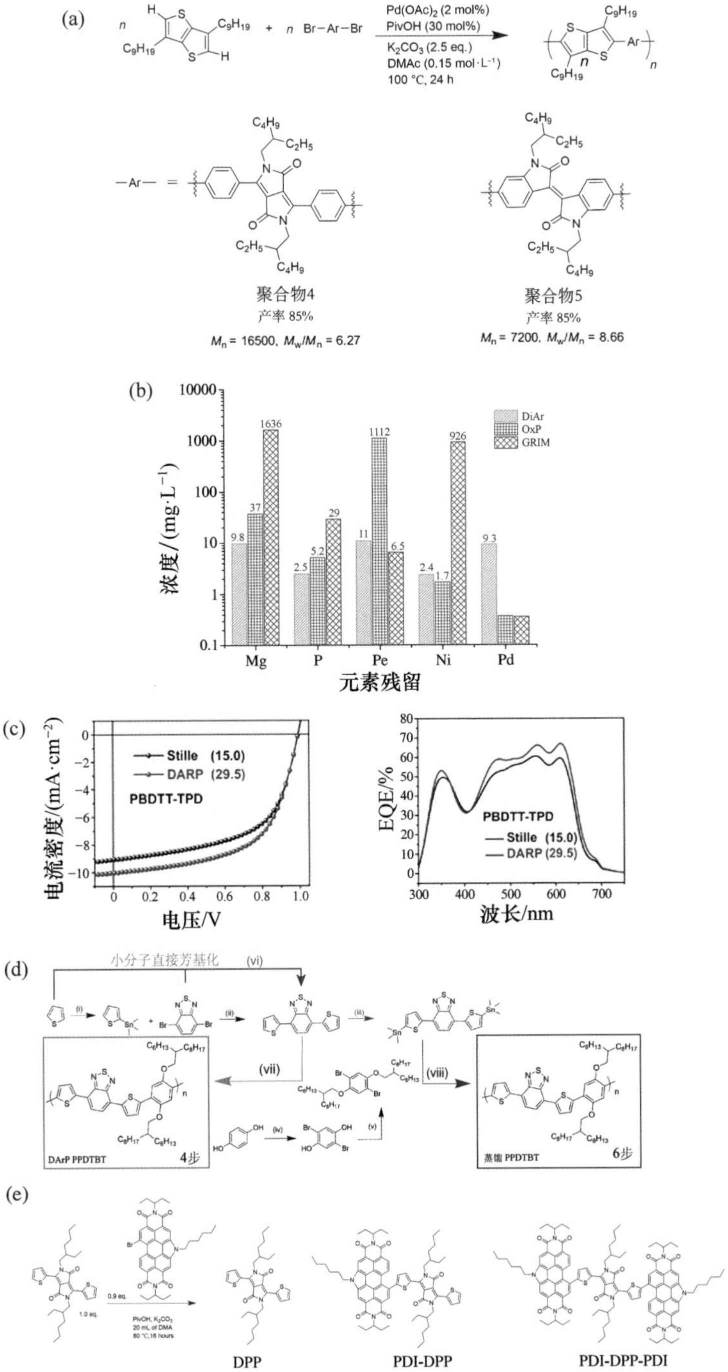

(a)

聚合物4
产率 85%
$M_n = 16500$, $M_w/M_n = 6.27$

聚合物5
产率 85%
$M_n = 7200$, $M_w/M_n = 8.66$

(b)

(c)

(d)

(e)

图 6.7　使用 DHAP 聚合方法的研究工作[17—21]

6.2 基于噻吩单元的电致变色共轭聚合物

6.2.1 引言

在众多的共轭聚合物中，基于噻吩基团的聚合物已经得到了广泛的研究，包括从早期的基本性质和掺杂机制到最新可实际应用的衍生物的开发。噻吩单元及其3-或4-取代衍生物的研究如火如荼[3,6,29—34]，含烷基二氧取代的聚合物研究也蓬勃发展，取得了显著的成果，并占据了目前电致变色聚合物领域的很大一部分(图6.8)。

最令人熟悉的是3,4-(乙烯二氧)噻吩(EDOT)，其均聚物经氧化后可由深蓝转变为透明浅蓝。由于其带隙适中、氧化电位低、可见光区透明度高而成功实现商品化。EDOT的衍生物，3,4-丙烯二氧基噻吩(ProDOT)已经成为一个新的"明星"结构，其聚合物具有更好的加工性能、更清晰的透明氧化态、更高的光学对比度和更快的响应速率[35—36]。并且，在这系列聚合物中，二氧基噻吩衍生物对于颜色调控工程起到至关重要的作用[12]。另外，由Jean Roncali、Igor F. Perepichka等作者共同研制的苯二氧桥取代乙烯二氧桥的3,4-苯二氧噻吩(PheDOT)具有特殊的电子和光学性质，这对有机半导体的设计很有意义[37—42]。

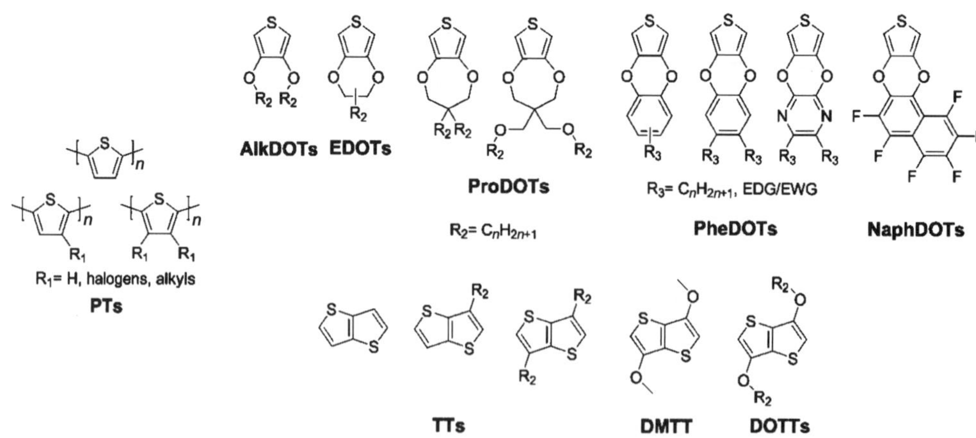

图6.8 常用来构建基于噻吩基团的电致变色共轭聚合物的单元

此外，稠环噻吩因其在OTFT、OPV和热电器件中具有优异的性能而被引入到电致变色聚合物结构中，刚性的富电子结构使其具有较低的氧化电位和优异的电荷迁移率，有利于导电聚合物性能的提高。基于噻吩(TT)聚合物的光学、电子学和电化学性质在20世纪80年代被开发[43—46]，随后对取代TT的研究揭示了更多分子结构、构象和性质之间的关系。值得注意的是，3，6-二甲氧基噻吩[3，2-*b*]并噻吩的均聚物(DMTT)被认为是PEDOT的潜在替代品，这源于其分子结构的非共价S—O分子内相互作用导致共轭结构的自刚性化[47]。孟鸿课题组证实了噻吩[3，2-*b*]并噻吩作为构建聚合物板块具有提高其电致变色性能的作用[48—51]。在引入长侧链修饰以提高溶解性后，基于3，6-二烷氧基噻吩[3，2-*b*]并噻吩的电致变色聚合物表现出多种优势，如优化的溶液加工性、低起始氧化电压和高的着色效率[28，52—54]。

在探索基于噻吩单元聚合物的过程中，在光学调控策略的指导下，各种各样的彩色聚合物薄膜产生，彩色托盘已逐步完整实现。特别是对于原色和二次色，在追求更纯的色度、更高的对比度和更好的性能方面已经做了极大的努力。

基于噻吩单元电致变色聚合物的最新进展主要是通过引入带有官能团的侧链来实现功能化，例如已开发出可从环境友好的溶剂中加工并在水系体系下进行氧化还原的聚合物膜，以及可交联用于多步溶液工艺制造的聚合物膜。

在本章节，将有选择性地介绍上述提及的基于噻吩单元电致变色聚合物的发展和相应策略。

6.2.2 基于噻吩单元聚合物的颜色调控策略

以噻吩衍生物为主的共轭聚合物通常呈现阴极着色(即中性着色，氧化褪色)或多色变换状态。为了在实际生活中实现ECPs的应用，使其不仅能用于智能窗户、数字标签，而且有望用于反射型全彩色显示器件，各种颜色且可溶液加工的ECPs在近十年中已经不断被研发出来。根据颜色混合原理，优先考虑并合成了具有加色和减色原色(RGB和CMYK)的聚合物，因此在一些综述中总结了一套结构设计策略[55—57]。本节将简要介绍结构-颜色之间的关系和主流光学控制的方法，这些方法产生了在整个可见光区域具有各种各样吸收光谱的材料。此外，下一节将介绍一些具有代表性颜色材料的具体颜色调控例子。

为了理解分子结构与观察到的颜色之间的相关性，我们可以从以下几方面探讨：聚合物的分子结构将影响HOMO与LUMO能级以及两者之间的能隙(带隙)，从而改变吸收光的能量使其光谱发生移动，带来颜色的变化。遵循互补色理论可以很容易地理解聚合物的光谱与着色之间的关系，但是，结构与光谱之间的相关性相当复杂，对其中机理的研究很重要。因此，目前已经进行了包括各种实验、理论计算解释等努力，以研究空间排斥控制、结构单元配合、取代基团等对电子能带结构和光学性质的影响。在此基础上，聚合物骨架和侧链工程被用作性能精妙调控的主要方法。

1. 位阻效应

调整聚合物骨架的空间位阻已成为调控光学性质最常用的策略，尤其是在已开发一系列常见的基于噻吩的构建单元(如 XDOT)后。主链上的取代基团(如甲基或卤素基团、体积庞大的基团和直链或支链型侧链)或本身具有庞大结构的主链骨架，会引起环间空间相互作用并使聚合物链扭曲，从而缩短有效共轭长度，增加能带间隙，引起吸收带向光谱中更高能量的区域移动，反之亦然。在这里，我们将提出一些具有代表性的例子。

二辛基噻吩聚合物与修饰各种侧链基团的二氧噻吩(DOTs)交替共聚时，可诱导产生不同程度的位阻效应。与 EDOT 共聚表现出最小的扭转和最低的氧化电位，而引入二甲氧基噻吩则增加了空间位阻，故其氧化电位高且空间带隙宽。这些微小的结构变化使得这些聚合物之间的环间空间应变发生变化，导致颜色发生明显的改变，如图 6.9 所示[27]。

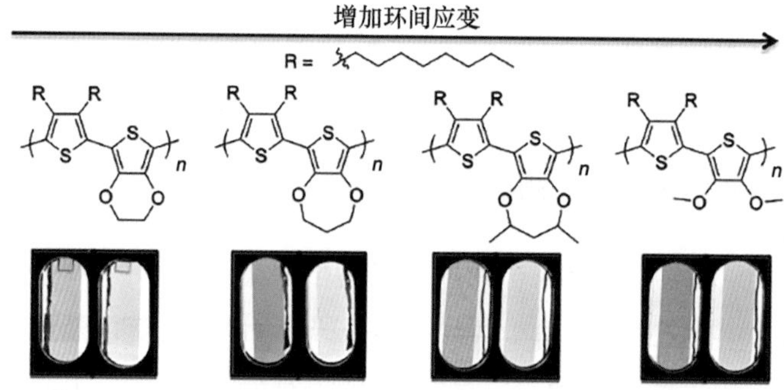

图 6.9　二辛基噻吩聚合物与修饰各种侧链基团的二氧噻吩交替共聚时的位阻效应

另一项关于调控空间相互作用的探索是利用 XDOTs 单元构建具有不同排列方式的共聚物。如图 6.10 所示，相邻 XDOT 单元之间的扭转程度表明，将两个 AcDOT 单元连接在一起将引起相对较强的构象扭曲，而通过将 ProDOT 与 EDOT 结合可以使应变松弛，实现更好的平面性和共轭效应。在此基础上，采用不同的重复单元组合方式制备常规共聚物，所得聚合物薄膜的颜色显示了从短波长高能量区域(橙色)到长波长低能量区域(紫色和蓝色)的宽泛范围[58]。值得注意的是，呈橙色的聚合物结构通常包含噻吩类似物以提高能隙，而呈蓝色的聚合物需要低的光学带隙，这将通过电子给体-受体(D-A)结构实现。但是，上述提及的空间应变松弛策略实现了基于全供体噻吩的聚合物结构并具有出色的可调节性，有利于保持低氧化电位并消除完全氧化时可见光区域的残留吸收(D-A 聚合物的常见负面效应)。

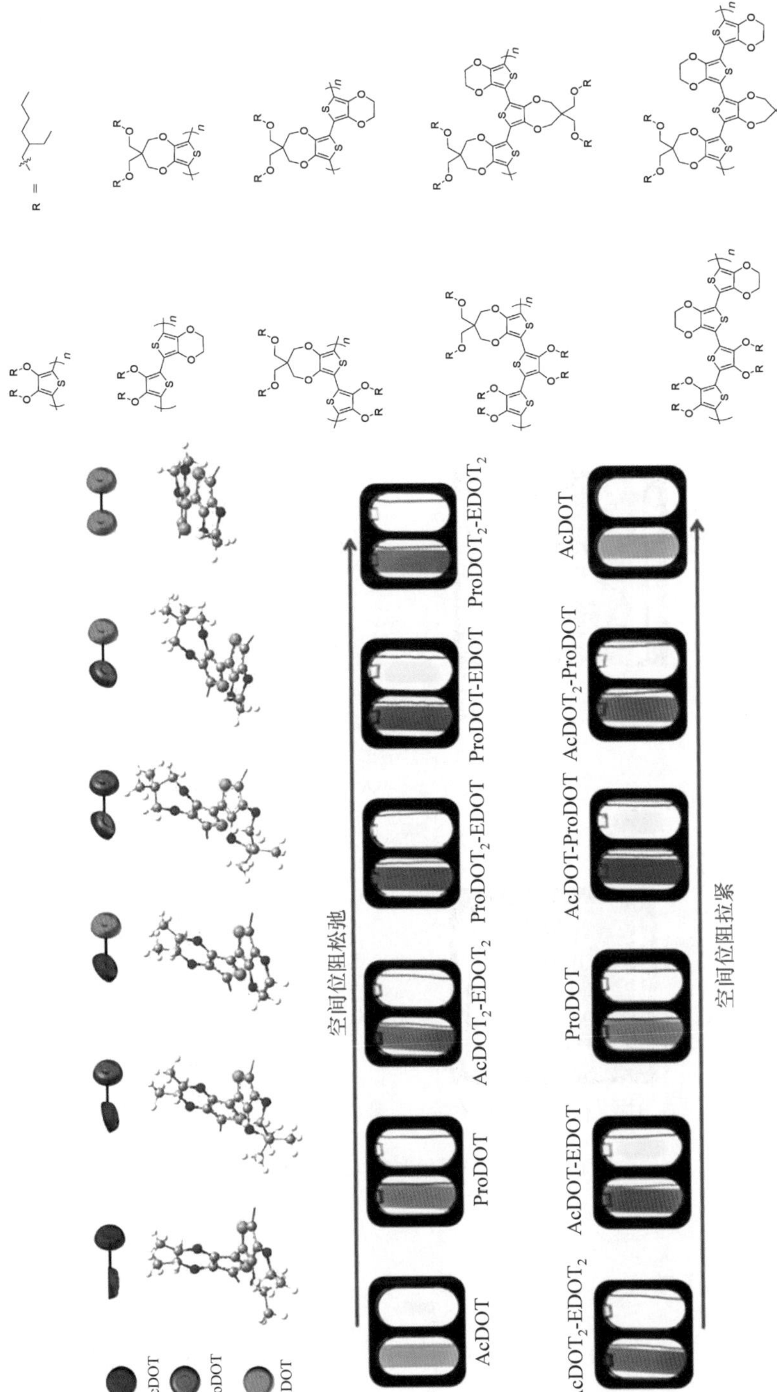

图 6.10 空间位阻拉紧或松弛策略[58]

ECPs骨架中引入长而庞大的侧链的目的是提高溶液可加工性，与此同时，相邻体积庞大的基团之间会产生强的空间排斥力，尤其是对于支链型侧链。图6.11展示了由3,4-二(2-乙基己氧基)噻吩(AcDOT)和二甲氧基噻吩(DMOT)组成的共聚物。对于均聚物AcDOT，支链型烷基链会引起中性态聚合物主链的空间扭曲，从而缩短共轭长度，随后将吸收带移至高能量区域(480 nm)。当聚合物主链上引入短侧链修饰的DMOT时，空间排斥作用减小，使光学带隙略微变窄(2.00 eV)，最大吸收波长移至525 nm[12,56]。

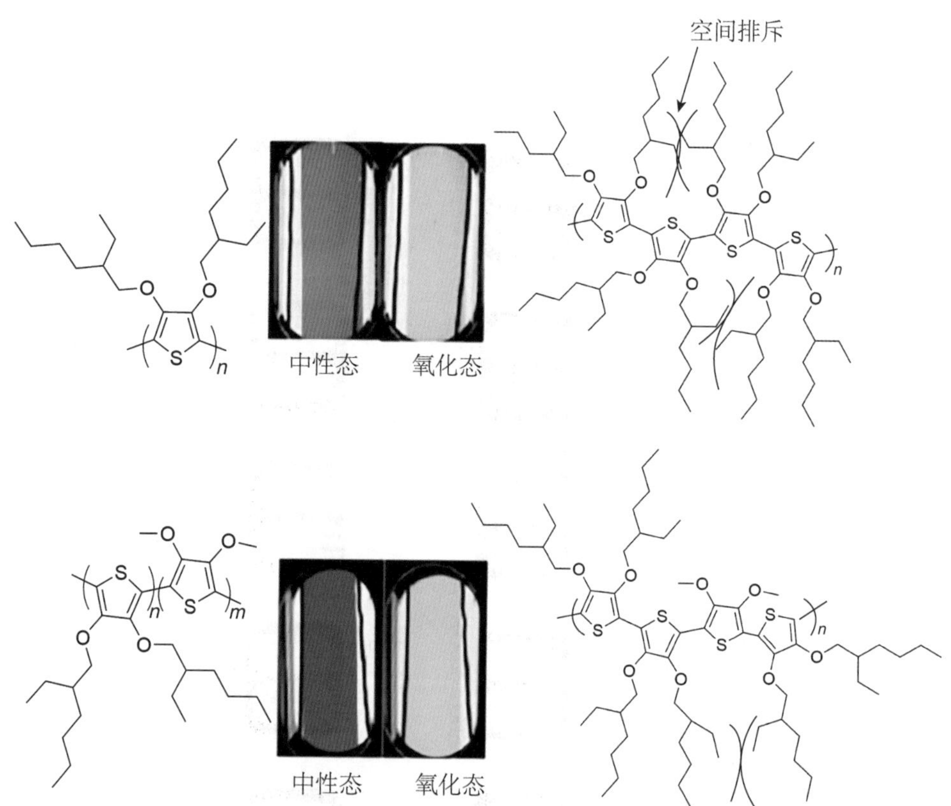

图6.11　体积庞大的侧链基团的影响

2. 取代基团与电子效应

除了修饰长链策略改善溶解性外，引入具有不同电子效应的取代基团也是侧链工程的一项主要课题。若将给电子或吸电子基团(EDG或EWG)直接修饰到主链的芳族单元上，将通过诱导或中介效应干扰分子轨道。通常地，EDG将提高HOMO能级并降低氧化电位,而 EWG 会降低 LUMO 能级,从而导致带隙减小[59]。如烷氧基是一类常用于修饰噻吩类聚合物的给电子基团,含氧取代基不仅可以使带隙稍微变窄和降低氧化电位,而且由于其给电子特性,更可能达到具有封闭壳双极化子结构的稳定高 p 掺杂能级,这对实现高透明氧化态起关键的作用[60]。另一方面,侧链结构中具有代表性的吸电子基团如氰基、硝基、卤素、三氟甲基和吡啶基也可以对能级进行微妙的调控[37—38,51]。

6.2.3　各种颜色的典型聚合物

在本节,我们将介绍一些含噻吩及噻吩衍生物单元的聚合物实例,这些聚合物具有从彩色到透明色的转换或各种颜色的逐步切换。由于具有全给体结构的噻吩型聚合物通常是阴极着色材料,因此研究的焦点在于其中性态薄膜的颜色,目的是实现以 RGB 和 CMY 模式为基础原色的调色板的完成以及高纯度和高饱和度颜色。本节简要总结了某些颜色系列的调控策略。另外,在实际应用中,聚合物薄膜处于漂白状态时需要呈高度透明和无色。此外,具有良好的性能如低驱动电压、高响应速率、高着色效率和在空气中工作的长期稳定性等也是非常重要。因此,下文所举例子的性能数据,将进行参考比较,从而实现对当前进展的深入了解。

此外,还将介绍一些在氧化还原过程中表现出多种颜色(即多色切换)的电致变色材料,它们被认为实际应用潜力低于那些由着色到透明色切换的材料,但多色切换 ECPs 仍然引起了人们的研究兴趣,并且一些具有代表性的研究成果已经有了报道。

1. 黄色和橙色

由于难以实现在光谱高能量区域吸收,且掺杂时吸收带大部分移至 NIR 区域,因此难以获得理想的中性态黄色(ECP-Yellow)或橙色(ECP-Orange)的阴极着色聚合物材料。对于大多数黄色或橙色物体,要求其最大吸收率的波长应小于 500 nm。为了实现该目标,引入苯及其衍生物已成为扩大能隙和使最大吸收蓝移的主要方法。近年来,这一领域已经取得了一些进展,其中一些工作如图 6.12 所示。

ECP-Orange 材料以均聚物 AcDOT 开始,支链型侧链之间的强立体排斥作用使聚合物主链发生扭曲,故其吸收移至高能量区域[12]。根据引入亚苯基基团的设计概念,第一种黄色至透明色转变的聚合物(ECP-Orange)产生,该聚合物本身具有很高的芳香性,并从邻位碳与 H 之间产生微妙的空间排斥性,从而使吸收发生明显的蓝移,同时保持着超过 1600 nm 的由双极化子出现产生的强吸收能力[61]。

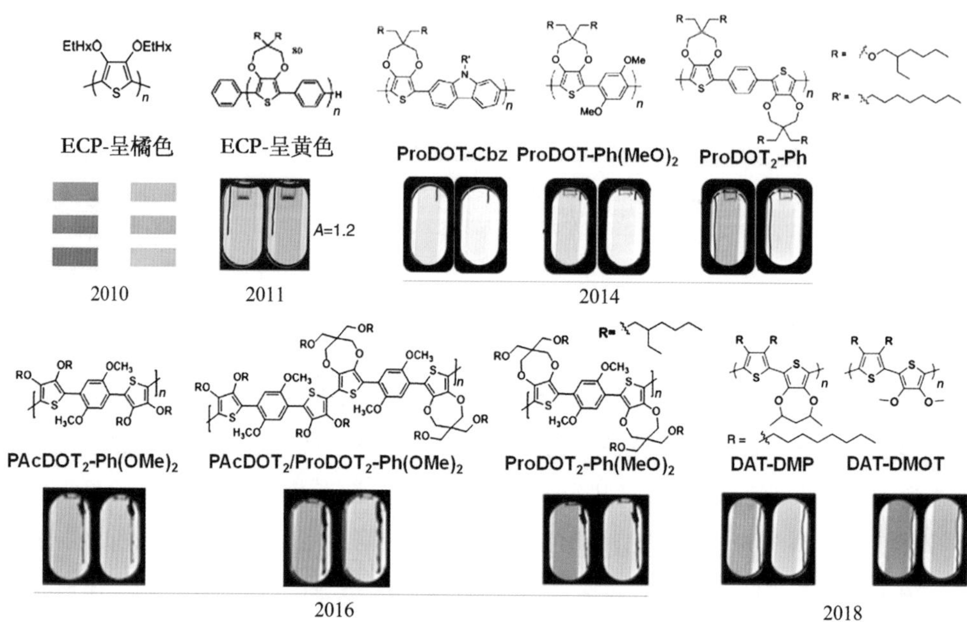

图 6.12　中性态呈黄色和橙色的 ECP 的研究进展

在此基础上，对基于 ProDOT 单元的共聚物进行了进一步的探索，引入含芴、咔唑、芘等富电子芳环，以优化和深入研究黄色 ECP 的结构与性能间的关系。增加芳香环的给电子性质将导致氧化电位的降低，同时由于空间位阻作用而保持高带隙。在所报道的基于 ProDOT 的聚合物中，我们选择了三种中性态呈鲜艳黄色或橙色的聚合物并进行介绍，经氧化后其薄膜均是高度透明态。其中，ProDOT-Cbz 的氧化电位低于 ProDOT-Ph，并且氧化时薄膜几乎是无色的。此外，在亚苯基环上增加具有给电子性的氧原子或引入另一 ProDOT 单元可将氧化电位降低至低于 300 mV(vs. Ag/Ag^+)。但是，氧化电位的降低，即 HOMO 能级变浅会导致整体吸收光谱的红移或变宽并产生橙色色调[13]。然而，在保持足够低的氧化电位的同时还需控制吸收光谱剖面的变化，如何平衡两者之间的关系仍然存在挑战。为了解决这个问题，2016 年，富电子基团甲氧基单元被引入到苯基中以提高 HOMO 能级，从而减小氧化电位。与此同时，对于 AcDOT 或 ProDOT 体系的研究，主要集中于保持更大的扭转应变使带隙增加或提高 HOMO 能级使带隙减小。此外，苯基上的取代基团甲氧基代替了 H 原子，还可以在氧化过程中起到防止不必要的化学反应(如交联)的作用，从而保持更好的氧化还原稳定性[62]。

关于高能量吸收的二氧噻吩共聚物的能隙和氧化还原性能的调控策略已进行了

初步的阐述，实现了由鲜黄色到透明色的性能优异的聚合物。尽管如此，要满足现实世界的应用需求，需要保证此类聚合物具有极好的长期工作稳定性。因此，以 3,4-二烷基噻吩(DAT)与修饰有不同侧链的二氧噻吩(DOT)为重复单元交替形成的共聚物被研发出来，以解决宽带隙含苯单元 ECP 的循环稳定性问题。DAT 单体，3,4-二辛基噻吩由于具有烷基链产生了空间位阻，从而阻断自由基阳离子可能的反应位点，同时达到宽的光学间隙。辛基基团的引入确保了聚合物的可溶解性，且与之前的宽带隙 ECP 相比，增加了其聚合物的氧化还原过程的稳定性，光学对比度在 1000 个周期内衰减极小。

2. 红色

在基于噻吩单元电致变色聚合物的长期发展历程中，中性态呈红色或接近红色的材料并不罕见。例如，噻吩衍生物的均聚物在中性薄膜状态下呈深红色，但氧化后会转变为透射率相对较低的蓝色，成为多色切换材料[3,6,29]。这种残留的蓝色色调也是该系列 ECP 发展的常见问题，它们需要较宽的带隙(大于 2.0 eV)。另外，根据互补颜色理论，最大的波长吸收应集中在蓝绿色区域，但蓝绿色区域的波长范围较窄，所以真正的红色材料并不容易得到，这也可能是聚合物薄膜经常含有一些不纯的色调(包括橙色或洋红色)的原因。

为了实现纯红色色调的聚合物(ECP-Red)，采用稠环单元与 EDOT 交替共聚，如梯形 IDT 在中性薄膜状态下呈深红色，但氧化后变为黑色[63]。另一例子，邻苯二咔唑的引入成功地产生了具有理想性能的由红色变成透明色的聚合物(PDEP)，但该聚合物薄膜是通过电化学聚合形成，非溶液加工制备[64]。为了获得氧化后具有理想透明色的可溶性纯红色 ECP，利用空间拉紧或松弛策略，将二氧噻吩与其类似物组合。Reynolds 课题组在 2010 年开发出一种 ECP-Red，将二甲氧基噻吩单体为间隔基来减缓双(2-乙基己氧基)噻吩单体支链之间斥力[12]，徐春叶等也对其工作做出进一步改进[11]。稍微不同的是，另一种由 3,4-二烷基噻吩(DAT)和未被取代的 ProDOT 交替组成的聚合物，在上一章节已被提及，其中引入 DAT 的目的是提高带隙，而 ProDOT 具有低的氧化电位和良好的平面性使吸收能量低，在这两者的平衡下实现红色到透明色变化的聚合物[27]。此外，由刚性稠环噻吩[3,2-*b*]并噻吩与二甲氧基苯组成的聚合物表现出中性态红色，氧化后快速变为浅蓝色，噻吩[3,2-*b*]并噻吩单元可以保证聚合物良好的载流子迁移率和低能量吸收，二甲氧基苯的引入能提高光学带隙[53]。以上提及到的聚合物结构及其颜色变化如图 6.13 所示。

3. 洋红色(或品红色)和紫色

作为减色法原色(青色，品红色，黄色，黑色)的重要元素，品红色 ECP 早已被提

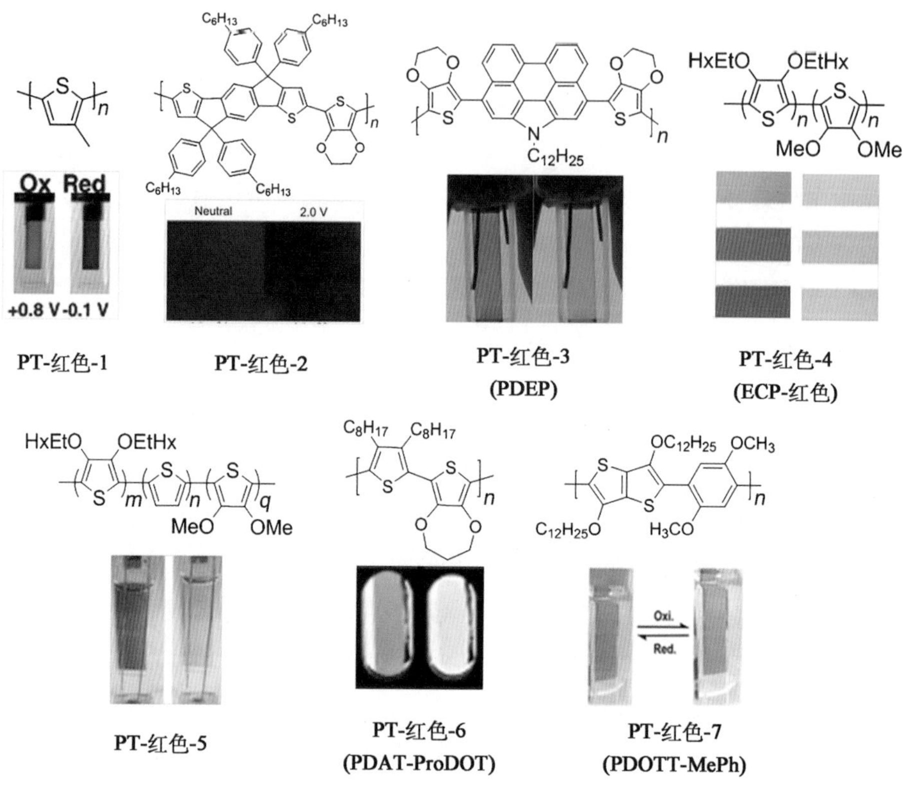

图 6.13 红色 ECP 的典型例子

出，以实现全色打印和显示。基于噻吩单元的聚合物体系中，实现洋红色 ECP 并不困难。通过简单的设计可实现合成具有类似色调的均聚物噻吩衍生物。

典型的例子是 PProDOT 单元。2004 年，有四种修饰不同侧链的基于 PProDOT 单元的聚合物被研发出来，光学带隙在 1.80～1.96 eV 之间，吸收带在 600 nm 左右，呈现品红色或紫色[36]。其中，修饰有支链型烷氧链的 PProDOT$(CH_2OEtHx)_2$（在下文中被称为 ECP-Magenta）在喷涂成薄膜后呈洋红色，经过氧化还原后转变为紫色，如图 6.14(a)所示，光学对比度高达 80%且具有极高的着色效率，为 1235 $cm^2 \cdot C^{-1}$，如图 6.15(a)所示，利用这种材料可实现大规模的卷涂工艺、自供电 OPV/ECD 器件[65]和集成太阳能电致变色窗户的制备[66]。开发出双功能减色法混色 ECD 并获得了较宽的色域[67]，如图 6.15(b)。另外，也进行了溶液共混加工处理 ECP 的尝试[68]，如图 6.15(c)。基于 ECP-Magenta 材料，进一步开发出了修饰有可光交联的甲基丙烯酸酯侧基的聚合物，用于直接光图案化工艺[69]，如图 6.14(d)。

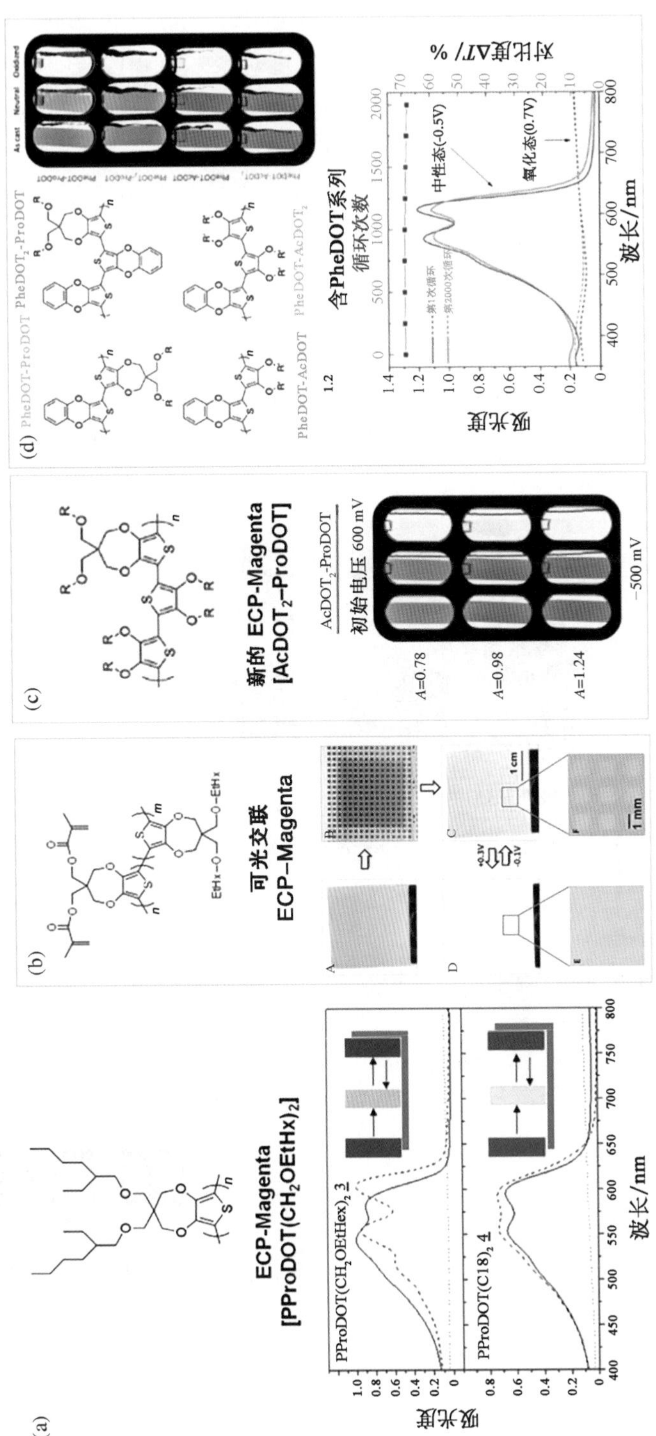

图 6.14　具有代表性的洋红色和紫色 ECP 的分子结构、电致变色性能数据和照片

在 2015 年，一种新的 ECP-Magenta 材料被研发出来，其结构由 AcDOT 与 ProDOT 单元组成，如图 6.14(c)所示[58]。它是通过对聚二氧噻吩(Poly DOT)系列聚合物进行微妙的空间调整实现色彩的调控后所获得。除了理想的电致变色性能外，更重要的是，它在中性态下呈品红色，色度值(L^*，a^*，b^* =56，59，−16)接近由 Munsell 定义的标准品红色色度值(L^*，a^*，b^* =52，50，−15)，并且吸收光谱在破裂后几乎保持不变。可以实现更精确的减法 CMY 颜色混合，具有极大的优势。因此，研究人员尝试将这一材料应用于实际的喷墨打印技术中[70]。从 AcDOT2-ProDOT 溶液中，可以通过喷墨打印工艺形成均匀的液滴、线条和均匀薄膜，如图 6.15(d)-i 所示，并且打印薄膜的光谱图与商业化品红色墨水的光谱图类似，如图 6.15(d)-ii。交替包含 ECP-Magenta 和 ECP-Yellow 线的器件可以产生具有两者重叠 CV 曲线的复合颜色，如图 6.15(d)-iii。

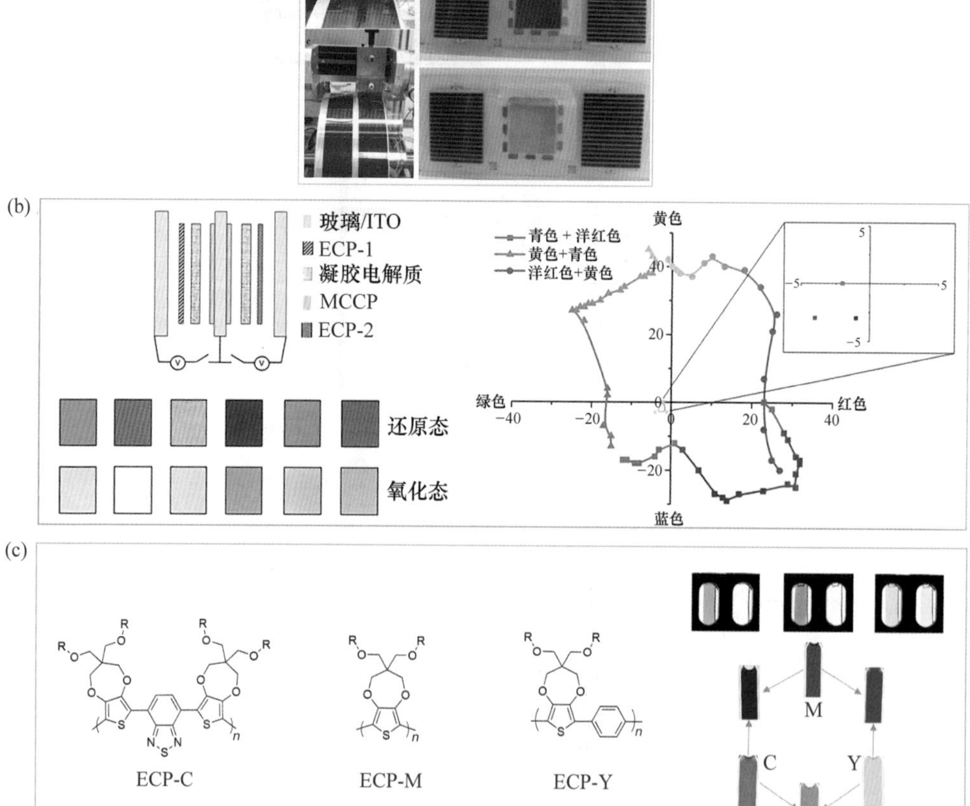

图 6.15　基于洋红色 ECP 开发的器件或加工工艺

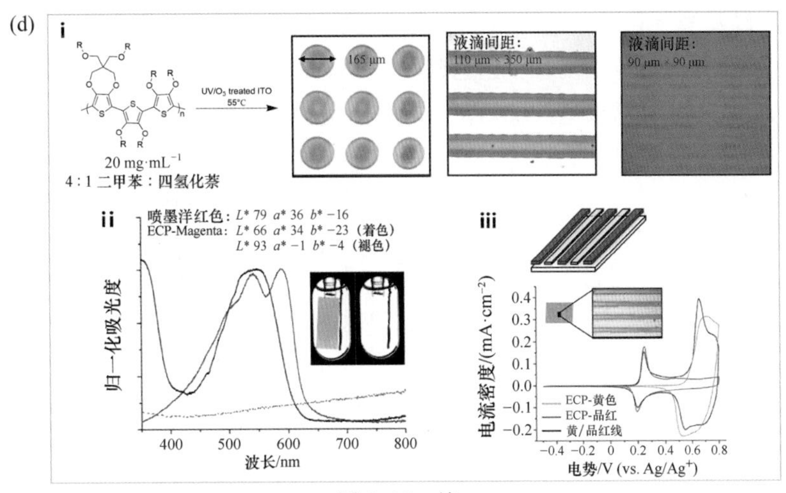

图 6.15　续

此外，最近一种不常被注意的单体 3,4-苯二氧噻吩(PheDOT)被应用于可溶性噻吩型 ECP 中[71]。PheDOT 的平面性和空间相互作用与 EDOT 相似，但是，由于 π 电子离域到亚苯基环中，因此噻吩环上的电子密度显著降低，与传统的二氧噻吩相比，稳定性更高。品红色和紫色聚合物是通过直接芳基化偶联聚合(DHAP)合成的，氧化后转变为高透明无色态，循环稳定性优异，如图 6.14(d)。

4. 黑色

彩色电致变色材料逐渐丰富，但黑色电致变色材料作为一种特殊的类别，迫切需要发展以推动显示屏、智能太阳镜、节能窗等的实际应用。这要求器件达到显著的光学对比度和高度消色差的黑色外观，这通常需要在可见光区域具有强且宽的吸收，掺杂后可以转变为透明色，给该领域的研究人员带来了挑战。尽管已经从物理学的角度进行了努力，但是，具有中性“黑色”性质的共聚物一旦设计出来后就可以表现出更好的性能。举例来说，将青色和洋红色的聚合物物理混合后，对比度可达到 50%，但是由两者组成的共聚物(呈 D-A 型结构)可以达到更高的对比度且中性态颜色更黑，响应速率也更快[72]。2008 年，Reynolds 等报道了第一种由黑色变为透明色的共聚物 PT-Black1，采用供体-受体策略，通过将供体链段与其吸收互补的具有双带吸收特征的 D-A 链段进行“化学混合”，从而获得共聚物主链[73]。随后，利用骨架工程技术对基于 XDOT 的 D-A 聚合物(PT-Black2 和 PT-Black3)进行微调，将吸收光谱拓宽为覆盖可见波段更平坦的曲线，从而得到更暗的中性膜和更好的漂白态[14,74]。除了 XDOT 系列外，基于噻吩并噻吩的聚合物还显示出具有黑色电致变色性能的潜力，使用互补策略可弥补吸收谷以达到令人满意的“黑色”中性态(PT-Black4)[54]。令人感兴趣的是，在呈 CMY(青色，品红色，黄色）以及橙色和绿色色调的可转变为透明色聚合物的良好基础上，再次开发了聚合物共混物，并成功产生了非彩色色调(PT-Black5)[75]。上述进展显示介绍如图 6.16 所示，揭示了基于噻吩的黑色共聚物作为未来应用的关键材料的潜力。

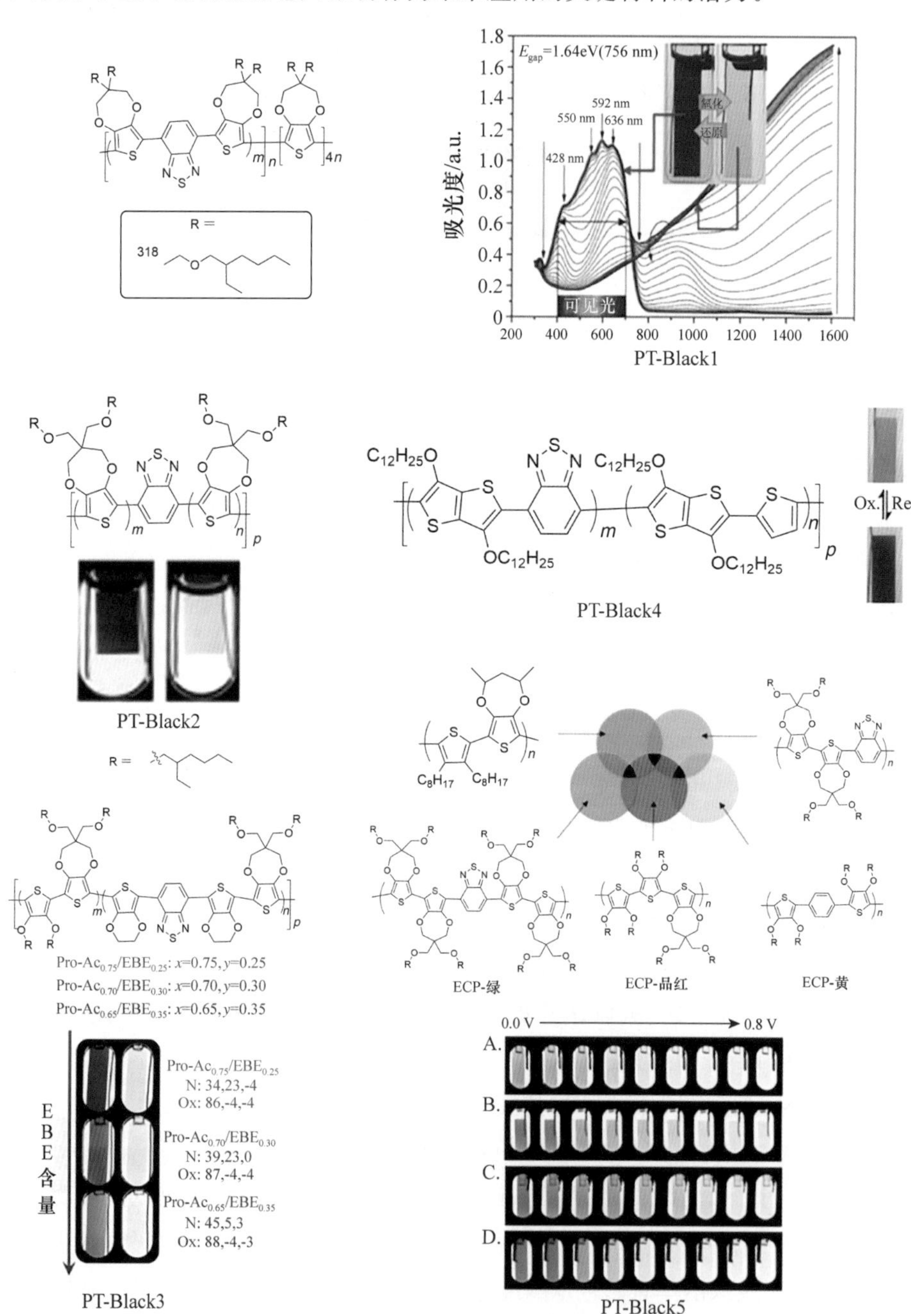

图 6.16 基于噻吩黑色电致变色聚合物的分子结构和颜色变化

5. 多色

有几种方法可以实现彩色之间转换。对于聚噻吩体系，从黄色、红色[6]或绿色[28]切换为蓝色，这种颜色状态的转变是很常见的，吸收光谱不会发生明显移动，在可见光区保留一定的吸收，例如聚(3-甲基噻吩)。在掺杂过程中，如果由特殊极化子或双极化子引起的跃迁可以形成鲜明的轮廓，那么会出现一些不同于中性和完全掺杂状态的中间色态，但这很难准确地预测和控制，ProDÓT-Fl 是一个例子[13]。另外，构建供体-受体(D-A)骨架是一种有效的方法，可以产生多种多样的彩色电致变色。Levent Toppare 课题组在此领域做出多次尝试，可以在他们的综述中查阅[76—77]。在 p 型掺杂过程中，D-A 型聚合物不仅会出现多种颜色的状态，而且可能会出现双极性特性，这意味着该聚合物还可以通过 n 型掺杂转换为更多的颜色状态，例子如 PTBTTh 和 PTBTPh[78]。除了这些外，在 ECP 骨架中修饰电致变色基团对实现多色变色具有重要作用，如通过电化学聚合将偶氮苯、香豆素或荧光素连接至三联噻吩基链[79]，表现出有趣的颜色变化，包括红色、蓝色、绿色、棕色、橙色和深灰色状态。本段中提到的研究如图 6.17 所示。

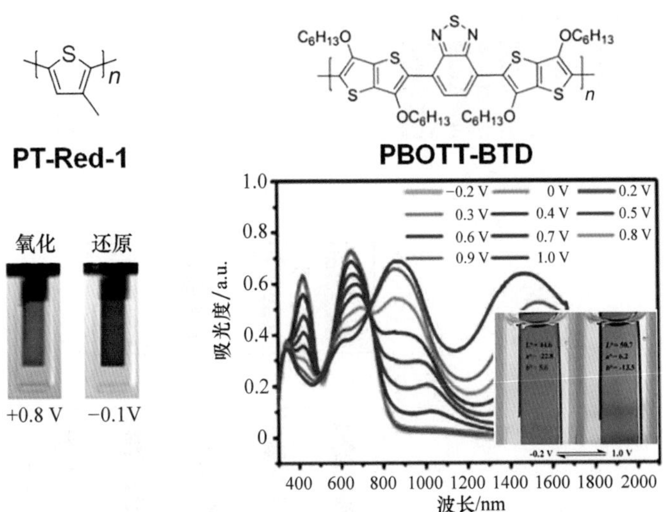

图 6.17 多色电致变色聚合物

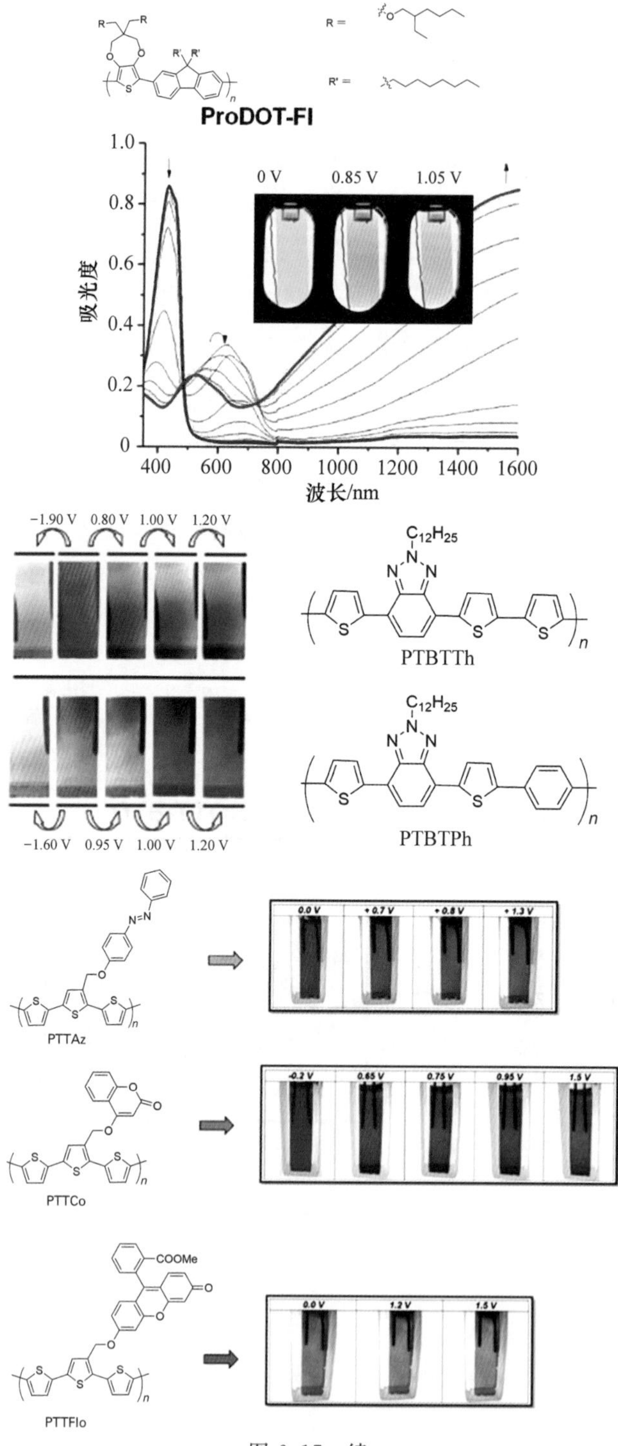

ProDOT-Fl
R =
R' =
0 V
0.85 V
1.05 V
吸光度
波长/nm
−1.90 V
0.80 V
1.00 V
1.20 V
−1.60 V
0.95 V
1.00 V
1.20 V
PTBTTh
PTBTPh
PTTAz
0.0 V
+ 0.7 V
+ 0.8 V
+ 1.3 V
PTTCo
-0.2 V
0.65 V
0.75 V
0.95 V
1.5 V
COOMe
PTTFlo
0.0 V
1.2 V
1.5 V

图 6.17 续

就实际应用的潜力而言，除了新型的三合一聚合物在氧化还原过程中表现出RGB颜色外[80]，绿色到土壤色转变的ECP也引起了关注，可应用于伪装领域。以喹喔啉作为受体构建D-A结构，合成了绿色切换成棕色的电致变色材料，并制备了一种织物型电致变色器件，像变色龙一样，可以在森林和沙滩环境下真正用作自适应伪装[81]，如图6.18(a)。类似地，由噻吩和噻吩并[3,4-*b*]吡嗪与咔唑单元交替组成的D-A聚合物在氧化时也显示出绿色至棕色的转变，基于其中一种聚合物，在P3HT的协助下制备了彩色器件，以显示自适应伪装能力[82]，如图6.18(b)。此外，基于二噻吩吡咯的聚合物具有像土壤的棕色、像植被的绿色和像海洋的蓝色，这几种颜色的变化使其表现出多场景应用的可能性[83]，如图6.18(c)。

6. 阳极着色材料

高带隙聚合物通常在紫外光区域保持很少的吸收，使其在中性状态下呈现无色或高透过率的状态，并在被氧化时着色，即阳极着色。与阴极着色物质相比，阳极着色材料可以更轻松地实现有益的无色透明状态，因此具有更高的光学对比度，这对于阴极着色聚合物来说是困难的，因为其在氧化时会在可见光区域存在不可避免的残留吸收。

阳极着色聚合物的一组主要体系是三芳胺聚合物，该体系聚合物可以保持高带隙，同时氮原子中心容易被氧化，并形成稳定的自由基阳离子以表现出鲜明的着色状态。然而，基于三芳胺共轭型聚合物的研究不多，因此我们将对一些例子(如聚酯、聚胺)进行介绍。在2012年报道的一篇综述对这个领域的大量工作进行了总结，包括图6.19(a)中的聚胺的多色变化[84]。类似地，含三芳胺单元的聚醚材料如图6.19(b)所示[85]。另外，含双三芳胺单元的聚胺表现出多色切换的电致变色性能，如图6.19(c)所示[86]。

此外，含有咔唑和芴的聚合物也被研发出来，属于阳极着色电致变色材料，可从中性状态的无色或透明黄色转换为蓝色、绿色或其他更深的颜色。即使关于阳极共轭电致变色聚合物的报道数量仍然有限，在非共轭聚合物中仍可以找到更多的例子。

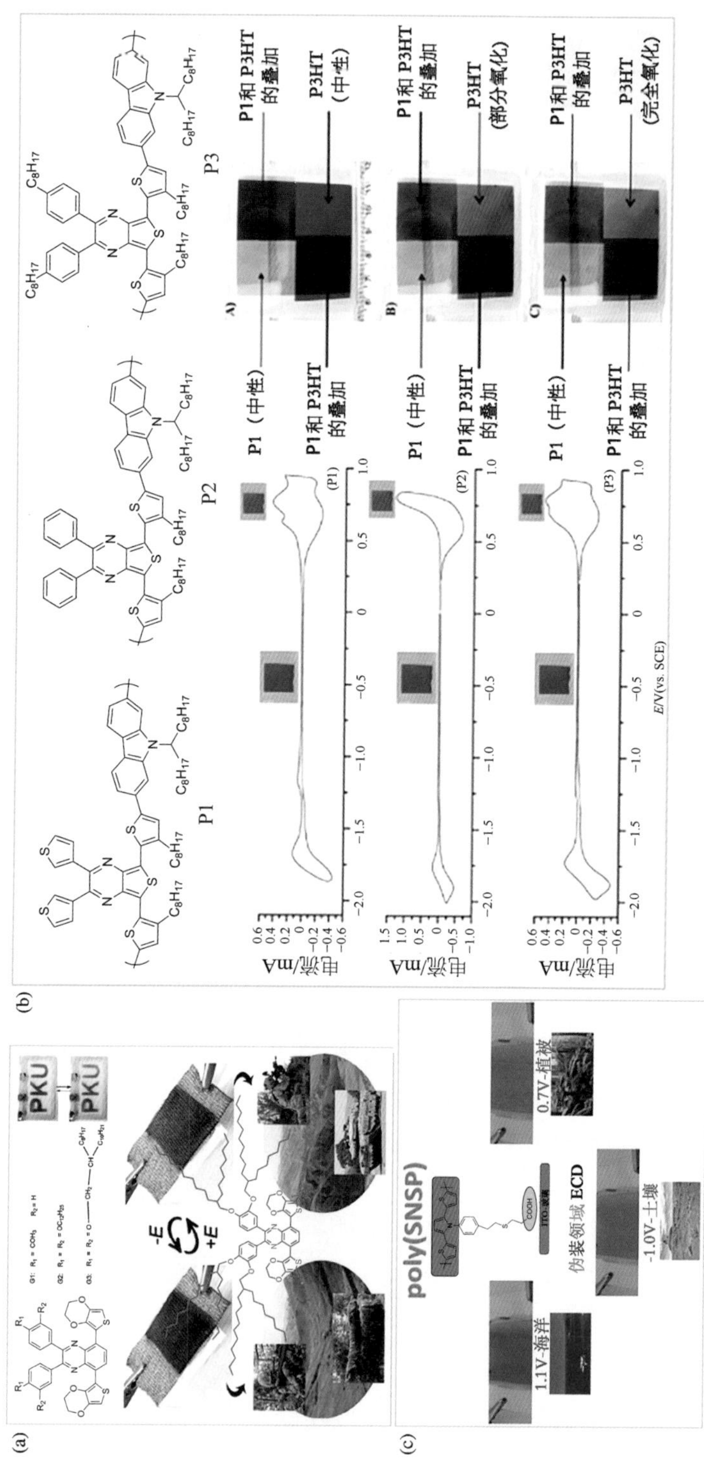

图 6.18 绿色到土壤色转变的聚合物材料与相应器件

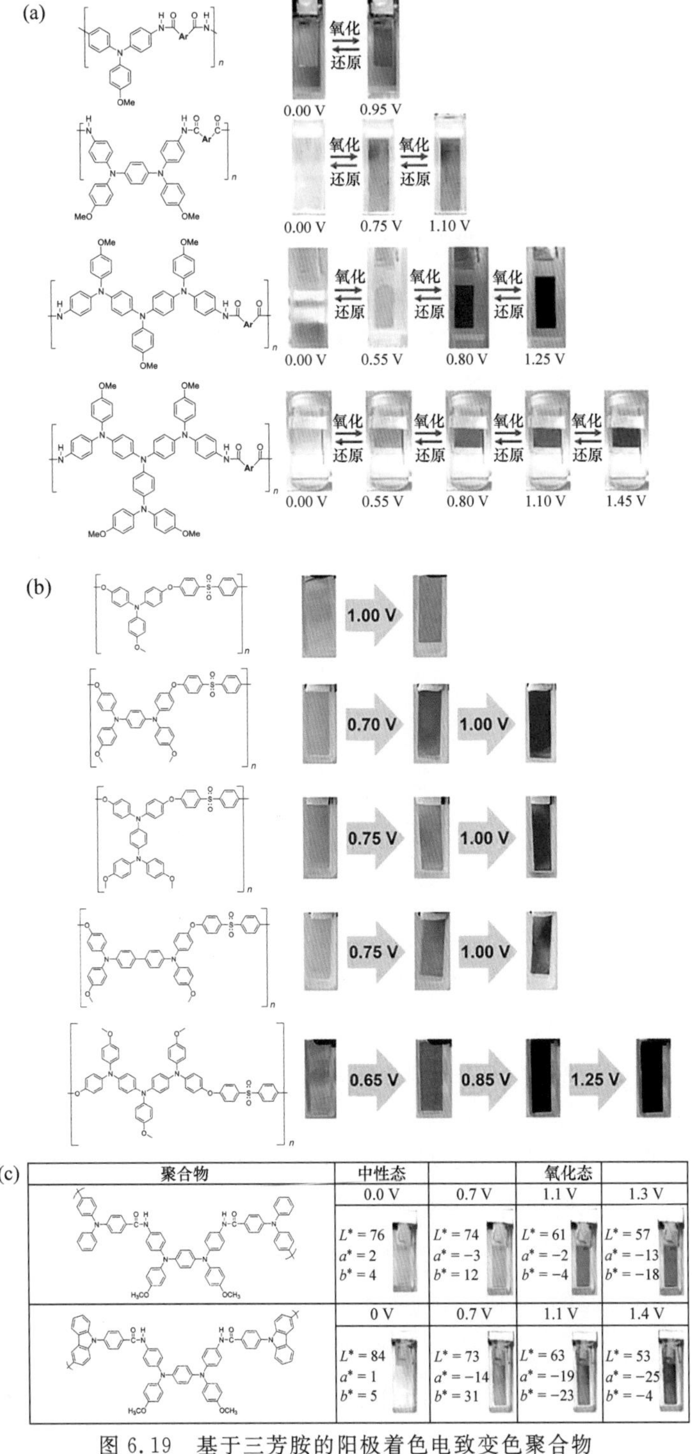

图 6.19 基于三芳胺的阳极着色电致变色聚合物

6.2.4 水溶性或可溶于“绿色溶剂”的 ECP

在过去的几十年中，有机溶剂可溶性的导电聚合物得到了广泛的发展。以前，溶解于一些常见的有机溶剂被认为是实现导电聚合物溶液可加工性的唯一途径。自从1987 年 F. Wudl 等人首次证明了两种聚合物，聚(3-噻吩-β-乙磺酸钠)(P3-ETSNa)和聚(3-噻吩-δ-丁烷磺酸钠)(P3-BTSNa)在掺杂和未掺杂状态下均溶于水(图 6.20)[87]，许多科学家为开发出水溶性导电聚合物付出了极大的努力。通常，会使用离子性侧基对水溶性聚合物进行修饰以实现官能化，例如磺酸盐($—SO_3^-$)、羧酸盐($—CO_2^-$)、磷酸盐($—PO_3^-$)和铵盐($—NR_3^+$)，使有机骨架可溶于水。水溶性导电聚合物的显著优点是环境影响和加工成本达到最小，从而提高了实际的商业可行性。

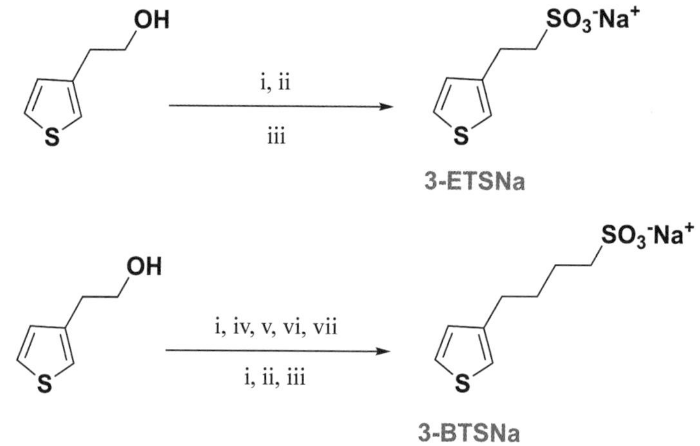

i. MsCl; ii. NaI; iii. Na_2SO_3/H_2O; iv. $CH_2(CO_2Et)_2/NaH$;
v. KOH/EtOH; vi. 加热; vii. LAH

图 6.20 单体 3-ETSNa 和 3-BTSNa 的化学结构[87]

2010 年，J. R. Reynolds 等人报道了第一种使用水喷雾加工的共轭电致变色聚合物，如图 6.21 所示，他们利用了带有烷基酯侧链的 3,4-丙烯二氧噻吩(ProDOT)的均聚物，并裂解了这些增溶性基团，获得了离子型 π-共轭聚合物盐。这些聚合物由于具有酯基而可溶于有机溶剂，同时以羧酸盐形式获得良好的水溶性。这些特征使它们可以溶在水中进行喷雾加工。得到喷涂薄膜后中和，使去酯基官能化的 PProDOT 的电致变色性能得以完全恢复。将两种不同处理方式的薄膜都进行氧化还原循环直到达到稳定且可重复的电化学切换。去官能化过程没有显著改变电致变色薄膜中性状态的紫蓝色，掺杂时 PProDOT-ester(P1-ester)和 PProDOT-acid(P1-acid)之间没有观察到透射率的明显差异[88]。

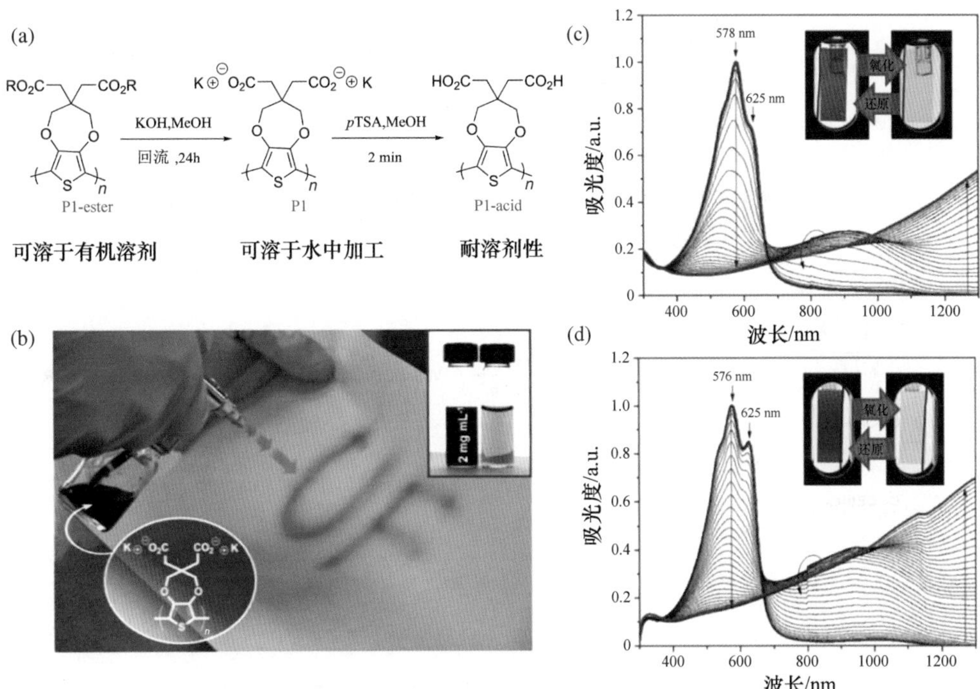

图 6.21 聚合物的化学结构(a)；浓缩的 PProDOT-salt (P1)水溶液和使用传统的喷枪进行简单的处理(b)；PProDOT-ester (P1-ester)的光谱电化学谱(溶于甲苯中，浓度为 2 mg · mL^{-1}，喷涂至 ITO-玻璃表面形成薄膜)(c)；PProDOT-acid (P1-acid)的光谱电化学谱(溶于水中，浓度为 2 mg · mL^{-1}，喷涂至 ITO-玻璃表面形成薄膜，随后通过浸润在含 *p*TSA 的 MeOH 溶液，约 1 mg · mL^{-1} 中使其中性化)[88](d)

为了开发出含有未官能化受体重复单元的水溶性供体-受体型共聚物，以实现对吸收光谱的精细调控，J. R. Reynolds 等将四个羧酸酯基团引入到 ProDOT 单元中，并和 2,1,3-苯并噻二唑(BTD)单元共聚以产生两种电致变色聚合物：ECP-Blue-A(P2-ester)和 ECP-Blue-R(P3-ester)。酯基的随后皂化可得到水溶性大于 4 mg · mL^{-1} 的聚合物羧酸盐(P2 和 P3)，如图 6.22 所示。因此，可以通过水溶液喷雾处理将已皂化的 P2 和 P3 聚合物羧酸盐加工成薄膜。随后进行中和，所得的聚合物羧酸膜均具有耐溶剂性，并且可以在 KNO_3/水电解液中实现有色状态与透明态之间的电化学切换。P2-acid 和 P3-acid 在 655 nm 与 555 nm 处的光学对比度分别为 38%和 39%[89]，如图 6.23 所示。

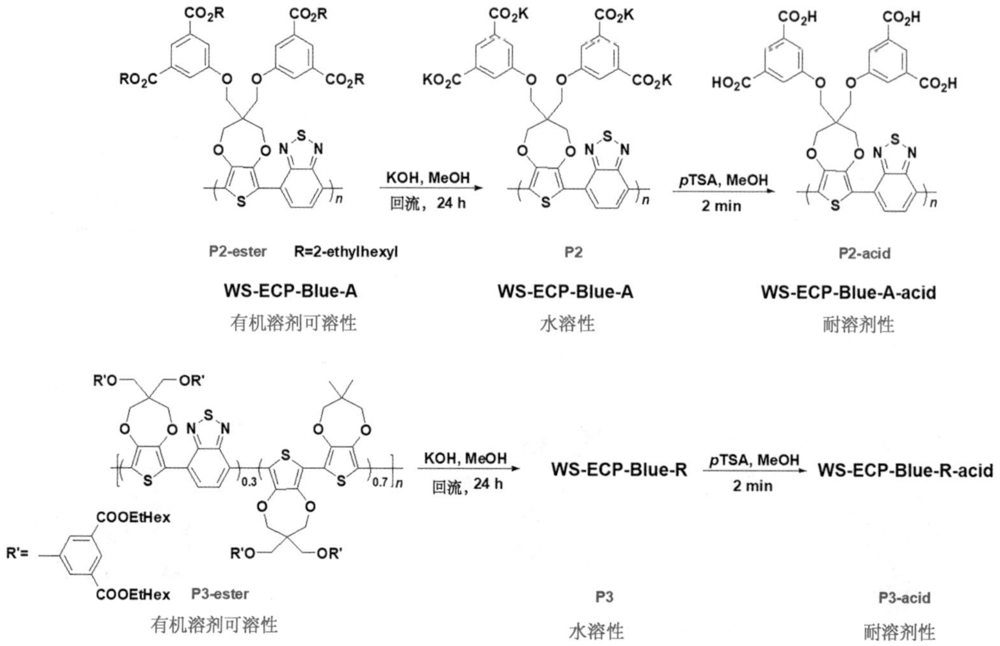

KOH, MeOH
回流，24 h
pTSA, MeOH
2 min

P2-ester R=2-ethylhexyl
WS-ECP-Blue-A
有机溶剂可溶性

P2
WS-ECP-Blue-A
水溶性

P2-acid
WS-ECP-Blue-A-acid
耐溶剂性

KOH, MeOH
回流，24 h
WS-ECP-Blue-R
pTSA, MeOH
2 min
WS-ECP-Blue-R-acid

R'= COOEtHex COOEtHex
P3-ester
有机溶剂可溶性

P3
水溶性

P3-acid
耐溶剂性

图 6.22 聚合物 P2 和 P3 的化学结构以及相应的聚合物羧酸盐[89]

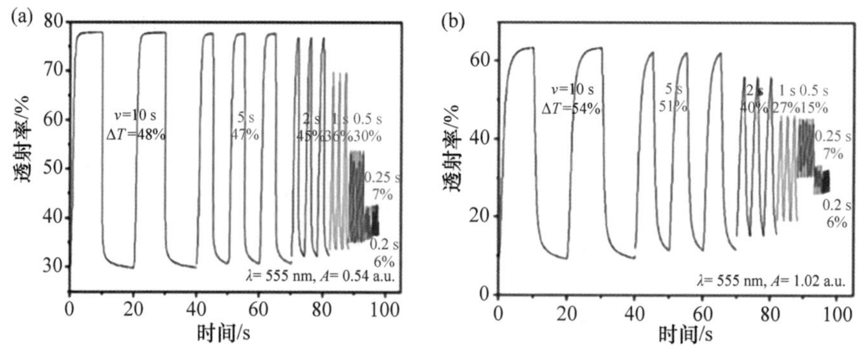

图 6.23 方波电位阶跃计时吸收法：ECP-Blue-A (P2-ester)(655 nm，电位循环范围 −0.31 V～+0.74 V vs. Fc/Fc^{+})(a)和 P-Blue-R (P3-ester)(555 nm，电位循环范围 −0.49 V～+0.56 V vs. Fc/Fc^{+})，0.2 mol·L^{-1} LiBTI/PC 电解液溶液(b)；WS-ECP-Blue-A-acid (P2-acid)(635 nm，电位循环范围 −0.1 V～+0.95 V vs. Ag/AgCl)(c)和 WS-ECP-Blue-R-acid (P3-acid)(555 nm，电位循环范围 −0.2 V 至 +0.95 V vs. Ag/AgCl)，0.2 mol·L^{-1} KNO_3/水电解液溶液[89](d)

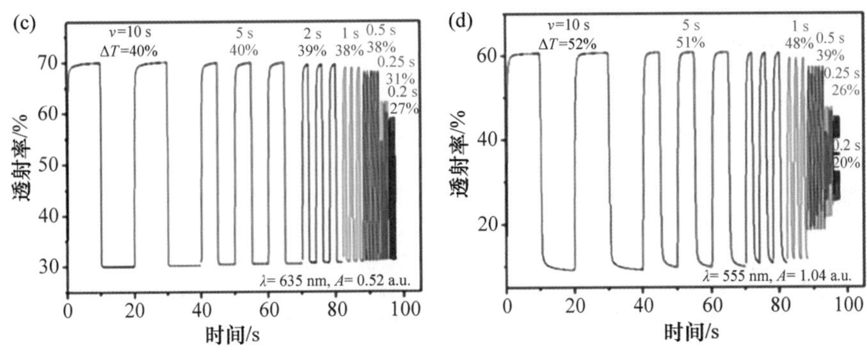

图 6.23 续

为了进一步探索上述方法的使用范围和通用性，以使需要氧化还原活性的应用范围更广泛，将带有多烷基酯基侧链的 3,4-丙烯二氧噻吩(ProDOT)单体，在直接芳基化偶联聚合(DHAP)条件下，与二氢杂芳基物种(EDOT)聚合，得到有机溶剂可溶性(organic soluble，OS)聚合物(P4)(图 6.24)。将酯基侧链水解成相应的共轭聚电解质，发现羧酸盐聚合物可溶于水(最高 10 mg・mL^{-1})。可以使用多种方法将水溶性(water soluble，WS)聚合物(P4)加工成薄膜，通过稀酸洗涤进一步质子化，所得的带有羧酸侧链的薄膜不溶于有机介质和水性介质，被称为耐溶剂性(solvent resistant，SR)，图 6.25 展示了总体的转换过程[90]。

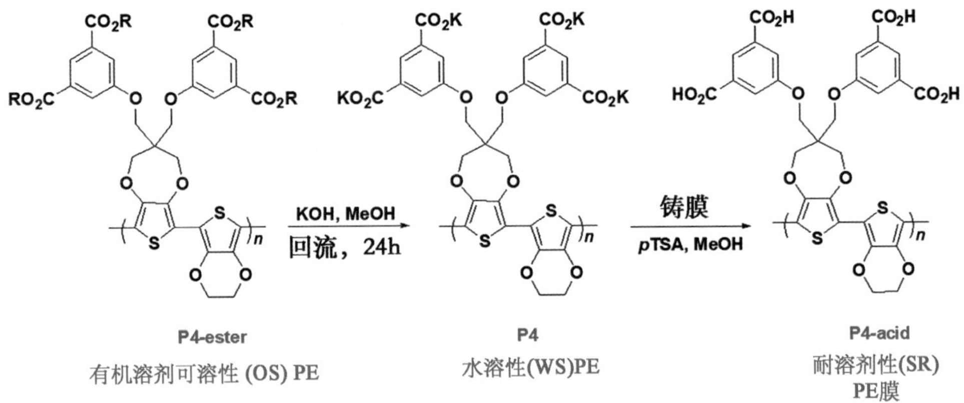

图 6.24 聚合物 P4 的化学结构以及相应的聚合物羧酸盐[90]

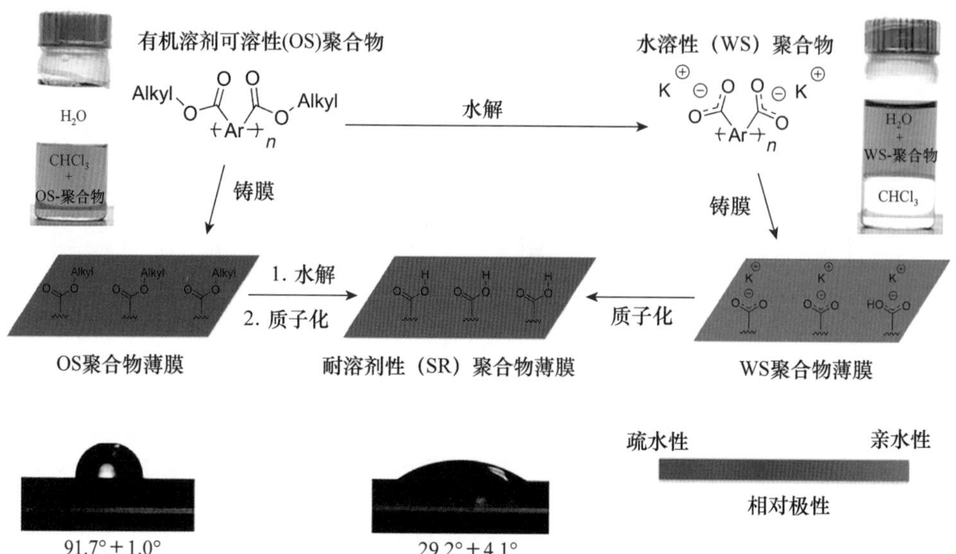

图 6.25　有机溶剂可溶性聚合物(P4-ester)转化为水溶性羧酸盐聚合物(P4)的过程[90]

如图 6.26 所示，这种材料(P4-acid)具有高亮蓝色中性态(λ_{max}=613 nm)和高透射率氧化态，因此对比度高，适于作为电致变色材料，且电致变色响应速率高(～0.2 s)。此外，含有这种耐溶剂共聚物(P4-acid)的超级电容器在电流高达 20 A・g^{-1}(放电时间为 1 s)时表现出对称的充电/放电行为，使用 0.5 mol・L^{-1} NaCl/水作为电解液，在使用 175000 次循环后仍能保持大于初始电容 75%的电容量。水溶性、优异的电致变色特性、高电容以及在水性介质中的稳定性等多种优势组合，表明该材料具有多种电化学应用的潜力，例如电致变色器件、超级电容器和生物相容性器件[90]。

徐春叶等也报道了另一种高度区域对称且可水溶液处理的 ProDOT 衍生物，如图 6.27 所示，可在蓝色和透明色之间切换。部分水解后的 PProDOT 盐(溶解度为 8 mg・mL^{-1})的水加工性能具有绿色化学的优势，为工业规模的设备应用另辟蹊径。蓝色至透明色切换的电致变色聚合物(P5-acid)表现出高的对比度(在 580 nm 下为 56%)和相对较快的响应速度(1.8 s)[91]。

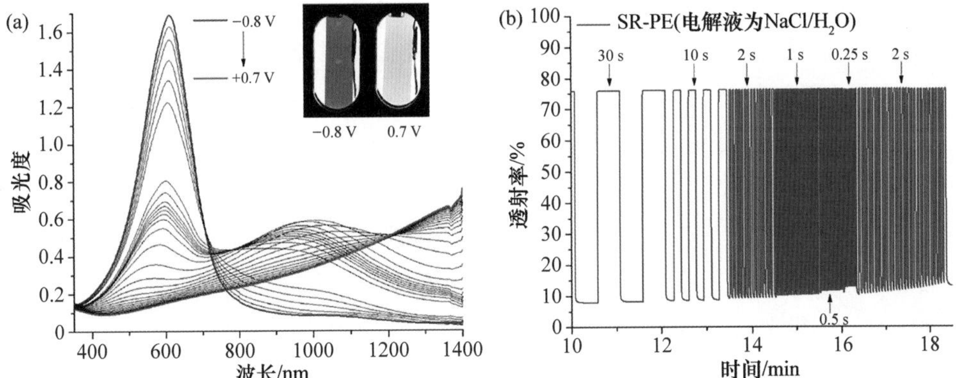

图 6.26 光谱电化学图(以 50 mV 作为电压增量,范围−0.80 V～+0.70 V vs. Ag/AgCl)和在−0.80 V 与+0.70 V 下的薄膜图片(a);在最大吸收波长处测的聚合物羧酸 SR-PE(P4-acid)透射率变化图(电解液为 0.5 mol·L^{-1} NaCl/水,方波电压在−0.80 V 与+0.70 V vs. Ag/AgCl 之间循环)(b)[90]

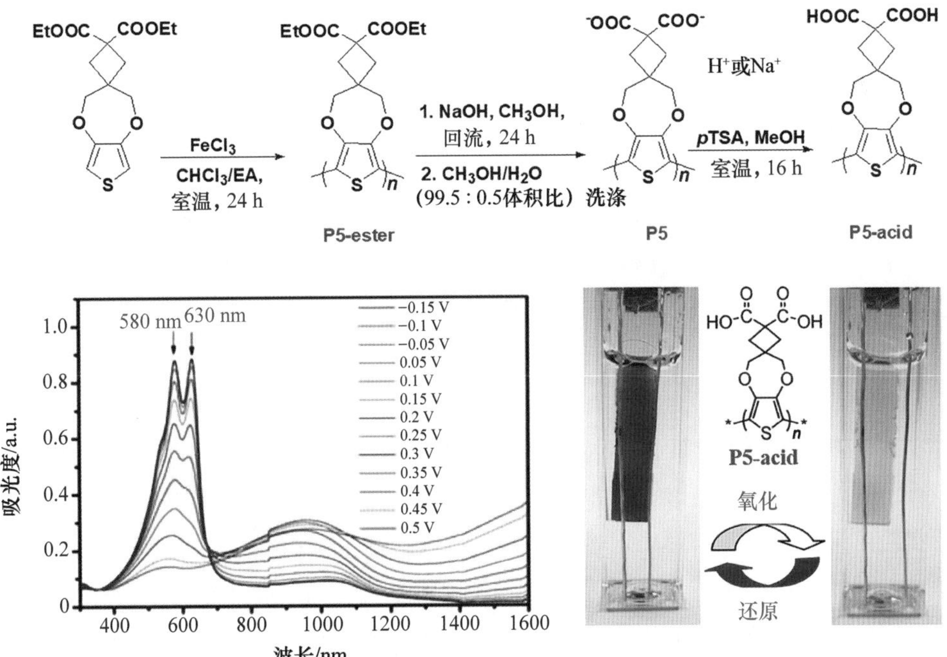

图 6.27 可水溶液加工的 ProDOT 衍生物(P5-acid)的电致变色性能[91]

科研人员在开发水溶性电致变色聚合物的新方法方面已经进行了许多努力。K. C. Ho 等报道了一种制备可水溶液加工的普鲁士蓝复合聚苯胺与聚苯乙烯磺酸盐(PB-PAIN：PSS)纳米材料。该复合膜表现出具有三种光学状态的多色电致变色性能，中性状态下呈现高度透明(−0.5 V vs. Ag/AgCl)，在+0.2 V 下呈绿色，这主要源于 PANI 在+0.5 V 下呈蓝绿色[92]。邢星等报道了通过细乳液法将聚合物聚[2,3-双-(3-辛烷氧基苯基)喹喔啉-5,8-二基-交替-噻吩-2,5-二基]（TQ1）制备成水分散型电致变色聚合物纳米颗粒(WDENs)。相比于常规聚合物 TQ1，制备成纳米颗粒后的响应速度快得多(例如在 0.4 V 时两者的着色时间为 2.10 s 与 24.15 s，漂白时间为 8.65 s 与 25.95 s；在 1.0 V 时着色时间为 1.30 s 与 9.20 s，漂白时间为 1.7 s 与 2.90 s)。微型电化学测量表明电解质和纳米颗粒薄膜之间的反离子扩散比常规聚合物薄膜更高效，这使电致变色响应更快[93]。

基于绿色环境和低成本大规模制造的迫切需求，近年来设计可溶于良性有机溶剂(乙酸乙酯等)、水或醇的电致变色活性聚合物引起了广泛关注。另外，还需要与水性电解液相容的 ECP 薄膜。基于此，在过去的几十年中已经探索了几种途径。其中一种是带电荷的聚合物，是通过在水溶性聚电解质主体(例如 PEDOT：PSS)中聚合 ECP 而获得的，但这种方法仍然有一定的局限性。其他途径与对共轭聚合物进行功能改性有关，例如引入离子基团，如—SO_3^-，—NR_3^+ 等。与此类似，盐碱化也可以增加水溶性。但是，这些水溶性聚合物无法被水性电解液浸润并在其中进行电化学循环。为了同时实现水溶性和水交换性，一种策略是合成经侧基修饰后的聚合物(本质上可溶于有机溶剂)，这些侧基通过某些处理可直接转化为水溶性类似物。可在有机溶剂中进行简单地合成和水加工性处理用于薄膜的形成，在 2015 年和 2019 年出版的书籍的一些章节中都做出过详细的介绍[7,94]。

最近，通过 DHAP 合成具有四酯基功能性侧链的基于 ProDOT 的聚合物，以同时实现有机溶剂的溶解性和水性电解液的相容性。将所得的聚合物 ProDOT-TetEster 溶于环境可持续性溶剂 2-甲基四氢呋喃中随后喷涂成膜，并通过 90°的接触角实验结果证明了薄膜的亲水性表面，表明其良好的水相容性。在 0.1 mol·L^{-1} 的 NaCl 水电解液中，其氧化还原活性优异，而在相同条件下，带有乙基己基醚链和丁基辛基酯链的聚合物(ProDOT-OEtHx 与 ProDOT-BOE)的 CV 曲线并不明显，如图 6.28 所示。总而言之，成对酯基的引入使聚合物可以从良性合成中获得，可以在良性溶剂中加工，并且可以与水性电解质相容[95]。

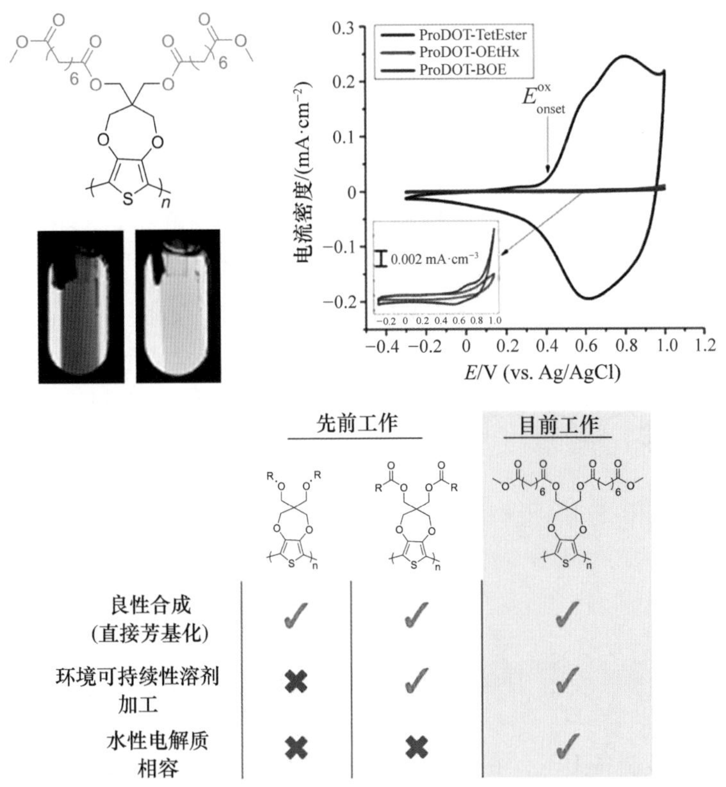

图 6.28　含有四酯基功能性侧链的基于 ProDOT 聚合物的溶解性调控[95]

6.3　基于吡咯单元的电致变色共轭聚合物

6.3.1　引言

在众多共轭聚合物中，聚吡咯(PPy)是迄今为止研究最广泛的聚合物，因为它具有多种优势，例如低氧化电位、水溶性、其单体(吡咯)的低成本等[96]。1968 年，研究人员将吡咯在硫酸中氧化为黑色粉末制得 PPy，并证实这是一种导电聚合物[97]。此后，IBM 公司的研究人员发现可以通过电化学聚合法制备 PPy。由于单体吡咯的低氧化电位，电化学聚合过程可以在水性电解液[98—99]或有机电解液[100]中进行。在刚开始氧化时，单体的自由基阳离子状态形成，并与其他同在溶液中的单体反应形成寡聚物，最后逐渐得到聚合物。Diaz 等对整个聚合过程的机制进行了描述(图

6.29)[101]，而后得到了 Waltman 等关于自由基阳离子的反应性和未成对电子密度之间相关性的理论研究的支持[102—103]。

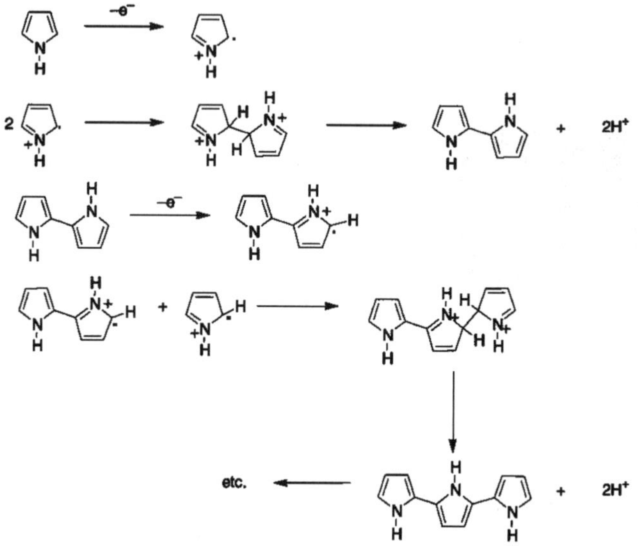

图 6.29 Diaz 等提出聚吡咯的电化学聚合机理[101]

电化学聚合可制备 PPy。在导电聚合物中，PPy 是第一个被研究光电性能的聚合物，其电子结构可以随着掺杂而可逆地改变。中性态 PPy 的能级图如图 6.30(a)所示。中性 PPy 被氧化后，会发生类苯型结构向类醌型结构的局部弛豫，从而产生自由基阳离子(极化子)[104]。极化子的形成将引起两个新的能级出现，对称地位于带隙之间。因此，在更长波长的位置出现两个新的电子跃迁。进一步氧化形成双极性子，双极性子指耦合阳离子(双阳离子)的电荷载流子。在空的低能态下，由于跃迁是从价带顶部发生，双极化子具有宽泛和低能量的吸收，如图 6.30(c)。随着聚合物的进一步被氧化，双极化子能态重叠并形成中间带结构，如图 6.30(d)所示。因此，聚合物的光学状态(和颜色)通过形成新的电子态(p 型掺杂)而改变，这将导致较低的能量吸收[105]。

6.3.2 聚吡咯(PPy)的电致变色性能

据报道，PPy 的光学带隙为约 2.7 eV，可以从中性态黄色转变为氧化态的蓝紫色(图 6.31)。但是，只有极薄的 PPy 薄膜可以被完全去掺杂，并且光学对比度较低，这限制了 PPy 在电致变色领域的应用。此外，在电化学循环期间过程中，由 β 耦合引起的结构缺陷将导致共轭断裂，从而导致较低的稳定性[107]。

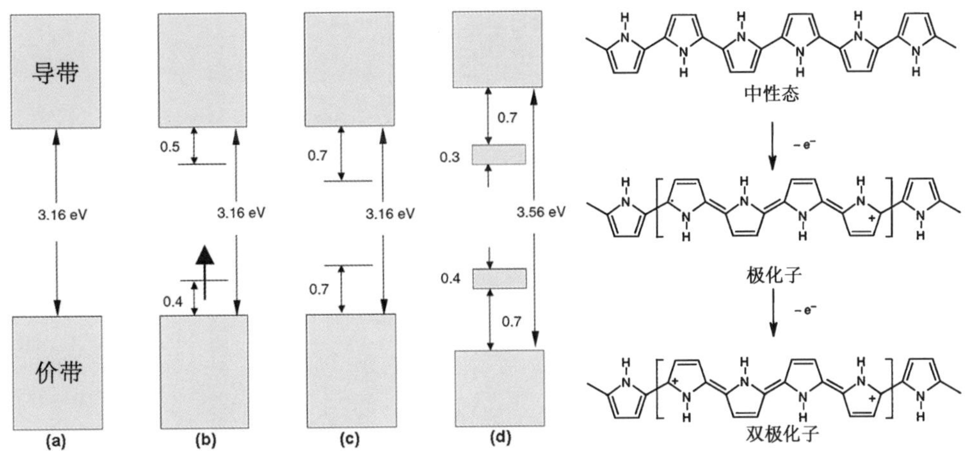

图 6.30　电子能级图和结构：中性态 PPy(a)；极化子(b)；双极化子(c)；完全被掺杂的 PPy(d)[106]

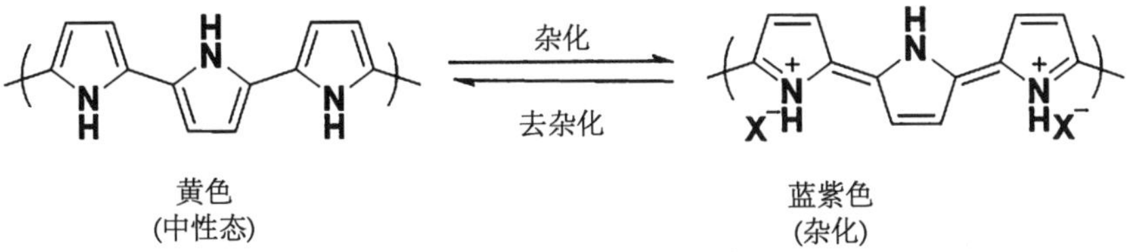

杂化

去杂化

黄色
(中性态)

蓝紫色
(杂化)

图 6.31　聚吡咯的电致变色

6.3.3　PPy 电致变色性能的调控

众所周知，聚吡咯的低溶解度和加工性阻碍了它们的工业应用，因此目前相关研究已经引入了各种取代基以提高其溶解度。此外，由于导电聚合物的着色主要取决于光学带隙及其能带结构，因此可以通过对聚吡咯重复单元进行特制功能化来提高电致变色性能。聚吡咯衍生物的技术发展历程如图 6.32 所示。

1. 聚(*N*-取代吡咯)的结构修饰

在吡咯的 N 原子位点引入甲基、丁基、苯基等多种取代基，制备了一系列聚(*N*-烷基吡咯)，氧化后均表现出黄色至棕黑色的电致变色现象[108]。与聚(*N*-甲基吡咯)不同，由二聚体 *N*,*N*′-二甲基-2,2′-双吡咯聚合而成的聚(*N*,*N*′-二甲基-2,2′-双吡咯)具有高于其 30 倍的导电率，在中性态下呈淡黄色且吸收光谱发生蓝移，在完全氧化状态下呈灰色[109—110]。另外，当亚苄基氨基被引入 PPy 时，它们在氧化态下由红色转变到蓝色[111]。

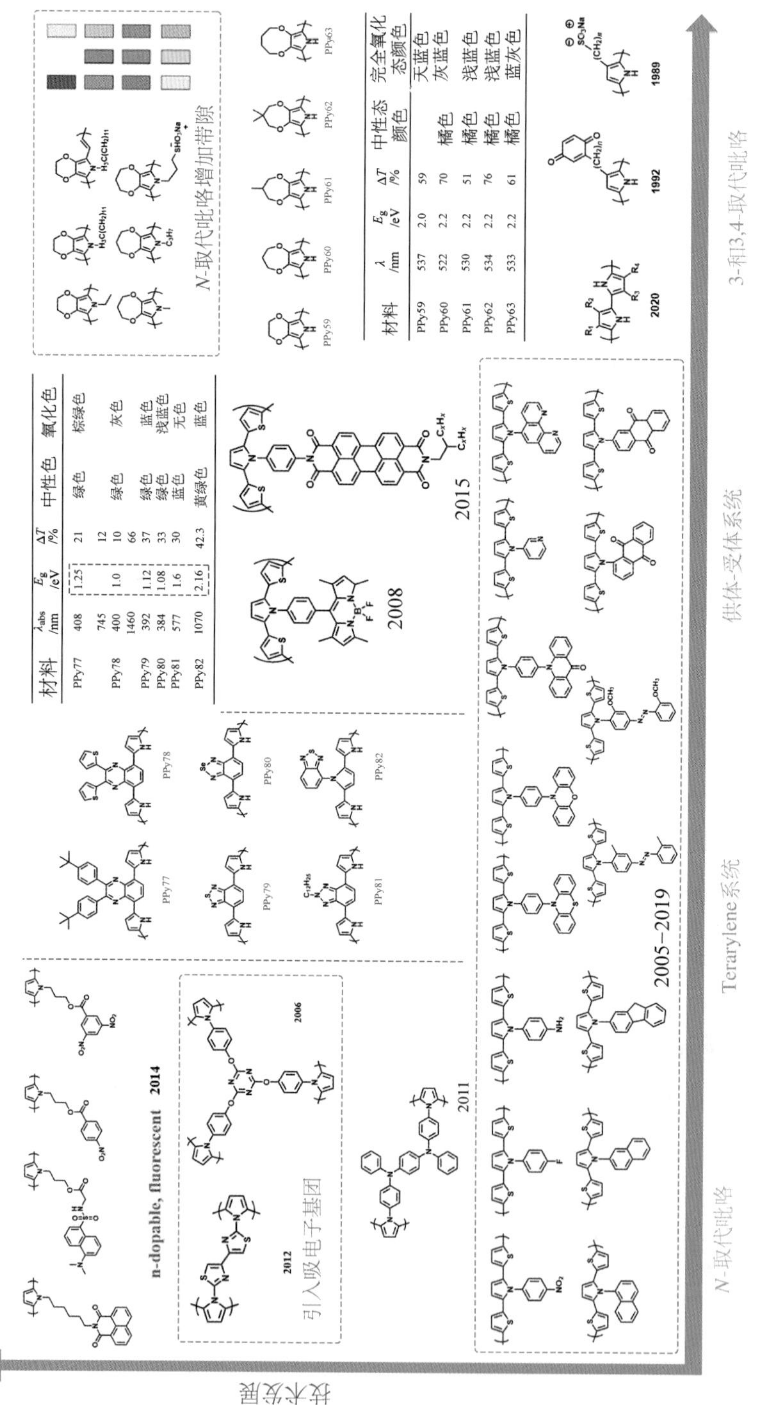

材料	λ_{abs}/nm	E_g/eV	ΔT/%	中性色	氧化色
PPy77	408	1.25	21	绿色	棕绿色
	745		12		
PPy78	400	1.0	10	绿色	灰色
	1460		66		
PPy79	392	1.12	37	绿色	蓝色
PPy80	384	1.08	33	绿色	浅蓝色
PPy81	577	1.6	30	蓝色	无色
PPy82	1070	2.16	42.3	黄绿色	蓝色

材料	λ/nm	E_g/eV	ΔT/%	中性态颜色	完全氧化态颜色
PPy59	537	2.0	59		天蓝色
PPy60	522	2.2	70	橘色	灰蓝色
PPy61	530	2.2	51	橘色	浅蓝色
PPy62	534	2.2	76	橘色	浅蓝色
PPy63	533	2.2	61	橘色	蓝灰色

图 6.32 聚吡咯衍生物的技术发展历程

由呈星形的单体进行电聚合得到的另一种聚吡咯衍生物在完全氧化和还原的状态下显示红色和青绿色，在700 nm处测得光学对比度为20%，响应时间为1.1 s[112]。在不存在和存在3,4-乙烯二氧噻吩的两种情况下，将修饰有双噻唑基团的吡咯衍生物进行电化学聚合制备聚合物。共聚物表现出多色变色性能，覆盖的可见光谱范围宽。通过基于双噻唑的共聚物可实现0.6 s的短响应时间和54%的高光学对比度[113]。张诚等报道了基于三苯胺的聚吡咯衍生物(PPy6)，在不同电位下具有六种不同的颜色，在852 nm和617 nm处分别具有41%和52%的高光学对比度，在410 nm、852 nm和617 nm处的响应时间为1.3 s、1.4 s和0.6 s[114]。将N-链型双吡咯分子在水中电化学氧化形成聚合物膜(PPy7)，表现出中性态透明黄色、中间态亮粉色、氧化态蓝色[115]。

显然，上面介绍的大多数聚吡咯衍生物属于p掺杂型。为了得到n掺杂型、可溶的且有荧光的电致变色聚吡咯衍生物，P. Camurlu等通过烷基间隔将1,8-萘酰亚胺单元引入吡咯中，该聚合物PPy8的最大吸收波长在471 nm和543 nm处。并且PPy8在704 nm位置表现出33.37%的光学对比度和1.63 s的响应时间[116]。在电解液中加入20%的三氟化硼，随后电化学聚合制备另一种含丹磺酰取代基的荧光聚吡咯衍生物PPy9，具有绿色荧光的PPy9在中性态时呈绿黄色，在氧化态时呈灰绿色[117]。另外，两种基于硝基苯甲酰的荧光聚吡咯衍生物PPy10和PPy11被研发出来，它们的聚合物薄膜均表现出电致变色的现象，颜色从浅绿色(还原态)变化到深灰色(氧化态)，氧化态时在红外区域也有显著的吸收[118]。

1987年，Ferraris和Skiles首次通过噻吩和吡咯衍生物的直接聚合获得2,5-双(2-噻吩基)-1H-吡咯聚合物(PSNS)，随后许多研究人员报道了一系列基于2,5-双(2-噻吩基)-1H-吡咯(SNS)的多种不同聚合物。相对于参比电极Ag/AgCl，PSNS衍生物的氧化电位约为0.7 V[119—120]，表明在SNS单体中两个噻吩单元之间引入吡咯环会降低聚合物薄膜的氧化电位，因为聚噻吩和聚吡咯的氧化电位分别为1.5 V和0.9 V(相对于参比电极Ag/AgCl)。为了开发各种高性能的电致变色聚合物，L. Toppare等报道了大量基于SNS的聚合物，证明了通过增加噻吩间隔达到最小化中心取代基的空间影响。可溶性聚合物PPy12由1,4-硝基苯基-2,5-二(2-噻吩基)-1H-吡咯($SNSNO_2$)单体经电聚合制备，在400 nm和860 nm的对比度为13%和23%[121]。接着，继续开发了新的可溶性聚合物PPy13，但对比度不高，在398 nm处为2.3%[122]。通过单体1,6-双[2,5-二(噻吩-2-基)-1H-吡咯-1-基]己烷的电化学氧化聚合来制备另一种聚合物PPy14，在完全还原(0 V)时显示黄色，在氧化态

(+1.0 V)时变为蓝色[123]。在 $LiClO_4$ 和 $NaClO_4$(1∶1)作为电解质的乙腈溶液中，一种新型单体 4-[2,5-二(噻吩-2-基)-1*H*-吡咯-1-基]苯胺通过电化学聚合得到的聚合物 PPy15,其电子带隙为 2.12 eV,完全还原时呈黄色且完全氧化时呈蓝色[124]。而 PPy16 聚合物在 410 nm 处的对比度为 8%,响应时间为 0.7 s,在 1230 nm 处对比度为 41%[125]。

此外,A. Cihaner 等开发了一系列基于 SNS 的导电聚合物 PPy17、PPy18、PPy19 和 PPy20。它们都在中性态下呈现黄色,在中间态下呈现绿色和蓝色,在氧化态下呈现紫色。这些聚合物可溶于有机溶剂且具有荧光[119,126—127]。将 4,4-二氟-4-硼-3a,4a-二氮杂对称引达省染料通过 N 原子位点引入到 SNS 中,相应的聚合物 PPy21 的带隙为 2.9 eV。发现两种状态(中性和氧化态)之间的透射率变化在可见光区域为 12.5%(351 nm)和 17.7%(525 nm),在近红外区域为 46.2%(1050 nm),响应时间为 1.0 s[128]。此外,A. Cihaner 等将偶氮染料引入 PSNS 聚合物中,获得两种基于 SNS 的聚合物 PPy22 和 PPy23[120],它们的两种单体在 360 nm 辐射下均表现出光异构特性。氧化后 PPy22 和 PPy23 的颜色分别从黄绿色变为深绿色,从芥末色变为绿色。通过 1-(1*H*-吡咯基 1-基)-2,5-二(噻吩-2-基)-1*H*-吡咯的电化学聚合制备的聚合物 PPy24 表现出电致变色现象,中性态呈橙色,氧化态呈紫色,还具有淡黄橙色的发光性质[129]。

Y. Shim 等报道了两种基于 SNS 的聚合物 PPy25 和 PPy26,它们在中心吡咯环中修饰 3-吡啶基和 1,10-邻菲罗啉。PPy25 的中性态呈黄褐色,全氧化态呈深蓝色。而 PPy26 的中性态呈绿黄色,全氧化态呈浅蓝色。两者都表现出在 1.0 s 内的快速响应时间[130]。傅相锴等报道了修饰有蒽醌单元的聚合物 PPy27 及 PPy28,均具有电致变色性能,还原时为黄色,中性时为灰色,氧化时为蓝色,相应的对比度在 780 nm 处为 18%和 16.5%[131]。随后还开发出三个基于 SNS 的聚合物 PPy29、PPy30 和 PPy31。除多色电致变色外,它们在不同波长下均表现出不同强度的发射带。与 PPy29 和 PPy31 相比,由于 O 原子的未共享电子对,PPy30 对热效应的稳定性较差[132]。为了提高对抗湿度和空气的稳定性,P. Camurlu 等报道了一种新的二茂铁取代的电致变色聚合物 PPy32,其带隙为 2.02 eV,掺杂后呈现黄色到蓝色,对比度较差,为 13.7%[133]。S. Tirkes and A. Cihaner 等报道了在 SNS 中吡咯的 N 位点引入芘,相应聚合物 PPy33 的响应时间在 1.0 s 内,从黄橙色到黄绿色,再到绿色/蓝色,最后到蓝色[134]。李承辉等开发了另一种含 SNS 和三苯胺的聚合物 PPy34,从 0 V 到 1.4 V 在可见光区呈现可逆的多色(黄色、亮绿色、红色和蓝色)以及在近红外光谱区域表现出优良的电致变色特性,对比度高(在 1550 nm 处 ΔT=70.5%,在 1310 nm 处

$\Delta T=67.9\%$)，响应时间也非常短[135]。T. Wu 等在聚合物主链的中心吡咯环上引入吲哚和 1,3-苯并二恶唑，分别命名为 PPy35 和 PPy36。PPy35 中性状态呈黄绿色，氧化后为蓝色。由于 1,3-苯并二恶唑中的两个氧原子增加了 SNS 单元的供电子能力，PPy36 中性态和高氧化态呈现黄色和蓝色[136]。P. Camurlu 等报道了一种新的含蒽单元的聚合物 PPy37，在 1.40 s 内由绿色转变到蓝色，着色效率为 78 $cm^2\cdot C^{-1}$[137]。他还公开了可 p 型和 n 型掺杂的基于 SNS 的聚合物 PPy38，结构中具有 1,8-萘酰亚胺，带隙为 3.15 eV，掺杂后呈现黄色到蓝色的变化[138]。另外，另一种 SNS 衍生物 PPy39 被研发用于研究芘对其光学和电子性质的影响。PPy39 带隙为 3.36 eV，中性状态为浅绿色，氧化状态下可在 2.48 s 内切换为蓝色[139]。S. Koyuncu 等在 SNS 单体的 N 原子位点引入苝二酰亚胺(PDI)受体作为侧链，通过电化学聚合工艺沉积在 ITO-玻璃表面。该聚合物 PPy40 在−1.2～1.0 V 范围内表现出双极性多色电致变色现象，包括在阳极和阴极区均依次呈紫色、紫红色、卡其色、蓝色。响应速率快，为 0.5 s。在 900 nm 时对比度高达 45%且着色效率为 254 $cm^2\cdot C^{-1}$。由于在 SNS 给体和 PDI 受体之间存在苯基间隔，激发态的电子相互作用将导致荧光的有效淬灭[140]。

为了改善聚合物的光学性能，M. Ak 和 H. Soyleyici 等利用联氨代替胺获得了新的基于 SNS 的聚合物 PPy41，与其他 SNS 聚合物相比，PPy41 具有最低的带隙，为 1.99 eV。PPy41 有三种不同的颜色：蓝色(1.0 V)、绿色(0.4 V)和红橙色(−0.2 V)。ΔT 和响应时间分别为 23%和 2.5 s(430 nm)，42%和 2.5 s(875 nm)[141]。为了进一步提高导电聚合物的溶解性，M. Ak 等报道了一种新型聚合物 PPy42，其中被取代的 2,5-二噻吩吡咯基团与烷氧基间隔基团结合。该聚合物在 900 nm 处的光学对比度为 60%，切换时间为 1.5 s[142]。设计了一种类似酰胺取代的基于 SNS 的聚合物 PPy43，但在 430 nm 处对比度小于 30%，在 900 nm 处着色效率为 277.77 $cm^2\cdot C^{-1}$[143]。利用对苯二胺合成了含 SNS 的双侧对称酰胺取代聚合物 PPy44，PPy44 具有提供三维电导率的超晶格结构。当电位增加到 1.7 V 时，聚合物由绿黄色变成蓝色。在 430 nm 和 850 nm 处的透过率变化为 40%和 87%[144]。另外，T. Soganci 等也合成了另一种双侧对称酰胺取代的 SNS 聚合物 PPy45，随着电压的增加由淡黄色变为蓝色，在 435 nm 处对比度高达 54%[145]。因此，酰胺取代的基于 SNS 聚合物具有类似的电致变色现象。

三芳胺类化合物由于具有高迁移率和低电离电位而受到广泛关注，牛海军等报道了一系列聚合物 PPy46、PPy47、PPy48、PPy49 和 PPy50，它们既含有 SNS，又含有不同的三芳胺单元。它们均具有近似的光学对比度，从黄色到灰蓝色再到紫色。

PPy46、PPy47 和 PPy48 比 PPy49 和 PPy50 响应快，这可能是由于它们的空间位阻更小[146]。

为了实现多色电致变色性能，胡彬等将 SNS 单元集成到咔唑-EDOT 衍生物中，得到不对称结构的化合物，并通过电化学聚合制备两种聚合物 PPy51 和 PPy52。在 0 V 时 PPy51 呈淡黄色，PPy52 呈橙色。随着电位的增加(0.4～0.9 V)，PPy51 和 PPy52 薄膜的主要吸收波长约在 800 nm，这归因于聚合物中咔唑-苯-吡咯单元的氧化，PPy51 的颜色转变为亮绿色(0.8 V)，而 PPy52 转变为黄绿色(0.6 V)和绿色(0.9 V)。随着电位的进一步增大，近红外区的吸收增加明显，PPy51 和 PPy52 薄膜分别呈现出淡紫色和蓝色[147]。他们也报道了三种新型的基于 SNS 的聚合物 PPy53、PPy54 和 PPy55，分别引入吩噻嗪、苯恶嗪和 9(10H)-吖啶酮。聚合物膜均能表现出多色变化，其中 PPy53 表现为黄绿色(0 V)、绿色(0.8 V)和紫红色(1.2 V)[148]。

一些 PPy 衍生物的化学结构式、在不同波长处的颜色变化和光学对比度以及发射光谱见图 6.33～6.35。它们的电致变色性能见表 6.1。

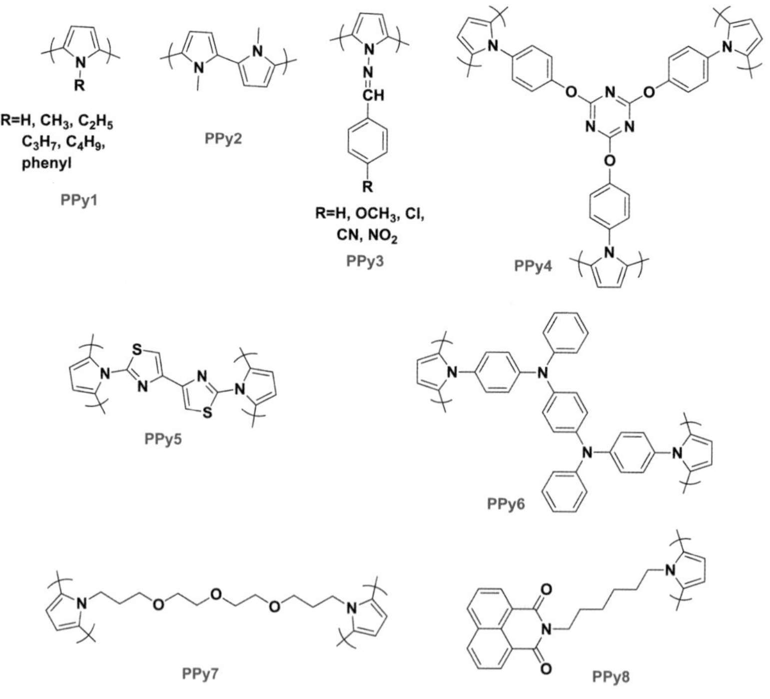

图 6.33 聚(*N*-取代吡咯)的化学结构

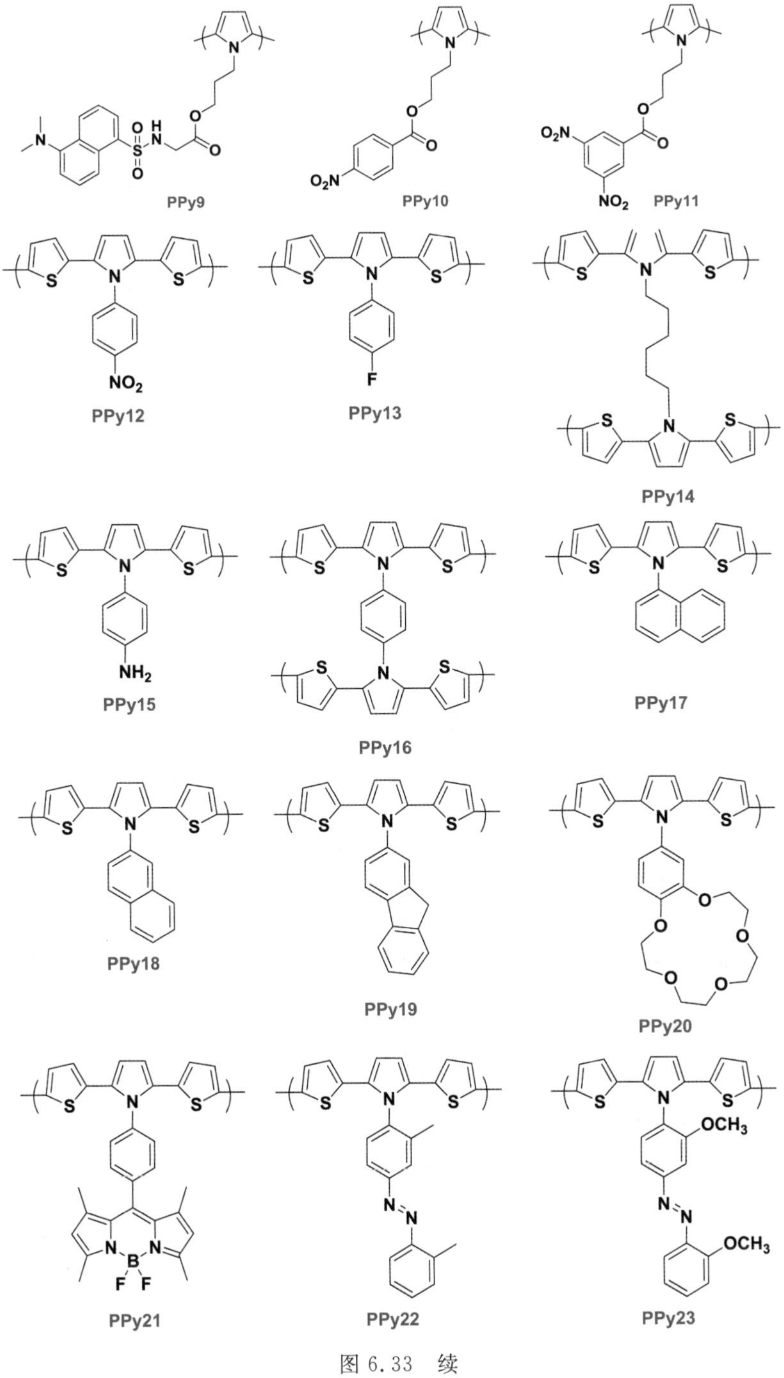

PPy9　PPy10　PPy11

PPy12　PPy13　PPy14

PPy15　PPy16　PPy17

PPy18　PPy19　PPy20

PPy21　PPy22　PPy23

图 6.33　续

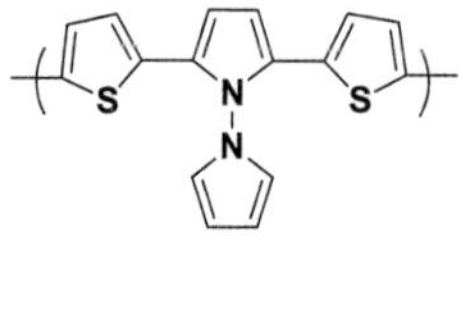

PPy24

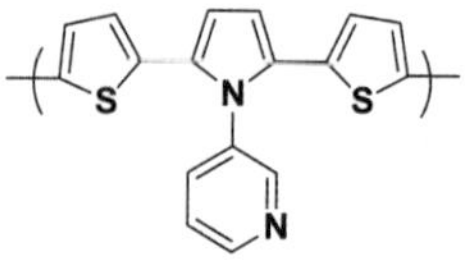

PPy25

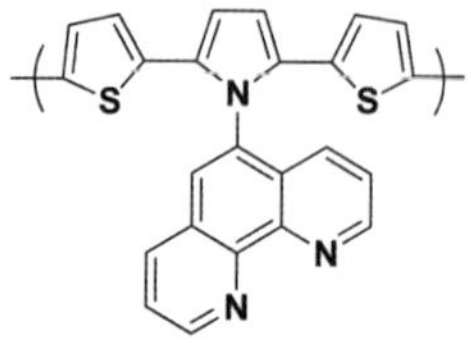

PPy26

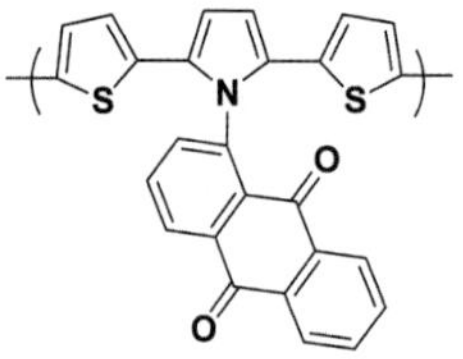

PPy27

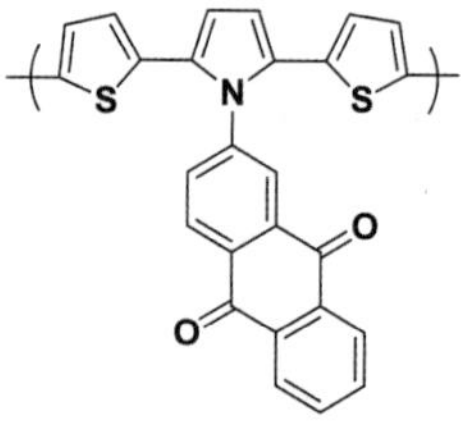

PPy28

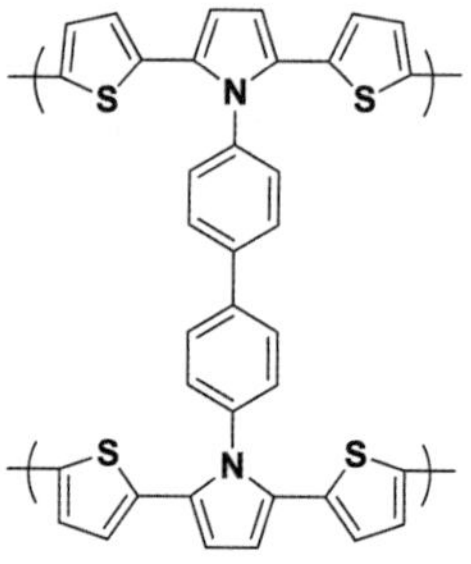

PPy29

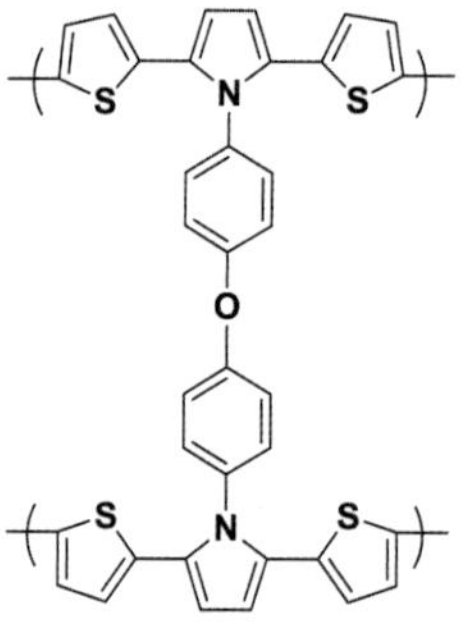

PPy30

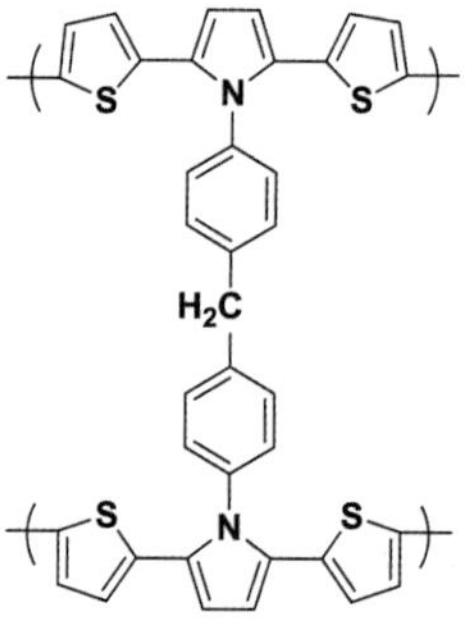

PPy31

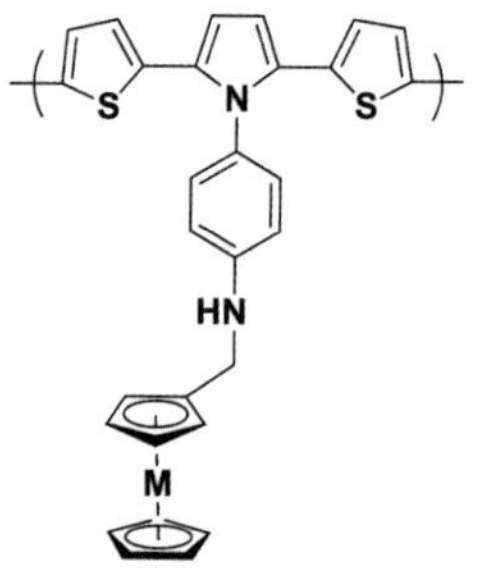

PPy32

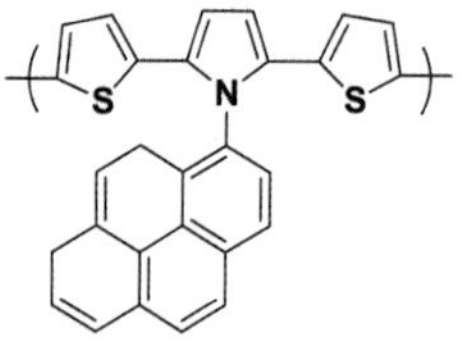

PPy33

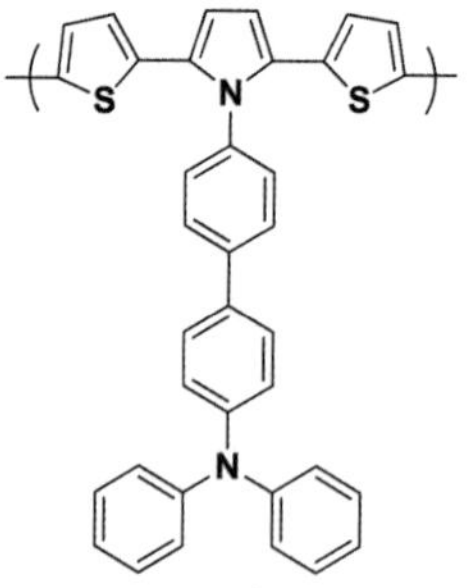

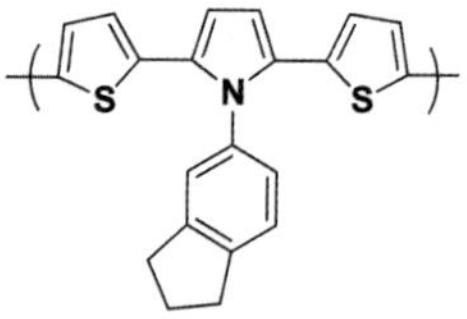

PPy35

PPy34

图 6.33 续

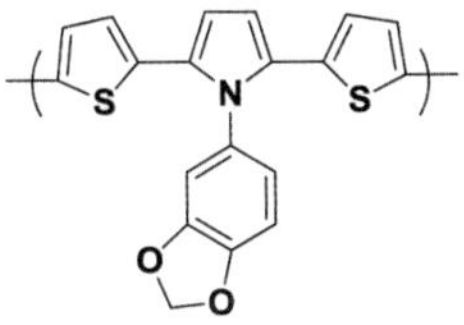

PPy36

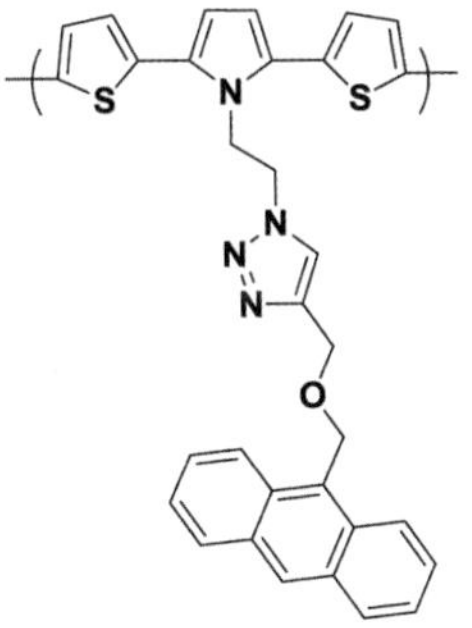

PPy37

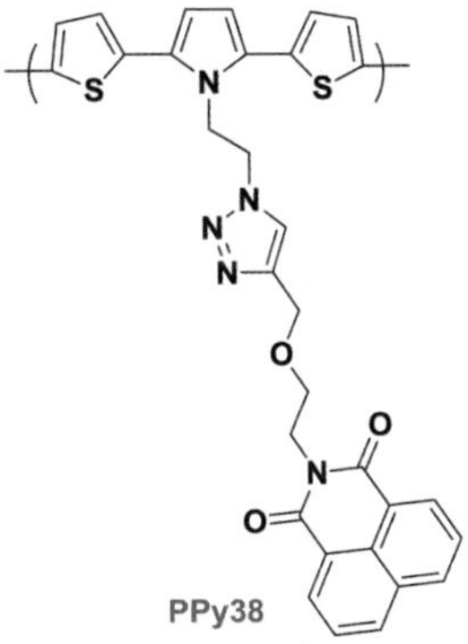

PPy38

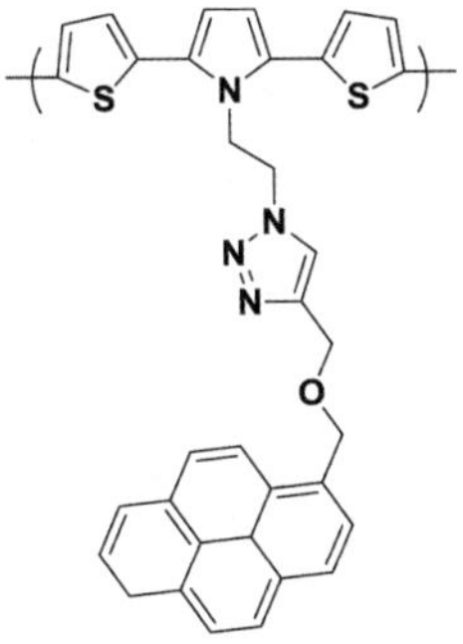

PPy39

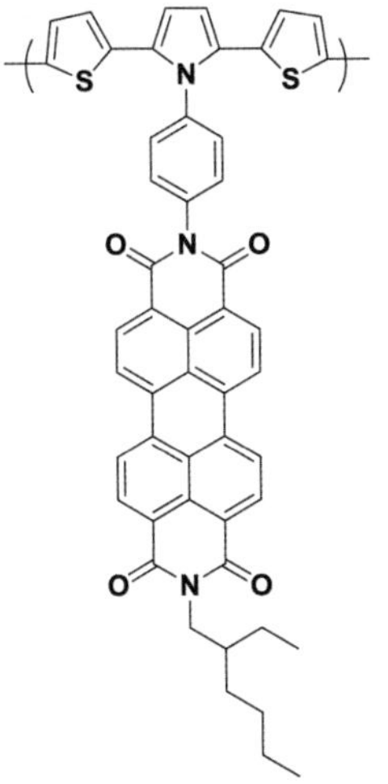

PPy40

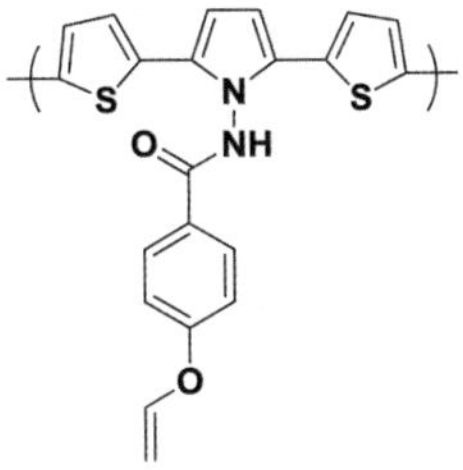

PPy41

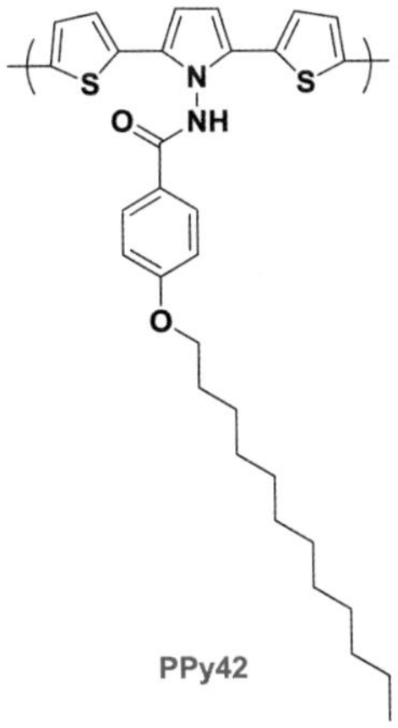

PPy42

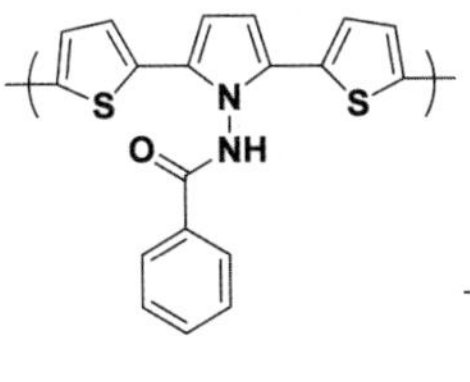

PPy43

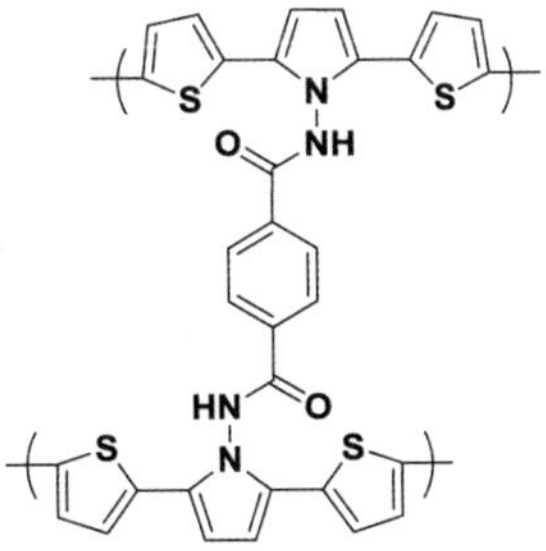

PPy44

图 6.33　续

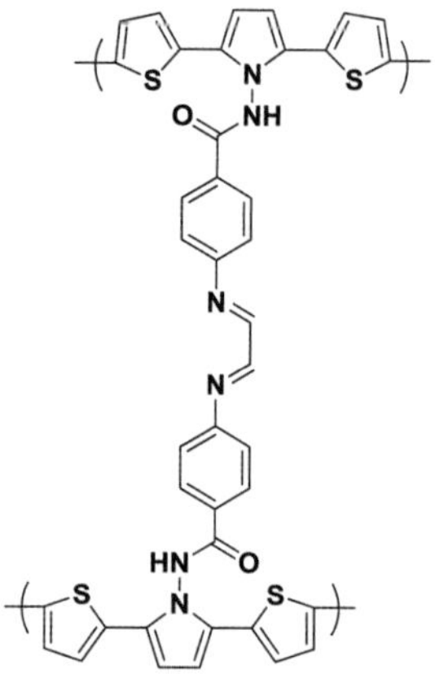

PPy46

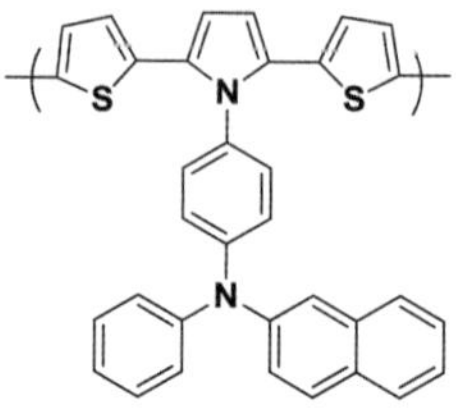

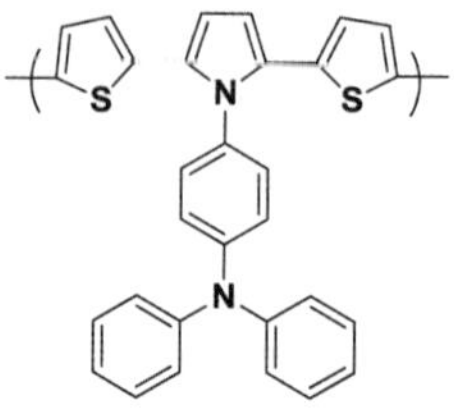

PPy47

PPy45

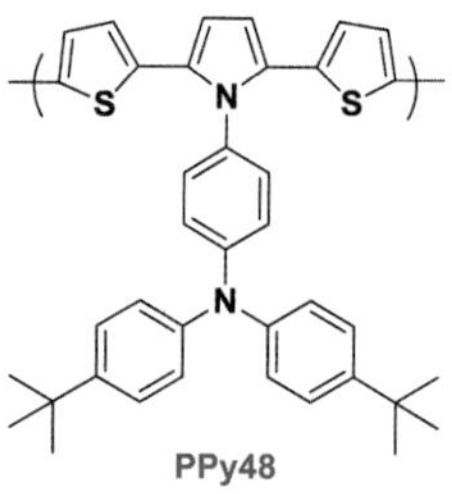

PPy48

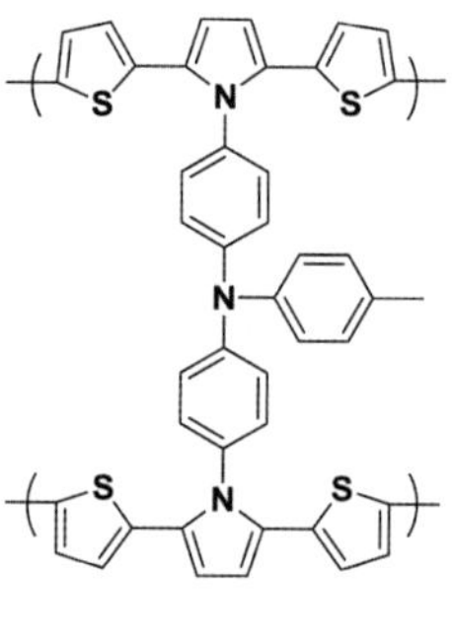

PPy49

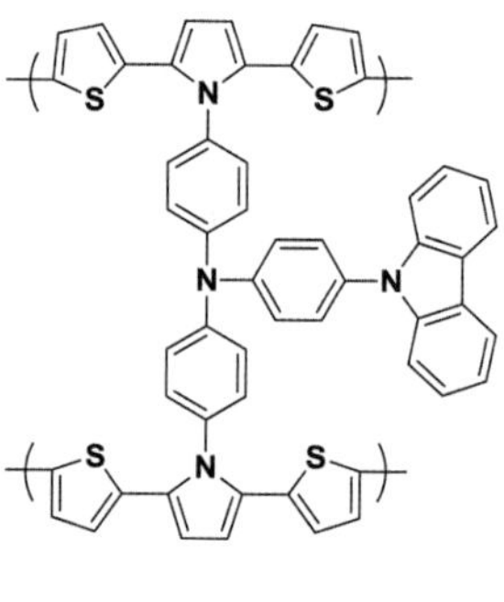

PPy50

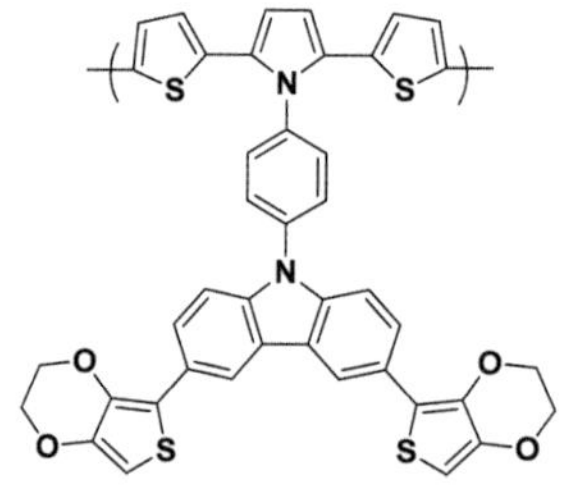

PPy51

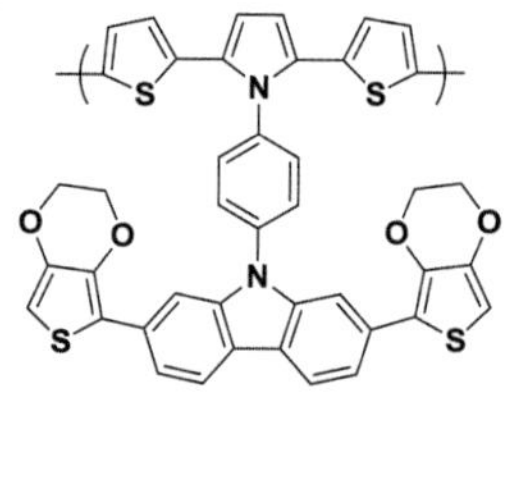

PPy52

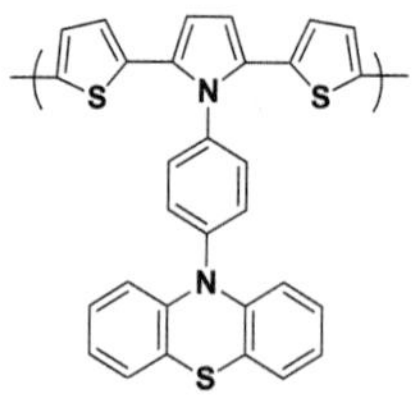

PPy53

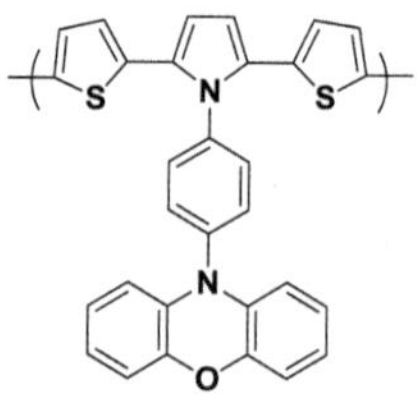

PPy54

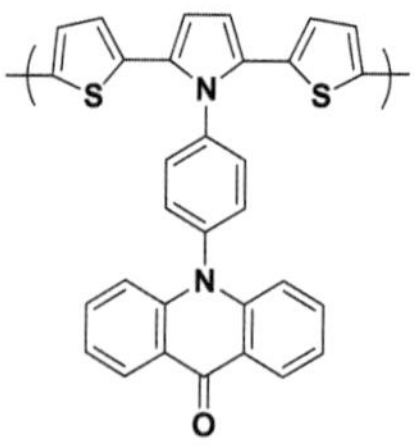

PPy55

图 6.33　续

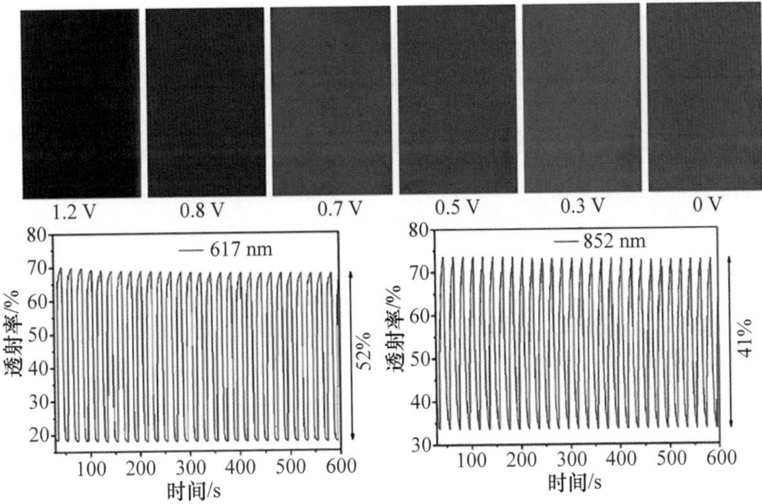

图 6.34 在不同波长处 PPy 的颜色变化和光学对比度[114]

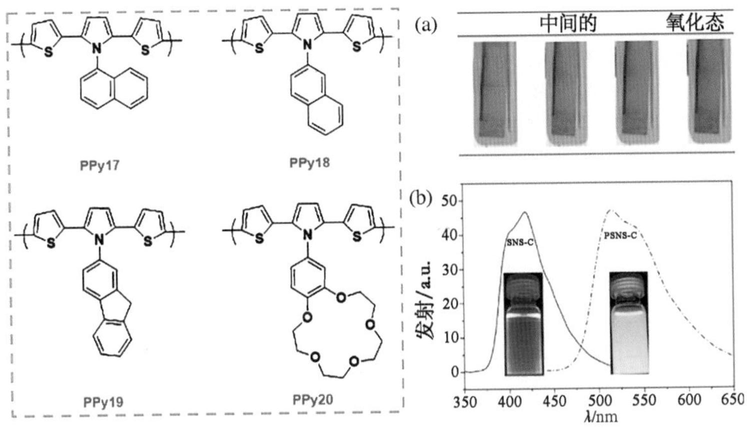

图 6.35 聚合物 PPy17，PPy18，PPy19 和 PPy20 的颜色变化(a)；PPy20 在丙酮溶液中的发射光谱(415 nm 激发)(b)[126]

表 6.1 聚(N-取代吡咯)的电致变色性能

聚合物	λ_{abs}/nm	E_g/eV	ΔT/%	中性态颜色	完全氧化态颜色
PPy1	—	—	—	黄色	棕黑色
PPy2	—	—	—	淡黄色	灰色
PPy3	—	—	—	红色	蓝色
PPy4	700	2.97	20	红色	蓝绿色
PPy5	—	2.59	—	黄色	灰色

续表

聚合物	λ_{abs}/nm	E_g/eV	ΔT/%	中性态颜色	完全氧化态颜色
PPy6	617		52	棕色	蓝色
	852		41		
PPy7	315	2.71	16.77	透明黄色	蓝色
	484		17.53		
PPy8	704	2.99	33.37		
PPy9		2.65	<20	黄绿色	灰绿色
PPy10		2.78		浅绿色	灰色
PPy11		2.75		浅绿色	灰色
PPy12	400	2.15	13		
	860		23		
PPy13	398	1.94	2.3		
PPy14	335	2.16	28	黄色	蓝色
PPy15	376	2.12	20.7	黄色	蓝色
PPy16	410	2.03	8		
	1230		41		
PPy17	423	2.33	18.2	黄色	紫色
PPy18	400	2.40	10.5	黄色	紫色
PPy19	445	2.18	21.7	黄色	紫色
PPy20	444	2.14	17.8	黄色	紫色
PPy21	351	2.90	12.1	紫色	灰绿色
	525		17.7		
	670		28.6		
PPy22	435	2.31		黄绿色	深绿色
PPy23	430	2.34		芥末色	绿色
PPy24	444	2.21	18	橙色	紫色
	661		33		
PPy25	430	2.1	42	棕黄色	深蓝色
PPy26	451	1.85	31	绿黄色	浅蓝色
PPy27	780	2.20	18	灰色	深蓝紫色
PPy28	780	2.13	16.5	灰色	深蓝紫色
PPy29	430	1.95	5	橙色	蓝灰色
	750		26		
PPy30	430	2.15	10	黄绿色	蓝色
	750		32		
PPy31	430	2.08	7	橙色	紫灰色
	750		22		
PPy32	440	2.02	13.7	黄色	蓝色
PPy33	450	2.27	1.2	黄橙色	蓝色
PPy34	810	2.17	53.18	黄色	蓝色
	1310		69.82		

续表

聚合物	λ_{abs}/nm	E_g/eV	ΔT/%	中性态颜色	完全氧化态颜色
	1550		70.51		
PPy35	566	2.37	8.8	黄绿色	蓝色
	952		53.4		
PPy36	640	2.25	25.0	黄色	蓝色
	962		64.8		
PPy37	370	2.57	7.09	绿色	蓝色
	900		29.28		
PPy38	338	3.15	1.73	浅黄色	蓝色
PPy39	860	3.36	20.28	浅绿色	蓝色
PPy40	900	2.20	45	橙色	蓝色
PPy41	430	1.99	23	红橙色	蓝色
	830		42		
PPy42	900	1.92	60		
PPy43	430	2.1	<30	黄色	蓝色
PPy44	430	2.2	40	绿黄色	蓝色
	850		87		
PPy45	435	2.02	54	黄色	蓝色
PPy46		2.6	23	黄色	紫色
PPy47		2.61	24	黄色	紫色
PPy48		2.56	13	黄色	紫色
PPy49		2.27	19	黄色	紫色
PPy50		2.21	17	黄色	紫色
PPy51	617	2.32	33	浅黄色	浅紫色
PPy52	620	2.21	27	橙色	蓝色
PPy53	1100	2.28	13.5	黄绿色	紫红色
PPy54	560	2.36	8.34	黄色	紫色
PPy55	603	2.20	13.31	黄绿色	紫色

2. 聚(3-取代吡咯)和聚(3,4-取代吡咯)

吡咯的3位和4位取代对抑制聚合过程中不良的α-β偶联起重要作用,这将防止偶联引起的共轭断裂和聚合物膜的低稳定性。为了保证是在2位和5位进行聚合,在吡咯的3,4位点进行改性,从而得到缺陷较少的聚合物薄膜。

关于聚(3-烷基吡咯)的报道很少,有聚(甲基取代双吡咯)(PPy56)[149],聚(3-氢醌基吡咯)(PPy57)[150]和聚(3-烷基磺酸吡咯)(PPy58)[151]。这些聚合物可以实现有效的带隙调控。甲基取代双吡咯聚合物在氧化时可表现出透明黄色到灰蓝色的转变,在3-位点取代对聚合物的氧化电位和电导率影响较小[150]。

自从合成了聚(3,4-亚烷基二氧噻吩)(PXDOT)系列聚合物以来,开发具有低带隙和高稳定性的各种PXDOT衍生物取得了大突破。PEDOT在氧化时由透明转变为深蓝色，带隙为 1.6 eV，明显低于聚噻吩。聚合物带隙的下降归因于氧原子增加了电子密度，使最高占据分子轨道(HOMO)能级增加。基于这些研究，一系列易于氧化的 PPy 衍生物诞生，其中亚烷基二氧基桥连接到吡咯的 3,4 位点。例如，Reynold 等报道了聚(3,4-乙撑二氧吡咯)(PEDOP，PPy59)，在中性态红色和氧化态天蓝色之间的对比度为 59%，带隙为 2.0 eV[107,152]。为了研究吡咯衍生物中从六元环到七元环和八元环的不同环大小的影响，开发了聚(3,4-丙烯二氧基吡咯)(PProDOP，PPy60)，MePProDOP(PPy61)和 Me_2PProDOP(PPy62)。它们的带隙均为 2.2 eV，从中性橙色变为红棕色，最后变为浅蓝色[152]。可以看出，仅对聚合物结构进行最小的改变就可以达到惊人的颜色状态。中性 PEDOP(PPy59)是红色，而 PProDOP(PPy60)是橙色(图 6.36)。吡咯结构中具有八元环的聚(3,4-丁烯二氧基吡咯)(PBuDOP，PPy63)也可以表现出多色特征[153]。

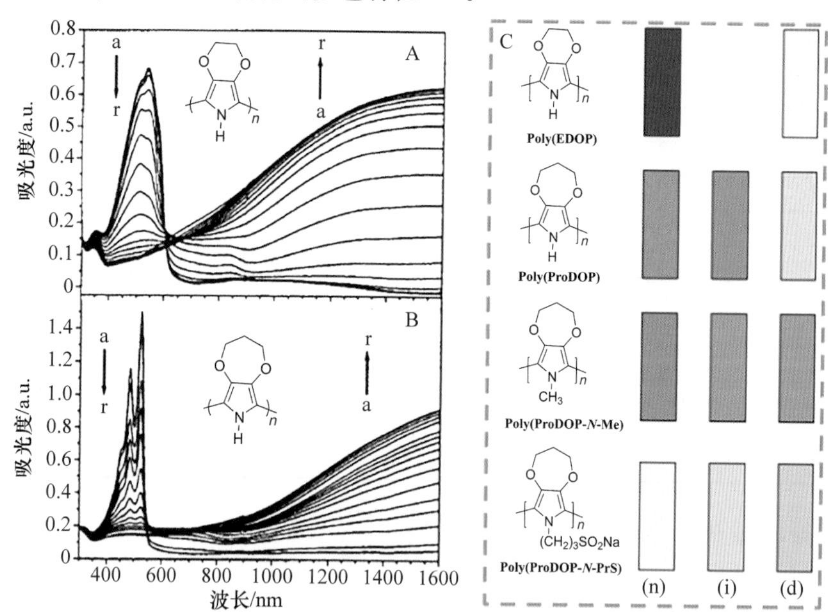

图 6.36 (A) PEDOP 的光谱电化学图：(a) −1.33，(b) −1.23，(c) −1.13，(d) −1.03，(e) −0.98，(f) −0.93，(g) −0.88，(h) −0.83，(i) −0.78，(j) −0.73，(k) −0.68，(l) −0.63，(m) −0.53，(n) −0.43，(o) −0.33，(p) −0.23，(q) −0.13 和(r) +0.07 V *vs*. Fc/Fc^+；(B) PProDOP 的光谱电化学图：(a) −1.13，(b) −1.03，(c) −0.93，(d) −0.88，(e) −0.83，(f) −0.73，(g) −0.62，(h) −0.58，(i) −0.53，(j) −0.48，(k) −0.43，(l) −0.38，(m) −0.33，(n) −0.23，(o) −0.13，(p) −0.03，(q) +0.07 和(r) +0.17 V *vs*. Fc/Fc^+[153]；(C) 多种聚吡咯衍生物的颜色变化[152]

此外，A. Kraft 等合成了含有 3,4-二氧基取代片段结构和富电子吡咯环的 *N*-烷基取代的 PEDOP 衍生物 PPy64，该聚合物 PPy64 具有 2.1 eV 的低带隙，可以从绿色(还原态)变为紫色(中间态)至灰色(氧化态)[154]。Kim 等在聚(1-十二烷基-3,4-亚乙二氧基-2,5-吡咯烯亚乙烯基)主链中引入乙烯基，以实现相比于 PPy65 的 3.26 eV 较低的 1.57 eV 带隙。PPy66 在中性状态下呈深蓝黑色，掺杂后变为透明的浅黄绿色[155]。

在 PProDOP(PPy60)的 *N* 取代位点修饰烷基链已被证明是一种可将带隙增加至 3.0 eV 的方法，这是由于侧链的存在引起共轭主链扭曲和 π 共轭降低。由于高带隙，这些聚合物在中性状态下是无色的。随着聚合物逐渐被氧化，归因于极化子和双极化子的吸收过程出现在光谱的可见区域，从而赋予了聚合物颜色。例如，由于聚合物主链的扭曲，PPy67 和 PPy68 与 PPy60 相比都具有更高的带隙，有效共轭程度下降[156]。此外，具有高带隙的 PPy69 和 PPy70 表现出多种颜色的电致变色现象，从中性无色状态转换为蓝色状态。因此，*N*-烷基化的聚(3,4-亚烷基二氧吡咯)(PXDOP)衍生物具有高带隙和高电导率，成为电致变色器件中阳极着色材料的典型代表(图 6.37)。具有高溶解性的另一种聚合物 PPy71 在中性状态下显示无色。随着电位的增加，聚合物的透明度降低，并显示出淡粉红色(图 6.39)[157]。

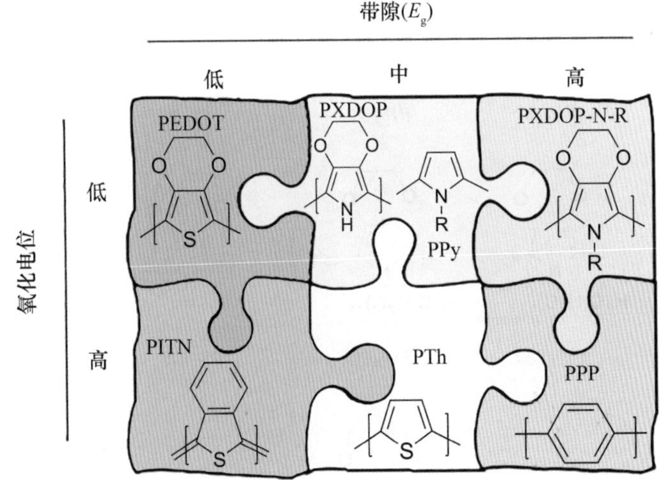

图 6.37　拼图合集。蓝色表示 *N*-取代 PXDOP 家族的聚合物具有高的带隙和低的氧化电位[152]

作为 PEDOP 的类似物，聚(3,4-乙撑二硫代吡咯)(PPy72)及其类似物(PPy73 和 PPy74)的合成和性质也相继被报道，带隙分别为 1.8、2.1 和 2.3 eV，低于 PPy，与 PPy59 接近。根据原位电导率测量，这些聚合物可以在中性非导电状态和氧化导电状态之间切换[158]。T. Swager 等报道了一种新的 β-连接的吡咯单体，在聚合物主链引入多环芳香族并通过电化学聚合。该聚合物 PPy75 在中性状态下为黄色，被氧化时由于在可见光区的显著吸收呈黑色。另一个类似物 PPy76 呈现黄紫色，并且在掺杂时也会产生黑色薄膜[159]。

聚(3,4-联代吡咯)的化学结构式见图 6.38，其电致变色性能见表 6.2。

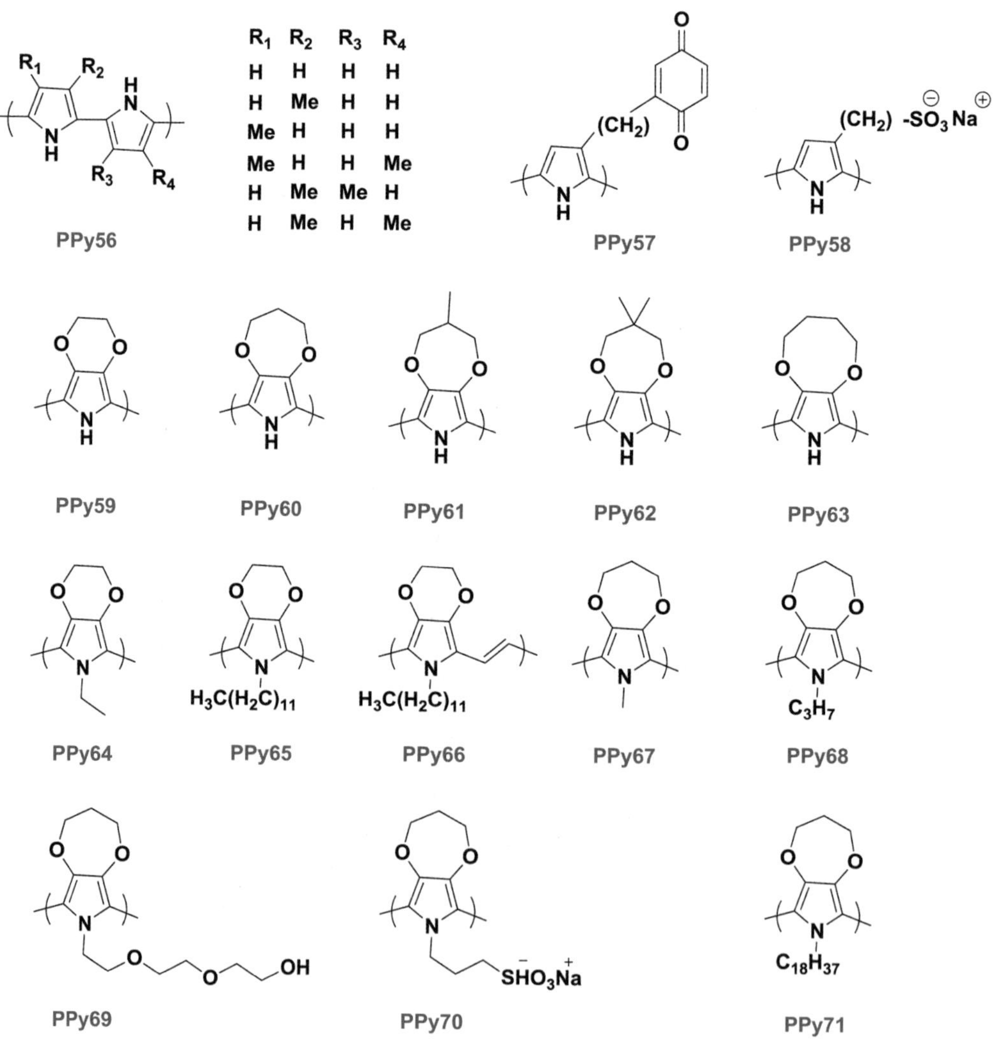

图 6.38 聚(3,4-取代吡咯)的化学结构

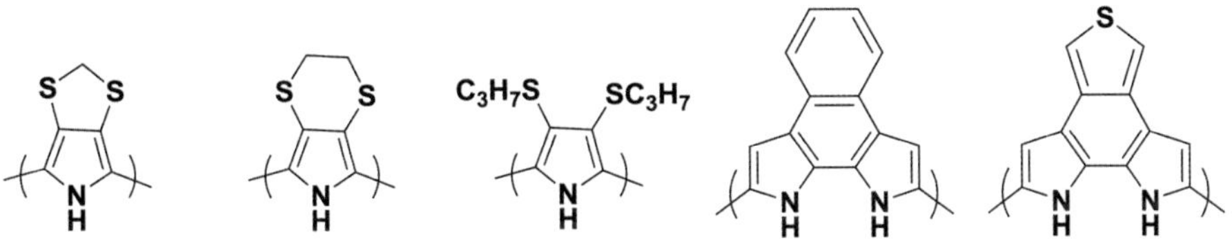

PPy72 PPy73 PPy74 PPy75 PPy76

图 6.38 续

表 6.2 聚(3,4-取代吡咯)的电致变色性能

聚合物	λ_{abs}/nm	E_g/eV	ΔT/%	还原态颜色	中性态颜色	完全氧化态颜色
PPy59	537	2.0	59		红色	天蓝色
PPy60	522	2.2	70	橙色	棕色	灰蓝色
PPy61	530	2.2	51	橙色	红棕色	浅蓝色
PPy62	534	2.2	76	橙色	红棕色	浅蓝色
PPy63	533	2.2	61	橙色		蓝灰色
PPy64		2.1		绿色	紫色	灰色
PPy65	312	3.26				
PPy66	659	1.57			深蓝黑色	黄绿色
PPy67	476	3.0		深紫色	深绿色	蓝色
PPy68	306	3.4		无色	粉红色	灰蓝色
PPy69	306	3.4		无色	粉红色	蓝色
PPy70	340	2.9		无色	粉红色	灰蓝色
PPy71	350	2.96		无色	粉红色	浅灰色
PPy72	254	1.8				
PPy73	232	2.1				
PPy74	240	2.3				
PPy75					黄色	黑色
PPy76					黄紫色	黑色
PPy77	408	1.25	21		绿色	棕绿色
	745		12			
PPy78	400	1.0	10		绿色	灰色
	1460		66			
PPy79	392	1.12	37		绿色	蓝色
PPy80	384	1.08	33		绿色	淡蓝色
PPy81	577	1.6	30		蓝色	无色
PPy82	1070	2.16	42.3		黄绿色	蓝色

3. 供体-受体策略

吡咯,也作为常规的供体单元,已被广泛用于构建供体-受体型聚合物。不同的

受体单元，例如喹喔啉[160—161]、苯并噻二唑[162]和苯并硒二唑[162]已被引入到含有吡咯单元的骨架中。已有报道的几种此类聚合物在中性态时均在～400 nm 和～750 nm 处有窄的吸收带，源于 p-p* 跃迁。因此，这些聚合物呈现绿色，氧化时可转变为蓝色。例如，L. Toppare 等报道了一种中性态绿色聚合物，聚[2,3-bis(4-叔丁基苯基)-5,8-di(1*H*-吡咯-2-基)喹喔啉](PPy77)，带隙为 1.25 eV，在 408 nm 和 745 nm 处有两个明显的吸收带，光学对比度分别为 21%和 12%[161]。此外，他们还开发了含吡咯和喹诺啉单元的 SNS 聚合物 PPy78，实现了+0.70 V 的低氧化电位。这种聚合物在中性状态是绿色的，在氧化状态是灰色的[160]。随后，对聚合物 PPy79 和 PPy80 进行了研究，虽然它们有不同的吸电子组分，但都实现了低带隙(1.12 和 1.08 eV)和高光学对比度(37%在 392 nm 和 33%在 384 nm)，氧化时由绿色转变到蓝色[162]。L. Toppare 等在聚吡咯的主链中也引入了 2-十二烷基苯并三唑作为受体单元，发现该聚合物 PPy81 可 p 型和 n 型掺杂，它在还原态下呈蓝色，氧化态下呈高透射色，两者之间的光学对比度为 30%(在 577 nm)，响应时间短，为 0.5 s，这使该聚合物成为电致变色显示技术的一个很好的候选材料[163]。将苯并噻二唑单元结合到 SNS 的中心吡咯环上可构建新型 D-A 型聚合物 PPy82，PPy82 在中性状态(0 V)下显示黄色，在中间状态(1.2 V)中显示绿色，在高度氧化状态(1.4 V)中显示蓝色[164]。将吸电子基团引入基于吡咯的聚合物中可以降低带隙并调节颜色(图 6.40)。

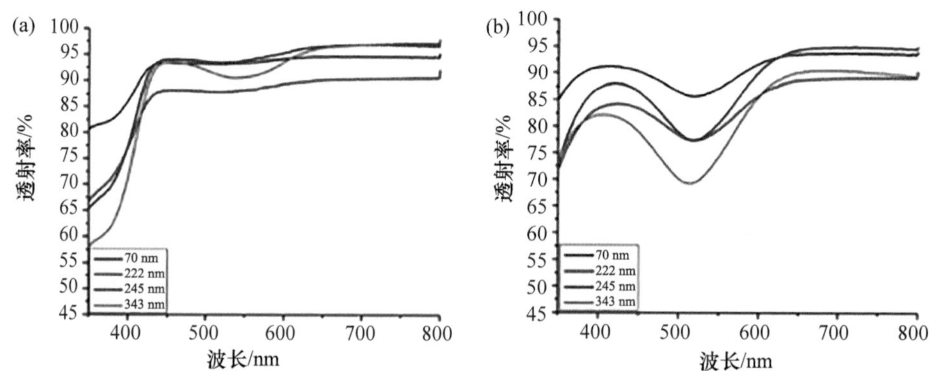

图 6.39 四种不同厚度的 PPy71 聚合物薄膜的紫外-可见-近红外(UV-Vis-NIR)吸收光谱：中性态(a)；中间态(b)；氧化态(c)。在具有铂丝电极和 Ag/Ag^{+} 参比电极的电化学池中分别以−0.25 V、0 V 和 0.25 V 的电位循环制备聚合物膜。在所示电压下的照片：薄膜的厚度为 70 nm(d)；薄膜的厚度为 343 nm(e)[157]

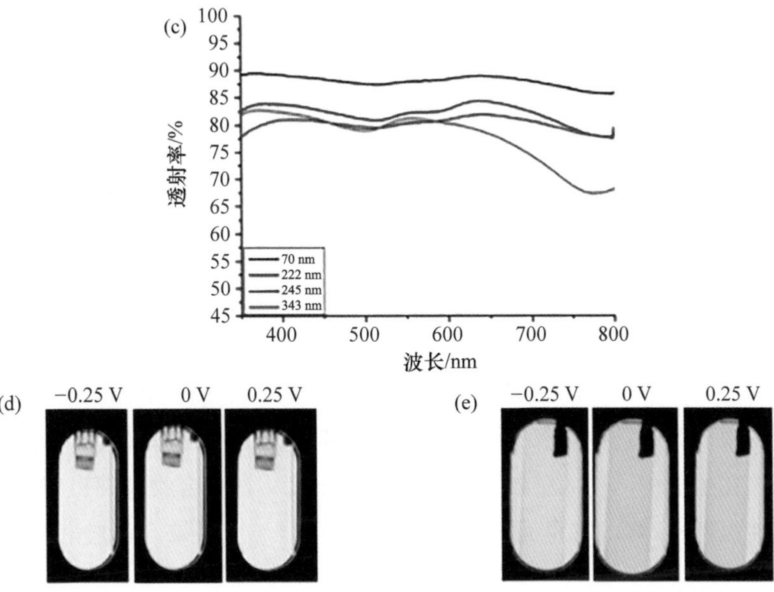

图 6.39　续

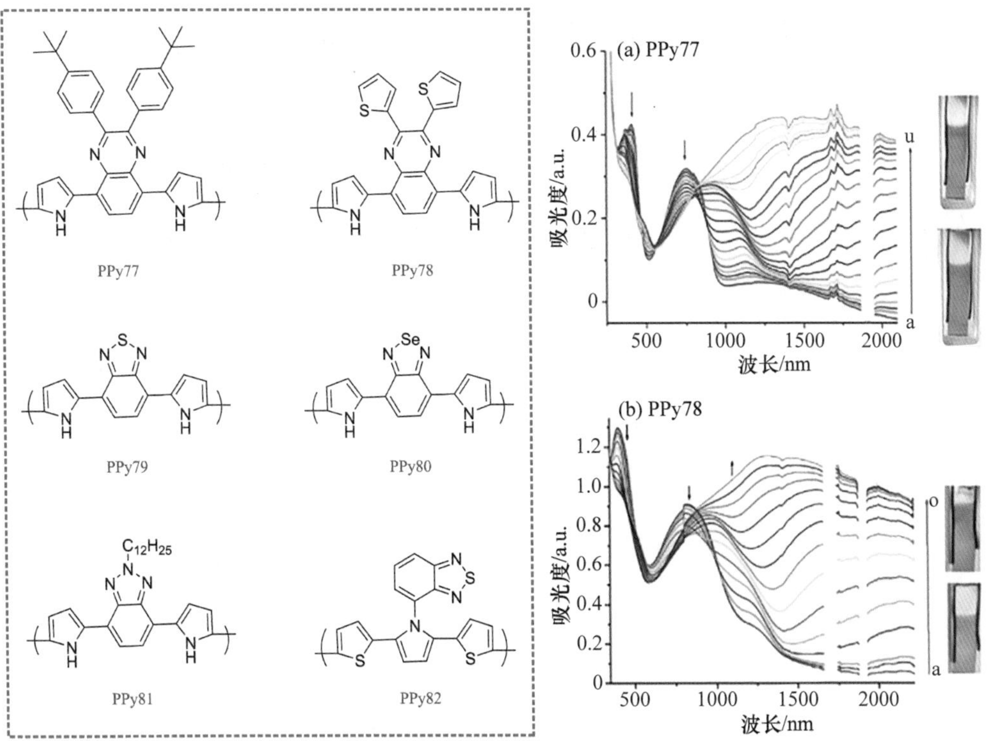

图 6.40　D-A 型聚吡咯衍生物的化学结构和电致变色性能：PPy77(a)[161]；PPy78(b)[160]

4. 三芳基体系

已经证明，将两个杂环与中心芳族单元结合的三亚芳基单体不仅可以降低聚合电位，而且还提供了调控光学和氧化还原性质的途径。除了上述具有三亚芳基结构的一系列基于 SNS 的聚合物和 D-A 型聚合物外，亚芳基衍生的聚[双(吡咯-2-基)亚芳基]是基于聚吡咯的 EC 材料的另一个新集合。

基于聚[双(吡咯-2-基)亚芳基]的 EC 材料已被成功研发，引入的结构有苯基(PPy83)、2,5-二烷氧基取代的苯基(PPy84 和 PPy85)、萘基(PPy86)和联苯(PPy87)(图 6.41)[165]。电化学研究表明，PPy83 和 PPy84 的带隙分别为 2.4 eV 和 2.3 eV，比聚吡咯(2.7 eV)小。带隙的降低归因于亚芳基单元的存在引起的结构规整性的增加。在另一项研究中，含咔唑的聚[双(吡咯-2-基)亚芳基]的带隙较高，为 2.5 eV，这是由于咔唑在主链中的引入限制了有效的共轭长度。该聚合物表现出与 PPy 相似的电致变色性能[166]。将吡咯单元对称地引入到两侧，与直接聚合咔唑相比，聚合电位明显更低。

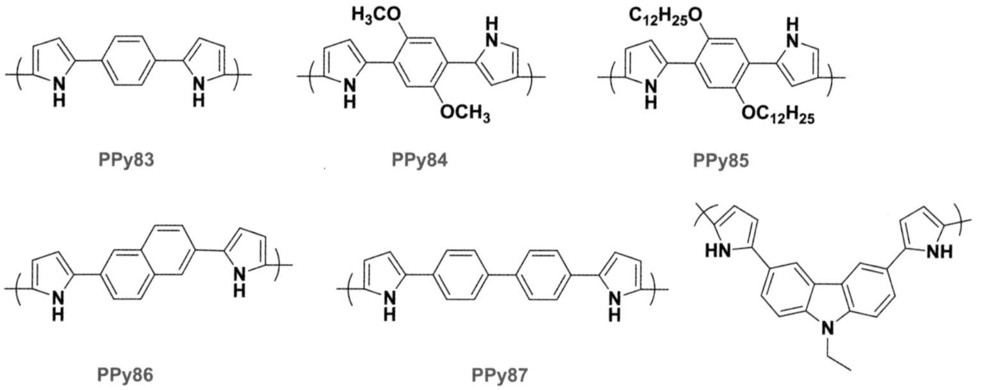

PPy83 PPy84 PPy85 PPy86 PPy87 PPy88

图 6.41 基于吡咯单元的三芳基体系的化学结构

6.4 基于咔唑单元的电致变色共轭聚合物

6.4.1 引言

另一个有趣的多色体系是基于咔唑的聚合物。咔唑是三环稠合的芳香化合物，含有两个与吡咯环稠合的苯环。自 1968 年 Ambrose 和 Nelson 首次证明了咔唑可通过电化学聚合反应获得[167]，科研人员广泛研究其电化学氧化聚合反应的机理，通常认为是通过图 6.42 中 3、6 和 9 位点进行偶联[168]。在约＋1.2 V vs. SCE，咔唑可在单电子转移过程中被氧化形成阳离子自由基。但是由于阳离子自由基的不稳定性，它倾向于与另一个阳离子自由基或母体分子偶合，形成更稳定的联咔唑基，并伴随着两个质子的损失，每个咔唑单元一个。偶合的结果如图 6.42 所示，获得了两种不同的产物：9,9′-二咔唑(次要产物)和 3,3′-二咔唑(主产物)。对于 9,9′-二咔唑，很难被氧化，因为氧化过程在高电位下显示两个峰，相对于 SCE 约为 1.45 V 和 1.8 V。这种氧化在图 6.42(b)中是不可逆的，其产物仍是未知的[167,169]。另外，咔唑的氧化已被证明对 pH 敏感，形成 9,9′-二咔唑需要低质子浓度。

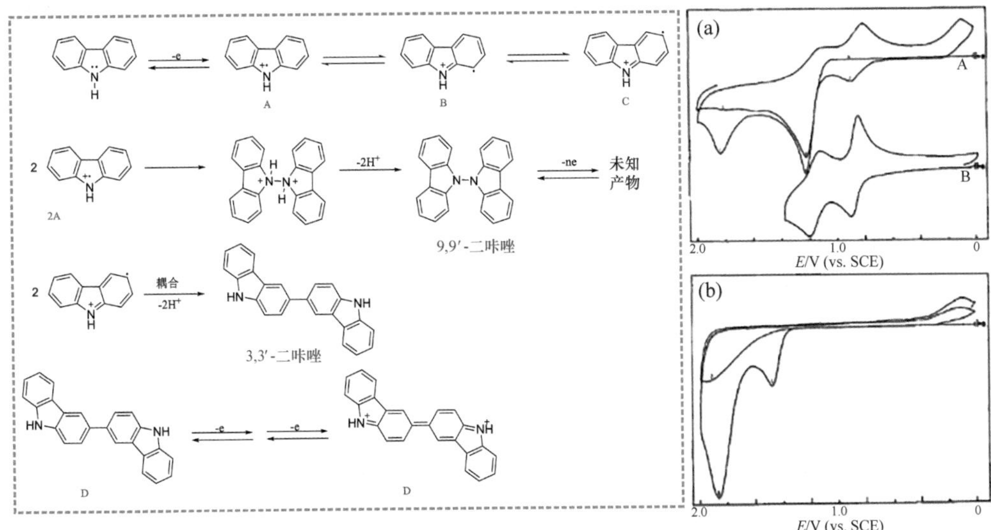

图 6.42　咔唑的电化学氧化机理。循环伏安曲线：(a) 咔唑(2.0×10^{-3} mol · L^{-1})溶于 0.1 mol · L^{-1} TEAP/MeCN(A)，3,3′-二咔唑溶于 0.1 mol · L^{-1} TEAP/MeCN 的饱和溶液(B)；(b) 9,9′-二咔唑(1.0×10^{-3} mol · L^{-1})溶于 0.1 mol · L^{-1} TEAP/MeCN[167]

对于 3,3′-二咔唑，它分别经历了两个连续的、可逆的单电子氧化步骤，分别形成阳离子自由基和类醌型双阳离子。可以在 CV 中观察到这些过程。相对于 SCE，在约 0.8 V 和 1.1 V 处有两个峰。咔唑氧化的计时安培法研究表明，整个氧化过程通常涉及有 2.5～2.8 个电子。在电化学氧化发生偶联反应之后，低聚物(3,3′-二聚物)在电极表面上形成。但是，形成聚合物膜有两个主要缺点。一方面，具有较高溶解度的低相对分子质量低聚物难以在电极表面上成膜。Bargon 等在乙腈(MeCN)中同样制备过程获得的薄膜非常差，很容易破裂。已经证明了咔唑在质子酸介质中氧化可以得到具有高稳定性的膜[170]。另一方面，咔唑的电聚合与其相应形成的聚合物相比，较高的氧化电位会引起聚合物的某些降解，从而导致聚合过程缓慢。因此，为了解决该问题，通过3、6或9位点的取代开发了各种咔唑衍生物以降低氧化电位并促进电化学聚合，从而获得高质量的膜[171]。

6.4.2 聚咔唑(PCARB)的电致变色性能

在1988年，Berthold Schreck首次发现聚咔唑(PCARB)具有电致变色性能，PCARB是通过在水性 $HClO_4$ 溶液中电化学沉积制备的。还原态的PCARB膜呈浅黄色，电导率也较低($>10^{-9}$ S·cm^{-1})，而氧化态的薄膜呈绿色且电导率增高($>10^{-3}$ S·cm^{-1})[170]。

6.4.3 聚咔唑衍生物的电致变色性能

咔唑是具有5.38 eV的宽带隙材料，因此氧化电位高。为了减小带隙，可以容易地在咔唑的3-和6-位点或2-和7-位点修饰以官能化，并且可以将多种烷基和芳基链通过氮原子引入到结构中。它可以以共价键连接到聚合物体系中，无论是在主链中作为结构单元，还是在侧链中作为侧基。聚咔唑衍生物的技术发展历程如图6.43所示。

1. 线型结构聚咔唑衍生物

在过去的三十年中，许多具有多种颜色变化的基于咔唑单元的聚合物已经被设计出来。与PPy相似，N原子位点很容易被各种官能团取代。20世纪80年代，Monvernay等发现了聚-*N*-乙烯基咔唑的电致变色现象[172]，并在20世纪90年代由Chevrot等进行研究[173—174]。它们在中性状态下是无色的，在氧化状态下是绿色的。此外，已将具有不同长度的烷基链(甲基，乙基，正丁基和正辛基)在氮原子取代[175—176]，然后将修饰后的单体通过3-和6-位点电沉积到导电基底表面。它们在氧化还原过程中表现出两种稳定的颜色变化：无色到绿色(相对于参比电极SCE为 $0.70\ V<E<0.90\ V$)和绿色到蓝色(相对于SCE为 $1.00\ V<E<1.3\ V$)。但是低聚物在电化学介质中较好的溶解性影响了不同共轭和链长的低聚物的形成。这些*N*-取代的聚咔唑衍生物的电致变色性质与纯的聚咔唑类似。不同长度的烷基链对其电致变色的影响很小。

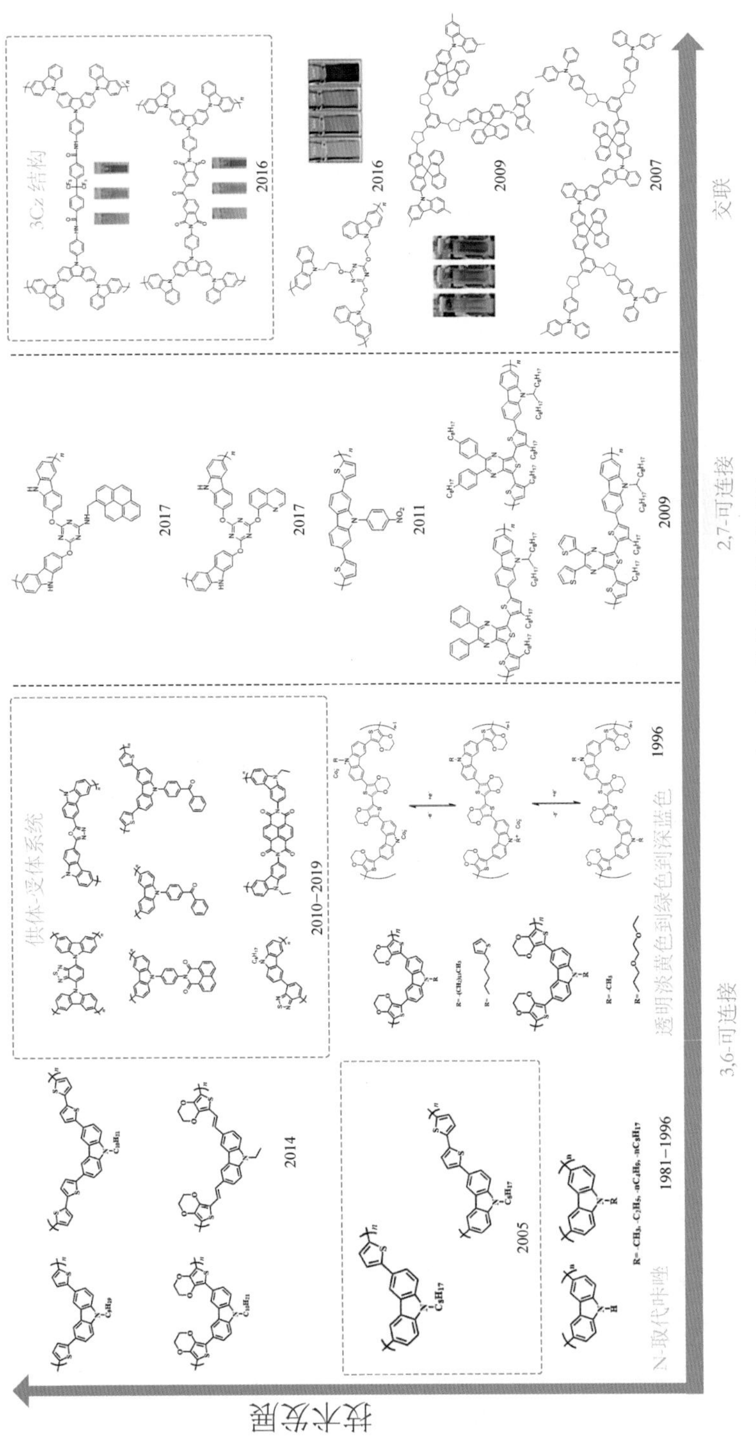

图 6.43　聚咔唑衍生物的技术发展历程

众所周知，带隙可以通过增加聚合物主链上的共轭效应来减小。Reynold 等在 *N*-取代咔唑的 3-和 6-位点修饰(3,4-亚乙二氧基)噻吩(EDOT)，合成了两种单体 3,6-双[2-(3,4-亚乙二氧基)噻吩基]-*N*-甲基咔唑(BEDOT-NMCz)和 3,6-双[2-(3,4-亚乙二氧基)噻吩基]-*N*-乙氧基乙氧基乙基咔唑(BEDOT-NGCz)。两种单体的氧化电位低，并且可以通过电化学聚合形成良好的薄膜。相应的聚合物 PCz6 和 PCz7 都表现出两个不同的氧化还原过程，第一个氧化还原电位为 0.2 V(相对于 Ag/Ag^{+})，第二个电位为 0.5 V(相对于 Ag/Ag^{+})。轻度氧化后由还原状态下的透明淡黄色逐渐变为绿色，然后在较高电位下变为深蓝色。对于在氮原子上取代烷基和乙二醇二甲醚的这两种聚合物，电致变色性能没有显著差异[177]。随后，为了研究在氮原子上取代不同烷基的作用，如图 6.44，研究了一系列相似的聚(EDOT-*N*-取代咔唑)。同样，这些聚合物的完全还原形式是淡黄色，轻度氧化后薄膜变成绿色，完全氧化后变成蓝色[166]。

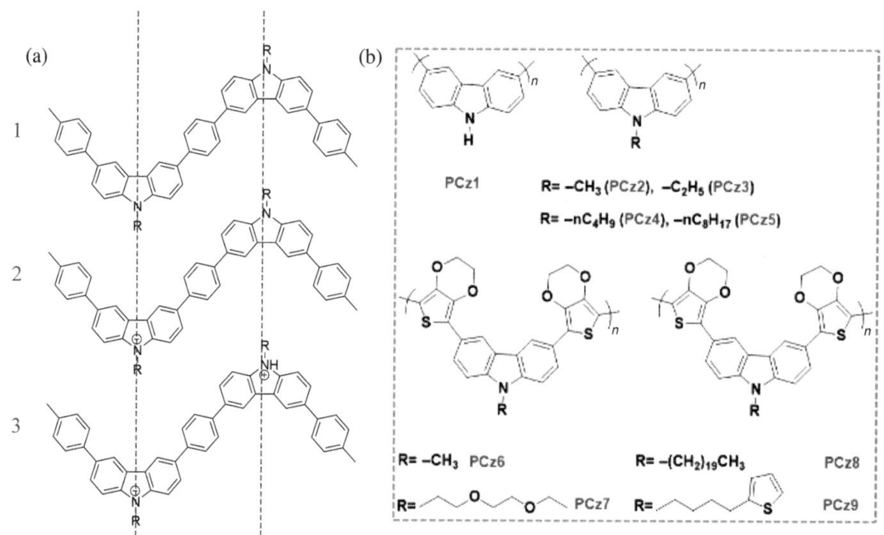

图 6.44 (a) 咔唑与亚苯基共聚物：中性态(1)，阳离子自由基(2)，双阳离子(3)[178]；(b) 聚合物的化学结构

已证明含有 3,6-取代咔唑单元的聚合物是有趣的多色体系。Reynold 等在图 6.44 中描述了含 3,6-取代咔唑聚合物的氧化过程[178]，以咔唑与亚苯基共聚物为例，发现聚合物主链中的 3,6-取代咔唑单元起共轭断裂作用。初始氧化后，电子将从共轭主链上除去，并形成自由基阳离子。由于共轭断裂，自由基阳离子彼此分离且无法结合。进一步氧化后，另一个电子被去除，形成双阳离子。因此，3,6-取代咔唑聚合

物具有两个不同的氧化态，从而导致有三色效应，中性态、自由基阳离子和双阳离子状态存在不同的颜色。例如，设计了三种咔唑与其他单元通过 3，6 位点共聚的聚合物。化学合成这些聚合物后，将它们喷涂到 ITO 玻璃载玻片上，得到具有不同电致变色性能的均匀薄膜。含噻吩的聚合物 PCz10 和 PCz11 在其中性状态下显示出非常相似的颜色，均为亮黄色。当转换为自由基阳离子状态时，PCz10 呈现淡绿色，而 PCz11 显示为橙色。进一步氧化至更高的电位，PCz10 呈现出淡粉红色，而 PCz11 变为中性灰色。而具有供体-受体结构的 PCz12 在中性状态下呈橙色，在自由基状态下呈灰绿色，在氧化状态下呈中性灰色。因此，这些聚合物以其不同的氧化状态显示出各种颜色，包括黄色、绿色、粉红色和各种灰色[178]。将各种基团(p 型或 n 型单元)引入咔唑的 3 和 6 位的方法可以扩宽其聚合物可用颜色的调色板。

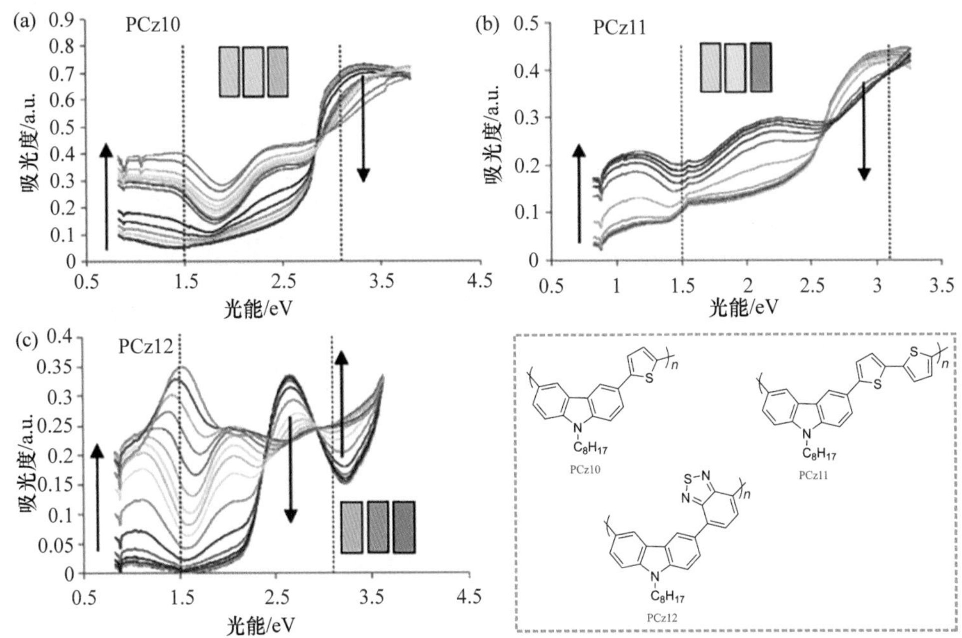

图 6.45　光谱电化学谱和颜色变化：PCz10[0.4～1.35 V(vs. Ag/Ag$^+$)](a)；PCz11[0.3～1.15 V(vs. Ag/Ag$^+$)](b)；PCz12[0.65～1.5 V(vs. Ag/Ag$^+$)](c)[178]

P. Data 等进一步研究了 3，6-取代聚咔唑衍生物(PCz13，PCz14 和 PCz15)，以探究不同噻吩衍生物对聚合物主链的影响(图 6.46)[179]。PCz13 被证明是最适合的电致变色材料，在未掺杂状态下呈黄色，掺杂后变为紫色，$\Delta T=44\%$，着色效率为 225.10 $cm^2 \cdot C^{-1}$。PCz15 的带隙低，为 1.68 eV，$\Delta T=44\%$，但着色效率较低，为

130.27 $cm^2 \cdot C^{-1}$,氧化后由中性绿色变为紫色。将乙烯基插入作为内部单元的 3,6-取代 *N*-乙基咔唑和作为末端单元的 EDOT 之间,相对于 SCE,该乙烯基连接的 EDOT-咔唑单体可以在 0.41 V 的极低起始电位下被电化学氧化。其聚合物 PCz16 表现出多色电致变色性能:还原状态为砖红色,氧化状态为天蓝色和三种中间态颜色,0.2 V 下为褐色,0.4 V 下为橄榄绿色,0.6 V 下为蓝绿色。与 PCz15 相比,表现出更高的光学对比度(在 759 nm 处 $\Delta T = 50\%$,在 470 nm 处 $\Delta T = 27\%$)和更高的着色效率(在 759 nm 处为 224.1 $cm^2 \cdot C^{-1}$,在 470 nm 处为 383.7 $cm^2 \cdot C^{-1}$),表明乙烯基的嵌入可以有效调整带隙和电致变色特性[180]。

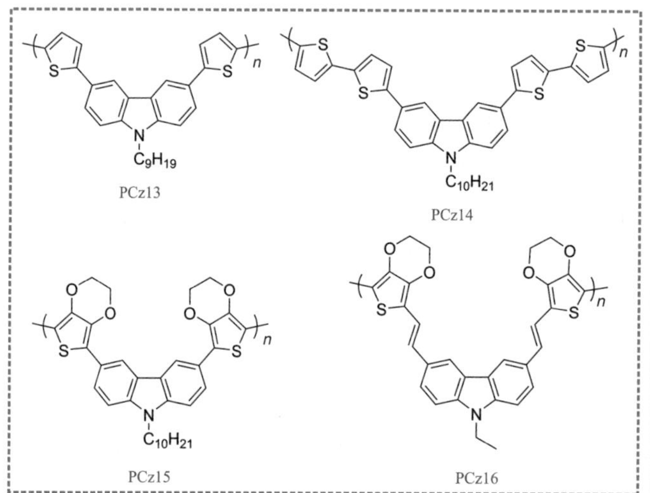

聚合物		比色结果		聚合物颜色	
		中性态	氧化态	中性态	氧化态
FCz13	L^*	92.55	37.84		
	a^*	−1.79	60.27		
	b^*	84.04	−78.12		
FCz14	L^*	79.67	−73.13		
	a^*	14.89	−36.94		
	b^*	81.18	−29.61		
FCz15	L^*	66.11	33.58		
	a^*	−35.18	66.71		
	b^*	12.07	−70.05		

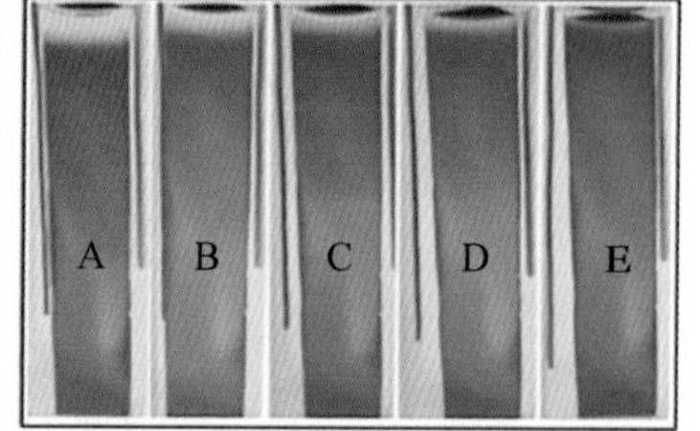

图 6.46 (a) 聚合物 PCz13,PCz14 和 PCz15 的比色数据[179];(b) PCz16 薄膜的电致变色现象:−0.4 V(A),0.2 V(B),0.4 V(C),0.6 V(D)与 0.9 V(E)[180]

由于 E. E. Havinga 开发的供体-受体方法已被证明是调节光学带隙的最有效方法[181],因此以咔唑为电子供体和各种受体单元的共轭聚合物已成为该领域的电致变色研究重点。例如,将 1,8-萘甲酰亚胺受体单元连接到咔唑的氮原子上,并将该单体电聚合到涂有 ITO 的玻璃上。聚合物 PCz17 的带隙为 2.44 eV,在中性状态下呈黄绿色,在氧化过程中变为深绿色。在还原过程中,阴离子自由基在 1,8-萘二甲酰亚胺单元的羰基上形成,使聚合物变成蓝色[182],在 825 nm 处测得光学对比度为 $\Delta T = 25\%$(图 6.47)。E. Ozdemir 等报道了一种新的供体-受体型咔唑衍生物,包含 *N*-2-(2-乙基己基)-1,8-萘甲酰亚胺作为受体侧基,然后电化学聚合以获得聚合物 PCz18。但是吸收带不会随施加电位变化太大,也没有电致变色效应。而通过该单体和 EDOT 的电化学共聚获得的共聚物为紫色的,在氧化时变成蓝绿色[183]。

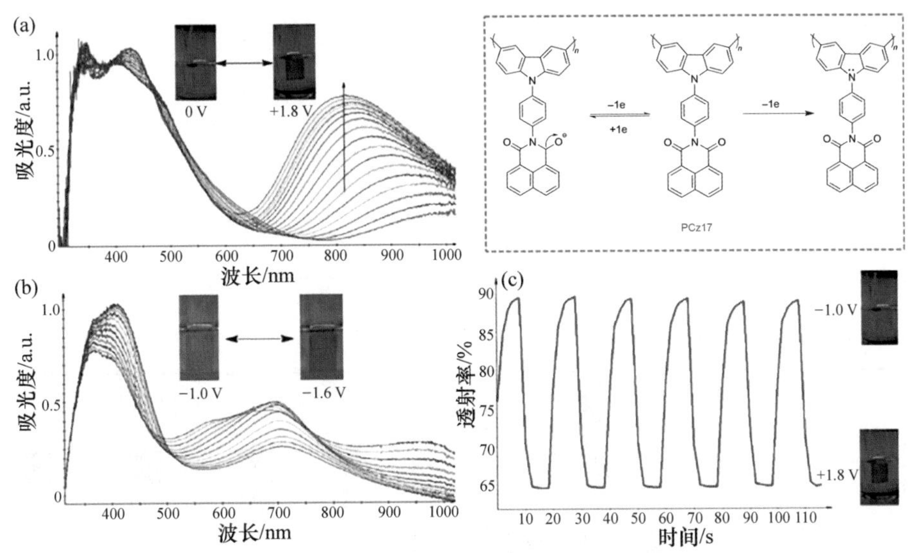

图 6.47　聚合物 PCz17 的光谱电化学谱和颜色变化：0 V 到+1.8 V(a)；−1.0 V 到−1.6 V (b)；在 825 nm 处的光学对比度图(电位在−1.0 V 和+1.8 V 之间循环)(c)[182]

此外，F. B. Koyuncu 等还利用强吸电子基团萘二酰亚胺对咔唑进行功能化，实现了新的 D-A 体系，随后通过电化学聚合在 ITO 玻璃表面形成稳固的薄膜 PCz19，其在阴极和阳极区表现出两种可逆的双极性氧化还原行为。因此，在中性状态下的透明薄膜转变为绿色和绿松石色，这是由于咔唑鎓阳离子自由基的极化和双极化物质的结合。还原过程中，透明色变成红褐色[184]。此外，在咔唑的 N 原子位点引入了另一种 n 型物质苯甲酮，以减小带隙[185]。两种聚合物 PCz20 和 PCz21 通过其相应的单体在 TBAP/CAN 电解液中电化学聚合制备，但两者的对比度(25%和 41%)和响应时间(3 s 和 2 s)均不理想。PCz21 实现了较低的带隙值，为 2.3 eV。Y. A. Udum 等合成了一种新的 D-A 型聚合物 PCz22，含恶二唑作为受体单元。PCz22 膜在中性态可见光波段没有明显的吸收峰，带隙为 2.2 eV，呈黄色。当电位为 1.2 V 时，聚合物薄膜在 480 nm 和 720 nm 处显示出两条吸收带，因此聚合物呈现绿色，并且在 600 nm 处吸收增加，可以进一步转换为蓝色(图 6.48)[186]。

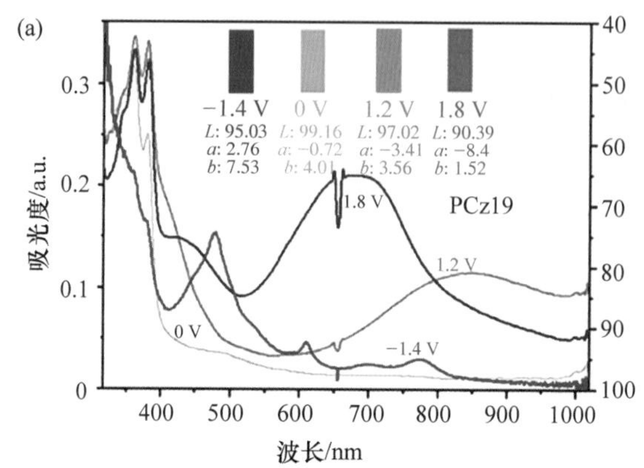

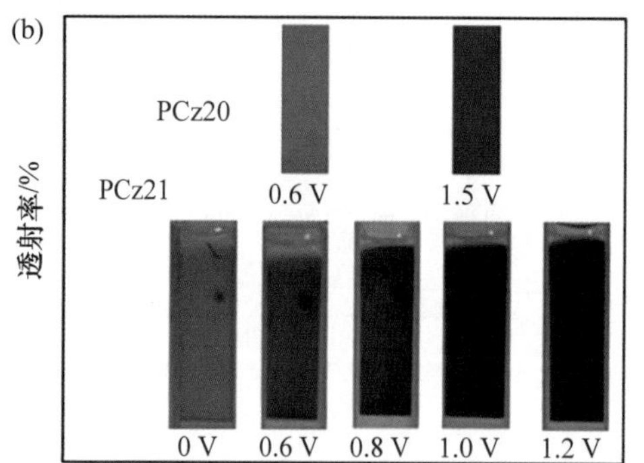

(c)

0 V	1.2 V	1.3 V	1.5 V
PCz22			
L: 87.242 a: −17.359 b: 87.242	L: 60.338 a: −41.241 b: 44.025	L: 61.740 a: −39.284 b: 7.769	L: 42.914 a: −13.710 b: −24.893

图 6.48 PCz19 的光谱电化学谱和颜色变化(a)[184]；PCz20 和 PCz21 薄膜的多色变色现象[185](b)；PCz22 薄膜在不同电位下的颜色(c)[186]

更有意义的是，S. Hsiao 等报道了两个含咔唑基团的电活性聚酰亚胺系列材料(PCz23 和 PCz24)。它们在电化学氧化过程中均表现出明确可逆的氧化还原反应，并呈现出从中性无色到氧化态蓝色或绿色的强烈颜色变化。与咔唑单元上没有叔丁基取代的类似物 PCz23 相比，PCz24 系列聚合物具有更好的氧化还原稳定性和电致变色性能[187]。

与 3,6-取代咔唑聚合物相比，2,7-取代聚咔唑由于其有效共轭长度较长，通常具有较窄的带隙，使得聚合物材料能够在可见光区域吸收[188]。然而，因为咔唑的 2 和 7 位点不活泼，聚 2,7-取代咔唑的合成存在困难。已经有几种方法被发展出来，以克服障碍获得各种聚(2,7-取代咔唑)衍生物。

Leclerc 等报道了一系列新的聚(2,7-取代咔唑)衍生物 PCz25、PCz26 和 PCz27，它们在中性状态下表现出绿色，在被氧化时则呈现出透明棕色，如图 6.49 所示，这为军用装备的自适应伪装应用提供可能[189]。在另一项研究中，E. Ozdemir 等开发了一种新的含硝基($—NO_2$)的聚(2,7-二-2-噻吩基-9*H*-咔唑)衍生物 PCz28，由于$—NO_2$的吸电子作用，该单体的氧化电位高于没有$—NO_2$的同类物。PCz28 可以表现出多色电致变色的现象，在中性态下呈现橙色，在施加正电位时可逐渐转变为绿色、绿松石色和深蓝色[190]。此外，还将具有吸电子能力的三嗪基引入到聚(2,7-取代咔唑)衍生物中，得到了含 8-羟基喹啉的聚合物 PCz29 和 1-吡啶甲胺的聚合物 PCz30，PCz29 在还原态和氧化态的颜色分别在透明和深绿色之间变化，在 680 nm 处响应时间为 2.1 s，光学对比度为 58%[191]。不同的是，PCz30 从 0 V 时的透明还原态变为+1.6 V 时的蓝色氧化态，响应时间和光学对比度分别为 3.5 s 和 21%[192]。

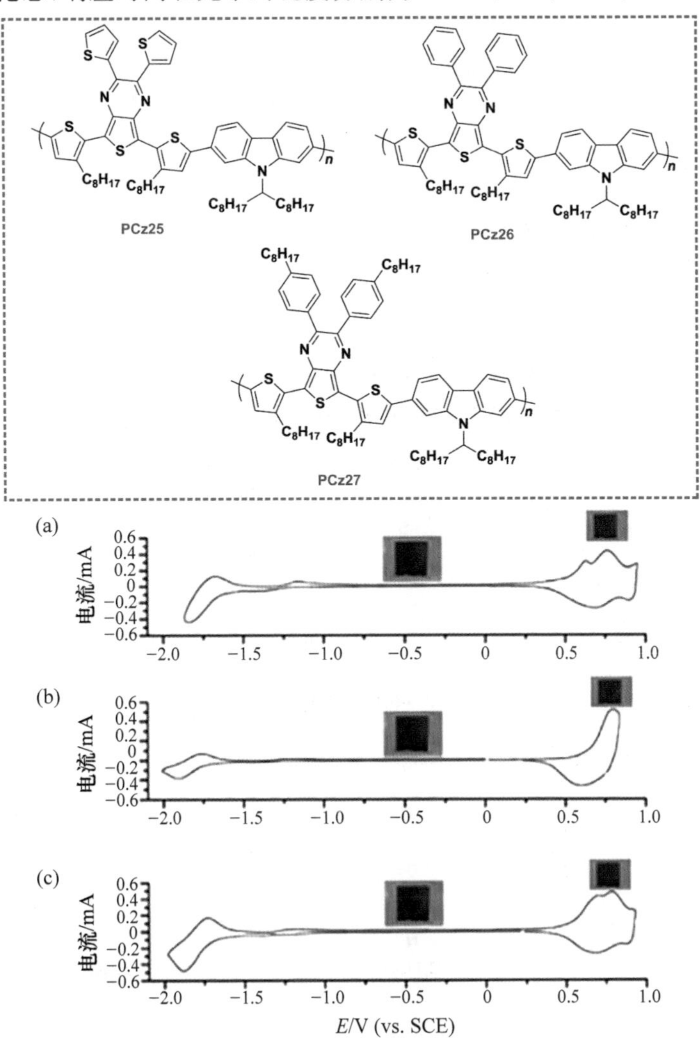

图 6.49　循环伏安曲线和颜色变化：PCz25(a)；PCz26(b)和 PCz27(c)[189]

2. 交联型结构聚咔唑衍生物

众所周知,咔唑基团可以通过电化学聚合实现高效的交联。各种交联型聚咔唑衍生物已被广泛地设计和研究出来,用于电致变色的应用。与线型聚咔唑衍生物类似,D-A 相互作用是调整其电致变色性能的有效方法。F. Fungo 等制备了一种新型 D-A 型双极性聚合物 PCz31,以 9.9′-螺二烯为核心,1,3,4-恶二唑为 A 单元,三苯胺和咔唑为 D 单元[193]。对该单体进行电化学聚合时,低氧化电位下(<0.70 V)电聚合单元发生在三苯胺,而施加更高的电位(>0.70 V)时在咔唑基团的 3,6 位点处发生交联。所得的聚合物薄膜在 0 V 时呈淡黄色,在 0.6 V 时呈橙色,在 0.9 V 时呈绿色,对比度高达 71.9%。F. Fungo 等继续开发出一种新的基于双极性星型单体的交联型电致变色聚合物 PCz32。其电化学过程可逆,颜色变化稳定,从透明到绿色再到浅蓝色。由于电化学循环的均匀性,PCz32 具有良好的导电性和较强的粘附性[194]。一些线型聚咔唑衍生物的化学结构见图 6.50。

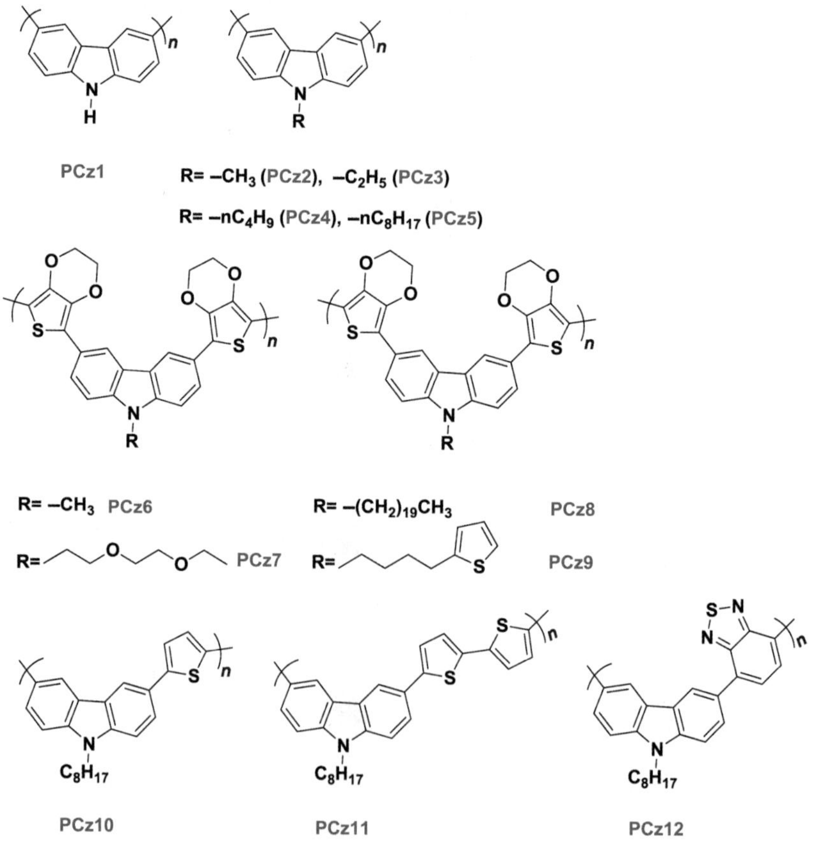

PCz1

R= $-CH_3$ (PCz2), $-C_2H_5$ (PCz3)

R= $-nC_4H_9$ (PCz4), $-nC_8H_{17}$ (PCz5)

R= $-CH_3$ PCz6

R= PCz7

R= $-(CH_2)_{19}CH_3$ PCz8

R= PCz9

PCz10

PCz11

PCz12

图 6.50 线型聚咔唑衍生物的化学结构

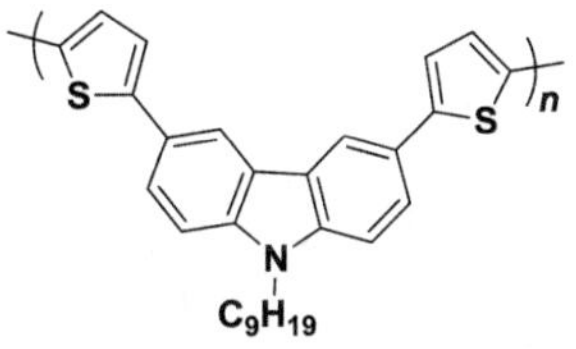

PCz13 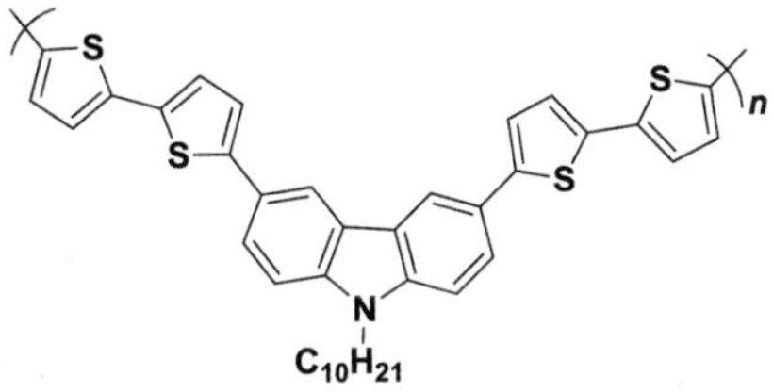　PCz14

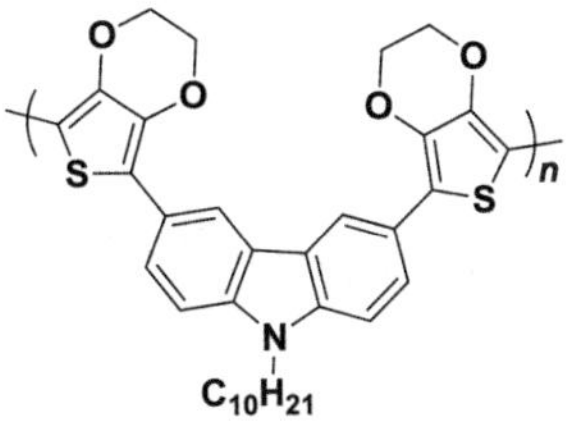

PCz15 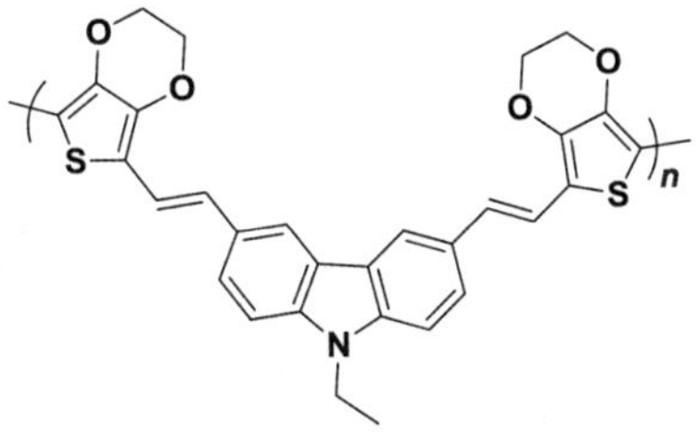　PCz16

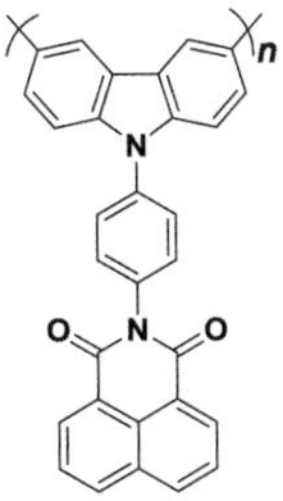

PCz17 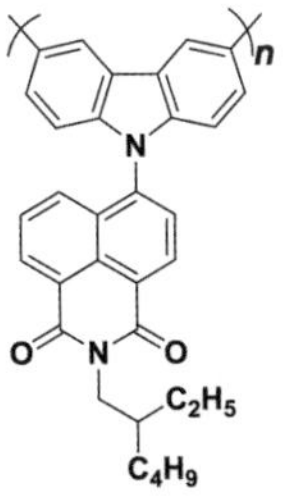　PCz18 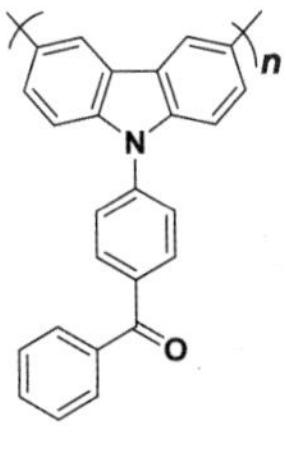　PCz20 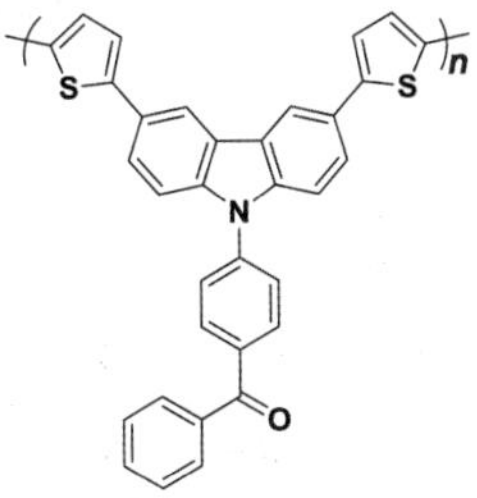　PCz21

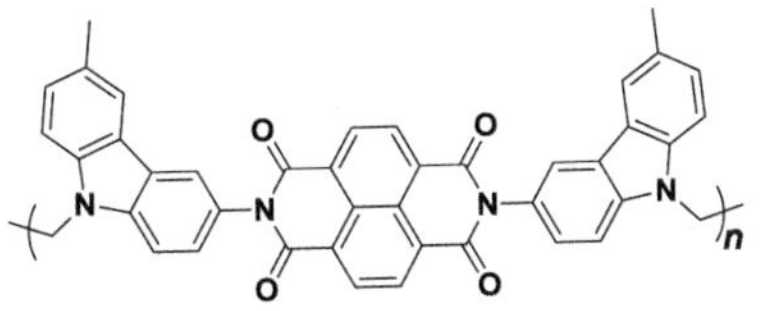

PCz19 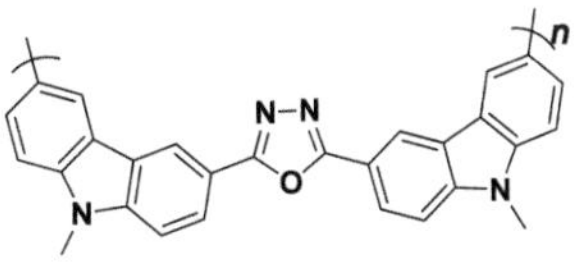　PCz22

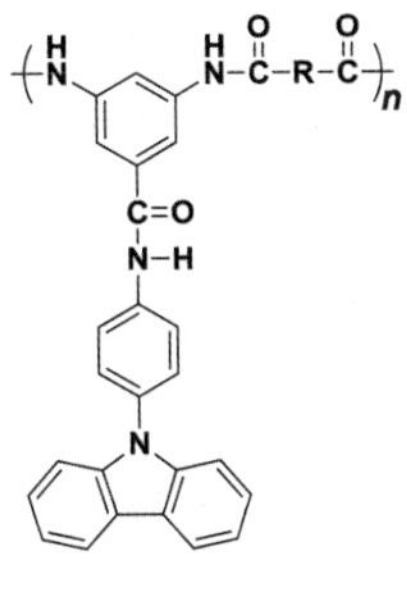

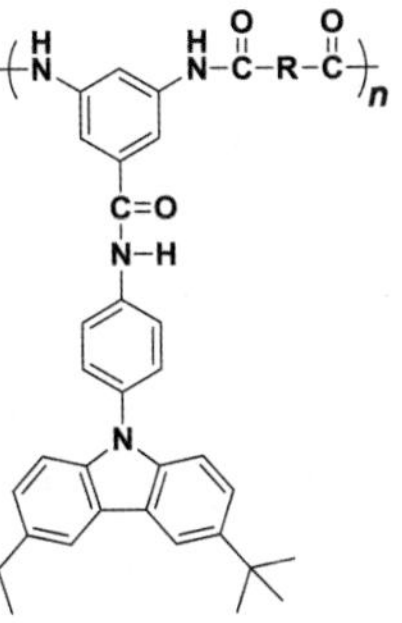

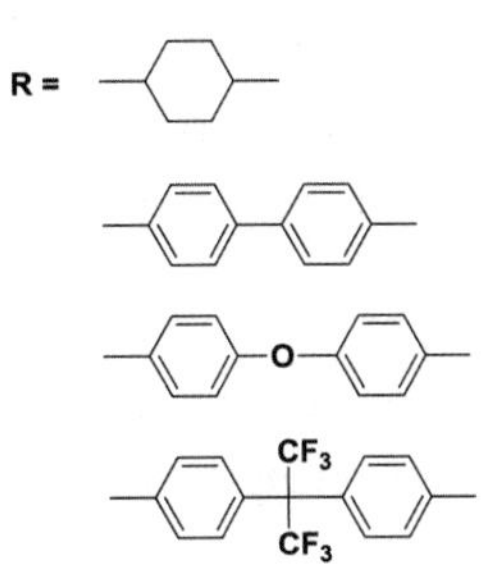

PCz23　PCz24

图 6.50　续

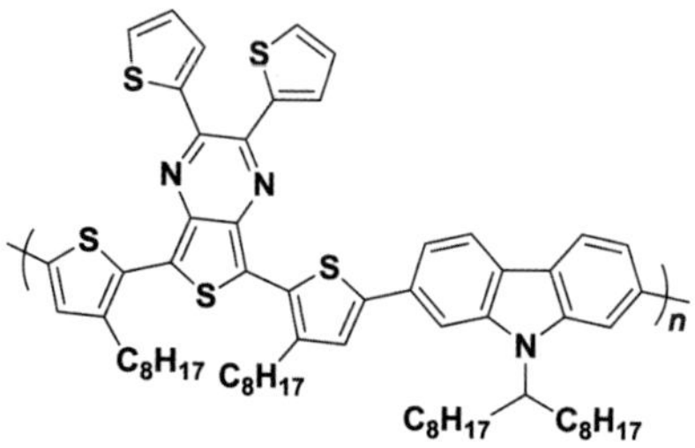

PCz25 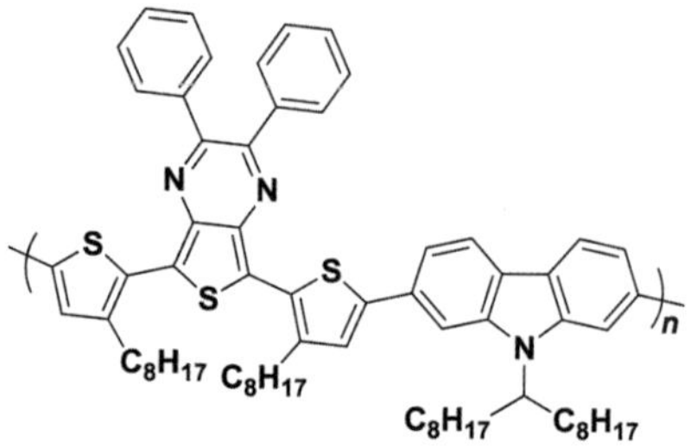 PCz26

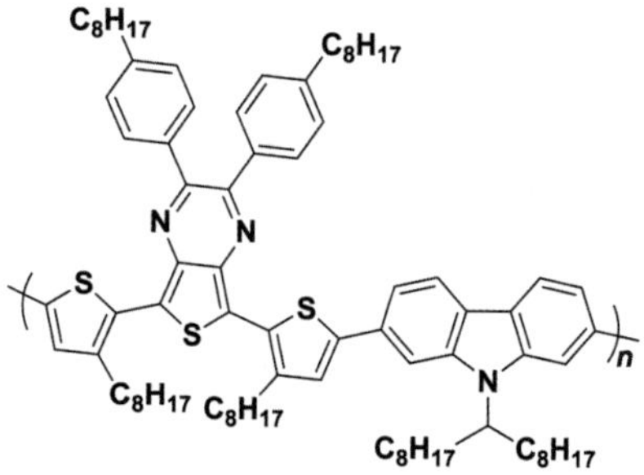

PCz27 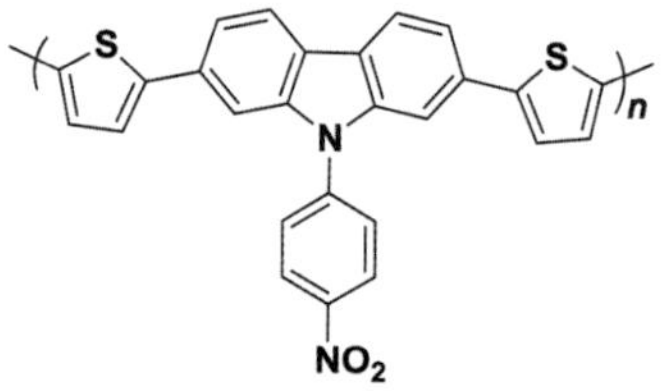 PCz28

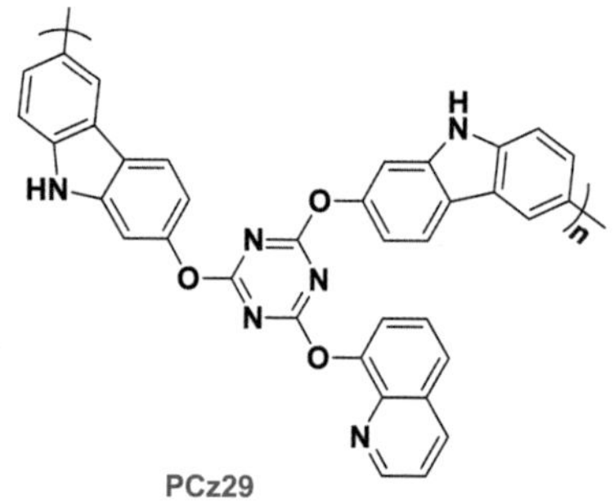

PCz29 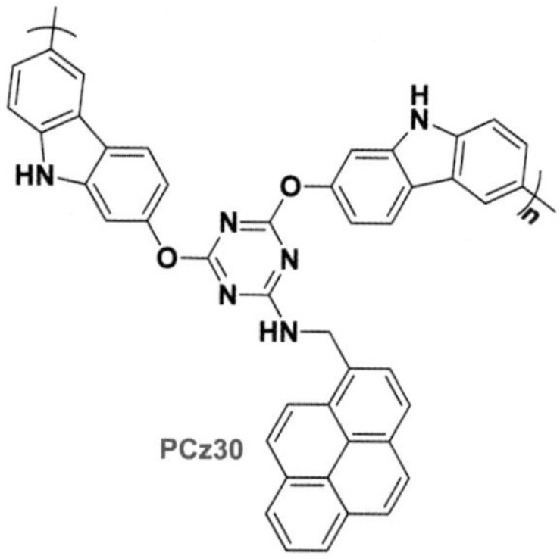 PCz30

图 6.50 续

在另一项研究中，如图 6.51 所示，赵金生等在 2,1,3-苯并噻二唑的 2 和 5 位点处用两个咔唑基团修饰，随后通过电化学聚合得到聚合物 PCz33。与主链上含有苯并噻二唑和 N-取代咔唑的线型聚合物 PCz12 相比，PCz33 在 470 nm 处有一吸收带，源于 π-π^* 跃迁，带隙为 2.26 eV，中性态呈黄色。随着电压的增加，420 和 800 nm 处的吸收带逐渐增强，呈现绿色。进一步氧化，薄膜变成了翠蓝色[195]。

除了 D-A 型聚合物外，其他具有多种颜色的交联型聚合物也得到了研究。例如，在咔唑的 3,6 位点取代 2,5-二(2-噻吩基)-1H-吡咯得到两种支化型电活性单体，通过电化学聚合直接在 ITO 表面成膜[196]。相比于 PCz34，聚合物 PCz35 修饰有更长的烷基侧链，表现出更优异的电致变色性能。PCz35 在 850 nm 处的对比度高达

68%，响应时间为 0.8 s，着色效率为 352 $cm^2 \cdot C^{-1}$。更重要的是，该聚合物具有较高的稳定性，由于其交联型结构，在 5000 次循环后性能可保持 97.1%。因此，在咔唑的 N 原子处修饰较长的烷基链会对其性质产生较大的影响。

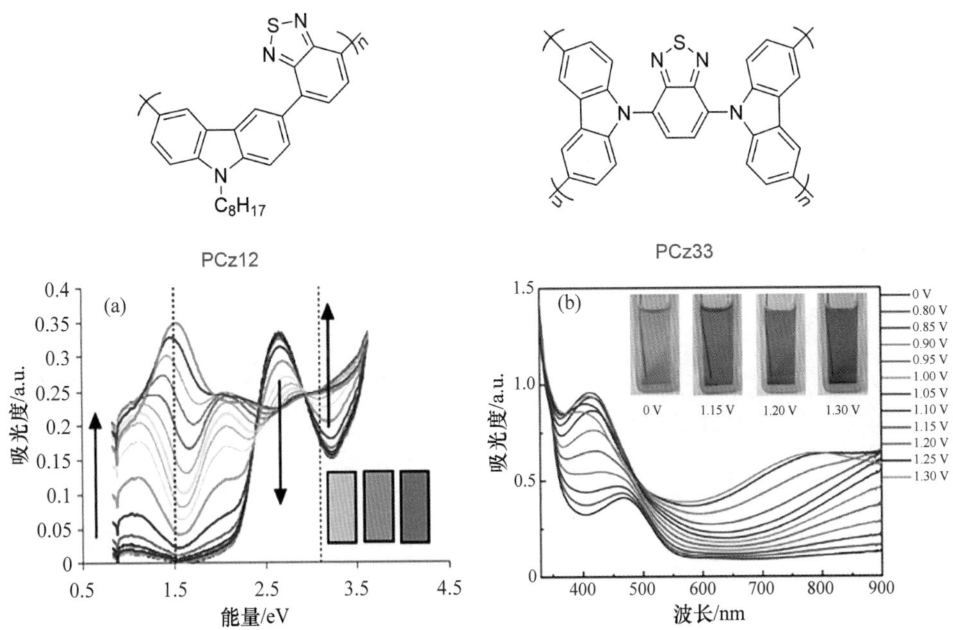

图 6.51　光谱电化学谱和不同电压的颜色变化：PCz12(a)；PCz13(b)[178,195]

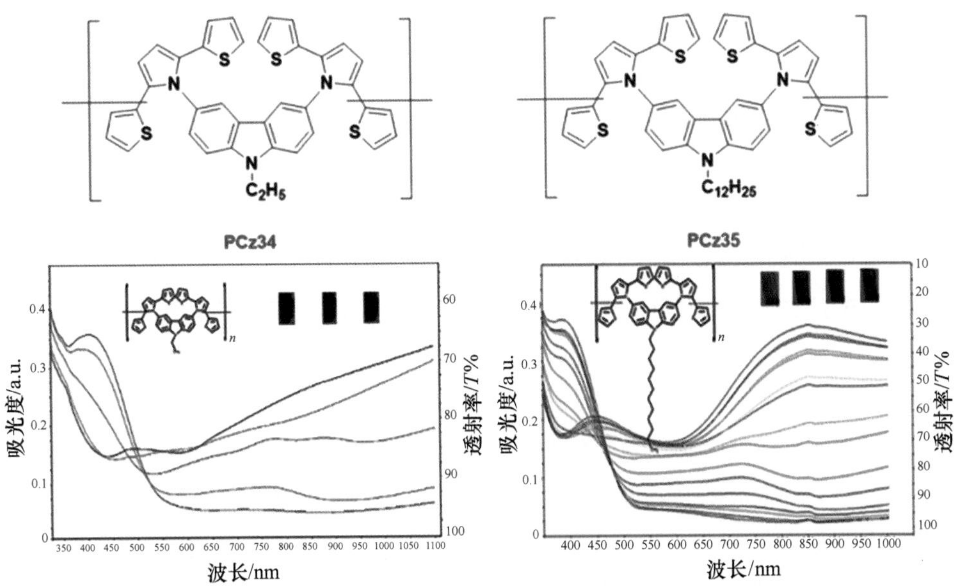

图 6.52　光谱电化学谱和颜色变化：PCz34(a)；PCz35(b)[196]

在另一项研究中,合成了一种新的磷氮烯/咔唑杂化树枝型单体,并将其直接沉积到 ITO-玻璃表面,形成枝状型网状聚合物 PCz36,PCz36 在中性态时呈无色,在正电位作用下转换为绿色,光学对比度为 51%。随后制备 ITO/PCz36/电解质/PEDOT/ITO 三明治结构的电致变色器件,中性态呈无色,响应时间短,为 0.5 s,着色效率高达 981 $cm^2 \cdot C^{-1}$[197]。M. Ak 等报道了以 2,4,6-三氯-1,3,5-三嗪为核心,2-(9H -咔唑-9-基)乙醇为臂的星状单体电化学聚合制备的新型聚合物 PCz37,氧化态为绿松石色,中性态为透明色。光学对比度和响应时间分别为 70.67%和 2 s(图 6.53)[198]。

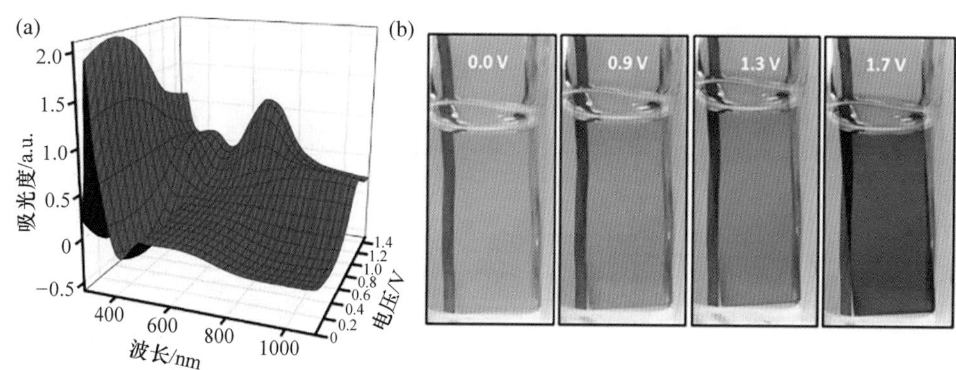

图 6.53 PCz37 的光谱电化学谱(−0.3 V 到+1.5 V)(a);PCz37 的电致变色性能(b)[198]

B. Carbas 等将四苯乙烯基引入咔唑聚合物中,得到 PCz38,其在 770 nm 的光学对比度为 23%,在 1.8 s 内由透明色转变至军用绿色[199]。F. Fungo 等研制了一系列外围有咔唑基团的树状星型单体,在 ITO 玻璃表面电聚合形成聚合物膜 PCz39、PCz40 和 PCz41。如图 6.54 所示,中性态 PCz39 呈透明色,在 346 nm 处有一个吸收峰。随着电位的增加,变成浅黄色,然后变成绿色。含有电活性中心核三苯胺单元的 PCz40 也有类似的现象,但观察到的变色变化不如 PCz39 强烈。本研究还表明 PCz41 由于其二聚体的高溶解性,不能保留在电极表面,从而阻碍了其光谱电化学性质研究的可能性[200]。另外,C. Kuo 等报道了聚[1,3,5-三(*N*-咔唑基)苯](PCz42)和三种基于 1,3,5-三(*N*-咔唑基)苯(tnCz)与 2,2′-联噻吩(bTp)以不同物质的量之比电化学聚合制备的共聚物。聚合物薄膜(tnCz1-bTp2),tnCz/bTp 的物质的量之比为 1/2,从中性态到氧化态依次呈现四种颜色,分别是 0 V 的浅橙色、0.7 V 的黄橙色、0.8 V 的黄绿色和 1.1 V 的蓝色。图 6.55 展示了在 ITO 电极上的 PCz42 和 P(tnCz1-bTp2)的紫外-可见吸收光谱随施加电压的变化[201]。

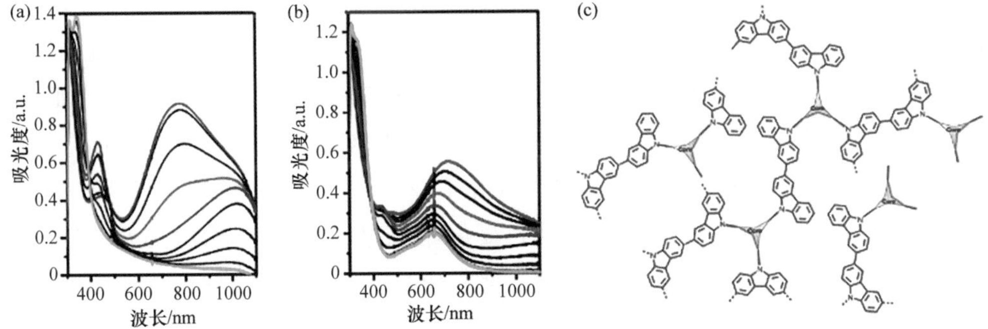

图 6.54　UV-Vis 吸收光谱：PCz39(a)；PCz40(b)；咔唑为末端单元的树枝状聚合物(c)[200]

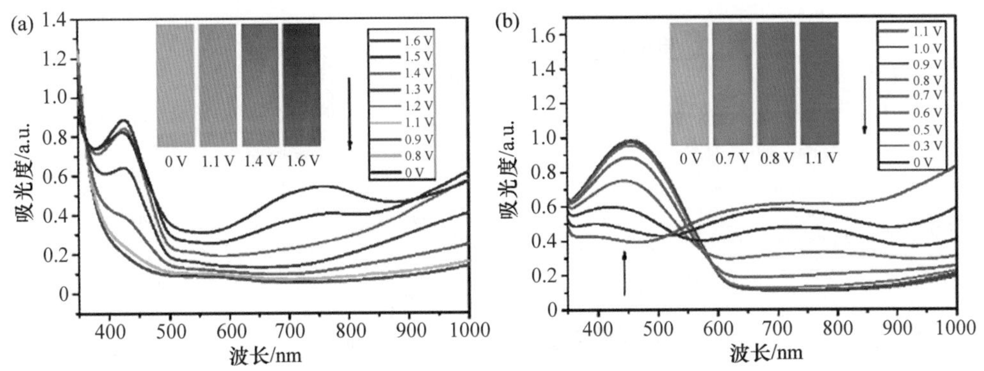

图 6.55　UV-Vis 吸收光谱和颜色变化：PCz42(a)；P(tnCz1-bTp2)(b)[201]

此外，具有三咔唑结构的 3,6-双(*N*-咔唑基)咔唑单元已经成为聚合物研究领域的焦点。它已广泛应用于超级电容器。S. H. Hsiao 等合成了两种化合物 3,6-二(咔唑-9-基)-*N*-(4-硝基苯基)咔唑(NO_2-3Cz)和 3,6-二(咔唑-9-基)-*N*-(4-氨基苯基)咔唑(NH_2—3Cz)，然后通过氧化偶联反应在电解质溶液中电聚合至电极表面上，得到聚合物薄膜。他们提出了类聚苯胺和双咔唑基团的阳极氧化路径，这两种聚合物都表现出可逆的电化学氧化过程，具有明显的电致变色现象。PCz43 膜的颜色从中性态浅黄色变为黄绿色，形成自由基阳离子，然后在完全氧化时变为蓝色。对于 PCz44 膜，氧化后颜色从无色变为浅绿色，最后变为蓝色。由于存在类聚苯胺结构，相比于 PCz43，PCz44 的起始氧化电位较低，电致变色稳定性较高(图 6.56)[171]。

与三咔唑结构相似，结合了两种富电子结构(三芳胺和咔唑)的三苯胺-二(*N*-咔唑)单元很容易被氧化形成稳定的极化子，并伴随着明显的颜色变化。L. Deng 等设计了基于单体二硫富烯酰基-三苯胺-二(*N*-咔唑)的聚合物 PCz45，PCz45 在中性状态下呈浅黄色，在氧化后颜色从绿色变为蓝灰色，但是响应时间($t_c=4$ s，$t_b=8$ s)和着色效率(23.77 $cm^2 \cdot C^{-1}$)差[202]。为了对比这两种均有两个咔唑基团封端的相似电活性单元，S. H. Hsiam 等报道了两种分别包含 3,6-双(*N*-咔唑基)咔唑和三苯胺-双(*N*-咔唑)单元的聚合物 PCz46 和 PCz47。聚合物 PCz47 的第一个氧化电位低于 PCz46，这是因为 PCz47 的中心三苯胺单元比 PCz46 的 *N*-(4-甲氧基苯基)咔唑单元更容易被氧化。PCz46 表现出明显的颜色变化，从无色变为黄色，然后变为绿色。而随着电压增加，PCz47 从无色变为深绿色，然后变为棕色。两者均具有高氧化还原活性(图 6.57)[203]。

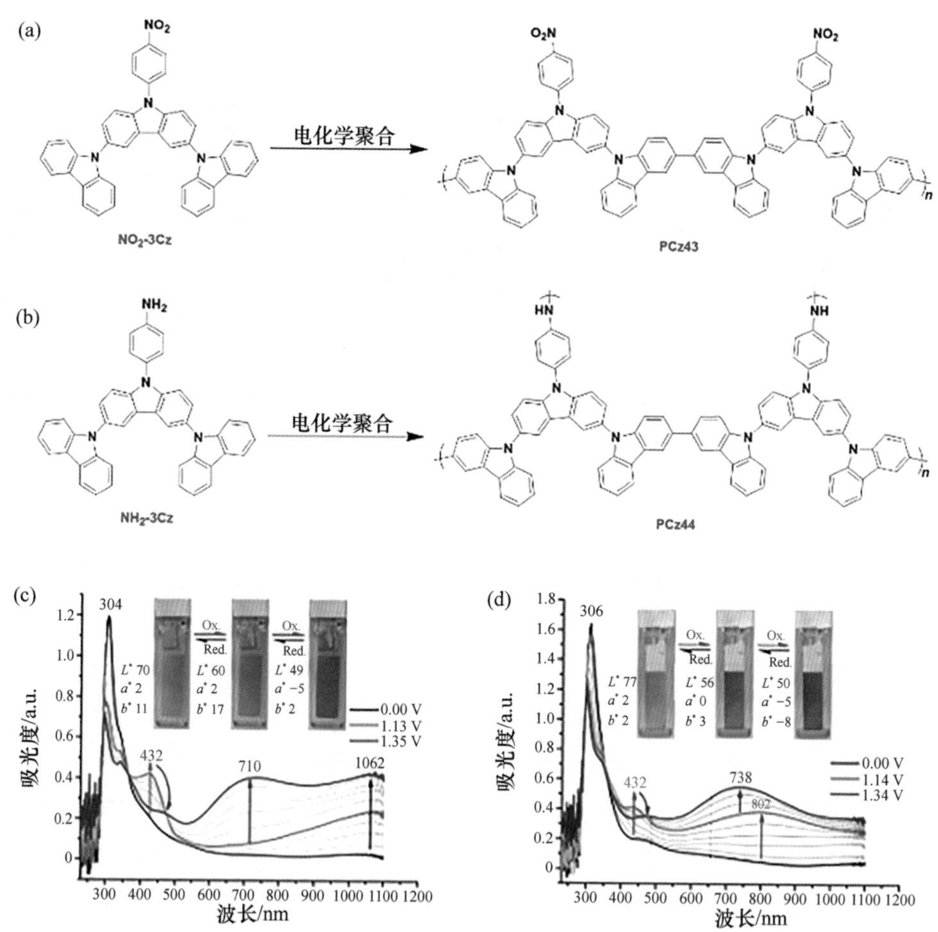

图 6.56 电化学聚合：NO_2—3Cz(a)，NH_2—3Cz(b)，

光谱电化学谱和颜色变化：PCz43(c)，PCz44(d)[171]

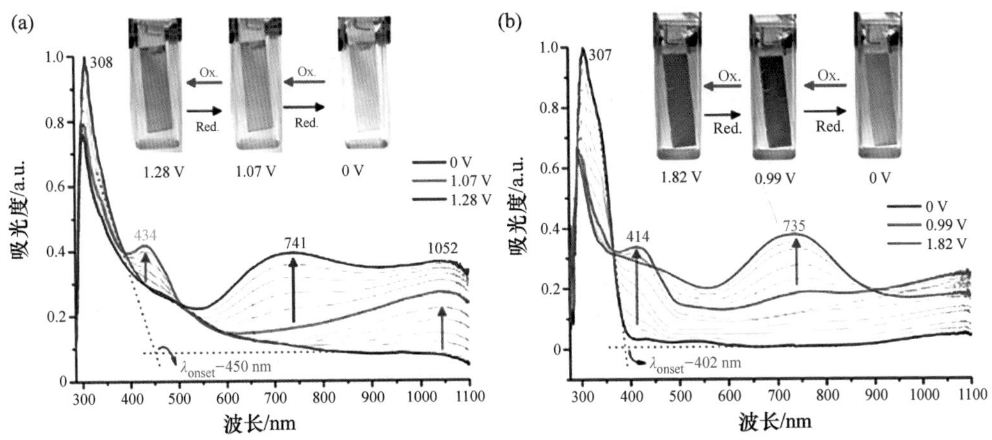

图 6.57　光谱电化学谱和颜色变化：PCz46(a)；PCz47(b)[203]

S. Hsiao 等还报道了两种交联型聚合物薄膜 PCz48 和 PCz49，由二酰亚胺和二酰胺为核的 *N*-苯基咔唑树枝状分子在电解质溶液中进行电聚合而成。两种聚合物均有两对可逆的氧化还原峰，在电压 1.11～1.34 V 下，发生从中性态无色到氧化态黄绿色和蓝色的颜色变化[204]。一些交联型聚咔唑衍生物的化学结构式见图 6.58。

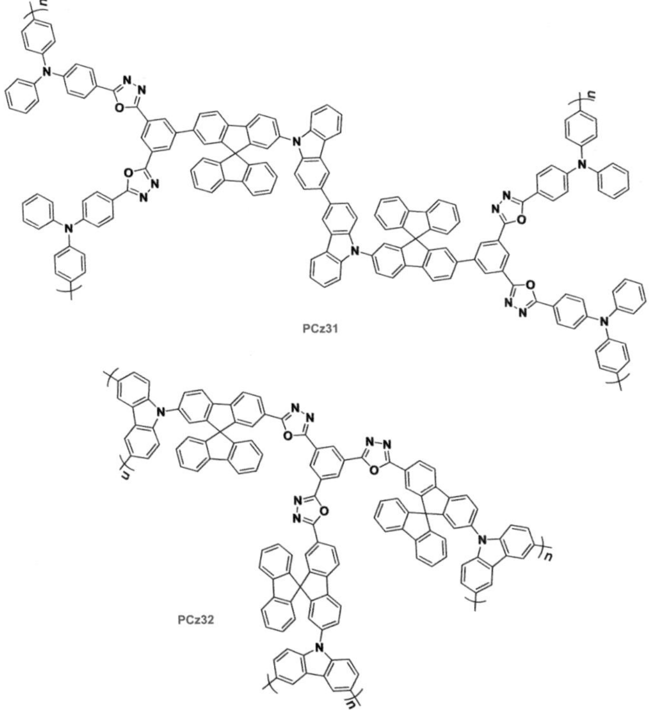

图 6.58　交联型聚咔唑衍生物的化学结构

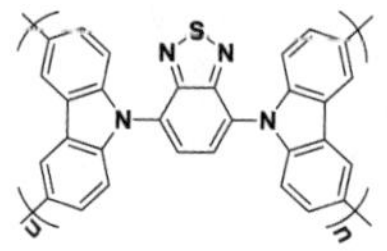

PCz33

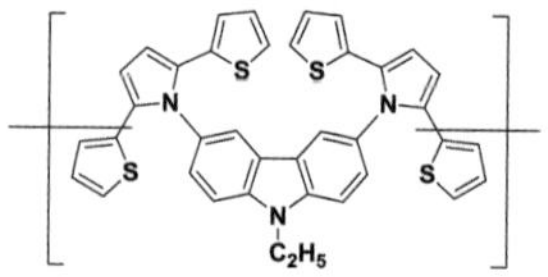

PCz34

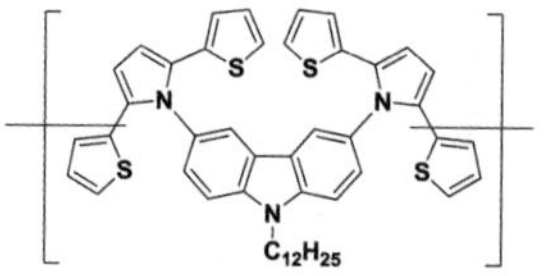

PCz35

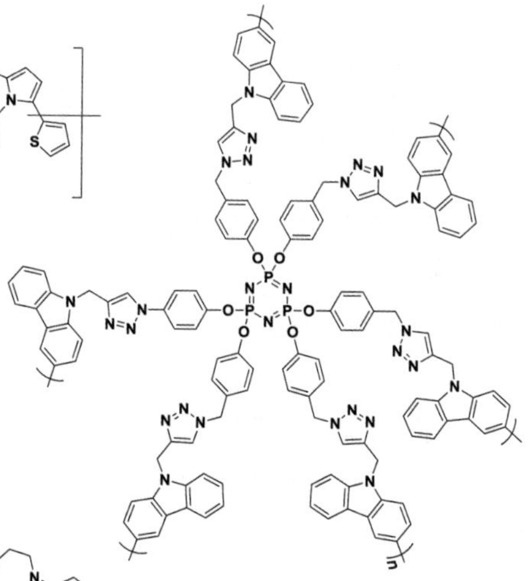

PCz36

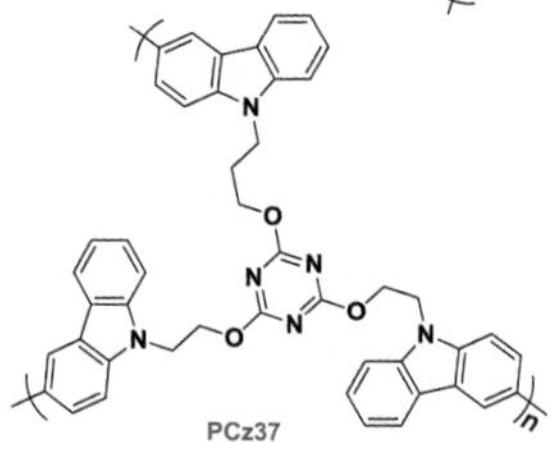

PCz37

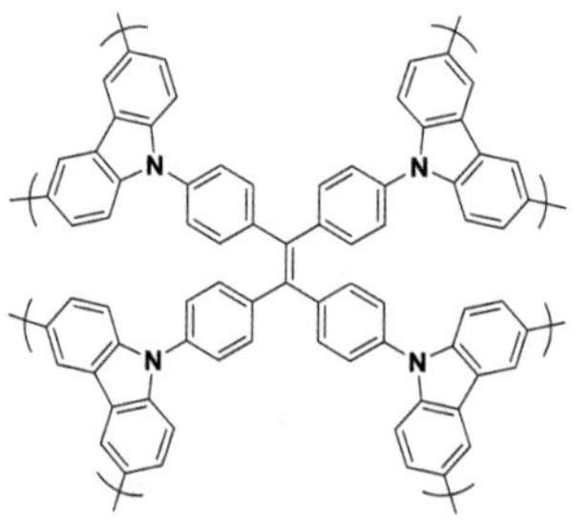

PCz38

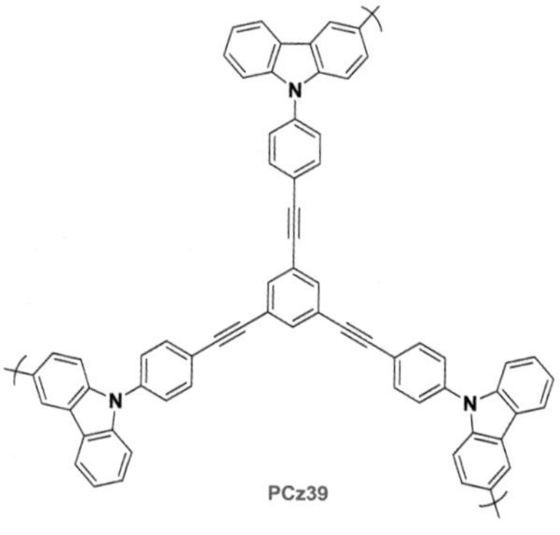

PCz39

图 6.58　续

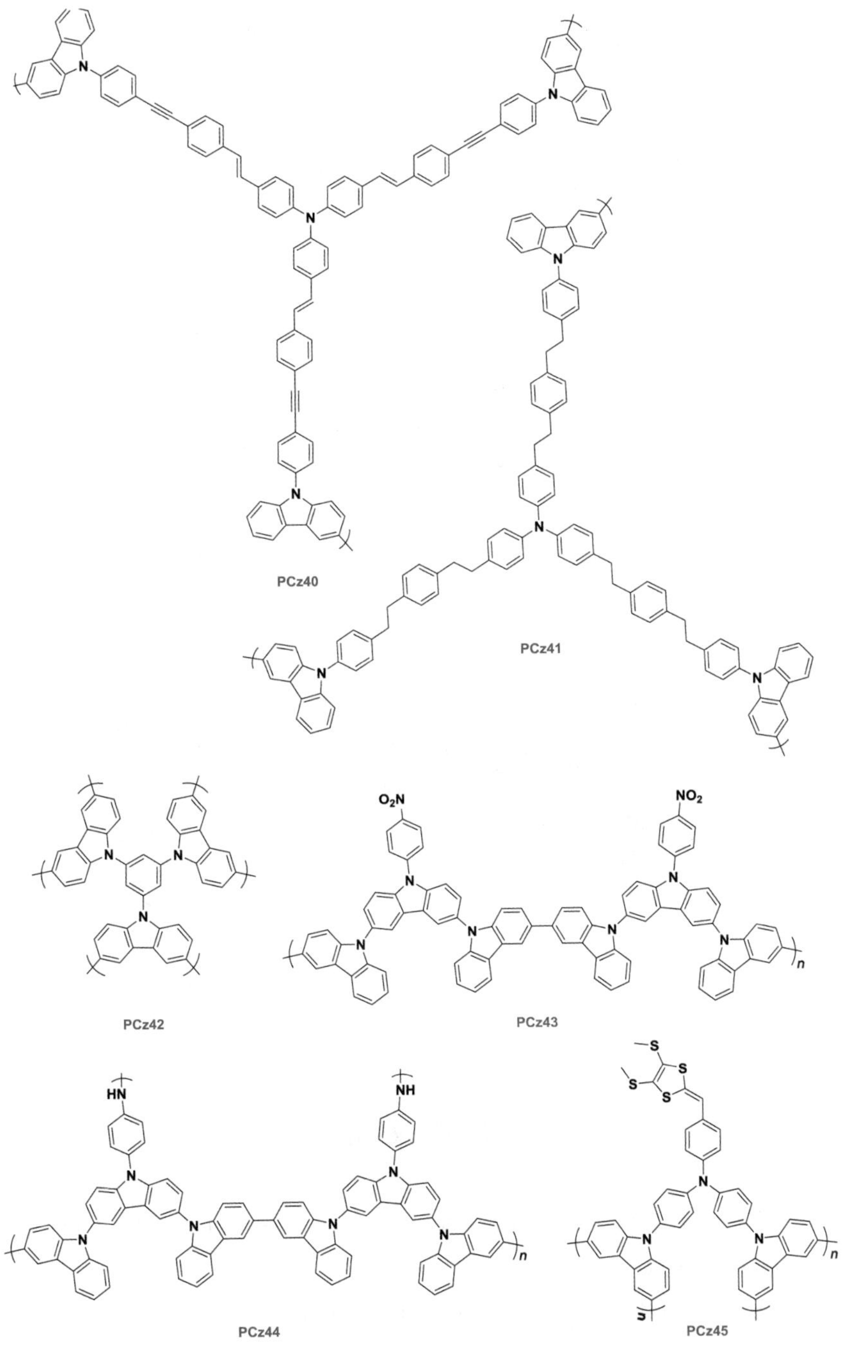

PCz40

PCz41

PCz42

PCz43

PCz44

PCz45

图 6.58　续

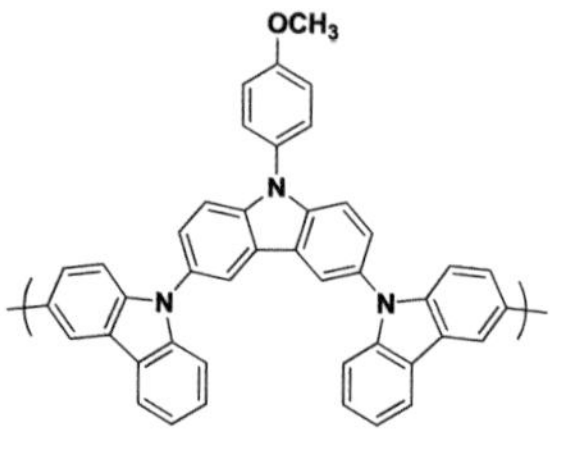

PCz46

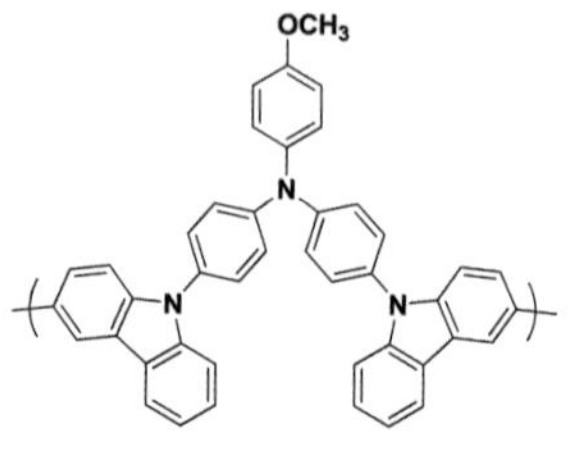

PCz47

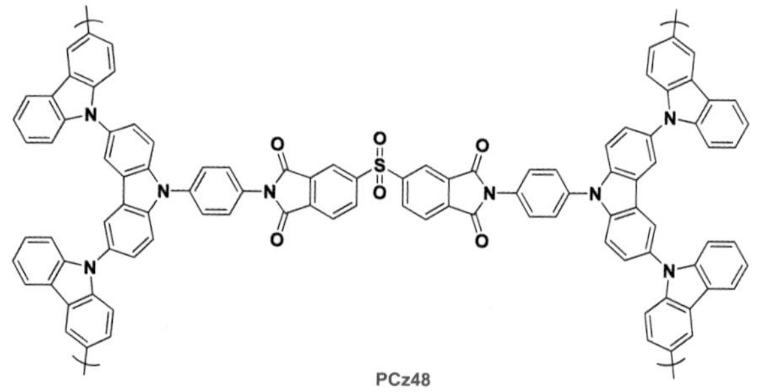

PCz48

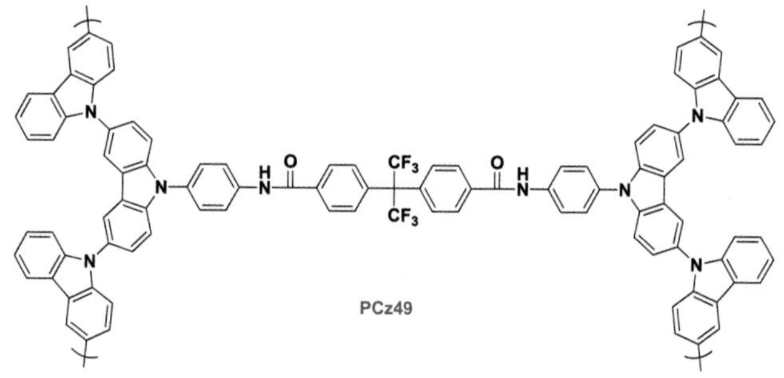

PCz49

图 6.58 续

参考文献

[1] Garnier G T a F. New electrochemically generated organic conducting polymers. Journal of Electroanalytical Chemistry, 1982, 135: 173-178.

[2] Shirakawa H, Louis E J, Macdiarmid A G, Chiang C K, et al. Synthesis of electrically conducting organic polymers: Halogen derivatives of polyacetylene, (CH)x. Journal of the Chemical Society, Chemical Communication, 1977, (16): 578-580.

[3] Garnier F, Tourillon G, Garzard M, et al. Organic conducting polymers derived from substitu-

ted thiophenes as electrochromic material. Journal of Electroanalytical Chemistry, 1983, 148: 299-303.

[4] Mortimer R J, Dyer A L, Reynolds J R. Electrochromic organic and polymeric materials for display applications. Displays, 2006, 27(1): 2-18.

[5] Enengl C, Enengl S, Pluczyk S, et al. Doping-induced absorption bands inP3HT: Polarons and bipolarons. ChemPhysChem, 2016, 17: 3836-3844.

[6] Alkan S, Cutler C A, Reynolds J R. High quality electrochromic polythiophenes via $BF_3 \cdot Et_2O$ electropolymerization, Advanced Functional Materials, 2003, 13: 331-336.

[7] Mortimer R J, Rosseinsky D R, Monk P M S. Wiley-VCH Verlag GmbH & Co. KGaA, Boschstr. 12, 69469 Weinheim, Germany, 2015.

[8] Harbeke G, Baeriswyl D Kiess H, et al. Polarons and bipolarons in doped polythiophenes. Physica Scripta, 1986, T13: 302-305.

[9] Bredas J L S, G. B. Polarons, Bipolarons, and solitons in conducting polymers. Accounts of Chemical Research, 1985, 18: 309-315.

[10] Child A D, Sankaran B, Larmat F, et al. Charge-carrier evolution in electrically conducting substituted polymers containing biheterocyclelp-phenylene repeat units. Macromolecules, 1995, 28: 6571-6578.

[11] Chen X, Xu Z, Mi S, et al. Spray-processable red-to-transmissive electrochromic polymers towards fast switching time for display applications. New Journal of Chemistry, 2015, 39: 5389-5394.

[12] Dyer A L, Craig M R, Babiarz J E, et al. Orange and red to transmissive electrochromic polymers based on electron-rich dioxythiophenes. Macromolecules, 2010, 43: 4460-4467.

[13] Kerszulis J A, Amb C M, Dyer A L, et al. Follow the yellow brick road: Structural optimization of vibrant yellow-to-transmissive electrochromic conjugated polymers. Macromolecules, 2014, 47: 5462-5469.

[14] Shi P, Amb C M, Knott E P, et al. Broadly absorbing black to transmissive switching electrochromic polymers. Advanced Materials, 2010, 22(44): 4949-4953.

[15] Pouliot J R, Grenier F, Blaskovits J T, et al. Direct (hetero)arylation polymerization: Simplicity for conjugated polymer synthesis. Chemical Reviews, 2016, 116(22): 14225-14274.

[16] Mercier L G, Leclerc M. Direct (hetero)arylation: A new tool for polymer chemists. Accounts of Chemical Research, 2013, 46: 1597-1605.

[17] Kumada T, Nohara Y, Kuwabara J, et al. Direct arylation polycondensation of thienothiophenes with various dibromoarylenes. Bulletin of the Chemical Society of Japan, 2015, 88(11): 1530-1535.

[18] Estrada L A, Deininger J J, Kamenov G D, et al. Direct (hetero)arylation polymerization: An

effective route to 3,4-propylenedioxythiophene-based polymers with low residual metal content. ACS Macro Letters, 2013, 2(10): 869-873.

[19] Dudnik A S, Aldrich T J, Eastham N D, et al. Tin-free direct C—H arylation polymerization for high photovoltaic efficiency conjugated copolymers. Journal of the American Chemical Society, 2016, 138(48): 15699-15709.

[20] Livi F, Gobalasingham N S, Thompson B C, et al. Analysis of diverse direct arylation polymerization (DArP) conditions toward the efficient synthesis of polymers converging with stille polymers in organic solar cells. Journal of Polymer Science Part A: Polymer Chemistry, 2016, 54(18): 2907-2918.

[21] Breukelaar W B, Mcafee S M, Welch G C. Exploiting direct heteroarylation polymerization homocoupling defects for the synthesis of a molecular dimer. New Journal of Chemistry, 2018, 42(3): 1617-1621.

[22] Gobalasingham N S, Carle J E, Krebs F C, et al. Conjugated polymers via direct arylation polymerization in continuous flow: Minimizing the cost and batch-to-batch variations for high-throughput energy conversion. Macromolecular Rapid Communications, 2017, 38(22): 1700526.

[23] Pankow R M, Ye L, Gobalasingham N S, et al. Investigation of green and sustainable solvents for direct arylation polymerization (DArP). Polymer Chemistry, 2018, 9: 3885-3892.

[24] Pankow R M, Ye L, Thompson B C. Copper catalyzed synthesis of conjugated copolymers using direct arylation polymerization. Polymer Chemistry, 2018, 9(30): 4120-4124.

[25] Grenier F, Goudreau K, Leclerc M. Robust direct (hetero)arylation polymerization in biphasic conditions. Journal of the American Chemical Society, 2017, 139(7): 2816-2824.

[26] Kerszulis J A, Bulloch R H, Teran N B, et al. Relax: A sterically relaxed donor-acceptor approach for color tuning in broadly absorbing, high contrast electrochromic polymers. Macromolecules, 2016, 49: 6350-6359.

[27] Christiansen D T, Reynolds J R. A fruitful usage of a dialkylthiophene comonomer for redox stable wide-gap cathodically coloring electrochromic polymers. Macromolecules, 2018, 51(22): 9250-9258.

[28] Li W, Guo Y, Shi J, et al. Solution-processable neutral green electrochromic polymer containing thieno[3,2-b]thiophene derivative as unconventional donor units. Macromolecules, 2016, 49(19): 7211-7219.

[29] Aradilla D, Casanovas J, Estrany F, et al. New insights into the characterization of poly(3-chlorothiophene) for electrochromic devices. Polymer Chemistry, 2012, 3(2): 436-449.

[30] Giglioti M, Trivinho-Strixino F, Matsushima J T, et al. Electrochemical and electrochromic response of poly(thiophene-3-acetic acid) films. Solar Energy Materials and Solar Cells, 2004,

82(3): 413-420.

[31] Catia A, Alessandro B, Marina M, et al. Polyalkylthiophenes as electrochromic materials: A comparative study of poly(3-methylthiophenes) and poly(3-hexylthiophenes. Advanced Materials, 1995, 7: 571-574.

[32] Yoshino K, Love P, Onoda M, et al. Dependence of absorption spectra and solubility of poly(3-alkylthiophene) on molecular structure of solvent. Japanese Journal of Applied Physics, 1988, 27(12): L2388-L2391.

[33] Hayes W, Pratt F L, Wong K S, et al. Absorption of doped polythiophene in the middle and far infrared. Journal of Physics C: Solid State Physics, 1985, 18: 555-558.

[34] Hattori T, Hayes W, Wong K, et al. Optical properties of photoexcited and chemically doped polythiophene. Journal of Physics C: Solid State Physics, 1984, 17: 803-807.

[35] Welsh D M, Kumar A, Meijer E W, et al. Enhanced contrast ratios and rapid switching in electrochromics based on poly(3, 4-propylenedioxythiophene) derivatives. Advanced Materials, 1999, 11: 1379-1381.

[36] Reeves B D, Grenier C R G, Argun A A, et al. Spray coatable electrochromic dioxythiophene polymers with high coloration efficiencies. Macromolecules, 2004, 37: 7559-7569.

[37] Krompiec M P, Baxter S N, Klimareva E L, et al. 3,4-phenylenedioxythiophenes (PheDOTs) functionalized with electron-withdrawing groups and their analogs for organic electronics. Journal of Materials Chemistry C, 2018, 6(14): 3743-3756.

[38] Darmanin T, Godeau G, Guittard F, et al. A templateless electropolymerization approach to porous hydrophobic nanostructures using 3,4-phenylenedioxythiophene monomers with electron-withdrawing groups. ChemNanoMat, 2018, 4: 1-8.

[39] Poverenov E, Sheynin Y, Zamoshchik N, et al. Flat conjugated polymers combining a relatively low homo energy level and band gap: Polyselenophenes versus polythiophenes. Journal of Materials Chemistry, 2012, 22(29): 14645.

[40] Grenier C R, Pisula W, Joncheray T J, et al. Regiosymmetric poly(dialkylphenylenedioxythiophene)s: Electron-rich, stackable pi-conjugated nanoribbons. Angewandte Chemie International Edition in English, 2007, 46(5): 714-717.

[41] Perepichka I F, Roquet S, Leriche P, et al. Electronic properties and reactivity of short-chain oligomers of 3,4-phenylenedioxythiophene (PheDOT). Chemistry, 2006, 12(11): 2960-2966.

[42] Roquet S, Leriche P, Perepichka I, et al. 3,4-phenylenedioxythiophene (PheDOT): A novel platform for the synthesis of planar substituted π-donor conjugated systems. Journal of Materials Chemistry, 2004, 14(9): 1396-1400.

[43] Taliani C, Zamboni R, Danieli R, et al. Influence of molecular architecture on electronic and transport-properties in sulfur-containing heterocyclic conducting polymers. Physica Scripta,

1989, 40(6): 781-785.

[44] Danieli R, Taliani C, Zamboni R, et al. Optical, electrical and electrochemical characterization of electrosynthesized polythieno[3,2-b]thiophene. Physica Scripta, 1986, 13: 325-328.

[45] Corradini A, Marinangeli A M, Mastragostino M. Electrochemical study of polythieno[3,2-b] thiophene. Abstracts of Papers of the American Chemical Society, 1986, 192: 45-COLL.

[46] Brédas J L, Elsenbaumer R L, Chance R R, et al. Electronic properties of sulfur containing conjugated polymers. The Journal of Chemical Physics, 1983, 78(9): 5656-5662.

[47] Turbiez M, Frere P, Leriche P, et al. Poly(3,6-dimethoxy-thieno[3,2-b]thiophene): A possible alternative to poly(3,4-ethylenedioxythiophene)(PEDOT). Chemical Communications, 2005, 2005: 1161-1163.

[48] Zhu M, Li W, Xu P, et al. Molecular engineering tuning optoelectronic properties of thieno[3,2-b]thiophenes-based electrochromic polymers. Science China-Chemistry, 2017, 60: 63-76.

[49] Xu P, Murtaza I, Shi J, et al. Highly transmissive blue electrochromic polymers based on thieno[3,2-b]thiophene. Polymer Chemistry, 2016, 7(34): 5351-5356.

[50] Shi J, Zhu X, Xu P, et al. A redox-dependent electrochromic material: Tetri-edot substituted thieno[3,2-b]thiophene. Macromolecular Rapid Communications, 2016, 37: 1344-1351.

[51] Shao S, Shi J, Murtaza I, et al. Exploring the electrochromic properties of poly(thieno[3,2-b] thiophene)s decorated with electron-deficient side groups. Polymer Chemistry, 2017, 8: 769-784.

[52] Hergue N, Frere P, Roncali J. Efficient synthesis of 3,6-dialkoxythieno[3,2-b]thiophenes as precursors of electrogenerated conjugated polymers. Organic & Biomolecular Chemistry, 2011, 9: 588-595.

[53] Yin Y, Li W, Zeng X, et al. Design strategy for efficient solution-processable red electrochromic polymers based on unconventional 3,6-bis(dodecyloxy)thieno[3,2-b]thiophene building blocks. Macromolecules, 2018, 51(19): 7853-7862.

[54] Li W, Ning J, Yin Y, et al. Thieno[3,2-b]thiophene-based conjugated copolymers for solution-processable neutral black electrochromism. Polymer Chemistry, 2018, 9: 5608-5616.

[55] Beaujuge P M, Reynolds J R. Color control in pi-conjugated organic polymers for use in electrochromic devices. Chemical Reviews, 2010, 110: 268-320.

[56] Amb C M, Dyer A L, Reynolds J R. Navigating the color palette of solution-processable electrochromic polymers. Chemistry of Materials, 2011, 23(3): 397-415.

[57] Dyer A L, Thompson E J, Reynolds J R. Completing the color palette with spray-processable polymer electrochromics. ACS Applied Materials & Interfaces, 2011, 3(6): 1787-1795.

[58] Kerszulis J A, Johnson K E, Kuepfert M, et al. Tuning the painter's palette: Subtle steric effects on spectra and colour in conjugated electrochromic polymers. Journal of Materials Chem-

istry C, 2015, 3(13): 3211-3218.

[59] Cheng Y-J, Yang S-H, Hsu C-S. Synthesis of conjugated polymers for organic solar cell applications. Chemical Reviews, 2009, 109: 5868-5923.

[60] Lin C, Endo T, Takase M, et al. Structural, optical, and electronic properties of a series of 3, 4-propylenedioxythiophene oligomers in neutral and various oxidation states. Journal of the American Chemical Society, 2011, 133(29): 11339-11350.

[61] Amb C M, Kerszulis J A, Thompson E J, et al. Propylenedioxythiophene (prodot)-phenylene copolymers allow a yellow-to-transmissive electrochrome. Polymer Chemistry, 2011, 2(4): 812.

[62] Cao K, Shen D E, Österholm A M, et al. Tuning color, contrast, and redox stability in high gap cathodically coloring electrochromic polymers. Macromolecules, 2016, 49: 8498-8507.

[63] Cho C M, Ye Q, Neo W T, et al. Red-to-black electrochromism of 4,9-dihydro-s-indaceno[1, 2-b:5,6-b′]dithiophene-embedded conjugated polymers. Journal of Material Science, 2015, 50: 5856-5864.

[64] Atakan G, Gunbas G. A novel red to transmissive electrochromic polymer based on phenanthrocarbazole. RSC Advances, 2016, 6: 25620-25623.

[65] Jensen J, Dam H F, Reynolds J R, et al. Manufacture and demonstration of organic photovoltaic-powered electrochromic displays using roll coating methods and printable electrolytes. Journal of Polymer Science Part B: Polymer Physics, 2012, 50(8): 536-545.

[66] Dyer A L, Bulloch R H, Zhou Y, et al. A vertically integrated solar-powered electrochromic window for energy efficient buildings. Advanced Materials, 2014, 26: 4895-4900.

[67] Bulloch R H, Kerszulis J A, Dyer A L, et al. Mapping the broad CMY subtractive primary color gamut using a dual-active electrochromic device. ACS Applied Materials & Interfaces, 2014, 6(9): 6623-6630.

[68] Bulloch R H, Kerszulis J A, Dyer A L, et al. An electrochromic painter's palette: Color mixing via solution co-processing. ACS Applied Materials & Interfaces, 2015, 7(3): 1406-1412.

[69] Jensen J, Dyer A L, Shen D E, et al. Direct photopatterning of electrochromic polymers. Advanced Functional Materials, 2013, 23(30): 3728-3737.

[70] Oesterholm A M, Shen D E, Gottfried D S, et al. Full color control and high-resolution patterning from inkjet printable cyan/magenta/yellow colored-to-colorless electrochromic polymer inks. Advanced Materials Technologies, 2016, 1(4): 1600063.

[71] Ponder J F, Schmatz B, Hernandez J L, et al. Soluble phenylenedioxythiophene copolymers via direct (hetero)arylation polymerization: A revived monomer for organic electronics. Journal of Materials Chemistry C, 2018, 6(5): 1064-1070.

[72] Vasilyeva S V, Beaujuge P M, Wang S, et al. Material strategies for black-to-transmissive win-

dow-type polymer electrochromic devices. ACS Applied Materials & Interfaces, 2011, 3(4): 1022-1032.

[73] Beaujuge P M, Ellinger S, Reynolds J R. The donor-acceptor approach allows a black-to-transmissive switching polymeric electrochrome. Nature materials, 2008, 7(10): 795-799.

[74] Kerszulis J A, Bulloch R H, Teran N B, et al. Relax: A sterically relaxed donor-acceptor approach for color tuning in broadly absorbing, high contrast electrochromic polymers. Macromolecules, 2016, 49(17): 6350-6359.

[75] Savagian L R, Österholm A M, Shen D E, et al. Conjugated polymer blends for high contrast black-to-transmissive electrochromism. Advanced Optical Materials, 2018, 6(19): 1800594.

[76] Balan A, Baran D, Toppare L. Benzotriazole containing conjugated polymers for multipurpose organic electronic applications. Polymer Chemistry, 2011, 2(5): 1029.

[77] Gunbas G, Toppare L. Electrochromic conjugated polyheterocycles and derivatives-highlights from the last decade towards realization of long lived aspirations. Chemical Communications, 2012, 48(8): 1083-1101.

[78] Hizalan G, Balan A, Baran D, et al. Spray processable ambipolar benzotriazole bearing electrochromic polymers with multi-colored and transmissive states. Journal of Materials Chemistry, 2011, 21: 1804-1809.

[79] Yigit D, Udum Y A, Gullu M, et al. Electrochemical and optical properties of novel terthienyl based azobenzene, coumarine and fluorescein containing polymers: Multicolored electrochromic polymers. Journal of Electroanalytical Chemistry, 2014, 712: 215-222.

[80] Balan A, Baran D, Gunbas G, et al. One polymer for all: Benzotriazole containing donor-acceptor type polymer as a multi-purpose material. Chemical Communications, 2009, (44): 6768-6770.

[81] Yu H, Shao S, Yan L, et al. Side-chain engineering of green color electrochromic polymer materials: Toward adaptive camouflage application. Journal of Materials Chemistry C, 2016, 4(12): 2269-2273.

[82] Beaupre S, Breton A-C, Dumas J, et al. Multicolored electrochromic cells based on poly(2,7-carbazole) derivatives for adaptive camouflage. Chemistry of materials, 2009, 21: 1504-1513.

[83] Koyuncu S, Koyuncu F B. A new ITO-compatible side chain-functionalized multielectrochromic polymer for use in adaptive camouflage-like electrochromic devices. Reactive and Functional Polymers, 2018, 131: 174-180.

[84] Yen H-J, Liou G-S. Solution-processable triarylamine-based electroactive high performance polymers for anodically electrochromic applications. Polymer Chemistry, 2012, 3(2): 255-264.

[85] Wu J-T, Fan Y-Z, Liou G-S. Synthesis, characterization and electrochromic properties of novel redox triarylamine-based aromatic polyethers with methoxy protecting groups. Polymer Chem-

istry, 2019, 10(3): 345-350.

[86] Hsiao S-H, Lu H-Y. Electrosynthesis and photoelectrochemistry of bis(triarylamine)-based polymer electrochromes. Journal of the Electrochemical Society, 2018, 165(10): 638-645.

[87] Patil A O, Ikenoue Y, Wudl F, et al. Water soluble conducting polymers. Journal of the American Chemical Society, 1987, 109(6): 1858-1859.

[88] Beaujuge P M, Amb C M, Reynolds J R. A side-chain defunctionalization approach yields a polymer electrochrome spray-processable from water. Advanced Materials, 2010, 22(47): 5383-5387.

[89] Shi P, Amb C M, Dyer A L, et al. Fast switching water processable electrochromic polymers. ACS Applied Materials & Interfaces, 2012, 4(12): 6512-6521.

[90] Ponder J F, Österholm A M, Reynolds J R. Conjugated polyelectrolytes as water processable precursors to aqueous compatible redox active polymers for diverse applications: Electrochromism, charge storage, and biocompatible organic electronics. Chemistry of Materials, 2017, 29(10): 4385-4392.

[91] Chen X, Liu H, Xu Z, et al. Highly regiosymmetric homopolymer based on dioxythiophene for realizing water-processable blue-to-transmissive electrochrome. ACS Applied Materials & Interfaces, 2015, 7(21): 11387-11392.

[92] Hu C-W, Kawamoto T, Tanaka H, et al. Water processable Prussian blue-polyaniline: Polystyrene sulfonate nanocomposite (PB-PANI: PSS) for multi-color electrochromic applications. Journal of Materials Chemistry C, 2016, 4(43): 10293-10300.

[93] Xing X, Zeng Q, Vagin M, et al. Fast switching polymeric electrochromics with facile processed water dispersed nanoparticles. Nano Energy, 2018, 47: 123-129.

[94] Xu J W, Chua M H, Shah K W. Electrochromic smart materials: Fabrication and applications. The Royal Society of Chemistry, 2019.

[95] Collier G S, Pelse I, Reynolds J R. Aqueous electrolyte compatible electrochromic polymers processed from an environmentally sustainable solvent. ACS Macro Letters, 2018, 7(10): 1208-1214.

[96] Wang L-X, Li X-G, Yang Y-L. Preparation, properties and applications of polypyrroles. Reactive and Functional Polymers, 2001, 47(2): 125-139.

[97] Patil A O, Heeger A J, Wudl F. Optical properties of conducting polymers. Chemical Reviews, 1988, 88(1): 183-200.

[98] Kuwabata S, Yoneyama H, Tamura H. Redox behavior and electrochromic properties of polypyrrole films in aqueous solutions. Bulletin of the Chemical Society of Japan, 1984, 57(8): 2247-2253.

[99] Beck F, Michaelis R, Schloten F, et al. Filmforming electropolymerization of pyrrole on iron in

aqueous oxalic acid. Electrochimica Acta, 1994, 39(2): 229-234.

[100] Bazzaoui M, Bazzaoui E A, Martins L, et al. Electropolymerization of pyrrole on zinc-lead-silver alloys electrodes in acidic and neutral organic media. Synthetic Metals, 2002, 130(1): 73-83.

[101] Genies E M, Bidan G, Diaz A F. Spectroelectrochemical study of polypyrrole films. Journal of Electroanalytical Chemistry and Interfacial Electrochemistry, 1983, 149(1): 101-113.

[102] Waltman R J, Bargon J. Reactivity/structure correlations for the electropolymerization of pyrrole: An INDO/CNDO study of the reactive sites of oligomeric radical cations. Tetrahedron, 1984, 40(20): 3963-3970.

[103] Waltman R J,Bargon J. Electrically conducting polymers: A review of the electropolymerization reaction, of the effects of chemical structure on polymer film properties, and of applications towards technology. Canadian Journal of Chemistry, 1986, 64(1): 76-95.

[104] Bredas J L, Street G B. Polarons, bipolarons, and solitons in conducting polymers. Accounts of Chemical Research, 1985, 18(10): 309-315.

[105] Skotheim T A, Reynolds J. Conjugated polymers: Theory, synthesis, properties, and characterization. CRC press, 2006.

[106] Camurlu P. Polypyrrole derivatives for electrochromic applications. RSC Advances, 2014, 4(99): 55832-55845.

[107] Gaupp C L, Zong K, Schottland P, et al. Poly(3,4-ethylenedioxypyrrole): Organic electrochemistry of a highly stable electrochromic polymer. Macromolecules, 2000, 33(4): 1132-1133.

[108] Diaz A F, Castillo J, Kanazawa K K, et al. Conducting poly-N-alkylpyrrole polymer films. Journal of Electroanalytical Chemistry and Interfacial Electrochemistry, 1982, 133(2): 233-239.

[109] Gazotti W A, Paoli M a D, Casalbore-Miceli G, et al. A solid-state electrochromic device based on complementary polypyrrole/polythiophene derivatives and an elastomeric electrolyte. Journal of Applied Electrochemistry, 1999, 29(6): 757-761.

[110] De Paoli M A, Casalbore-Miceli G, Girotto E M, et al. All polymeric solid state electrochromic devices. Electrochimica Acta, 1999, 44(18): 2983-2991.

[111] Murakami Y, Yamamoto T. Synthesis of new polypyrroles by oxidative polymerization of *N*-(benzylideneamino)pyrroles and properties of the polymers. Polymer Journal, 1999, 31(5): 476-478.

[112] Ak M, Ak M S, Toppare L. Electrochemical properties of a new star-shaped pyrrole monomer and its electrochromic applications. Macromolecular Chemistry and Physics, 2006, 207(15): 1351-1358.

[113] Camurlu P, Gültekin C. Utilization of novel bithiazole based conducting polymers in electrochromic applications. Smart Materials and Structures, 2012, 21(2): 025019.

[114] Ouyang M, Wang G, Zhang C. A novel electrochromic polymer containing triphenylamine derivative and pyrrole. Electrochimica Acta, 2011, 56(12): 4645-4649.

[115] Mert O, Demir A S, Cihaner A. Pyrrole coupling chemistry: Investigation of electroanalytic, spectroscopic and thermal properties of *N*-substituted poly(bis-pyrrole) films. RSC Advances, 2013, 3(6): 2035-2042.

[116] Camurlu P, Eren E, Gültekin C. A solution-processible, n-dopable polypyrrole derivative. Journal of Polymer Science Part A: Polymer Chemistry, 2012, 50(23): 4847-4853.

[117] Almeida A K A, Dias J M M, Silva A J C, et al. Conjugated and fluorescent polymer based on dansyl-substituted pyrrole prepared by electrochemical polymerization in acetonitrile containing boron trifluoride diethyl etherate. Electrochimica Acta, 2014, 122: 50-56.

[118] Coelho E C S, Nascimento V B, Ribeiro A S, et al. Electrochemical and optical properties of new electrochromic and fluorescent nitrobenzoyl polypyrrole derivatives. Electrochimica Acta, 2014, 123: 441-449.

[119] Cihaner A, Algl F. A processable rainbow mimic fluorescent polymer and its unprecedented coloration efficiency in electrochromic device. Electrochimica Acta, 2008, 53(5): 2574-2578.

[120] Cihaner A, Algl F. Electrochemical and optical properties of new soluble dithienylpyrroles based on azo dyes. Electrochimica Acta, 2009, 54(6): 1702-1709.

[121] Varis S, Ak M, Tanyeli C, et al. A soluble and multichromic conducting polythiophene derivative. European Polymer Journal, 2006, 42(10): 2352-2360.

[122] Arslan A, Türkarslan Ö, Tanyeli C, et al. Electrochromic properties of a soluble conducting polymer: Poly(1-(4-fluorophenyl)-2,5-di(thiophen-2-yl)-1H-pyrrole). Materials Chemistry and Physics, 2007, 104(2-3): 410-416.

[123] Ak M, Şahmetlioğlu E, Toppare L. Synthesis, characterization and optoelectrochemical properties of poly(1,6-bis(2,5-di(thiophen-2-yl)-1H-pyrrol-1-yl)hexane) and its copolymer with edot. Journal of Electroanalytical Chemistry, 2008, 621(1): 55-61.

[124] Yildiz E, Camurlu P, Tanyeli C, et al. A soluble conducting polymer of 4-(2,5-di(thiophen-2-yl)-1H-pyrrol-1-yl)benzenamine and its multichromic copolymer with edot. Journal of Electroanalytical Chemistry, 2008, 612(2): 247-256.

[125] Kiralp S, Camurlu P, Gunbas G, et al. Electrochromic properties of a copolymer of 1-4-di[2,5-di(2-thienyl)-1H-1-pyrrolyl]benzene with edot. Journal of Applied Polymer Science, 2009, 112(2): 1082-1087.

[126] Cihaner A, Algl F. Processable electrochromic and fluorescent polymers based on *N*-substituted thienylpyrrole. Electrochimica Acta, 2008, 54(2): 665-670.

[127] Cihaner A, Algl F. An electrochromic and fluorescent polymer based on 1-(1-naphthyl)-2,5-di-2-thienyl-1H-pyrrole. Journal of Electroanalytical Chemistry, 2008, 614(1-2): 101-106.

[128] Cihaner A, Algl F. A new conducting polymer bearing 4,4-difluoro-4-bora-3a,4a-diaza-s-indacene (bodipy) subunit: Synthesis and characterization. Electrochimica Acta, 2008, 54(2): 786-792.

[129] Cihaner A, Mert O, Demir A S. A novel electrochromic and fluorescent polythienylpyrrole bearing 1,1′-bipyrrole. Electrochimica Acta, 2009, 54(4): 1333-1338.

[130] Hwang J, Ik Son J, Shim Y-B. Electrochromic and electrochemical properties of 3-pyridinyl and 1,10-phenanthroline bearing poly(2,5-di(2-thienyl)-1H-pyrrole) derivatives. Solar Energy Materials and Solar Cells, 2010, 94(7): 1286-1292.

[131] Wang G, Fu X, Huang J, et al. Synthesis and spectroelectrochemical properties of two new dithienylpyrroles bearing anthraquinone units and their polymer films. Electrochimica Acta, 2010, 55(23): 6933-6940.

[132] Wang G, Fu X, Huang J, et al. Syntheses and electrochromic and fluorescence properties of three double dithienylpyrroles derivatives. Electrochimica Acta, 2011, 56(18): 6352-6360.

[133] Camurlu P, Bicil Z, Gültekin C, et al. Novel ferrocene derivatized poly(2,5-dithienylpyrrole)s: Optoelectronic properties, electrochemical copolymerization. Electrochimica Acta, 2012, 63: 245-250.

[134] Tirkeş S, Mersini J, Öztaş Z, et al. A new processable and fluorescent polydithienylpyrrole electrochrome with pyrene appendages. Electrochimica Acta, 2013, 90: 295-301.

[135] Lai J-C, Lu X-R, Qu B-T, et al. A new multicolored and near-infrared electrochromic material based on triphenylamine-containing poly(3,4-dithienylpyrrole). Organic Electronics, 2014, 15(12): 3735-3745.

[136] Wu T-Y, Liao J-W, Chen C-Y. Electrochemical synthesis, characterization and electrochromic properties of indan and 1,3-benzodioxole-based poly(2,5-dithienylpyrrole) derivatives. Electrochimica Acta, 2014, 150: 245-262.

[137] Guven N, Camurlu P. Electrosyntheses of anthracene clicked poly(thienylpyrrole)s and investigation of their electrochromic properties. Polymer, 2015, 73: 122-130.

[138] Camurlu P, Karagoren N. Both p and n-dopable, multichromic, napthalineimide clicked poly(2,5-dithienylpyrrole) derivatives. Journal of The Electrochemical Society, 2013, 160(9): H560-H567.

[139] Guven N, Camurlu P, Yucel B. Multichromic polymers based on pyrene clicked thienylpyrrole. Polymer International, 2015, 64(6): 758-765.

[140] Sefer E, Bilgili H, Gultekin B, et al. A narrow range multielectrochromism from 2,5-di-(2-thienyl)-1H-pyrrole polymer bearing pendant perylenediimide moiety. Dyes and Pigments,

2015, 113: 121-128.

[141] Soganci T, Ak M, Giziroglu E, et al. Smart window application of a new hydrazide type SNS derivative. RSC Advances, 2016, 6(3): 1744-1749.

[142] Soganci T, Soyleyici H C, Giziroglu E, et al. Processable amide substituted 2,5-bis(2-thienyl) pyrrole based conducting polymer and its fluorescent and electrochemical properties. Journal of the Electrochemical Society, 2016, 163(13): 1096-1103.

[143] Soganci T, Soyleyici S, Soyleyici H C, et al. High contrast electrochromic polymer and copolymer materials based on amide-substituted poly(dithienyl pyrrole). Journal of the Electrochemical Society, 2017, 164(2): H11-H20.

[144] Soganci T, Soyleyici S, Soyleyici H C, et al. Optoelectrochromic characterization and smart windows application of bi-functional amid substituted thienyl pyrrole derivative. Polymer, 2017, 118: 40-48.

[145] Soganci T. Effects of *N*-substitution group on electrochemical, electrochromic and optical properties of dithienyl derivative. Journal of the Electrochemical Society. 2019, 166(2): H12-H18.

[146] Cai S, Wen H, Wang S, et al. Electrochromic polymers electrochemically polymerized from 2, 5-dithienylpyrrole (DTP) with different triarylamine units: Synthesis, characterization and optoelectrochemical properties. Electrochimica Acta, 2017, 228: 332-342.

[147] Hu B, Li C, Liu Z, et al. Synthesis and multi-electrochromic properties of asymmetric structure polymers based on carbazole-EDOT and 2, 5-dithienylpyrrole derivatives. Electrochimica Acta, 2019, 305: 1-10.

[148] Hu B, Li C-Y, Chu J-W, et al. Electrochemical and electrochromic properties of polymers based on 2,5-di(2-thienyl)-1H-pyrrole and different phenothiazine units. Journal of the Electrochemical Society, 2019, 166(2): H1-H11.

[149] Benincori T, Brenna E, Sannicolò F, et al. Steric and electronic effects in methyl-substituted 2,2′-bipyrroles and poly(2,2′-bipyrrole)s: Part Ⅰ. Synthesis and characterization of monomers and polymers. Chemistry of Materials, 2000, 12(5): 1480-1489.

[150] Kon A B, Foos J, Rose T L. Synthesis and properties of poly(3-hydroquinonylpyrrole). Chemistry of Materials, 1992, 4(2): 416-424.

[151] Havinga E, Ten Hoeve W, Meijer E, et al. Water-soluble self-doped 3-substituted polypyrroles. Chemistry of Materials, 1989, 1(6): 650-659.

[152] Walczak R M, Reynolds J R. Poly(3,4-alkylenedioxypyrroles): The PXDOPs as versatile yet underutilized electroactive and conducting polymers. Advanced Materials, 2006, 18(9): 1121-1131.

[153] Schottland P, Zong K, Gaupp C L, et al. Poly(3,4-alkylenedioxypyrrole)s: Highly stable

electronically conducting and electrochromic polymers. Macromolecules, 2000, 33(19): 7051-7061.

[154] Kraft A, Rottmann M, Gilsing H-D, et al. Electrodeposition and electrochromic properties of *N*-ethyl substituted poly(3,4-ethylenedioxypyrrole). Electrochimica Acta, 2007, 52(19): 5856-5862.

[155] Kim I T, Lee J Y, Lee S W. New conducting polymers based on poly(3,4-ethylenedioxypyrrole): Synthesis, characterization, and properties. Chemistry Letters, 2004, 33(1): 46-47.

[156] Sönmez G, Schwendeman I, Schottland P, et al. *N*-substituted poly(3,4-propylenedioxypyrrole)s: High gap and low redox potential switching electroactive and electrochromic polymers. Macromolecules. 2003, 36(3): 639-647.

[157] Knott E P, Craig M R, Liu D Y, et al. A minimally coloured dioxypyrrole polymer as a counter electrode material in polymeric electrochromic window devices. Journal of Materials Chemistry, 2012, 22(11): 4953.

[158] Li H, Lambert C, Stahl R. Conducting polymers based on alkylthiopyrroles. Macromolecules, 2006, 39(6): 2049-2055.

[159] Nadeau J M, Swager T M. New β-linked pyrrole monomers: Approaches to highly stable and conductive electrochromic polymers. Tetrahedron, 2004, 60(34): 7141-7146.

[160] Taskin A T, Balan A, Epik B, et al. A novel quinoxaline bearing electroactive monomer: Pyrrole as the donor moiety. Electrochimica Acta, 2009, 54(23): 5449-5453.

[161] Celebi S, Balan A, Epik B, et al. Donor acceptor type neutral state green polymer bearing pyrrole as the donor unit. Organic Electronics, 2009, 10(4): 631-636.

[162] Baran D, Oktem G, Celebi S, et al. Neutral-state green conjugated polymers from pyrrole bis-substituted benzothiadiazole and benzoselenadiazole for electrochromic devices. Macromolecular Chemistry and Physics, 2011, 212(8): 799-805.

[163] Baran D, Balan A, Esteban B M, et al. Spectroelectrochemical and photovoltaic characterization of a solution-processable n andp-type dopable pyrrole-bearing conjugated polymer. Macromolecular Chemistry and Physics, 2010, 211(24): 2602-2610.

[164] Wu T-Y, Li J-L. Electrochemical synthesis, optical, electrochemical and electrochromic characterizations of indene and 1,2,5-thiadiazole-based poly(2,5-dithienylpyrrole) derivatives. RSC Advances, 2016, 6(19): 15988-15998.

[165] Tsuie B, L. Reddinger J, A. Sotzing G, et al. Electroactive and luminescent polymers: New fluorene-heterocycle-based hybrids. Journal of Materials Chemistry, 1999, 9(9): 2189-2200.

[166] Sotzing G A, Reddinger J L, Katritzky A R, et al. Multiply colored electrochromic carbazole-based polymers. Chemistry of Materials, 1997, 9(7): 1578-1587.

[167] Ambrose J F, Nelson R F. Anodic oxidation pathways of carbazoles: I. Carbazole and *N*-sub-

stituted derivatives. Journal of the Electrochemical Society, 1968, 115(11): 1159-1164.

[168] Desbene-Monvernay A, Polaromicrotribometric (PMT) and IR, ESCA, EPR spectroscopic study of colored radical films formed by the electrochemical oxidation of carbazoles: Part I. Carbazole and *N*-ethyl, *N*-phenyl and *N*-carbazyl derivatives. Journal of Electroanalytical Chemistry and Interfacial Electrochemistry, 1981, 129(1): 229-241.

[169] Karon K, Lapkowski M. Carbazole electrochemistry: A short review. Journal of Solid State Electrochemistry, 2015, 19(9): 2601-2610.

[170] Mengoli G, Musiani M M, Schreck B, et al. Electrochemical synthesis and properties of polycarbazole films in protic acid media. Journal of Electroanalytical Chemistry and Interfacial Electrochemistry, 1988, 246(1): 73-86.

[171] Hsiao S-H, Lin S-W. Electrochemical synthesis of electrochromic polycarbazole films from *N*-phenyl-3,6-bis(*N*-carbazolyl)carbazoles. Polymer Chemistry, 2016, 7(1): 198-211.

[172] Desbene-Monvernay A, Lacaze P C, Dubois J E, et al. Polymer-modified electrodes as electrochromic material: Part Ⅳ. Spectroelectrochemical properties of poly-*N*-vinylcarbazole films. Journal of Electroanalytical Chemistry and Interfacial Electrochemistry, 1983, 152(1): 87-96.

[173] Faïd K, Adès D, Siove A, et al. Electrosynthesis and study of phenylene-carbazolylene copolymers. Synthetic Metals, 1994, 63(2): 89-99.

[174] Faid K, Siove A, Ades D, et al. Investigation on the electrocatalyzed step polymerization of soluble electroactive poly(*N*-alkyl-3,6-carbazolylenes). Synthetic Metals, 1993, 55(2): 1656-1661.

[175] Siove A, Ades D, N'gbilo E, et al. Chain length effect on the electroactivity of poly(*N*-alkyl-3,6-carbazolediyl) thin films. Synthetic Metals, 1990, 38(3): 331-340.

[176] Chevrot C, Ngbilo E, Kham K, et al. Optical and electronic properties of undoped and doped poly(*N*-alkylcarbazole) thin layers. Synthetic Metals, 1996, 81(2): 201-204.

[177] Reddinger J L, Sotzing G A, Reynolds J R. Multicoloured electrochromic polymers derived from easily oxidized bis[2-(3,4-ethylenedioxy)thienyl]carbazoles. Chemical Communications, 1996, (15): 1777-1778.

[178] Witker D, Reynolds J R. Soluble variable color carbazole-containing electrochromic polymers. Macromolecules, 2005, 38(18): 7636-7644.

[179] Data P, Zassowski P, Lapkowski M, et al. Electrochemical and spectroelectrochemical comparison of alternated monomers and their copolymers based on carbazole and thiophene derivatives. Electrochimica Acta, 2014, 122: 118-129.

[180] Wang K, Zhang T, Hu Y, et al. Synthesis and characterization of a novel multicolored electrochromic polymer based on a vinylene-linked edot-carbazole monomer. Electrochimica Acta,

2014, 130: 46-51.

[181] Van Mullekom H A M, Vekemans J A J M, Havinga E E, et al. Developments in the chemistry and band gap engineering of donor-acceptor substituted conjugated polymers. Materials Science and Engineering: R: Reports, 2001, 32(1): 1-40.

[182] Koyuncu F B, Koyuncu S, Ozdemir E. A novel donor-acceptor polymeric electrochromic material containing carbazole and 1,8-naphtalimide as subunit. Electrochimica Acta, 2010, 55 (17): 4935-4941.

[183] Koyuncu F B, Koyuncu S, Ozdemir E. A new donor-acceptor carbazole derivative: Electrochemical polymerization and photo-induced charge transfer properties. Synthetic Metals, 2011, 161(11-12): 1005-1013.

[184] Baycan Koyuncu F. An ambipolar electrochromic polymer based on carbazole and naphthalene bisimide: Synthesis and electro-optical properties. Electrochimica Acta, 2012, 68: 184-191.

[185] Hu B, Zhang Y, Lv X, et al. Electrochemical and electrochromic properties of two novel polymers containing carbazole and phenyl-methanone units. Journal of Electroanalytical Chemistry, 2013, 689: 291-296.

[186] Udum Y A, Hızlıateş C G, Ergün Y, et al. Electrosynthesis and characterization of an electrochromic material containing biscarbazole-oxadiazole units and its application in an electrochromic device. Thin Solid Films, 2015, 595: 61-67.

[187] Hsiao S-H, Wang H-M, Lin J-W, et al. Synthesis and electrochromic properties of polyamides having pendent carbazole groups. Materials Chemistry and Physics, 2013, 141(2-3): 665-673.

[188] Morin J-F, Leclerc M, Adès D, et al. Polycarbazoles: 25 years of progress. Macromolecular Rapid Communications, 2005, 26(10): 761-778.

[189] Beaupré S, Breton A-C, Dumas J, et al. Multicolored electrochromic cells based on poly(2,7-carbazole) derivatives for adaptive camouflage. Chemistry of Materials, 2009, 21 (8): 1504-1513.

[190] Baycan Koyuncu F, Koyuncu S, Ozdemir E. A new multi-electrochromic 2,7 linked polycarbazole derivative: Effect of the nitro subunit. Organic Electronics, 2011, 12(10): 1701-1710.

[191] Karatas E, Guzel M, Ak M. Asymmetric star-shaped functionalized triazine architecture and its electrochromic device application. Journal of the Electrochemical Society, 2017, 164(7): H463-H469.

[192] Guzel M, Karatas E, Ak M. Synthesis and fluorescence properties of carbazole based asymmetric functionalized star shaped polymer. Journal of the Electrochemical Society. 2017, 164 (2): H49-H55.

[193] Natera J, Otero L, Sereno L, et al. A novel electrochromic polymer synthesized through elec-

tropolymerization of a new donor-acceptor bipolar system. Macromolecules, 2007, 40(13): 4456-4463.

[194] Natera J, Otero L, D'eramo F, et al. Synthesis and properties of a novel cross-linked electro-active polymer formed from a bipolar starburst monomer. Macromolecules, 2009, 42(3): 626-635.

[195] Xu C, Zhao J, Wang M, et al. Electrosynthesis and characterization of a donor-acceptor type electrochromic material from poly(4,7-dicarbazol-9-yl-2,1,3-benzothiadia-zole) and its application in electrochromic devices. Thin Solid Films, 2013, 527: 232-238.

[196] Baycan Koyuncu F, Sefer E, Koyuncu S, et al. The new branched multielectrochromic materials: Enhancing the electrochromic performance via longer side alkyl chain. Macromolecules, 2011, 44(21): 8407-8414.

[197] Sezgin M, Ozay O, Koyuncu S, et al. A neutral state colorless phosphazene/carbazole hybride dendron and its electrochromic device application. Chemical Engineering Journal, 2015, 274: 282-289.

[198] Guzel M, Soganci T, Ayranci R, et al. Smart windows application of carbazole and triazine based star shaped architecture. Phys Chem Chem Phys, 2016, 18(31): 21659-21667.

[199] Carbas B B, Odabas S, Türksoy F, et al. Synthesis of a new electrochromic polymer based on tetraphenylethylene cored tetrakis carbazole complex and its electrochromic device application. Electrochimica Acta, 2016, 193: 72-79.

[200] Mangione M I, Spanevello R A, Minudri D, et al. Electropolimerization of functionalizaed carbazole end-capped dendrimers. Formation of conductive films. Electrochimica Acta, 2016, 207: 143-151.

[201] Kuo C W, Lee P Y. Electrosynthesis of copolymers based on 1, 3, 5-tris (*N*-carbazolyl) benzene and 2, 2'-bithiophene and their applications in electrochromic devices. Polymers, 2017, 9 (10): 518.

[202] Zhou P, Wan Z, Liu Y, et al. Synthesis and electrochromic properties of a novel conducting polymer film based on dithiafulvenyl-triphenylamine-di(*N*-carbazole). Electrochimica Acta, 2016, 190: 1015-1024.

[203] Hsiao S-H, Hsueh J-C. Electrochemical synthesis and electrochromic properties of new conjugated polycarbazoles from di(carbazol-9-yl)-substituted triphenylamine and *N*-phenylcarbazole derivatives. Journal of Electroanalytical Chemistry, 2015, 758: 100-110.

[204] Hsiao S-H, Lin S-W. The electrochemical fabrication of electroactive polymer films from diamide-or diimide-cored *N*-phenylcarbazole dendrons for electrochromic applications. Journal of Materials Chemistry C, 2016, 4(6): 1271-1280.

第七章　基于三苯胺的聚酰亚胺和聚酰胺电致变色材料

7.1 引　言

7.1.1 芳香族聚酰亚胺和聚酰胺

自从 20 世纪 50 年代开始对主链包含有芳香族基团的聚合物进行研究以来，这一类型的聚合物由于其出色的机械强度、耐化学性和热稳定性而引起了研究人员的极大关注[1]。芳香族聚酰亚胺和聚酰胺通常被认为是最成功的芳香族聚合物类型。特别是在过去几十年里，几种聚酰亚胺（Kapton 和 Upllex R）和聚酰胺（Nomex 和 Kevlar）由于其高的玻璃化转变温度，优良的机械强度、热稳定性和耐化学腐蚀性而成功地实现了商业化（图 7.1）[2]。这激励着研究人员进一步开发高性能聚合物并研究其新颖的物理化学性质。1990 年首次有文献报道了不同类型聚酰亚胺的电化学性质与其化学结构之间的关系。之后，有研究指出 PMDA-ODA（Kapton）可以实现可逆的氧化还原反应，并且显示出电致变色性质，颜色从黄色（中性态）变为绿色（阴离子自由基态）和紫罗兰色（二价阴离子态）[3]。然而，基于聚酰亚胺和聚酰胺的电致变色材料的发展受到可加工性差的限制。通常而言，由于其骨架的高刚性和强烈的分子间相互作用，芳香族的聚酰亚胺或聚酰胺化合物溶解性较差，这阻碍了基于聚酰亚胺和聚酰胺的电致变色器件的制备。

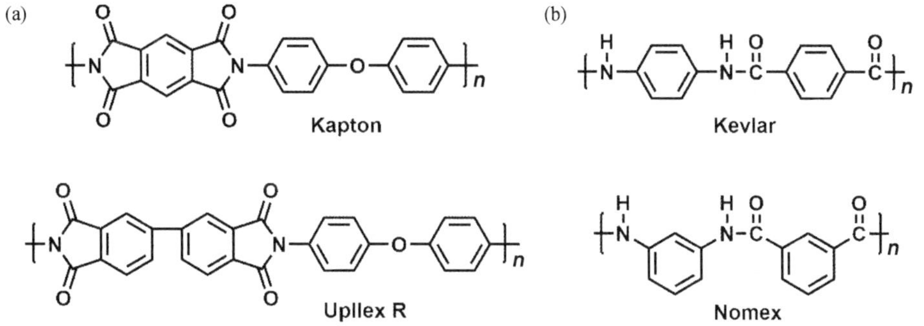

图 7.1　部分已商业化的聚酰亚胺(a)和聚酰胺(b)材料的结构式

7.1.2　基于三芳胺的芳香聚合物

三芳胺类材料具有优良的热稳定性、良好的可加工性、合理的空穴迁移率和其他多种特性，在有机光伏[4]、有机发光二极管[5—7]、有机激光器[8—10]和工业染料中具有广阔的应用前景。如今，三芳胺基团也被认为是构筑电致变色分子的重要基元。研究人员在三芳胺衍生物中观察到可逆的电化学行为，这表明其具有适用于电致变色的电化学稳定性。由于三芳胺基团中的氮原子上存在一对孤对电子，是一个富电子中心。因此，三芳胺类化合物可以通过单电子氧化过程形成稳定的三芳胺阳离子状态。此外，在没有电子受体与其发生电荷转移相互作用时，中性态的三芳胺类化合物是无色透明的。伴随着氧化过程的发生，可以观察到材料从无色/浅黄色的中性态到着色的氧化状态的颜色变化。因此，过去几年中已有文献报道了多种基于三芳胺的聚合物的制备和电致变色性质[11]。

在这些基于三芳胺的聚合物中，聚酰亚胺和聚酰胺是两类重要的聚合物。大体积的三芳胺基团的引入可以打破主链之间的紧密堆积，从而在改善了溶解度的同时保持了材料优异的热稳定性。三芳胺和聚酰亚胺的组合最早于 1991 年由科研人员用 4,4′-二氨基三苯胺和多种四羧酸二酐实现，其目的在于提高芳香类聚酰亚胺材料的溶解度[12—14]。聚酰亚胺 PI 1[图 7.2(a)]显示出高玻璃化转变温度，并在许多极性溶剂中具有良好的溶解度。对三芳胺型聚酰胺的研究始于 1990 年，研究人员用 4,4′-二氨基三苯胺和芳香族二羧酸制备了全新的芳香族聚酰胺 PA 1[图 7.2(b)][15]。

随着芳香族聚合物[16]和二胺单体[17,18]的合成方法得到了长足的发展，许多新型基于三芳胺的聚酰亚胺和聚酰胺类化合物已被成功合成，进一步的表征证明了它们都具有良好的溶解度和理想的电致变色性能(图 7.3)。2005 年，由一种新型的二胺

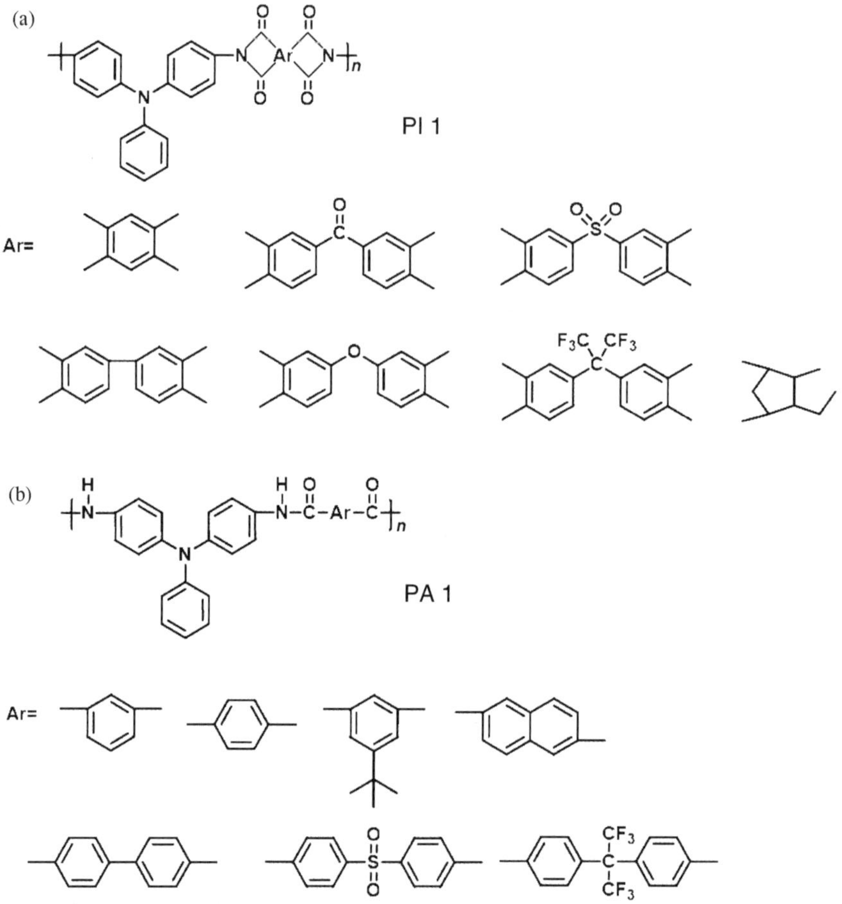

(a)

PI 1

Ar=

(b)

PA 1

Ar=

图 7.2　首次报道的基于三芳胺的聚酰亚胺(a)和聚酰胺(b)材料的结构式

单体 N,N-双(4-氨基苯基)-N',N'-二苯基-1,4-苯二胺和多种四羧酸二酐通过缩聚反应得到第一种具有电致变色性质的聚酰亚胺材料[19]。通过溶液法制备的聚酰亚胺膜表现出两个明显的氧化还原电对(相对于 Ag/AgCl 电极,其氧化电位分别为 0.78 V 和 1.14 V),在进行电化学扫描过程中薄膜颜色从浅黄色变为绿色,最后变为蓝色。此后,Liou Guey-Sheng 课题组、Hsiao Sheng-Huei 课题组和其他研究人员开发了许多基于三苯胺的聚酰亚胺和聚酰胺电致变色材料。大多数聚酰亚胺和聚酰胺都是可溶液加工的,并且具有良好的热稳定性和电化学稳定性,在氧化铟锡(ITO)涂层的玻璃电极上具有出色的附着力。因此,由于具有适当的氧化电位、电化学稳定性和成膜性,基于三芳胺的聚酰亚胺和聚酰胺已被认为是出色的阳极电致变色材料。

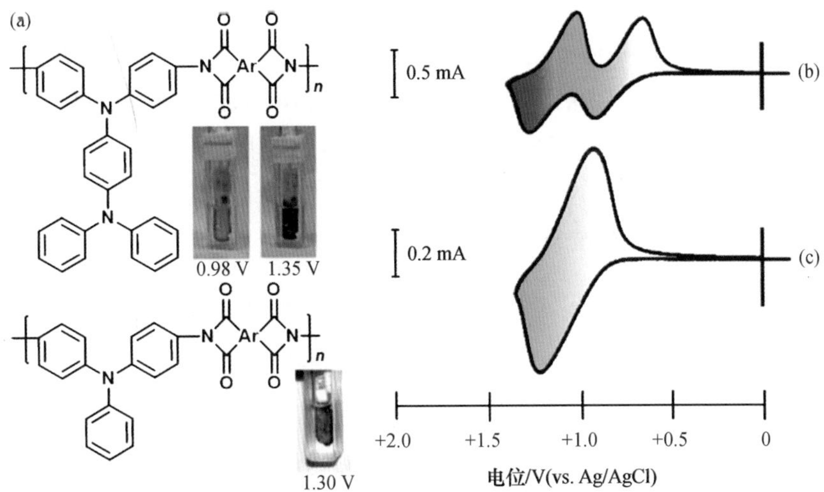

图 7.3 第一个具有电致变色性质的聚酰亚胺及其 CV 图

7.1.3 混合价态三芳胺体系的电化学和电致变色性质

通常而言,基于三苯胺的聚酰亚胺和聚酰胺在施加正向电压时表现出电致变色特性。富电子的氮原子在三苯胺类聚合物的电致变色行为中起着重要作用。因此,在众多的氧化还原中心中,三苯胺体系是研究氧化还原中心间空穴转移过程的模型。为了阐明三苯胺基团在电致变色材料中的作用,研究人员对混合价态(mixed valence)三苯胺体系中的分子内电子转移相互作用进行了深入的研究。1968 年,Robin 和 Day 将含有两个(或更多)氧化还原中心的混合价化合物分为三种类型:(Ⅰ)完全局域化型,不同氧化还原中心之间没有耦合;(Ⅱ)部分耦合型,氧化还原中心之间存在中等程度的耦合;(Ⅲ)完全离域型,两个氧化还原中心之间存在强电子耦合,电子完全离域[21]。

Liou 等人分别合成了混合价态Ⅰ/Ⅱ/Ⅲ型的三苯胺类模型化合物双(三苯胺)醚(TPAO)、四苯基联苯胺(TPB)和四苯基对苯二胺(TPPA),研究发现随着氧化还原中心之间的距离(N—N 距离)的变化,化合物分子内电子转移能力发生了显著变化,导致其电化学性质具有明显的差异[22]。四苯基对苯二胺阳离子自由基是具有强电子耦合的对称离域混合价态Ⅲ型结构;而四苯基联苯胺阳离子自由基被证明为具有弱电子耦合的混合价态Ⅱ型结构[23];而对于双(三苯胺)醚而言,由于两个氧化还原中心被 sp^3 杂化的氧原子完全隔离,被认为是混合价态Ⅰ型结构。三种单体在不同偏压下的吸收光谱(图 7.4)表明,混合价态Ⅱ型和Ⅲ型体系在近红外区显示出价间电荷转移(intervalence charge transfer)吸收带，而在Ⅰ型体系中没有明显的价间电荷转移态吸收。这表明电子可以在混合价态Ⅱ型和Ⅲ型体系的两个氧化还原中心间转移。而混合价态Ⅰ型体系中的两个分离的氧化还原中心表现出独立的电化学行为，在氧化还原过程中两个电子同时失去。三种类型化合物的氧化还原过程可以用图7.5来描述。研究不同N—N距离的材料的电化学性质和混合价态Ⅰ/Ⅱ/Ⅲ型转变，可以指导多色、多功能电致变色材料的分子设计。

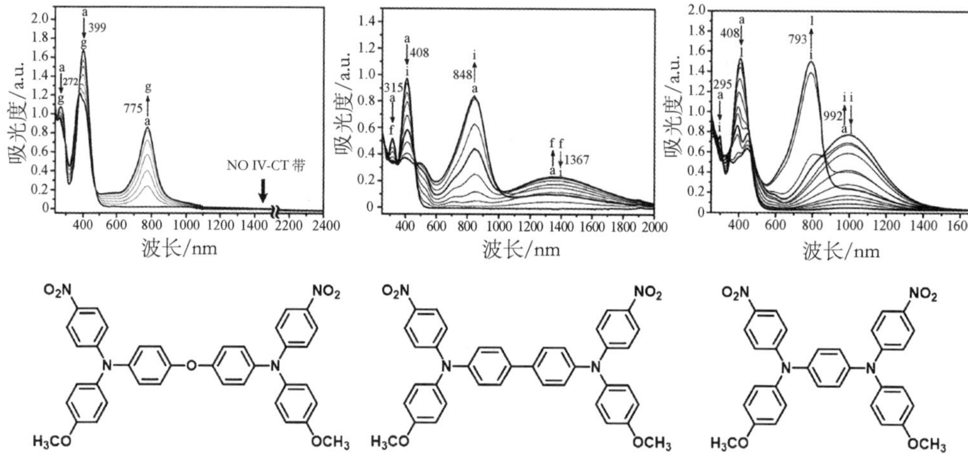

图 7.4　三种类型混合价态三芳胺体系单体在不同电压下的吸收光谱的变化

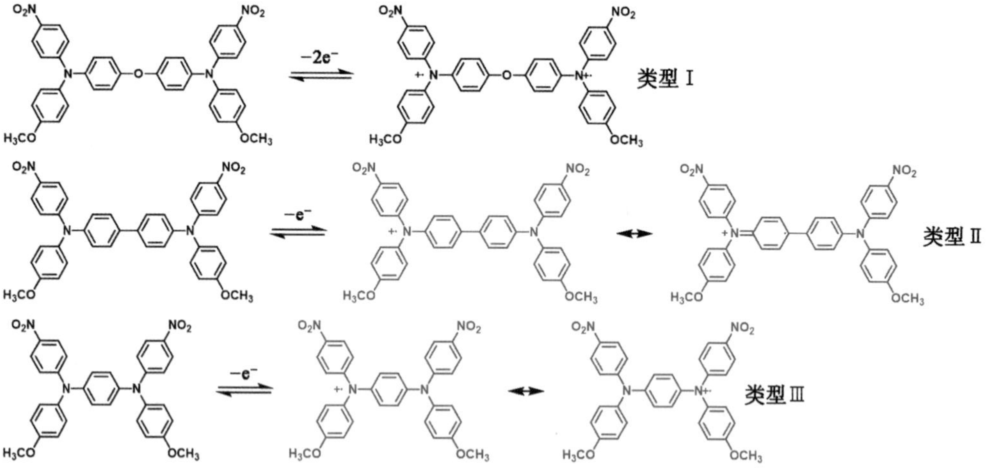

图 7.5　三种类型混合价态三芳胺体系单体中的氧化还原过程

7.2　基于三苯胺的聚酰亚胺和聚酰胺电致变色材料的发展

为了实现电致变色材料的实际应用，材料应满足低驱动电压、快速响应、高光学对比度、长循环寿命等性能要求。具有广泛的颜色转变和多功能应用的含三苯胺基团聚酰亚胺（聚酰胺）材料在学术界和工业界有着广泛的需求。因此，在过去的数十年里，具有电致变色性质的高性能含三苯胺基团聚酰亚胺（聚酰胺）得到了长足的发展（图 7.6）。由于含三苯胺基团聚酰亚胺（聚酰胺）具有易于化学修饰的特点，侧基工程和共轭骨架调制是两类可以实现含三苯胺基团聚酰亚胺（聚酰胺）功能和颜色调节的方法。

7.2.1　侧基工程

1. 保护基团的引入

三苯胺的阳离子自由基不稳定，容易通过尾对尾偶联反应形成四苯基联苯胺（图 7.7）[24,25]。为了提高基于三苯胺的聚酰亚胺和聚酰胺的电化学稳定性，通常会在三苯胺的活性位点上引入典型的保护基团，如甲氧基和甲基。当给电子取代基被引入三苯胺的对位时，可以形成稳定的阳离子自由基[26,27]（图 7.8 PA 2a，PA 2d），从而阻止了偶联反应的发生。此外，给电子基团的引入降低了电活性聚合物的氧化电位，使得对应的电致变色器件开启电压降低。与此同时，有研究表明间位取代和邻位取代还可以改善三苯胺类材料的电化学和电致变色稳定性（图 7.8 PA 2b，PA 2c）。在 PA 2c 中，间位的甲基增大了空间位阻，抑制了阳极氧化时三苯胺阳离子自由基之间的偶联反应的发生，增强了聚酰胺的氧化还原稳定性[28]。此外，值得注意的是，在三苯胺基元邻位引入甲氧基使所得聚酰胺具有一个新的稳定的氧化状态。因此，所得聚合物在电化学过程中显示出两种不同的颜色（图 7.9）[29]。但是三甲基取代聚合物（图 7.8 PA 2e）比单甲基取代聚合物（图 7.8 PA 2d）具有更高的氧化电位和更低的电化学稳定性，这可能是由于在 PA 2e 结构中邻位取代基的空间位阻较高，使得三甲基取代的苯环所形成的阳离子自由基的共振稳定变得更加困难[30]。

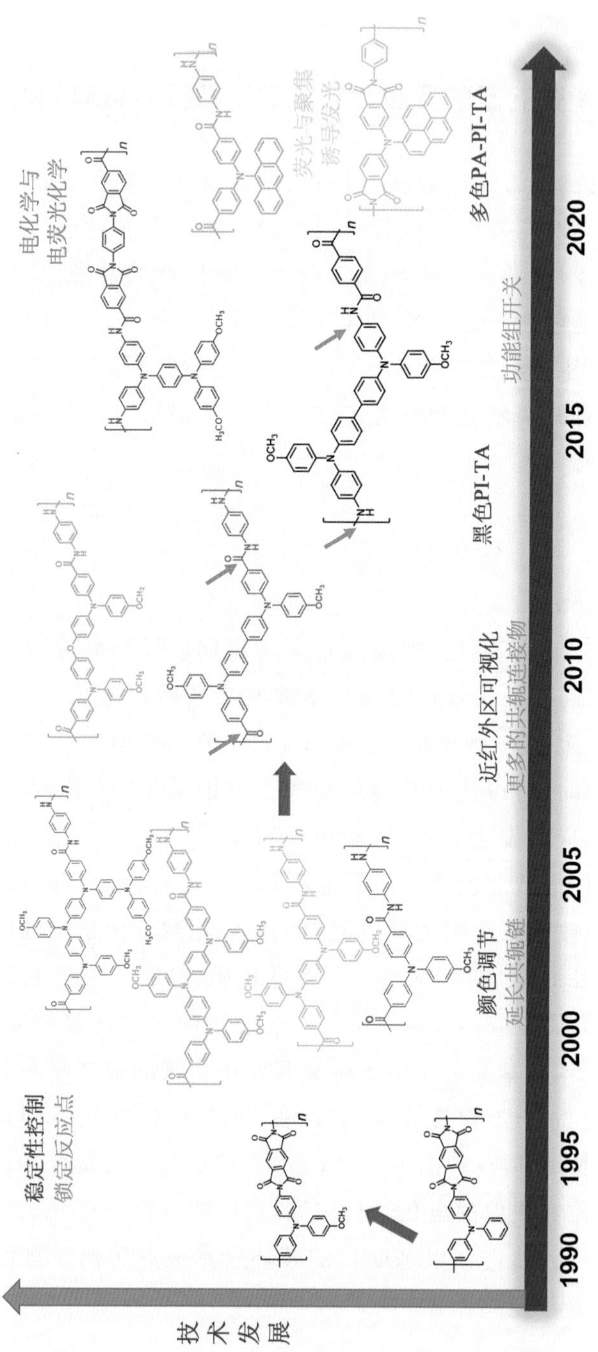

图 7.6 基于三苯胺的聚酰亚胺和聚酰胺电致变色材料的发展

(a)
−e
(b)
+ 2H+

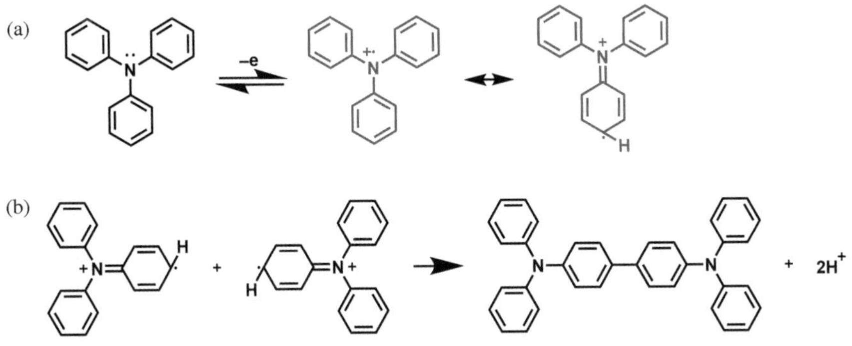

图 7.7 三苯胺的氧化过程(a);不稳定的三苯胺阳离子自由基发生的偶联反应(b)

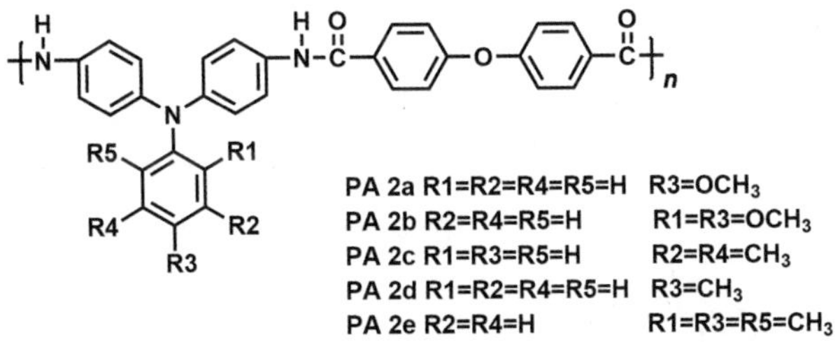

PA 2a R1=R2=R4=R5=H R3=OCH3
PA 2b R2=R4=R5=H R1=R3=OCH3
PA 2c R1=R3=R5=H R2=R4=CH3
PA 2d R1=R2=R4=R5=H R3=CH3
PA 2e R2=R4=H R1=R3=R5=CH3

图 7.8 具有不同保护基团的含三苯胺基团聚酰胺

(a)
− e-
− e-
(b)
1.10
0.58
还原
氧化
E1/2 = 0.7
E1/2 = 1.2
1.30
0.82
电流/mA
电位/V (vs. Ag/AgCl)
(c)
中性态
+0 V
第一氧化态
+0.8 V
第二氧化态
+1.3 V

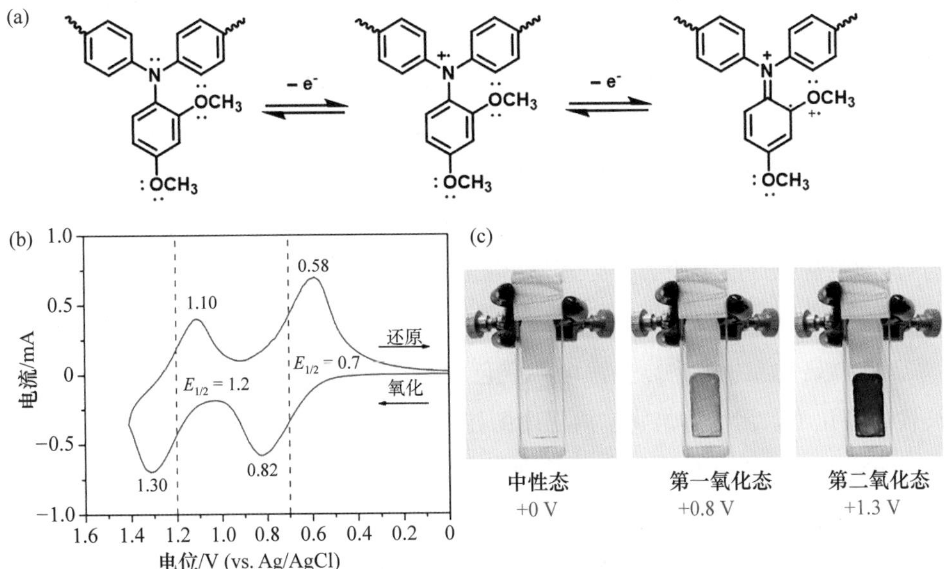

图 7.9 PA 2b 的氧化还原过程(a)、CV 图(b)及其在氧化还原过程中的颜色变化(c)

2. 引入具有电化学活性的基团实现多色彩电致变色材料

对具有多种颜色变化的电致变色材料未来的实际应用和电化学、电致发光性能进行研究具有重要意义。由于三苯胺基团结构固有的富电子特性，通过在三苯胺基团的活性位点上进行化学修饰来调节其物理化学性质是一种可行且有效的方法。在过去的二十年里，研究人员通过引入特定的侧基来调节其电化学和电致变色性能，从而得到了许多具有多色彩、多功能和高性能等特点的含三苯胺基团聚酰亚胺（聚酰胺）。一般来说，当三苯胺单体中引入具有电化学活性位点的侧基时，相应的聚合物（图 7.10）中表现出新的着色平台[26,31—33]。

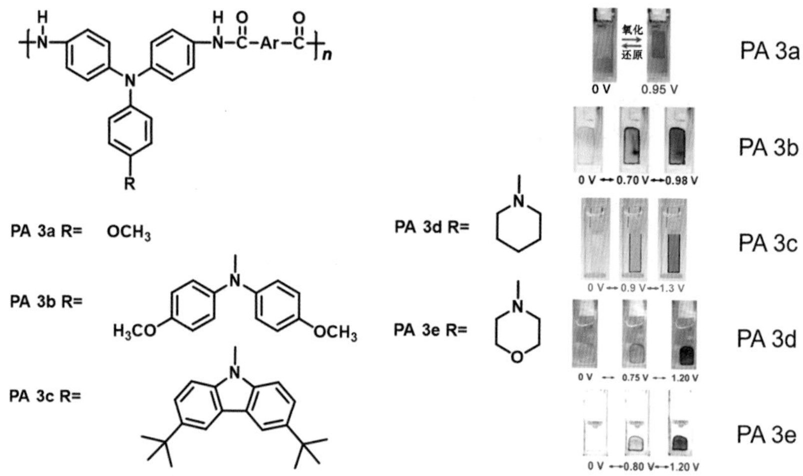

图 7.10　引入具有电化学活性位点的侧基可以得到具有多种色彩变化的聚酰胺

通过在三苯胺的侧链引入紫精类基团可以得到新奇的聚酰亚胺型电致变色材料。可溶液加工的 PI 2a 和 PI 2b 都具有多种色态变化，其薄膜显示出双极性电化学行为，其颜色从中性的透明态变为青色/品红/黄色的氧化（还原）态，这意味着材料在智能窗和显示器中具有巨大的应用潜力（图 7.11）[34]。

近年来，研究人员越来越关注电致变色材料从近红外到微波区的光学变化。这一波段的变化可以用于建筑物室内温度的控制。在侧基引入吩噻嗪基团是一种可行的调节电致变色材料颜色变化的方法，所得的聚酰胺加上偏压后在近红外和可见光区都有明显的颜色变化，从而具有在近红外电致变色智能窗中应用的潜力（图 7.12 PA 4a）[35]。这是由于在混合价阳离子自由基状态下，吩噻嗪中心与三苯胺中心之间的分子内/分子间电子转移导致近红外区出现吸收带。聚酰胺 PA 3c（图 7.12）同样

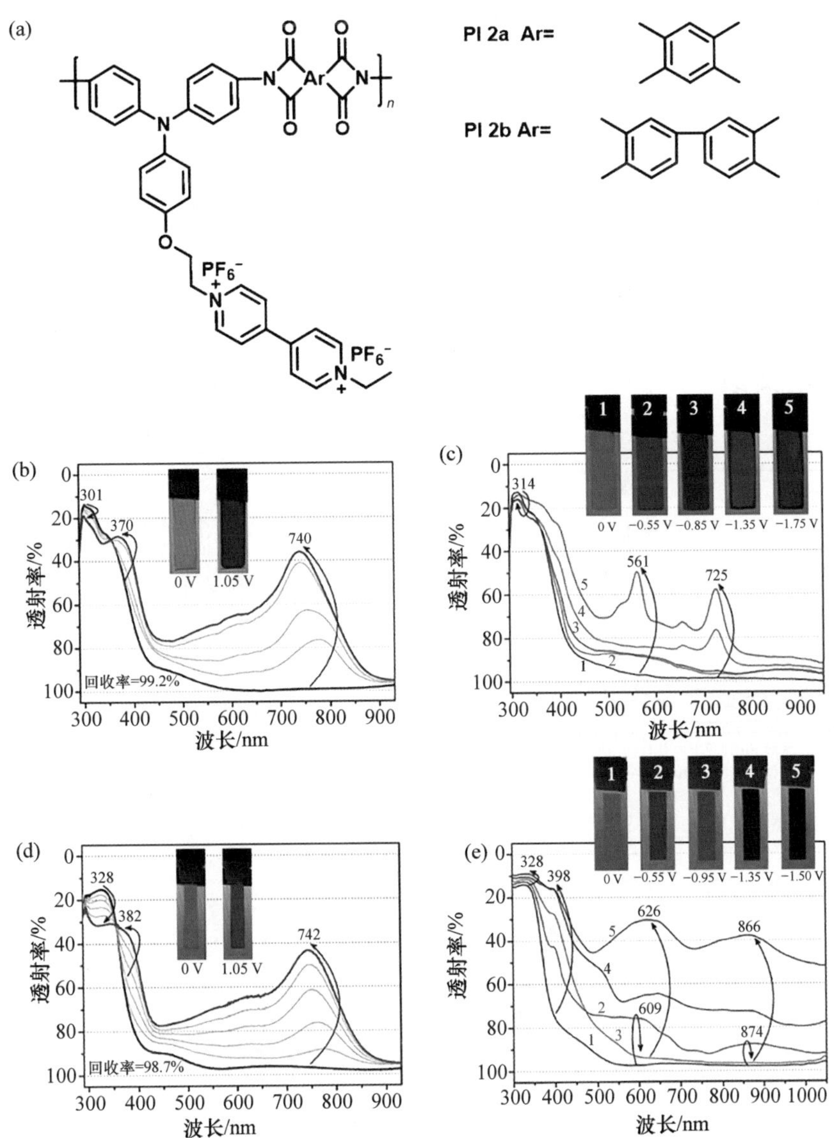

图 7.11　具有多种色态变化的 PI 2a 和 PI 2b 的结构式及其电致变色性质

显示出有趣的电致变色特性。材料氧化后在近红外区具有强烈的吸收，在氧化时具有绿色和蓝色两个着色态、着色态和透明态的快速切换以及良好的电化学/电致变色可逆性[33]。在聚酰胺骨架中引入(3,6-二叔丁基咔唑-9-基)三苯胺，不仅使聚酰胺具有更高的玻璃化转变温度和更好的热稳定性，还改善了聚酰胺的溶解性和电化学稳定性。此外，含有苯并咪唑基团的芳香族聚酰亚胺(图 7.12 PI 3)在氧化状态时，其吸收光谱中 843 nm 处出现了一个新的吸收峰，同时材料具有良好的热稳定性和合适的 HOMO 和 LUMO 能级，这证明了 PI 3 同样是一种具有应用前景的潜在的近红外电致变色材料[36]。

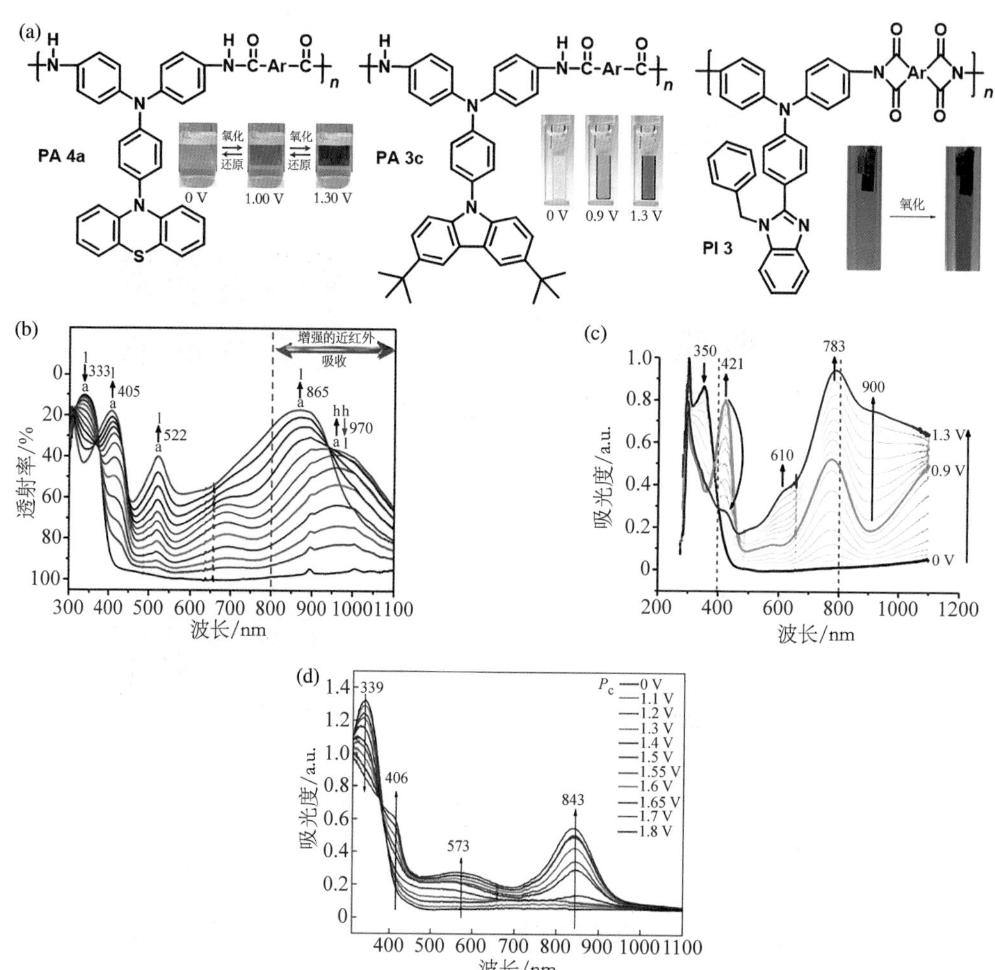

图 7.12　引入侧基得到的近红外电致变色材料及其电致变色性质

3. 引入侧基实现电致变色荧光

电致变色荧光（electrofluorochromism，EFC）是指材料在电驱动下能够实现可逆的荧光和颜色变化。通过电化学或光化学转换的方式，在紫外-可见光谱或光致发光光谱上实现材料光学状态的可逆开关是光电器件（如显示器、传感器或光学存储器）研究的一个极具前景的领域。

通过引入高效发光基团，可以提高聚酰亚胺（聚酰胺）的耐久度、热稳定性和荧光性能。研究人员结合在共轭骨架中插入脂肪族片段的策略，引入强荧光侧基得到了多个具有电化学荧光开关功能的聚酰亚胺（聚酰胺）电致变色材料（图 7.13）[37—42]。PA 7c 薄膜具有高达 221.4 的荧光/非荧光对比度，这是由于从 HOMO 向 LUMO 的激发跃迁局限于含三苯胺基团的苯甲酰单体上。

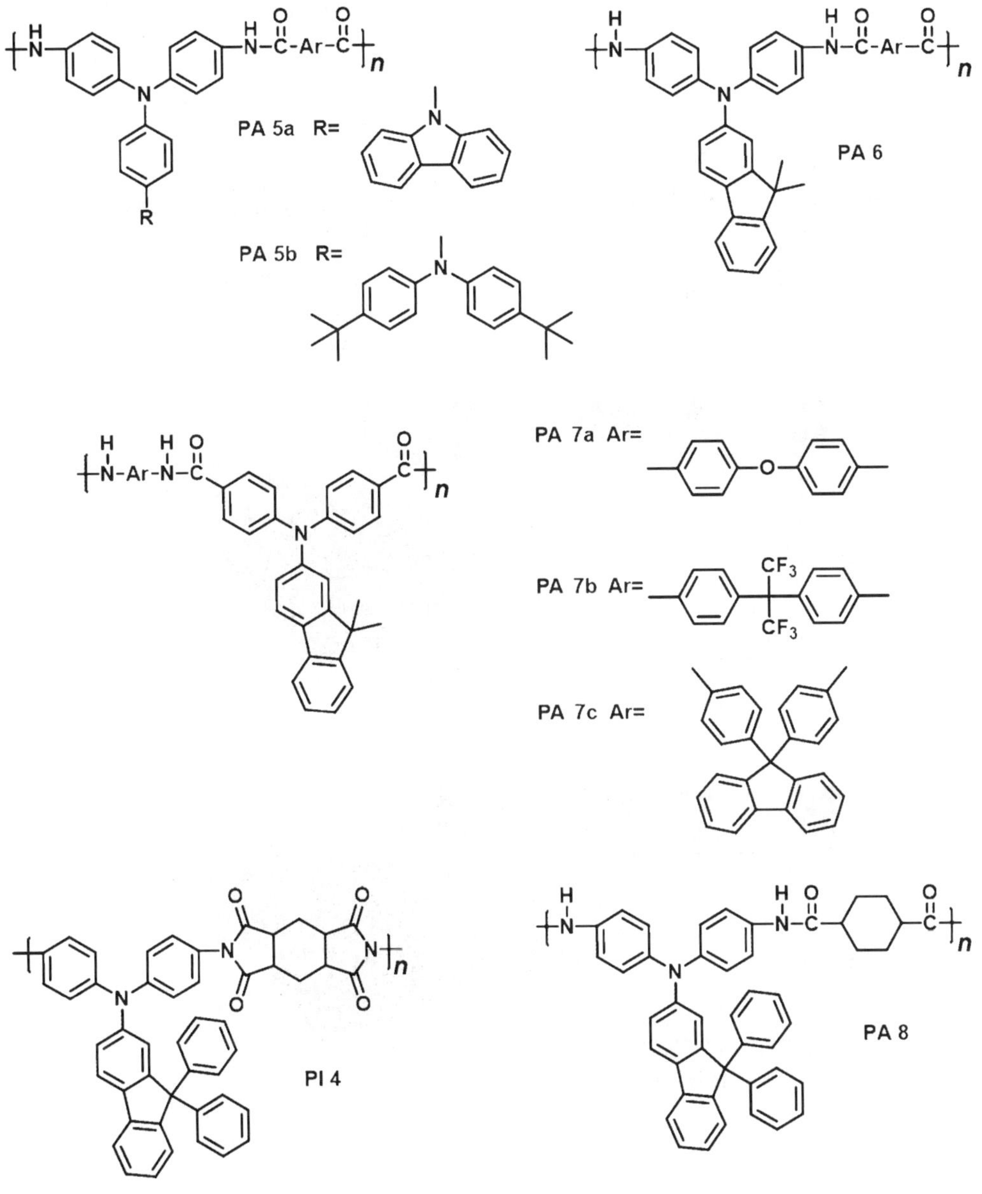

PA 5a　R=

PA 5b　R=

PA 6

PA 7a　Ar=

PA 7b　Ar=

PA 7c　Ar=

PI 4

PA 8

图 7.13　具有电致变色荧光特性的含三苯胺基团聚酰亚胺（聚酰胺）的结构式

然而，由于电致变色荧光材料的光致发光效率较低，传统的电致变色荧光器件受到荧光/非荧光对比度的限制。近年来，聚集增强发光（aggregation-enhanced emission，AEE）为设计和合成高效的荧光分子开辟了新的途径[43,44]。聚集增强发光材料在溶液中几乎没有荧光，而在凝聚态时由于分子内旋转受限抑制了非辐射跃迁的损耗而显示出强烈的荧光。结合聚集增强发光概念，研究人员合成了聚酰亚胺CN-PI和聚酰胺CN-PA，它们具有聚集增强发光特性，在固态下具有强荧光发射，荧光量子产率高达65%（图7.14）。在较低的工作电位下，CN-PI实现了从荧光中性态向非荧光阳离子自由基态的电化学荧光转换，得到的荧光/非荧光对比度高达151.9。

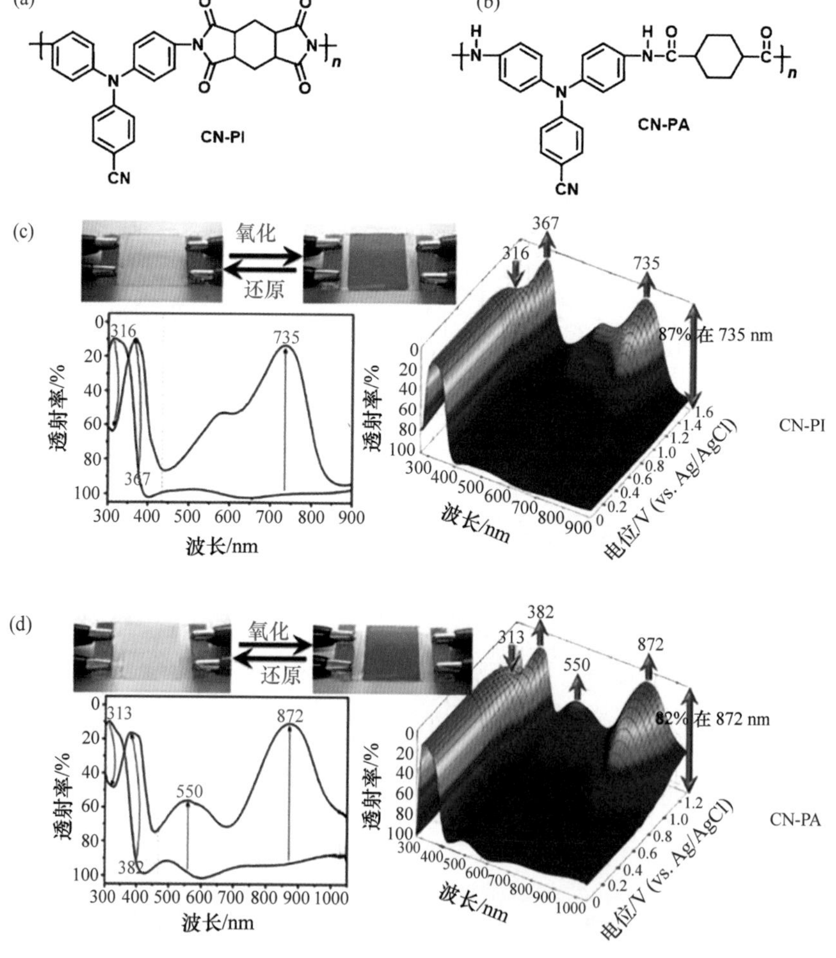

图7.14 CN-PI和CN-PA的电致变色性质及电致变色荧光特性

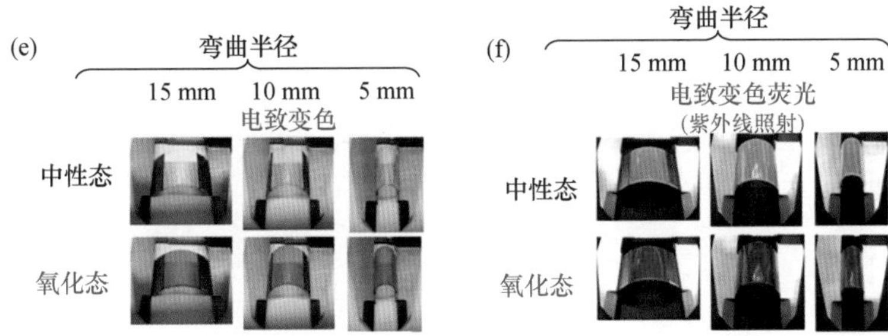

图 7.14　续

4. 引入其他功能基团实现多功能电致变色

研究人员合成了具有孤立给受体结构的 PI 5 和具有非孤立给受体结构的 PI 6（图 7.15）。侧链具有吸电子能力的蒽醌基团使得材料分别表现出静态随机存取存储器(SRAM)和动态随机存取存储器(DRAM)的行为。同时，在 0～1.40 V 电压范围内，聚合物膜呈现出电致变色的特性，颜色由中性无色（淡黄色）变为蓝色、绿色[45]。

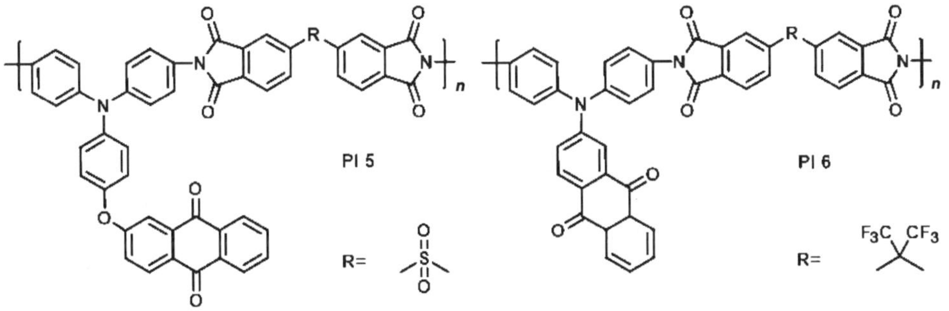

图 7.15　具有存储器和电致变色双功能的聚酰亚胺

最近，通过在侧基引入含三苯胺和萘酰亚胺的基团，Wang 课题组制备了一系列新型的对多种刺激响应的智能聚合物(图 7.16)[46]。这类新型聚酰亚胺(PI 7)能够对四种不同的刺激(光、pH、爆炸和电压)做出反应，因此具有四种功能，即光探测器、电致变色、荧光探测器和存储装置。可以预见，这种智能材料在未来可能适用于更为复杂的工作环境。

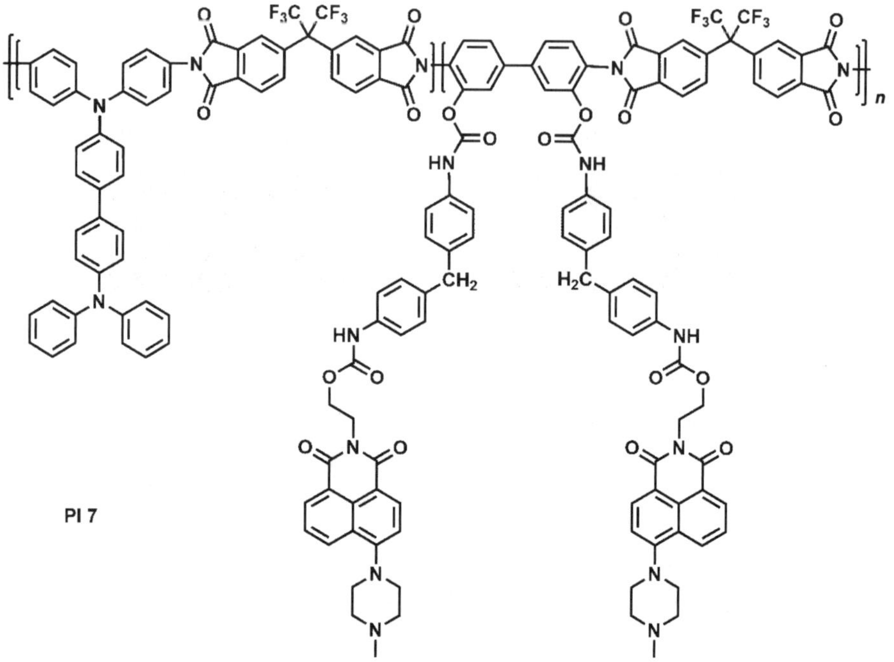

PI 7

图 7.16 具有多种刺激响应的多功能聚酰亚胺材料

7.2.2 骨架结构调节

1. 通过引入具有电化学活性的基团增加聚合物骨架的共轭长度

为了实现电致变色材料的实际应用，材料必须具备长期稳定性，同一材料具有多种颜色，在无色状态和着色状态之间的透射率变化高等特性。通过在聚合物链上引入更多的大体积且具有电化学活性的三苯胺基团来扩展聚合物主链，是在含三苯胺基团聚酰亚胺(聚酰胺)中获得更好的极性溶剂溶解度、薄膜成形性和多色彩转变的有效策略。

在过去的十几年中，Liou Guey-Sheng 课题组和 Hsiao Sheng-Huei 课题组通过扩展含三苯胺的共轭骨架(图 7.17)[47—52]，开发了多种多色彩聚酰亚胺(聚酰胺)。CV 图表明，含有更多三苯胺单元的衍生聚合物显示出多个氧化还原峰，因此显示出多种色态的相互转变[图 7.18(a)]。此外，该聚合物薄膜在近红外区表现出可逆的电化学氧化和电致变色，且具有较高的光学对比度。近红外区的宽吸收是由正电荷集中于不同氮原子的状态之间相互转换引起的 IV-CT 激发[图 7.18(b)]。值得注意的是，聚酰亚胺薄膜 PI 8 具有四种氧化状态和两种还原状态。因其主链含有多个三苯胺单元和均苯四甲酰亚胺单元，所以在不同的电位下表现出双极性电化学行为和多色彩变化。

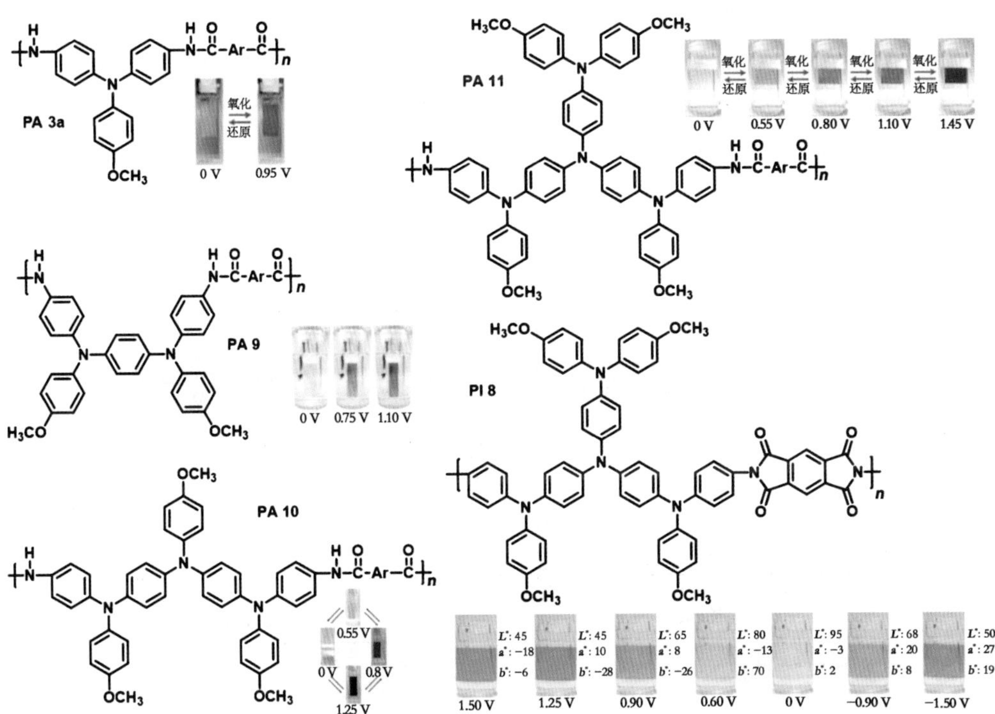

图 7.17　通过引入三苯胺增长聚合物主链所得到的典型的多色彩聚酰亚胺(聚酰胺)

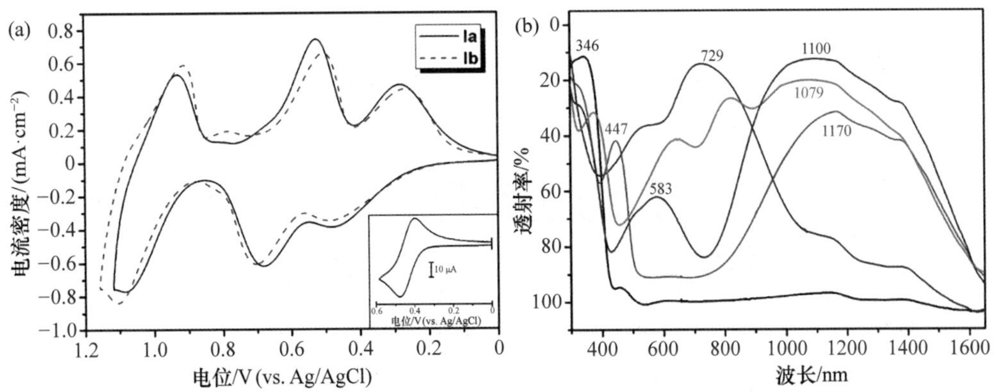

图 7.18　沉积在 ITO 上的 PA 11 薄膜的 CV 图(a)和吸收光谱变化(b)

自从 Reynolds 课题组在 2008 年首次提出“从黑色到透明”的概念[53]以来，高性能黑色电致变色材料在显示器、挡风玻璃、智能太阳镜和窗户等实际应用中的需求十分迫切。然而，由于吸收光谱调制的复杂性，要使得材料的吸收光谱能均匀地覆盖整个可见光区域非常困难，因此黑色电致变色材料的发展仍然存在巨大的挑战。研究人员通过两种含三苯胺基团聚酰胺的共聚，将其吸收带和反射色进行调制，为制备高饱和度黑色电致变色材料提供了可能[55]。此外，进一步巧妙设计电致变色器件的结构，在活性层加入主链分别为 TPPA 和 TPB 单元的聚酰胺，电解质中加入庚基紫精，通过吸收互补法得到的器件显示出 81 的高 L^* 变化和在可见光区 60%的透射率变化（图 7.19）[56]。

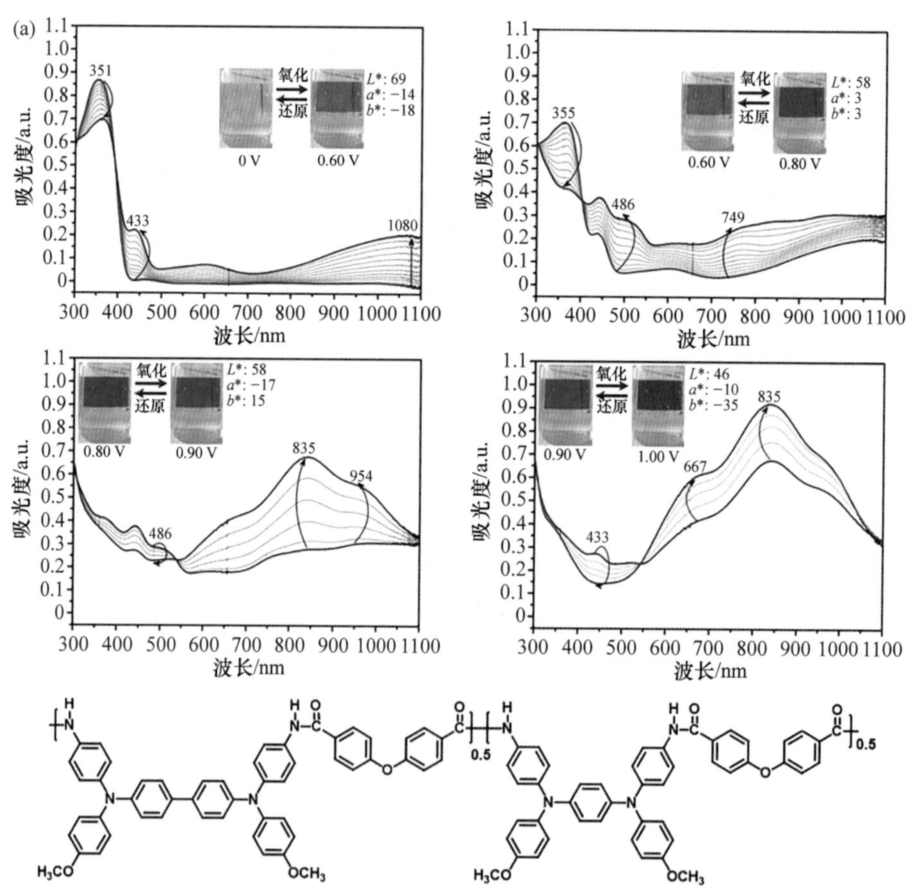

图 7.19　含三芳胺基团黑色电致变色材料(a)和加入三种电化学活性物质的黑色电致变色器件(b)的相关性质

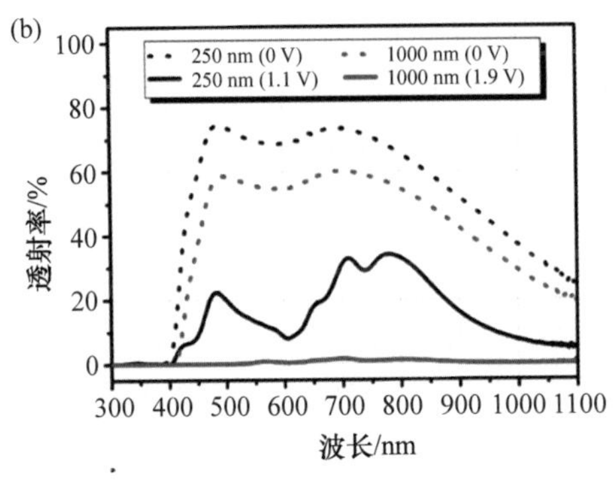

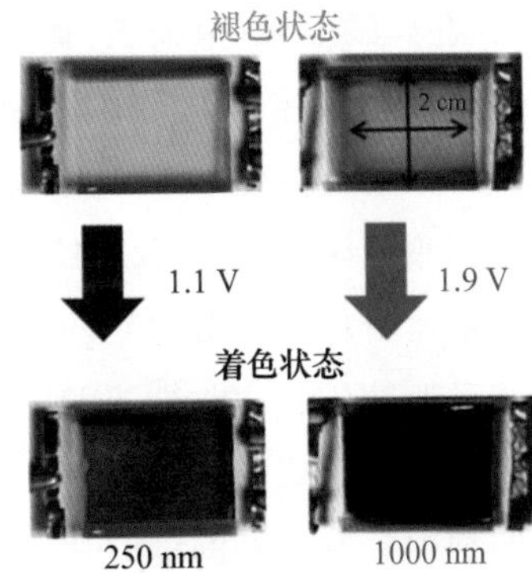

图 7.19　续

2. 在聚酰亚胺骨架中加入酰胺型连接基元

芳香族聚酰亚胺较差的可加工性是将其应用于光电器件必须解决的关键问题。在聚酰亚胺主链中引入酰胺键是克服这一缺点的有效途径。制备高相对分子质量聚(酰胺-酰亚胺)(PAI)的一种较为简便的方法是，采用 Yamazaki-Higashi 磷酸化反应，在含酰亚胺的二羧酸和芳香二胺之间直接进行缩聚。研究人员合成了几种芳香族聚(酰胺-酰亚胺)，它们在优异的加工性能和良好的热稳定性之间实现了平衡(图 7.20)[57—61]。此外，这些薄膜显示出多对可逆的氧化还原峰，具有良好的电化学稳定性和高对比度(透明态/着色态)。

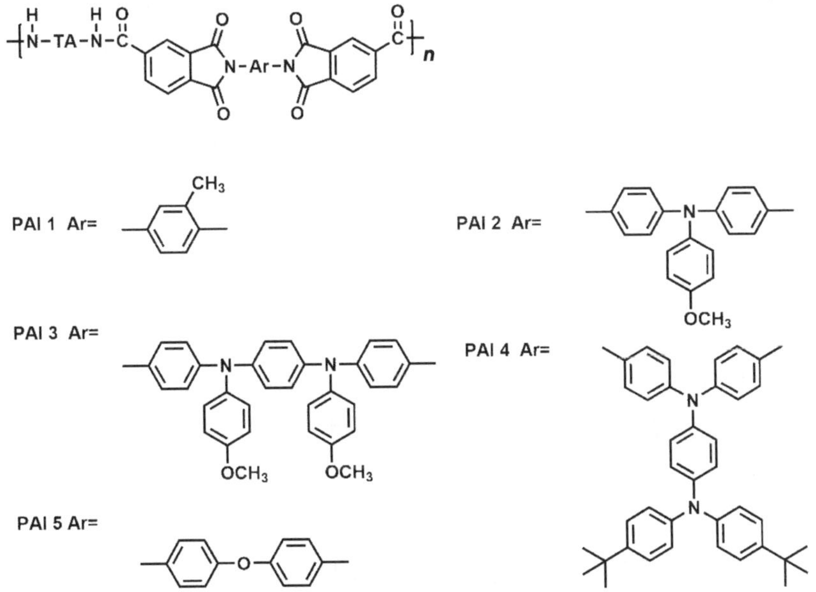

图 7.20　芳香族聚(酰胺-酰亚胺)型电致变色材料

3. 在聚酰亚胺(聚酰胺)骨架中加入醚键型连接基元

在聚合物主链中引入柔性醚键是另一种提高溶解度和降低熔融/软化温度的策略。通常认为芳醚键有利于提高材料的溶解性和熔体可加工性。可溶液加工的含三芳胺基团聚醚酰亚胺(PEI)和聚醚酰胺(PEA)可以通过不同的单体进行系统的区分。例如由双醚酐单体制备得到的聚醚酰亚胺(图 7.21 PEI 1)或由双醚胺单体制备得到的聚醚酰亚胺(图 7.21 PEI 2)。同时,以对氨基苯氧基二胺单体为原料,通过磷酸过反应也可以得到聚醚酰胺(图 7.21 PEA 1)。所得的聚醚酰亚胺和聚醚酰胺在多种有机溶剂中具有良好的溶解性。其溶解性的改善可归因于三维结构的三苯胺单元的存在,以及沿着聚合物主链的柔性醚键的引入。聚醚酰亚胺和聚醚酰胺薄膜还具有出色的电化学和电致变色稳定性。

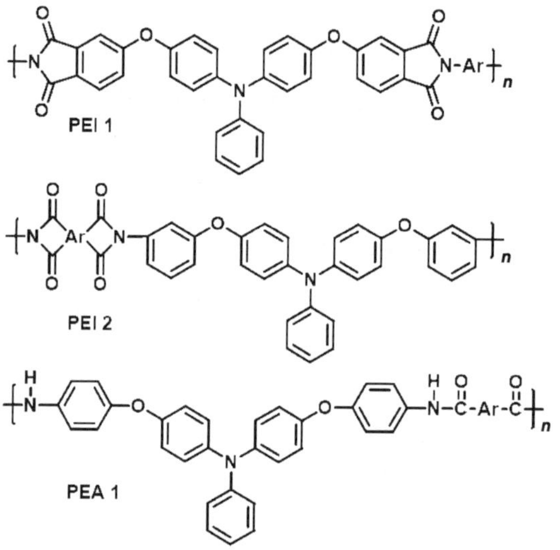

PEI 1

PEI 2

PEA 1

图 7.21　含三芳胺基团聚醚酰胺和聚醚酰亚胺型电致变色材料

4. 在聚酰亚胺(聚酰胺)骨架中加入脂环型连接基元

大多数芳香族聚酰亚胺的荧光量子产率较低,不能直接用作发光材料。最关键的问题是光照射后充当电子给体的二胺单体和充当电子受体的二酐单体之间发生了电荷转移跃迁,导致了吸收光谱的红移和荧光发射的抑制。基于上述理论,在聚酰亚胺骨架中引入脂环二胺或二酐可以有效地减少电荷转移跃迁,增强局域激发跃迁,从而增强其荧光效率。

Zhou 等人分别用脂环类二酸和芳香类二酸制备了含双(二苯基氨基)-芴基团的聚酰胺(图 7.22)[62]。与芳香类二酸聚酰胺相比,脂环类二酸聚酰胺具有较强的荧光性质，荧光量子产率高达50.2%。荧光的开关可以通过电化学氧化还原过程可逆地实现，材料具有良好的稳定性，其荧光/非荧光对比度高达152。

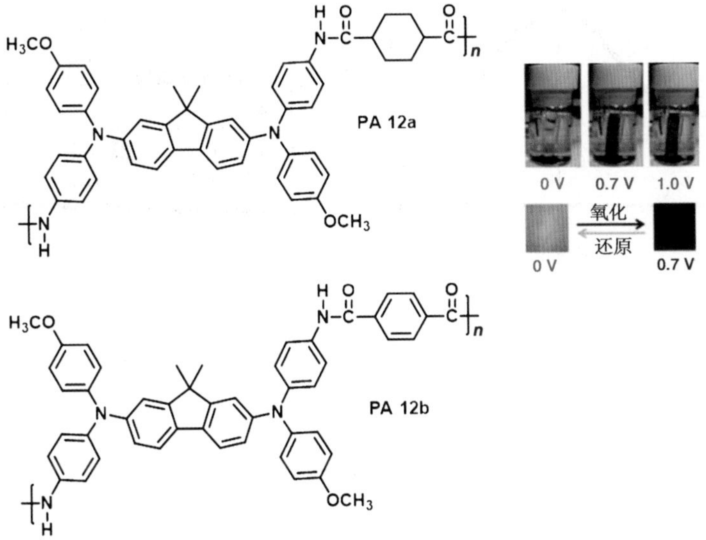

图7.22 含有脂环类二酸(PA 12a)和芳香类二酸(PA 12b)的三芳胺基团电致变色荧光材料

脂环结构的引入还可以显著减少电荷转移复合物的形成，从而提高聚合物在中性态的透明度。因此，引入脂环结构有利于提高聚酰胺和聚酰亚胺类电致变色材料的光学对比度。最近，Liaw等人通过精细的分子设计制备了多种聚酰亚胺类电致变色材料(图7.23)[63]，以PI 8a(无色至黑色)和PI 8b(无色至蓝色)为例，材料显示出的无色/着色超高对比度使其在电致变色显示和光学领域有着广泛的应用前景(图7.24)。

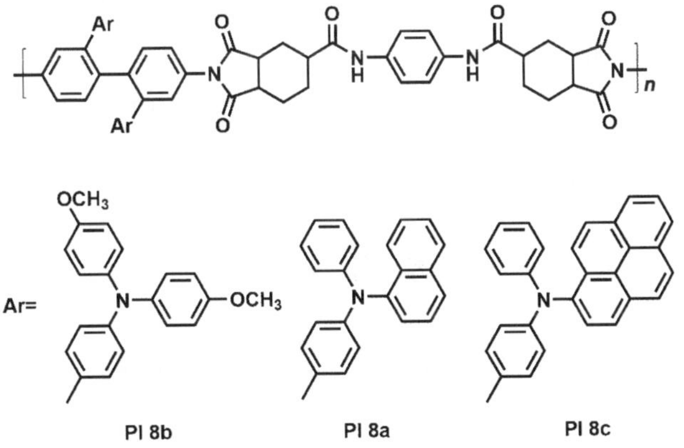

图7.23 含有脂环非线性二酰胺的高光学对比度聚酰亚胺型电致变色材料

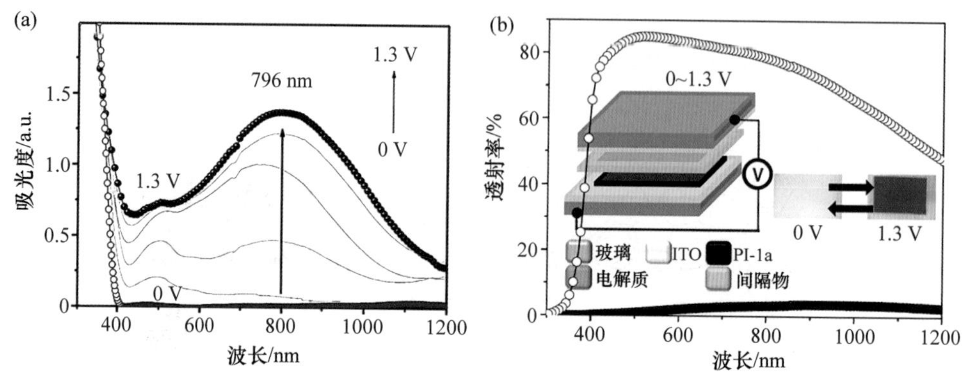

图 7.24 PI 8a 的电致变色性质(a);基于 PI 8a 的电致变色器件的透射率(b)

7.3 结论与展望

本章主要综述了含三芳胺基团电致变色材料的研究进展。三芳胺类衍生物具有丰富的性质,是有机光电子学中极具应用前景的材料。本章重点介绍了实现高性能、多色态、多功能含三芳胺基团聚酰亚胺(聚酰胺)的设计策略,并在此基础上介绍了多种典型的聚合物。侧基工程和骨架结构调节是两类调控材料性质的可行的方法,有助于实现含三芳胺基团聚酰亚胺(聚酰胺)类材料未来在多种场景下的应用。基于这类电致变色材料所具有的众多优势,我们相信,对器件结构进行优化可以进一步提高性能,并能充分挖掘电致变色器件在各种应用中的潜力,如自暗镜、智能窗、电致变色显示器、数据存储器、可变色太阳镜、可穿戴设备、多功能探测器和电致变色织物等。高性能的含三芳胺基团聚酰亚胺(聚酰胺)类电致变色材料具有多重功能和多种色态变换,将在智能型、环境友好型社会中起到不可忽视的作用。

参考文献

[1] Hill R, Walker E. Polymer constitution and fiber properties. Journal of Polymer Science, 1948, 3(5): 609-630.

[2] Yang H. Kevlar aramid fiber. Wiley, 1993: 312-313.

[3] Viehbeck A, Goldberg M, Kovac C. Electrochemical properties of polyimides and related imide

compounds. Journal of the Electrochemical Society, 1990, 137(5): 1460-1466.

[4] Hu Z, Fu W, Yan L, et al. Effects of heteroatom substitution in spiro-bifluorene hole transport materials. Chemical Science, 2016, 7(8): 5007-5012.

[5] Fang Z, Chellappan V, Webster R D, et al. Bridged-triarylamine starburst oligomers as hole transporting materials for electroluminescent devices. Journal of Materials Chemistry, 2012, 22(30): 15397-15404.

[6] Chou M Y, Leung M K, Su Y O, et al. Electropolymerization of starburst triarylamines and their application to electrochromism and electroluminescence. Chemistry of Materials, 2004, 16(4): 654-661.

[7] Ego C, Grimsdale A C, Uckert F, et al. Triphenylamine-substituted polyfluorene—a stable blue-emitter with improved charge injection for light-emitting diodes. Advanced Materials, 2002, 14(11): 809-811.

[8] Chénais S, Forget S. Recent advances in solid-state organic lasers. Polymer International, 2012, 61(3): 390-406.

[9] Chen Q D, Fang H H, Xu B, et al. Two-photon induced amplified spontaneous emission from needlelike triphenylamine-containing derivative crystals with low threshold. Applied Physics Letters, 2009, 94(20): 201113.

[10] Holzer W, Penzkofer A, Hörhold H H. Travelling-wave lasing of TPD solutions and neat films. Synthetic Metals, 2000, 113(3): 281-287.

[11] Yen H J, Liou G S. Recent advances in triphenylamine-based electrochromic derivatives and polymers. Polymer Chemistry, 2018, 9(22): 3001-3018.

[12] Okamoto K I, Tanaka K, Kita H, et al. Gas permeability and permselectivity of polyimides prepared from 4,4′-diaminotriphenylamine. Polymer Journal, 1992, 24(5): 451.

[13] Oishi Y, Ishida M, Kakimoto M A, et al. Preparation and properties of novel soluble aromatic polyimides from 4,4′-diaminotriphenylamine and aromatic tetracarboxylic dianhydrides. Journal of Polymer Science Part A: Polymer Chemistry, 1992, 30(6): 1027-1035.

[14] Vasilenko N, Akhmet'eva Y I, Sviridov Y B, et al. Soluble polyimides based on 4,4′-diaminotriphenylamine. Synthesis, molecular mass characteristics and solution properties. Polymer Science USSR, 1991, 33(7): 1439-1450.

[15] Oishi Y, Takado H, Yoneyama M, et al. Preparation and properties of new aromatic polyamides from 4,4′-diaminotriphenylamine and aromatic dicarboxylic acids. Journal of Polymer Science Part A: Polymer Chemistry, 1990, 28(7): 1763-1769.

[16] Imai Y. Recent advances in synthesis of high-temperature aromatic polymers. Reactive and Functional Polymers, 1996, 30(1-3): 3-15.

[17] Goodson F E, Hauck S I, Hartwig J F. Palladium-catalyzed synthesis of pure, regiodefined poly-

meric triarylamines. Journal of the American Chemical Society, 1999, 121(33): 7527-7539.

[18] Marcoux J F, Wagaw S, Buchwald S L. Palladium-catalyzed amination of aryl bromides: Use of phosphinoether ligands for the efficient coupling of acyclic secondary amines. The Journal of Organic Chemistry, 1997, 62(6): 1568-1569.

[19] Cheng S H, Hsiao S H, Su T H, et al. Novel aromatic poly (amine-imide)s bearing a pendent triphenylamine group: Synthesis, thermal, photophysical, electrochemical, and electrochromic characteristics. Macromolecules, 2005, 38(2): 307-316.

[20] Lambert C, Nöll G. The class Ⅱ/Ⅲ transition in triarylamine redox systems. Journal of the American Chemical Society, 1999, 121(37): 8434-8442.

[21] Day P. Mixed valence chemistry-a survey and classification// Robin M B, Day P. Advances in inorganic chemistry and radiochemistry. Amsterdam: Elsevier, 1968: 247-422.

[22] Yen H J, Guo S M, Liou G S, et al. Mixed-valence class i transition and electrochemistry of bis (triphenylamine)-based aramids containing isolated ether-linkage. Journal of Polymer Science Part A: Polymer Chemistry, 2011, 49(17): 3805-3816.

[23] Szeghalmi A V, Erdmann M, Engel V, et al. How delocalized is *N*, *N*, *N*′, *N*′-tetraphenylphenylenediamine radical cation? An experimental and theoretical study on the electronic and molecular structure. Journal of the American Chemical Society, 2004, 126(25): 7834-7845.

[24] Nelson R, Adams R. Anodic oxidation pathways of substituted triphenylamines. Ⅱ. Quantitative studies of benzidine formation. Journal of the American Chemical Society, 1968, 90(15): 3925-3930.

[25] Seo E T, Nelson R F, Fritsch J M, et al. Anodic oxidation pathways of aromatic amines. Electrochemical and electron paramagnetic resonance studies. Journal of the American Chemical Society, 1966, 88(15): 3498-3503.

[26] Liou G S, Chang C W. Highly stable anodic electrochromic aromatic polyamides containing *N*, *N*, *N*′, *N*′-tetraphenyl-*p*-phenylenediamine moieties: Synthesis, electrochemical, and electrochromic properties. Macromolecules, 2008, 41(5): 1667-1674.

[27] Chang C W, Liou G S, Hsiao S H. Highly stable anodic green electrochromic aromatic polyamides: Synthesis and electrochromic properties. Journal of Materials Chemistry, 2007, 17(10): 1007-1015.

[28] Hsiao S H, Wu C N. Electrochemical and electrochromic studies of redox-active aromatic polyamides with 3,5-dimethyltriphenylamine units. Journal of Electroanalytical Chemistry, 2016, 776: 139-147.

[29] Hsiao S H, Liou G S, Kung Y C, et al. Synthesis and properties of new aromatic polyamides with redox-active 2,4-dimethoxytriphenylamine moieties. Journal of Polymer Science Part A: Polymer Chemistry, 2010, 48(15): 3392-3401.

[30] Yen H J, Guo S M, Liou G S. Synthesis and unexpected electrochemical behavior of the triphenylamine-based aramids with ortho-and para-trimethyl-protective substituents. Journal of Polymer Science Part A: Polymer Chemistry, 2010, 48(23): 5271-5281.

[31] Hsiao S H, Hsiao Y H, Kung Y R, et al. Triphenylamine-based redox-active aramids with 1-piperidinyl substituent as an auxiliary donor: Enhanced electrochemical stability and electrochromic performance. Reactive and Functional Polymers, 2016, 108: 54-62.

[32] Hsiao S H, Hsiao Y H, Kung Y R. Highly redox-stable and electrochromic aramids with morpholinyl-substituted triphenylamine units. Journal of Polymer Science Part A: Polymer Chemistry, 2016, 54(9): 1289-1298.

[33] Hsiao S H, Wang H M, Liao S H. Redox-stable and visible/near-infrared electrochromic aramids with main-chain triphenylamine and pendent 3,6-di-tert-butylcarbazole units. Polymer Chemistry, 2014, 5(7): 2473-2483.

[34] Yen H J, Tsai C L, Chen S H, et al. Electrochromism and nonvolatile memory device derived from triphenylamine-based polyimides with pendant viologen units. Macromolecular Rapid Communications, 2017, 38(9): 1600715.

[35] Yen H J, Liou G S. Enhanced near-infrared electrochromism in triphenylamine-based aramids bearing phenothiazine redox centers. Journal of Materials Chemistry, 2010, 20(44): 9886-9894.

[36] Cai W A, Cai J W, Niu H J, et al. Synthesis and electrochromic properties of polyimides with pendent benzimidazole and triphenylamine units. Chinese Journal of Polymer Science, 2016, 34(9): 1091-1102.

[37] Sun N, Zhou Z, Chao D, et al. Novel aromatic polyamides containing 2-diphenylamino-(9,9-dimethylamine) units as multicolored electrochromic and high-contrast electrofluorescent materials. Journal of Polymer Science Part A: Polymer Chemistry, 2017, 55(2): 213-222.

[38] Meng S, Sun N, Su K, et al. Optically transparent polyamides bearing phenoxyl, diphenylamine and fluorene units with high-contrast of electrochromic and electrofluorescent behaviors. Polymer, 2017, 116: 89-98.

[39] Sun N, Meng S, Zhou Z, et al. High-contrast electrochromic and electrofluorescent dual-switching materials based on 2-diphenylamine-(9, 9-diphenylfluorene)-functionalized semi-aromatic polymers. RSC Advances, 2016, 6(70): 66288-66296.

[40] Sun N, Feng F, Wang D, et al. Novel polyamides with fluorene-based triphenylamine: Electrofluorescence and electrochromic properties. RSC Advances, 2015, 5(107): 88181-88190.

[41] Liou G S, Chen H W, Yen H J. Synthesis and photoluminescent and electrochromic properties of aromatic poly(amine amide)s bearing pendentn-carbazolylphenyl moieties. Journal of Polymer Science Part A: Polymer Chemistry, 2006, 44(13): 4108-4121.

[42] Hsiao S H, Liou G S, Wang H M. Highly stable electrochromic polyamides based on *N*,*N*-bis (4-aminophenyl)-*N*′, *N*′-bis (4-tert-butylphenyl)-1, 4-phenylenediamine. Journal of Polymer Science Part A: Polymer Chemistry, 2009, 47(9): 2330-2343.

[43] Yen H J, Liou G S. Flexible electrofluorochromic devices with the highest contrast ratio based on aggregation-enhanced emission (AEE)-active cyanotriphenylamine-based polymers. Chemical Communications, 2013, 49(84): 9797-9799.

[44] Yen H J, Chen C J, Liou G S. Novel high-efficiency PL polyimide nanofiber containing aggregation-induced emission (AIE)-active cyanotriphenylamine luminogen. Chemical Communications, 2013, 49(6): 630-632.

[45] Hu Y C, Chen C J, Yen H J, et al. Novel triphenylamine-containing ambipolar polyimides with pendant anthraquinone moiety for polymeric memory device, electrochromic and gas separation applications. Journal of Materials Chemistry, 2012, 22(38): 20394-20402..

[46] Zhang X, Lu Q, Yang C, et al. Multi-stimuli responsive novel polyimide smart materials bearing triarylamine and naphthalimide groups. European Polymer Journal, 2019, 112: 291-300.

[47] Yen H J, Chen C J, Liou G S. Flexible multi-colored electrochromic and volatile polymer memory devices derived from starburst triarylamine-based electroactive polyimide. Advanced Functional Materials, 2013, 23(42): 5307-5316.

[48] Yen H J, Lin H Y, Liou G S. Novel starburst triarylamine-containing electroactive aramids with highly stable electrochromism in near-infrared and visible light regions. Chemistry of Materials, 2011, 23(7): 1874-1882.

[49] Huang L T, Yen H J, Liou G S. Substituent effect on electrochemical and electrochromic behaviors of ambipolar aromatic polyimides based on aniline derivatives. Macromolecules, 2011, 44(24): 9595-9610.

[50] Yen H J, Liou G S. Solution-processable novel near-infrared electrochromic aromatic polyamides based on electroactive tetraphenyl-*p*-phenylenediamine moieties. Chemistry of Materials, 2009, 21(17): 4062-4070.

[51] Liou G S, Lin H Y. Synthesis and electrochemical properties of novel aromatic poly (amine-amide) s with anodically highly stable yellow and blue electrochromic behaviors. Macromolecules, 2008, 42(1): 125-134.

[52] Chen C J, Yen H J, Hu Y C, et al. Novel programmable functional polyimides: Preparation, mechanism of CT induced memory, and ambipolar electrochromic behavior. Journal of Materials Chemistry C, 2013, 1(45): 7623-7634.

[53] Beaujuge P, Ellinger S, Reynolds J. The donor-acceptor approach allows a black-to-transmissive switching polymeric electrochrome. Nature Materials, 2008, 7(10): 795.

[54] Li W, Ning J, Yin Y, et al. Thieno[3,2-*b*]thiophene-based conjugated copolymers for solution-

processable neutral black electrochromism. Polymer Chemistry, 2018, 9(47): 5608-5616.

[55] Yen H J, Lin K Y, Liou G S. Transmissive to black electrochromic aramids with high near-infrared and multicolor electrochromism based on electroactive tetraphenylbenzidine units. Journal of Materials Chemistry, 2011, 21(17): 6230-6237.

[56] Liu H S, Pan B C, Huang D C, et al. Highly transparent to truly black electrochromic devices based on an ambipolar system of polyamides and viologen. NPG Asia Materials, 2017, 9(6): 388.

[57] Hsiao S H, Teng C Y, Kung Y R. Synthesis and characterization of novel electrochromic poly(amide-imide)s with *N*, *N'*-di(4-methoxyphenyl)-*N*, *N'*-diphenyl-*p*-phenylenediamine units. RSC Advances, 2015, 5(113): 93591-93606.

[58] Wang H M, Hsiao S H. Multicolor electrochromic poly(amide-imide)s with *N*,*N*-diphenyl-*N'*,*N'*-di-4-tert-butylphenyl-1,4-phenylenediamine moieties. Polymer Chemistry, 2010, 1(7): 1013-1023.

[59] Hsiao S H, Liou G S, Kung Y C, et al. Synthesis and characterization of electrochromic poly(amide-imide)s based on the diimide-diacid from 4,4'-diamino-4''-methoxytriphenylamine and trimellitic anhydride. European Polymer Journal, 2010, 46(6): 1355-1366.

[60] Cheng S H, Hsiao S H, Su T H, et al. Novel electrochromic aromatic poly(amine-amide-imide)s with pendent triphenylamine structures. Polymer, 2005, 46(16): 5939-5948.

[61] Zhang H, Niu H, Ji Y, et al. Preparation and characterization, stable bismaleimide-triarylamine polymers with reversible electrochromic properties. Spectrochim Acta A Mol Biomol Spectrosc, 2013, 111: 204-210.

[62] Sun N, Meng S, Chao D, et al. Highly stable electrochromic and electrofluorescent dual-switching polyamide containing bis(diphenylamino)-fluorene moieties. Polymer Chemistry, 2016, 7(39): 6055-6063.

[63] Zhang Q, Tsai C Y, Li L J, et al. Colorless-to-colorful switching electrochromic polyimides with very high contrast ratio. Nature Communications, 2019, 10(1): 1239.

第八章　金属超分子聚合物

8.1 引　言

一类独特的电致变色材料——金属超分子聚合物(MEPE),其作为无机和有机杂化的材料而备受关注,并显示出特有的优势。目前已经报道了以单一金属离子或多个金属离子为中心的各类功能性有机配体的合成,及其在电子纸和智能窗中的应用。研究发现,不同的金属中心会直接影响该类聚合物的特性,包括黏度、磁矩、荧光甚至电致变色。

金属超分子聚合物同时具有金属离子和有机共轭配体,因此具有多个电子跃迁。首先,电子跃迁起源于金属离子中心,主要包括过渡金属(如 Fe、Ru、Co、Zn、Cu)配合物中的 d-d* 跃迁和镧系金属(如 Eu)配合物中的 d-f* 跃迁,以及加上来自 π 共轭有机配体的 π-π* 跃迁,基于这些跃迁,金属超分子聚合物有望具有丰富的光电性质。如图 8.1 所示金属超分子聚合物最典型的电子跃迁是金属到配体的电荷转移(MLCT)。相反,配体到金属的电荷转移(LMCT)是从配体的 π 轨道到过渡金属的

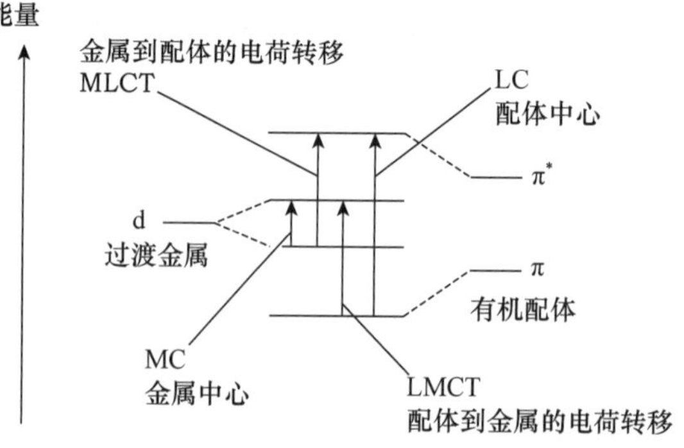

图 8.1　过渡金属配合物中的电子跃迁[1]

d^* 轨道的电子跃迁。同时，通过选择金属离子种类可以控制 MLCT 带隙，不同的金属离子表现出不同的 HOMO 能级，从而可改变金属超分子聚合物的颜色。常规有机聚合物和金属超分子聚合物在聚合物结构上最显著的差异在于，与传统聚合物不同，金属超分子聚合物的链长不固定在溶液中，因为配位反应是平衡反应。另外，通过利用聚合物链的分子内金属-配体和/或金属-金属的相互作用，可以实现一些使用有机聚合物难以获得的独特的电子和光学性质。

8.2 单一金属中心原子体系

8.2.1 基于 Fe^{II} 和 Ru^{II} 的金属超分子聚合物

可见光区中的金属到配体的电荷转移可发生在 Fe^{II}（或 Ru^{II}）的 HOMO 与配体的 LUMO 之间。当 Fe^{II}（或 Ru^{II}）离子被氧化成 Fe^{III}（或 Ru^{III}）时，金属离子失去电子，并且通过降低金属离子的 HOMO 电位来增加带隙[图 8.2(a)]，因此不再发生向配体的电荷转移。Fe^{II} 和 Ru^{II} 复杂部分的 MLCT 吸收分别出现在 580 nm 和 520 nm 左右，呈现紫色和橙色。在 CV 图上观察到了从 Fe^{II}/Ru^{II} 到 Fe^{III}/Ru^{III} 的一种单电子可逆氧化还原过程[图 8.2(b)(c)]。

基于 Fe^{II} 或 Ru^{II} 的金属超分子聚合物通常通过使用双(吡啶)作为对位配体来合成[图 8.3(a)][2]。为了进一步研究配体和金属离子对电致变色行为的影响，设计了在配体吡啶上的不同取代基(H，OMe，Br)、不同的间隔长度和不同的金属离子(Fe，Co)，并相应地合成了金属超分子聚合物 polyFe(L1～L5)和 polyCo(L1～L5)[图 8.3(b)][5]。可以得出以下结论：(1) 通过选择金属离子或设计配体，很容易改变聚合物的颜色；(2) 金属离子的选择或配体的设计、金属超分子聚合物的转换速率和稳定性均受配体吡啶中取代基的电子性质的影响，给电子基团产生更快的转换速率，而吸电子基团降低转换速率并降低稳定性；(3) 光学存储器主要受金属中心附近的空间因素影响，庞大的基团通过保护金属中心不被还原而增强了光学存储；(4) 连接三联吡啶部分的较大共轭间隔基导致 MLCT 跃迁的摩尔吸光系数更高。Kurth 等人报道的另一个例子表明，配体从 1,4-双[2,6-双(2-吡啶基)嘧啶-4-基]苯变为 5,5′-双[2,6-双(2-吡啶基)嘧啶-4-基]-2,2′-联噻吩可能会影响聚合物的电致变色性能[图 8.3(c)][4]，FeL2-MEPE 处于氧化态时，其吸收带覆盖较宽。由配体到金属的电荷转移跃迁引起的近红外区吸收带(约 1500 nm)是由联噻吩间隔基中的电荷离域产生的，并显示出很高的绝对荧光量子产率(ϕ_f=82%)。

Maki 等人通过将抗衡阴离子交换为荧光染料阴离子(磺基罗丹明 B，SRB)，获得了一种基于 Fe^{II} 的金属超分子聚合物(polyFe-SRB)(图 8.4)[6]，通过施加±2.8 V 电压，获得的聚合物的固态器件显示出基于 Fe^{II} 离子的电化学氧化还原的电致变色性能。该器件在 584 nm 的光致发光电化学转换是由 polyFe-SRB 的 MLCT 吸收的出现和消失引起的。MLCT 可能会吸收 560 nm 处的激发光或 SRB 发射的光。

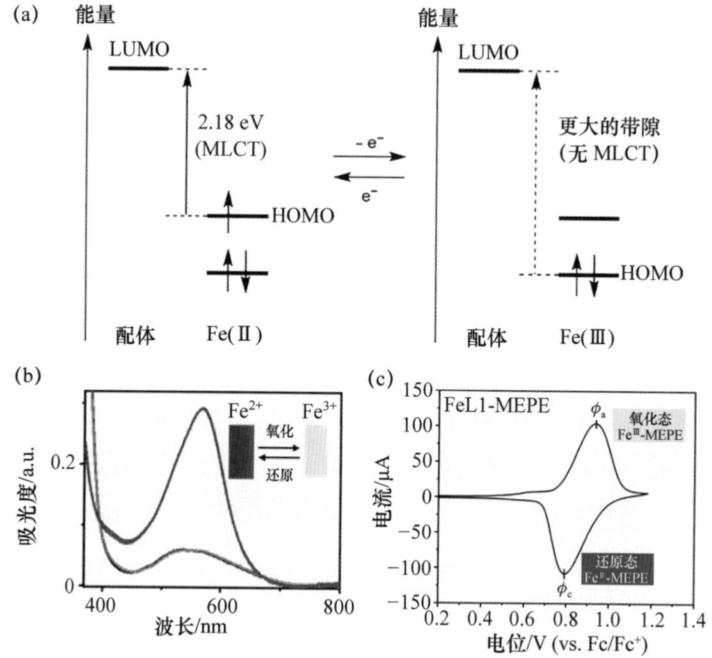

图 8.2 铁基金属超分子聚合物电致变色的可能机制(a)[2]；与铁离子有关的典型 MLCT 发生在 580 nm 附近(b)[3]；Fe^{II}/Fe^{III} 氧化还原过程的典型 CV 图(c)[4]

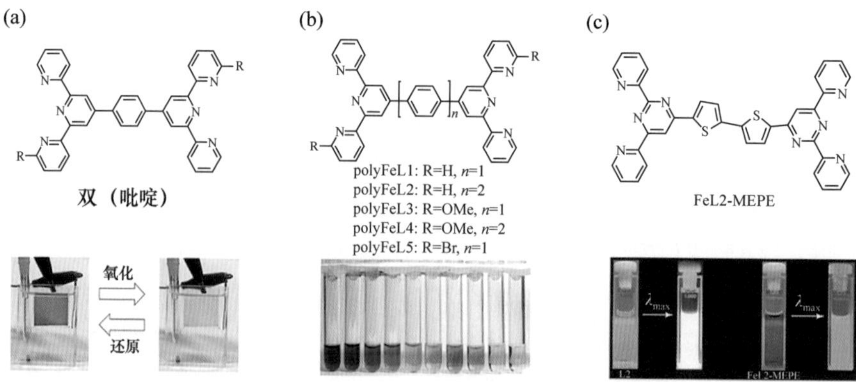

图 8.3 配体双(吡啶)的分子结构与 polyFeL1 的电致变色现象(a)[2]；L1～L5 分子结构与 polyFe(L1～L5)、polyCo(L1～L5)的溶液颜色(b)[5]；FeL2-MEPE 的分子结构与 L2、FeL2-MEPE 的溶液颜色(c)[4]

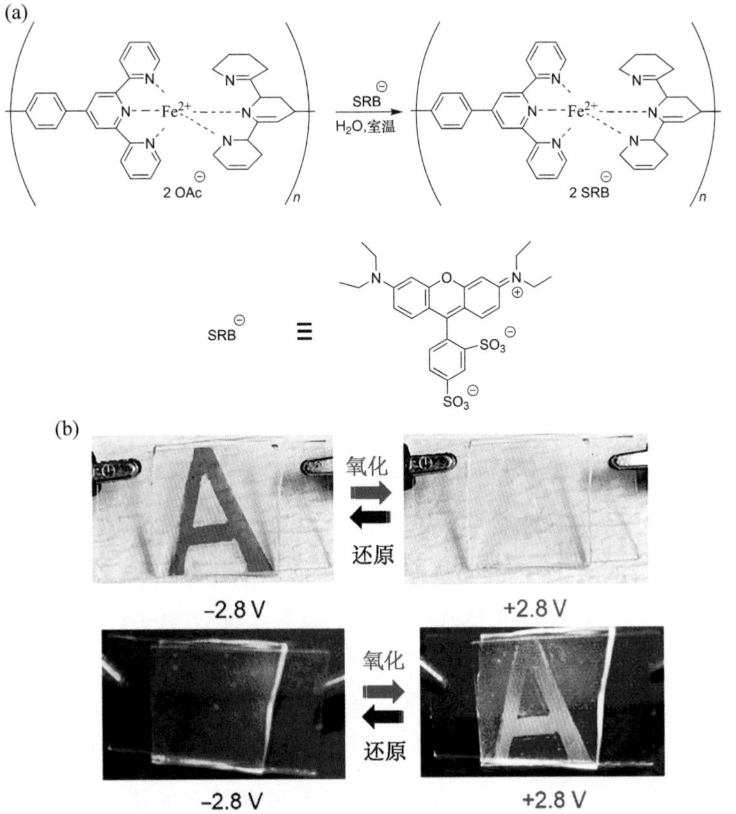

图 8.4 带有 SRB 阴离子的 Fe^{II} 基金属超分子聚合物的制备(a)；在 365 nm 紫外光照射下电致变色和光致发光转换的相应图像(b)[6]

上文提到的金属超分子聚合物是一维线性结构，向金属超分子聚合物主链中引入三维结构可能会影响表面形态、溶解性、界面和/或界面电子传输速度、最大吸收波长和热性质。通过逐步混合不同比例的线性双(吡啶)配体和支链三(吡啶)配体的 Fe^{II} 盐合成三维结构的金属超分子聚合物(图 8.5)[7]。通过改变配体 L1 和 L2 的物质的量之比，观察到明显不同的表面形态和电致变色性能。$FeL1_{85\%}L2_{15\%}$ 膜具有高度多孔的表面(孔径的直径为 30～50 nm)，在三维和一维聚合物中表现出最佳的电致变色性能(着色时间：0.19 s；褪色时间：0.36 s；ΔT：50.7%；着色效率：383.4 $cm^2 \cdot C^{-1}$)，这可能是由多孔聚合物膜内部的阴离子转移平稳所致。

8.2.2 基于 Co^{II} 的金属超分子聚合物

Co^{II} 离子像 Fe^{II} 和 Ru^{II} 离子一样具有六个八面体结构的配位点，因此引入了常用的配体双(三联吡啶)与 Co^{II} 离子配位。Kurth 等人描述了由吡啶环取代和未取代的配体制备的两种新型 Co^{II}-双吡啶金属超分子聚合物[图 8.6(a)][8]，这些聚合物显

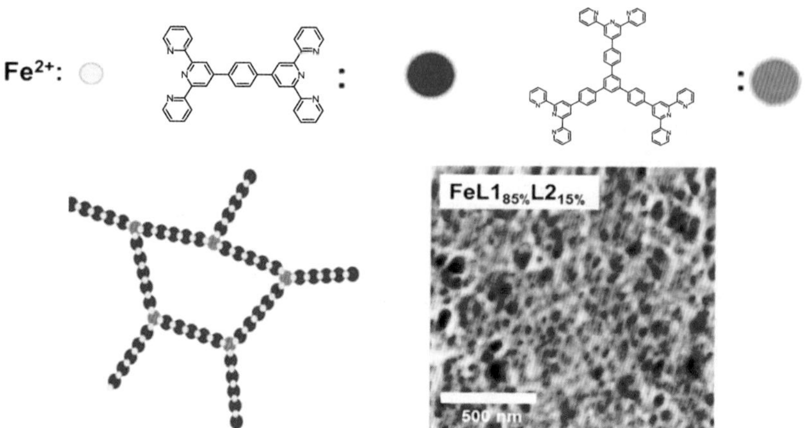

图 8.5 三维结构的金属超分子聚合物的图示[7]

示出显著的颜色变化和高可逆性，更重要的是，他们分析了配体的结构因素，发现在吡啶环上给电子基团的引入显著影响了电荷转移和电化学性能。已知 Co 离子与水分子具有独特的性质。Co^{II} 可能在水溶液中形成六水配合物[$Co(H_2O)_6^{2+}$]，此外，已发现混合价 Co^{II}/Co^{I} 金属超分子配合物在水性环境中稳定[9]。Higuchi 等人证明了 Co^{II}-双吡啶金属超分子聚合物膜[polyCo，图 8.6(b)]在电解质水溶液中显示出电致变色性能[10]。随着金属中心从 Co^{II} 被还原为 Co^{I}，polyCo 薄膜呈现出稳定的深黑色(L^*：32；a^*：0；b^*：−8)。增加水溶液的 pH 导致薄膜在氧化态下显示出进一步的褪色现象。结果，polyCo 薄膜在 300～1700 nm 的宽衰减范围内表现出电致变色性能。因此，在 550 nm 处，在 pH＝13 水性电解质中转换的 polyCo 膜的透射率变化为 74.3%。但与 pH＝7 的溶液相比，pH＝13 的溶液的响应时间更长。

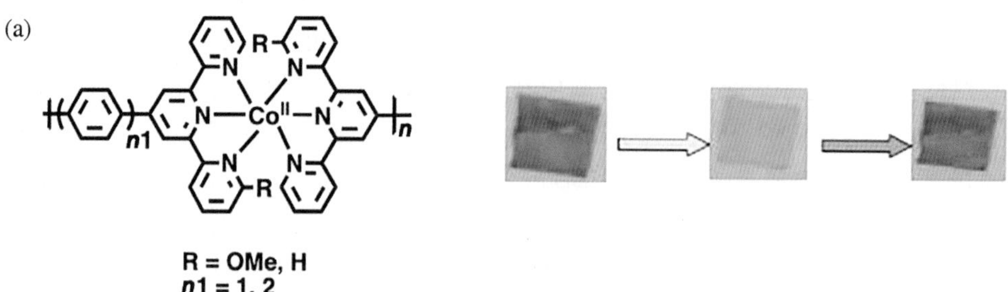

图 8.6 Co^{II}-双吡啶金属超分子聚合物的分子结构和相应膜的颜色变化(a)[8]；polyCo 的分子结构和电致变色行为(b)[10]；双金属 Co^{II} Co^{II} 配合物的分子结构和 CV 图(c)[11]；Co^{III} 聚合物的分子结构(d)[12]

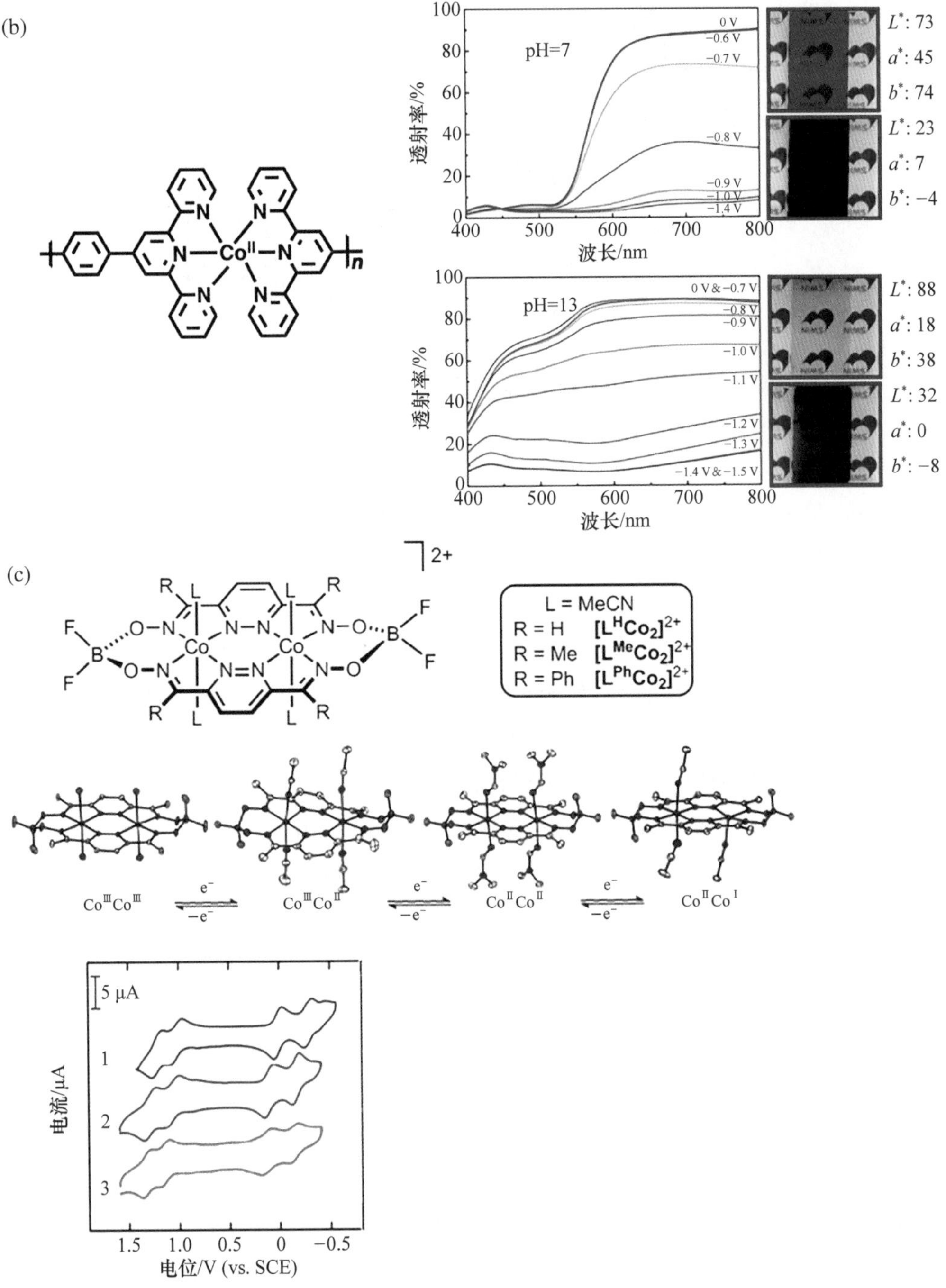
(b)
pH=7
透射率/%
波长/nm
0 V
−0.6 V
−0.7 V
−0.8 V
−0.9 V
−1.0 V
−1.4 V
L^*: 73
a^*: 45
b^*: 74
L^*: 23
a^*: 7
b^*: −4
pH=13
0 V & −0.7 V
−0.8 V
−0.9 V
−1.0 V
−1.1 V
−1.2 V
−1.3 V
−1.4 V & −1.5 V
L^*: 88
a^*: 18
b^*: 38
L^*: 32
a^*: 0
b^*: −8
(c)
L = MeCN
R = H $[L^HCo_2]^{2+}$
R = Me $[L^{Me}Co_2]^{2+}$
R = Ph $[L^{Ph}Co_2]^{2+}$
$Co^{III}Co^{III}$
$Co^{III}Co^{II}$
$Co^{II}Co^{II}$
$Co^{II}Co^{I}$
5 μA
电流/μA
电位/V (vs. SCE)

图 8.6 续

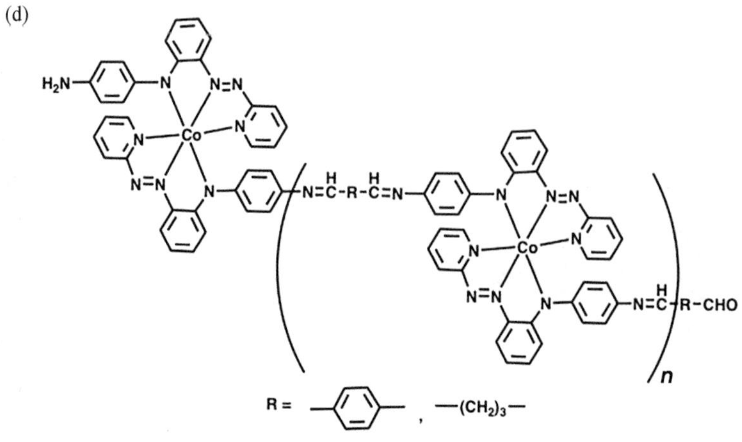

(d)

R =

图 8.6 续

研究人员合成了一系列双金属 $Co^{II}Co^{II}$ 配合物(R=H,Me,Ph),在一个基于哒嗪的结构中整合了两个 Co 中心[图 8.6(c)][11]。这些金属超分子聚合物显示出五种氧化还原态的多电子转化,这归因于 $Co^{II}Co^{II}/Co^{II}Co^{I}$、$Co^{II}Co^{I}/Co^{I}Co^{I}$、$Co^{II}Co^{II}/Co^{II}Co^{III}$ 和 $Co^{II}Co^{III}/Co^{III}Co^{III}$ 对。这种可逆的多电子转化为聚合物应用在电化学储能上提供可能。此外,使用电化学活性共轭 Co^{III} 聚合物和非共轭 Co^{III} 聚合物通过分子工程技术制造了独特的忆阻器[图 8.6(d)][12]。

8.2.3 基于 Zn^{II} 的金属超分子聚合物

Zn^{II} 离子也具有配体数为 6 的八面体几何形状,和 Fe^{II}、Ru^{II} 和 Co^{II} 离子一样。此外,基于 Zn^{II} 的聚合物还表现出出色的光致发光和电致发光特性[13,14]。Higuchi 等人报道了一系列 Zn^{II} 基金属超分子聚合物,其通过 $Zn(ClO_4)_2$ 与在三联吡啶部分 6 位带有给电子或吸电子基团的双(叔吡啶)1∶1 配位合成[图 8.7(a)][15]。根据较大的斯托克斯位移,聚合物膜显示出从蓝色到青色和绿色的不同发光颜色,这是由强烈的链间 π-π 堆积引起的。可以预料的是,由于配体中配位点与间隔基之间的偶极矩变化,在三联吡啶部分 6 位上的配体修饰大大增强了 π-π 堆积。Tieke 等人使 Zn^{II} 离子与聚亚氨基芴联吡啶配体配位并制备出具有电致变色特性的超薄膜[图 8.7(b)][16]。薄膜从黄色到橙色再到蓝色的多色变化是由于骨架中氮原子的氧化。重要的是,三联吡啶基团在侧链位置,这使得其能通过与金属离子形成配合物来固定聚合物链。因此,形成了可与金属有机骨架相媲美的高度多孔且刚性的网络结构,从而可以实现快速的离子转移和较短的切换时间。后来他们引入了叔丁氧羰基(boc)保护基来修饰聚亚氨基芴联吡啶配体,并与 Zn、Co 或 Ni 离子配位[图 8.7(c)][17]。叔丁氧羰基基团的存在可以防止 N-亚硝基的形成,并提高聚合物在普通有机溶剂中的溶解度,同时溶液显示出较强的荧光。该结果证明主链中金属离子和芳族单元的变化影响金属超分子聚合物的颜色、氧化电位和电致变色行为。

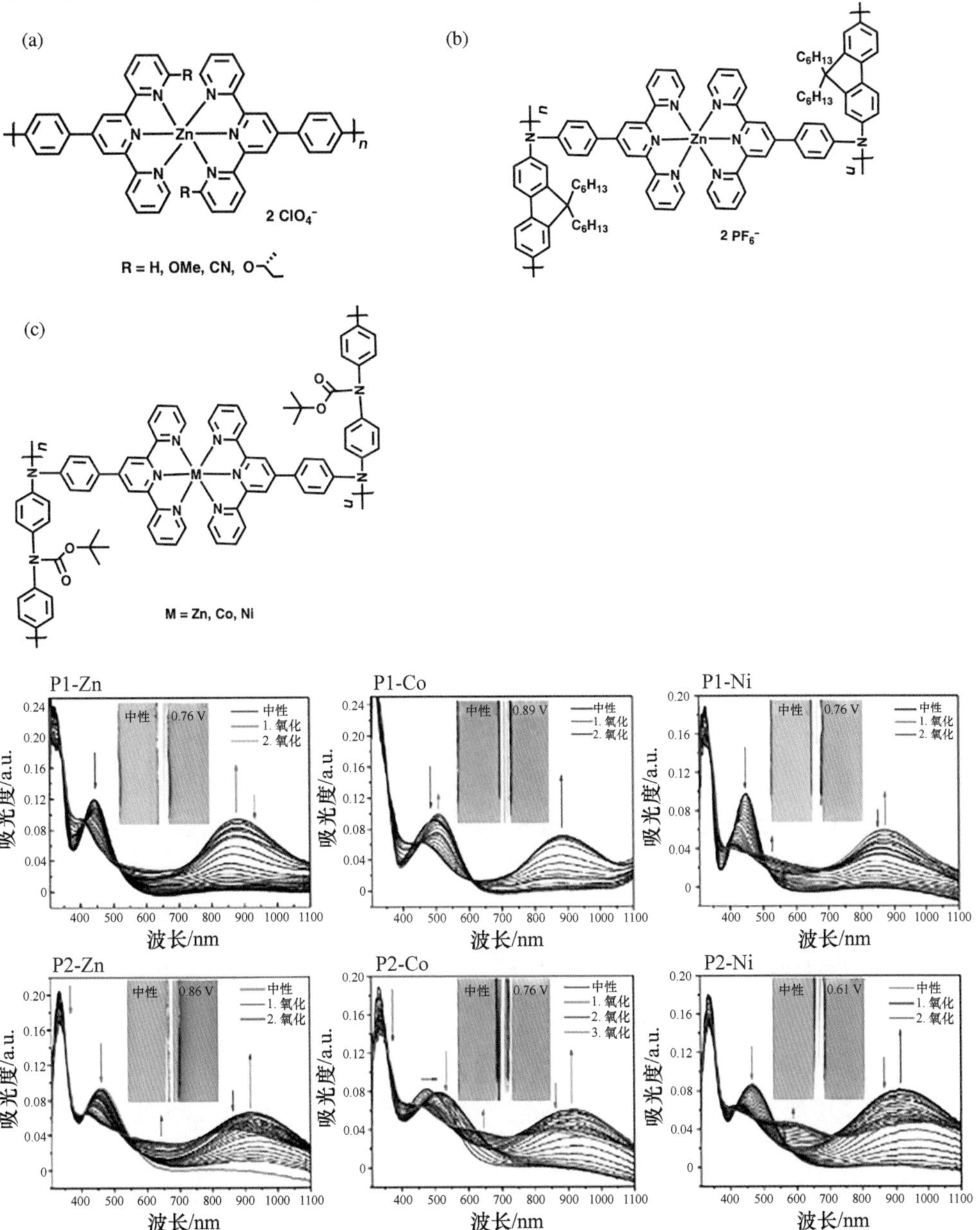

图 8.7 Zn^{II} 基金属超分子聚合物的分子结构(a)[15];Zn^{II}-聚亚氨基芴联吡啶的分子结构(b)[16];叔丁氧羰基修饰的金属超分子聚合物的分子结构与相应的光谱电化学(c)[17]

8.2.4 基于铜的金属超分子聚合物

1. 基于 Cu^{I} 的金属超分子聚合物

1996 年，Rehahn 及其合作者首次将邻菲咯啉衍生物和三联苯刚性间隔物连接起来作为配体单体，成功与 Cu 进行配位，得到相对分子质量分布均匀的 Cu^{I} 基金属超分子聚合物[图 8.8(a)][18]。2003 年，何国传等人以 Cu^{I} 为金属离子中心与双(三联吡啶)配位，合成并研究了阴极着色的金属超分子电致变色材料[MEPE-Cu(Ⅰ)][图 8.8(b)][19]，电致变色机理涉及氧化还原 Cu^{I}/Cu^{II} 对(浅紫色、蓝色至透明)和 MLCT。选择阳极电致变色材料聚苯胺-碳纳米管(PANI-CNT)作为离子存储层，用 MEPE-Cu(Ⅰ)制备电致变色器件，可获得更短的切换时间和长期稳定性。

2. 基于 Cu^{II} 的金属超分子聚合物

众所周知 Cu^{II} 配合物是绿色的，将 Cu^{II} 离子引入金属超分子聚合物的主要优点是实现绿色电致变色。Higuchi 等人用芴作为间隔基的 1,10-菲咯啉配体合成了一种绿色的基于 Cu^{II} 的金属超分子聚合物[图 8.8(c)][20]。CuL1 聚合物显示出在 600～900 nm 的宽 MLCT 带，中心位于 721 nm，其 CIE 1931 值($x=0.236$，$y=0.675$)位于绿色区域。聚合物在阴极响应是由于 Cu^{II} 被还原为 Cu^{I}(绿色到无色)，这使其在电致变色材料领域具有潜力。

8.2.5 基于 Eu^{III} 的金属超分子聚合物

镧系金属配合物具有独特的荧光特性，因此，通过将 Eu 引入金属超分子聚合物中，可以实现双重功能，包括电致变色和光致发光。2011 年，Kobayash 及其合作者使用了发光 Eu^{III} 配合物 $Eu(hfa)_3(H_2O)_2$ 和电致变色分子二庚基紫精 HV^{2+} 作为复合材料[图 8.9(a)][21]，同时实现了发光(红色发光)和色彩控制(从无色到蓝色)。他们证明了 Eu^{III} 配合物的光致发光是通过分子间能量转移机制及 HV^{2+} 的电化学着色来控制的。2012 年，Higuchi 等人报道了双(含二羧酸三联吡啶)配位体与 Eu^{III} 离子配位聚合的 Eu^{III} 基金属超分子聚合物(polyEu)[图 8.9(b)][22]。这种金属超分子聚合物通过暴露于酸碱蒸气中而显示出可逆的光致发光转换。在 365 nm 处选择性激发后，一个独立的 polyEu 膜发出对应于 Eu 金属的红色发光。当将该膜暴露于富含 HCl 气体的环境 5 s 后，红色发光消失到肉眼难以观察到。随后将不发光膜暴露于三乙胺(Et_3N)5 s 后，用肉眼观察到恢复了红色发光。

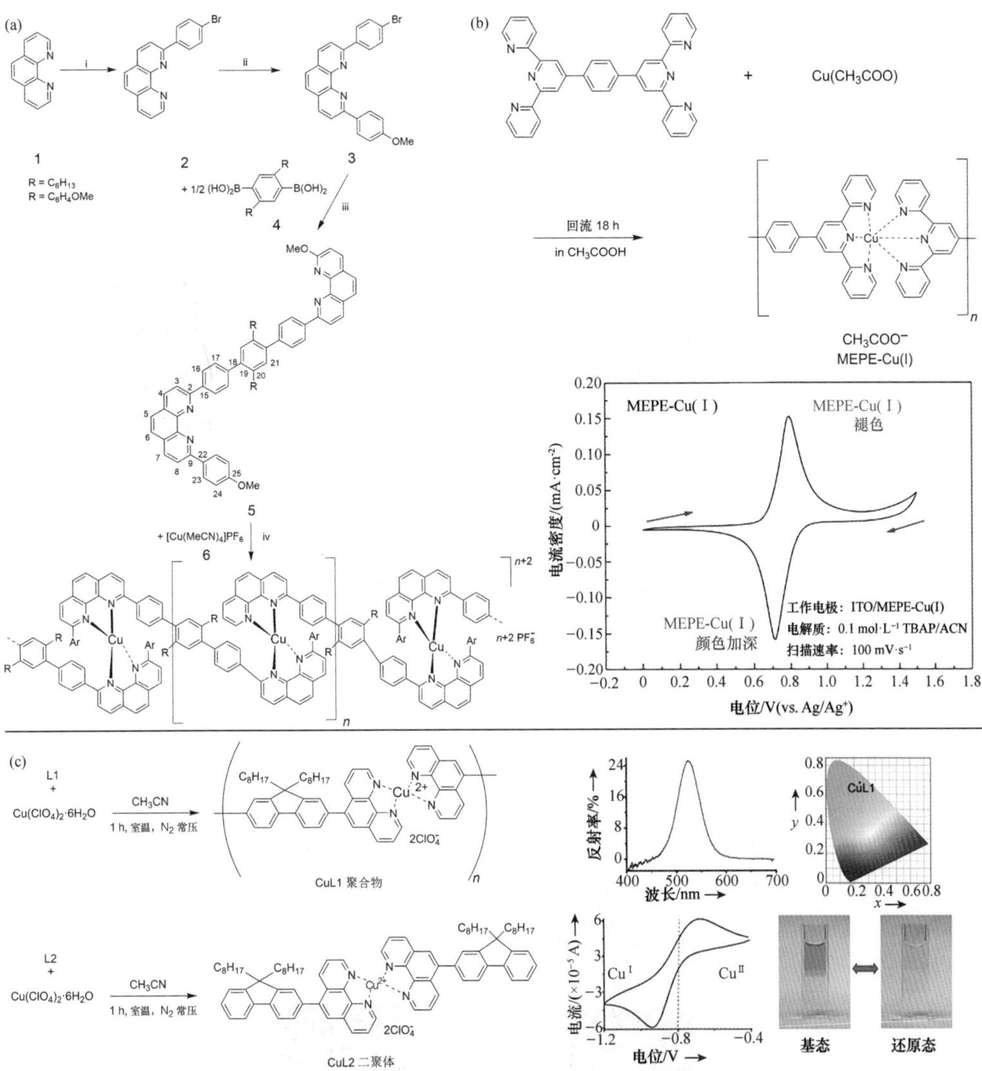

图 8.8 Cu^{I}-邻菲咯啉金属超分子聚合物的合成路线(a)[18]；MEPE-Cu(Ⅰ)的合成路线与相应的 CV 图(b)[19]；CuL1 和 CuL2 的合成路线、CuL1 的可见光区反射光谱、CIE 1931 色度图、CV 图与颜色变化(c)[20]

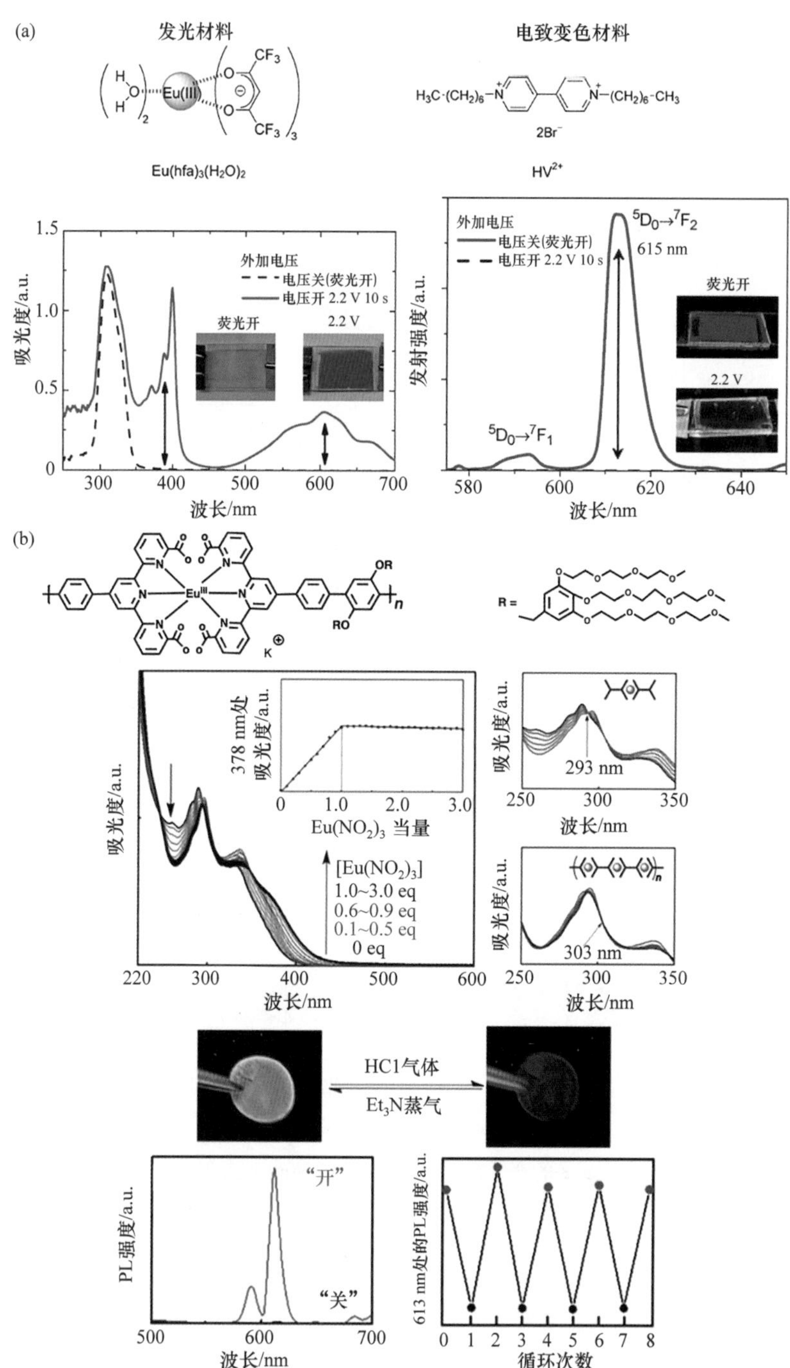

图 8.9 $Eu(hfa)_3(H_2O)_2$ 和 HV^{2+} 的分子结构、相应的吸收和发射光谱(a)[21]；polyEu 的分子结构、配体与 $Eu(NO_2)_3$ 配合的紫外-可见光谱和酸碱蒸气诱导的 polyEu 膜的发光转换(b)[22]

8.3 多金属中心原子体系

通常,金属超分子聚合物仅涉及一种金属离子。然而,为了获得更独特的性能,将两种金属离子规则地引入聚合物链中,预期在聚合物中会出现相邻的金属间相互作用。使用双位配体的不同配位环境形成异核金属配合物的方法已得到广泛研究[16,23—29]。例如,Wang 等人通过水热法合成 Cu、Fe 盐和二齿二亚胺配体,报道了一种异核 Fe^{II}-Cu^{I} 配合物[16]。Higuchi 及其合作者,在带有三联吡啶和羧酸取代的三联吡啶的不对称配体的帮助下,将 Fe^{II} 和 Eu^{III} 离子交替引入到金属超分子聚合物主链中[29]。有趣的是,通过固态 Fe^{II} 离子的电化学氧化还原,聚合物显示出独特的、可逆的、Eu^{III} 发光的"开-关"切换特性。

许多研究集中于将两种过渡金属离子交替引入聚合物主链,主要是因为过渡金属离子具有相似的配位结构。2007 年,Higuchi 及其合作者报道了由 Fe^{II} 和 Co^{II} 离子组成的电致变色杂金属超分子聚合物。其在充电时会产生三种不同的颜色:红紫色、蓝色和无色[图 8.10(b)][30]。接下来,Higuchi 等人通过 Cu^{I} 和 Fe^{II} 盐与不对称的对位配体的简单 0.5∶0.5∶1 配位合成了具有交替的 Cu^{I} 和 Fe^{II} 离子的杂金属超分子聚合物(polyCuFe)[31],polyCuFe 膜和凝胶电解质层表现出多色电致变色行为(从紫色到蓝色到无色),这是由于 Cu^{I} 和 Fe^{II} 配合物中 MLCT 的吸收随施加到器件的电压的增加而逐步降低[图 8.10(c)]。考虑到 Fe^{II} 和 Ru^{II} 具有类似的六个配位点的八面体配位结构,Higuchi 等人合成了一系列基于 Fe^{II}/Ru^{II} 的杂金属超分子聚合物(poly$Fe_{0.75}Ru_{0.25}$L1、poly$Fe_{0.5}Ru_{0.5}$L1 和 poly$Fe_{0.25}Ru_{0.75}$L1),将 Fe^{II} 和 Ru^{II} 的物质的量之比更改为 0.75∶0.25、0.5∶0.5 和 0.25∶0.75[图 8.10(d)][32]。在 CV 图中观察到了两个金属离子通过双(叔吡啶)配体的 p-共轭间隔单元的电子相互作用。聚合物表现出多色电致变色行为(从紫色到橙色到绿色)、短的切换时间(2 s 之内)、高的着色效率(508 nm 处为 242.1 $cm^2 \cdot C^{-1}$)和优异的耐久性(至少 10000 周期)。他们继续将 Pt^{II} 和 Fe^{II} 离子引入杂金属超分子聚合物中,重要的一点是,他们使用精确的方法制备了顺式和反式构型杂金属超分子聚合物(顺式 polyPtFe 和反式 polyPtFe)。Fe^{II} 离子与顺式或反式有机 Pt^{II} 配体 1∶1 配位[图 8.10(e)][33]。顺式和反式之间的构象差异极大地改变了聚合物的形态、结晶度、离子电导率、电致变色特性和氧化还原触发的荧光。

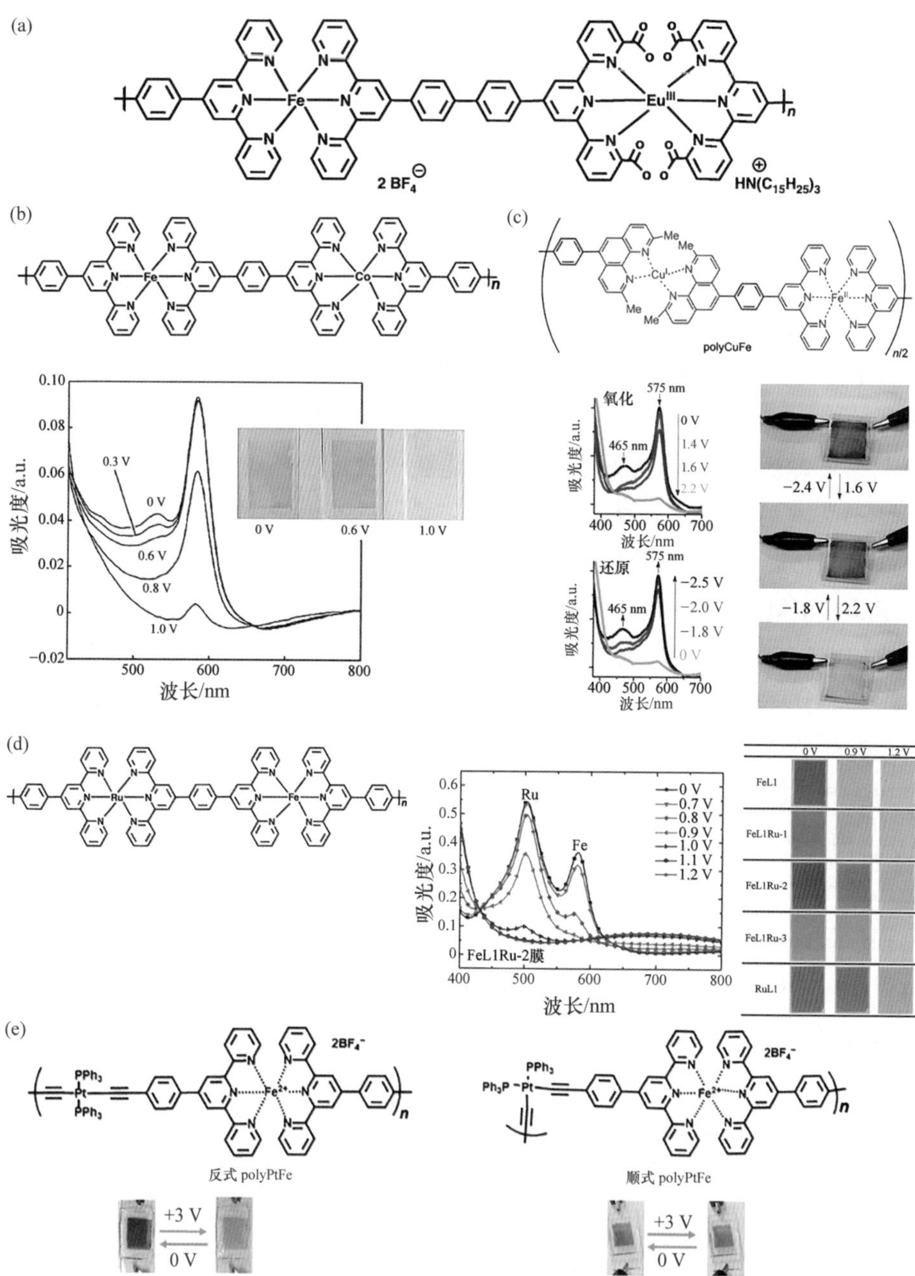

图 8.10 $Eu^{Ⅲ}/Fe^{Ⅱ}$ 基杂金属超分子聚合物(polyEuFe)的分子结构(a)[29]；$Co^{Ⅱ}/Fe^{Ⅱ}$ 基杂金属超分子聚合物的分子结构、相应的光谱和电致变色器件的颜色变化(b)[30]；polyCuFe 的分子结构、相应的光谱和电致变色器件的颜色变化(c)[31]；$Fe^{Ⅱ}/Ru^{Ⅱ}$ 基杂金属超分子聚合物的分子结构、相应的光谱和电致变色器件的颜色变化(d)[32]；反式 polyPtFe 及顺式 polyPtFe 的分子结构和电致变色器件的颜色变化(e)[33]

8.4 金属高分子膜的制备方法

8.4.1 逐层自组装和浸涂方法

金属聚合物可以简单地在透明导电基材上进行逐层(LBL)自组装和浸涂。尽管逐层自组装可用于生产均质薄膜,但其他涂覆方法(如浸涂)更适合用于较厚的膜。Kurth 等人提出了金属离子诱导的乙酸铁(Ⅱ)与刚性对位配体 Fe-MEPE 薄膜的自组装,薄膜具有优异的电致变色性能[34]。此外,他们进行了逐层自组装和浸涂的详细研究[35],与逐层自组装的 Fe-MEPE 薄膜相比,浸涂的 Fe-MEPE 层表现出更快的电子传输,因此颜色变化更快。原因是逐层自组装 Fe-MEPE/PSS 膜中的离子交换和电子传输被 PSS 层减慢了。因此,结果表明,Fe-MEPE 是电致变色器件中的一种极具吸引力的材料,它也可以由诸如 ITO 涂层的聚酯箔之类的柔性基板构成。

Alves 等人首先报道了由四-2-吡啶基-1,4-吡嗪(TPPZ)衍生的铁配合物的电致变色行为,它们采用逐层自组装方法在 ITO 衬底上形成非常稳定的超分子复合物聚[Fe(TPPZ)FeCN],其结构可能类似于普鲁士蓝(PB)[36]。改性电极表现出优异的电致变色行为,具有强烈和持久的着色以及约 70%的光学对比度。另外,该系统实现了高着色效率(在 630 nm 处超过 70 $cm^2 \cdot C^{-1}$)和可以以毫秒为单位测量的响应时间。电极循环超过 103 次,表明稳定性极好。

此外,薄膜化学和表面工程是在衬底表面上形成功能性单层的有用策略。van der Boom 及其合作者使用对氯甲基苯基三氯硅烷处理基材并形成了基于硅氧烷的偶联层,随后,将无色的由氯苄基官能化的基材浸入 Ru 配合物溶液中[图 8.11(a)][37]。新的 Ru 基单层牢固地黏附在玻璃和硅基板上,不溶于常见的有机溶剂,且低电压操作和单层的稳定性使其成为非易失性存储器件的合适候选者。在 2015 年,他们使用浸涂工艺生成分子组装体,通过将 $PdCl_2$ 和铁多吡啶基配合物 1-4 从溶液中交替沉积在吡啶封端的单分子层上获得了 MA1-4[图 8.11(b)][3]。低压操作(约 1.0 V)、快速响应(约 0.30 s)、高光学对比度(41%)和高着色效率(955～1488 $cm^2 \cdot C^{-1}$)相结合,使其成为出色的电致变色组件。接下来,他们展示了一种在用于刚性和柔性衬底的透明导电氧化物上形成电致变色纳米级组件的通用方法。通过改变聚吡啶基配合物及其配体的中心金属离子(Os、Ru 和 Fe),并混合这些配合物,可以获得具有多种颜色的涂层。这些涂层覆盖了大面积的 RGB 颜色空间[图 8.11(c)][38]。后来的

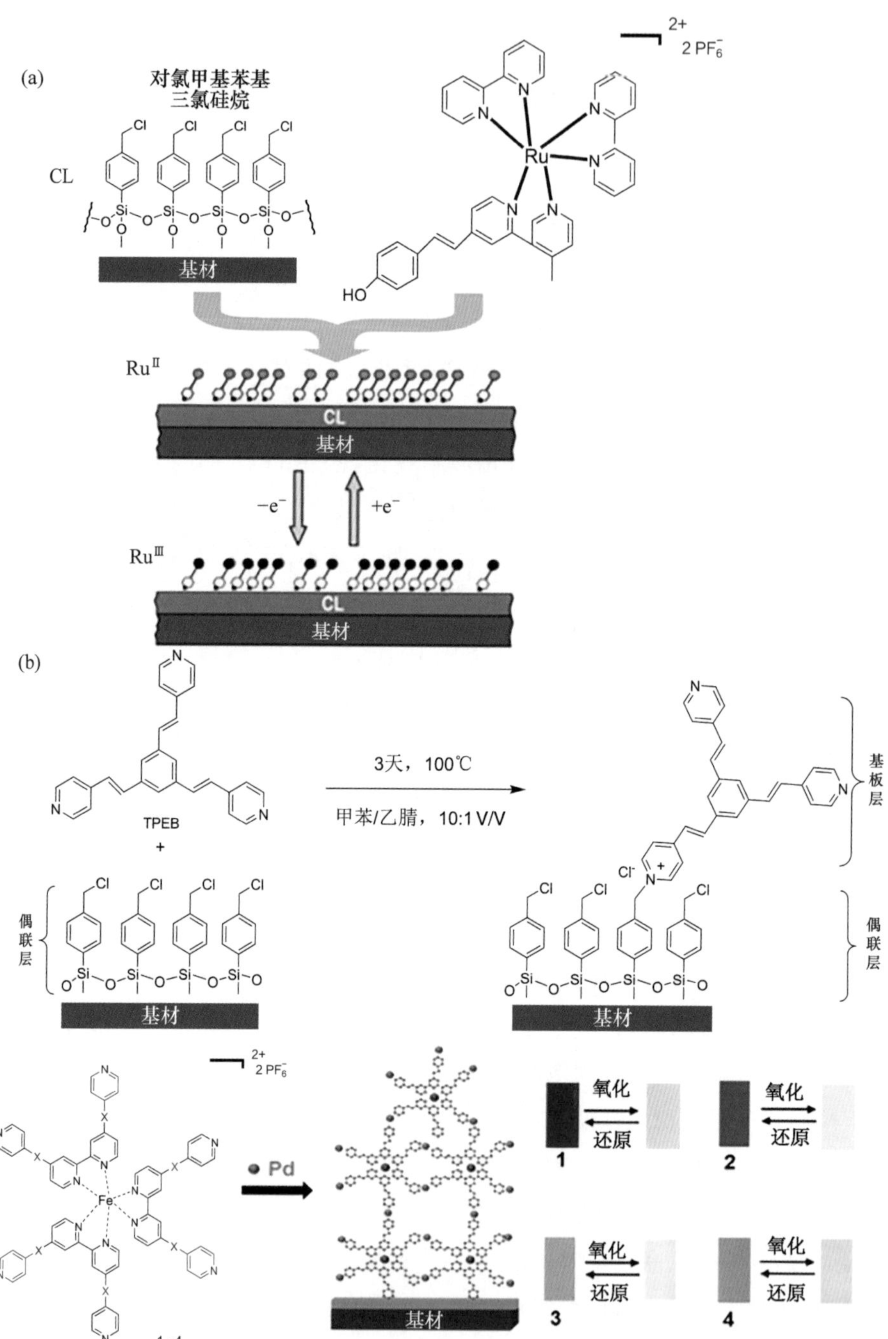

图 8.11　在涂有 ITO 的玻璃上形成 Ru 基单层(a)[37]；形成 Fe 基分子组装 MA1-4(b)[3]；将 TCO 旋涂在具有电致变色组件的玻璃或聚酯上的 TCO 示意图(方法是交替沉积 $PdCl_2$ 和 Fe 或 Ru 多吡啶基配合物)(c)[38]；在精确电位指令下表示 1-ITO 单层的电光调谐(d)[39]

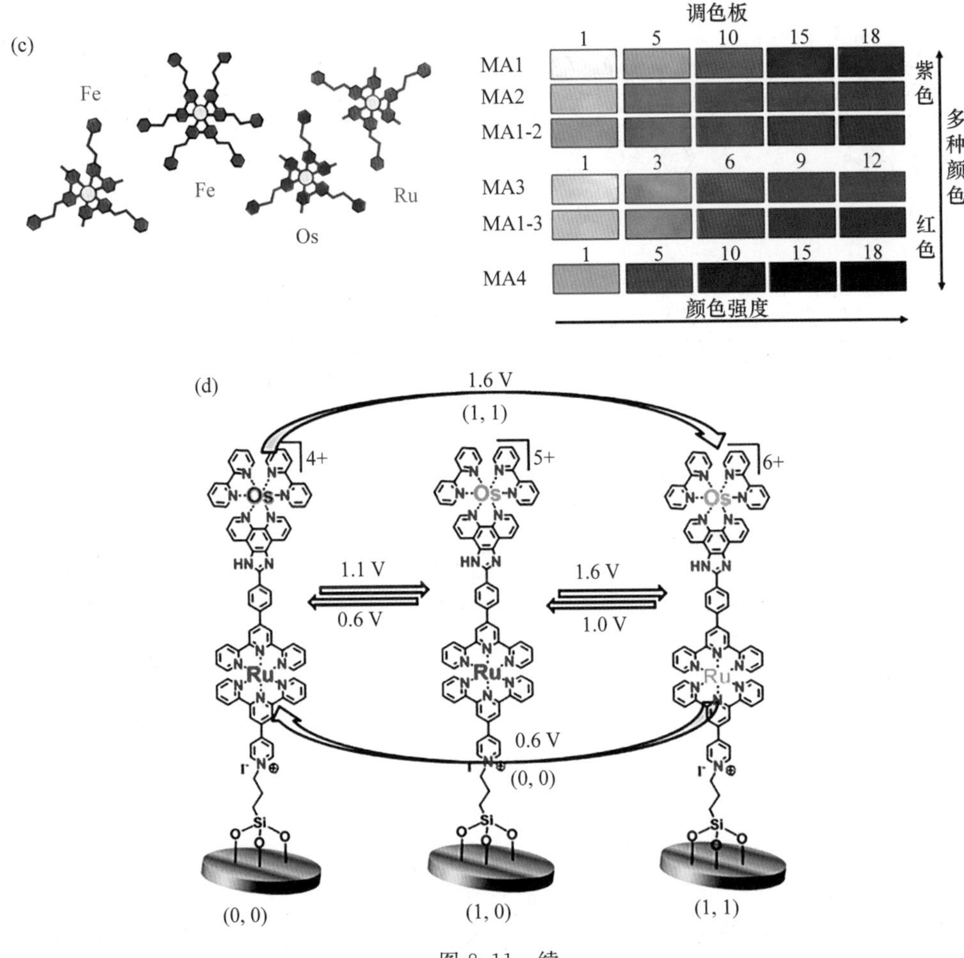

图 8.11　续

Gulino 等人按照这种硅氧烷表面工程方法，设计了基于异双金属配合物的单层，该单层包含两个具有氧化还原活性的数据保存位（Ru^{2+} 和 Os^{2+}）和一个导电的咪唑芳族取代基[图 8.11(d)][39]。值得注意的是，对于这种基于电荷的位存储/释放，观察到了快速响应（即 Os^{2+}/Os^{3+} 为 0.49 s/0.38 s，Os^{3+} 和 Ru^{2+}/Ru^{3+} 为 0.59 s/0.26 s），该三态读数提供了一种愿景，以整合适用于多状态存储器的下一代智能电光设备。

8.4.2　电化学聚合导电金属聚合物

为了构建金属聚合物膜，电化学聚合也是一种有效的方法。通常，某些官能团（如乙烯基、噻吩、三苯胺）被设计为电化学聚合的末端活性位（图 8.12），提供了处理大面积聚合物的可行且可控的方法。

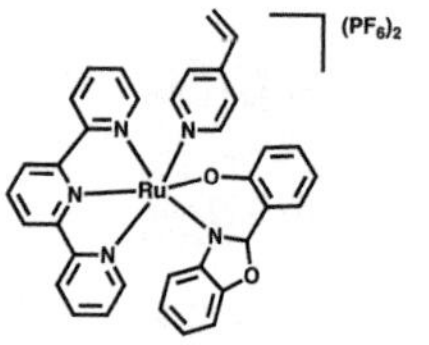

图 8.12　可电化学聚合单体的分子结构

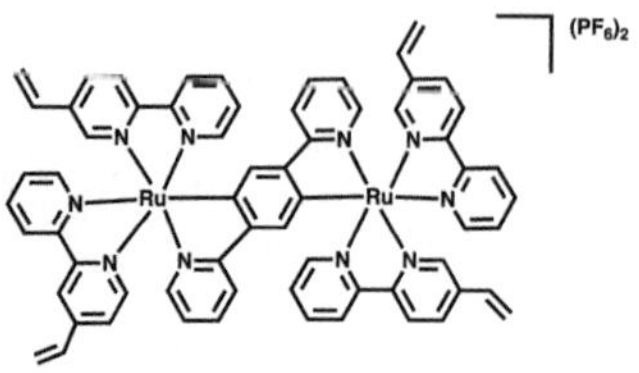

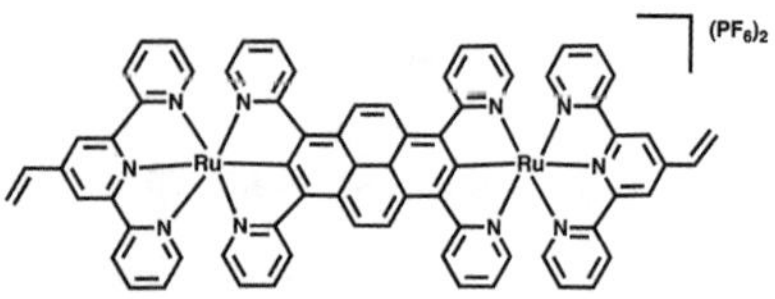

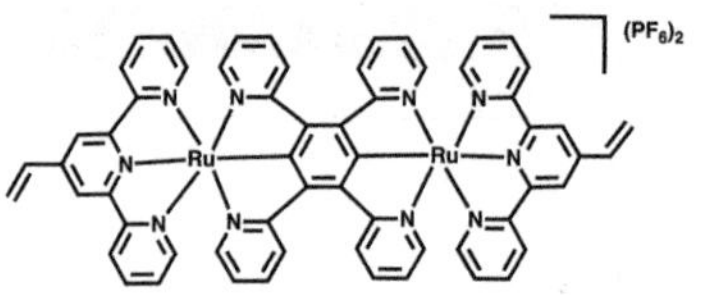

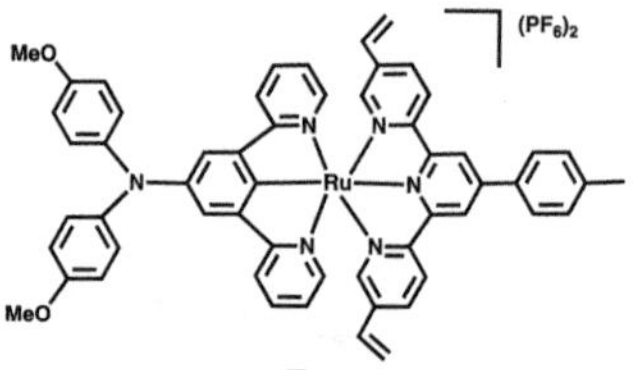

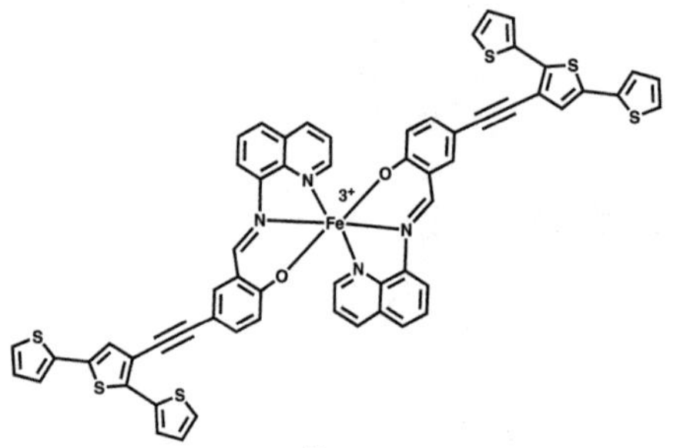

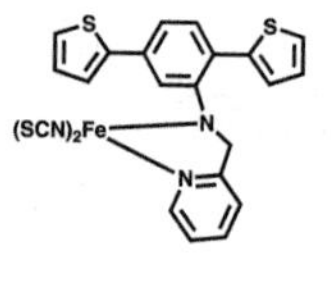

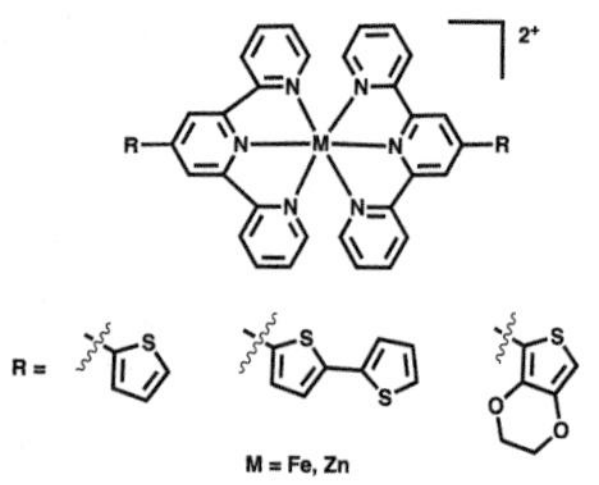

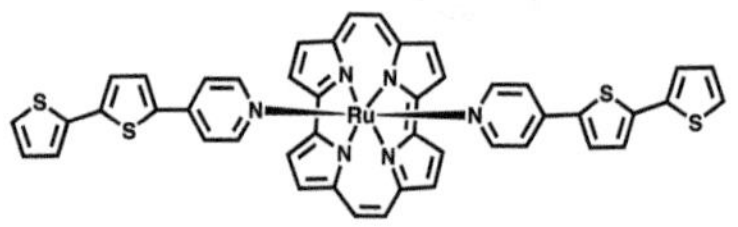

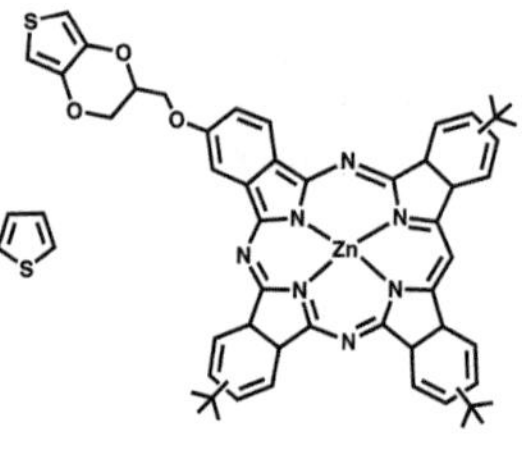

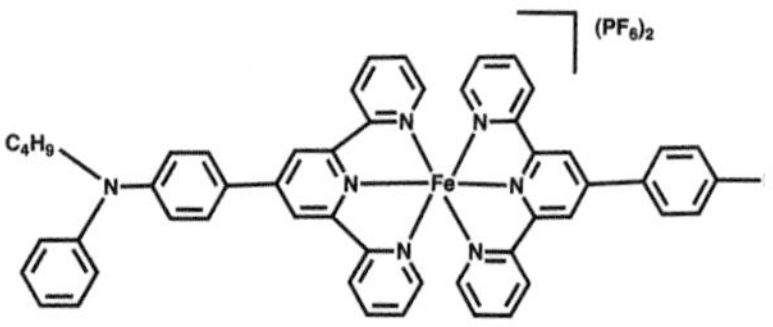

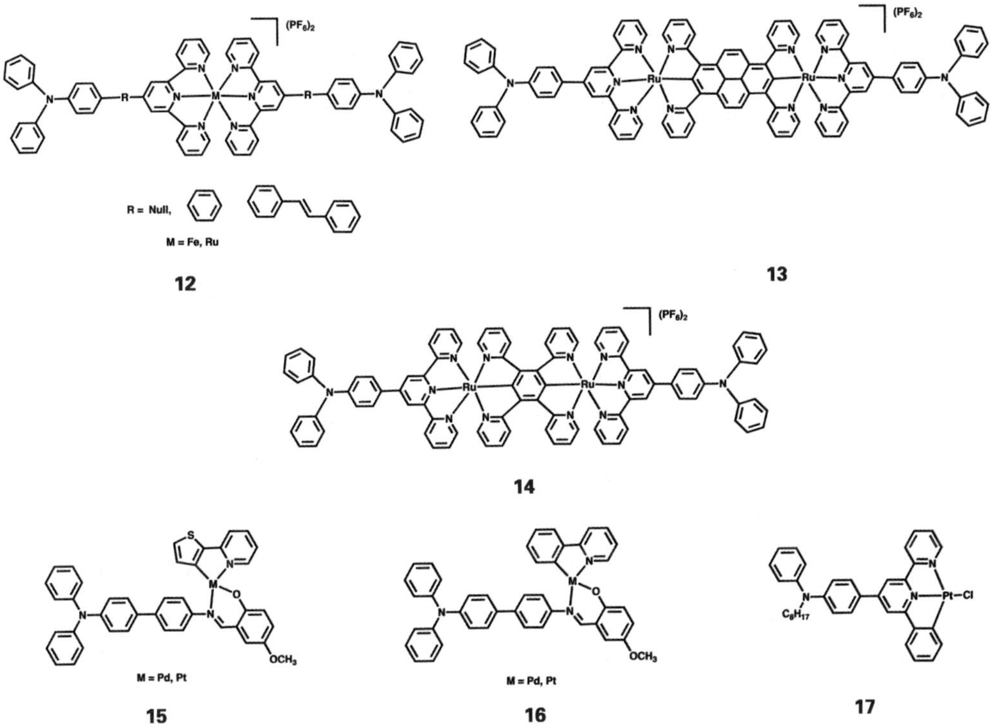

图 8.12 续

2008 年，Forster 等人报道了一种含 Ru-O-配位的醌型配体的金属聚合物，使用乙烯基作为电化学聚合基团(1)[40]，薄膜呈现出可逆的三种颜色变化，从酒红色到红色(还原)，随后在可见光区域由红橙色(混合的成分)变成浅绿色(氧化)，在近红外区域呈现不可逆的变化。后来，Zhong 等人将一系列带有乙烯基官能化的 N-N 二齿配体的 Ru^{II} 配合物(2～5)电化学聚合[41—44]，这些金属聚合物薄膜在 1300 nm、2050 nm、1165 nm 和 1070 nm 表现出强烈的间隔电荷转移(IVCT)吸收。其潜在的近红外电致变色性能可应用于民用和军事方面。

噻吩是另一个广泛用于电化学聚合的官能团，2009 年，Lemaire 等人报道了杂化自旋交联导电聚合对噻吩金属聚合物(6)的合成和电传输性质的影响[45]，随后他们使用配体 *N*-苯基-2-吡啶亚胺(ppi)的双齿 π 扩展衍生物，制备了在施加电位为 0.6 V (vs. Ag)时颜色由橙色变为黑色的电致变色金属聚合物膜(7)[46]。Jones 等人展示了三种基于 Fe^{II} 双(吡啶)的配合物，其具有噻吩、联噻吩和 3,4-乙烯二氧噻吩侧链(8)[47]，电化学聚合提供了方便且可控的薄膜制造方法，并且该薄膜透射率的变化为 40%，在 1 s 的切换时间下，具有 3823 $cm^2 \cdot C^{-1}$ 的高着色效率，显示出极大的光学对比度。Abe 等人通过噻吩基团(9)的氧化电化学聚合开发了 Ru^{II} 卟啉配合物[48]。聚合物薄膜具有极高的着色效率以及通过轴向配位的一维多卟啉阵列,表现出非常稳定且可重现的电致变色现象。KaslmSener 等人首先将电化学聚合的 EDOT 引入不对称的金属酞菁 $ZnPc_2$(10)中[49]。该膜还原态呈淡黄色,氧化态呈深蓝色,能够快速切换(2.5 s),并在 471 nm 处实现了 44%的光学对比度。

三苯胺 N 原子上可提供一对孤对电子,它们可以容易地分别形成单价阳离子和双价阳离子,从而引发相应的电化学聚合反应。在吸电子的三联吡啶的 4′位上引入了一个供电子二苯胺,形成了一个供体-受体体系(11),该体系有望诱导紫外区域出现强烈的 n-π^* 跃迁和吸收峰红移,增加 Fe^{II} 的配合物在可见光区域的 MLCT 跃迁[50]。后来,徐堂涛等人合成了一系列的吡啶和三苯胺配合物(12)[51],并且将相应的聚合物薄膜进行电化学聚合,以研究电致变色性能,同时注意金属离子效应和配体的共轭效应对电致变色、存储能力和耐久性的影响。Zhong 等人设想,将具有两个末端二苯基氨基的双钌配合物进行头对尾电化学聚合(13,14)[52],聚合物膜可能沉积在电极表面,并形成联苯桥连双胺单元,这些金属聚合物显示出超过三个的氧化还原过程以及多色电致变色现象,这对于某些实际应用(如彩色显示器、光学通讯和电子纸)非常有用。Godbert 等人报道了一系列与金属离子 Pd^{II} 或 Pt^{II} 形成的环金属化配合物(15,16)[53,54]。他们使用三苯胺官能化的席夫碱进行氧化电化学聚合。所获得的金属聚合物薄膜表现出稳定的可逆氧化还原行为和典型的菜花状纹理,且 Pt 配合物促进三维生长的趋势更高。同时,该聚合物在氧化态下表现出近红外吸收、高光学对比度(高达 65%)和快速响应时间。东方秋等人合成了一类新的具有芳基胺官能化环金属化配体的 Pt^{II} 配合物(17)[55],聚合物表现出有效的电化学聚合行为,形成电致变色膜,着色时间为 5.8 s,褪色时间为 5.2 s,光学对比度为 70.5%,着色效率为 441.4 $cm^2 \cdot C^{-1}$。所提及的金属聚合物的电致变色性能总结如表 8.1 所示。

表 8.1　所提及的可电化学聚合的金属聚合物的电致变色性能的总结

聚合物	测试波长/nm	ΔT/%	切换时间/s	着色效率/($cm^2 \cdot C^{-1}$)	颜色	参考文献
1	760 nm	—	—	—	红色至绿色至橘色	[40]
2	1300 nm	41%	15～20 s	200	—	[41]
3	2050 nm	35%	氧化：6 s 还原：2 s	220	绿色至黄色至橘色	[42]
4	1165 nm	40%	氧化：6 s 还原：5 s	250	蓝色至红色至绿色	[43]
5	1070 nm	52%	5～10 s	—	紫色至棕色至蓝色	[44]
6	—	—	—	—	—	[45]
7	—	—	—	—	橘色至黑色	[46]
8	596 nm	40%	1 s	3823	蓝色至透明	[47]
9	609 nm	—	—	178	蓝色至绿色	[48]
10	471 nm	44%	2.5 s	—	黄色至蓝色	[49]
11	579 nm	20.3%	着色：1.1 s 褪色：2.2 s	164	紫色至浅黄色	[50]
12	519 nm, 498 nm, 493 nm	12%, 20%, 40%	11 s, 9 s, 3 s	—	橘色至黄色 紫色至蓝色	[51]
13	2150 nm	50%	15～20 s	550	棕色至橘色	[52]
14	1185 nm	35%	—	—	蓝色至绿色	[52]
15	864 nm	65%	着色：20 s 褪色：10.5 s		黄色至褪色	[53]
16	834 nm	28%	—	—	褪色至深色	[54]
17	664 nm	70.5%	着色：5.8 s 褪色：5.2 s	441～489	橘色至黑色	[55]

8.5　结论与展望

在本章中，我们根据金属离子中心的类型总结了金属超分子聚合物的最新进展，从研究最多的基于 Fe^{II} 和 Ru^{II} 的金属超分子聚合物到其他过渡金属配合物（如 Co、Zn、Cu）甚至镧系金属配合物（如 Eu）。通过改变金属离子的类型并结合杂金属体系，金属超分子聚合物能够易于调节电致变色颜色，包括 RGB（红色、绿色和蓝色）、CMY

（青色、品红色和黄色）、黑色以及彩色。更重要的是，金属超分子聚合物的独特应用是作为近红外电致变色材料，这归因于过渡金属在近红外区域中的强烈电荷转移跃迁，这使得金属超分子聚合物成为备受瞩目的电致变色材料。此外，本章综述了常用的金属高分子膜的制备方法，包括逐层自组装、浸涂和电化学聚合法。其中，单体的电化学聚合是一种很好的原位聚合方法，可控制电极上金属聚合物的生长，但其应用受到小面积电极的限制，而自组装和浸涂更适合于大面积制造金属聚合物。总而言之，近年来，金属超分子聚合物得到了飞速发展，通过研究人员的努力实现了电致变色性能的改善及其与光致发光等其他功能的组合。

参考文献

[1] Higuchi M. Metallo-Supramolecular Polymers. Tokyo：Springer，2019.

[2] Higuchi M. Stimuli-responsive metallo-supramolecular polymer films：Design，synthesis and device fabrication. Journal of Materials Chemistry C，2014，2(44)：9331-9341.

[3] Shankar S，Lahav M，Van Der Boom M E. Coordination-based molecular assemblies as electrochromic materials：Ultra-high switching stability and coloration efficiencies. Journal of the American Chemical Society，2015，137(12)：4050-4053.

[4] Pai S，Moos M，Schreck M H，et al. Green-to-red electrochromic Fe(Ⅱ) metallo-supramolecular polyelectrolytes self-assembled from fluorescent 2，6-bis(2-pyridyl)pyrimidine bithiophene. Inorganic Chemistry，2017，56(3)：1418-1432.

[5] Han F S，Higuchi M，Kurth D G. Metallo-supramolecular polymers based on functionalized bis-terpyridines as novel electrochromic materials. Advanced Materials，2007，19(22)：3928-3931.

[6] Suzuki T，Sato T，Zhang J，et al. Electrochemically switchable photoluminescence of an anionic dye in a cationic metallo-supramolecular polymer. Journal of Materials Chemistry C，2016，4(8)：1594-1598.

[7] Hu C W，Sato T，Zhang J，et al. Three-dimensional Fe(Ⅱ)-based metallo-supramolecular polymers with electrochromic properties of quick switching，large contrast，and high coloration efficiency. ACS Applied Materials & Interfaces，2014，6(12)：9118-9125.

[8] Han F S，Higuchi M，Akasaka Y，et al. Preparation，characterization，and electrochromic properties of novel Co(Ⅱ)-bis-2，2′：6′，2″-terpyridine metallo-supramolecular polymers. Thin Solid Films，2008，516(9)：2469-2473.

[9] Schull T L，Henley L，Deschamps J R，et al. Organometallic supramolecular mixed-valence co-

balt(Ⅰ)/cobalt(Ⅱ) aquo complexes stabilized with the water-soluble phosphine ligand *p*-TPTP (*p*-triphenylphosphine triphosphonic acid). Organometallics, 2007, 26(9): 2272-2276.

[10] Hsu C Y, Zhang J, Sato T, et al. Black-to-transmissive electrochromism with visible-to-near-infrared switching of a Co(Ⅱ)-based metallo-supramolecular polymer for smart window and digital signage applications. ACS Applied Materials & Interfaces, 2015, 7(33): 18266-18272.

[11] Szymczak N K, Berben L A, Peters J C. Redox rich dicobalt macrocycles as templates for multi-electron transformations. Chemical Communications, 2009, (44): 6729-6731.

[12] Bandyopadhyay A, Sahu S, Higuchi M. Tuning of nonvolatile bipolar memristive switching in Co(Ⅲ) polymer with an extended azo aromatic ligand. Journal of the American Chemical Society, 2011, 133(5): 1168-1171.

[13] Yu S C, Kwok C C, Chan W K, et al. Self-assembled electroluminescent polymers derived from terpyridine-based moieties. Advanced Materials, 2003, 15(19): 1643-1647.

[14] Chen Y Y, Tao Y T, Lin H C. Novel self-assembled metallo-homopolymers and metallo-alt-copolymer containing terpyridyl zinc(Ⅱ) moieties. Macromolecules, 2006, 39(25): 8559-8566.

[15] Sato T, Pandey R K, Higuchi M. Fluorescent colour modulation in Zn(Ⅱ)-based metallo-supramolecular polymer films by electronic-state control of the ligand. Dalton Transactions, 2013, 42(45): 16036-16042.

[16] Mao H, Zhang C, Xu C, et al. Self-assembly of three hetero-and homopolynuclear cyanide bridged complexes of $Fe^{Ⅱ}$-$Cu^{Ⅰ}$ and $Cu^{Ⅰ}$: Hydrothermal syntheses, structural characterization and properties. Inorganica Chimica Acta, 2005, 358(6): 1934-1942.

[17] Maier A, Tieke B. Coordinative layer-by-layer assembly of electrochromic thin films based on metal ion complexes of terpyridine-substituted polyaniline derivatives. The Journal of Physical Chemistry B, 2012, 116(3): 925-934.

[18] Velten U, Rehahn M. First synthesis of soluble, well defined coordination polymers from kinetically unstable copper(Ⅰ) complexes. Chemical Communications, 1996, (23): 2639-2640.

[19] Chen W H, Chang T H, Hu C W, et al. An electrochromic device composed of metallo-supramolecular polyelectrolyte containing Cu(Ⅰ) and polyaniline-carbon nanotube. Solar Energy Materials and Solar Cells, 2014, 126: 219-226.

[20] Hossain M D, Sato T, Higuchi M. A green copper-based metallo-supramolecular polymer: Synthesis, structure, and electrochromic properties. Chemistry-An Asian Journal, 2013, 8(1): 76-79.

[21] Nakamura K, Kanazawa K, Kobayashi N. Electrochemically controllable emission and coloration by using europium(Ⅲ) complex and viologen derivatives. Chemical Communications,

2011, 47(36): 10064-10066.

[22] Sato T, Higuchi M. A vapoluminescent Eu-based metallo-supramolecular polymer. Chemical Communications, 2012, 48(41): 4947-4949.

[23] Dietrich-Buchecker C, Colasson B, Fujita M, et al. Quantitative formation of [2]catenanes using copper(Ⅰ) and palladium(Ⅱ) as templating and assembling centers: The entwining route and the threading approach. Journal of the American Chemical Society, 2003, 125(19): 5717-5725.

[24] Imbert D, Cantuel M, Bünzli J-C G, et al. Extending lifetimes of lanthanide-based near-infrared emitters (Nd, Yb) in the millisecond range through Cr(Ⅲ) sensitization in discrete bimetallic edifices. Journal of the American Chemical Society, 2003, 125(51): 15698-15699.

[25] Piguet C, Hopfgartner G, Bocquet B, et al. Self-assembly of heteronuclear supramolecular helical complexes with segmental ligands. Journal of the American Chemical Society, 1994, 116(20): 9092-9102.

[26] Thomas J A. Metal ion directed self-assembly of sensors for ions, molecules and biomolecules. Dalton Trans. 2011, 40(45): 12005-12016.

[27] Fenton H, Tidmarsh I S, Ward M D. Hierarchical self-assembly of heteronuclear co-ordination networks. Dalton Transactions, 2010, 39(16): 3805-3815.

[28] Argent S P, Adams H, Harding L P, et al. Homo-and heteropolynuclear helicates with a '2+3+2'-dentate compartmental ligand. New Journal of Chemistry, 2005, 29(7): 904-911.

[29] Sato T, Higuchi M. An alternately introduced heterometallo-supramolecular polymer: Synthesis and solid-state emission switching by electrochemical redox. Chemical Communications, 2013, 49(46): 5256-5258.

[30] Higuchi M, Kurth D G. Electrochemical functions of metallosupramolecular nanomaterials. The Chemical Record, 2007, 7(4): 203-209.

[31] Hossain M D, Zhang J, Pandey R K, et al. A heterometallo-supramolecular polymer with Cu^{I} and Fe^{II} ions introduced alternately. European Journal of Inorganic Chemistry, 2014, 2014(23): 3763-3770.

[32] Hu C W, Sato T, Zhang J, et al. Multi-colour electrochromic properties of Fe/Ru-based bimetallo-supramolecular polymers. Journal of Materials Chemistry C, 2013, 1(21): 3408.

[33] Chakraborty C, Pandey R K, Rana U, et al. Geometrically isomeric Pt(Ⅱ)/Fe(Ⅱ)-based heterometallo-supramolecular polymers with organometallic ligands for electrochromism and the electrochemical switching of raman scattering. Journal of Materials Chemistry C, 2016, 4(40): 9428-9437.

[34] Schott M, Lorrmann H, Szczerba W, et al. State-of-the-art electrochromic materials based on metallo-supramolecular polymers. Solar Energy Materials and Solar Cells, 2014, 126: 68-73.

[35] Schott M, Szczerba W, Kurth D G. Detailed study of layer-by-layer self-assembled and dip-coated electrochromic thin films based on metallo-supramolecular polymers. Langmuir, 2014, 30(35): 10721-10727.

[36] Da Silva C A, Vidotti M, Fiorito P A, et al. Electrochromic properties of a metallo-supramolecular polymer derived from tetra(2-pyridyl-1, 4-pyrazine) ligands integrated in thin multilayer films. Langmuir, 2012, 28(6): 3332-3337.

[37] Shukla A D, Das A, Van Der Boom M E. Electrochemical addressing of the optical properties of a monolayer on a transparent conducting substrate. Angewandte Chemie International Edition, 2005, 44(21): 3237-3240.

[38] Elool Dov N, Shankar S, Cohen D, et al. Electrochromic metallo-organic nanoscale films: Fabrication, color range, and devices. Journal of the American Chemical Society, 2017, 139(33): 11471-11481.

[39] Kumar A, Chhatwal M, Mondal P C, et al. A ternary memory module using low-voltage control over optical properties of metal-polypyridyl monolayers. Chemical Communications, 2014, 50(29): 3783-3785.

[40] Zeng Q, Mcnally A, Keyes T E, et al. Redox induced switching dynamics of a three colour electrochromic metallopolymer film. Electrochimica Acta, 2008, 53(24): 7033-7038.

[41] Nie H J, Zhong Y W. Near-infrared electrochromism in electropolymerized metallopolymeric films of a phen-1, 4-diyl-bridged diruthenium complex. Inorganic Chemistry, 2014, 53(20): 11316-11322.

[42] Yao C J, Yao J, Zhong Y W. Metallopolymeric films based on a biscyclometalated ruthenium complex bridged by 1, 3, 6, 8-tetra(2-pyridyl)pyrene: Applications in near-infrared electrochromic windows. Inorganic Chemistry, 2012, 51(11): 6259-6263.

[43] Yao C J, Zhong Y W, Nie H J, et al. Near-IR electrochromism in electropolymerized films of a biscyclometalated ruthenium complex bridged by 1, 2, 4, 5-tetra(2-pyridyl)benzene. Journal of the American Chemical Society, 2011, 133(51): 20720-20723.

[44] Cui B B, Yao C J, Yao J, et al. Electropolymerized films as a molecular platform for volatile memory devices with two near-infrared outputs and long retention time. Chemical Science, 2014, 5(3): 932-941.

[45] Djukic B, Lemaire M T. Hybrid spin-crossover conductor exhibiting unusual variable-temperature electrical conductivity. Inorganic Chemistry, 2009, 48(22): 10489-10491.

[46] Djukic B, Seda T, Gorelsky S I, et al. Pi-extended and six-coordinate iron(Ⅱ) complexes: Structures, magnetic properties, and the electrochemical synthesis of a conducting iron(Ⅱ) metallopolymer. Inorganic Chemistry, 2011, 50(15): 7334-7343.

[47] Liang Y, Strohecker D, Lynch V, et al. A thiophene-containing conductive metallopolymer

using an Fe(Ⅱ) bis(terpyridine) core for electrochromic materials. ACS Applied Materials & Interfaces, 2016, 8(50): 34568-34580.

[48] Abe M, Futagawa H, Ono T, et al. An electropolymerized crystalline film incorporating axially-bound metalloporphycenes: Remarkable reversibility, reproducibility, and coloration efficiency of ruthenium(Ⅱ/Ⅲ)-based electrochromism. Inorganic Chemistry, 2015, 54(23): 11061-11063.

[49] Göktuğ Ö, Soganci T, Ak M, et al. Efficient synthesis of EDOT modified ABBB-type unsymmetrical zinc phthalocyanine: Optoelectrochromic and glucose sensing properties of its copolymerized film. New Journal of Chemistry, 2017, 41(23): 14080-14087.

[50] Bao X, Zhao Q, Wang H, et al. Metallopolymer electrochromic film prepared by oxidative electropolymerization of a Fe(Ⅱ) complex with arylamine functionalized terpyridine ligand. Inorganic Chemistry Communications, 2013, 38: 88-91.

[51] Fan C, Ye C, Wang X, et al. Synthesis and electrochromic properties of new terpyridine-triphenylamine hybrid polymers. Macromolecules, 2015, 48(18): 6465-6473.

[52] Yao C J, Zhong Y W, Yao J. Five-stage near-infrared electrochromism in electropolymerized films composed of alternating cyclometalated bisruthenium and bis-triarylamine segments. Inorganic Chemistry, 2013, 52(17): 10000-10008.

[53] Ionescu A, Aiello I, La Deda M, et al. Near-ir electrochromism in electrodeposited thin films of cyclometalated complexes. ACS Applied Materials & Interfaces, 2016, 8(19): 12272-12281.

[54] Ionescu A, Lento R, Mastropietro T F, et al. Electropolymerized highly photoconductive thin films of cyclopalladated and cycloplatinated complexes. ACS Applied Materials & Interfaces, 2015, 7(7): 4019-4028.

[55] Qiu D, Bao X, Zhao Q, et al. Electrochromic and proton-induced phosphorescence properties of Pt(Ⅱ) chlorides with arylamine functionalized cyclometalating ligands. Journal of Materials Chemistry C, 2013, 1(4): 695-704.

第九章　基于金属有机骨架和共价有机骨架的电致变色材料

9.1 引　　言

金属有机骨架(MOFs)和共价有机骨架(COFs)是高结晶度材料，它们的分子结构通常可以形成规则的孔洞。自 20 世纪 90 年代起，MOFs 材料引起了持续的关注[1-7]。COFs 材料的发现稍晚于 MOFs，但 2005 年一经发现之后就成了研究热点[8-11]。与无定型多孔材料相比，MOFs 和 COFs 具有更规则的纳米孔洞，这些孔洞可以作为客体分子传输的高速通道。因此，它们在许多应用中都具有优异性能，例如超级电容器、催化、气体吸附与分离等。并且，它们在电致变色(EC)中的应用也具有很大潜力，但这一方向的发展较滞后。第一个电致变色 MOFs(EC MOFs)材料在 2013 年才被首次报道[12]，第一个电致变色 COFs(EC COFs)材料直到 2019 年才出现[13,14]。直到 2020 年，相关报道依然很少(图 9.1)。在这一章中，我们对 EC MOFs 和 EC COFs 的发展做了详细的介绍和总结。希望可以使这一研究方向引起更广泛的关注并促进其更好的发展。

9.2 EC MOFs 研究进展

MOFs 是一类具有微孔分子结构的结晶配位聚合物，它由金属节点和有机连接单元通过配位键自组装而形成。通常 MOFs 材料具有由分子结构形成的周期性的纳米孔洞，并且具有大的比表面积。由于金属节点和有机连接单元的多样性，MOFs 材

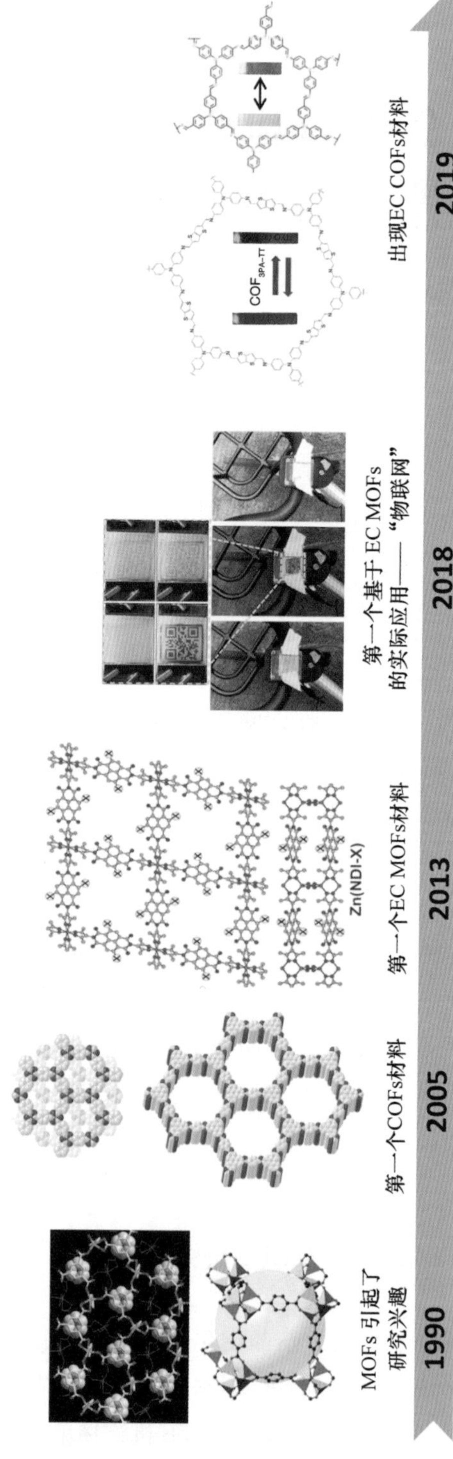

图 9.1 EC MOFs 和 EC COFs 的发展历程

料的结构和性质具有极大的设计空间并且容易调控。因此，MOFs 材料可以满足多种应用的需求。MOFs 材料[15,16]作为一个活跃的研究热点已经有 20 余年，它在许多领域中都有很好的应用前景，包括气体存储[17]、化学分离[18]、催化[19]、药物传递[20]、传感[21]等。近些年，一些具有光电特性和导电的 MOFs 材料被报道了出来，展现出了它们在先进电子器件中的潜在应用[22—26]，引起了许多关注。

MOFs 材料的一些固有性质使它们在电致变色中有特别的优势，包括：明确的可设计的分子结构；可通过自组装的方式简单合成；分子结构中固有的孔洞有利于电解质离子等客体分子的进出。然而关于 EC MOFs 的报道还很少，原因可能有：MOFs 是不可溶解的材料，采用溶剂热法形成的 MOFs 材料是大块晶体或者微晶，因此较难将其加工成器件需要的均一薄膜；大多数 MOFs 材料是不导电的，金属节点和有机连接单元没有电致变色性质。

目前关于 EC MOFs 的研究还处于起步阶段，在这一小节中，我们将会对这些仅有的报道做详细介绍。

9.2.1　EC MOFs 中的有机连接单元

1. 基于 NDI 的有机连接单元

目前，EC MOFs 中使用最多的有机连接单元是具有氧化还原活性的 NDI 衍生物[12,27—29]。NDI 衍生物是经典的 n 型半导体材料。不同的取代基可以改变其分子内电荷转移行为，进而使其具有不同的氧化还原性质和颜色[30]。

2013 年，麻省理工学院的 Dinca 课题组报道了首个关于 EC MOFs 的研究[12]。在这一工作中，NDI 衍生物和 Zn^{2+} 离子分别被选作有机连接单元和金属节点。通过选用不同的取代基，研究人员合成了三个 MOFs 材料：Zn(NDI-H)、Zn(NDI-SEt)和 Zn(NDI-NHEt)，并探索了它们的电致变色性质。

研究人员通过原位生长的方法制备均一的 MOFs 薄膜，具体方法如下：将氟掺杂氧化锡(FTO)镀膜的玻璃基底放入反应液中。随着反应的进行，4 h 后，1 μm 厚的 MOFs 均匀薄膜可以在基底上原位生成。薄膜可以牢固地吸附在基底上，即使在 DMF 中超声清洗也不会脱落。三个 MOFs 材料的结构通过粉末 XRD 测试确认，如图 9.2 所示。所拟合的分子结构和粉末 XRD 测试可以很好地吻合。

在循环伏安(CV)测试中，Zn(NDI-H)和 Zn(NDI-SEt)的薄膜在 −0.5 V 和 −1 V 处显示出两个准可逆的还原峰，分别对应于$[NDI]^{0/\cdot-}$和$[NDI]^{\cdot-/2-}$氧化还原对。然而，Zn(NDI-NHEt)只在 −0.9 V 处显示出一个不完全可逆的还原峰。Zn(NDI-H)在 CV 中是稳定的，然而 Zn(NDI-SEt)的峰值电流在 50 个 CV 循环中逐

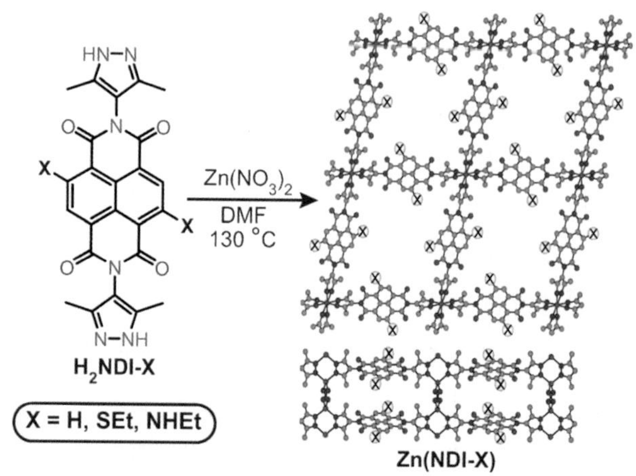

图 9.2 Zn(NDI-H)、Zn(NDI-SEt)和 Zn(NDI-NHEt)的合成方法及模拟结构[12]

渐增大。这可能是因为在起始的几个循环中,Zn(NDI-SEt)的侧链取代基在一定程度上阻碍了电解质离子进入 MOFs 结构的孔洞中。对于 Zn(NDI-NHEt),随着循环次数的增加,薄膜逐渐脱落,使峰值电流逐渐下降。三个 MOFs 材料的结构在 CV 循环后的粉末 XRD 测试中没有明显变化,说明它们具有很好的稳定性。三个 MOFs 材料在不同电压下的颜色变化如图 9.3 所示,它们在蓝色区域(470～500 nm)的着色效率高于 100 $cm^2 \cdot C^{-1}$,但是在 600～700 nm 处的着色效率较低(60～90 $cm^2 \cdot C^{-1}$),它们的着色效率和电致变色有机聚合物相当。

Dinca 课题组的这一研究首次确认了 MOFs 用作电致变色材料的可能性,并且开发了一种在基底上原位生长均匀 MOFs 薄膜的简易方法。这一工作对后续的 EC MOFs 研究具有重要意义。

2016 年,Dinca 课题组报道了另外两个基于 NDI 的 MOFs 材料。依据所选的不同金属节点 Mg 和 Ni,两个 MOFs 被命名为 Mg-NDISA 和 Ni-NDISA[27](图 9.4)。这两个 MOFs 分子结构中具有一维的纳米通道,直径大约 3.3 nm。这些大通道有利于电致变色应用中电解质离子的迁移。

同样采用溶剂热法,Dinca 课题组在 FTO 镀膜的玻璃基底上生长了一层 MOFs 薄膜[12]。由于 Ni-NDISA 的成核速度较快,它形成的薄膜更致密均匀。而 Mg-NDISA 形成纤维状的形貌,这使它在紫外-可见吸收光谱中表现出明显的干涉现象。受光谱质量的影响,研究人员只探索了 Ni-NDISA 的电致变色性质。

在 CV 测试中,Ni-NDISA 显示出的两步可逆还原对应于$[NDI]^{\cdot -}$和$[NDI]^{2-}$的形成。巧合的是,$[NDI]^{\cdot -}$和$[NDI]^{2-}$在可见光区具有几乎互补的吸收光谱,如图

9.4(b) 和 9.4(c)所示。当施加电压为－2 V 时，$[NDI]^{\cdot -}$和$[NDI]^{2-}$的含量大约相等，薄膜的颜色几乎变成了黑色，如图 9.4(d)所示。黑色的电致变色材料正是一些应用中所急需的。

Ni-NDISA 具有很高的 BET 比表面积(1722 $m^2 \cdot g^{-1}$)，证明了它的多孔性。这有利于电解液离子的传输。因此，Ni-NDISA 在电致变色器件循环时表现出很快的颜色变化：$[NDI]^0/[NDI]^{\cdot -}$转变为 7 s，$[NDI]^{\cdot -}/[NDI]^{2-}$转变为 23 s，可与常见的聚合物材料相比拟。Ni-NDISA 在蓝色区域具有较高的着色效率(高于 100 $cm^2 \cdot C^{-1}$)，与 Dinca 课题组报道的首个 EC MOFs 材料相似[12]。

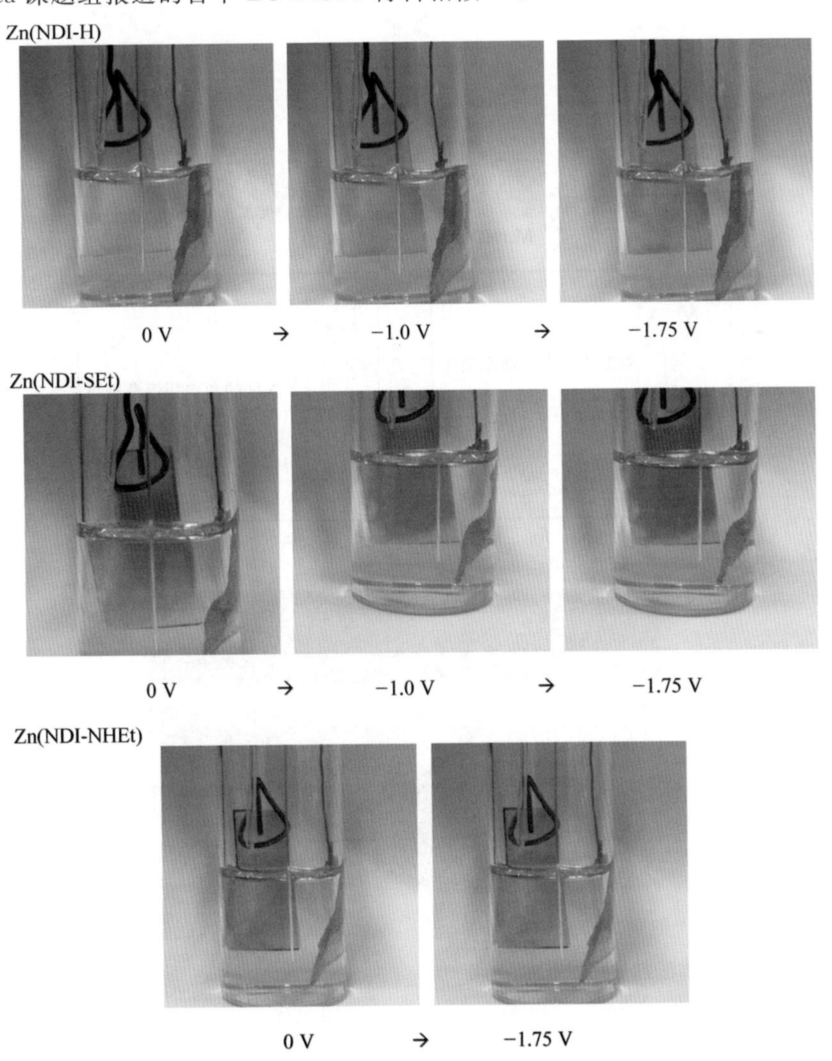

图 9.3 Zn(NDI-H)、Zn(NDI-SEt)和 Zn(NDI-NHEt)在不同电压下的颜色变化[12]

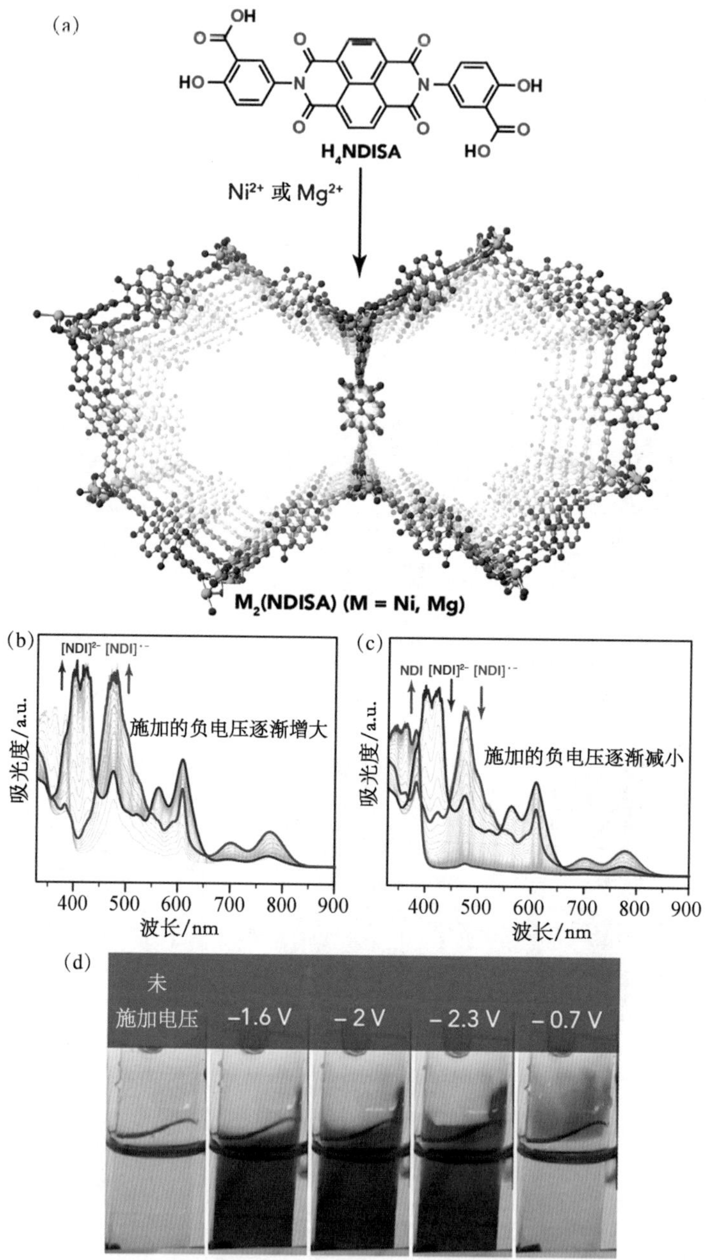

图 9.4 M-NDISA 的合成和模拟结构(M＝Ni,Mg)(a)；Ni-NDISA 的电化学光谱(b)(c)；不同电压下对应的可逆颜色变化照片(d)[27]

［图(b)还原电压：－0.5～－2.0 V；图(c)氧化电压：－2～－0.5 V］

2. 其他有机连接单元

除了 NDI 衍生物之外，一些其他的有机基团也被报道用作 EC MOFs 的有机连接单元。

2013 年，西北大学的 Omar K. Farha 教授和 Joseph T. Hupp 教授报道了一种基于芘连接单元[H_4TBAPy：1,3,6,8-四(对苯甲酸)芘]和锆团簇(Zr_6O_{16})的 EC MOFs，命名为 NU-901，如图 9.5 所示[31]。研究人员采用与上文相似的溶剂热法[12]，将 NU-901 生长到 FTO 镀膜的玻璃基底上。所不同的是，在 EC MOFs 生长之前，FTO 基底预先在 H_4TBAPy 溶液中处理过，因此 FTO 基底和 EC MOFs 薄膜可以更好地接触。NU-901 通过 XRD 确认的模拟分子结构如图 9.5 所示。它具有钻石形状的通道，孔径尺寸为 2.9 nm 长、1.2 nm 宽。孔径的大小足以使常见的电解液离子通过。

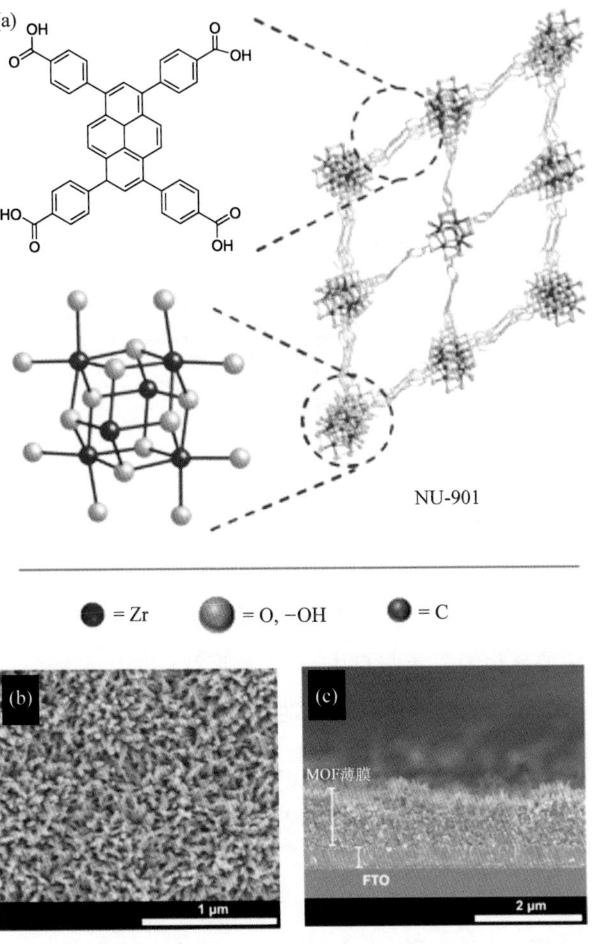

图 9.5　NU-901 的模拟分子结构(a)；NU-901 薄膜的 SEM 照片(b)(c)[31]

[图(b)平面俯视图；图(c)截面图]

在 CV 测试中，NU-901 薄膜显示出一个可逆的氧化峰。随着电压从 0 V 增加到 1.6 V，在吸收光谱中，405 nm 处的吸收峰强度逐渐降低，587 nm 处的吸收峰强度逐渐增加，对应的，薄膜颜色从黄色（中性态）转变为深蓝色（氧化态），如图 9.6 所示。变色循环 10 次后，XRD 结果显示 MOFs 材料的晶体结构没有变化。通过 EPR 谱测试，可以确定此颜色变化是由芘被氧化形成自由基引起的。H_4TBAPy 单独作为电致变色材料时，形成自由基后很容易发生二聚反应。但在 MOFs 骨架中，芘作为连接单元彼此可被有效地分离开，因此可以阻止二聚反应的发生，稳定自由基。NU-901 薄膜的最大透射率的变化为 62%，但是 60 个变色循环后，降低到 38%。透射率变化的降低是由于环境中的水降解了芘自由基。MOFs 材料的孔洞结构使 NU-901 薄膜具有很快的变色响应速度：褪色时间 5 s，着色时间 12 s。587 nm 处的着色效率高达 204 $cm^2 \cdot C^{-1}$。

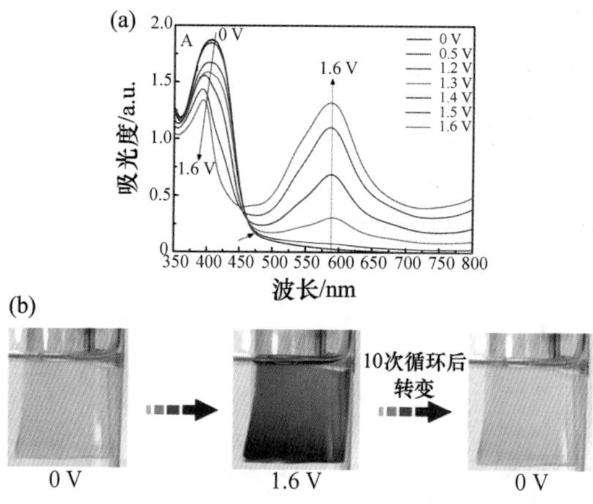

图 9.6　不同电压下 NU-901 的吸收光谱变化(a)；NU-901 薄膜在 CV 测试中的颜色变化(b)[31]

三苯胺（TPA）在有机电子中是常见的结构单元。它的三维分子构型、强供电子能力和易于修饰的特点使它经常被用来构建各种功能材料[32]。三苯胺具有很容易操控的氧化还原态，很容易被氧化为三苯胺自由基，因此广泛应用于电致变色领域[33,34]。

2019 年，Lu 和 Chiu 等人报道了两个以三苯胺衍生物{TTPA：三[4-(1*H*-1，2，4-三氮唑基)苯基]胺}为有机连接单元，Mn^{2+} 或 Cu^{2+} 为金属节点的 MOFs 材料，分别命名为$[MnCl_2(TTPA)(DMF)]_n$ 和$[CuCl_2(TTPA) \cdot 1.5DMF]_n$[35]。这两个 MOFs 具有非常相似的分子骨架结构。他们都形成具有双重互渗透网络的二维分子骨架结构。$[CuCl_2(TTPA) \cdot 1.5DMF]_n$ 的模拟分子结构如图 9.7 所示。PLATON 计算发现$[MnCl_2(TTPA)(DMF)]_n$ 和$[CuCl_2(TTPA) \cdot 1.5DMF]_n$ 的有效孔洞体积分数分别为 11.2%和 24.3%。

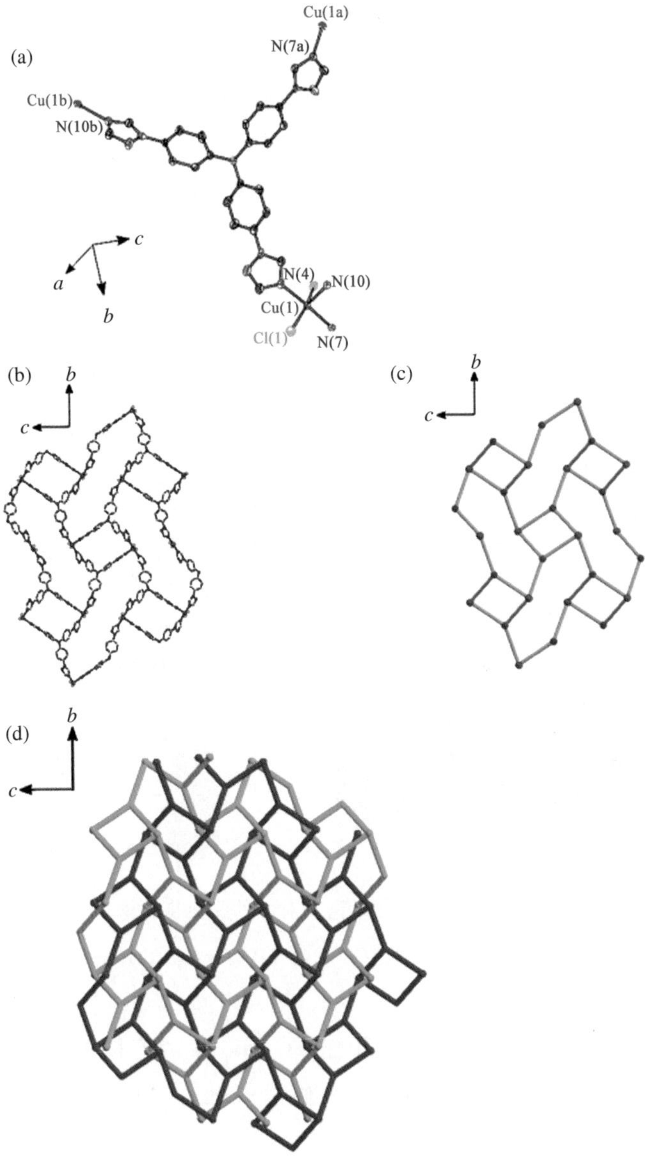

图 9.7 [$CuCl_2$(TTPA)·1.5DMF]$_n$ 的模拟分子结构[35]：一个 TTPA 有机连接单元与三个 Cu^{2+} 配位(a)；模拟的二维骨架结构(b)；简化的符号形式的二维骨架结构(c)；延伸的相互渗透的网络结构(d)

在固态原位光谱电化学测试中，随着电压从 0 V 增加到 1.9 V，[$MnCl_2$(TTPA)(DMF)]$_n$ 中三苯胺阳离子自由基逐渐形成，颜色不可逆地从白色变到蓝色再到深棕色，如图 9.8(a)(b)所示。当电压高于 1.5 V 时，MOFs 骨架开始降解。对于[$CuCl_2$(TTPA)·1.5DMF]$_n$，当电压在 0 V 到 1.5 V 变化时，颜色可以可逆地从黄色变成深蓝绿色，如图 9.8(c)(d)所示。颜色变化在 6 次循环后随着薄膜损坏而消失。这两个 MOFs 材料电致变色性能较差，这可能是因为互相渗透的网络结构无法有效地使三苯胺有机连接单元分离，不能稳定三苯胺自由基。并且这种较密集的骨架结构阻碍了电解液离子扩散到 MOFs 材料中。

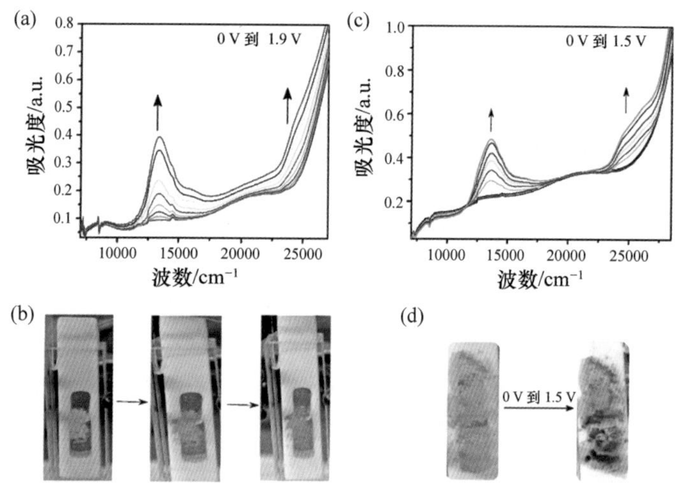

图 9.8 固态原位光谱电化学谱和对应的颜色变化[35]：[$MnCl_2$(TTPA)(DMF)]$_n$(a)(b)；[$CuCl_2$(TTPA)·1.5DMF]$_n$(c)(d)

目前，只有少数的几种有机分子被用作 EC MOFs 的连接单元。但是，我们认为任何有氧化还原活性的有机基团经过适当修饰后都可以用作 EC MOFs 的连接单元。这一研究方向还有很大的发展空间。

9.2.2 EC MOFs 中电解质离子的传输

MOFs 材料与生俱来的规则周期孔洞是理想的电解液离子传输通道，因此有利于应用于电致变色领域。然而，关于离子在 MOFs 中如何传输的研究还很少，尽管 EC MOFs 已经显示出具有较快的变色响应时间。

2018 年，Wang 及其合作者对 EC MOFs 中的离子传输进行了深入研究。他们设计合成了两个基于 NDI 的 EC MOFs，命名为 Ni-BINDI 和 Ni-CHNDI，它们的结构如图 9.9 所示，孔洞直径分别为 1.0 nm 和 3.3 nm[28]。通过溶剂热法，两个 MOFs 薄膜直接生长到 FTO 镀膜的玻璃基底上。薄膜呈一维针状（纳米棒）形态，很适合电致变色应用。

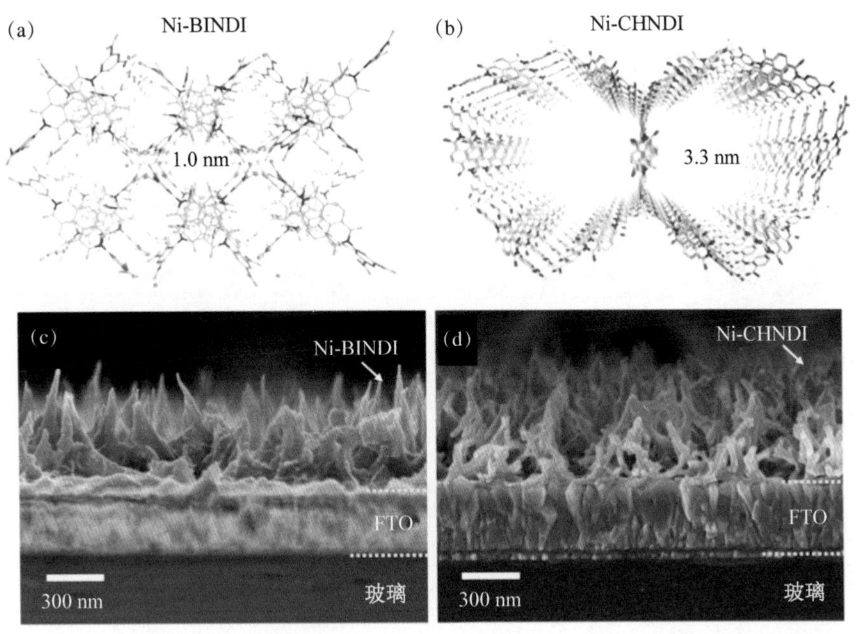

图 9.9　模拟分子结构和薄膜形貌[28]：Ni-BINDI(a)(c)；Ni-CHNDI(b)(d)

研究人员对离子在这两个 MOFs 材料中的传输进行了深入研究，如图 9.10 所示。总体而言，具有更大孔洞的 Ni-CHNDI 可使离子更快地传输。值得注意的是，在四个阳离子中[TBA^+（四正丁基铵离子）、Na^+、Li^+ 和 Al^{3+}]，Na^+ 显示出最快的扩散系数（表 9.1）。这是因为 TBA^+ 离子最大，空间位阻阻碍了它的快速传输；对于 Li^+ 和 Al^{3+}，尽管他们的尺寸很小，但是电荷密度更高，所以它们和还原的 NDI 单元形成了更强的静电作用力，这个较强的静电作用力阻碍了离子的快速传输。综合考虑空间位阻和静电作用力，Na^+ 呈现最快的扩散系数。

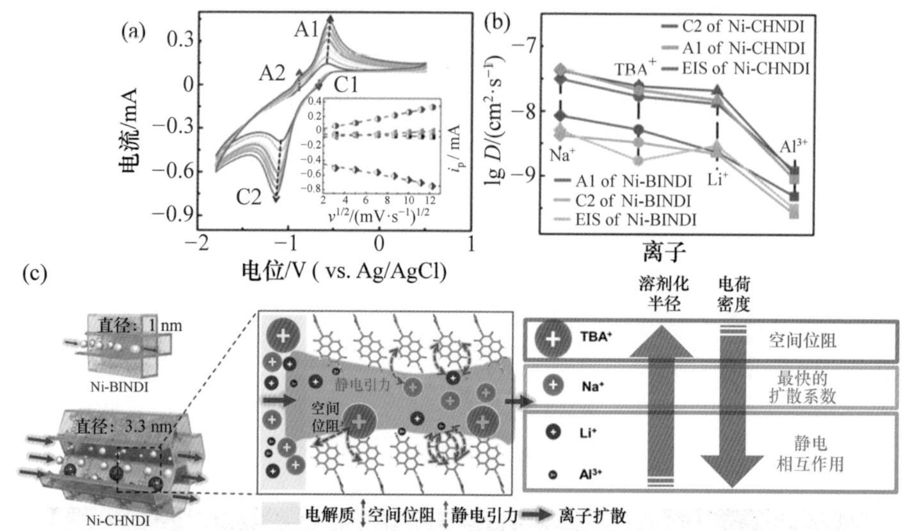

图 9.10 不同扫描速率下 Ni-CHNDI 的 CV 图(a)；Na^+、TBA^+、Li^+ 和 Al^{3+} 在 Ni-BINDI 和 Ni-CHNDI 中的扩散系数(b)；离子在 MOFs 中的传输过程示意图(c)[28]

表 9.1 Na^+、TBA^+、Li^+ 和 Al^{3+} 在 Ni-BINDI 和 Ni-CHNDI 中的表观离子扩散系数($cm^2 \cdot s^{-1}$)(溶剂：碳酸丙烯酯)

	$NaClO_4$	$TBAClO_4$	$LiClO_4$	$Al(ClO_4)_3$
Ni-BINDI	7.54×10^{-9}	6.12×10^{-9}	2.67×10^{-9}	1.86×10^{-10}
Ni-CHNDI	3.21×10^{-8}	1.03×10^{-8}	9.67×10^{-9}	1.21×10^{-9}

Ni-BINDI 和 Ni-CHNDI 的电致变色性能如图 9.11 所示。他们都呈现出多色变化，即无色、红色和深蓝，对应于 NDI 不同的氧化还原态。对于 Ni-CHNDI，在 Na^+ 电解液系统中，变色响应时间非常短，只有 2 s，在 720 nm 处的透射率变化高达 73%。另外，Ni-BINDI 和 Ni-CHNDI 都具有很好的稳定性，它们的电致变色器件在 500 个循环后变化很小，并且可以在紫外光照射或者高温下工作很长时间。

基于很好的电致变色性能和器件稳定性，研究人员研制了一种“快速响应码”智能显示装置，这一产品可以用作共享单车的防盗设备。

9.2.3 特殊的 EC MOFs

1. 光致变色和电致变色多重响应的 MOFs

2016 年，宁波大学的韩磊和他的合作者报道了一种新型的同时具有光致变色和电致变色性质的 MOFs 材料，命名为 NBU-3。它由含四唑取代基的 NDI 衍生物

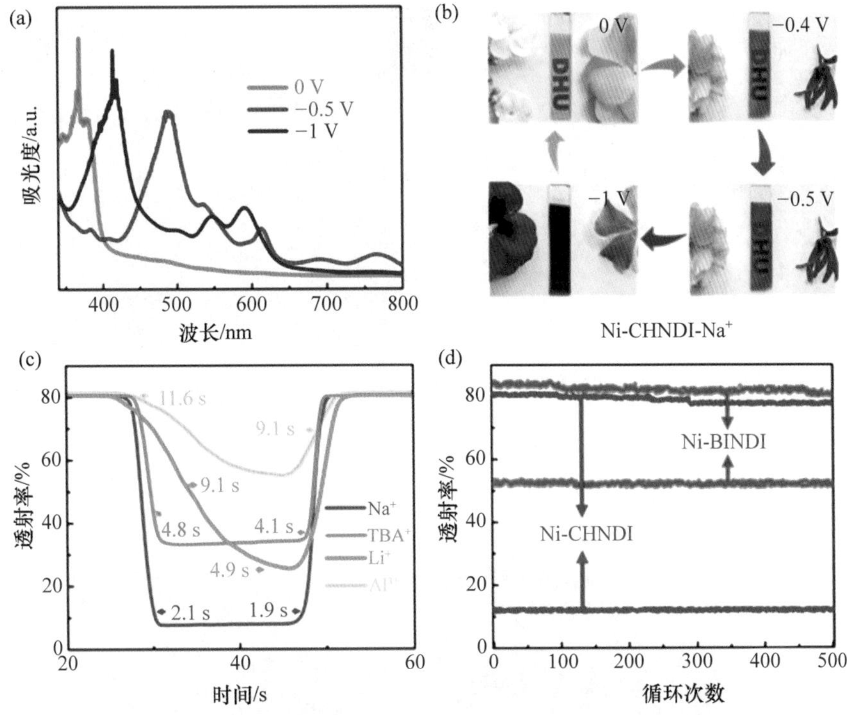

图 9.11 Ni-BINDI 和 Ni-CHNDI 的电致变色性能：Ni-CHNDI 在不同电压下的紫外可见吸收光谱(电解液为 $NaClO_4$ 的碳酸丙烯酯溶液)(a)；Ni-CHNDI 在不同电压下的颜色变化(b)；Ni-CHNDI 在不同电解液系统中的透射率变化(c)；Ni-BINDI 和 Ni-CHNDI 的器件循环稳定性(d)

(NDI-ATZ)和 Zn^{2+} 构建而成[29]。NBU-3 具有二维的平面结构，如图 9.12 所示。模拟的分子结构与 PXRD 测试结果相符。

NBU-3 薄膜通过与 Dinca 课题组报道的相似的溶剂热法制备：将 FTO 镀膜的玻璃基底浸没在反应液中，80℃反应 4 h，可以原位得到 640 nm 厚的均匀薄膜。

NBU-3 可以发生光致颜色变化(图 9.13、图 9.14)。在光照下它的颜色从黄色变到绿色，放到暗处后颜色又恢复黄色。PXRD 测试证明，它的颜色变化前后晶体结构没有变化。EPR 测试证明，这一颜色变化是由光照产生的 NDI 自由基引起的。在 CV 测试中，当电压达到－1.18 eV 时，NBU-3 薄膜的颜色可逆地从无色变为黄色。这个颜色变化很可能是由$[NDI]^{\cdot -/2-}$氧化还原对引起的。这一颜色变化只能循环 6 次，之后薄膜开始发生脱落。

NBU-3 是第一个被发现同时具有光致变色和电致变色性质的 MOFs 材料。

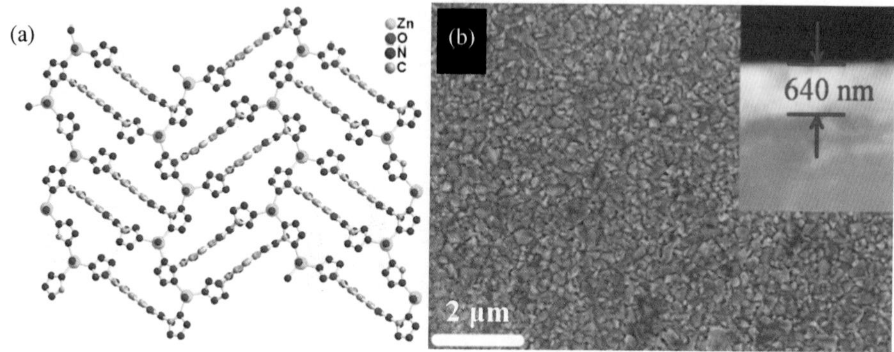

图 9.12　NBU-3 的模拟分子结构(a);NBU-3 薄膜的 SEM 照片(b)[29]

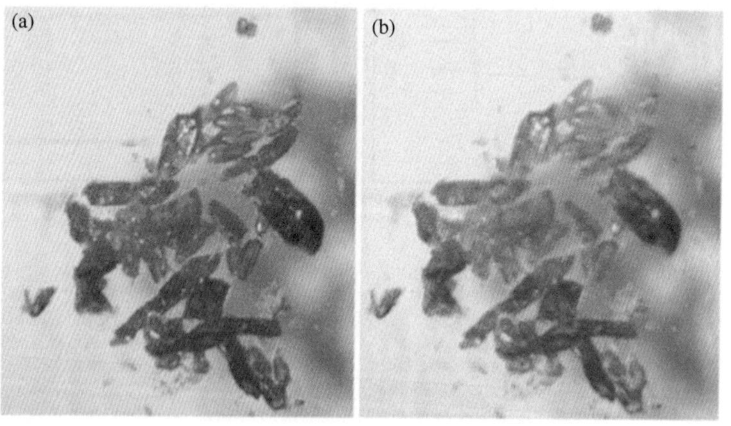

图 9.13　NBU-3 的光致变色现象[29]

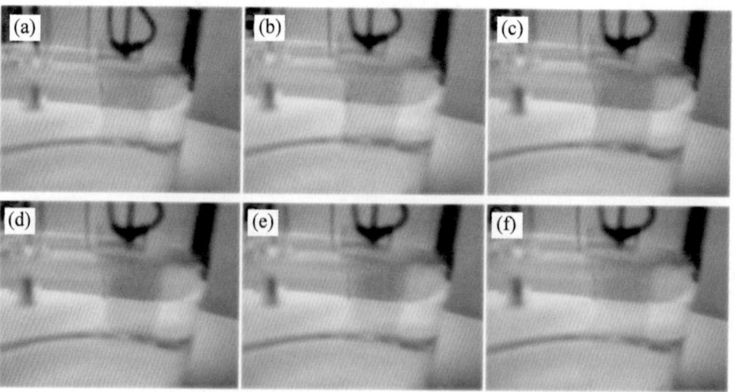

图 9.14　CV 测试中 NBU-3 的可逆颜色变化[29]

2. 基于 MOFs 材料的双面电致变色器件及新型变色机理

2017 年，Rougie 等人报道了第一个基于 MOFs 材料的双面电致变色器件[36]。器件选用了两种 MOFs 材料：HKUST-1 和 ZnMOF-74。HKUST-1 由醋酸铜和均苯三甲酸构筑而成，ZnMOF-74 由醋酸锌和 2,5-二羟基对苯二甲酸通过流动化学的方法合成。通过将 MOFs 粉末分散到水中，再用刮涂的方法，可以分别在 ITO 基底上制备 1.5 μm 厚的两种 MOFs 的均匀薄膜。然后将两个镀有 MOFs 薄膜的 ITO 基底作为电极，基于 LiTFSI-EMITFSI 的 PMMA 作为薄膜电解液，即制备出了双面电致变色器件。器件结构可以表示为 ITO/HKUST-1/LiTFSI-EMITFSI@PMMA/Li_xZnMOF-74/ITO，如图 9.15 所示。当施加电压时，器件两面的颜色可以同时改变，因为当一面被氧化时，另一面同时会被还原。当电压反转时，器件两面的颜色也发生反转。CV 图在器件工作 100 个氧化还原循环后变化很小，说明这两个 MOFs 具有较好的稳定性。由于 MOFs 材料的多孔结构，这个双面器件表现出非常短的响应时间，大约 8 s。

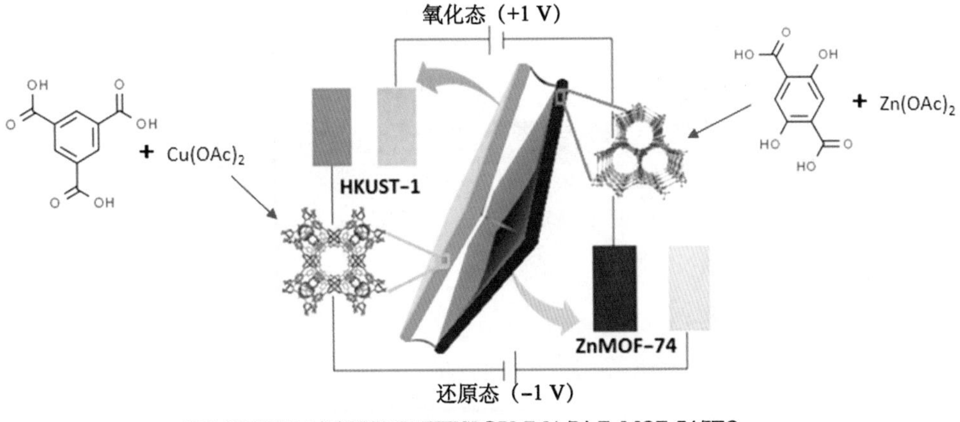

图 9.15　双面电致变色器件的结构和颜色变化示意图[36]

值得注意的是，EC MOFs 材料的变色原因通常是有机连接单元的氧化还原，而这两个 MOFs 材料的变色机理与之不同。对于 HKUST-1，颜色在浅蓝色和亮蓝色之间变化是由于金属节点 Cu 的不同价态变化（二价和一价）。对于 ZnMOF-74，颜色在棕色和黄色之间变化可能是源于有机连接单元与 Zn 节点之间的能量转移，也可能是由于 MOFs 和电解液之间的相互作用。这些新的颜色变化机理使更多的 MOFs 材料拥有电致变色应用的潜力，并且揭示了新的 EC MOFs 材料的设计策略。

3. 以 MOFs 为主体的主客体系统在电致变色中的应用

2019 年，牛津大学的 Tan 课题组报道了一种主客体复合物的电致变色系统[37]。在这个复合系统中，具有氧化还原活性的分子 2,5-二羟基对苯二甲酸（DHTP）被插入 MOFs 材料 Zn-MOF-74 的孔洞中。此复合材料的薄膜采用多级浸涂法制备，如图 9.16 所示。首先在 ITO 表面涂上一层薄 Zn，以增强膜的附着力。通过 XRD 验证了该复合材料 DHTP@Zn-MOF-74 的结构。TGA 结果表明，有 3%的 DHTP 客体分子被装载在 MOFs 通道中。

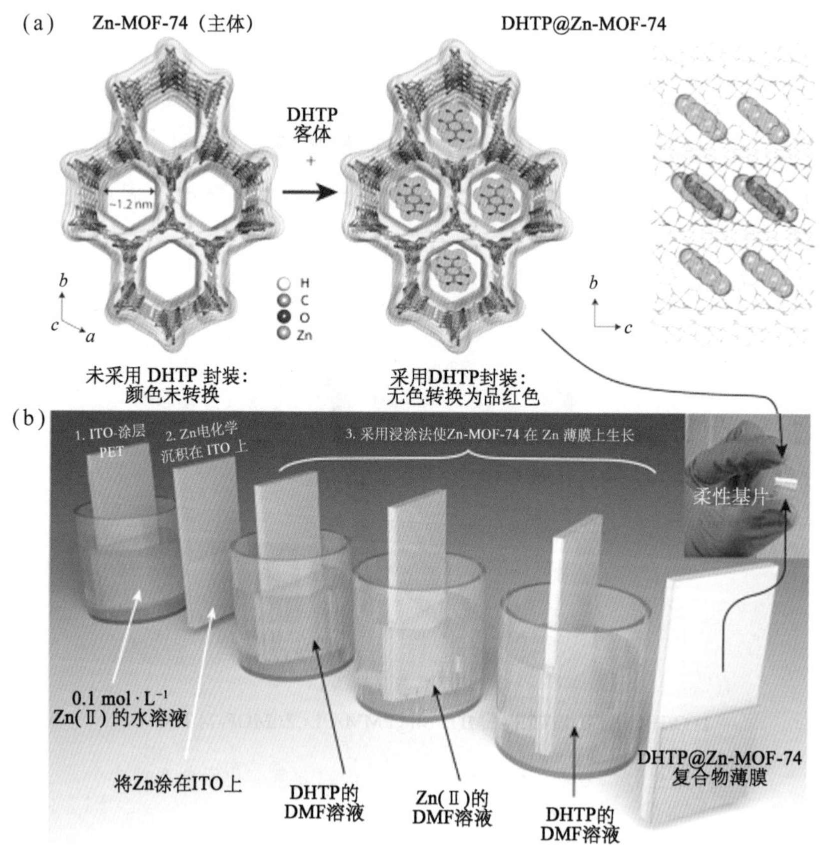

图 9.16 DHTP@Zn-MOF-74 复合物的结构(a)；薄膜的制备方法(b)[37]

在 0 V～−2.5 V 电位下，DHTP@Zn-MOF-74 复合物薄膜的颜色可以可逆地在无色和品红色之间变化，如图 9.17 所示。这种电致变色行为与之前报道的 Zn-MOF-74（黄褐色，2 V～−1 V）不同。DHTP@Zn-MOF-74 的颜色变化是由客体分子 DHTP 的氧化还原引起的。研究人员认为前 15 个循环是活化循环，因为在 CV 测试开始时电解液离子不能完全进入孔洞。随着循环次数的增加，电解液可更大程度地进入孔洞。此电致变色器件循环 450 次后，电流密度降至零。

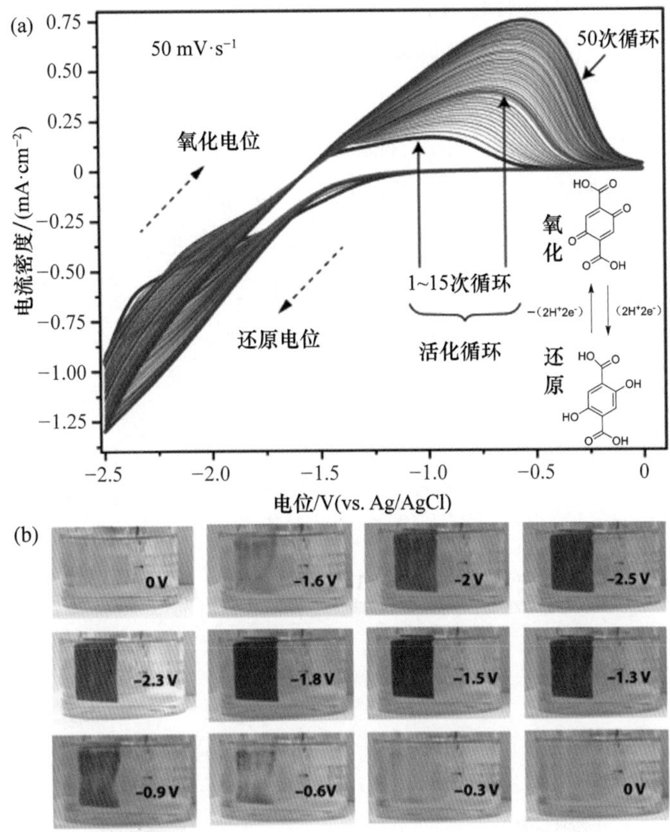

图 9.17 DHTP@Zn-MOF-74 的电致变色性质[37]：CV 图(a)；不同电位下的颜色变化(b)

这种主客体复合物体系对设计 EC MOFs 有很大的启发，尤其可以将没有氧化还原活性的 MOFs 材料引入电致变色应用中。

9.3 EC COFs 研究进展

COFs 是一种具有微孔结构的结晶聚合物，与 MOFs 类似。COFs 的单体单元通过共价键相连。共价键比配位键更稳定，因此可以预期 COFs 的稳定性更好。然而，COFs 的结晶性不如 MOFs，确认为单晶结构的 COFs 很少被报道[38,39]。COFs 在催化剂、储能、储气和吸附等领域的应用前景广阔[40,41]。然而，总的来说，COFs 的发展落后于 MOFs。尽管 EC COFs 的专利在 2018 年就有报道[42]，但研究论文出现较晚。本节将对仅有的关于 EC COFs 的报告做详细介绍。

2018 年，Zachary 及其合作者在专利中提出了 EC COFs 的概念[42]。他们设计了一系列用于电致变色的 COFs 材料和器件结构。然而，它们没有介绍这些 COFs 的电致变色性能。

2019 年，中国科学院化学所的王栋研究员及其合作者报道了首个关于 COFs 材料电致变色应用的研究[13]。利用三苯胺的电致变色特性，研究人员选择了 COFs 材料 $COF_{3PA\text{-}TT}$ 进行研究，其分子结构如图 9.18 所示。他们通过溶剂热法在 ITO 上直接生长 120 nm 厚的 $COF_{3PA\text{-}TT}$ 薄膜，其孔结构垂直于基底。薄膜的结晶结构通过掠入射广角 X 射线散射(GIWAXS)和 PXRD 得以验证。

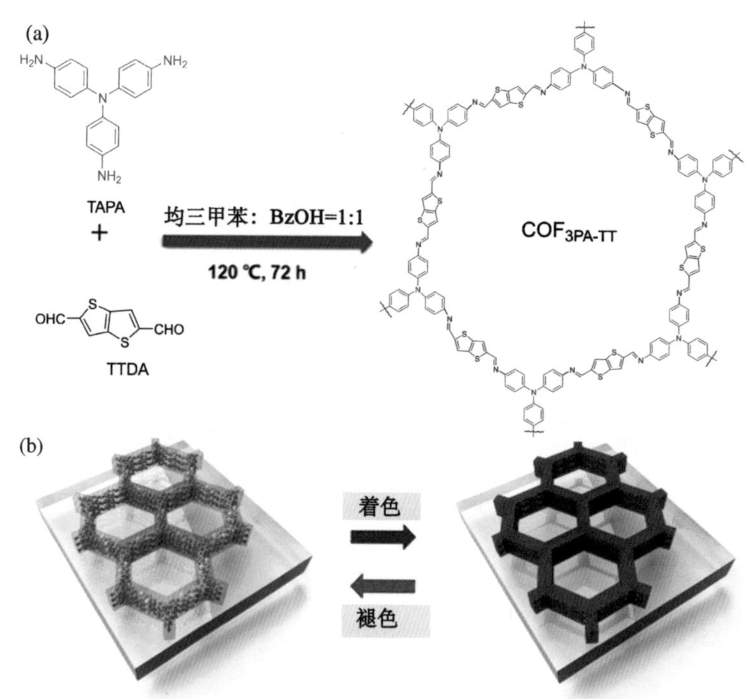

图 9.18　$COF_{3PA\text{-}TT}$ 的分子结构和合成方法(a)；ITO 基底上 $COF_{3PA\text{-}TT}$ 薄膜的电致变色示意图(b)[13]

研究人员首先通过 CV 图和光谱电化学技术研究了 COFs 薄膜的电致变色性能。如图 9.19(a)(b)所示，在 1.30 V 和 0.82 V 时电流随扫描速率呈线性变化，表明氧化还原反应不受抗衡离子扩散或 $COF_{3PA\text{-}TT}$ 薄膜与 ITO 电极接触的影响。$COF_{3PA\text{-}TT}$ 薄膜的颜色在施加电位为 0～1.4 V 时可以在深红色和深褐色之间可逆变化[图 9.19(c)(d)]。在电化学光谱中，电位从 0.45 V 增大到 1.05 V 时，在 350 nm 和 482 nm 处的吸收降低[图 9.19(e)]，在 400～585 nm 和近红外区域的吸收逐渐增大。当电位进一步升高到 1.85 V 时，近红外区域的吸收降低[图 9.19(f)]。研究人员认为吸收变化在 400～600 nm 是由于三苯胺基团与硫代噻吩-二亚胺基团之间的电荷转移。近红外区的吸收增加是由于三苯胺阳离子自由基与三苯胺单位间的价间电荷转移(IVCT)效应，而三苯胺双阳离子的形成削弱了 IVCT 效应，导致高电压下近红外区的吸收降低。

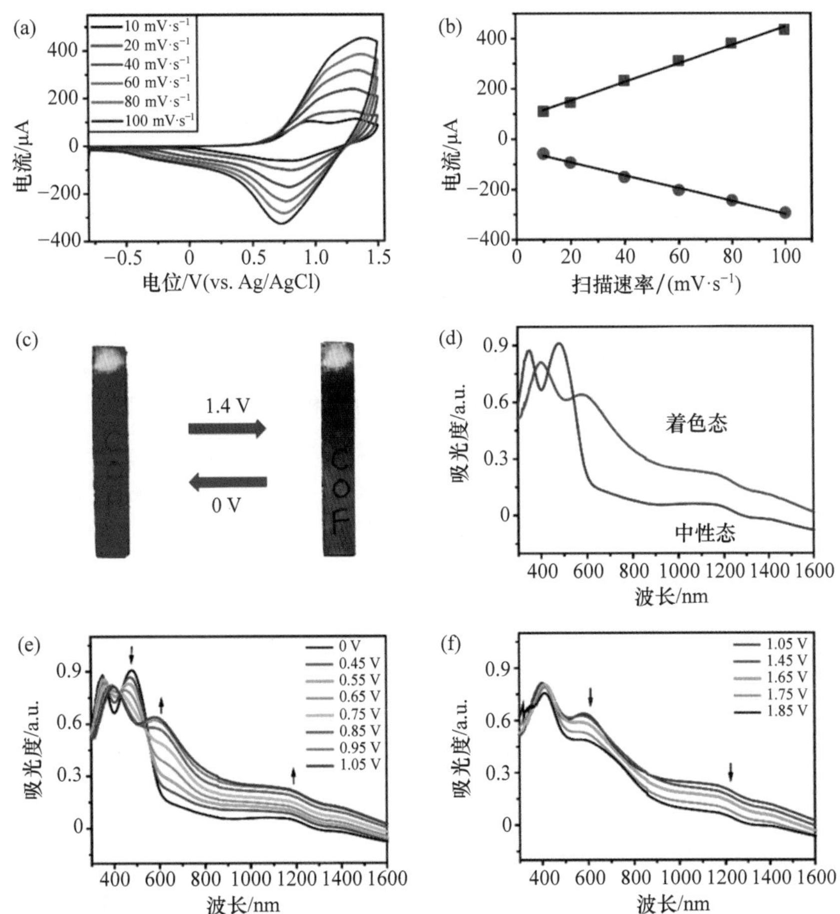

图 9.19　不同扫描速率下 $COF_{3PA\text{-}TT}$ 的 CV 图(a)；阳极和阴极电流(在 1.30 V 和 0.82 V 处)对扫描速率的依赖性(b)；$COF_{3PA\text{-}TT}$ 电致变色电极在 0 V 和 1.4 V 时具有不同颜色的照片(c)；$COF_{3PA\text{-}TT}$ 电致变色电极在 0 V 和 1.4 V 时的吸收光谱(d)；$COF_{3PA\text{-}TT}$ 电致变色电极的电化学光谱(e)(f)(0.1 mol·L^{-1} $LiClO_4$ 的 PC 溶液为电解液)[13]

为了更好地评估此 COFs 材料的电致变色性能，研究人员将其与非晶态 3PA-TT 薄膜进行了比较。他们发现非晶态薄膜在电致变色过程中稳定性很差，变化几乎是不可逆的。研究人员将 $COF_{3PA\text{-}TT}$ 薄膜较好的电致变色性能归功于其更好的 π-π 堆积结构，以及规则的、有取向的孔结构可以提供额外的电子和离子交换通道。

相比于将 $COF_{3PA\text{-}TT}$ 直接作为电极在电化学池中测试，在电致变色器件中，$COF_{3PA\text{-}TT}$ 薄膜展示出更高的 ΔT（610 nm：21%；1300 nm：41%），更好的稳定性，更高的着色效率（1300 nm：152 $cm^2 \cdot C^{-1}$；610 nm：102 $cm^2 \cdot C^{-1}$）。但电致变色器件具有较长的响应时间，在 1300 nm 和 610 nm 的着色/褪色时间分别为 18 s/13 s 和 17.5 s/10.5 s（以 ΔT=90%计算）。直接作为电致变色电极时，在 1300 nm 和 610 nm 的 ΔT 分别为 15%和 16%，着色效率分别为 56 $cm^2 \cdot C^{-1}$ 和 104 $cm^2 \cdot C^{-1}$，响应时间分别为 20 s/2.5 s 和 18.5 s/7 s。造成性能差异的原因还不清楚，需要进一步研究。

李振课题组也报告了关于 EC COFs 的研究[14]。他们也选用了基于三苯胺的 COFs 材料——TATF。他们同样通过溶剂热法在 ITO 玻璃上制备了一层 TATF COFs 薄膜。但不同的是，ITO 表面经过 1,6-己二胺预处理，使表面被氨基修饰，之后再经三(4-甲酰苯基)胺进一步修饰，如图 9.20 所示。他们发现预处理表面可以大大提高 TATF COFs 薄膜对 ITO 玻璃的黏附力。相比之下，若基底未经氨基修饰，ITO 上的 TATF COFs 薄膜在超声处理时会很容易脱落。

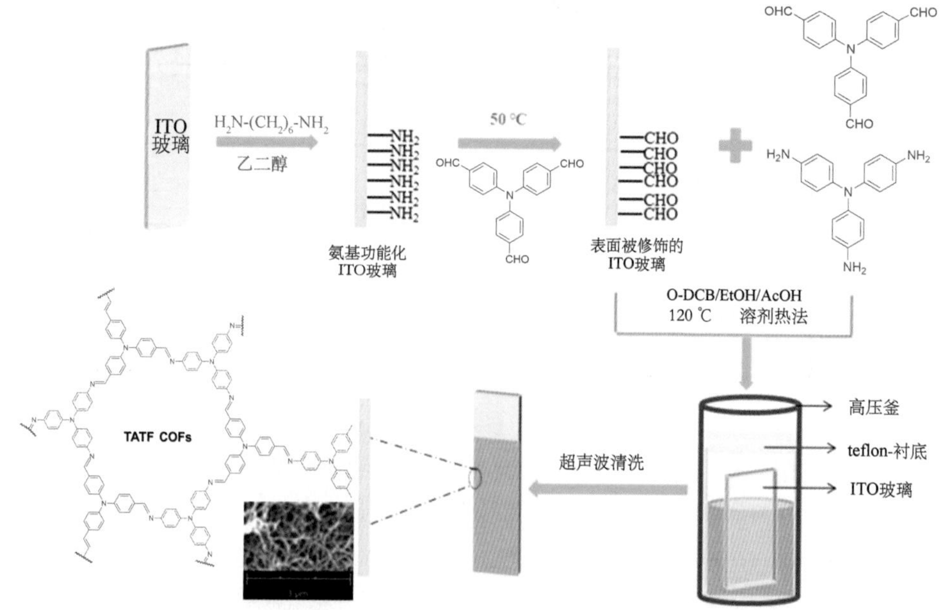

图 9.20 在 ITO 玻璃基底上生长 TATF COFs 薄膜的示意图[14]

在高压釜中，TATF COFs 薄膜可原位生长到 ITO 基底上。薄膜表现出致密的纳米纤维形貌。选区电子衍射(SAED)和 XRD 结果表明，纳米纤维薄膜的结晶性较低。然而，在电致变色器件工作过程中，松散的堆积结构可能有利于离子的传输。

如图 9.21(a)所示，TATF COFs 薄膜的颜色可在亮黄色和棕色之间可逆变化。TATF COFs 在 CV 图上显示多个氧化还原峰，如图 9.21(b)所示。此三苯胺网络的氧化还原反应的可能途径如图 9.21(c)所示。以吸收光谱中的 530 nm 处计算(吸光度变化 90%)，TATF COFs 薄膜具有较短的着色/褪色响应时间，分别为 4.5 s/4.9 s，记忆时间长达 258 min($t_{1/2}$)，着色效率高达 115 $cm^2 \cdot C^{-1}$，并且具有较好的长时间循环稳定性，如图 9.21(d)所示。

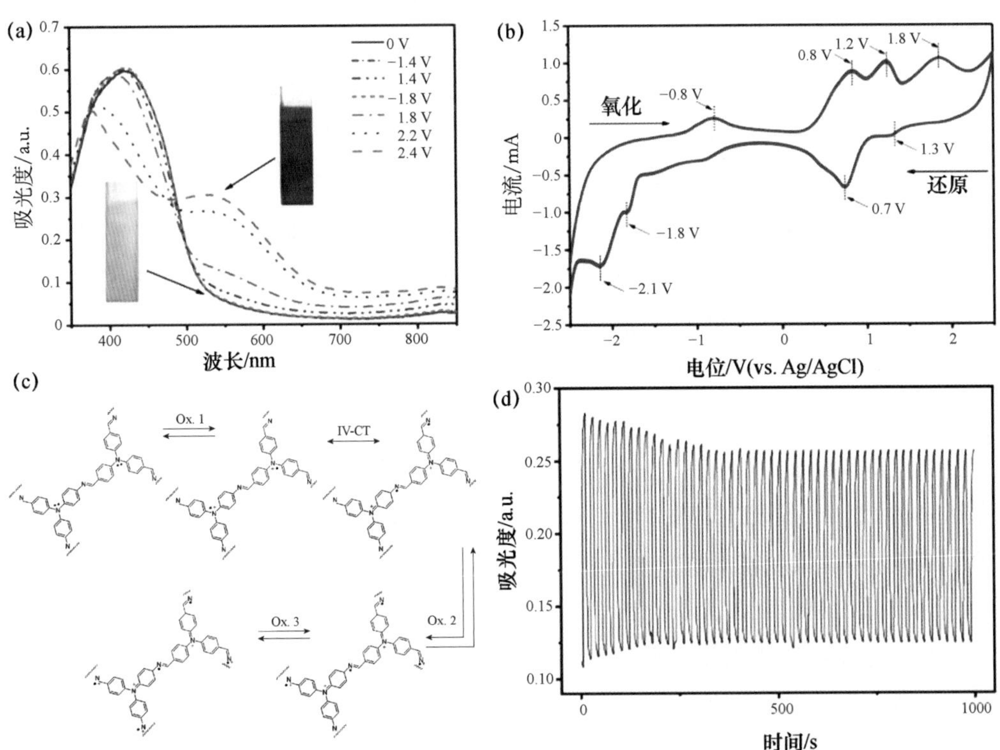

图 9.21　TATF COFs 的紫外-可见吸收光谱和颜色变化(a)；CV 图(b)；TATF COFs 在 CV 循环中的氧化还原过程(c)；TATF COFs 电致变色器件的循环稳定性(d)(波长：530 nm；电压：−2.5 V～2.5 V；间隔时间：10 s)[14]

上文介绍的这两种 EC COFs 已经在变色响应速度和着色效率等方面表现出了

良好的性能。考虑到其高度可设计的拓扑分子结构和有序的孔洞，COFs可以成为研究和开发高性能电致变色材料的新平台。

9.4 结论与展望

目前MOFs和COFs在电致变色领域的意义和价值还没有得到充分的揭示。与其他典型的电致变色材料（WO_3、聚合物等）相比，它们没有显示出明显的优势。但其固有的结构特点使其在这一领域，特别是在快速响应电致变色器件方面具有很大的潜力。

EC MOFs/COFs中还有一些问题需要进一步研究：

(1) 稳定性：许多报道的EC MOFs/COFs的稳定性不够好。虽然其中一些不仅在数百次CV循环中表现出了优异的稳定性，而且在长时间紫外照射和高温下也表现出了优异的稳定性，但如何设计稳定的EC MOFs/COFs仍需更多深入的研究。EC MOFs的不稳定性可能是由MOFs中配位键较弱引起的。因此，EC COFs可能是一个更好的选择，但还需要对EC COFs进行更多的研究来证实。

(2) 离子传输：离子传输速度快是EC MOFs/COFs的最大优点。已经报道的EC MOFs/COFs显示出了快速的变色响应（可以为几秒钟）。离子传输过程以及离子与MOFs/COFs之间的相互作用还需要系统的研究，从而可能进一步提高变色响应速度。

(3) 薄膜制备：MOFs/COFs是不溶性材料。制备均匀薄膜是EC MOFs/COFs最大的挑战。大多数报道的MOFs/COFs薄膜是通过将基底置于反应液中原位生长来制备的，但薄膜经常展现出严重的光散射现象，降低了其透明度。因此，需要开发更实用有效的薄膜制备方法。

(4) 更多参考实例：目前，关于EC MOFs/COFs的报道相当有限，需要更多的样本来揭示更多的可能性。

参考文献

[1] Yaghi O M, Li G. Mutually interpenetrating sheets and channels in the extended structure of [Cu(4,4′-bpy)Cl]. Angewandte Chemie International Edition, 1995, 34(2): 207-209.

[2] Yaghi O M, Li H. Hydrothermal synthesis of a metal-organic framework containing large rectangular channels. Journal of the American Chemical Society, 1995, 117(41): 10401-10402.

[3] Hoskins B F, Robson R. Design and construction of a new class of scaffolding-like materials comprising infinite polymeric frameworks of 3d-linked molecular rods. A reappraisal of the zinc cyanide and cadmium cyanide structures and the synthesis and structure of the diamond-related frameworks $[N(CH_3)_4][Cu^{I}Zn^{II}(CN)_4]$ and Cu^{I}[4,4′,4″,4‴-tetracyanotetraphenylmethane] $BF_4.xC_6H_5NO_2$. Journal of the American Chemical Society, 1990, 112(4): 1546-1554.

[4] Yaghi O M, Li G,Li H. Selective binding and removal of guests in a microporous metal-organic framework. Nature, 1995, 378(6558): 703-706.

[5] Eddaoudi M, Kim J, Rosi N, et al. Systematic design of pore size and functionality in isoreticular MOFs and their application in methane storage. Science, 2002, 295(5554): 469-472.

[6] Li H, Eddaoudi M, O'keeffe M, et al. Design and synthesis of an exceptionally stable and highly porous metal-organic framework. Nature, 1999, 402(6759): 276-279.

[7] Czaja A U, Trukhan N,Müller U. Industrial applications of metal-organic frameworks. Chemical Society Reviews, 2009, 38(5): 1284-1293.

[8] Côté A P, Benin A I, Ockwig N W, et al. Porous, crystalline, covalent organic frameworks. Science, 2005, 310(5751): 1166-1170.

[9] Ding S Y,Wang W. Covalent organic frameworks (COFs): From design to applications. Chemical Society Reviews, 2013, 42(2): 548-568.

[10] Feng X, Ding X, Jiang D. Covalent organic frameworks. Chemical Society Reviews, 2012, 41(18): 6010-6022.

[11] Kandambeth S, Dey K, Banerjee R. Covalent organic frameworks: Chemistry beyond the structure. Journal of the American Chemical Society, 2019, 141(5): 1807-1822.

[12] Wade C R, Li M, Dincă M. Facile deposition of multicolored electrochromic metal-organic framework thin films. Angewandte Chemie, 2013, 125(50): 13619-13623.

[13] Hao Q, Li Z J, Lu C, et al. Oriented two-dimensional covalent organic framework films for near-infrared electrochromic application. Journal of the American Chemical Society, 2019, 141(50): 19831-19838.

[14] Xiong S, Wang Y, Wang X, et al. Schiff base type conjugated organic framework nanofibers: Solvothermal synthesis and electrochromic properties. Solar Energy Materials and Solar Cells, 2020, 209: 110438.

[15] Cui Y, Li B, He H, et al. Metal-organic frameworks as platforms for functional materials. Accounts of Chemical Research, 2016, 49(3): 483-493.

[16] Furukawa H, Cordova K E, O′keeffe M, et al. The chemistry and applications of metal-organic frameworks. Science, 2013, 341(6149): 1230444.

[17] Lin Y, Kong C, Zhang Q, et al. Metal-organic frameworks for carbon dioxide capture and methane storage. Advanced Energy Materials, 2017, 7(4): 1601296.

[18] Adil K, Belmabkhout Y, Pillai R S, et al. Gas/vapour separation using ultra-microporous metal-organic frameworks: Insights into the structure/separation relationship. Chemical Society Reviews, 2017, 46(11): 3402-3430.

[19] Chughtai A H, Ahmad N, Younus H A, et al. Metal-organic frameworks: Versatile heterogeneous catalysts for efficient catalytic organic transformations. Chemical Society Reviews, 2015, 44(19): 6804-6849.

[20] Wu M X, Yang Y W. Metal-organic framework (MOF)-based drug/cargo delivery and cancer therapy. Advanced Materials, 2017, 29(23): 1606134.

[21] Lustig W P, Mukherjee S, Rudd N D, et al. Metal-organic frameworks: Functional luminescent and photonic materials for sensing applications. Chemical Society Reviews, 2017, 46(11): 3242-3285.

[22] Stassen I, Burtch N, Talin A, et al. An updated roadmap for the integration of metal-organic frameworks with electronic devices and chemical sensors. Chemical Society Reviews, 2017, 46(11): 3185-3241.

[23] Zhao W, Peng J, Wang W, et al. Ultrathin two-dimensional metal-organic framework nanosheets for functional electronic devices. Coordination Chemistry Reviews, 2018, 377: 44-63.

[24] Chueh C C, Chen C I, Su Y A, et al. Harnessing MOF materials in photovoltaic devices: Recent advances, challenges, and perspectives. Journal of Materials Chemistry A, 2019, 7(29): 17079-17095.

[25] Lustig W P, Li J. Luminescent metal-organic frameworks and coordination polymers as alternative phosphors for energy efficient lighting devices. Coordination Chemistry Reviews, 2018, 373: 116-147.

[26] Usman M, Mendiratta S, Lu K L. Semiconductor metal-organic frameworks: Future low-bandgap materials. Advanced Materials, 2017, 29(6): 1605071.

[27] Alkaabi K, Wade C R, Dincă M. Transparent-to-dark electrochromic behavior in naphthalene-diimide-based mesoporous MOF-74 analogs. Chem, 2016, 1(2): 264-272.

[28] Li R, Li K, Wang G, et al. Ion-transport design for high-performance Na^+-based electrochromics. ACS Nano, 2018, 12(4): 3759-3768.

[29] Xie Y X, Zhao W N, Li G C, et al. A naphthalenediimide-based metal-organic framework and thin film exhibiting photochromic and electrochromic properties. Inorganic Chemistry, 2016, 55(2): 549-551.

[30] Maniam S, Higginbotham H F, Bell T D M, et al. Harnessing brightness in naphthalene diimides. Chemistry-A European Journal, 2019, 25(29): 7044-7057.

[31] Kung C W, Wang T C, Mondloch J E, et al. Metal-organic framework thin films composed of free-standing acicular nanorods exhibiting reversible electrochromism. Chemistry of Materials, 2013, 25(24): 5012-5017.

[32] Wang J, Liu K, Ma L, et al. Triarylamine: Versatile platform for organic, dye-sensitized, and perovskite solar cells. Chemical Reviews, 2016, 116(23): 14675-14725.

[33] Ma X, Niu H, Wen H, et al. Synthesis, electrochromic, halochromic and electro-optical properties of polyazomethines with a carbazole core and triarylamine units serving as functional groups. Journal of Materials Chemistry C, 2015, 3(14): 3482-3493.

[34] Cai S, Wen H, Wang S, et al. Electrochromic polymers electrochemically polymerized from 2, 5-dithienylpyrrole (DTP) with different triarylamine units: Synthesis, characterization and optoelectrochemical properties. Electrochimica Acta, 2017, 228: 332-342.

[35] Ngue C M, Liu Y H, Wen Y S, et al. Spectroelectrochemical studies of the redox active tris[4-(triazol-1-yl)phenyl]amine linker and redox state manipulation of Mn(Ⅱ)/Cu(Ⅱ) coordination frameworks. Dalton Transactions, 2019, 48(27): 10122-10128.

[36] Mjejri I, Doherty C M, Rubio-Martinez M, et al. Double-sided electrochromic device based on metal-organic frameworks. ACS Applied Materials & Interfaces, 2017, 9(46): 39930-39934.

[37] Chaudhari A K, Souza B E, Tan J C. Electrochromic thin films of Zn-based MOF-74 nanocrystals facilely grown on flexible conducting substrates at room temperature. APL Materials, 2019, 7(8): 081101.

[38] Ma T, Kapustin E A, Yin S X, et al. Single-crystal X-ray diffraction structures of covalent organic frameworks. Science, 2018, 361(6397): 48-52.

[39] Evans A M, Parent L R, Flanders N C, et al. Seeded growth of single-crystal two-dimensional covalent organic frameworks. Science, 2018, 361(6397): 52-57.

[40] Cao S, Li B, Zhu R, et al. Design and synthesis of covalent organic frameworks towards energy and environment fields. Chemical Engineering Journal, 2019, 355: 602-623.

[41] Wang H, Zeng Z, Xu P, et al. Recent progress in covalent organic framework thin films: Fabrications, applications and perspectives. Chemical Society Reviews, 2019, 48(2): 488-516.

[42] Erno Z B, Franz S F, Kloeppner L J, et al. Electrochromic organic frameworks: WO2018204802 (A1). 2018-11-08.

第十章 基于纳米结构的聚合物的电致变色

10.1 引 言

随着 1992 年 Mobil 研究人员对介孔材料的开创性研究,这一科学研究领域已经扩展到许多分支[1]。许多研究成果在催化、能源、环境和生物医学研究等领域做出了重大贡献,成千上万的研究成果在各种国内和国际期刊上发表。多孔材料最广义的定义是通过空隙填充的连续的固体网状材料。对于纳米孔材料,孔隙或空隙的数量级为 1~100 nm,空隙可能被液体甚至固体填满[2]。

实际上,多孔结构对电致变色也起着重要作用。电致变色的切换速度是由离子输进/输出电致变色薄膜的效率控制的,而离子输进/输出电致变色薄膜的效率在很大程度上取决于电致变色薄膜的微观结构和形貌。因此,要实现快速、充分的离子插层,需要高表面比的电致变色膜。大量报道表明,多孔结构可以促进电解质的渗透,减少扩散路径,从而加快反应动力学。此外,电致变色纳米复合材料在电致变色开关过程中由于离子的抽提和插入而发生周期性的体积变化,强的界面相互作用有助于保持纳米复合材料的结构稳定,避免体积变化造成的结构损伤。因此,由多孔结构引起的界面相互作用对提高纳米复合材料的结构强度、质量输运、电子传导和电致变色性能具有重要作用。许多科学家结合各种电致变色材料的优点研究电致变色纳米复合材料。

在电致变色领域,多孔材料可分为:纯无机、有机-无机杂化和全有机多孔聚合物。本章主要介绍了有机电致变色材料的相关纳米结构、应用和性能。无机电致变色材料,如Ⅱ-Ⅵ和Ⅲ-Ⅴ半导体量子点 CdSe、ZnSe[3]、晶体化过渡氧化物 WO_3[4,5] 和

V_2O_5[6]等也被科学家广泛研究，在此不做讨论。

10.2 电致变色纳米结构的研究

多孔结构在有机电学中的应用一般分为非电致变色活性材料和电致变色活性材料支持的纳米结构两大类。此外，本章讨论了不同的模板及其功能，介绍了纳米结构电致变色材料的加工过程。

10.2.1 非电致变色活性材料作为电致变色模板

10.2.1.1 光子晶体作为电致变色模板

光子晶体(photonic crystals，PCs)材料(图 10.1)在折射率上有周期性的调制，可以是由相干布拉格光学衍射产生的异常明亮的反射颜色的来源。通过胶体自组装或纳米印迹的方法，可获得一维、二维和三维的光子晶体，以实现可调谐的结构颜色。胶体光子晶体光学性能的调整受到各种类型的金属、绝缘体、半导体和聚合物的填充的影响[7]。

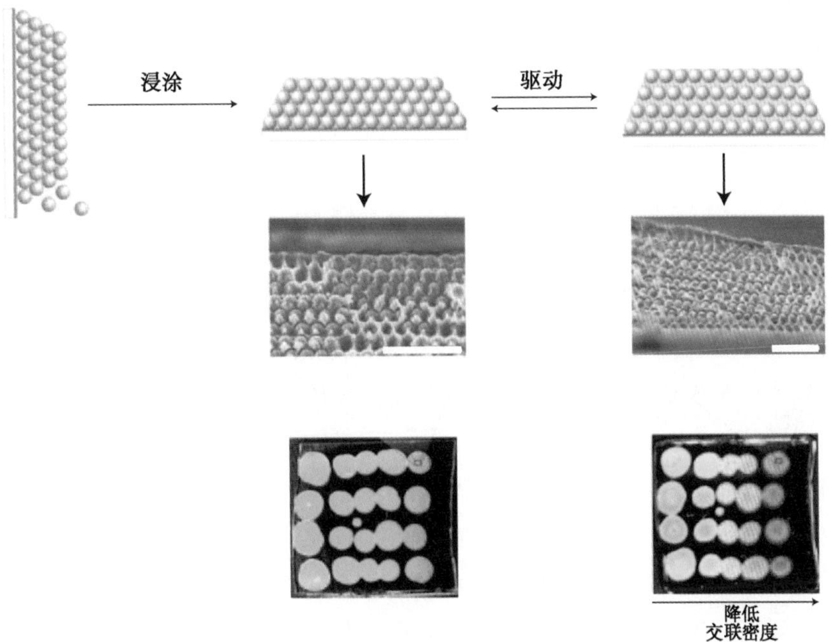

图 10.1 薄膜电活性光子晶体材料的制造和光学特性的一个例子[7]

由于自组装方法的可行性，三维有序排列的单分散球-胶体晶体或合成蛋白石已被深入研究。胶体光子晶体的优点之一是它可以改变其光谱中的特征反射峰(阻带)。光学反射峰类似于 X 射线粉末模式的衍射峰,但属于亚微米范围,而不是埃范围(图 10.2)。在这些材料中,阻带的位置主要取决于三个因素:(1) 折射率对比两个周期球体(实心球体或空气球和周围的阶段);(2) 晶格常数(球体之间的间距);(3) 填充系数(球体的体积与周围相的体积相比)[图 10.2(b)]。在光子晶体中可调谐颜色的概念是基于通过施加外部刺激,改变这些参数中的任何一个来可逆地改变阻带特性[8]。

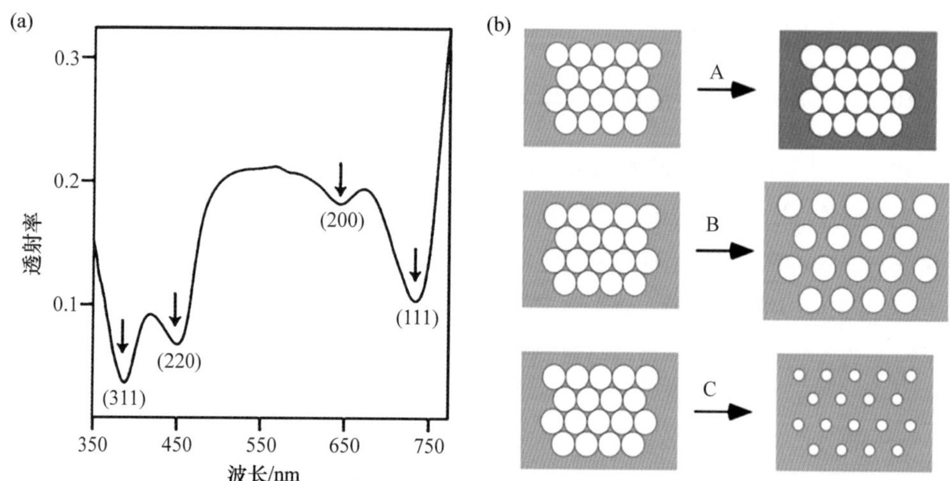

图 10.2 用 2-丙醇浸润的硫醇丙基二氧化硅多晶样品的紫外-可见反射光谱(a);胶体晶体的颜色调谐机制(b)[8]

[图(b)中:(A)折射率的变化;(B)晶格常数的变化;(C)填充系数的变化]

许多科学家将注意力集中在光子晶体的制备、纳米结构工程和颜色调谐特性上[9—11]。基于具有附加装配力的乳胶颗粒,通过涂层或印刷的方式大规模地制造胶体光子晶体已被成功证明其可行性。这种功能胶体的制备将极大地扩展其在各个领域的应用。

因此,我们预测结构着色的光子晶体和电化学着色的导电聚合物的组合将产生新的变色。值得注意的是,虽然光学特性可以通过结构工程调谐,但实时可调性却远不如预期。这可以通过在电响应聚合物上施加低电压来补偿光开关特性。电刺激下的颜色控制不是基于晶体周期性的改变,而是基于导电聚合物的电致变色。而结构色彩的参与使系统的光学特性更加多样化。

2006 年,Ryu 等人应用紫精改性为多孔聚合物微球,该微球由种子聚合和回流工艺制备(图 10.3),开关切换可以实现毫秒级的响应时间。这种方法通过调节甲苯含量来控制基质颗粒的孔隙率，因此证明通过使用纳米结构，电致变色开关效率可以大大提高[13]。

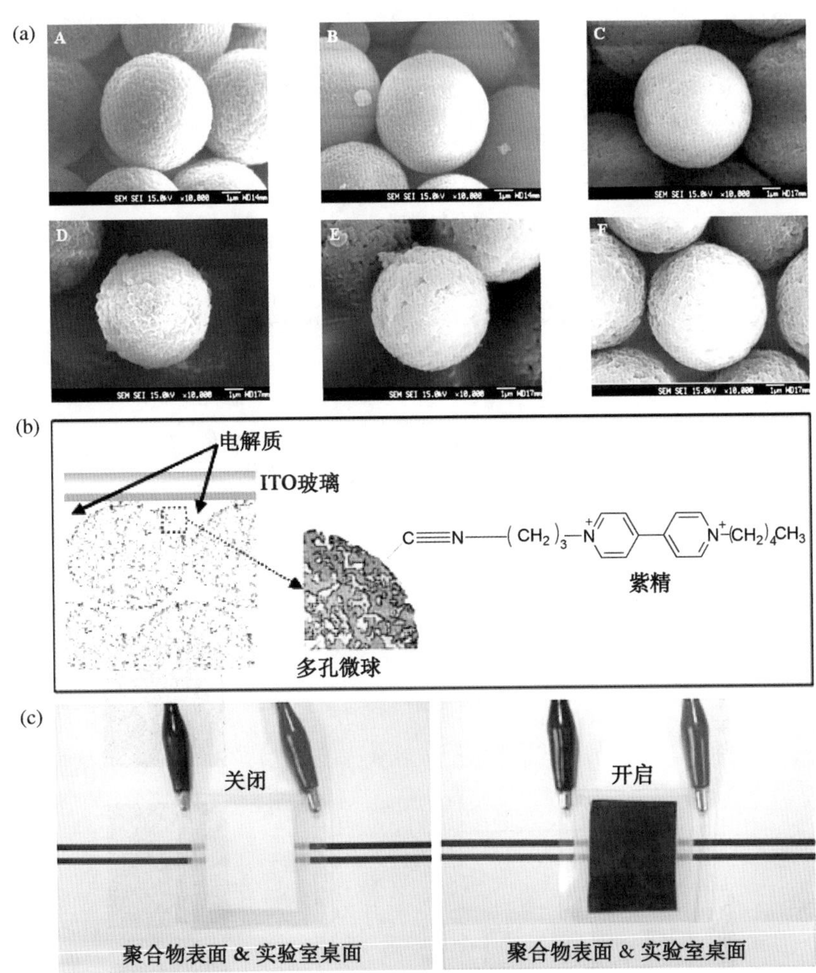

图 10.3 多孔聚合物微球的 SEM 照片(a)；制造装置中的基质颗粒示意图(b)；装置处于关闭状态、开启状态的图像(c)[13]

[图(a)种子聚合中使用的甲苯含量：(A)50%，(B)100%，(C)150%；紫精修饰的多孔聚合物微球：(D)POR05，(E)POR10，(F)POR15]

在此基础上，2017 年 Ryu 等人通过紫精侧链改性实现了多色电致变色[14]，研究了不同取代基的紫精在多色电致变色装置中的应用，合成了以氰基、水杨酸和烷基为取代基的紫霉素分子，并与微球表面的甲基氯反应[图 10.4(a)(b)]。通过比较分光光度和视觉外观结果，可以确定在紫霉素分子上使用氰基、水杨酸和烷基取代基时，每个电致变色装置在电位范围内呈现红、绿、蓝三种颜色[图 10.4(c)(d)]。

正如我们所知，应用纳米结构的主要目的是利用光子晶体纳米颗粒的结构颜色或增强电致变色开关性能。而在这项工作中，研究人员没有提到这两个方面的详细特征。

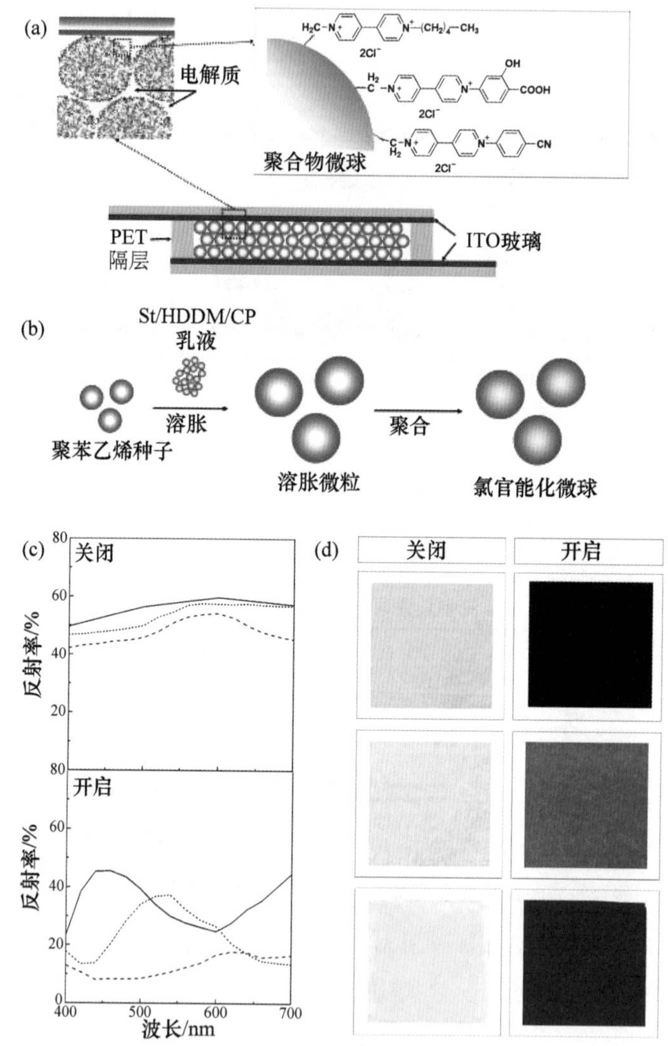

图 10.4 R-ECD 单元的横截面图(a)；种子聚合的示意图(b)；根据电位对 R-ECD 进行分光光度分析(c)；无电位和有电位的 R-ECD 的照片图像(d)[14]

2013 年，Ge 等人采用了结构类似的不同材料。以聚苯乙烯(PS)微纳结构为模板，通过模板辅助聚合法制备聚苯胺(PANI)。聚苯胺的化学结构和有序多孔微观结构的改变使其离子扩散性能及与光开关性能的相关性得到了极大的提高。与原始的聚苯胺薄膜相比，PS/PANI复合材料由于其链结构和晶体结构在有序模板下的约束生长发生了变化，离子扩散速率大大提高。由于电解质体积分数大、孔隙相互连通，复合材料也表现出良好的离子扩散可逆性和离子存储能力(图10.5)[15]。

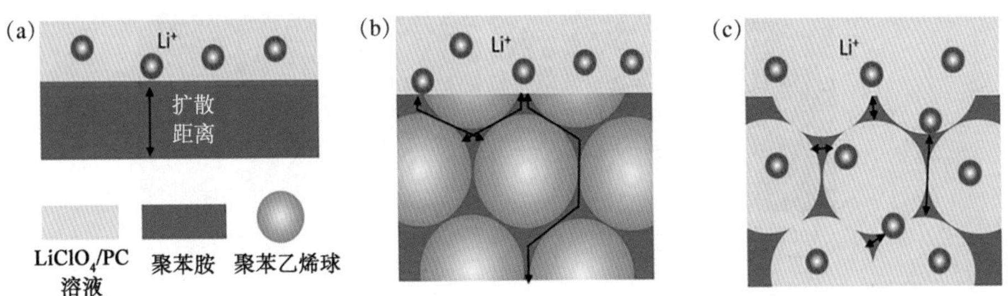

图10.5　聚苯胺薄膜(a)、PANI/PS复合材料(b)(c)[15]中的离子扩散路径示意图

(棕色的球代表 Li^+，双头箭头代表 Li^+ 的扩散路径)

2016年，Kuno等人报道了由有序排列的聚苯胺@聚甲基丙烯酸甲酯(PANI@PMMA)核壳纳米粒子组成的电响应材料的成功制备案例。用氯化苯胺氧化聚合的方法在聚甲基丙烯酸甲酯核表面沉积了PANI@PMMA核壳纳米粒子，然后使用流体电池法制造有序阵列(图10.6)。因为有序阵列和聚苯胺壳分别产生结构变色和电致变色，所以这些核壳胶体晶体显示的颜色是综合效应。晶体的颜色很大程度上取决于PANI@PMMA粒子的大小，也可以通过施加电压而改变。结果发现，这些阵列的电致变色与电化学氧化制备的纯聚苯胺薄膜的电致变色有很大不同[16]。

值得注意的是，研究人员成功地在单胞内实现了结构变色和电致变色。这证明了该纳米粒子是制备新型有色材料的有力工具。

Zhou等人以含苯胺和硫酸锰的水溶液为原料，采用一锅法恒电位阳极电沉积法制备聚苯胺/二氧化锰(PANI/MnO_2)杂化电致变色膜。在一锅法沉积过程中，苯胺的电化学聚合和二氧化锰的电沉积同时发生，而生成的部分二氧化锰可以作为氧化剂进一步引发苯胺的化学聚合，促进杂化膜的快速生长。这种独特的沉积机制使得杂化的聚苯胺薄膜与规整的聚苯胺薄膜在形貌、结构、电化学和电致变色性能上都有显著的区别。与纯聚苯胺薄膜相比，二氧化锰含量最佳的杂化膜具有更高的光学对比度、着色效率和循环稳定性(图10.7)。杂化膜的优异性能可以归因于其独特的多孔形态和相互连接的小纳米颗粒，以及聚苯胺和二氧化锰之间的供体-受体相互作用[17]。

此外，二氧化锰支撑的纳米结构也具有电致变色的特性，与之前引入的介电纳米球体如聚苯乙烯或聚甲基丙烯酸甲酯相比，具有更好的载流子运输性能。

总之，从上述介绍中可以看出，许多研究工作主要集中在非常传统的聚苯胺作为电致变色活性材料上，这在很大程度上限制了加工方法的普遍应用。另外，真正将光子晶体的结构色彩特性应用到组合系统的研究也很少，这为以后的研究留下了很大的空间。

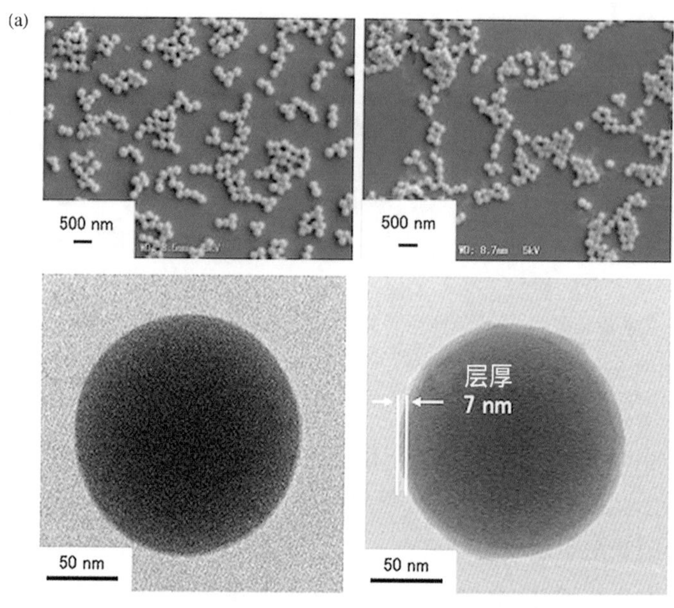

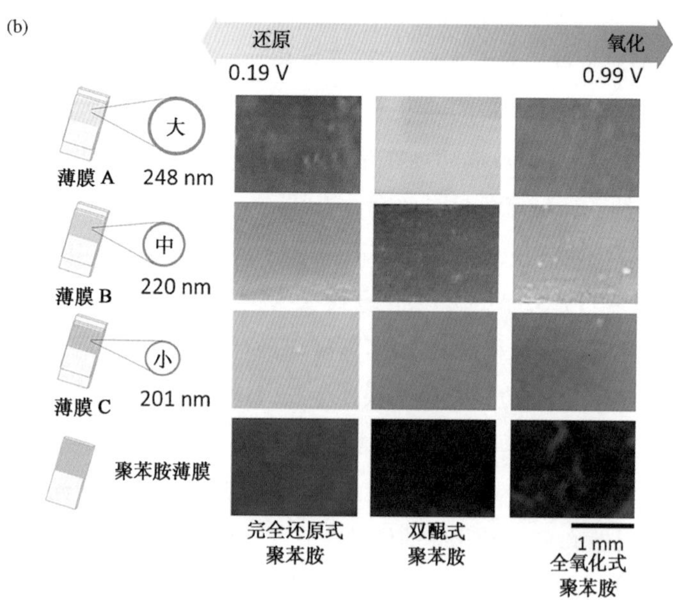

图 10.6　聚苯胺纳米粒子(左)和 PANI@ PMMA 核壳纳米粒子(右)的 SEM 和 TEM 图像(a)；胶体晶体薄膜和 PANI@ PMMA 核壳纳米粒子薄膜的电致变色性能(b)[16]

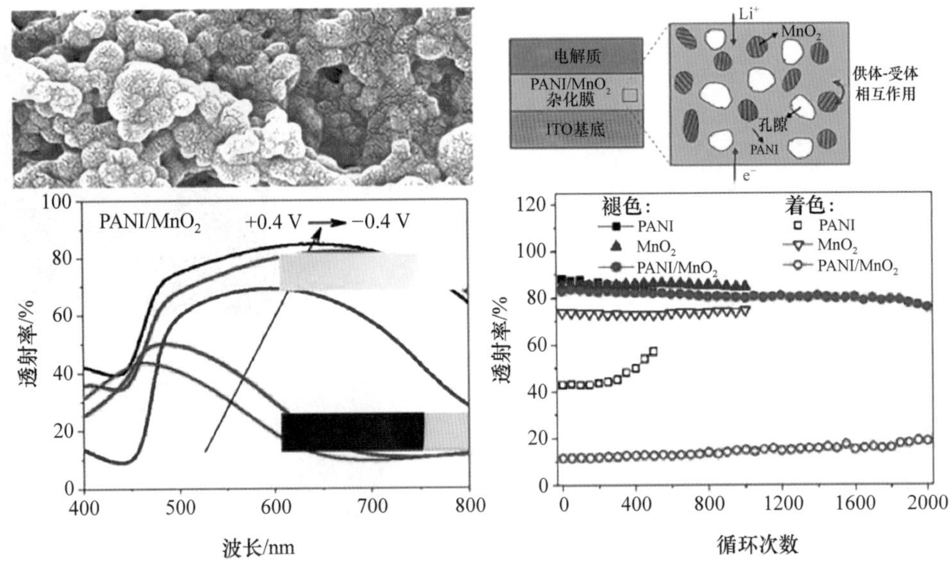

图 10.7　单锅电位阳极电沉积法制备 PANI/MnO_2 杂化膜及其电致变色性能[17]

10.2.1.2　等离子体结构作为电致变色薄膜沉积的模板

等离子体颜色是由光和金属纳米结构之间的共振相互作用而产生的结构颜色。这种现象在介电结构和金属结构中都能实现，范围从全介电光子晶体到金属光栅。与介电纳米结构相比，金属电浆子结构不仅可以通过结构尺寸进行调整，而且可以通过工作环境的光学参数进行调整，这大大拓宽了光学特性的控制范围[18,19]。

此外，金属薄膜中亚波长纳米孔的增强光学传输特性为设计和实现 Ag 基、Au 基和 Al 基滤光片铺平了道路。它们具有高等离子体频率和低损耗[21]，但这些贵金属的高成本阻碍了广泛集成到实际应用。而 Al 是地壳中最丰富的金属，具有广泛的实际应用。

如图 10.8(a)所示，一个金属圆盘(Ag 或 Au)制成的独立等离子体像素由氢倍半硅氧烷(HSQ)纳米点置于一个中空的金属反射层上[22]。每个像素由 1～4 个磁盘组成，这些磁盘大小在 250 nm 的正方形区域内，分辨率约为每英寸(1 英寸＝0.0254 米)100 000 个点。打印的真实感测试图如图 10.8(b)所示[23]，将不同尺寸的 Al 纳米圆盘组合在一起，并改变它们之间的间距，扩大了色域，使其有可能创建一个精确的微米尺寸大小的微型复制。

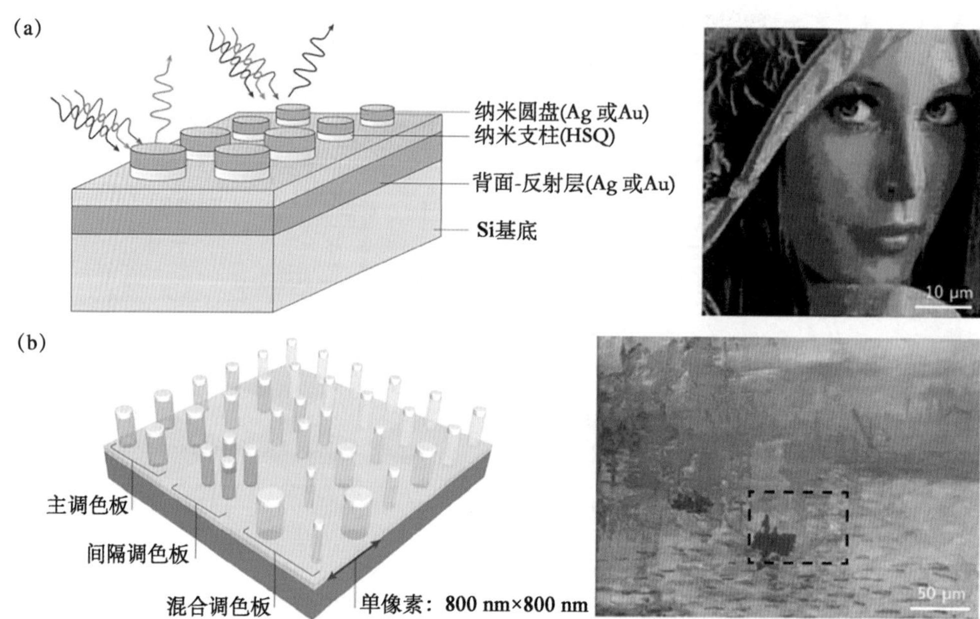

图 10.8　利用电子束蚀刻技术制成的相应印刷图像的各种像素设计(a)[22]；Al 纳米结构实现的 Al 基等离子体颜色(b)[23]

Xu 等人报道了电致变色等离子体结构的一种优良应用[24]。通过使用等离子体纳米阵列、两种不同的电致变色聚合物，电沉积聚苯胺和聚 2,2-二甲基-3,4-丙基二氧基噻吩(PolyProDOT-Me_2)[图 10.9(a)(b)]，材料展示了高光学对比度、快速单色和全彩电致变色开关性能。在厚度可控的金属结构上的极薄涂层支持表面等离子体的无散射传播，导致与电致变色薄膜的最大相互作用。因此，等离子体电致变色可切换配置保留了快速切换速度和多功能彩色性能的优势[图 10.9(c)(d)]。

除了广泛应用的电子束在基底上光刻或纳米压印获得纳米结构外[25]，溶液处理也成功地被应用于制备可电致变色的纳米材料[26]。2017 年，Lu 等人实现了在不同形状的 Au 纳米晶上包覆纳米尺度的 PANI 壳层，包括纳米球(NSs)、纳米棒(NRs)和纳米双锥(NBPs)，并研究了它们的电化学等离子体激元的开关性能(图 10.10)。在(Au NRs)@PANI 纳米结构上获得了高达 100 nm 的等离子体峰位移，仅用聚苯胺作为电化学控制介质，之前还没有实现这样显著的等离子体峰位移。

总之，等离子体纳米结构在结构着色技术中具有巨大的潜力，其许多关键性能指标都超过了传统的着色技术。最引人注目的是在高刷新率(>50 Hz)和光学对比度下获得高彩色打印分辨率(超过 10^5 dpi)的机会[27]，以及具有后处理阶段等离子体彩色激光打印的前景。

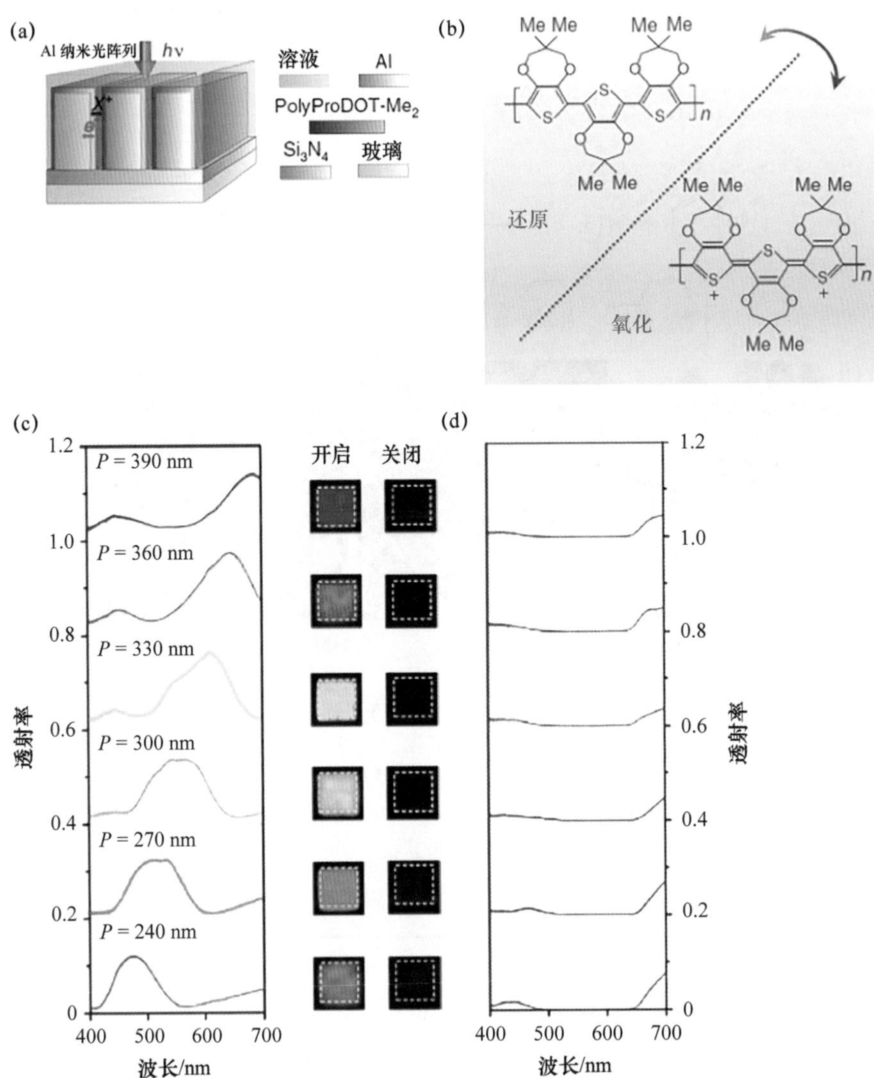

图 10.9　全彩色等离子体电致变色电极。含有不同尺寸 Al 纳米光阵列的等离子体电致变色电极示意图(a)；氧化和还原形式的 PolyProDOT-Me_2 的化学结构(b)；狭缝周期值的 PolyProDOT-Me_2 包覆 Al 纳米光阵列结构的透射光谱、器件的相应光学显微图(c)(d)[24]

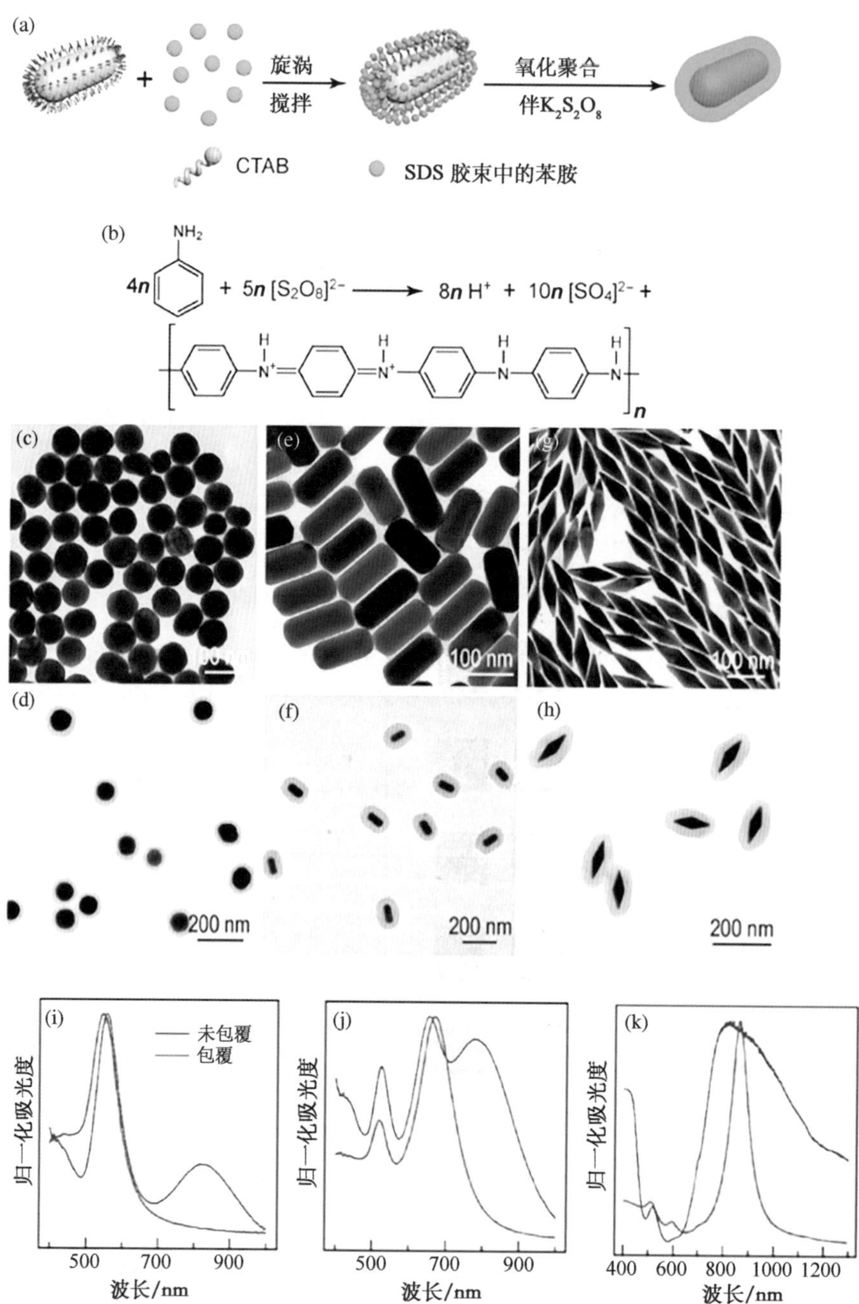

图 10.10 (Au 纳米晶)@PANI 纳米结构。表面活性剂辅助氧化聚合在 Au 纳米晶上包覆 PANI 的过程示意图(a)；过硫酸盐为氧化剂的苯胺氧化聚合方程(b)；未包覆(上)和包覆(下)的 Au NSs、Au NRs、Au NBPs 的 TEM 图像(c)～(h)；未包覆和包覆的 Au NSs、Au NRs、Au NBPs 的吸收光谱(i)～(k)[26]

10.2.2 纳米结构电致变色材料

自20世纪70年代以来，已经发现了可作为电致变色材料的无机金属氧化物。这一研究领域发展非常迅速，一些材料如WO_3，已经被商业化作为建筑的智能窗和汽车的后视镜。WO_3[28,29]、NiO[30]和V_2O_5[31]等无机薄膜的制备得到了广泛的研究。然而，有机电致变色活性材料在不使用任何模板的情况下形成纳米结构是非常困难的，也很少被报道。这主要归因于有机材料的固有性质。与无机材料相比，有机材料在材料合成或成膜过程中不能承受高温。为保持电致变色的活性特性，一般加工温度应低于100℃，这极大地限制了有机电致变色材料在纳米结构工程中的应用。

在这一章中，之前介绍的纳米结构都存在一些缺点，如模板涉及多、工艺复杂、商业化成本过高等。此外，电化学聚合电致变色电极为聚(3,4-乙烯二氧噻吩)和聚苯胺，不适合大规模生产。目前迫切需要一种简便、低成本、全溶液处理的化学合成材料，将纳米结构引入大面积电致变色电极中。在考察这些困难的同时，近年来一些优秀的研究工作展示了低温、有效的方法来实现电致变色材料的纳米结构。

2010年，Yoo等人在水溶液中通过化学氧化聚合法制备了PANI/PSS纳米微球(图10.11)，并研究了PANI/PSS纳米微球作为电致变色阳极电极的电位和Li^+的扩散[32]。通过溶液工艺，特别是自旋镀层，可以得到尺寸约为28 nm的均匀的PANI/PSS纳米微球电致变色层。PANI/PSS纳米微球表现出Li^+的高扩散系数(约$7.7\times10^{-9}\ cm^2\cdot s^{-1}$)和低电荷转移电阻(约99 Ω)，从而使其具有快速的电致变色响应(着色时间<1.7 s，褪色时间<2.4 s)和高的着色效率(>108 $cm^2\cdot C^{-1}$)。

2007年，Jang等人报道了用于喷墨打印化学传感器的水处理聚苯胺聚(4-苯乙烯磺酸)纳米颗粒。与传统的聚苯胺传感器相比，这个化学传感器具有前所未有的灵敏度和快速响应。这意味着它在电化学装置上的应用前景非常广阔[33]。

2015年，Dehmel等人报道了嵌段共聚物自组装成回旋状的形态被复制到三维纳米结构的共轭聚合物中(图10.12)[34]。中空苯乙烯陀螺网络被用作电沉积聚(3,4-乙烯二氧噻吩)衍生物和聚吡咯的支架。通过选择溶剂和电解质，可以将初始自组装形态出色地复制到自支撑的陀螺共轭聚合物网络中。该纳米结构薄膜用于制造电致变色器件，在开关时具有良好的色彩反差，开关速度快。电可切换波带板的制造证明了这种不需要模板的三维纳米化方法的可靠性和可拓展性。

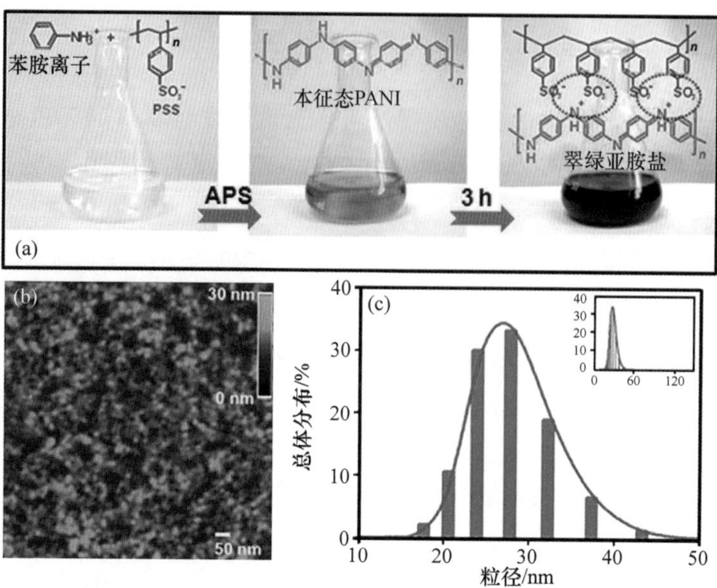

图 10.11 PANI/PSS 纳米微球的制备示意图、照片(a),AFM 图像(b)及 DLS 分布(c)[32]

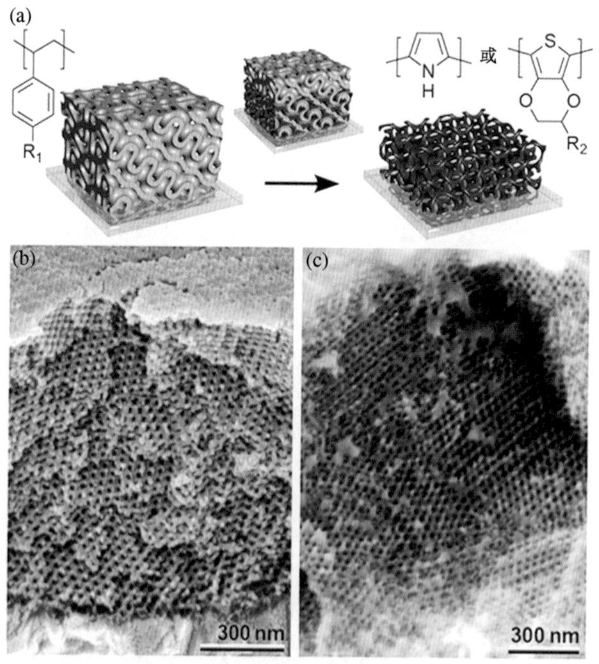

图 10.12 多孔结构共轭聚合物电极的制备。螺旋形苯乙烯模板、电化学聚合和随后模板溶解产生独立共轭聚合物的示意图(R_1 = H,F 和 R_2 = H,CH_2OH)(a);独立、介孔聚(3,4-乙烯二氧噻吩)(甲醇)(b)及聚吡咯网络(c)的断面 SEM 图像[34]

2018年,Xing等人以两种商品化电致变色聚合物TQ1和区域规则的P3HT为例,成功制备了水分散电致变色聚合物纳米粒子(WDENs)(图10.13)[35]。拥有纳米结构的电极的切换速度比体状电极快得多,例如,在0.4 V时,着色时间分别为2.10 s、24.15 s,褪色时间分别为8.65 s、25.95 s;在1.0 V时,着色时间分别为1.30 s、9.20 s,褪色时间分别为1.7 s、2.90 s。此外,该工作还证明了WDENs的制备方式适用于广泛的电致变色聚合物。微电化学测试表明,电解液与纳米微球膜之间的反离子扩散比压实膜更有效,从而使电致变色响应速度更快。电致变色纳米微球膜的制备方案和低成本制造,使其不仅在聚合物电致变色显示器的商业生产中具有广泛的应用,而且在其他聚合物电化学电子领域也具有巨大的潜力。

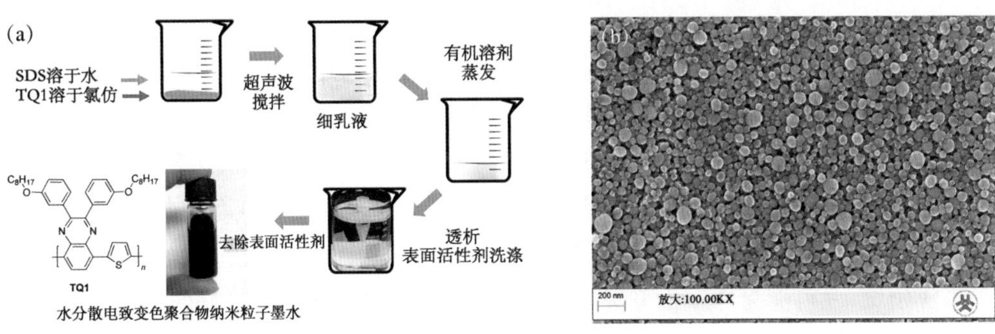

图10.13 WDENs的制备过程(a);纳米微球膜的SEM图像(b)[35]

最近,Zhang等人报道了可溶液加工的三维蜂窝状聚(3,4-乙烯二氧噻吩)(H-PEDOT)纳米结构网络(图10.14)[36]。对H-PEDOT纳米结构的形貌、结构和电致变色性能进行了表征。将H-PEDOT纳米结构薄膜组装成有图案的全固态电致变色装置,这些图形电致变色装置具有明显的颜色变化和快速的切换速度,包括更大的光学对比度、更短的响应时间(褪色时间为0.8 s,着色时间为0.9 s)和更高的着色效率。这种图形电致变色装置在节能显示器、电子书和电子贺卡方面有很好的应用前景。

10.3 结论与展望

介电纳米球或纳米结构的引入可提高离子扩散速率,但导致电子/空穴迁移率降低。等离子体纳米结构可以提供一个通用的光学性能、更快的电致变色响应,而不影响电子/空穴迁移率。金属-模板相互作用的概念将有助于在这些材料中生成多孔网

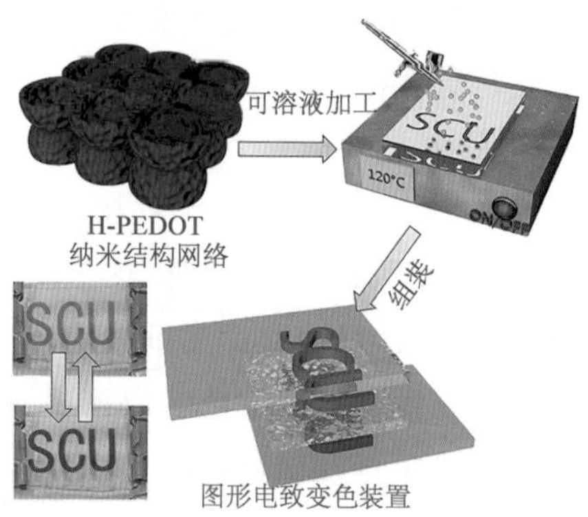

图 10.14　H-PEDOT 纳米结构的制备方案及薄膜处理[36]

络，而使用表面活性剂分子的传统非多孔材料将为固态纳米孔的研究开辟多个分支。然而，电子束光刻或纳米压印的加工方法是昂贵的。

最有希望的方法是在聚合物中使用不同类型的多孔结构，而不需要任何模板。因此，对有机电致变色材料加工工艺的深入研究，对于提高电致变色材料的开关性能和稳定性具有十分重要的意义。当然，它也可以应用于催化、传感、吸附、光电子、光采集等领域，并可能为许多相关研究领域的进一步发展提供一个良好的机会。

参考文献

[1] Kresge C T, Leonowicz M E, Roth W J, et al. Ordered mesoporous molecular sieves synthesized by a liquid-crystal template mechanism. Nature, 1992, 359(6397): 710-712.

[2] Pal N, Bhaumik A. Soft templating strategies for the synthesis of mesoporous materials: Inorganic, organic-inorganic hybrid and purely organic solids. Advances in colloid and interface science, 2013, 189-190: 21-41.

[3] Wang C, Shim M, Guyot-Sionnest P. Electrochromic nanocrystal quantum dots. Science, 2001, 291(5512): 2390.

[4] Zhang J, Tu J P, Cai G F, et al. Enhanced electrochromic performance of highly ordered, macroporous WO_3 arrays electrodeposited using polystyrene colloidal crystals as template. Electrochimica Acta, 2013, 99: 1-8.

[5] Badilescu S. Study of sol-gel prepared nanostructured WO_3 thin films and composites for electrochromic applications. Solid State Ionics, 2003, 158(1-2): 187-197.

[6] Tong Z, Zhang X, Lv H, et al. From amorphous macroporous film to 3D crystalline nanorod

architecture: A new approach to obtain high-performance V_2O_5 electrochromism. Advanced Materials Interfaces, 2015, 2(12): 1500230.

[7] Arsenault A C, Puzzo D P, Manners I, et al. Photonic-crystal full-colour displays. Nature Photonics, 2007, 1(8): 468-472.

[8] Aguirre C I, Reguera E, Stein A. Tunable colors in opals and inverse opal photonic crystals. Advanced Functional Materials, 2010, 20(16): 2565-2578.

[9] Lehoux A, Ramos L, Beaunier P, et al. Tuning the porosity of bimetallic nanostructures by a soft templating approach. Advanced Functional Materials, 2012, 22(23): 4900-4908.

[10] Zhang Y, Wang J, Huang Y, et al. Fabrication of functional colloidal photonic crystals based on well-designed latex particles. Journal of Materials Chemistry, 2011, 21(37): 14113-14126.

[11] Chen X, Wang L, Wen Y, et al. Fabrication of closed-cell polyimide inverse opal photonic crystals with excellent mechanical properties and thermal stability. Journal of Materials Chemistry, 2008, 18(19): 2262-2267.

[12] Zhang K, Xu L L, Jiang J G, et al. Facile large-scale synthesis of monodisperse mesoporous silica nanospheres with tunable pore structure. Journal of American Chemical Society, 2013, 135(7): 2427-2430.

[13] Ryu J H, Lee J H, Han S J, et al. Novel electrochromic displays using monodisperse viologen-modified porous polymeric microspheres. Macromolecular Rapid Communications, 2006, 27(14): 1156-1161.

[14] Ryu J H, Lee Y H, Suh K D. Preparation of a multicolored reflective electrochromic display based on monodisperse polymeric microspheres with *n*-substituted viologen pendants. Journal of Applied Polymer Science, 2008, 107(1): 102-108.

[15] Ge D, Yang L, Tong Z, et al. Ion diffusion and optical switching performance of 3D ordered nanostructured polyaniline films for advanced electrochemical/electrochromic devices. Electrochimica Acta, 2013, 104: 191-197.

[16] Kuno T, Matsumura Y, Nakabayashi K, et al. Electroresponsive structurally colored materials: A combination of structural and electrochromic effects. Angewandte Chemie International Edition, 2016, 55(7): 2503-2506.

[17] Zhou D, Che B, Lu X. Rapid one-pot electrodeposition of polyaniline/manganese dioxide hybrids: A facile approach to stable high-performance anodic electrochromic materials. Journal of Materials Chemistry C, 2017, 5(7): 1758-1766.

[18] Shrestha V R, Lee S S, Kim E S, et al. Polarization-tuned dynamic color filters incorporating a dielectric-loaded aluminum nanowire array. Scientific Reports, 2015, 5: 12450.

[19] Duempelmann L, Casari D, Luu-Dinh A, et al. Color rendering plasmonic aluminum substrates with angular symmetry breaking. ACS Nano, 2015, 9(12): 12383-12391.

[20] Ebbesen T W, Lezec H J, Ghaemi H, et al. Extraordinary optical transmission through sub-wavelength hole arrays. Nature, 1998, 391(6668): 667-669.

[21] Zeng B, Gao Y,Bartoli F J J S R. Ultrathin nanostructured metals for highly transmissive plasmonic subtractive color filters. Scientific Reports, 2013, 3: 2840.

[22] Kumar K, Duan H, Hegde R S, et al. Printing colour at the optical diffraction limit. Nature Nanotechnology, 2012, 7(9): 557.

[23] Tan S J, Zhang L, Zhu D, et al. Plasmonic color palettes for photorealistic printing with aluminum nanostructures. Nano Letters, 2014, 14(7): 4023-4029.

[24] Xu T, Walter E C, Agrawal A, et al. High-contrast and fast electrochromic switching enabled by plasmonics. Nature Communications, 2016, 7(1): 1-6.

[25] Jacobs K E, Ferreira P M. Painting and direct writing of silver nanostructures on phosphate glass with electron beam irradiation. Advanced Functional Materials, 2015, 25 (33): 5261-5268.

[26] Franklin D, Chen Y, Vazquez-Guardado A, et al. Polarization-independent actively tunable colour generation on imprinted plasmonic surfaces. Nature Communications, 2015, 6(1): 1-8.

[27] Peng J, Jeong H H, Lin Q, et al. Scalable electrochromic nanopixels using plasmonics. Science Advances, 2019, 5(5): 2205.

[28] Afify H, Hassan S, Obaida M, et al. Preparation, characterization, and optical spectroscopic studies of nanocrystalline tungsten oxide WO_3. Optics & Laser Technology, 2019, 111: 604-611.

[29] Bourdin M, Mjejri I, Rougier A, et al. Nano-particles (NPs) of WO_3-type compounds by polyol route with enhanced electrochromic properties. Journal of Alloys and Compounds, 2020: 153690.

[30] Xie Z, Liu Q, Lu B, et al. Large coloration efficiency and fast response NiO electrochromic thin film electrode based on NiO nanocrystals. Materials Today Communications, 2019, 21: 100635.

[31] Chang C C, Chi P W, Chandan P, et al. Electrochemistry and rapid electrochromism control of MoO_3/V_2O_5 hybrid nanobilayers. Materials, 2019, 12(15): 2475.

[32] Yoo S J, Cho J, Lim J W, et al. High contrast ratio and fast switching polymeric electrochromic films based on water-dispersible polyaniline-poly(4-styrenesulfonate) nanoparticles. Electrochemistry Communications, 2010, 12(1): 164-167.

[33] Jang J, Ha J, Cho J. Fabrication of water-dispersible polyaniline-poly(4-styrenesulfonate) nanoparticles for inkjet-printed chemical-sensor applications. Advanced Materials, 2007, 19 (13): 1772-1775.

[34] Dehmel R, Nicolas A, Scherer M R, et al. 3D nanostructured conjugated polymers for optical

applications. Advanced Functional Materials, 2015, 25(44): 6900-6905.

[35] Xing X, Zeng Q, Vagin M, et al. Fast switching polymeric electrochromics with facile processed water dispersed nanoparticles. Nano Energy, 2018, 47: 123-129.

[36] Zhang S, Zhao Y, Du Z, et al. Solution-processable three-dimensional honeycomb-like poly(3, 4-ethylenedioxythiophene) nanostructure networks with very fast response speed for patterned electrochromic devices. Solar Energy Materials and Solar Cells, 2020, 207: 110354.

第十一章　有机电控荧光材料

11.1 引　言

电控荧光是材料在外部电刺激下，其荧光发射强度或者荧光峰位置呈现可逆变化的现象[1]。与电致变色技术广泛充足的研究现状相比，电控荧光技术的发展要落后数十年[2,3]。尽管材料的光致发光涉及三重态磷光和单重态荧光发射机理，但大多数电控荧光材料显示出荧光发射的变化。电控荧光具有广泛的应用前景，例如，基于电控荧光材料可设计与电致变色器件结构相似的发射型显示器件[4]。并且，可利用电控荧光材料的光学响应特性，原位检测氧化还原材料的物理和电化学信号，对化学反应、电子转移或其他过程有更深入的了解，从而使电控荧光技术有望用于高灵敏的化学、生物传感器等[4]。如图 11.1 所示，关于电控荧光材料的早期报道可追溯到 1993 年，Lehn 及其同事选择 $Ru(bpy)_3^{2+}$ 作为荧光团，选择醌/对苯二酚作为氧化还原对，但荧光的切换是通过化学氧化还原来实现的[5]。直到 2004 年，Levillain 和 Sauvage 设计了一种光电化学池并对二戊酰亚胺的电控荧光特性进行了原位表征[6]。Audebert 和 Kim 在 2006 年报道了第一个基于四嗪化合物的电控荧光器件[7]。

在过去的十多年中，电控荧光材料和器件取得了许多进展，大量电控荧光材料相继被报道出来，包括小分子电控荧光材料和聚合物电控荧光材料。近来，关于电致变色材料和器件的一些综述文章已经出现[1,4,8]，这为研究人员设计和优化电控荧光材料和器件提供了各个方面的参考依据。在本章中，将总结常规电控荧光材料的机理及性能参数。同时，也将讨论四种类型的电致发光典型材料，包括有机小分子、荧光聚合物、过渡金属配合物和纳米复合材料等，并通过一些示例简要讨论实现具有高电控荧光性能材料的策略以及相应器件制备的优化。

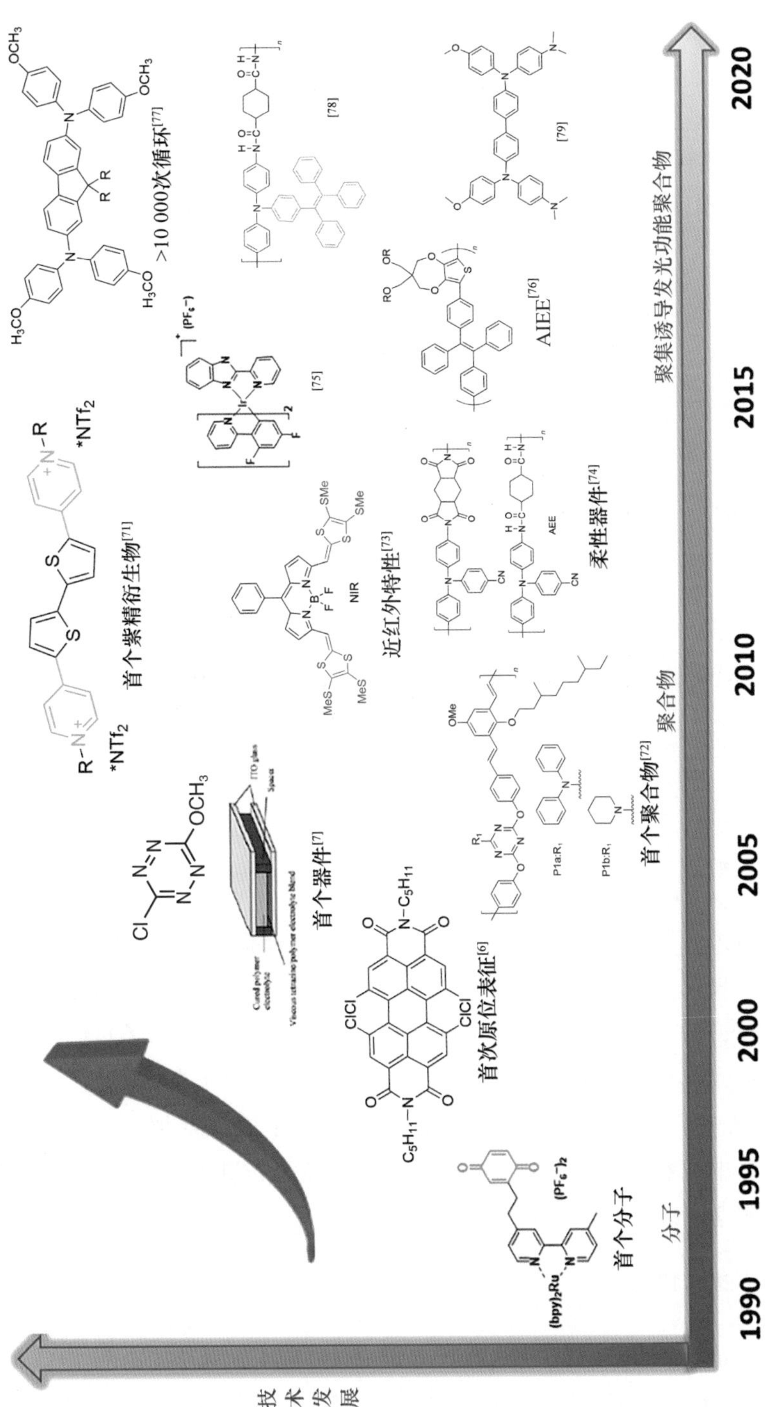

图 11.1 电控荧光材料技术路线图

11.2 电控荧光机理

在不同的电控材料中，可以大致区分三种主要机理：本征机理[图 11.2(a)]、电子转移机理(ET)[图 11.2(b)]和能量转移机理(EnT)[图 11.2(c)]。每个机理都有相对应的典型材料[1]。

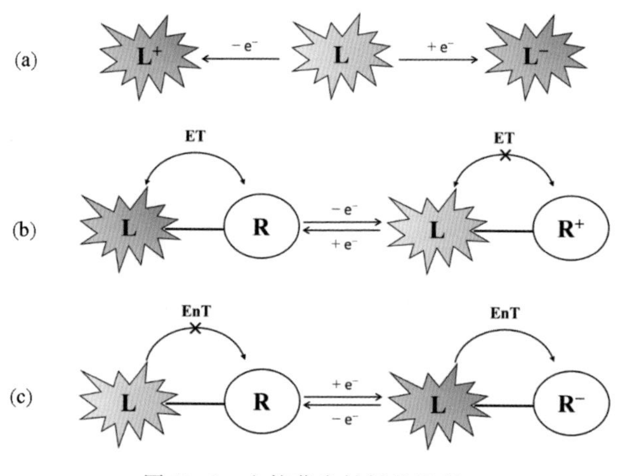

图 11.2 电控荧光材料的机理

11.2.1 本征机理

第一种是材料荧光直接通过电化学反应被调节的本征机理，主要涉及具有电活性的发光体材料。在此过程中，通过电信号控制材料在不同的氧化还原态之间可逆地转换，从而实现荧光的切换。因此，离子自由基或双阴离子(双阳离子)具有足够的稳定性是电活性荧光材料具有电控荧光性能的前提。通常，由于自由基的“开壳”结构，自由基是非荧光的，只有少数自由基的荧光较弱。然而，在某些情况下，在双阴离子或双阳离子状态中观察到了更强的发射[9]。本征电控荧光机理的典型例子有三芳胺小分子[10]和四嗪基小分子[7]等。

11.2.2 电子转移机理

除本征具有电活性的荧光基团外，由荧光基团与氧化还原基团共同构成的二元/多元组分材料是另一种常见的电控荧光材料。通常，荧光基团与氧化还原基团通过共轭或非共轭的间隔结构相连。而电子转移机理是指通过允许或禁止在氧化还原活性部分和发光体之间进行光诱导的电子或质子转移来间接控制荧光基团的荧光性质。其他涉及电子转移机理的材料包括由多个氧化还原活性部分和发光体构成的聚合物，由氧化还原活性部分和 pH 敏感的发光材料组成的电控荧光系统等[11]。

11.2.3　能量转移机理

除电子转移机理外，另一种通过氧化还原基团间接控制材料荧光响应的机理为能量转移机理。此类电控荧光材料有两个基础。首先，必须仔细选择与发光体相适应的氧化还原基团，因为基团的氧化还原特性和发光体的激发态要保持一致；其次，氧化还原基团的吸收与荧光基团的发射之间可以实现重叠[1]。当氧化还原基团的吸收与荧光基团的发射之间可以重叠时，荧光淬灭；反之荧光恢复。因此，可通过外加电压改变氧化还原基团的吸收从而间接控制荧光。与电子转移相比，能量转移可以发生在距离更远的氧化还原基团和发光体之间，例如，目前报道的几种电控荧光复合薄膜均基于分子间的能量转移机理。

11.3　电控荧光性能参数

在研究电控荧光材料时，首先要考虑的是其发射强度和强度的变化，有时峰值波长也会发生变化。此外，还应考虑强度变化的其他方面，例如强度变化的程度、强度变化的速度等。在电控荧光研究领域中，采用了以下几个术语来指代这些关键的电控荧光性能参数。

11.3.1　荧光对比度

一般来说，性能参数的测试应尽可能一致，以使实验过程标准化，并便于不同研究者们对电控荧光材料的性能进行比较。然而，自 2006 年以来，电控荧光技术迅速发展，荧光对比度的定义尚未统一，现存在以下几种定义。

1. 强度比

荧光对比度由一定波长处荧光开/关状态的发射峰强度比来定义，这是电控荧光领域最常用的方法[12]。

$$\text{荧光对比度}=\frac{I_{\text{on}}}{I_{\text{off}}}$$

2. 强度差比

第二种方法定义为开启和关闭状态下荧光强度的差比值，如下式所示。该方法的优点是容易对不同材料进行比较，所有结果的范围都在 0～100%[13]。

$$荧光对比度=\frac{I_{on}-I_{off}}{I_{on}}=\Delta FL\%$$

3. 光谱面积比

第三种方法使用全发射光谱区域在开启和关闭状态的比率来演示荧光对比度[13]。虽然它可以由荧光光谱计算并反映出整个荧光光谱的变化，但采用光谱面积的比值计算荧光对比度并不多见。

$$荧光对比度=\frac{A_{on}}{A_{off}}$$

11.3.2 响应时间

响应时间评估的是电控荧光材料在开关状态之间的切换速度快慢。与电致变色材料类似，在发射变化中有两个不同的过程，自然有两个相对应的响应时间。一个是关断时间 t_{off}，对应于电控荧光材料从高发射强度状态到低发射强度状态的淬灭过程的速度。另一个是开启时间 t_{on}，对应于电控荧光材料从低发射强度状态到高发射强度状态的发光过程的速度。一般地，响应时间被定义为荧光强度变化 95%或 90%时所花费的时间[14]。

11.3.3 长期稳定性

电控荧光材料或器件的稳定性反映出其在重复氧化还原循环下保持电控荧光性能的能力。测量稳定性的一种常见方法是记录电控荧光材料或器件在发射对比出现显著退化之前能够维持的氧化还原循环数，这给出了材料循环寿命的近似值。由于电控荧光材料或器件的氧化还原循环性受实验条件的影响较大，因此文献报道中需清楚表明这些实验参数[15]。

11.4 电控荧光材料

本章将详细讨论和总结已报道的经典电控荧光材料，重点介绍以下几类：有机小分子、过渡金属配合物、有机聚合物和纳米复合薄膜。本章将对每个类别和子类别的典型材料进行简要介绍。

11.4.1　有机小分子

1. 二/多组分小分子

大部分的二组分或三组分电控荧光材料都是有机小分子，这些分子中的氧化还原基团提供了电活性，并通过电子转移或能量转移过程间接控制荧光基团的发光切换。组成二/多组分小分子的氧化还原基团不仅可以是非发射型氧化还原基团，如二茂铁(Fc)[16,17]、醌[11,18]、四硫富瓦烯(TTF)[19]等；还有发射型氧化还原基团，如萘酰亚胺[20]。构成二组分小分子的荧光基团可以从多个基团中选择，如四嗪[20,21]、硼二氮茚[19]、芘[16]等。本文将详细讨论由四嗪和四硫富瓦烯组成的几个二组分小分子电控荧光材料。图 11.3 为二组分小分子电控荧光材料的典型结构。

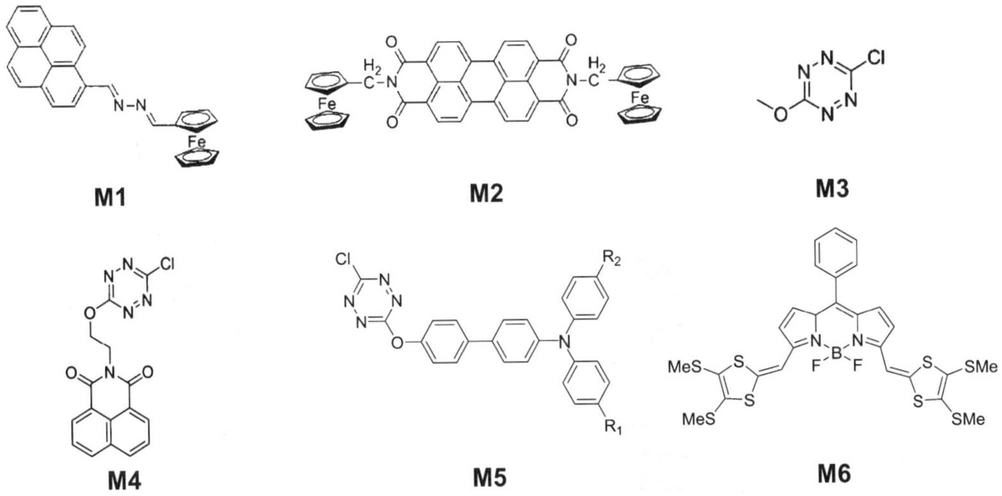

图 11.3　二组分小分子电控荧光材料的典型结构

二茂铁是一种典型的氧化还原活性物质，可与一些发光单元连接形成电控荧光二组分或三组分小分子，如 M1[16] 和 M2[17]。这样的二元体和三元体在中性状态下很可能会表现出分子内电荷转移(ICT)或电子转移过程，而在二茂铁氧化态下则会被禁止，导致开关发光。Martinez 等人以二茂铁为氧化还原基团，以芘为荧光基团得到电控荧光材料 M1，通过改变二茂铁的氧化还原状态，可以可逆地开启/关闭 M1 的荧光。同样，二茂铁和苝二酰亚胺组成的 M2 的荧光强度通过电化学氧化还原过程抑制和允许荧光共振能量转移(FRET)过程，进而实现荧光可逆切换。

四嗪类化合物是近二十年来发展起来的一种电控荧光材料。四嗪基团是一种本征电控荧光材料，因其同时具有电化学活性和荧光性能，可以从中性发射态被还原为非发射态自由基阴离子，这使得四嗪类化合物在电控荧光器件中很有前景。第一种基于 M3 的电控荧光器件为三明治结构，M3 置于两个 ITO 玻璃电极之间，在 +2 V 和 −2 V 之间显示超过 120 个周期的荧光切换，没有明显的退化[21]。除了取代的四嗪化合物外，四嗪基团也被用于构筑二组分电控荧光分子。Kim 和 Audebert 等人开发了二组分分子 M4 作为电控荧光材料，其中氯四嗪(TZ)通过非共轭的乙氧键与萘酰亚胺荧光基团连接[20]。在 M4 中可以实现三种不同的状态：中性状态、氯四嗪单还原状态、氯四嗪和萘酰亚胺双还原状态。萘酰亚胺基团可以通过从萘酰亚胺到氯四嗪的准完全能量转移来提高荧光效率，因此 M4 的自然状态为黄光发射。更重要的是，可以通过(2-羟乙基)-*N*-萘酰亚胺(HNI)(中性状态为蓝光发射)与 M4 混合，实现中性状态的白光发射，−0.8～−1.2 V 的蓝光发射和 −1.4 V 以上的黑暗淬灭态[图 11.4(a)(b)]。在此之后，Audebert 等人报道了一系列三苯胺-四嗪双基 M5[22]，其中不同基团的三苯胺与氯四嗪结合。一系列 M5[22] 化合物在中性状态下没有荧光，这是由三苯胺基团到四嗪基团的电子转移过程造成的。当三苯胺基团被氧化成自由基阳离子态时，电子转移过程被禁止，导致 M5 化合物的荧光开启。

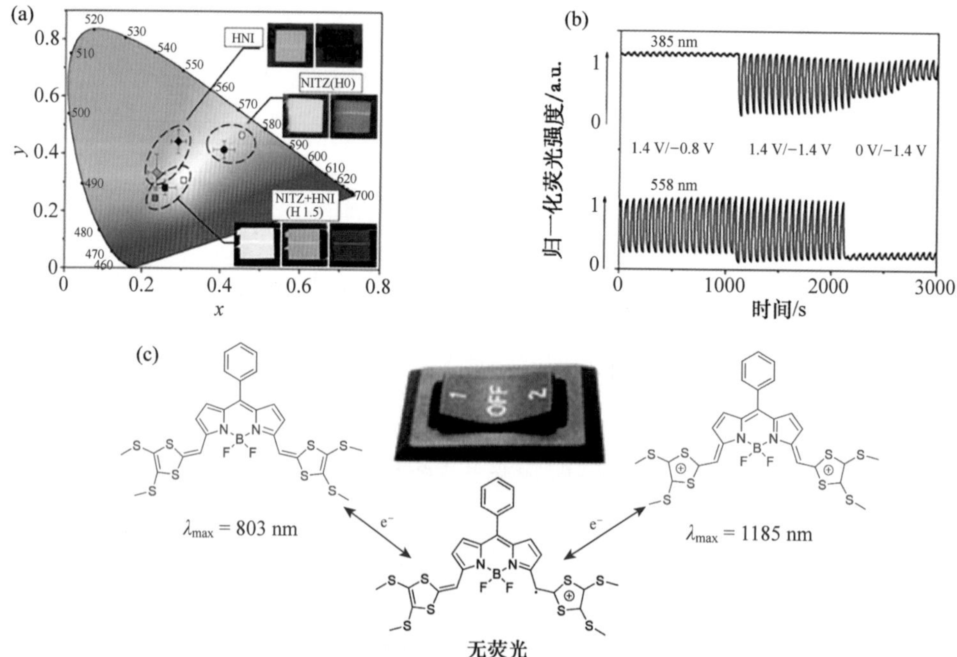

图 11.4　四嗪二组分分子的电控荧光性能(a)(b)[20]；四硫富瓦烯-氟硼二吡咯的电控荧光性能(c)[19]

一种具有三种状态的电控荧光材料四硫富瓦烯-氟硼二吡咯（BODIPY）化合物M6[19]也被报道。四硫富瓦烯-氟硼二吡咯经历两个单电子氧化反应，导致自由基阳离子和二价氧离子的形成，分别伴随有803 nm处的荧光淬灭和1185 nm处的荧光开启[图11.4(c)]。该材料两个荧光开启状态都在近红外区域，是目前为数不多的近红外电控荧光材料之一。

2. 氧化还原基团和荧光体系统

类似于二组分分子，氧化还原基团和荧光体系统能够在施加外部电压的情况下实现荧光的开关，不过氧化还原基团和荧光体并未通过共价键或非共价键相连。Zhang等人报道了此类电控荧光系统，该系统包含氧化还原活性物质对苯醌（BQ）和pH响应荧光基团。在该系统中，中性状态下未检测到荧光发射，而在−1.5 V电压下，可以检测到黄色荧光（λ_{max}在535 nm）的开启，并且该器件显示出极好的稳定性，1500个循环中并未衰减[11]。之后，Zhang等人设计了一组RGB电控荧光系统，该系统由氧化还原活性物质对苯醌和2-[2-(4-羟基苯乙烯基)-6-甲基-4*H*-吡喃-4-亚烷基]丙二腈，对甲氨基酚和7-羟基香豆素组成，分别产生红色、绿色和蓝色荧光。图11.5显示了该电控荧光系统的响应机制，该系统在施加电偏压的情况下通过利用酸/碱介导的对苯醌的可逆氧化还原特性和荧光基团的pH敏感性来间接控制三个荧光基团的荧光开关[图11.5(a)]。基于该电控荧光材料的器件拥有快速可逆的RGB荧光开关响应，在加密信息存储和多功能显示等方面具有巨大潜力[18]。

3. 电活性荧光体

与通过电子或质子转移以及能量转移过程的二组分材料不同，某些荧光分子本身就具有电活性，并且能够在外部电偏压下产生稳定的自由基等，实现在中性态和离子态之间调节荧光的性质，主要包括功能化的传统荧光体[12,13]、紫精衍生物[9,13,14]和含三芳胺基团化合物[15,17]等。图11.6总结了电活性荧光体的典型结构。

三苯胺由于其出色的电化学性能和自由基阳离子的稳定性成为优异的电控荧光候选材料[11]。Alain-Rizzo、Miomandre及其同事们合成了一系列具有不同取代基的三苯胺衍生物，研究了其对电控荧光性能的影响。在中性状态下，六种化合物的荧光位于绿光至蓝光区域，当施加电压后，由于形成了三苯胺自由基阳离子，材料的荧光被有效淬灭[10]。

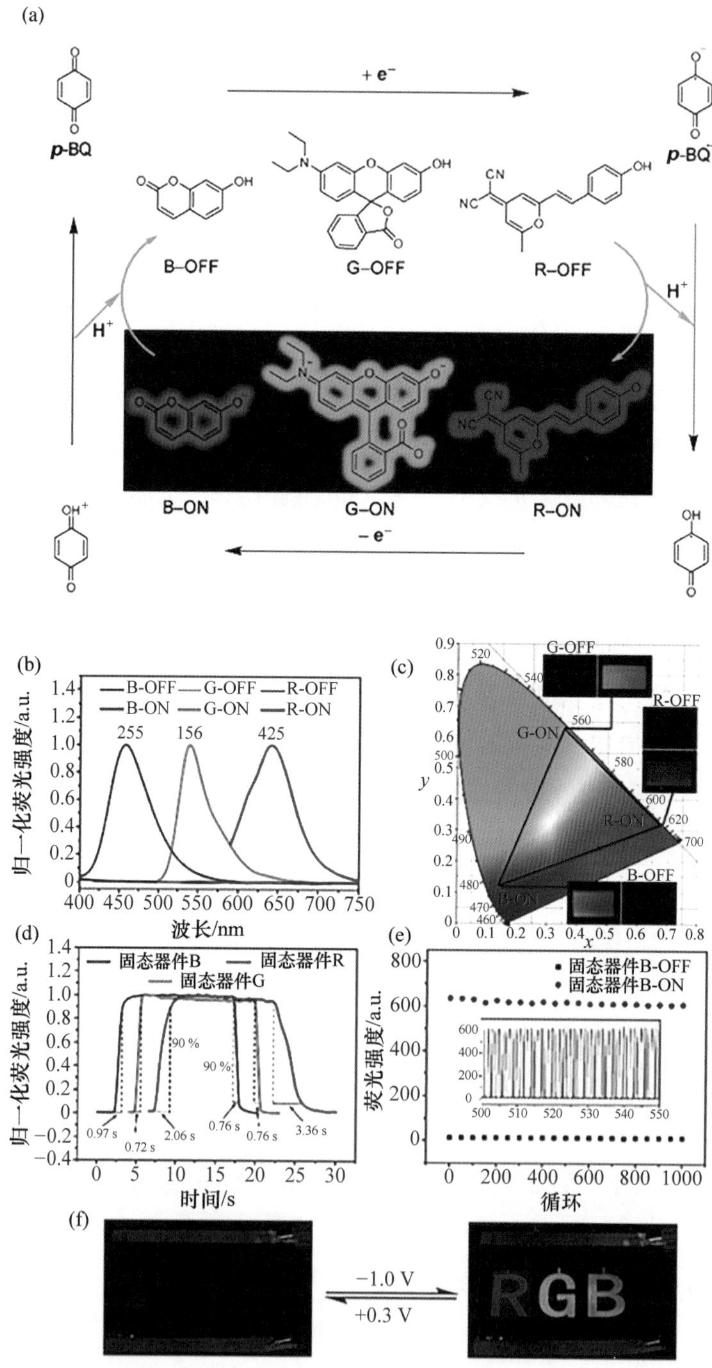

图 11.5 氧化还原基团和 pH 敏感荧光体系统的电控荧光机理(a)和性能(b)～(f)[18]

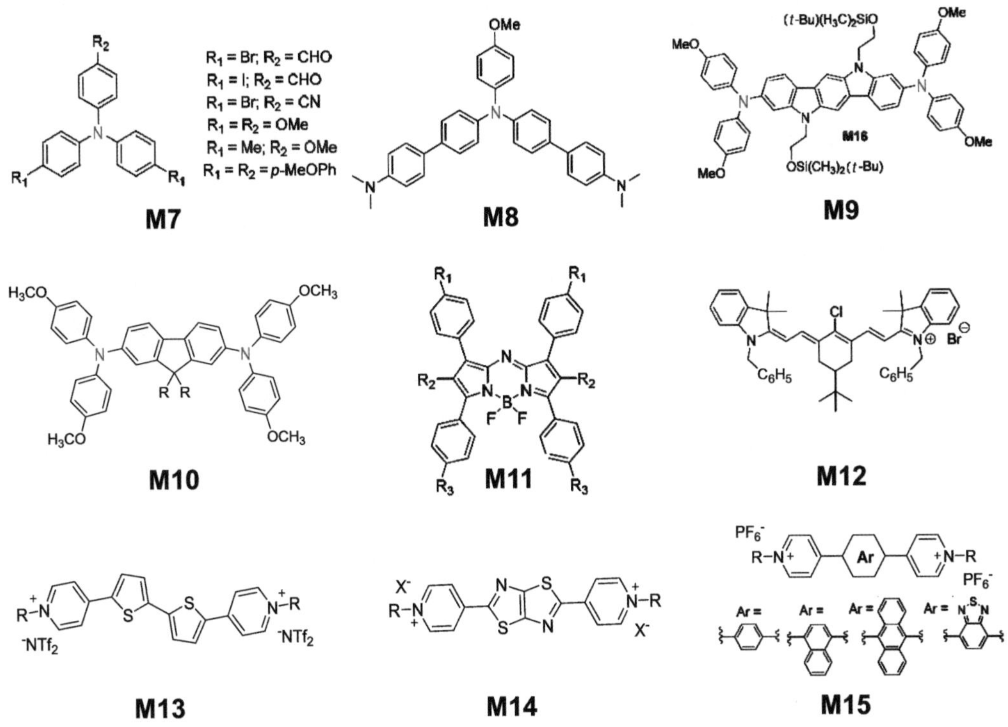

图 11.6 电活性荧光体的典型结构

此后，同课题组报道了在苯基上具有功能性 N,N-二甲基苯胺基团的三苯胺基小分子电控荧光材料 M8[25]。M8 由于包含三个氮原子而表现出一种中性态、三种氧化态和两种质子态，具有电致变色及电控荧光性能。中性态 M8 发出蓝色荧光，λ_{max} 在 424 nm 处；第一次氧化时，会形成阳离子淬灭荧光；进行第二次氧化时，由于出现了非自由基发射，在 513 nm 处出现了新的荧光峰，因此淬灭作用减弱；进行第三次氧化时，形成自由基三价阳离子，导致 513 nm 处的荧光淬灭。Liu 等人报道了吲哚[3,2-*b*]咔唑核与两个氧化还原基团二(对甲氧苯基)氨基相连的电控荧光分子 M9（图 11.7）[26]。M9 可以从中性态被氧化为一价和二价阳离子，表现出从浅黄色到红色再到蓝色的颜色变化。同时，其蓝色荧光可以分别在电化学氧化和还原时可逆地关闭/打开。最近，Corrente 等人报道了一种基于芴的电控荧光分子，其中两个二芳基胺为氧化还原中心，荧光单元为荧光中心和电子耦合桥，这使得其具有直接的开关性能，并具有超过 10000 圈循环的出色的可逆性，这是由于两个二芳基胺氧化还原中心之间的电子耦合可以稳定自由基离子，从而提高其循环稳定性[15]。

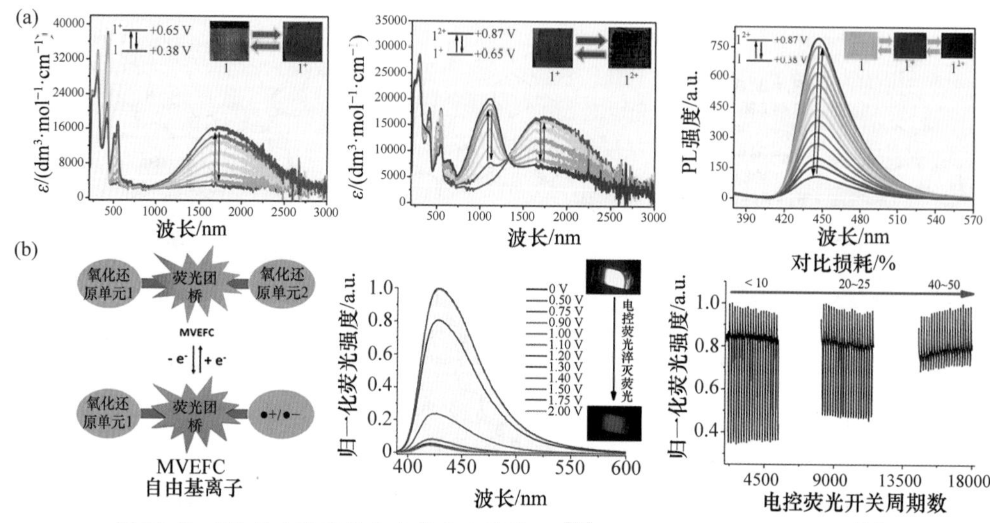

图 11.7 M9 的电致变色和电控荧光性能(a)[26];M10 的电控荧光性能(b)[15]

紫精化合物是一种经典的已经实现商业化的电致变色材料,它具有两步可逆氧化过程[2]。因此,基于紫精衍生物对其进行荧光改性从而开发电控荧光材料是可行的。Beneduci 等人首次报道了噻吩基紫精衍生物 M13 在不同相态的电控荧光性能[24]。M13 经电化学还原形成自由基离子,导致红色荧光增加。M13 的荧光对比度为 79%,两种液晶相均显示了快速的电控荧光响应(小于 3.5 s),这归功于紫精离子的高效电子传输。一年后,Beneduci 等人在 2%~10%的低质量浓度下利用 M13 与聚乙烯醇缩甲醛(PVF)聚合物基质混合,得到强荧光电控凝胶[13]。在较高的浓度下,由于聚集效应,在 630 nm 处产生了另一荧光发射峰,从而使荧光颜色改变。图 11.8 显示了 M13 的电控荧光性能,在质量浓度为 2%、荧光对比度为 87%的器件中,电化学还原导致绿光发射不完全淬灭,而在质量浓度为 10%、荧光对比度为 337%的器件中,荧光完全淬灭。三种不同烷基取代基的噻唑[5,4-*d*]基紫精衍生物 M14 被报道。M14 化合物在中性态表现出强烈的蓝色荧光,由于增强的平面共轭结构,其荧光量子产率高达 0.8~0.96,此类材料也具有优异的电控荧光性能。Xu 等人报道了四种新型紫精衍生物 M15,同样也具有电致变色和电控荧光性能[9]。

11.4.2 过渡金属配合物

由于过渡金属配合物具有良好的物理和电化学性能,一些过渡金属配合物如钌配合物和铱配合物被应用于电控荧光器件中。(过渡金属配合物为磷光材料,准确来说应称之为电控磷光材料,这里为了统一表述,不做详细区分。)

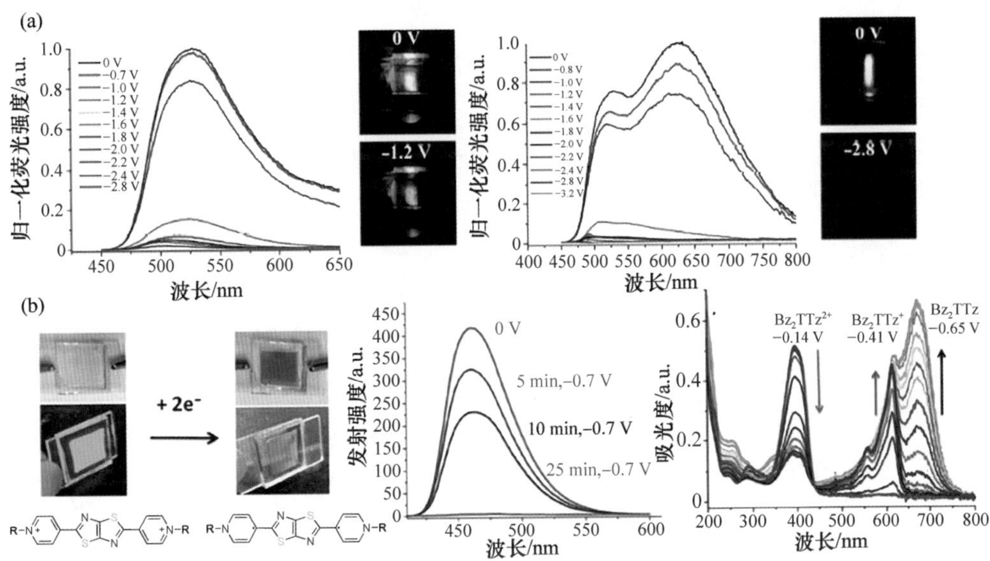

图 11.8 M13 的电控荧光性能(a)[13];M14 的电致变色和电控荧光性能(b)[9]

1. 钌配合物

Lehn 等人在 1993 年报道了钌-双吡啶配合物 C1、C2(图 11.9)[5],这被认为是电控荧光材料的起源。钌配合物和对苯醌基团之间存在电子转移过程,因此配合物 C1 是非发射态。而经电化学还原后产生的 C2,钌配合物和对苯醌基团之间的电子转移过程被禁阻,产生磷光发射。最近 Zhong 等人报道了一系列含不同取代基双吡啶配体的钌配合物 C3[27],具有 655 nm、720 nm 和 675 nm 的磷光。结果表明,随着胺功能化后双吡啶配体数量的增加,配合物的氧化还原电位降低,并且在外加电压下,可由 Ru^{2+} 的氧化还原过程控制磷光可逆切换。

2. 铕配合物

另一种电控荧光过渡金属配合物是铕配合物[28—30]。通过 C4 与己基紫精(HV^{2+})共混,外加电压下,HV^{2+} 被还原为 HV^{+} 和 HV,激发 C4 与 HV^{+} 或 HV 之间的能量转移过程,强烈淬灭铕配合物的红光发射[30]。进一步,Kazuki 等人报道了基于 C4 和 HV^{2+} 混合材料体系的反射-发射双模式数字显示器[28,29]。

3. 铱配合物

Zhao 等人最近报道了一系列电控荧光铱配合物[31—35]。与大多数电控荧光材料不同,铱配合物具有优异的发射变色性能,而不仅仅是常规的发射强度的可逆变化。2016 年四种离子型铱配合物 C5-a～C5-d 首次被报道[31],它们分别由相同的[2-(2-吡啶基)苯并咪唑]配体和不同的 C^N 配体组成,如图 11.10 所示。在外加电压(8 V)下,C5-a~C5-d 溶液的发射颜色发生变化,正负电极之间出现了清晰的边界。发射颜色的变化可以解释为配合物的 HOMO-LUMO 能级的变化,这种变化取决于不同的 C^N 配体。利用 C5 配合物与非电控荧光发光团的混合物作为背景,成功地制备了多色可调电控荧光自加密器件。

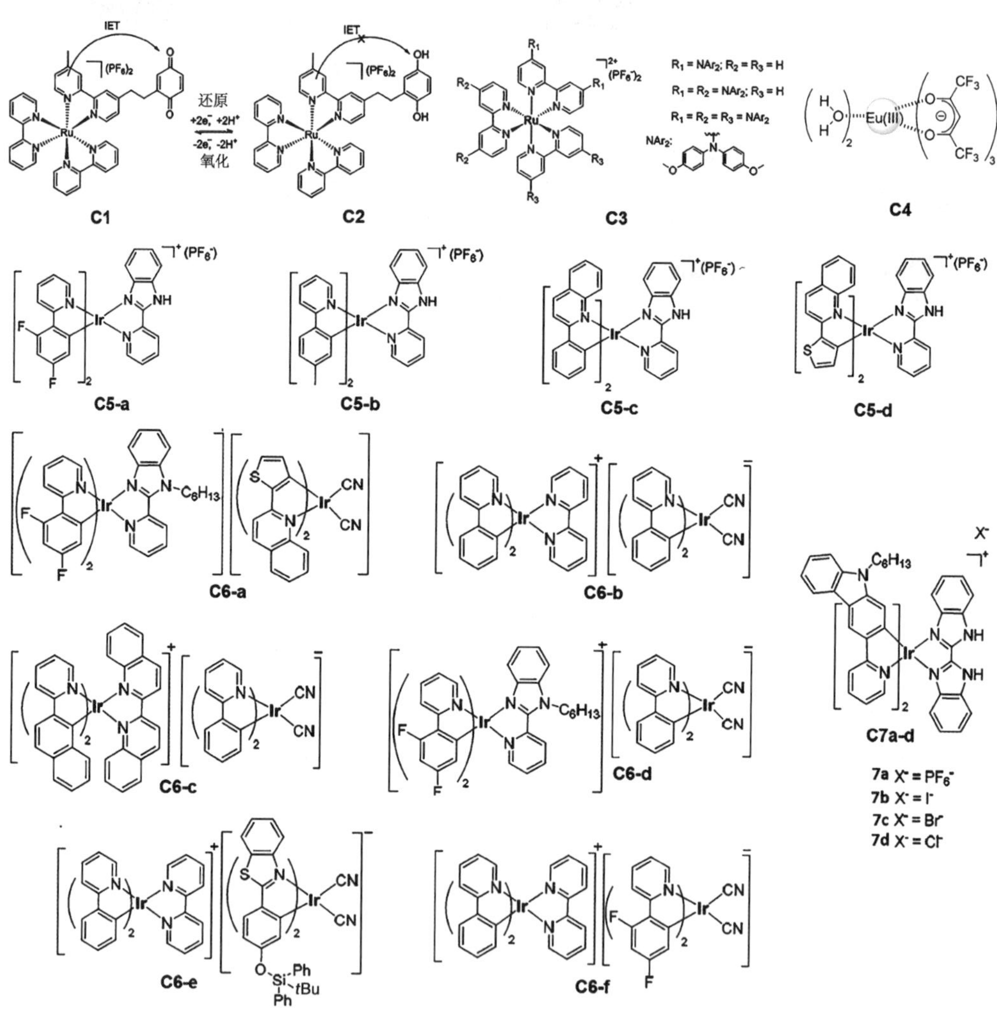

图 11.9　电控荧光过渡金属配合物的化学结构

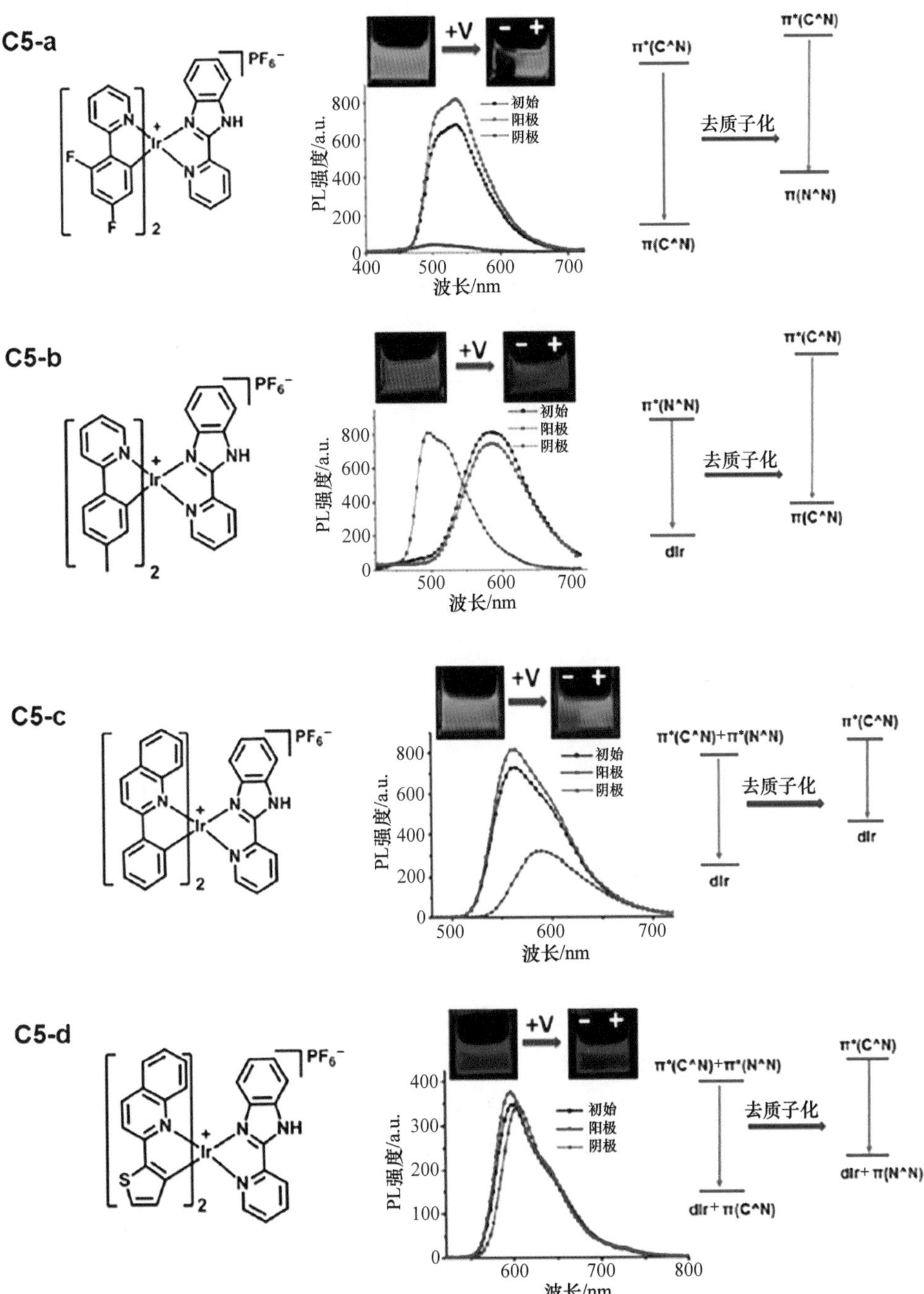

图 11.10　乙腈溶液中 C5-a～C5-d 的电控荧光性质及机理[31]

之后，六种阴阳离子配对型铱配合物电控荧光材料被合成出来，阴离子和阳离子均可以发射磷光，且颜色不同，因此六种配合物在中性态均为混合型发射[34]。如图 11.11 所示，在中性状态下，C6-a～C6-f 在乙腈溶液中呈黄色(C6-a、C6-b、C6-e、C6-f)、红色(C6-c)和绿色(C6-d)发射。在外加电压下，由于离子迁移，正负极周围的发射颜色都发生了变化，并分别对每个配对铱配合物的阳离子和阴离子组分进行还原/氧化。搅拌后可恢复原来的发射颜色。Zhao 等人报道了一种新型的电控荧光铱配合物，由缺电子磷光体和富电子淬灭剂(BH^{4-})组成。在外加电压或紫外光照下，铱配合物的磷光强度会增强，这是由于 BH^{4-} 发生电化学或化学氧化(通过$^1O_2$)，从而阻断了磷光体和淬灭剂之间的电子转移过程[35]。

11.4.3 有机聚合物

与小分子器件相比，聚合物具有易于加工和成膜能力好等优点，是大面积商业化生产的理想材料。大部分电控荧光聚合物在中性态发射，其荧光强度可以通过外加的电压进行调控。现已有一些综述对电控荧光聚合物材料作了很好的总结，本章只介绍一些代表性的工作和进展。电控荧光聚合物主要可分为两类：非共轭聚合物和共轭聚合物。

1. 非共轭聚合物

Yoo 等人在 2007 年报道了第一类电控荧光聚合物，含有氧化还原桥接基团 *s*-三嗪的对苯乙烯聚合物(PPV)P1 和 P2，表现出高的电控荧光性能，如图 11.12 所示。并且基于 P1 或 P2 和碘离子/碘对制备了电控荧光器件，随着外加电压的变化，器件的荧光呈现出可逆的开关特性[36]。

(1) 聚酰胺

芴基聚合物由于其刚性的平面结构和较大的偶联体系，成为有机发光二极管中最具潜力的高效蓝色发光材料之一[37]。Sun 等人报道了一系列芴基聚酰胺[图 11.13(a)]，显示出可发蓝色荧光的电控荧光性能，这是由电子转移荧光淬灭机理引起的。在第一个系列 P3 a～e 中，五个间隔基团连接在酰胺键的羰基(C═O)侧上，表现出电致变色的性能，在氧化态时颜色由无色变为绿色。此外，非共轭环己基 P3 e 在溶液中的产率比 P3 a～d 高 47.1%，这是由于其具有局部激发的 HOMO-LUMO 跃迁以及链间电荷转移的缺失。含有 P3 e 的薄膜器件显示出蓝色荧光，并具有 12.7% 的荧光对比度[图 11.14(a)][38]。在第二系列中，P4 e 表现出多色电致变色性能，在 0.9 V 时由透明变为绿色，在 1.5 V 时由两个不同的 2-二苯胺-9,9-二甲基芴

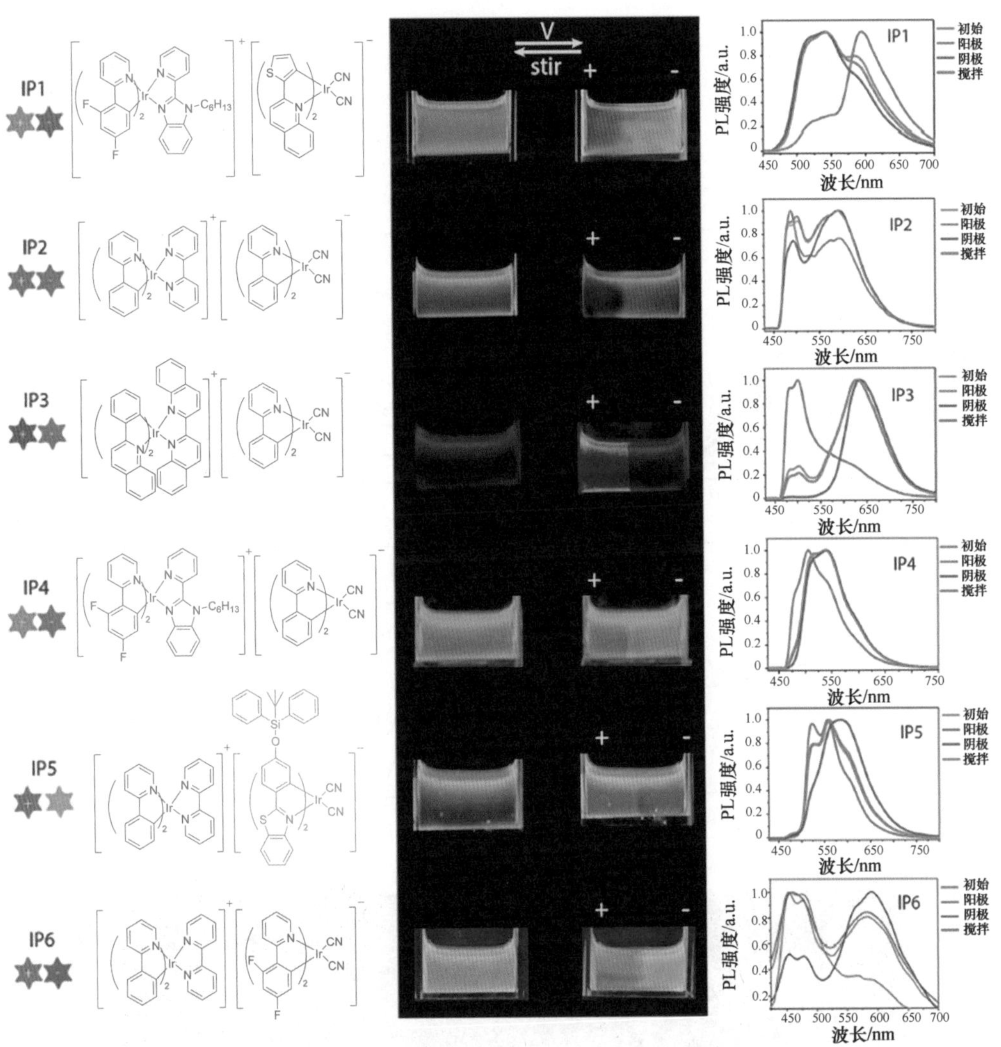

图 11.11　乙腈溶液中 C6-a～C6-f 的电控荧光性质及机理[34]

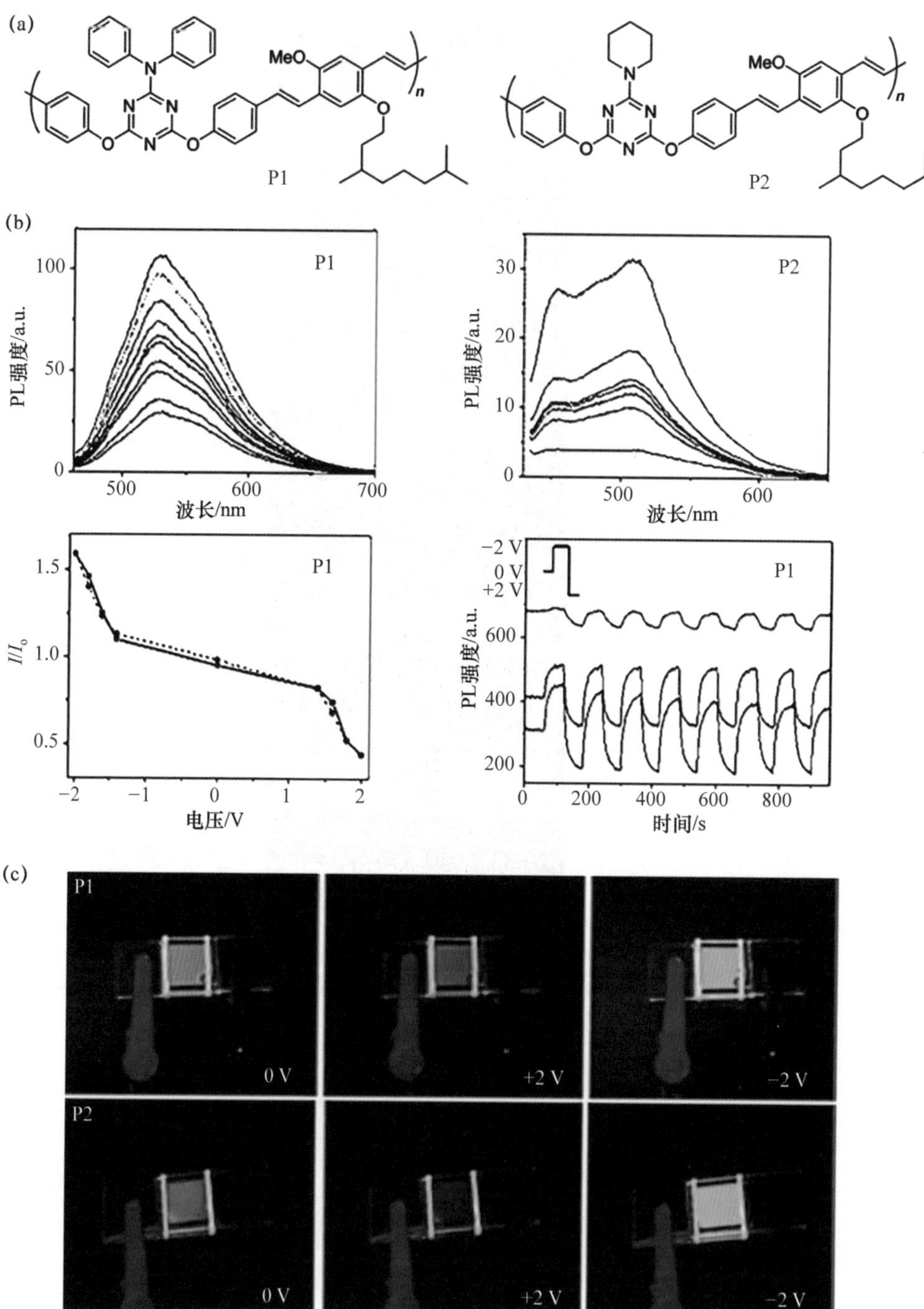

图 11.12 电控荧光聚苯乙烯的结构(a);电控荧光器件在不同电压下的荧光变化(b);器件实物图(c)[36]

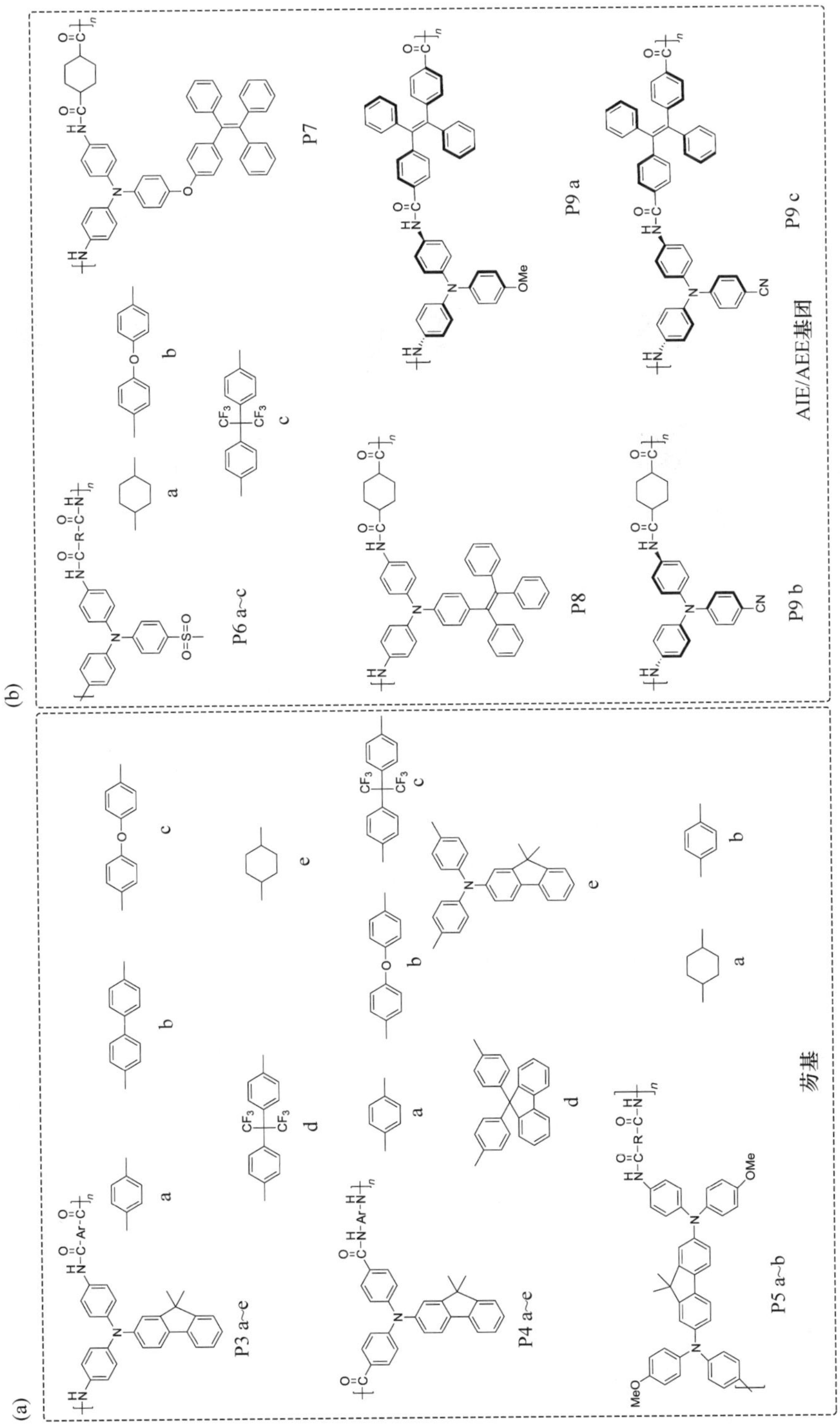

图 11.13 含芴基的电控荧光聚酰胺的化学结构(a);含 AIE/AEE 基团的电控荧光聚酰胺的化学结构(b)

基团产生的颜色从透明变为灰黑色。此外,P4 d 的荧光量子产率最高,为 34.1%,且由于三苯胺自由基阳离子的形成,荧光在 1.3 V 时被淬灭,荧光对比度高达 221.4%[图 11.14(b)][39]。2016 年,基于上述研究,双(二苯基氨基)苯芴非共轭脂肪族聚酰胺 P5 被报道,环己基作为一个间隔基团,有效抑制了电荷转移效应,导致较强的蓝色荧光,并且可在电压控制下产生可逆荧光开关,荧光对比度高达 152%[图 11.14(c)][40]。

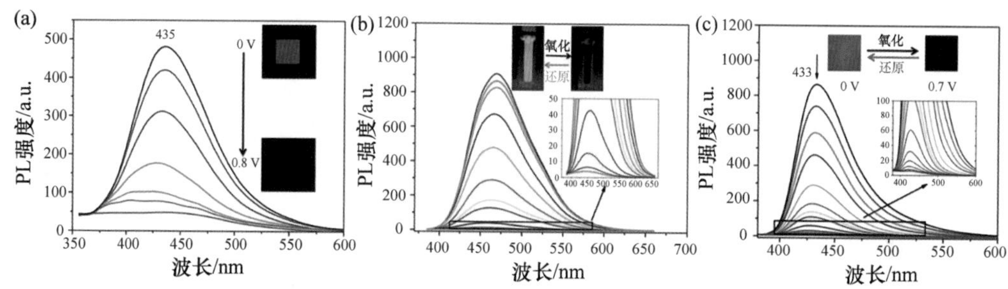

图 11.14 不同电压下聚酰胺 P3 e(a)[38]、P4 d(b)[39]及 P5 a(c)[40]的荧光转换

与小分子相比,聚合物具有更好的加工性能,其薄膜状态是固体器件的理想状态。然而,聚合物的缺点是聚集诱导荧光淬灭效应导致了低的荧光量子产率。一些方法被提出用于解决相关问题。通过在电致变色聚合物中引入聚集诱导发光(AIE)基团,如四苯乙烯、砜基等来获得高荧光量子产率,从而提高荧光对比度[图 11.13(b)]。2017 年,Chen 等人报道了一系列以甲基磺基三苯胺为单体的含聚集诱导发光基团的聚酰胺材料,其具有可逆的氧化过程,颜色可由无色变为紫色。值得注意的是,P6 a 在薄膜态表现出聚集诱导发光特征,荧光量子产率高达 32.1%,荧光强度可通过外加电压进行调控,荧光对比度高达 234%[41]。另一聚集诱导发光基团四苯乙烯通过醚键与三苯胺基团相连(P7)[42],或直接与二苯胺的 N 原子相连(P8)[43],被引入至聚酰胺中。P7 表现出明亮的蓝色荧光,在正电压下,由于能量转移过程,荧光淬灭变暗,产生高荧光对比度(I_{on}/I_{off} 为 206%)[图 11.15(a)]。具有聚集诱导发光特性的 P8 的荧光量子产率高达 69%,且呈现出黄色到棕色的颜色变化,荧光对比度最高可达 417%[图 11.15(b)]。

Liou 课题组还开发了一系列基于三苯胺的电控荧光聚酰胺 P9 a~c,并研究了其结构与性能的关系,包括聚合物中不同取代基(甲氧基和氰基)的影响以及不同间隔基团(环己基和四苯乙烯)的影响。结果表明,P9 a 和 P9 c 在固态下的荧光量子产率比含环己基的 P9 b 低,这是由于光致电子转移效应的影响。从图 11.16 可以看出,这些聚合物在电化学氧化作用下荧光淬灭，响应时间分别为 8.6 s、7.1 s 和 6.5 s。此外，在电控荧光器件中加入己基紫精，可以将 P9 a、P9 b 和 P9 c 的荧光对比度分别提高到 37%、51%和 43%[44]。

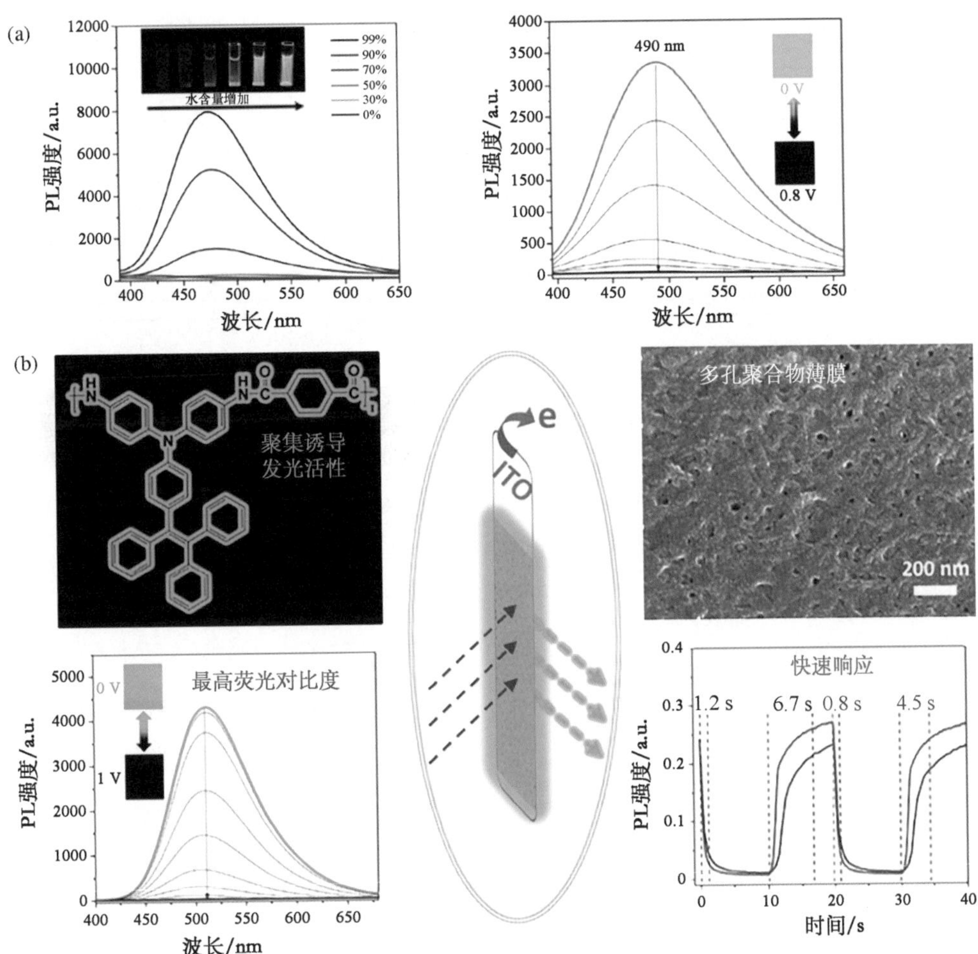

图 11.15 P7(a)[42] 和 P8(b)[43] 的电致变色性能

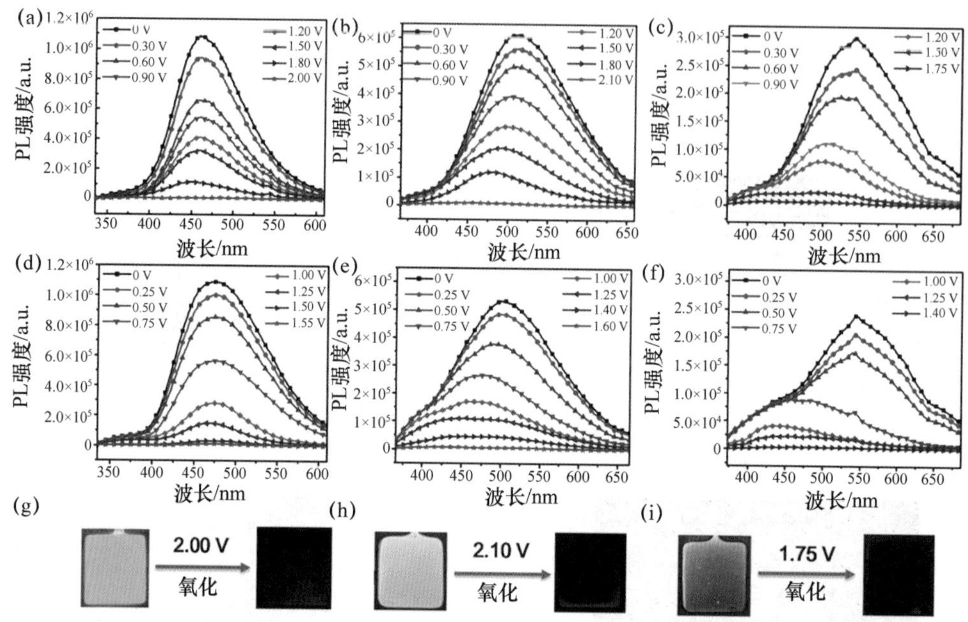

图 11.16 不同外加电压下 P9 c(a)(d)、P9 a(b)(e)、P9 b(c)(f)薄膜器件的光致发光光谱；P9 c(g)、P9 a(h)、P9 b(i)对应的荧光变化照片[44]

[图(a)～(c)不含紫精；图(d)～(f)含紫精]

(2) 聚酰亚胺

第一种含聚集诱导发光基团氰基三苯胺的聚酰亚胺同样由 Liou 课题组报道(图 11.17)。P10 a 薄膜在中性态下发出蓝色荧光，在－1.6 V 下变为无荧光的一价自由基阳离子态，显示出高荧光对比度(I_{on}/I_{off} 为 151.9%)，如图 11.18 所示[45]。2016 年通过缩聚反应制备了含芴基三苯胺单元的聚酰亚胺 P11 a～g。P11 g 在 414 nm 处显示蓝色荧光，在外加电压下，其荧光对比度可达 75%[46]。最近，Liou 课题组设计并合成出了含氰基三苯胺的聚酰硫醚 P12 a 和 P12 b。结合羰基和三苯胺基团，P12 a 和 P12 b 表现出多功能双极性电致变色和电控荧光性能，如图 11.19 所示。中性态下，P12 a 和 P12 b 分别在 427 nm 和 429 nm 处显示蓝色发射。在 1.7 V 时，由于三苯胺基团阳离子的形成，薄膜的荧光被淬灭；而在－2.0 V 时，荧光的淬灭是由于羰基自由基阴离子的形成[47]。

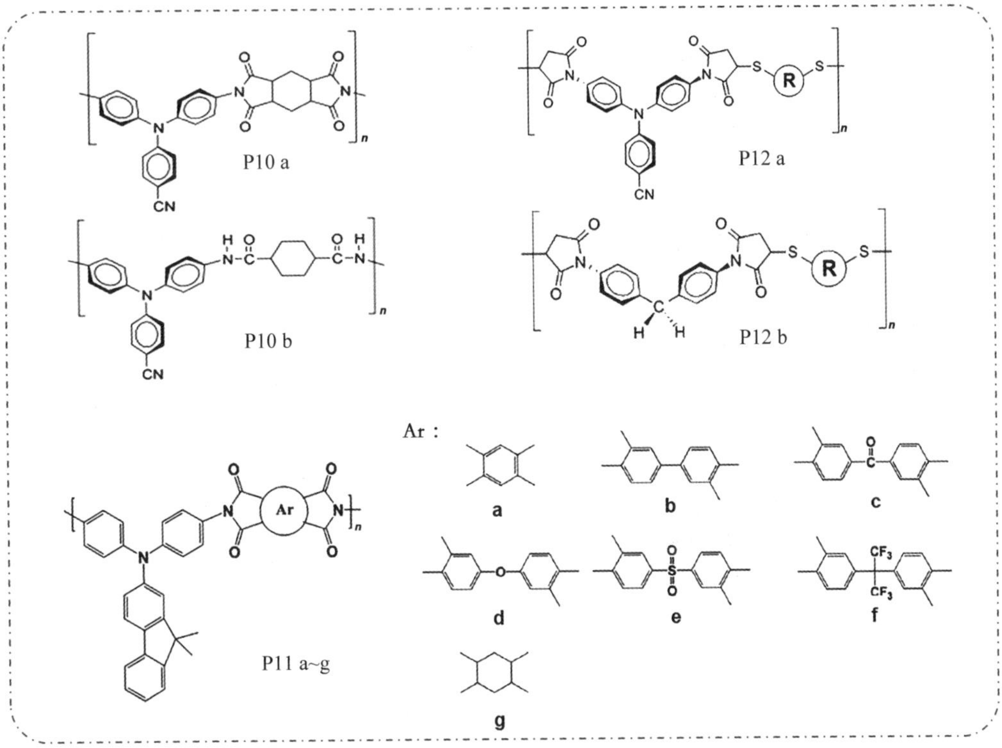

图 11.17 电控荧光聚酰亚胺的化学结构

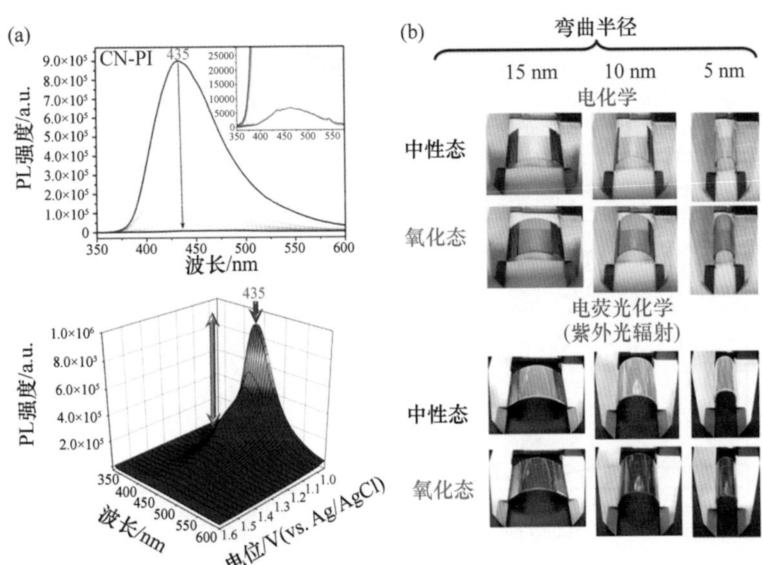

图 11.18 聚酰亚胺 P10 a 的电控荧光性能(a)及其柔性 ITO 器件的弯曲性能(b)[45]

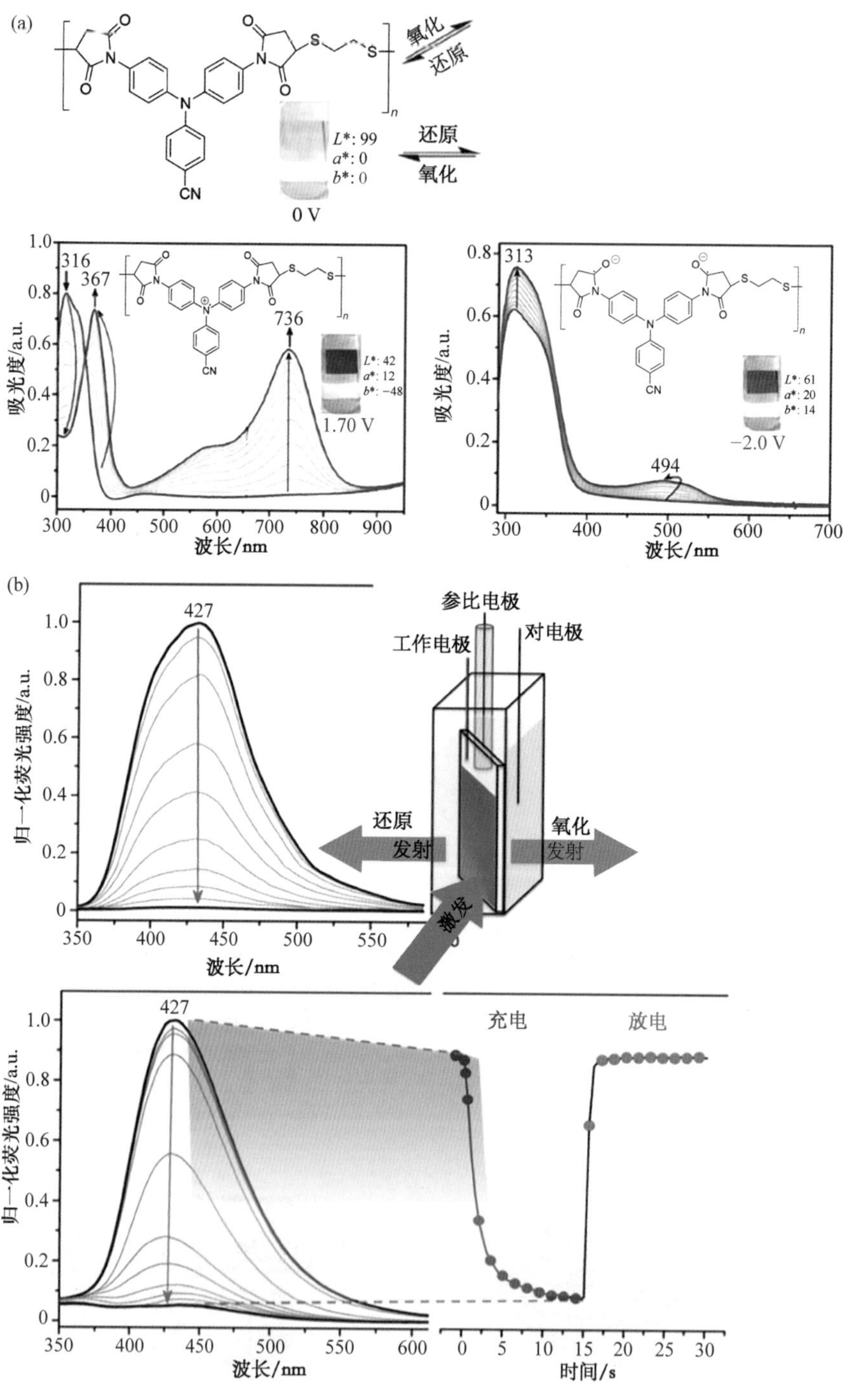

图 11.19 P12 a 的电致变色(a)和电控荧光性能(b)[47]

2. 共轭聚合物

与非共轭聚合物不同的是，共轭共聚物的主链由缺电子单元和富电子单元交替组成，其发射和吸收很容易通过分子设计进行调控，这为开发高性能的电控荧光聚合物提供了机会。同时，由于激子快速传输[48]，共轭聚合物可以获得高灵敏度的荧光响应，且可以避免结晶和相分离问题，具有良好的长期稳定性[8,49]。这一部分主要介绍三苯胺基、芴基、ProDOT 基、咔唑基的电控荧光共轭聚合物。

(1) 三苯胺基电控荧光共轭聚合物

三苯胺易氧化产生稳定的自由基阳离子，是电致变色-电控荧光双功能材料的经典构筑基团。Liou 等人设计合成了许多三苯胺基电控荧光聚合物，如前文提到的聚合物 P9 a～c 和 P10 等[44,45]。之后，他们报道了一种基于氰基取代三苯胺单体的全共轭电控荧光聚合物 P13[50]。基于 P13 和紫精的电控荧光器件在蓝色荧光状态和淬灭状态之间的荧光对比度(I_{on}/I_{off})高达 242%，并具有工作电压低、响应速度快(<0.4 s)的特点，这是由于 P13 的全共轭结构提高了电荷迁移率(图 11.20)。Sun 等人报道了两种三苯胺基的供体-受体共轭聚合物 P14 a 和 P14 b，它们都同时表现出多色电致变色和电控荧光行为[51]。由于三苯胺的第三苯环上具有吸电子取代基，P14 b 的分子内电荷转移较强，使得 P14 b 的电化学氧化电位较高，离子扩散系数较低。Malik 等人报道了两种树状三苯胺基聚合物 P15 a 和 P15 b，它们都表现出了良好的电控荧光性能，荧光对比度分别为 64%和 179%[52]。Sun 等人在前人对 P8 的研究的基础上合成了另一种基于四苯乙烯取代的三苯胺单元的聚酰胺材料，具有多色电致变色性能(无色-绿色-蓝色)和快速响应，其荧光对比度为 82%，变色和荧光响应时间分别为 1.8 s/1.1 s 和 0.4 s/2.9 s[53]。

(2) 芴基电控荧光共轭聚合物

芴基是一种强荧光基团，常用于构建电控荧光共轭聚合物，以获得更好的荧光性能。2012 年，Kuo 等人报道了一系列强荧光芴基电控荧光共轭聚合物 P16～P18(图 11.21)。P16 a 和 P17 a 的中性态荧光量子产率分别为 77%和 73%，而在外加电压下由于三苯胺自由基阳离子的形成，蓝色荧光在电化学氧化过程中大量淬灭，P17 a 的荧光对比度为 16.3%[54]。相比之下，由于缺少三苯胺基团，P16 a 只产生部分荧光淬灭。与 P16 a 和 P16 b 相比，通过在共聚物中引入苯并噻唑基团，可以使 P18 a 和 P18 b 的发射和吸收发生红移，但同时也降低了荧光量子产率。将 P16 b 和 P18 b 按 1∶2 的比例混合，可制备出荧光对比度为 14.6%[55]的白光电控荧光器件[图 11.22(a)]。进一步优化单体共聚比例，他们合成出了蓝色发光聚合物 P17 b 和黄色发光聚合物 P18 a，并分别涂覆在一个电控荧光器件的互补电极上。该器件在外加电压下显示出可逆切换的多色荧光状态[图 11.22(b)][56]。Xiang 等人通过将芴与二吡啶、小分子有机染料磺酰罗丹明 B(或其钠盐)反应制备出一种热和电化学响应性荧光聚合物 P19。使用 P19 聚合物凝胶可获得无电解液的单层电控荧光器件,具有较高的荧光对比度[图 11.22(c)][57]。Wang 等人报道了含有芴和三苯胺基团的共轭聚合物 P20 a~c,当外加电压从 0 V 增加至 1.5 V,聚合物显示出具有由蓝光到黑暗的荧光开关功能[58]。

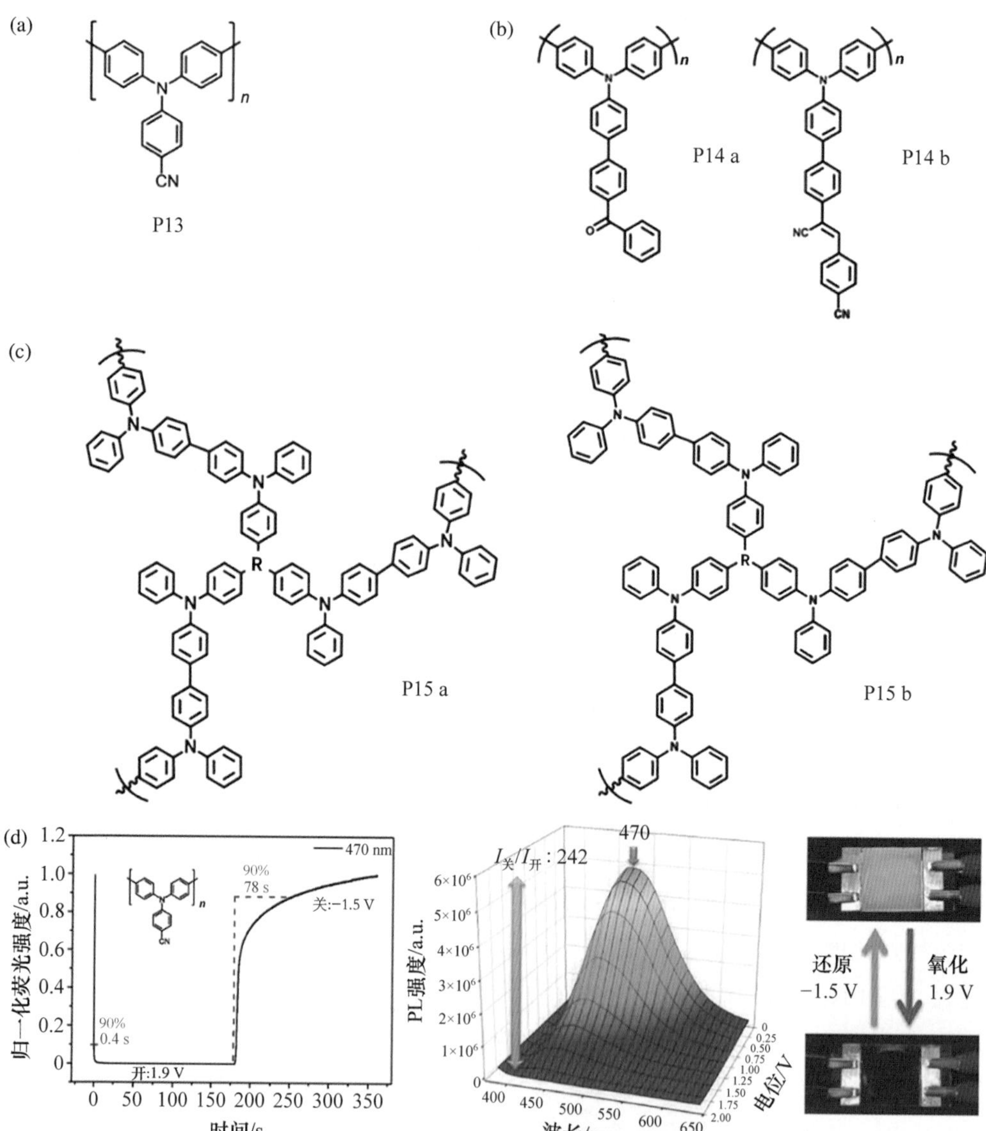

图 11.20　三苯胺基电控荧光聚合物的结构(a)~(c);P13 的电控荧光性能(d)[50]

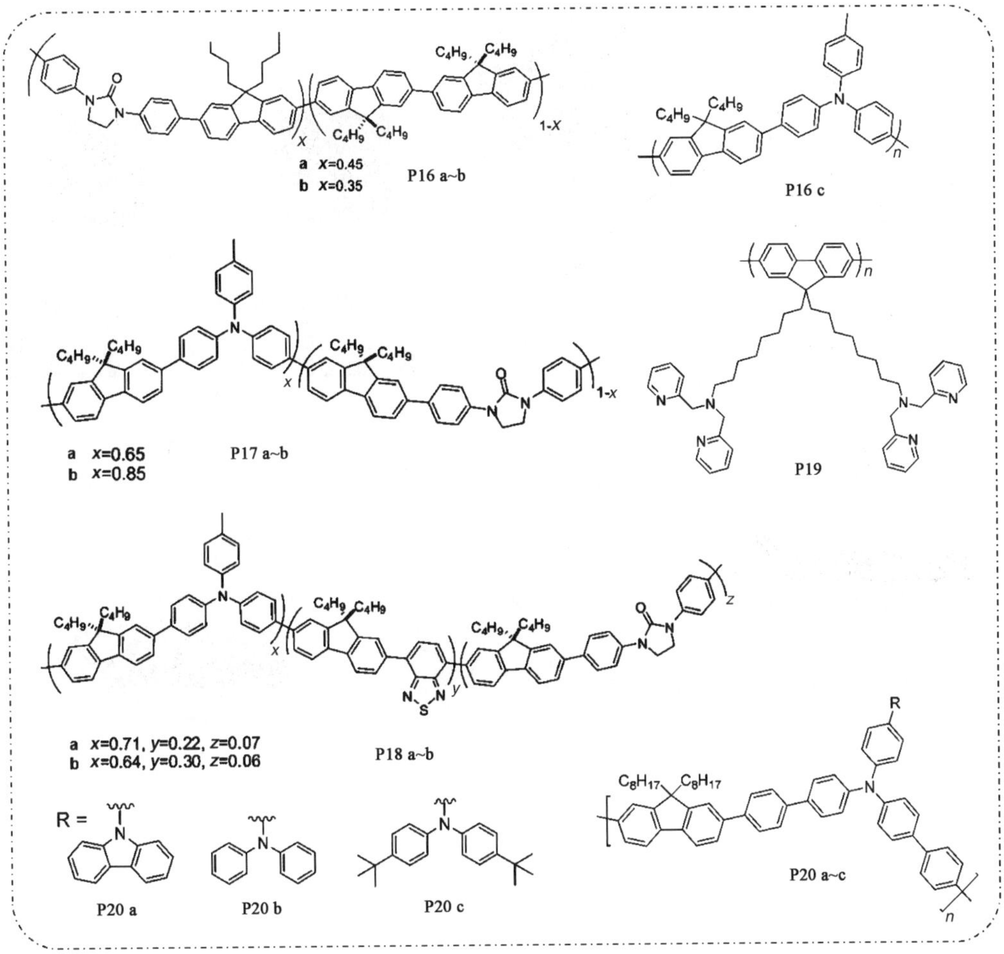

a x=0.45
b x=0.35
P16 a~b

P16 c

a x=0.65
b x=0.85
P17 a~b

P19

a x=0.71, y=0.22, z=0.07
b x=0.64, y=0.30, z=0.06
P18 a~b

R =

P20 a　P20 b　P20 c

P20 a~c

图 11.21　芴基电控荧光共轭聚合物的化学结构

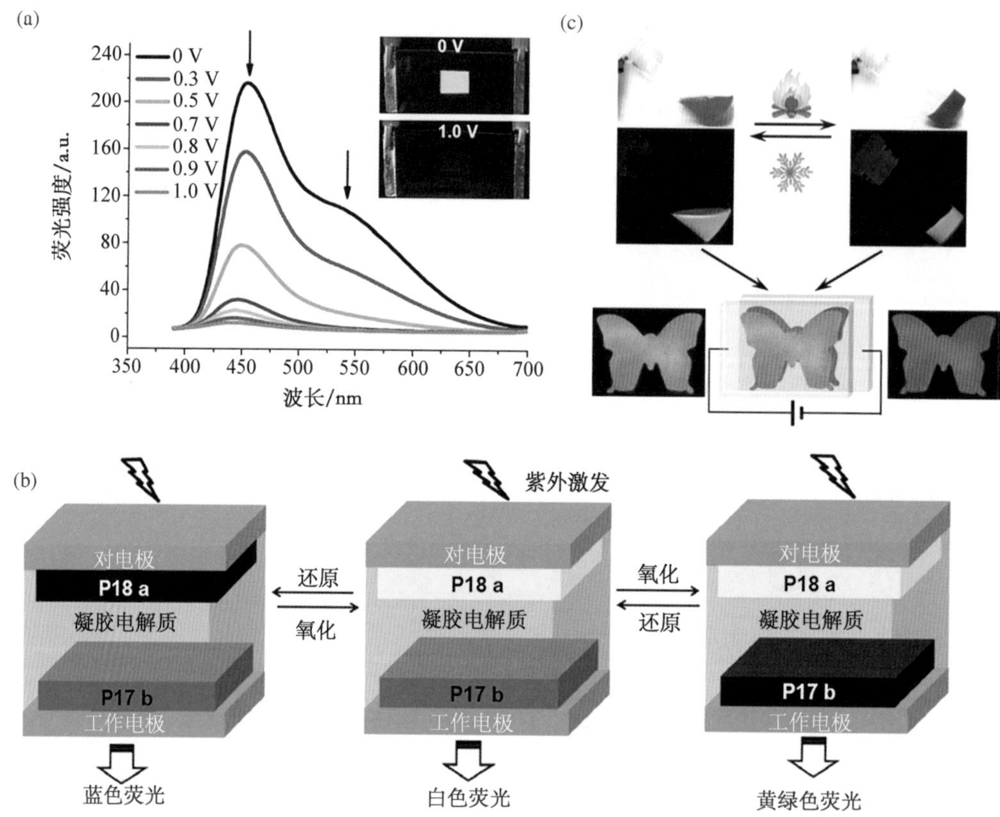

图 11.22 基于 P16 b 和 P18 b 的白光电控荧光器件(a)[55]；基于 P17 b 和 P18 a 的白光电控荧光器件(b)[56]；P19 的电控荧光性能(c)[57]

(3) ProDOT 基电控荧光共轭聚合物

ProDOT 基共轭聚合物具有优良的电致变色性能，吸引了许多研究者开发 ProDOT 基电控荧光共轭聚合物。2014 年，Kim 等人报道了一种手性共轭聚合物 P21(图 11.23)，该聚合物是由手性烷基取代的 ProDOT-亚苯基单体聚合而成，该聚合物具有可逆的电致变色、电控荧光以及手性开关特性[图 11.24(a)][59]。徐春叶课题组在这一领域做出了许多出色的工作。首先，Xu 等人基于聚集诱导发光基团四苯乙烯和 ProDOT 获得了强荧光双功能聚合物 P22 a。P22 a 膜在 540 nm 处呈黄绿色荧光，在氧化过程中由于四苯乙烯自由基阳离子的形成而淬灭[图 11.24(b)][60]。随后，又相继开发出了一系列 ProDOT 基电控荧光共轭聚合物 P22 b～e。对于 P22 b 和 P22 c，只有带有联苯构筑基团的 P22 c 表现出聚集诱导发光特性，这是由分子内旋转和构象扭转引起的[61]。在外加电压作用下，P22 c 薄膜可以从透明状态(非荧光状态)可逆地转换为黄色(荧光状态),荧光对比度为 35%。通过反式二苯乙烯和富马酸腈与 ProDOT 结合得到电控荧光聚合物。由于具有多重 C—H…π 键对分子内旋转的限制,P22 d 和 P22 e 具有强烈的荧光并表现出聚集诱导发光特性[62]。与 P22 a 相似,P22 d 呈黄绿色荧光,外加电压下由于自由基阴离子的形成荧光被淬灭。然而,在 P22 e 薄膜中,由于氰基的存在,在 612 nm 处可以观察到发射红移,而其荧光因氰基在正电位下的氧化被抑制。

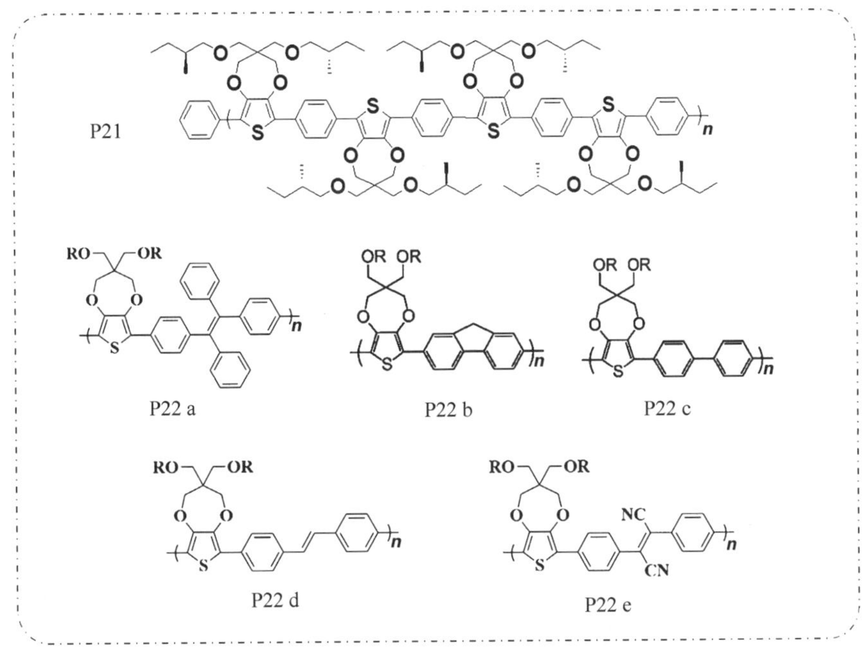

图 11.23　ProDOT 基电控荧光共轭聚合物的化学结构

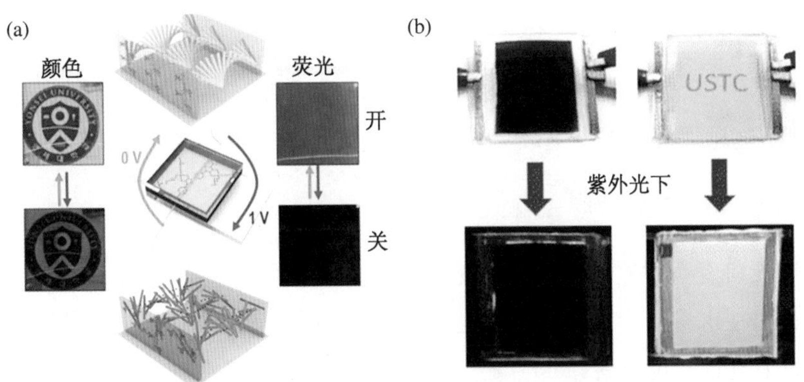

图 11.24　P21(a)[59]及 P22 a(b)的电控荧光性能[60]

(4) 咔唑基电控荧光共轭聚合物

Goto 等人在 2012 年报道了二噻吩-咔唑基共轭聚合物 P23(图 11.25),其颜色可从中性态的黄色变为氧化态的黑色,并伴有明显的荧光猝灭[63]。而后,另外两种电致变色-电控荧光双功能聚合物 P24 和 P25 也被报道,它们结构相似,主要由咔唑和苯并噻二唑结构单元构成,并且对氰化物阴离子敏感[64,65]。在不存在氰化物阴离子的情况下,纳米多孔 P24 薄膜的荧光发射在中性态和氧化态可以实现 19.2%的荧光对比度[64]。在基于 P25 的薄膜器件中观察到了类似的荧光猝灭,荧光对比度为 80%[65]。当存在氰化物阴离子时,在氧化态下缺电子的苯并噻二唑与亲核氰化物阴离子之间的非共价相互作用导致荧光显著猝灭。这种特异的 π^{-}-π^{+} 的相互作用表明此类材料具有作为氰化物阴离子检测剂的潜力。

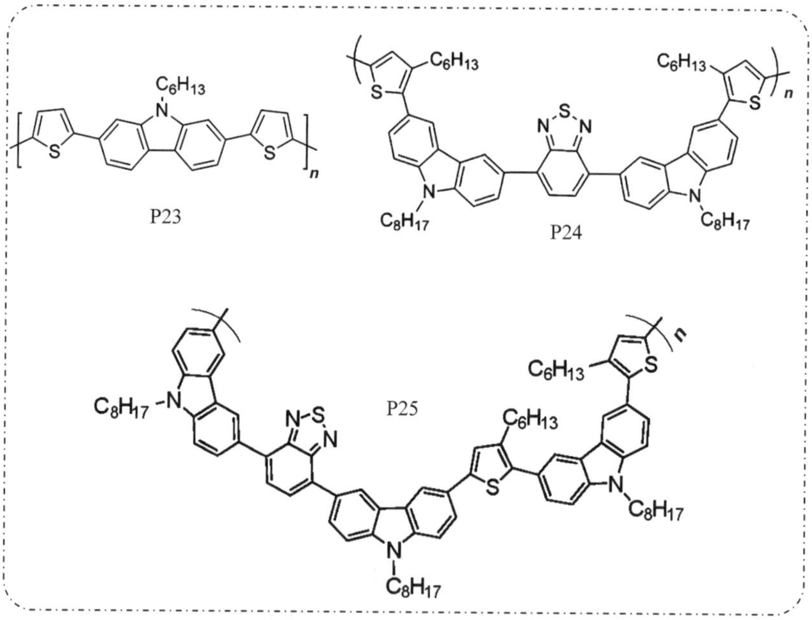

P23

P24

P25

图 11.25 咔唑基电控荧光共轭聚合物的化学结构

11.4.4 纳米复合薄膜

有机-无机复合材料是开发多功能电控荧光材料的另一种策略。Dong 课题组于 2011 年首次在水溶液中实现了可逆电控荧光纳米复合薄膜体系。其中以聚亚甲基蓝(PMB)为电致变色材料,CdTe 量子点为荧光材料,可以在 −0.4～0 V 的窄电压范围内有效实现荧光开关[图 11.26(a)][66]。之后,研究人员采用了二氧化硅纳米颗粒/聚(3,4-乙烯二氧噻吩)(PEDOT)和多金属氧酸盐/罗丹明B制备了电控荧光器件。在二氧化硅纳米颗粒/聚(3,4-乙烯二氧噻吩)体系中,派洛宁掺杂的二氧化硅纳米颗粒(PYDS)和聚(3,4-乙烯二氧噻吩)分别作为发光和电活性组分,在电化学氧化还原作用下表现出可逆的荧光切换[图11.26(b)][67]。另一种复合体系由有机染料罗丹明B和电致变色多金属氧酸盐制备,其荧光在外加电压下也会发生淬灭[68]。这些纳米复合薄膜不仅可以在环境友好的水溶液中使用,还为开发新型电控荧光材料提供了另一种简便的策略。2018年,Xu等人报道了多功能CdSe量子点-ProDOT复合薄膜,该薄膜结合了CdSe量子点和电致变色共轭聚合物的优点,具有氧化还原电位低、荧光对比度高、响应快等优良的电致变色性能。复合薄膜的非荧光状态和荧光状态切换性能得到增强,光致发光强度是原始聚合物薄膜的两倍以上。并且,该材料在阳光照射下可以从褪色态逐渐变为着色态。因此,该多功能复合薄膜可能为今后设计节能电致变色和电控荧光器件开辟一条新的途径[69]。

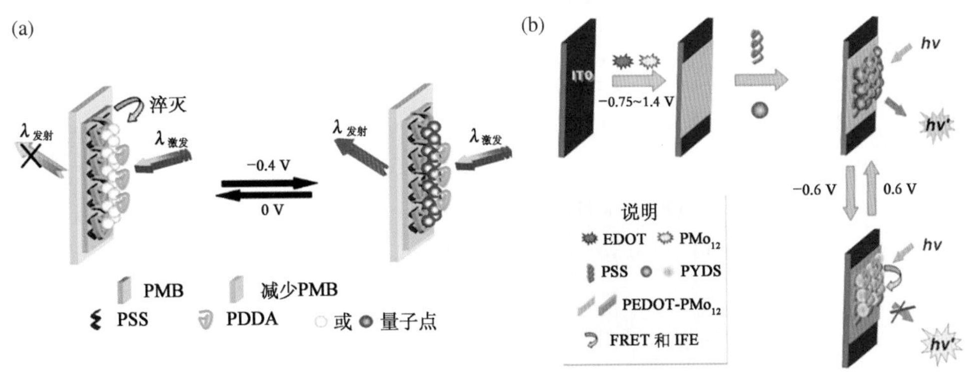

图 11.26　CdTe量子点、PMB(a)[66]及PYDS、PEDOT(b)[67]电控荧光纳米复合薄膜

11.5　结论与展望

在这一章中,我们回顾了近年来电控荧光材料的进展,包括有机小分子、过渡金属配合物、非共轭和共轭聚合物以及纳米复合薄膜等,并对其电控荧光性能与机理进行了简单的讨论。电控荧光材料有着广泛的应用前景,如反射-发射双模式显示器、信息加密器件、光电信息存储器以及化学和生物传感器等。然而,为满足商业化的实际需要,仍有一些关键问题需要进一步研究,主要有材料的长期稳定性、荧光对比度、响应速度、多色变色与多色发光以及大面积加工性能等。电控荧光器件的结构与工

艺的优化也是必不可少的，特别是对于可打印的光电子器件或可穿戴器件。并且，为准确设计高性能电控荧光材料，还需要基于合成化学和理论计算在分子水平上更深入了解结构与性能之间的构效关系，跨学科合作与交流有助于进一步建立材料、器件和光电性能之间的关联。

参考文献

[1] Audebert P, Miomandre F. Electrofluorochromism: From molecular systems to set-up and display. Chemical Science, 2013, 4(2): 575-584.

[2] Mortimer R J. Electrochromic materials. Annual Review of Materials Research, 2011, 41(1): 241-268.

[3] Gunbas G, Toppare L. Electrochromic conjugated polyheterocycles and derivatives—highlights from the last decade towards realization of long lived aspirations. Chemical Communications, 2012, 48(8): 1083-1101.

[4] Chua M H, Zhu Q, Shah K W, et al. Electroluminochromic materials: From molecules to polymers. Polymers, 2019, 11(1): 98.

[5] Yamamoto K, Gomita I, Okajima H, et al. Electrochromism of fast photochromic radical complexes forming light-unresponsive stable colored radical cation. Chemical Communications, 2019, 55(34): 4917-4920.

[6] Dias M, Hudhomme P, Levillain E, et al. Electrochemistry coupled to fluorescence spectroscopy: A new versatile approach. Electrochemistry Communications, 2004, 6(3): 325-330.

[7] Kim Y, Kim E, Clavier G, et al. New tetrazine-based fluoroelectrochromic window; modulation of the fluorescence through applied potential. Chemical Communications, 2006, (34): 3612-3614.

[8] Sun J, Chen Y, Liang Z. Electroluminochromic materials and devices. Advanced Functional Materials, 2016, 26(17): 2783-2799.

[9] Woodward A N, Kolesar J M, Hall S R, et al. Thiazolothiazole fluorophores exhibiting strong fluorescence and viologen-like reversible electrochromism. Journal of the American Chemical Society, 2017, 139(25): 8467-8473.

[10] Quinton C, Alain-Rizzo V, Dumas-Verdes C, et al. Redox-controlled fluorescence modulation (electrofluorochromism) in triphenylamine derivatives. RSC Advance, 2014, 4(65): 34332-34342.

[11] Zhang Y M, Li W, Wang X, et al. Highly durable colour/emission switching of fluorescein in a

thin film device using "electro-acid/base" as in situ stimuli. Chemical Communications, 2014, 50(12): 1420-1422.

[12] Seo S, Pascal S, Park C, et al. NIR electrochemical fluorescence switching from polymethine dyes. Chemical Science, 2014, 5(4): 1538-1544.

[13] Beneduci A, Cospito S, Deda M L, et al. Highly fluorescent thienoviologen-based polymer gels for single layer electrofluorochromic devices. Advanced Functional Materials, 2015, 25(8): 1240-1247.

[14] Su K, Sun N, Tian X, et al. High-performance blue fluorescent/electroactive polyamide bearing *p*-phenylenediamine and asymmetrical SBF/TPA-based units for electrochromic and electrofluorochromic multifunctional applications. Journal of Materials Chemistry C, 2019, 7(16): 4644-4652.

[15] Corrente G A, Fabiano E, La Deda M, et al. High-performance electrofluorochromic switching devices using a novel arylamine-fluorene redox-active fluorophore. ACS Applied Materials & Interfaces, 2019, 11(13): 12202-12208.

[16] Martinez R, Ratera I, Tarraga A, et al. A simple and robust reversible redox-fluorescence molecular switch based on a 1,4-disubstituted azine with ferrocene and pyrene units. Chemical Communications, 2006(36): 3809-3811.

[17] Wu J T, Lin H T, Liou G S. Synthesis and characterization of novel triarylamine derivatives with dimethylamino substituents for application in optoelectronic devices. ACS Applied Materials & Interfaces, 2019, 11(16): 14902-14908.

[18] Wang X, Li W, Li W, et al. An RGB color-tunable turn-on electrofluorochromic device and its potential for information encryption. Chemical Communications, 2017, 53(81): 11209-11212.

[19] Bill N L, Lim J M, Davis C M, et al. Pi-extended tetrathiafulvalene BODIPY (ex-TTF-BODIPY): A redox switched "on-off-on" electrochromic system with two near-infrared fluorescent outputs. Chemical Communications, 2014, 50(51): 6758-6761.

[20] Seo S, Kim Y, Zhou Q, et al. White electrofluorescence switching from electrochemically convertible yellow fluorescent dyad. Advanced Functional Materials, 2012, 22(17): 3556-3561.

[21] Kim Y, Do J, Kim E, et al. Tetrazine-based electrofluorochromic windows: Modulation of the fluorescence through applied potential. Journal of Electroanalytical Chemistry, 2009, 632(1-2): 201-205.

[22] Quinton C, Alain-Rizzo V, Dumas-Verdes C, et al. Original electroactive and fluorescent bichromophores based on non-conjugated tetrazine and triphenylamine derivatives: Towards more efficient fluorescent switches. RSC Advances, 2015, 5(61): 49728-49738.

[23] Lim H, Seo S, Pascal S, et al. NIR electrofluorochromic properties of aza-boron-dipyr-

romethene dyes. Scientific Reports, 2016, 6: 18867.

[24] Beneduci A, Cospito S, La Deda M, et al. Electrofluorochromism in pi conjugated ionic liquid crystals. Nature Communications, 2014, 5: 3105.

[25] Quinton C, Alain-Rizzo V, Dumas-Verdes C, et al. Redox-and protonation-induced fluorescence switch in a new triphenylamine with six stable active or non-active forms. Chemistry, 2015, 21(5): 2230-2240.

[26] Zhang J, Chen Z, Wang X Y, et al. Redox-modulated near-infrared electrochromism, electroluminochromism, and aggregation-induced fluorescence change in an indolo[3,2-*b*]carbazole-bridged diamine system. Sensors and Actuators B: Chemical, 2017, 246: 570-577.

[27] Nie H J, Yang W W, Shao J Y, et al. Ruthenium-tris(bipyridine) complexes with multiple redox-active amine substituents: Tuning of spin density distribution and deep-red to NIR electrochromism and electrofluorochromism. Dalton Transactions, 2016, 45(25): 10136-10140.

[28] Nakamura K, Kanazawa K, Kobayashi N. Electrochemically controllable emission and coloration by using europium(Ⅲ) complex and viologen derivatives. Chemical Communications, 2011, 47(36): 10064-10066.

[29] Nakamura K, Kanazawa K, Kobayashi N. Electrochemically-switchable emission and absorption by using luminescent lanthanide(Ⅲ) complex and electrochromic molecule toward novel display device with dual emissive and reflective mode. Displays, 2013, 34(5): 389-395.

[30] Kanazawa K, Nakamura K, Kobayashi N. Electroswitching of emission and coloration with quick response and high reversibility in an electrochemical cell. Chemistry An Asian Journal, 2012, 7(11): 2551-2554.

[31] Zhao Q, Xu W, Sun H, et al. Tunable electrochromic luminescence of iridium(Ⅲ) complexes for information self-encryption and anti-counterfeiting. Advanced Optical Materials, 2016, 4(8): 1167-1173.

[32] Zhang K Y, Chen X, Sun G, et al. Utilization of electrochromically luminescent transition-metal complexes for erasable information recording and temperature-related information protection. Advanced Materials, 2016, 28(33): 7137-7142.

[33] Ma Y, Yang J, Liu S, et al. Phosphorescent ionic iridium(Ⅲ) complexes displaying counterion-dependent emission colors for flexible electrochromic luminescence device. Advanced Optical Materials, 2017, 5(21): 1700587.

[34] Guo S, Huang T, Liu S, et al. Luminescent ion pairs with tunable emission colors for light-emitting devices and electrochromic switches. Chemical Science, 2017, 8(1): 348-360.

[35] Ma Y, Shen L, She P, et al. Constructing multi-stimuli-responsive luminescent materials through outer sphere electron transfer in ion pairs. Advanced Optical Materials, 2019, 7(8): 1801657.

[36] Yoo J, Kwon T, Sarwade B D, et al. Multistate fluorescence switching of *s*-triazine-bridged *p*-phenylene vinylene polymers. Applied Physics Letters, 2007, 91(24): 241107.

[37] Liu B, Yu W L, Lai Y H, et al. Blue-light-emitting cationic water-soluble polyfluorene derivatives with tunable quaternization degree. Macromolecules, 2002, 35(13): 4975-4982.

[38] Sun N, Feng F, Wang D, et al. Novel polyamides with fluorene-based triphenylamine: Electrofluorescence and electrochromic properties. RSC Advances, 2015, 5(107): 88181-88190.

[39] Sun N, Zhou Z, Chao D, et al. Novel aromatic polyamides containing 2-diphenylamino-(9,9-dimethylamine) units as multicolored electrochromic and high-contrast electrofluorescent materials. Journal of Polymer Science Part A: Polymer Chemistry, 2017, 55(2): 213-222.

[40] Sun N, Meng S, Chao D, et al. Highly stable electrochromic and electrofluorescent dual-switching polyamide containing bis(diphenylamino)-fluorene moieties. Polymer Chemistry, 2016, 7(39): 6055-6063.

[41] Sun N, Zhou Z, Meng S, et al. Aggregation-enhanced emission (AEE)-active polyamides with methylsulfonyltriphenylamine units for electrofluorochromic applications. Dyes and Pigments, 2017, 141: 356-362.

[42] Sun N, Tian X, Hong L, et al. Highly stable and fast blue color/fluorescence dual-switching polymer realized through the introduction of ether linkage between tetraphenylethylene and triphenylamine units. Electrochimica Acta, 2018, 284: 655-661.

[43] Sun N, Su K, Zhou Z, et al. AIE-active polyamide containing diphenylamine-TPE moiety with superior electrofluorochromic performance. ACS Applied Materials & Interfaces, 2018, 10(18): 16105-16112.

[44] Cheng S W, Han T, Huang T Y, et al. High-performance electrofluorochromic devices based on aromatic polyamides with AIE-active tetraphenylethene and electro-active triphenylamine moieties. Polymer Chemistry, 2018, 9(33): 4364-4373.

[45] Yen H J, Liou G S. Flexible electrofluorochromic devices with the highest contrast ratio based on aggregation-enhanced emission (AEE)-active cyanotriphenylamine-based polymers. Chemical Communications, 2013, 49(84): 9797-9799.

[46] Sun N, Meng S, Feng F, et al. Electrochromic and electrofluorochromic polyimides with fluorene-based triphenylamine. High Performance Polymers, 2016, 29(10): 1130-1138.

[47] Yen H J, Chang C W, Wong H Q, et al. Cyanotriphenylamine-based polyimidothioethers as multifunctional materials for ambipolar electrochromic and electrofluorochromic devices, and fluorescent electrospun fibers. Polymer Chemistry, 2018, 9(13): 1693-1700.

[48] Kuo C P, Chuang C N, Chang C L, et al. White-light electrofluorescence switching from electrochemically convertible yellow and blue fluorescent conjugated polymers. Journal of Materials Chemistry C, 2013, 1(11): 2121.

[49] Beaujuge P M, Reynolds J R. Color control in π-conjugated organic polymers for use in electrochromic devices. Chemical Reviews, 2010, 110(1): 268-320.

[50] Wu J H, Liou G S. High-performance electrofluorochromic devices based on electrochromism and photoluminescence-active novel poly(4-cyanotriphenylamine). Advanced Functional Materials, 2014, 24(41): 6422-6429.

[51] Sun J W, Liang Z Q. Swift electrofluorochromism of donor-acceptor conjugated polytriphenylamines. ACS Applied Materials & Interfaces, 2016, 8(28): 18301-18308.

[52] Santra D C, Nad S, Malik S. Electrochemical polymerization of triphenylamine end-capped dendron: Electrochromic and electrofluorochromic switching behaviors. Journal of Electroanalytical Chemistry, 2018, 823: 203-212.

[53] Sun N W, Su K X, Zhou Z W, et al. High-performance emission/color dual-switchable polymer-bearing pendant tetraphenylethylene (TPE) and triphenylamine (TPA) moieties. Macromolecules, 2019, 52 (14): 5131-5139.

[54] Kuo C P, Lin Y S, Leung M K. Electrochemical fluorescence switching properties of conjugated polymers composed of triphenylamine, fluorene, and cyclic urea moieties. Journal of Polymer Science Part A-Polymer Chemistry, 2012, 50(24): 5068-5078.

[55] Kuo C P, Chuang C N, Chang C L, et al. White-light electrofluorescence switching from electrochemically convertible yellow and blue fluorescent conjugated polymers. Journal of Materials Chemistry C, 2013, 1(11): 2121-2130.

[56] Kuo C P, Chang C L, Hu C W, et al. Tunable electrofluorochromic device from electrochemically controlled complementary fluorescent conjugated polymer films. ACS Applied Materials & Interfaces, 2014, 6 (20): 17402-17409.

[57] Xiang C, Wan H, Zhu M, et al. Dipicolylamine functionalized polyfluorene based gel with lower critical solution temperature: Preparation, characterization, and application. ACS Applied Materials & Interfaces, 2017, 9(10): 8872-8879.

[58] Yang C Y, Cai W N, Zhang X, et al. Multifunctional conjugated oligomers containing novel triarylamine and fluorene units with electrochromic, electrofluorochromic, photoelectron conversion, explosive detection and memory properties. Dyes Pigment, 2019, 160: 99-108.

[59] Yang X, Seo S, Park C, et al. Electrical chiral assembly switching of soluble conjugated polymers from propylenedioxythiophene-phenylene copolymers. Macromolecules, 2014, 47(20): 7043-7051.

[60] Mi S, Wu J C, Liu J, et al. AIEE-active and electrochromic bifunctional polymer and a device composed thereof synchronously achieve electrochemical fluorescence switching and electrochromic switching. ACS Applied Materials & Interfaces, 2015, 7(49): 27511-27517.

[61] Liu J, Li M, Wu J C, et al. Electrochromic polymer achieving synchronous electrofluorochro-

mic switching for optoelectronic application. Organic Electronics，2017，51：295-303.

[62] Wu J C，Han Y F，Liu J，et al. Electrofluorochromic and electrochromic bifunctional polymers with dual-state emission via introducing multiple C—H…π bonds. Organic Electronics，2018，62：481-490.

[63] Kawabata K，Goto H. Dynamically controllable emission of polymer nanofibers：Electrofluorescence chromism and polarized emission of polycarbazole derivatives. Chemistry A European Journal，2012，18(47)：15065-15072.

[64] Ding G Q，Lin TT，Zhou R，et al. Electrofluorochromic detection of cyanide anions using a nanoporous polymer electrode and the detection mechanism. Chemistry-A European Journal，2014，20(41)：13226-13233.

[65] Ding G Q，Zhou H，Xu J W，et al. Electrofluorochromic detection of cyanide anions using a benzothiadiazole-containing conjugated copolymer. Chemical Communications，2014，50(6)：655-657.

[66] Jin L H，Fang Y X，Wen D，et al. Reversibly electroswitched quantum dot luminescence in aqueous solution. ACS Nano，2011，5(6)：5249-5253.

[67] Zhai Y，Jin L，Zhu C，et al. Reversible electroswitchable luminescence in thin films of organic-inorganic hybrid assemblies. Nanoscale，2012，4(24)：7676-7681.

[68] Jin L，Fang Y，Hu P，et al. Polyoxometalate-based inorganic-organic hybrid film structure with reversible electroswitchable fluorescence property. Chemical Communications，2012，48(15)：2101-2103.

[69] Liu J，Luo G，Mi S，et al. Trifunctional cdse quantum dots-polymer composite film with electrochromic，electrofluorescent and light-induced coloration effects. Solar Energy Materials and Solar Cells，2018，177：82-88.

[70] Goulle V，Harriman A，Lehn J M. An electro-photoswitch：Redox switching of the luminescence of a bipyridine metal complex. Journal of the Chemical Society，Chemical Communications，1993(12)：1034-1036.

[71] Beneduci A，Cospito S，La Deda M，et al. Electrofluorochromism in pi-conjugated ionic liquid crystals. Nature Communications，2014，5：3105.

[72] Yoo J，Kwon T，Sarwade B D，et al. Multistate fluorescence switching of *s*-triazine-bridged *p*-phenylene vinylene polymers. Applied Physics Letters，2007，91 (24)：241107.

[73] Bill N L，Lim J M，Davis C M，et al. π-Extended tetrathiafulvalene BODIPY (ex-TTF-BODIPY)：A redox switched "on-off-on" electrochromic system with two near-infrared fluorescent outputs. Chemical Communications，2014，50 (51)：6758-6761.

[74] Yen H J，Liou G S. Flexible electrofluorochromic devices with the highest contrast ratio based on aggregation-enhanced emission (AEE)-active cyanotriphenylamine-based polymers. Chemical

Communications, 2013, 49 (84): 9797-9799.

[75] Zhao Q, Xu W, Sun H, et al. Tunable electrochromic luminescence of iridium (Ⅲ) complexes for information self-encryption and anti-counterfeiting. Advanced Optical Materials, 2016, 4 (8): 1167-1173.

[76] Mi S, Wu J, Liu J, et al. AIEE-active and electrochromic bifunctional polymer and a device composed thereof synchronously achieve electrochemical fluorescence switching and electrochromic switching. ACS Applied Materials & Interfaces, 2015, 7 (49): 27511-27517.

[77] Corrente G A, Fabiano E, La Deda M, et al. High-performance electrofluorochromic switching devices using a novel arylamine-fluorene redox-active fluorophore. ACS Applied Materials & Interfaces, 2019, 11 (13): 12202-12208.

[78] Sun N, Su K, Zhou Z, et al. AIE-active polyamide containing diphenylamine-TPE moiety with superior electrofluorochromic performance. ACS Applied Materials & Interfaces, 2018, 10 (18): 16105-16112.

[79] Wu J T, Lin H T, Liou G S. Synthesis and characterization of novel triarylamine derivatives with dimethylamino substituents for application in optoelectronic devices. ACS Applied Materials & Interfaces, 2019, 11 (16): 14902-14908.

第十二章　光电致变色器件

12.1 引　言

目前，人类消耗的大部分能源来自化石燃料，占总能源消耗的80%～85%。但是化石燃料的储量是有限的，其使用会引起环境和安全问题。此外，世界上超过75亿的人口（仍在增加）需要大量的能源供应[1,2]。能源消耗的大部分来自住宅和商业建筑的供暖、制冷和人工照明。为了解决这些问题，化石燃料向可再生能源的转变引起了人们的关注，并且出现了越来越多的节能技术。例如，智能窗是一种有前途的技术，可以调节建筑物大部分的能量损失或收益。Svensson等人在1984年曾报道智能窗可以使用电信号来调节日光透射率以维持室温[3]。智能窗的优点不仅在于它可以控制建筑物的太阳光和照明输入量，还可以控制建筑物的颜色[4]。在2001年，Karlsson研究了不同条件下的智能窗，在斯德哥尔摩的气候中获得了0～50 $kWh \cdot m^{-2} \cdot yr^{-1}$的节能，在丹佛的气候中获得了25～75 $kWh \cdot m^{-2} \cdot yr^{-1}$的节能，在类似迈阿密的气候中获得了150 $kWh \cdot m^{-2} \cdot yr^{-1}$的节能[5]。虽然在热区能源的减少主要归因于冷却的能源需求，但在寒冷气候中，照明能源的节省占主导地位[6]。在各种智能窗技术中，电致变色窗被认为是最合适和最有前途的技术，它可以像其他常规建筑的窗户一样向外部提供美丽的外观，同时不论它们的颜色状态如何，还可以提供眩光控制，实现能源管理和节能。因此，电致变色窗有望成为未来建筑很重要且极具潜能的技术。

在过去的几十年中，电致变色材料和器件得到了广泛的报道，电致变色器件已取得重大进展。光电致变色器件（PECD）最早是由Bechinger等人提出的概念。在1996年，PECD无须外部电源即可良好地调节电致变色器件的性能并且有所改善[11]。

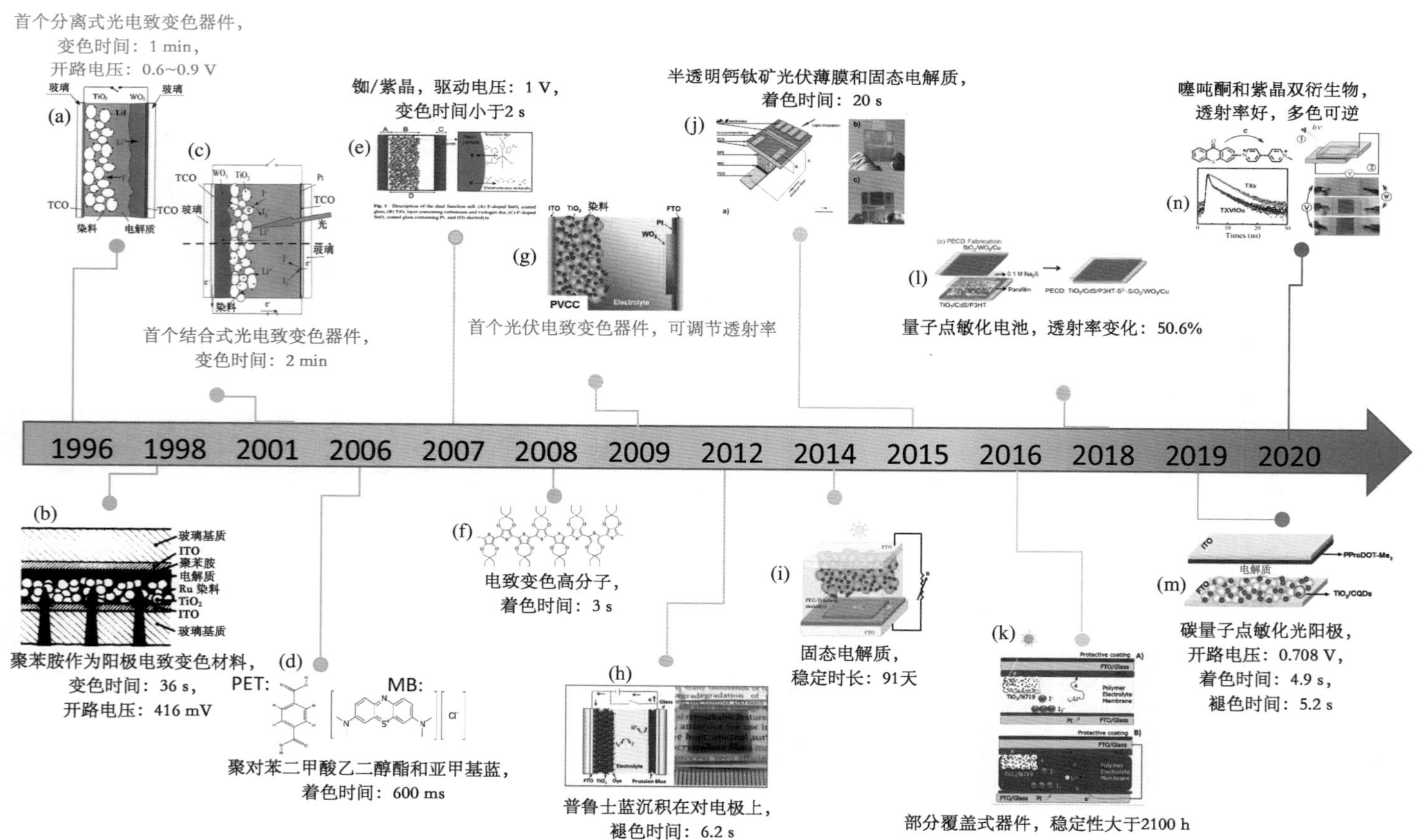

图 12.1 PECD 技术发展进程

PECD 是将电致变色层组合在自供电电池中，例如染料敏化太阳能电池(DSSC)、有机太阳能电池(OPV)、钙钛矿太阳能电池或任何其他可能的器件。自供电光伏部件产生的电能可以直接由电致变色部件使用，与单独的组件相比，可以节约大量的材料和能量。此外，由于减少了布线、共享了电极并进行了封装，集成器件有助于获得更小的体积和更高的能量密度。在某些情况下，PECD 还可用于为外部负载供电[12,13]。在过去的几十年中，PECD 取得了长足发展(图 12.1)。1996 年，Bechinger 展示了第一个分离型 PECD，此后许多研究人员开始从事 PECD 的研究。2001 年，Huach 提出了新的结合式 PECD，从而提高了设备效率。2016 年，Bella 提高了电致变色设备的稳定性。在过去的一段时间里，PCED 发展迅速，显示出巨大的潜力，正等待被深入挖掘。

有机材料在光电材料和器件中起着重要作用，因为它们具有低成本、良好的电化学性能、柔性等优点。在 PECD 中，有机材料也很重要并且具有极大的潜力。关于 PECD 已有一些综述研究，但他们大多都集中在无机材料的发展上。在本章中，我们将介绍有机材料在 PECD 中的作用，并对有机 PECD 进行总结和展望。

12.2　PECD 的结构设计

PECD 主要由四个部分组成：电致变色材料、电解质、电源和基板(图 12.2)。在本章中，将分别介绍这四个部分。

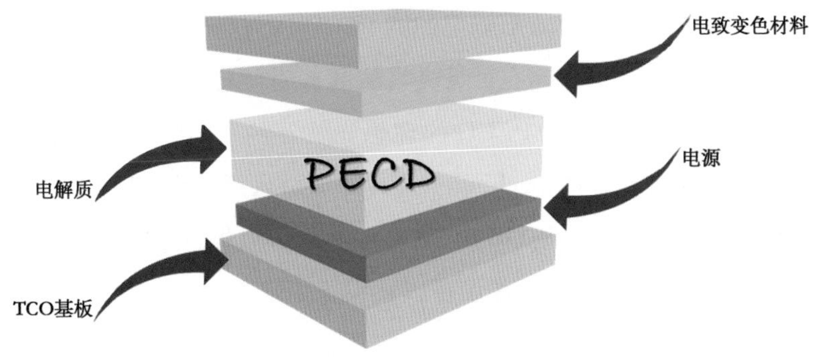

图 12.2　PECD 的组件

12.2.1　PECD 的供电部分

PECD 与电致变色器件相比，特别之处在于电源。电源的最佳选择应该是透明或半透明的。灵活性、坚固性、易加工性、低成本和长期稳定性也是必需的特性。此外,大约一半的太阳能是红外辐射,因此电致变色智能窗能够在不牺牲日光透射率的情况下在近红外光中调节太阳热,并且近紫外线太阳能电池有望成为充分利用太阳能的能源(图 12.3)[14]。PECD 中使用了不同的电池,例如染料敏化太阳能电池[15]、有机太阳能电池[16]、钙钛矿太阳能电池[17]、硅太阳能电池[18]和固态异质结太阳能电池[19]。

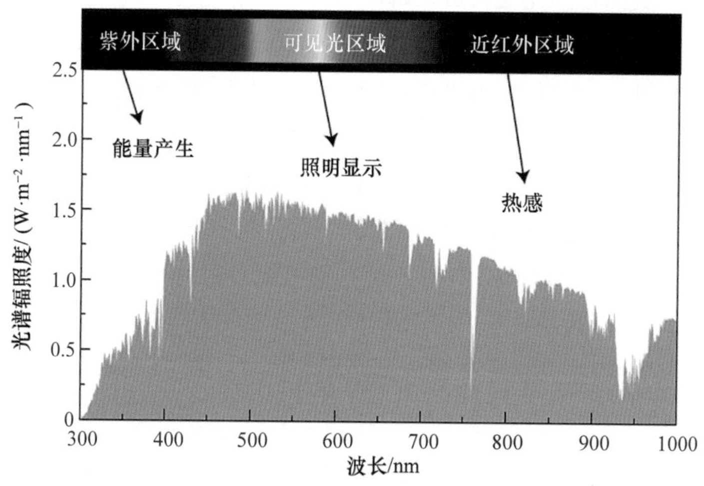

图 12.3 太阳能光谱的利用

12.2.1.1 基于染料敏化太阳能电池的 PECD

染料敏化太阳能电池由于其在可见光区域的透明性或半透明性、色彩可调性、坚固性、易加工性和低成本而成为 PECD 的理想光伏器件。染料敏化太阳能电池的结构如图 12.4 所示,这种设计由 Bechinger 及其同事引入第一个 PECD 中[11]。他们引入了电致变色层来代替铂对电极,因此 TiO_2 和染料可以提供电子来促进电致变色层的着色。此外,该设备可以连接外部设备以在设备内部供电或存储能量,因此可以提供双重功能。

对应用于 PECD 的电源,透明性是必不可少的属性,因为日光的高透射率对于节省能源是必需的。由氧化物纳米颗粒制成的薄膜可通过吸收的染料有效收集阳光,因为中孔基质会大大增加表面积。对于 PECD,薄膜越薄,设备越透明。此外,考虑到染料敏化太阳能电池的主要功能是为电致变色材料的着色提供电源,非常薄的光阳极可以达到理想的结果。

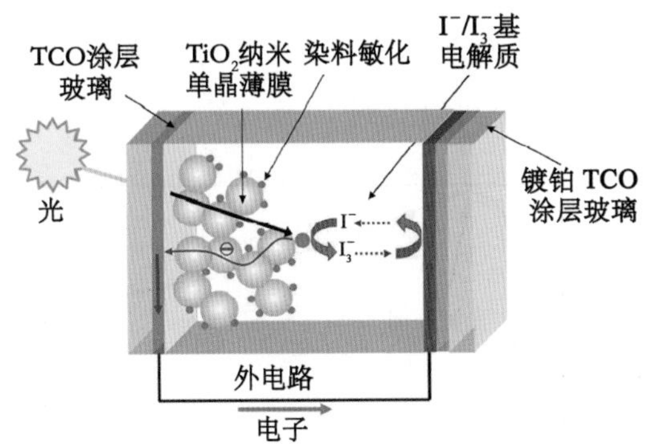

图 12.4 染料敏化太阳能电池的结构图示

根据结构设计，PECD 可以归纳为四种类型：第一种是分离型，其具有分离的感光层和电致变色层；第二种结合型和第三种部分覆盖型都是在同一电极上结合有光敏材料和电致变色层，区别在于，电致变色层分别被光敏材料完全或部分覆盖。除了由同一基板上的所有组件组成外，两个器件还可通过外部导线串联连接，从而实现了集成式 PECD。

1. 分离型 PECD

Bechinger 于 1996 年在 *Nature* 杂志上首次介绍了分离型 PECD，此后研究人员开始研究这种器件。染料敏化的 TiO_2 和电致变色材料被电解质分开，电解质中含有用于内部电子转移的抗衡离子。当光在短路时照亮 PECD，这些器件会变色。Wu 等人展示了一个光电致变色电池（图 12.5）。

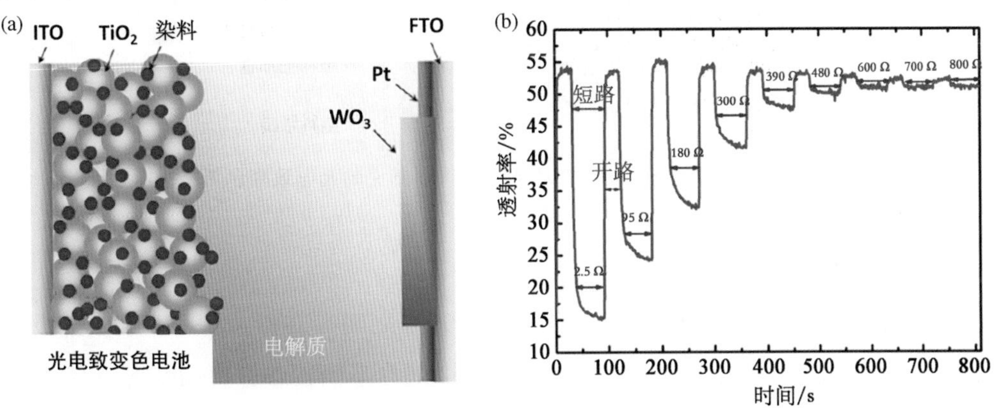

图 12.5 光电致变色电池的原理图(a)；在照明下与可变电阻器串联的光电致变色电池在 788 nm 处的瞬态透射率(b)

电致变色层的 WO_3 位于分离的电极上，可以通过改变驱动可变电阻的外部负载来调节透射率[12]。同样，Jiao 等人设计了一种基于染料敏化太阳能电池的分离型 PECD，当光源关闭时，其透射率可以达到 100%（图 12.6）[20]。

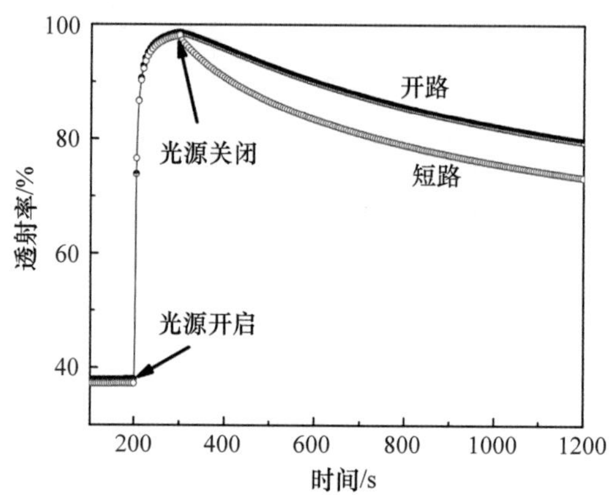

图 12.6　PECD 的透射率与时间的关系

Xu 及其同事展示了一种新型的光电致变色智能窗，它由大型电致变色器件（ECD）和几个集成的纤维状染料敏化太阳能电池（FDSSC）组成（图 12.7）[21]。开路电压（V_{oc}）在 0.742～2.968 V，并且实现了约 80% 光学调节范围的电致变色性能。

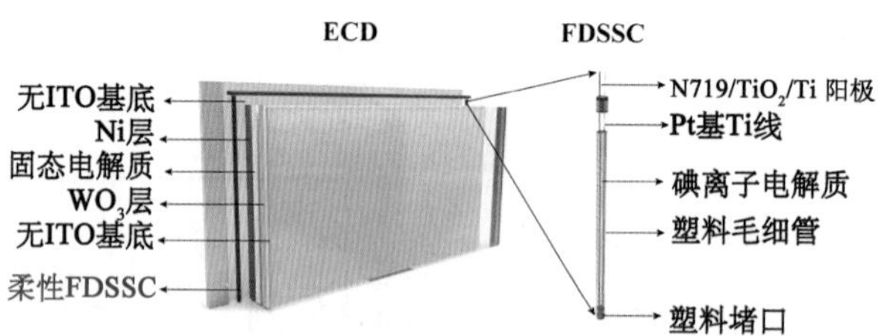

图 12.7　基于 ECD-FDSSC 系统的大规模无 ITO 基底的光电致变色智能窗示意图

2. 结合型 PECD

分离型 PECD 的局限性在于着色和褪色过程之间存在竞争关系，因此着色和褪色不能同时达到最高效率。结合型 PECD 可以在不牺牲着色率的情况下促进由催化剂加速的褪色。Hauch 等人研究创新了第一个结合型 PECD[22]，在同一电极上将染料敏化的 TiO_2 和电致变色材料结合在一起（图 12.8），但是最高透射率不是很理想，小于 50%。随后固体电解质由 Georg 等人引入 PECD 中[23]，可见光透射率从 62%变为 2%。除了改进结合型 PECD 的结构外，太阳能电池的技术也取得了突破。典型的 TiO_2 和 WO_3 由胶体或溶胶-凝胶化学方法制备。Bogati 及其同事首先开发了一种具有溅射沉积的 TiO_2 和 WO_3 薄膜的 PECD[24]，其可见光透射率从 61%变为 15%。

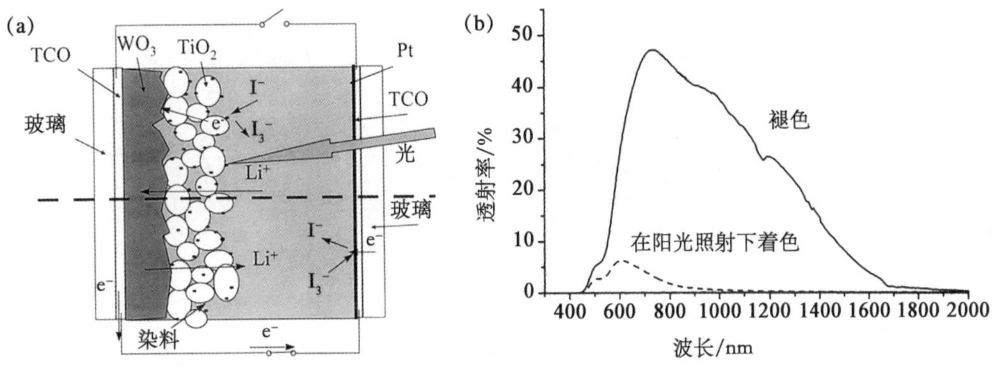

图 12.8　结合型 PECD 的示意图(a)和透射率变化(b)

3. 部分覆盖型 PECD

在这种类型的 PECD 中，每一层都旨在最大程度地提高透明度而又不影响其他性能。对于常规的基于染料敏化太阳能电池的 PECD，TiO_2 薄膜不能吸收足够的染料，也不能吸收足够的光子，从而导致低开路电压和缓慢的变色速率。此外，介孔 TiO_2 膜可能会遇到散射损失，进而降低透射率。Leftheriotis 等人提出了部分覆盖型 PECD(图 12.9)[25]，它由厚且不透明的 TiO_2 膜组成，但仅覆盖电致变色膜的一部分。该装置在可见光下显示透明(透射率高达 51%)，并且在开路的阳光照射下显示快速着色(3 min)。

4. 其他类型 PECD

Xie 等人提出了一个集成的电致变色智能窗(图 12.10)[26]，该窗户是通过连接染料敏化太阳能电池和电致变色系统以实现自供电的串联结构。在褪色状态下，透射率达到 93%。对于这种结构，它对电源的透明度要求不高，因此光伏电池为电致变色系统供电的选择更多。此外，当电致变色设备扩展为超级电容器时，就形成了双重功能的自供电和储能智能窗。

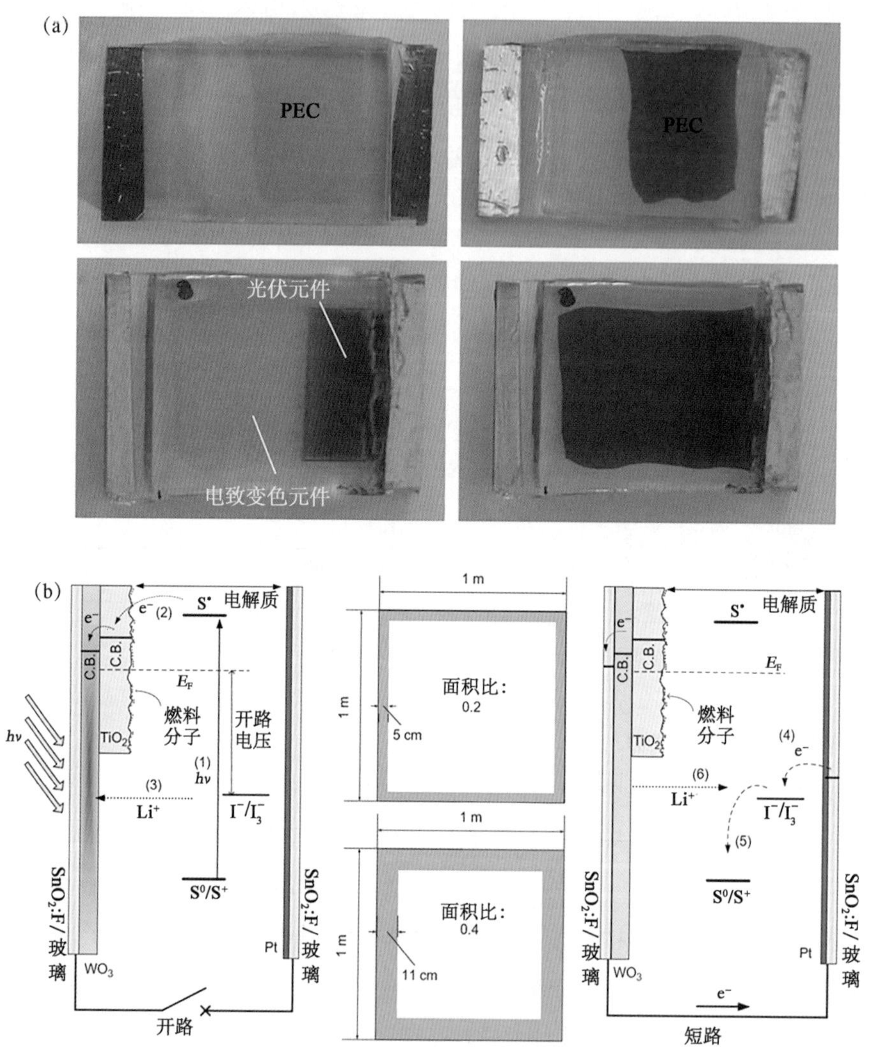

图 12.9　PECD 褪色和着色状态图(a);部分覆盖型 PECD 的结构和工作过程(b)

12.2.1.2　基于钙钛矿太阳能电池的 PECD

近年来,半透明钙钛矿太阳能电池由于其低成本和可溶液加工的特性而受到关注。通常,它们以 ABX_3 钙钛矿晶体结构形成,其中 A 为 Cs、$NH_2CH_2NH_3$(FA)或 CH_3NH_3(MA),B 为 Sn 或 Pb,X 为 I、Br 或 Cl。通过改变组分可以实现带隙可调性。$MAPbI_3$ 和 $FAPbI_3$ 的相关研究最多,带隙为 1.57 eV 和 1.48 eV 左右。基于这些材料的半透明器件的功率转换效率(PCE)从 3.8% 提高到了 25% 以上,并发展迅速。因此,这种材料非常适合应用于半透明器件。

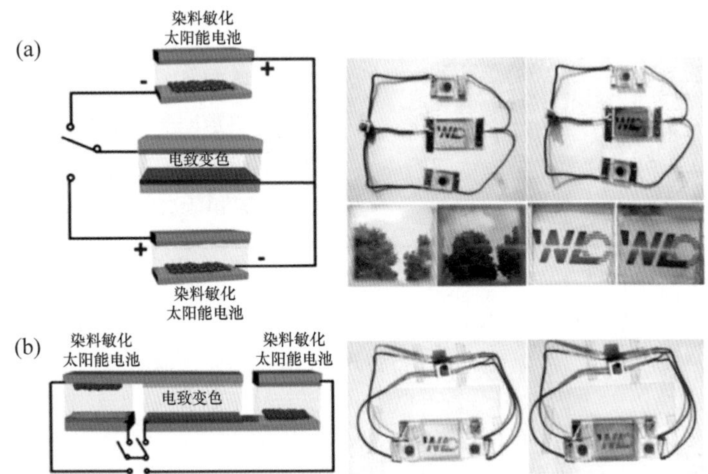

图 12.10　在阳光照射下染料敏化太阳能电池驱动的电致变色智能窗

［图(a) 独立器件；图(b) 组装器件的电路］

Cannavale 等人首次使用钙钛矿太阳能电池用作 PECD 的电源[17]。他们开发了固态聚合物电解质，该电解质显著提高了耐用性并易于加工。制备半透明钙钛矿太阳能电池以形成微米大小的区域，该区域足够厚以吸收入射的阳光。完全透明区域和完全吸收区域的组合显示出均匀的外观，如图 12.11 所示。Xia 等人报道了一种串联器件(图 12.12)，将钙钛矿太阳能电池与电致变色装置或 LED 相连，该装置具有太阳能收集、电化学能量存储和再利用的多功能性[27]。

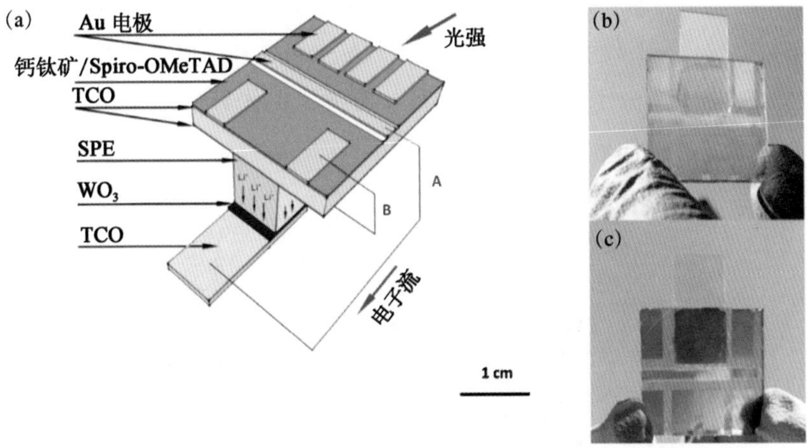

图 12.11　基于钙钛矿太阳能电池的 PECD(a)及其褪色状态(b)和着色状态(c)

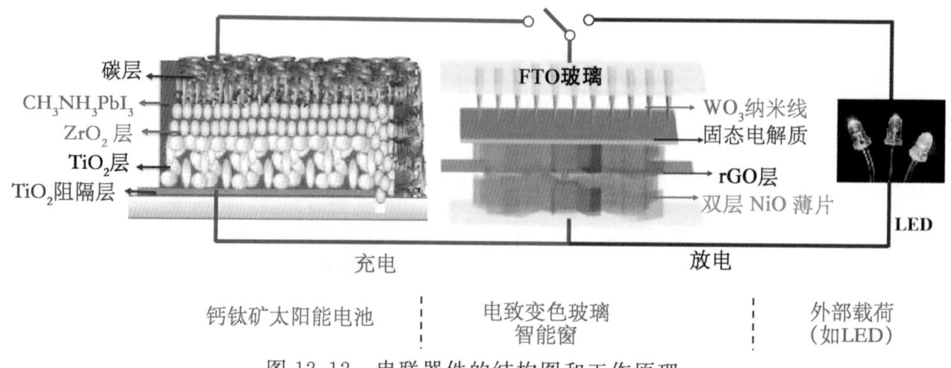

图 12.12 串联器件的结构图和工作原理

12.2.1.3 基于有机太阳能电池的 PECD

有机太阳能电池和其他有机器件因其低成本和高性能特性而具有吸引力。在这里,我们主要介绍有机太阳能电池。此类太阳能电池的功率转换效率已达到 16%以上[28—30]。因此,有机太阳能电池在功率转换效率方面无法与无机太阳能电池竞争,但它们在成本、制造简便性和新颖应用方面具有竞争力。根据有机太阳能电池的分子组成(小分子或聚合物),可以将其分为两种类型,这两种类型在材料处理、纯化和器件制造方面有所不同。聚合物太阳能电池通常在有机溶剂中进行处理,而小分子太阳能电池则在高真空环境下进行热蒸发沉积。

Tang 等人 1979 年提出了供体-受体双层的平面异质结太阳能电池,其功率转换效率约为 1%[31]。后来,有机太阳能电池的一个重要突破是利用了 C_{60} 及其衍生物,例如[6,6]-苯基-C_{61}-丁酸甲酯(PCBM)由于其强电负性和高电子迁移率,可替代有机太阳能电池中的 n 型分子。Hiramoto 等人提出了在体异质结中引入混合供体-受体[32]。这种典型的器件结构如图 12.13 所示[33]。

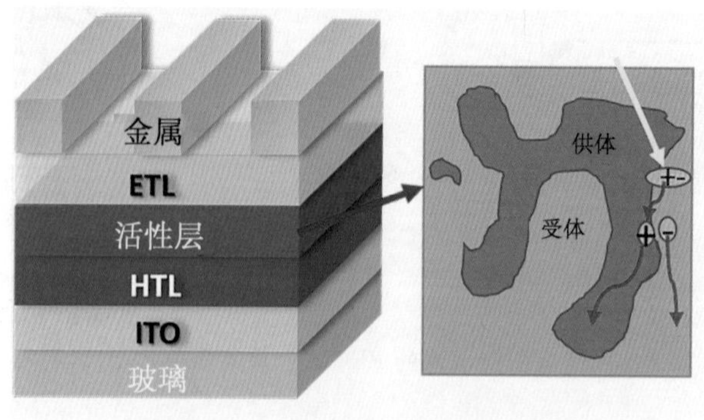

图 12.13 体异质结有机器件示意图

Davy 等人报道了由近紫外单结有机太阳能电池供电的电致变色智能窗(图 12.14),其开路电压达到 1.6 V[14]。这种可收集近紫外光子的单结有机太阳能电池充分利用了太阳能,可以实现可见光子和近红外光子的调节。

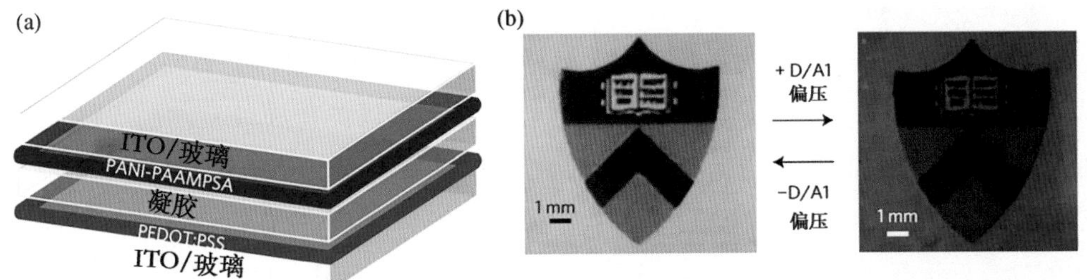

图 12.14　器件结构的示意图(a);由 D/A1 供电的电致变色智能窗的着色和褪色状态图(b)

12.2.2　PECD 中的电致变色材料

电致变色是一种在电位差下颜色变化的能力,而电致变色材料显示出具有不同电子(紫外-可见)吸收光谱的氧化还原状态[34]。当发色团仅在近紫外区域有吸收时,它显示透明状态(变色);当它在可见光区域有吸收时,显示有色状态或多种有色状态[35]。在有机化学领域中,有大量具有电致变色性质的有机材料,如紫精和导电聚合物。

12.2.2.1　小分子

紫精是季铵化 4,4′-联吡啶的盐[36],其电致变色过程是通过紫精及其溶液中互补离子的氧化还原反应实现的。原型紫精是 1,1′-二甲基-4,4′-联吡啶鎓盐二氯化物,通常称为甲基紫精(MV)。其他简单的对称联吡啶鎓物种是取代紫精,它们具有三种常见的氧化还原状态(图 12.15)。双正离子状态最稳定且无色。第一步还原是高度可逆的,可以循环很多次而没有明显的副反应[37]。由于+1 价和 0 价氮之间的电荷转移,自由基阳离子被强烈着色,具有较高的摩尔吸光系数。因此,颜色变化可由紫精中的氮取代基确定,以获得合适的分子轨道能级。

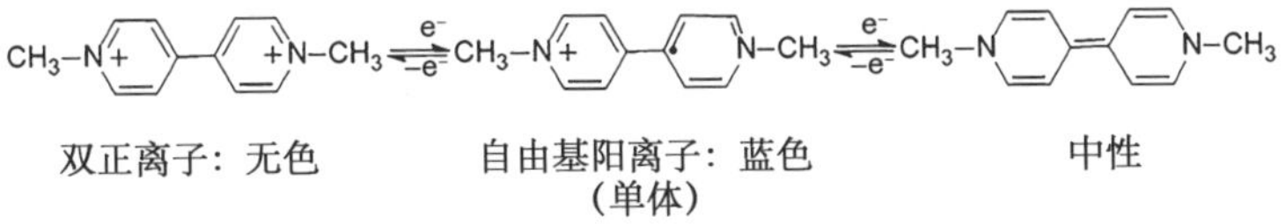

CH_3–N⁺…N⁺–CH_3 $\underset{-e^-}{\overset{e^-}{\rightleftharpoons}}$ CH_3–N⁺…N•–CH_3 $\underset{-e^-}{\overset{e^-}{\rightleftharpoons}}$ CH_3–N…N–CH_3

双正离子：无色　　自由基阳离子：蓝色(单体)　　中性

图 12.15　紫精的三种氧化还原状态

电场引起紫精的颜色变化在电致变色器件中具有实用价值。此外，紫精具有较低的变色驱动电压、高光学对比度、可切换的电致变色和易于构建电池等特性[38]。除用于电致变色器件外，紫精还用作除草剂[39]、氧化还原指示剂[36]和电子转移介体。

1933年，Michaelis等人首次报道了被称为紫精的一类化合物的电化学行为[36]。从那时起，紫精不断引起人们的关注。Choi等人进行了紫精修饰的周期性介孔纳米晶钙钛矿电极的研究，发现该电极具有快速的着色和褪色速度以及高的光学对比度[40]。在另一项研究中，聚倍半硅氧烷纳米粒子与聚合紫精的电致变色器件在550 nm时的光学对比度为50%，着色效率为205 $cm^2 \cdot C^{-1}$，这证明它是电致变色显示器的良好选择[41]。Mortimer等人于2011年报道了一种新型的增色电致变色器件，其中阳极和阴极反应同时显示出可逆的无色至紫色变化，并且它具有很高的光学对比度和快的光学切换速度[42]。另一项研究是关于使用紫精和普鲁士蓝/氧化锡锑(ATO)纳米复合材料的新型电致变色设备，该设备显示出高光学对比度(64.8%，600 nm)、快速切换、600 nm处的高着色效率(912 $cm^2 \cdot C^{-1}$)和良好的稳定性[43]。一种使用庚基紫精四氟硼酸盐[$HV(BF_4)_2$]和2,2,6,6-四甲基哌啶氧化物(TEMPO)的全固态电致变色器件表现出很高的光学对比度，着色效率在610 nm时为65.5 $cm^2 \cdot C^{-1}$和342.2 $cm^2 \cdot C^{-1}$，并且具有74%的高透射率变化[44]。由聚己基紫精(PXV)和聚(3,4-乙烯二氧噻吩)：聚(苯乙烯磺酸盐)(PEDOT：PSS)胶体逐层组装的电致变色器件，其在525 nm处的透射率变化达到82.1%，超过了大多数电致变色器件[45]。2015年，Moon等人展示了一种基于电致变色离子凝胶的简单、固态、柔性的电致变色器件，该器件具有出色的着色效率(105 $cm^2 \cdot C^{-1}$)，并在空气中具有良好的操作稳定性[46]。紫精衍生物在电致变色器件中得到了广泛的应用，并且具有不同的性能。Lu等人制造了三种基于紫精的电致变色器件，分别是庚基紫精四氟硼酸盐、辛基紫精四氟硼酸盐[$OV(BF_4)_2$]和壬基紫精四氟硼酸盐[$NV(BF_4)_2$]电致变色器件。在这三种电致变色器件中，基于壬基紫精四氟硼酸盐的电致变色器件由于驱动能量最低而显示出最高的着色效率(36.2 $cm^2 \cdot C^{-1}$)。此外，在0 V和1.2 V之间切换时，基于壬基紫精四氟硼酸盐的电致变色器件表现出理想的初始透射率变化(在605 nm处，$\Delta T = 56.7\%$)和长期稳定性(在4000次循环后，$\Delta T = 45.4\%$)[47]。对于电致变色器件，尤其是在空气中，稳定性始终是一个挑战。Gelinas等人报道了使用乙基紫精阳离子($[EV]^{2+}$)和四烯基磺酰亚铁(三氟甲基磺酰基)酰亚胺阴离子($[FcNTf]^-$)分别作为阴极和阳极电活性物质的电致变色器件的最新报告。一旦溶解在典型的离子液体电解质1-丁基-3-甲基咪唑鎓双(三氟甲基磺酰)亚胺([BMIm]

[NTf_2])中，它在两种氧化还原状态下对大气中的 O_2 和 H_2O 都不敏感。

当将电致变色材料与染料敏化太阳能电池组合时，除了提供自供电外，PECD 的电化学性能也得到改善。如图 12.16 所示，Santa-Nokki 等人设计了一种使用紫精作为电致变色材料的 PECD[48]。与纯电致变色器件(2.5 V)相比，其用于着色的驱动电压降低至 1.0 V。

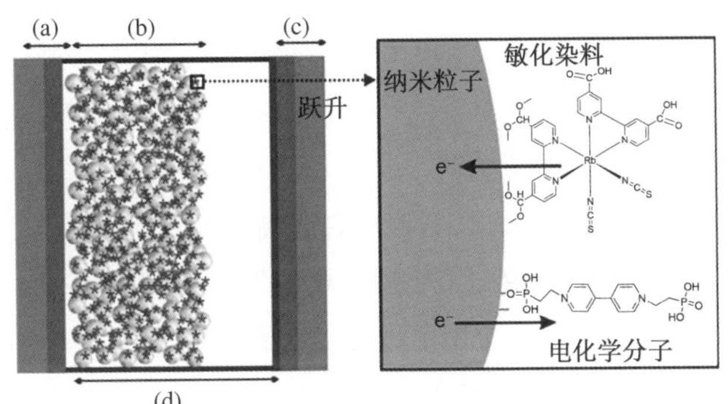

图 12.16 PECD 示意图

[图(a)F 掺杂的 SnO_2 玻璃；图(b)含 Rb 和紫精染料的 TiO_2 层；图(c)包含 Pt 的 F 掺杂的 SnO_2 玻璃；图(d)电解质]

Ma 等人在 2020 年报道了新合成的噻吨酮和紫精(TX-VIO)二元衍生物的光物理和电化学性质。如图 12.17 所示，夹层器件在可见光辐射或施加 −2.4 V 的偏压下显示出良好的透射率和可逆颜色(粉红色、蓝色和无色)变化行为[49]。

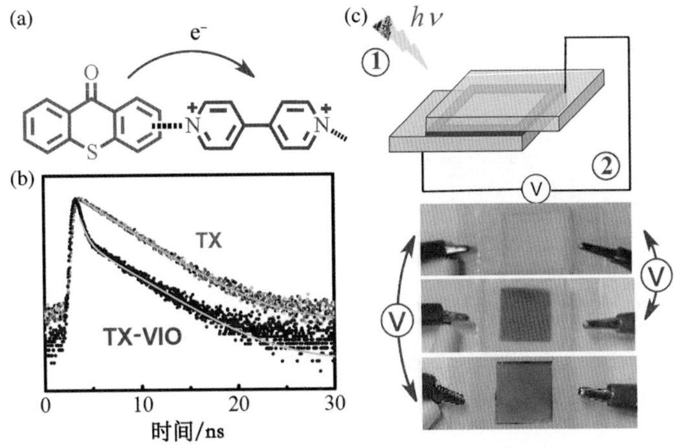

图 12.17 TX-VIO 的分子结构(a)、时间分辨荧光衰减图(b)和器件图(c)

12.2.2.2 导电聚合物

1. 聚噻吩

聚噻吩被广泛用作电致变色材料，因为它们易于通过化学或电化学方法合成，易于加工且稳定[50]。聚噻吩薄膜在掺杂（氧化）状态呈蓝色（$\lambda_{max}=730$ nm），未掺杂状态呈红色（$\lambda_{max}=470$ nm），可以通过选择不同的噻吩单体来实现颜色调节，这也是用于电致变色器件的导电聚合物的主要优点。例如，由基于3-甲基噻吩的低聚物制备的薄膜的颜色主要取决于聚合物主链上甲基的相对位置[51,52]。颜色变化包括氧化状态的浅蓝色、蓝色和紫色，以及还原状态的紫色、黄色、红色和橙色。颜色变化是由聚合物链的有效共轭长度的变化引起的。

大量的取代噻吩已经被合成出来，因此许多新型的聚噻吩引起了人们的研究兴趣。尤其是聚（3-取代噻吩）和聚（3，4-二取代噻吩）引起了人们的广泛关注[48]。聚（3，4-乙烯二氧噻吩）已成为许多应用中最受欢迎的候选物。拜耳公司的研究实验室在1980年首次发现了它的应用。从那时起，聚（3，4-乙烯二氧噻吩）被证明是一种非凡的聚合物，因为它具有出色的电致变色性能、高电导率和在氧化态下的高稳定性[53]。由于与噻吩单元相邻的两个供电子氧原子的存在，聚（3，4-乙烯二氧噻吩）的带隙（1.6～1.7 eV）比聚噻吩低0.5 eV，红色区域的吸光度最大。与其他取代的聚噻吩相比，聚（3，4-乙烯二氧噻吩）在氧化态下表现出出色的稳定性。但是它是不溶的，难以加工，于是可以通过使用水溶性聚电解质聚苯乙烯磺酸盐作为抗衡离子以掺杂形式克服，产生可分散在水中的产品 PEDOT：PSS。

提高电致变色器件的颜色切换速度、稳定性和光学对比度是大多数研究人员的动机。由于抗衡离子在氧化还原过程中扩散到薄膜中的速率较慢，因此聚（3，4-乙烯二氧噻吩）的颜色切换速度受到限制。Cho 等人制备了聚（3，4-乙烯二氧噻吩）纳米管（图12.18），其薄壁约为10 nm，以减少离子的扩散距离，从而实现了超快的切换速度，并且长的纳米管阵列获得了强烈的着色[54]。NiO 和聚（3，4-乙烯二氧噻吩）复合膜具有高度多孔结构，该结构还可以提供非常短的离子扩散路径，从而获得快速响应，并且该器件具有多色变色性能[55]。由于大多数含3，4-乙烯二氧噻吩的聚合物的中性态对氧气和湿气敏感，聚（3，4-乙烯二氧噻吩）的稳定性是另一个要解决的问题。Schwendeman 等人提出了一种新的聚合物 PEDOT-F（图12.19），引入了高度疏水的全氟烷基取代基，掺杂 PEDOT-F 的聚（3，4-乙烯二氧噻吩）的水接触角为110°，明显高于聚（3，4-乙烯二氧噻吩）母体的30°[56]。另外，Ma 等人提出了聚（3，4-乙烯二氧噻吩）/TiO_2 纳米复合材料，以增强聚合物与基材的界面黏合力，从而增加电致变色器件的稳定性[57]。为了优化电致变色器件的光学对比度，Kawahara 等人研究了像素电极和反电极的厚度等，优化的 ΔT 约为 42%[58]。

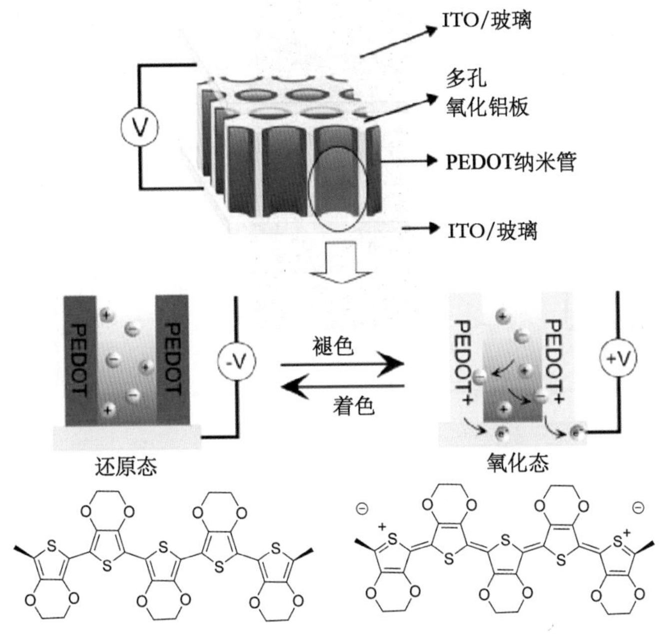

图 12.18　器件结构图和氧化还原过程

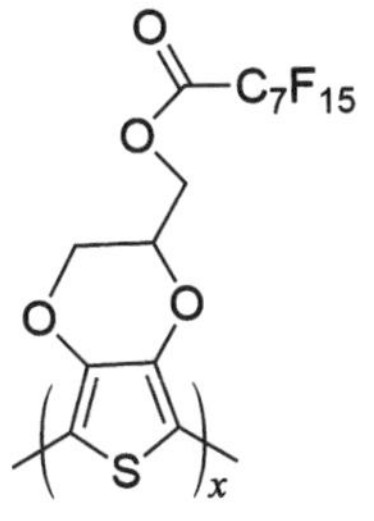

图 12.19　PEDOT-F 的结构式

当将染料敏化太阳能电池与电致变色器件结合使用时，便获得了自供电的电致变色器件，称为 PECD。Costa 等人研究了在对电极中使用聚(3,4-乙烯二氧噻吩)作为电致变色材料时的电致变色性能(图 12.20)，最佳 PECD 在短路时产生的 ΔT 为 47%，在开路电压为 0.63 V、短路电流密度为 4.5 mA · cm^{-2} 时的能量转换效率为 1%。Filpo 等人提出了使用带有—COOH 基团的单壁碳纳米管(SWNT)掺杂的 PECD，以使用 PEDOT：PSS 改善电导率，该方法具有短的着色时间(8 s)和褪色时间(30 s)[60]。

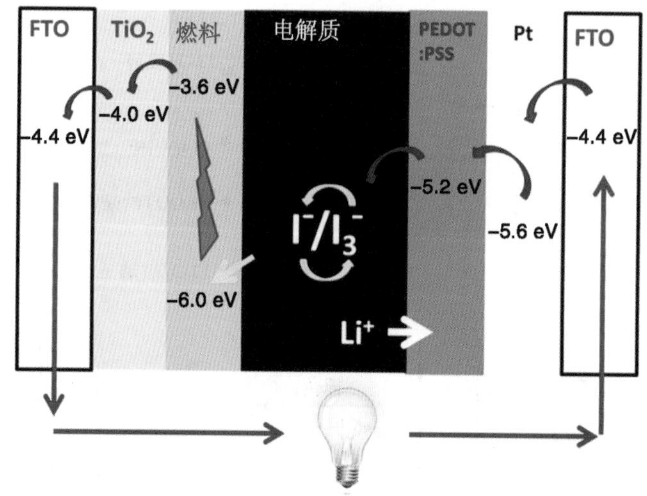

图 12.20　电致变色材料在对电极上时器件的能级图示和工作原理图

Lin 等人研究了在 ITO 导电玻璃上通过电化学聚合法制备的聚(羟甲基-3,4-乙烯二氧噻吩)(PhMeDOT)和聚(3,4-乙烯二氧噻吩)薄膜,并制造了由聚(羟甲基-3,4-乙烯二氧噻吩)或聚(3,4-乙烯二氧噻吩)薄膜和染料敏化的 TiO_2 组成的光阳极。聚(羟甲基-3,4-乙烯二氧噻吩)薄膜显示出较短的着色、褪色时间和更好的透射率调节能力[61]。

与聚(3,4-乙烯二氧噻吩)相比,聚(3,4-亚丙基二氧噻吩)通过增加噻吩取代环的大小或调节连接在环上的取代基的性质来增强电致变色性能[62—64]。聚(3,4-亚丙基二氧噻吩)在 λ_{max} 处的 ΔT 为 66%,而聚(3,4-乙烯二氧噻吩)的 ΔT 为 54%[63]。此外,聚(3,4-亚丙基二氧噻吩)衍生物 PProDOT-Me_2(图 12.21)的 ΔT 接近 78%,远高于聚(3,4-亚丙基二氧噻吩)或聚(3,4-乙烯二氧噻吩)。Xu 等人设计了一种使用 PProDOT-Me_2 作为电致变色材料的新型电致变色器件,该器件在 2.5 V 的外加电压下显示出较高的透射率变化($\Delta T>50\%$)和短的切换时间(0.5～1 s)[65]。为实现自供电的电致变色器件,Yang 等人通过将 PProDOT-Me_2 聚合物膜添加到染料敏化太阳能电池中设计出新型 PECD(图 12.21)[66]。其具有快速响应,着色和褪色时间分别为 1 s 和 4 s,开路电压为 0.66 V,短路电流密度为 2.92 mA・cm^{-2},能量转换效率为 1.12%。Gaupp 等人研究发现,增加亚烷基二氧基环的大小和取代基碳链长度,可以优化器件的性能[67]。因此,他们合成了 PProDOT-Et_2 并研究了其电致变色性能(图 12.22),PProDOT-Et_2 具有很高的光学对比度,着色效率高于 PProDOT-Me_2[68]。

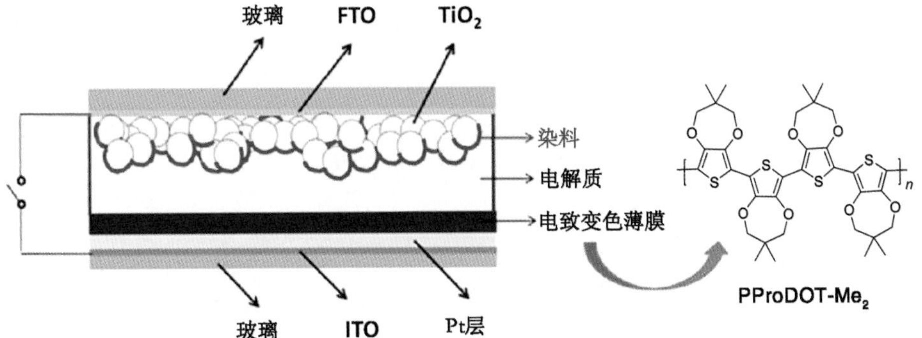

图 12.21 基于 PProDOT-Me_2 的 PECD 设计图

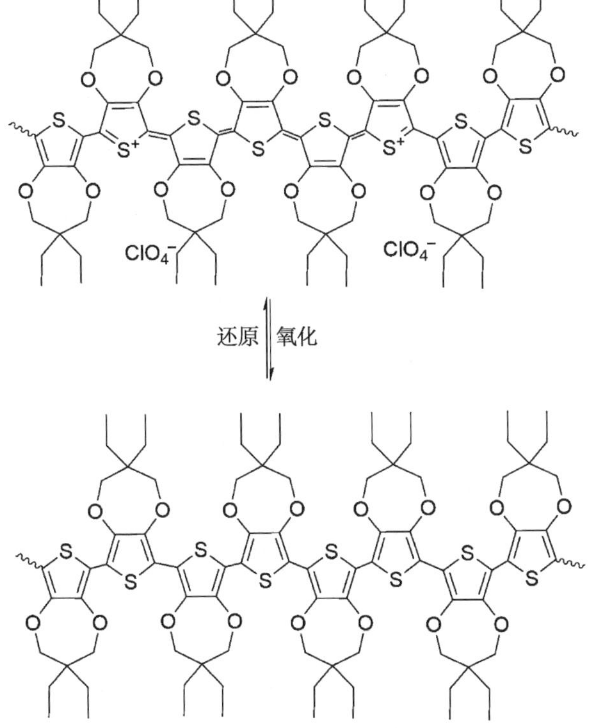

图 12.22 PProDOT-Et_2 的氧化还原过程

2. 聚苯胺

聚苯胺的电致变色特性不仅取决于其氧化态，还取决于其质子化态，并且存在几种涉及质子化-去质子化或阴离子进入/流出的氧化还原机理。聚苯胺膜显示四种不同的氧化还原态，即透明的黄色、绿色、深蓝色和黑色。图 12.23 显示了不同状态的聚苯胺的组成。除红色外，聚苯胺的电致变色非常接近三原色(绿色、蓝色和红色)。如果吸收可以转移到更短的波长，直到 500 nm，它可能会显示所有三原色。为此，引入取代基或单体单元可以使电致变色器件显示更多颜色。

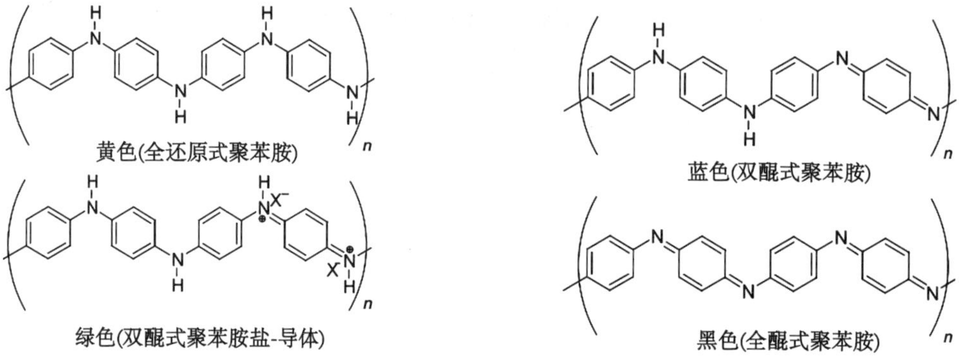

黄色(全还原式聚苯胺)

蓝色(双醌式聚苯胺)

绿色(双醌式聚苯胺盐-导体)

黑色(全醌式聚苯胺)

图 12.23 聚苯胺的四种氧化还原态

(图中 X^- 是电荷平衡离子)

Zhang 等人合成纳米结构的聚苯胺-WO_3 复合薄膜，显示出从绿色到皇家紫色(>+0.25 V)，从浅黄色到绿色(−0.2～0.25 V)，最后是深蓝色(>−0.2 V)的多色电致变色[69]。图 12.24 显示了 WO_3 薄膜、硫酸掺杂的聚苯胺薄膜和复合薄膜的 CV 图。复合薄膜的两条曲线都具有聚苯胺的典型氧化还原峰(A/A′，B/B′和 C/C′)。在复合薄膜中也发现了 WO_3 的 D/D′氧化还原峰。由于形成了供体-受体(聚苯胺-WO_3)体系，复合薄膜的氧化电位降低了[70]。研究表明，在聚苯胺-WO_3 复合薄膜中，WO_3 导带中的电子具有足够负的电位，将聚苯胺的颜色从绿色变为黄色[71]。除了颜色变化外，供体-受体系统的多孔结构和电子结构还改善了切换时间和着色效率。对聚苯胺-WO_3 复合薄膜的另一项研究表明，该复合薄膜在经过 1000 次充放电循环后显示出显著的电荷存储或放电容量，并提高了耐久性，因此该复合材料具有应用于电致变色和能量存储设备中的潜力[72]。Li 等人提出以聚苯胺作为电致变色层，结合染料敏化太阳能电池制造 PECD，该器件具有自供电功能，可以调节整个可见光谱区域的平均透射率[73]。

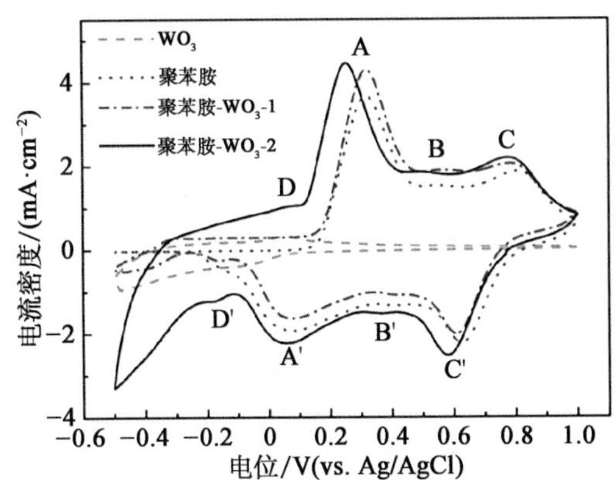

图 12.24　WO_3 薄膜、硫酸掺杂的聚苯胺薄膜和复合薄膜的 CV 图

3. 聚吡咯

聚吡咯和聚噻吩一样，也被广泛用作电致变色材料，并且可以通过不同的烷基或烷氧基取代简单合成，具有许多光电性质。母体聚吡咯的薄膜在未掺杂(还原)绝缘形式(λ_{max}=420 nm)中为黄色/绿色，在掺杂(氧化)导电形式(λ_{max}=670 nm)中为蓝色/紫色，其带隙为 2.7 eV[74]。

然而，薄膜在反复颜色切换后容易降解，对聚吡咯的研究还不够广泛。在 3 和 4 位上添加氧，二烷氧基取代的聚吡咯通过提高 HOMO 的能级而具有较低的带隙。另外，聚吡咯具有较低的氧化电位。以上两个事实使聚亚烷基二氧基吡咯在电致变色聚合物中 p 型掺杂的氧化电位最低[75]。

Yang 等人提出了一种有趣的基于电沉积聚吡咯薄膜的设计，它是一种具有自供电电致变色和可充电电池特性的双功能器件。图 12.25 显示了 PPy/Al 器件的结构和机理。作为电致变色器件，当连接两个电极时，该器件可以从黑色变为黄色；作为电池，当以 1.0 A·g^{-1} 的恒定电流密度放电时，该器件的容量密度为 75.25 mA·h·g^{-1}。器件的开路电压为 0.94 V。断开两个电极的连接后，器件可以恢复颜色和容量[76]。

12.2.2.3　近红外电致变色材料

近红外(λ=780～2500 nm)的电致变色材料因其在光通信中用作可见光衰减器的优势而备受关注[77]。目前广泛研究的近红外电致变色材料是过渡金属氧化物或配合物[78]。近红外吸收剂显示短切换时间和高光学对比度，且可进行溶液处理[79]，因此也可以对其进行深入研究。

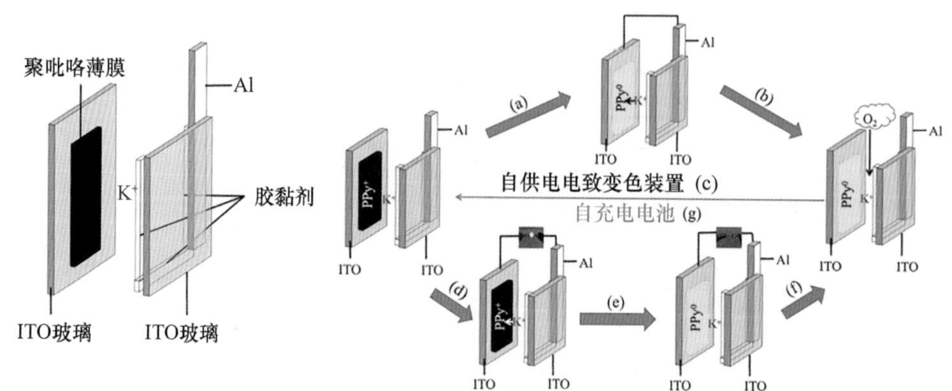

图 12.25 PPy/Al 器件的结构图(a)、工作原理(b)、褪色和着色过程(a)～(c)及放电和自充电过程(d)～(g)

例如,聚(3,4-乙烯二氧噻吩)在近红外区域显示出电致变色特性,如图 12.26 所示[80]。通过提供不同的电位,可以得到相同颜色的不同色调。随着电位的增加,可见光区域的吸收减少,而近红外区域的吸收增加。同样,Yen 等人报道了具有三芳胺单元的芳族聚酰胺[81]。随着电位的增加,近红外区域的吸收也增加。该聚合物显示出电致变色,具有高光学对比度、高着色效率、短切换时间和高稳定性。此外,据报道蒽醌酰亚胺[82]和三芳胺衍生物[79]也具有近红外吸收特性。

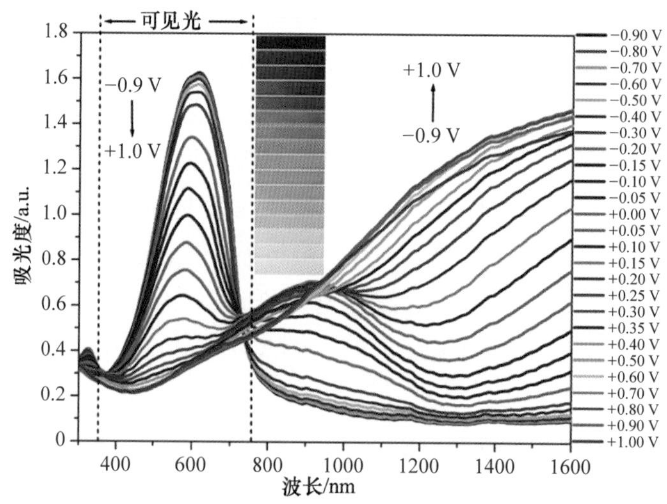

图 12.26 聚(3,4-乙烯二氧噻吩)在不同氧化态下的光谱电化学及颜色变化

12.2.3 PECD 中的电解质

电解质是电致变色器件和电池中的主要成分之一。在 PECD 中，电解质负责连接电致变色器件和电源，电源在阴极和阳极之间具有导电离子介质，可提供离子流，从而防止短路。通常，电解质可分为四大类：液体电解质、陶瓷电解质、固体无机电解质和聚合物电解质[83—86]。聚合物电解质是电化学系统的理想选择，具有易于加工成薄膜、长期耐用性、高绝缘性、离子导电性、良好的机械性能和较高的光学透明度等优点。另外，廉价的聚合物也有利于大规模开发。

聚合物电解质通常是具有离子导电性(10^{-7} S·cm^{-1} 以上)的大分子或超分子纳米聚集体系统，可以分为五种类型：固体聚合物、凝胶聚合物、增塑聚合物、离子橡胶聚合物和离子导电聚合物电解质[87]。大多数都是含锂盐的聚环氧乙烷电解质。而除了基于聚环氧乙烷的电解质外，许多共聚物基体的主链还包含氧或氮等极性元素，如聚环氧丙烷、聚甲基丙烯酸甲酯、聚丙烯腈和聚乙烯亚胺，它们可有效地用于制备凝胶和增塑的聚合物电极。最近，聚偏氟乙烯共聚物，特别是聚偏氟乙烯共六氟丙烯和聚偏氟乙烯共三氟乙烯在 PECD 设备中被用作增塑电解质。

Hechavarría 等人使用溶胶-凝胶法将聚乙二醇和异丙醇钛混合后制备了聚合物电解质，并在 PECD 中添加了碘化锂。电解质中的 Ti 配合物降低了电荷转移阻力并提高了太阳能电池的电荷存储能力[18]。Yang 等人用聚乙二醇-Ti 混合电解质制备了具有良好长期稳定性的光电致变色电池[88]。Wu 等人制备了一种由琥珀腈和聚偏氟乙烯共六氟丙烯溶于碳酸亚丙酯制成的凝胶聚合物电解质[89]。2016 年，Bella 等人在 PECD 中研究了一种固体聚合物电解质，其在实际室外条件下显示出优异的长期稳定性(>2100 h)[90—92]。

12.2.4 PECD 中的基底材料

对于标准 PECD，基底材料是充当阳极的透明电极，可提取电荷载流子，该层常被 TCO 薄膜覆盖。最常见的是玻璃或塑料上的 ITO，因为它具有出色的光学透明性和良好的电性能。但是，ITO 的脆性和昂贵的加工步骤使人们对替代材料的需求不断增加。

为了制造出灵活且全聚合物的器件，利用 PEDOT∶PSS 作为透明导电电极代替 ITO，从而制造了灵活、稳定和廉价的电致变色器件。第一个真正的全聚合物电致变色器件由 Argun 等人于 2003 年制造，其器件结构如图 12.27 所示[93]。这证明 PEDOT∶PSS 是替代 ITO 的出色透明导电电极。而且，Singh 等人研究发现，在不牺牲光学对比度、切换时间和着色效率的情况下，该器件具有良好的机械柔韧性和出色的稳定性[94]。

图 12.27　全聚合物电致变色器件结构

12.3　结论与展望

PECD 将电致变色器件和光伏器件结合在一起，因此不需要外部电源，优于简单的电致变色器件。但是，在这一领域需做出更多努力。目前，PECD 仍主要活跃在科学研究领域，而它们在商业领域具有巨大的潜力，因此在市场上使用易于加工的技术制造稳定的大型设备至关重要。同时，新材料的开发也是改善 PECD 性能的主要方法之一，其中有机材料因其低成本和在光电方面的良好性能而具有吸引力，而共轭导电聚合物将可能在 PECD 中起主导作用。更重要的是，对于透明导电材料和红外吸收材料在 PECD 中的应用研究将成为一个必然趋势。总之，PECD 具有长期使用的潜力和很优秀的性能，将在未来的发展中成为极具吸引力的实用节能器件。

参 考 文 献

[1] Mirandola A, Lorenzini E. Energy, environment and climate: From the past to the future. International Journal of Heat and Technology, 2016, 34(2): 159-164.

[2] Armaroli N, Balzani V. Towards an electricity-powered world. Energy & Environmental Science, 2011, 4(9): 3193-3222.

[3] Svensson J, Granqvist C. Electrochromic tungsten oxide films for energy efficient windows. Solar Energy Materials, 1984, 11(1-2): 29-34.

[4] Khandelwal H, Schenning A P, Debije M G. Infrared regulating smart window based on organic

materials. Advanced Energy Materials, 2017, 7(14): 1602209.
[5] Karlsson J. Control system and energy saving potential for switchable windows//Seventh International IBPSA Conference. Rio de Janeiro, Brazil, 2001.
[6] Pierucci A, Cannavale A, Martellotta F, et al. Smart windows for carbon neutral buildings: A life cycle approach. Energy and Buildings, 2018, 165: 160-171.
[7] Lee E S, Dibartolomeo D. Application issues for large-area electrochromic windows in commercial buildings. Solar Energy Materials and Solar Cells, 2002, 71(4): 465-491.
[8] Sbar N L, Podbelski L, Yang H M, et al. Electrochromic dynamic windows for office buildings. International Journal of Sustainable Built Environment, 2012, 1(1): 125-139.
[9] Clear R, Inkarojrit V, Lee E. Subject responses to electrochromic windows. Energy and Buildings, 2006, 38(7): 758-779.
[10] Baetens R, Jelle B P, Gustavsen A. Properties, requirements and possibilities of smart windows for dynamic daylight and solar energy control in buildings: A state-of-the-art review. Solar Energy Materials and Solar Cells, 2010, 94(2): 87-105.
[11] Bechinger C, Ferrere S, Zaban A, et al. Photoelectrochromic windows and displays. Nature, 1996, 383(6601): 608-610.
[12] Wu J J, Hsieh M D, Liao W P, et al. Fast-switching photovoltachromic cells with tunable transmittance. ACS Nano, 2009, 3(8): 2297-2303.
[13] Cannavale A, Manca M, De Marco L, et al. Photovoltachromic device with a micropatterned bifunctional counter electrode. ACS applied materials & interfaces, 2014, 6(4): 2415-2422.
[14] Davy N C, Sezen-Edmonds M, Gao J, et al. Pairing of near-ultraviolet solar cells with electrochromic windows for smart management of the solar spectrum. Nature Energy, 2017, 2 (8):17104.
[15] O'regan B, Grätzel M. A low-cost, high-efficiency solar cell based on dye-sensitized colloidal TiO_2 films. Nature, 1991, 353(6346): 737.
[16] Yu G, Gao J, Hummelen J C, et al. Polymer photovoltaic cells: Enhanced efficiencies via a network of internal donor-acceptor heterojunctions. Science, 1995, 270(5243): 1789.
[17] Cannavale A, Eperon G E, Cossari P, et al. Perovskite photovoltachromic cells for building integration. Energy & Environmental Science, 2015, 8(5): 1578-1584.
[18] Hechavarría L, Mendoza N, Rincón M E, et al. Photoelectrochromic performance of tungsten oxide based devices with PEG-titanium complex as solvent-free electrolytes. Solar Energy Materials and Solar Cells, 2012, 100: 27-32.
[19] Lee B, He J, Chang R P, et al. All-solid-state dye-sensitized solar cells with high efficiency. Nature, 2012, 485(7399): 486-489.
[20] Jiao Z, Song J L, Sun X W, et al. A fast-switching light-writable and electric-erasable negative

photoelectrochromic cell based on prussian blue films. Solar Energy Materials and Solar Cells, 2012, 98: 154-160.

[21] Xu Z, Li W, Huang J, et al. Flexible, controllable and angle-independent photoelectrochromic display enabled by smart sunlight management. Nano Energy, 2019, 63: 103830.

[22] Hauch A, Georg A, Baumgärtner S, et al. New photoelectrochromic device. Electrochimica Acta, 2001, 46(13): 2131-2136.

[23] Georg A, Georg A, Opara Krašovec U. Photoelectrochromic window with Pt catalyst. Thin Solid Films, 2006, 502(1-2): 246-251.

[24] Bogati S, Georg A, Graf W. Photoelectrochromic devices based on sputtered WO_3 and TiO_2 films. Solar Energy Materials and Solar Cells, 2017, 163: 170-177.

[25] Leftheriotis G, Syrrokostas G, Yianoulis P. "Partly covered" photoelectrochromic devices with enhanced coloration speed and efficiency. Solar Energy Materials and Solar Cells, 2012, 96: 86-92.

[26] Xie Z, Jin X, Chen G, et al. Integrated smart electrochromic windows for energy saving and storage applications. Chemical Communications, 2014, 50(5): 608-610.

[27] Xia X, Ku Z, Zhou D, et al. Perovskite solar cell powered electrochromic batteries for smart windows. Materials Horizons, 2016, 3(6): 588-595.

[28] Fan B, Zhang D, Li M, et al. Achieving over 16% efficiency for single-junction organic solar cells. Science China Chemistry, 2019, 62(6): 746-752.

[29] Cui Y, Yao H, Zhang J, et al. Over 16% efficiency organic photovoltaic cells enabled by a chlorinated acceptor with increased open-circuit voltages. Nature Communications, 2019, 10(1): 2515.

[30] Xu X, Feng K, Bi Z, et al. Single-junction polymer solar cells with 16.35% efficiency enabled by a platinum(Ⅱ) complexation strategy. Advanced Materials, 2019, 31(29): 1901872.

[31] Tang C W. Multilayer organic photovoltaic elements. Google Patents, 1979.

[32] Hiramoto M, Fujiwara H, Yokoyama M. P-i-n like behavior in three-layered organic solar cells having a co-deposited interlayer of pigments. Journal of Applied Physics, 1992, 72(8): 3781-3787.

[33] Clarke T M, Durrant J R. Charge photogeneration in organic solar cells. Chemical Reviews, 2010, 110(11): 6736-6767.

[34] Bamfield P. Chromic phenomena: Technological applications of colour chemistry. England: Royal Society of Chemistry, 2010.

[35] Xu F, Wu X, Zheng J, et al. A new strategy to fabricate multicolor electrochromic device with UV-detecting performance based on TiO_2 and PProDOT-Me_2. Organic Electronics, 2019, 65: 8-14.

[36] Michaelis L, Hill E S. The viologen indicators. The Journal of general physiology, 1933, 16(6): 859.

[37] Bird C, Kuhn A. Electrochemistry of the viologens. Chemical Society Reviews, 1981, 10(1): 49-82.

[38] Chen P Y, Chen C S, Yeh T H. Organic multiviologen electrochromic cells for a color electronic display application. Journal of Applied Polymer Science, 2014, 131(13).

[39] Volke J. The relationship between herbicidal activity and electrochemical properties of quaternary bipyridylium salts. Collection of Czechoslovak Chemical Communications, 1968, 33(9): 3044-3048.

[40] Choi S Y, Mamak M, Coombs N, et al. Electrochromic performance of viologen-modified periodic mesoporous nanocrystalline anatase electrodes. Nano Letters, 2004, 4(7): 1231-1235.

[41] Jain V, Khiterer M, Montazami R, et al. High-contrast solid-state electrochromic devices of viologen-bridged polysilsesquioxane nanoparticles fabricated by layer-by-layer assembly. ACS Applied Materials & Interfaces, 2009, 1(1): 83-89.

[42] Mortimer R J, Varley T S. Novel color-reinforcing electrochromic device based on surface-confined ruthenium purple and solution-phase methyl viologen. Chemistry of Materials, 2011, 23(17): 4077-4082.

[43] Rong Y, Kim S, Su F, et al. New effective process to fabricate fast switching and high contrast electrochromic device based on viologen and prussian blue/antimony tin oxide nano-composites with dark colored state. Electrochimica Acta, 2011, 56(17): 6230-6236.

[44] Hu C W, Lee K M, Chen K C, et al. High contrast all-solid-state electrochromic device with 2,2,6,6-tetramethyl-1-piperidinyloxy (TEMPO), heptyl viologen, and succinonitrile. Solar Energy Materials and Solar Cells, 2012, 99: 135-140.

[45] Delongchamp D M, Kastantin M, Hammond P T. High-contrast electrochromism from layer-by-layer polymer films. Chemistry of Materials, 2003, 15(8): 1575-1586.

[46] Moon H C, Lodge T P, Frisbie C D. Solution processable, electrochromic ion gels for sub-1 v, flexible displays on plastic. Chemistry of Materials, 2015, 27(4): 1420-1425.

[47] Lu H C, Kao S Y, Yu H F, et al. Achieving low-energy driven viologens-based electrochromic devices utilizing polymeric ionic liquids. ACS Applied Materials & Interfaces, 2016, 8(44): 30351-30361.

[48] Santa-Nokki H, Kallioinen J, Korppi-Tommola J. A dye-sensitized solar cell driven electrochromic device. Photochemical & Photobiological Sciences, 2007, 6(1): 63-66.

[49] Ma D M, Wang J, Guo H, Qian D J. Photophysical and electrochemical properties of newly synthesized thioxathone-viologen binary derivatives and their photo-/electrochromic displays in ionic liquids and polymer gels. New Journal of Chemistry, 2020, 44, 3654-3663.

[50] Roncali J. Conjugated poly (thiophenes): Synthesis, functionalization, and applications. Che-

mical Reviews, 1992, 92(4): 711-738.

[51] Mastragostino M, Arbizzani C, Bongini A, et al. Polymer-based electrochromic devices— Ⅰ. Poly (3-methylthiophenes). Electrochimica Acta, 1993, 38(1): 135-140.

[52] Mastragostino M, Arbizzani C, Ferloni P, et al. Polymer-based electrochromic devices. Solid State Ionics, 1992, 53: 471-478.

[53] Groenendaal L, Jonas F, Freitag D, et al. Poly (3,4-ethylenedioxythiophene) and its derivatives: Past, present, and future. Advanced Materials, 2000, 12(7): 481-494.

[54] Cho S I, Kwon W J, Choi S J, et al. Nanotube-based ultrafast electrochromic display. Advanced Materials, 2005, 17(2): 171-175.

[55] Xia X, Tu J, Zhang J, et al. Multicolor and fast electrochromism of nanoporous NiO/poly (3, 4-ethylenedioxythiophene) composite thin film. Electrochemistry Communications, 2009, 11 (3): 702-705.

[56] Schwendeman I, Gaupp C L, Hancock J M, et al. Perfluoroalkanoate-substituted PEDOT for electrochromic device applications. Advanced Functional Materials, 2003, 13(7): 541-547.

[57] Ma L, Li Y, Yu X, et al. Using room temperature ionic liquid to fabricate PEDOT/TiO_2 nanocomposite electrode-based electrochromic devices with enhanced long-term stability. Solar Energy Materials and Solar Cells, 2008, 92(10): 1253-1259.

[58] Kawahara J, Ersman P A, Engquist I, et al. Improving the color switch contrast in PEDOT: PSS-based electrochromic displays. Organic Electronics, 2012, 13(3): 469-474.

[59] Costa C, Mesquita I, Andrade L, et al. Photoelectrochromic devices: Influence of device architecture and electrolyte composition. Electrochimica Acta, 2016, 219: 99-106.

[60] De Filpo G, Mormile S, Nicoletta F P, et al. Fast, self-supplied, all-solid photoelectrochromic film. Journal of Power Sources, 2010, 195(13): 4365-4369.

[61] Lin C L, Chen C Y, Yu H F, et al. Comparisons of the electrochromic properties of poly (hydroxymethyl 3,4-ethylenedioxythiophene) and poly(3,4-ethylenedioxythiophene) thin films and the photoelectrochromic devices using these thin films. Solar Energy Materials and Solar Cells, 2019, 202: 110132.

[62] Sankaran B, Reynolds J R. High-contrast electrochromic polymers from alkyl-derivatized poly (3,4-ethylenedioxythiophenes). Macromolecules, 1997, 30(9): 2582-2588.

[63] Kumar A, Welsh D M, Morvant M C, et al. Conducting poly(3,4-alkylenedioxythiophene) derivatives as fast electrochromics with high-contrast ratios. Chemistry of Materials, 1998, 10 (3): 896-902.

[64] Krishnamoorthy K, Ambade A V, Kanungo M, et al. Rational design of an electrochromic polymer with high contrast in the visible region: Dibenzyl substituted poly (3,4-propylenedioxythiophene) electronic supplementary information (ESI) available: Cyclic voltammograms

of polymer films in 0.1 mol • L^{-1} tetrabutylammonium tetrafluoroborate-acetonitrile. Journal of Materials Chemistry, 2001, 11(12): 2909-2911.

[65] Xu C, Tamagawa H, Uchida M, et al. Enhanced contrast ratios and rapid-switching color-changeable devices based on poly(3,4-propylenedioxythiophene) derivative and counterelectrode//smart structures and materials 2002: electroactive polymer actuators and devices (EP-AD). International Society for Optics and Photonics, 2002, 4695: 442-450.

[66] Yang S, Zheng J, Li M, et al. A novel photoelectrochromic device based on poly [3,4-(2,2-dimethylpropylenedioxy) thiophene] thin film and dye-sensitized solar cell. Solar Energy Materials and Solar Cells, 2012, 97: 186-190.

[67] Gaupp C L, Welsh D M, Rauh R D, et al. Composite coloration efficiency measurements of electrochromic polymers based on 3,4-alkylenedioxythiophenes. Chemistry of Materials, 2002, 14(9): 3964-3970.

[68] Gaupp C L, Welsh D M, Reynolds J R. Poly (ProDOT-Et_2): A high-contrast, high-coloration efficiency electrochromic polymer. Macromolecular Rapid Communications, 2002, 23(15): 885-889.

[69] Zhang J, Tu J P, Zhang D, et al. Multicolor electrochromic polyaniline-WO_3 hybrid thin films: One-pot molecular assembling synthesis. Journal of Materials Chemistry, 2011, 21(43): 17316-17324.

[70] Meyer J, Hamwi S, Schmale S, et al. A strategy towards p-type doping of organic materials with homo levels beyond 6 eV using tungsten oxide. Journal of Materials Chemistry, 2009, 19 (6): 702-705.

[71] Yoneyama H, Hirao S, Kuwabata S. Preparation and electrochemical properties of WO_3-incorporated polyaniline films. Journal of The Electrochemical Society, 1992, 139(11): 3141-3146.

[72] Wei H, Yan X, Wu S, et al. Electropolymerized polyaniline stabilized tungsten oxide nanocomposite films: Electrochromic behavior and electrochemical energy storage. The Journal of Physical Chemistry C, 2012, 116(47): 25052-25064.

[73] Li Y, Hagen J, Haarer D. Novel photoelectrochromic cells containing a polyaniline layer and a dye-sensitized nanocrystalline TiO_2 photovoltaic cell. Synthetic Metals, 1998, 94 (3): 273-277.

[74] Genies E, Bidan G, Diaz A. Spectroelectrochemical study of polypyrrole films. Journal of Electroanalytical Chemistry and Interfacial Electrochemistry, 1983, 149(1-2): 101-113.

[75] Schottland P, Zong K, Gaupp C L, et al. Poly(3,4-alkylenedioxypyrrole)s: Highly stable electronically conducting and electrochromic polymers. Macromolecules, 2000, 33 (19): 7051-7061.

[76] Yang B, Ma D, Zheng E, et al. A self-rechargeable electrochromic battery based on electrode-

posited polypyrrole film. Solar Energy Materials and Solar Cells, 2019, 192: 1-7.

[77] Wang S, Li X, Xun S, et al. Near-infrared electrochromic and electroluminescent polymers containing pendant ruthenium complex groups. Macromolecules, 2006, 39(22): 7502-7507.

[78] Ward M D. Near-infrared electrochromic materials for optical attenuation based on transition-metal coordination complexes. Journal of Solid State Electrochemistry, 2005, 9(11): 778-787.

[79] Choi K, Yoo S J, Sung Y E, et al. High contrast ratio and rapid switching organic polymeric electrochromic thin films based on triarylamine derivatives from layer-by-layer assembly. Chemistry of Materials, 2006, 18(25): 5823-5825.

[80] Sonmez G, Sonmez H B, Shen C K F, et al. Red, green, and blue colors in polymeric electrochromics. Advanced Materials, 2004, 16(21): 1905-1908.

[81] Yen H J, Lin H Y, Liou G S. Novel starburst triarylamine-containing electroactive aramids with highly stable electrochromism in near-infrared and visible light regions. Chemistry of Materials, 2011, 23(7): 1874-1882.

[82] Chen F, Zhang J, Jiang H, et al. Colorless to purple-red switching electrochromic anthraquinone imides with broad visible/near-ir absorptions in the radical anion state: Simulation-aided molecular design. Chemistry-An Asian Journal, 2013, 8(7): 1497-1503.

[83] Vlad A, Singh N, Galande C, et al. Design considerations for unconventional electrochemical energy storage architectures. Advanced Energy Materials, 2015, 5(19): 1402115.

[84] Choudhury N, Sampath S, Shukla A. Hydrogel-polymer electrolytes for electrochemical capacitors: An overview. Energy & Environmental Science, 2009, 2(1): 55-67.

[85] Thakur V K, Ding G, Ma J, et al. Hybrid materials and polymer electrolytes for electrochromic device applications. Advanced Materials, 2012, 24(30): 4071-4096.

[86] Kalhoff J, Eshetu G G, Bresser D, et al. Safer electrolytes for lithium-ion batteries: State of the art and perspectives. ChemSusChem, 2015, 8(13): 2154-2175.

[87] Di Noto V, Lavina S, Giffin G A, et al. Polymer electrolytes: Present, past and future. Electrochimica Acta, 2011, 57: 4-13.

[88] Yang M C, Cho H W, Wu J J. Fabrication of stable photovoltachromic cells using a solvent-free hybrid polymer electrolyte. Nanoscale, 2014, 6(16): 9541-9544.

[89] Wu C H, Hsu C Y, Huang K C, et al. A photoelectrochromic device based on gel electrolyte with a fast switching rate. Solar Energy Materials and Solar Cells, 2012, 99: 148-153.

[90] Bella F, Leftheriotis G, Griffini G, et al. A new design paradigm for smart windows: Photocurable polymers for quasi-solid photoelectrochromic devices with excellent long-term stability under real outdoor operating conditions. Advanced Functional Materials, 2016, 26(7): 1127-1137.

[91] Lee M M, Teuscher J, Miyasaka T, et al. Efficient hybrid solar cells based on meso-super-

structured organometal halide perovskites. Science，2012，338(6107)：643.

[92] Kim H S，Lee C R，Im J H，et al. Lead iodide perovskite sensitized all-solid-state submicron thin film mesoscopic solar cell with efficiency exceeding 9%. Scientific Reports，2012，2：591.

[93] Argun A A，Cirpan A，Reynolds J R. The first truly all-polymer electrochromic devices. Advanced Materials，2003，15(16)：1338-1341.

[94] Singh R，Tharion J，Murugan S，et al. ITO-free solution-processed flexible electrochromic devices based on PEDOT：PSS as transparent conducting electrode. ACS Applied Materials & Interfaces，2016，9(23)：19427-19435.

第十三章　电致变色器件的应用

伴随着学术界和产业界的不断努力，电致变色技术已经开始改变并将持续改变我们的生活。如图 13.1 所示，电致变色器件已经被 Gentex 公司成功商业化用于汽车防眩目后视镜、智能窗领域[1,2]。除此之外，它在传感器、织物、眼镜、电子皮肤等领域也展现了巨大的发展潜力[3—5]。电致变色器件的应用主要遵循两个原理，即光透射和光传导[6]。学术界和产业界对电致变色的应用做了大量的研究工作，能检索到的专利有数千篇，说明该领域有巨大的商业化前景。本章将对已经实现产业化的电致变色器件进行详细的介绍，并对该领域的未来发展做了展望。

13.1　电致变色智能窗

随着节能减排力度的加大，各国政府对建筑能耗的要求越来越高，智能窗能够通过调节颜色，减少夏天从外部射入建筑的能量，同时减少冬天室内能量向外的辐射。有研究指出，如果将目前建筑的玻璃窗换成智能窗，能降低建筑物的能量损耗高达 65%[7]。由此可见，智能窗在未来有巨大的发展潜力。根据工作原理可以将智能窗分为光致变色、热致变色和电致变色三类[8]，其中光致变色和热致变色主要根据外部环境中光和热的变化进行变色，电致变色可通过施加电压来达到人为可控变色的目的，因此电致变色智能窗是发展势头最好的一类智能窗[9]。

13.1.1　电致变色智能窗的结构及工作原理

智能窗的结构如图 13.2 所示，它由两层透明基底和夹在中间的电致变色层组成[10]，其中电致变色层可以对窗户的颜色进行调节，是智能窗的重要组成部分。电致变色层的组成从上至下依次为 ITO 电极、变色层、电解质层、离子存储层和 ITO 电极[11]。

图 13.1　电致变色器件的发展历程

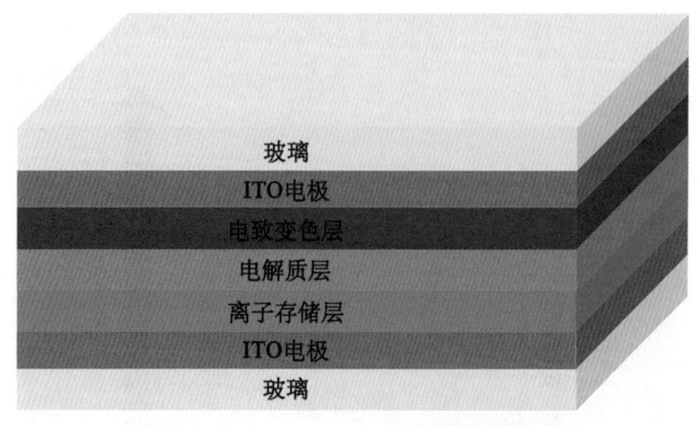

图 13.2　智能窗的结构示意图

以阴极电致变色材料 WO_3 为例，当电极两端不加电压时，变色层为无色或者颜色较浅。当 WO_3 端加负电压、离子存储层端加正电压后，离子存储层中 Li 离子在电场作用下通过电解质层到达变色层，进入 WO_3 晶格空隙处，形成 $LiWO_{3-x}$，W 离子由正六价降低到正五价的过程中，电子发生跃迁而吸收光子，使变色层由透明态变成着色态。这就是目前被广泛接受的离子/电子双注入模型，但依然存在一些该模型无法解释的现象[12]，因此对电致变色机理的研究还有待进一步深入。

13.1.2　电致变色智能窗变色层材料及器件制备工艺

电致变色材料大致可分为两类，即无机电致变色材料和有机电致变色材料。许多过渡金属氧化物和镧系金属氧化物都具有电致变色效应，根据材料着色时的状态不同，又可以将其分为氧化态着色材料和还原态着色材料。氧化态着色材料如 IrO_2、Rh_2O_3、NiO、Co_3O_4[13]，还原态着色材料如 WO_3、MoO_2、V_2O_5、TiO_2。WO_3 是研究较早且已被商业化的一类无机电致变色材料，在电场作用下可以实现从无色到蓝色的转变。无机电致变色材料具有化学性质稳定的优点，但无机电致变色材料种类较少，导致可变颜色有限，限制了该类材料的发展[14]。

有机电致变色材料具有分子结构可设计、材料种类多、颜色丰富等优点，除此之外，相比于无机电致变色材料主要通过磁控溅射法制备变色层，有机电致变色材料可通过真空蒸镀、溶液法等多种方法，可制备成柔性器件，能有效降低成本，受到学术界和产业界的广泛关注。有机电致变色材料可分为小分子变色材料和聚合物变色材料。其中小分子变色材料包括紫晶类化合物、共轭低聚物等，聚合物变色材料包括聚噻吩及其衍生物、聚吡咯及其衍生物和聚苯胺及其衍生物等。其中聚噻吩在掺杂和去掺杂时具有良好的化学稳定性和热稳定性，是研究得最多的电致变色材料。

Lin 等人报道了一种卷对卷技术生产 Ag 纳米纤维(AgNFs)的方法，这种纤维可以用作柔性电致变色智能窗的电极[15]。图 13.3 展示了该卷对卷生产流程。$AgNO_3$ 前驱体溶液通过射流迅速拉伸成纤维，并沉积到基材上以形成前驱体纤维网络。同时，对沉积的前驱体纤维网络进行紫外线照射使 Ag^+ 还原，这样便得到了 AgNFs。制成的 AgNFs 呈现网络结构，并表现出出色的导电性和透射率。其薄层电阻与透射率(550 nm)的关系可与传统的透明电极(如 Ag 纳米槽、ITO、石墨烯、碳纳米管和 PEDOT∶PSS)相媲美，如图 13.4(a)所示。图 13.4(b)显示了一卷柔性透明 AgNFs/PET 电极，其薄层电阻为 15 $\Omega \cdot sq^{-1}$，透射率为 95%。图 13.4(c)～(e)、(g)显示多孔电极在变形并反复弯曲多次后可以保持其稳定性和导电性。制作了一个具有 AgNFs 网络的 A4 尺寸柔性电致变色智能窗[图 13.5(a)(b)]。与配备 ITO 电极的电致变色智能窗相比(5.4 s)，开发的电致变色智能窗的着色/褪色切换时间更短(4.3 s)[图 13.5(c)]。在 100 mL 的 0.2 $mol \cdot L^{-1}$ $LiClO_4$/DMF 电解质中经过 1000 次的着色/褪色循环后，透射率的降低仅为 10%[图 13.5(d)]。超大面积、超高透射率、良好的电阻、柔韧性以及室温卷对卷生产工艺有助于这种材料应用于新一代高质量电致变色智能窗的制造。

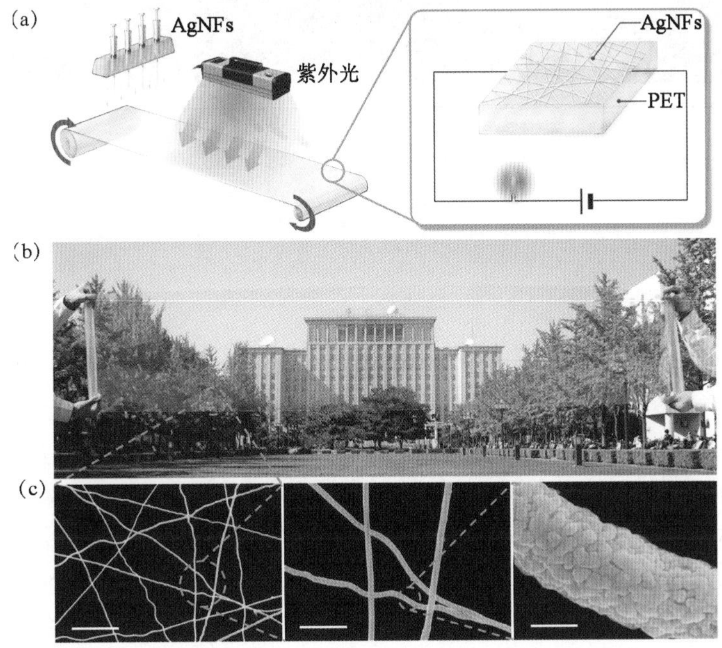

图 13.3 卷对卷生产流程示意图(a)；一卷透明 AgNFs 电极的照片(b)；AgNFs 的 SEM 图像(比例尺：10 μm、2 μm 和 300 nm)(c)

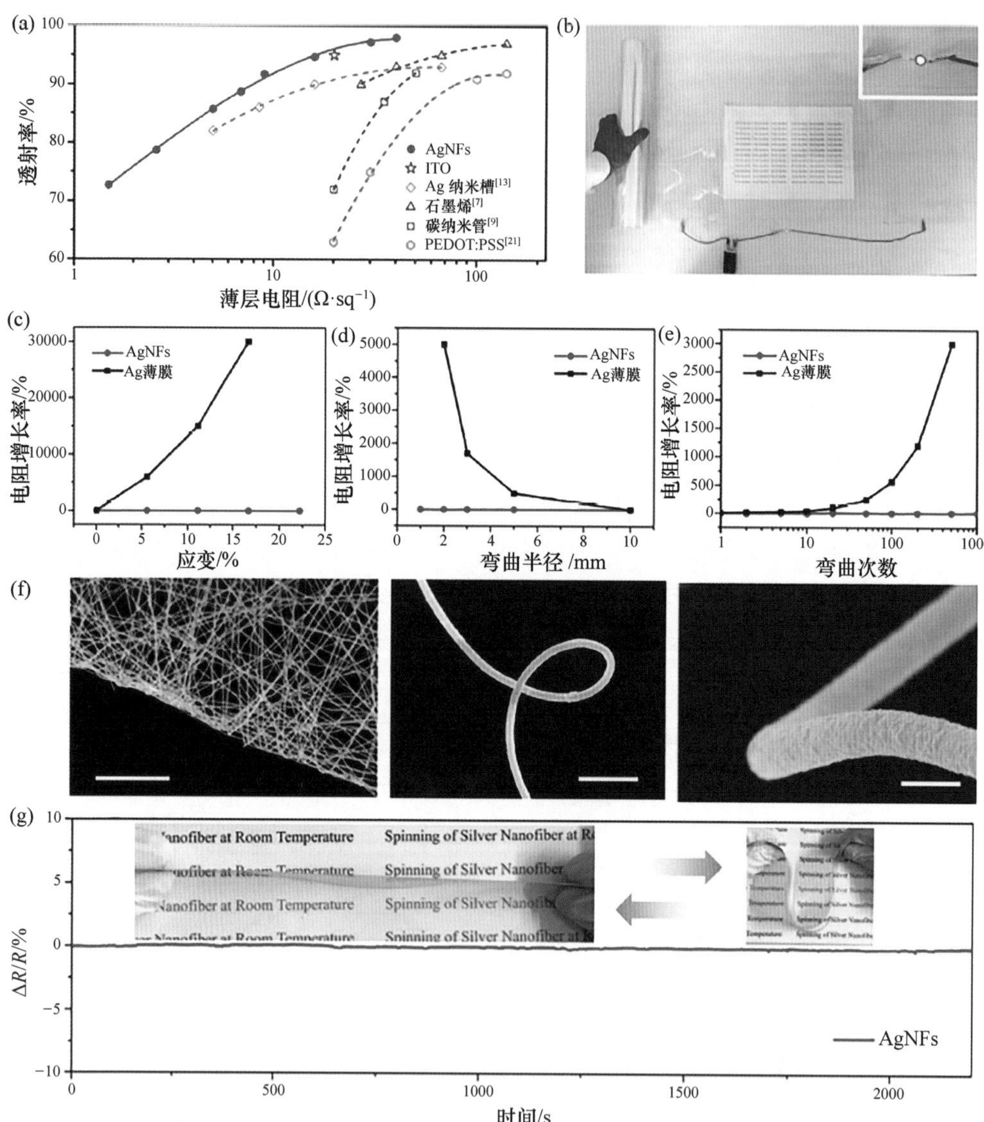

图 13.4 AgNFs 网络的电、光和机械性能：AgNFs 网络和其他透明电极的薄层电阻与透射率(550 nm)的关系(a)；用于 LED 的透明 AgNFs/PET 电极材料卷(b)；在 PET 基板上由 AgNFs 网络和 Ag 薄膜组成的可拉伸透明电极的薄层电阻与单轴应变(c)和弯曲半径(d)的关系；PET 基板上的 AgNFs 网络和 Ag 薄膜的电阻变化(e)；单个 AgNFs 的弯曲微观结构的 SEM 图像(比例尺：100 μm、2 μm 和 500 nm)(f)；在反复弯曲过程中对 PET/AgNFs/PET 导电胶带的稳定性测试(g)

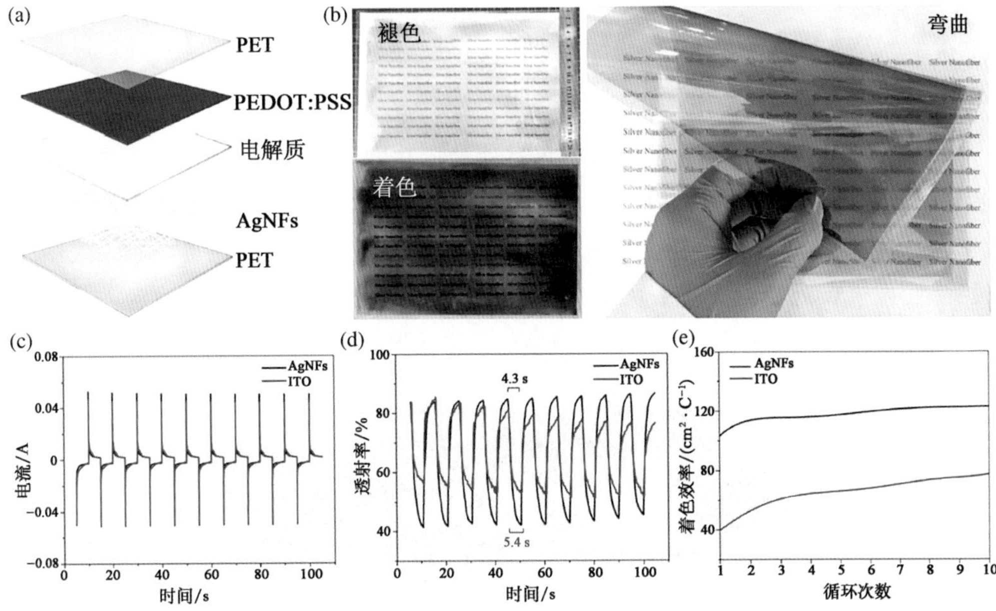

图 13.5　AgNFs 电致变色智能窗的制备和性能：A4 尺寸柔性 AgNFs 电致变色智能窗的结构示意图(a)；着色和褪色照片(b)；MPS 测试研究 AgNFs 电致变色智能窗和基于 ITO 的电致变色智能窗的着色/褪色过程中的电流响应(c)、透射率响应(d)及前 10 个循环中的着色效率(e)

13.1.3　发展前景

据统计，当前建筑能耗占社会总能耗的 28%，而窗户是建筑物能量损失的主要途径，有 30%～50%的能量是通过窗户流失的[16]。而我国的情况要更加严重，因为在我国 440 亿平方米的建筑物中，约有 85%以上采用的是保温隔热性能差、能耗高的普通玻璃，这种玻璃的平均传热系数为 3.5 $W \cdot m^{-2} \cdot K^{-1}$，直接的后果是导致我国平均建筑能耗是发达国家的三倍[17]。针对这一情况，我国住房和城乡建设部提出到 2020 年，所有新建建筑都需达到节能 65%的目标，为实现这一目标，使用节能玻璃已经成为必然的选择[12]。

经过几十年的发展，目前已经或正准备将大面积电致变色智能窗技术带入市场的公司主要有美国的 Sage Glass 和 Soladigm、法国的 Saint-Gobain、德国的 E-control-Glass 和 Gesimat、瑞典的 Chromogenics AB 及日本的 Asahi Glass 和 Hitach Chemical。我国在这方面与发达国家还有一定的差距。

13.2 汽车防眩目后视镜

车用防眩目后视镜是目前电致变色器件最成功的商业化产品，它主要是通过控制光的反射来达到防眩目的效果[1]。它的工作原理是：通过后视镜上的光传感器来调节加载在电致变色器件上的电压，进而改变电致变色器件的颜色。在白天太阳光较强烈，或者夜晚后方车辆开大灯时，驾驶员通过后视镜可以清楚看清后方车辆情况，保证驾驶员行车安全。防眩目后视镜的工作效果如图 13.6 所示。

图 13.6 防眩目后视镜的应用效果图

美国的 Gentex 公司是全球最大的防眩目后视镜生产公司，累计已经售出几百万套装置，占目前全球市场的 90%以上[17]；Gesheva 公司研发出了一种可以反射 X 射线的后视镜，他们将氧化钨、氧化钼或者钨钼共混氧化物镀到 SiO_2 上，通过调节变色层颜色来实现 SiO_2 对 X 射线的反射；德国的 Schott 公司主要通过 WO_3 和 NiO 作变色层，生产了一种全固态防眩目后视镜，这种后视镜可以应用在大卡车或者货车上。目前众多品牌轿车都已经安装了防眩目后视镜，包括宝马、奔驰、雷克萨斯、法拉利、大宇等。

13.3 传 感 器

13.3.1 电致变色材料作传感器应用于食品防腐

食品安全是人类关注的一个重要议题，温度和氧气浓度是导致食品发生变质的两个重要因素。因此，各地区对食品在运输和存储时的温度和氧气浓度有着严格的规定，如欧盟规定巴氏杀菌牛奶存储时的温度不得超过 4℃，在 9℃及以上温度的存储时间不得超过 3 h[18]；对食品进行塑封、填充惰性气体及添加氧气吸附剂等方法，都是为了使食品与氧气隔离，避免食品变质。研究人员发现电致变色材料在不同温度或氧气浓度下，颜色会随时间发生变化，可用于指示食品在运输或存储过程中温度及氧气浓度的变化，在食物防腐领域有巨大的应用潜力。

Galliani 等人通过隐颜料法制备出了一种时间/温度指示器(TTI)，该指示器可用于易腐货物的处理和存储[18]。隐颜料法可以使时间/温度指示器的颜色发生不可逆的转变。如图 13.7 所示，他们应用了非常特殊的一类颜料——1 号和 2 号方菁酸，由隐颜料法处理引起的光学间隙的变化将分子的颜色从蓝色变为无色。将 3 号材料沉积在显微镜载玻片上后，他们通过紫外-可见反射光谱表征了显影的指示器的颜色变化与时间[图 13.8(b)]和温度[图 13.8(c)]的关系。图 13.8(a)显示了在 80℃下经过不同时间后普通玻璃和硅烷化玻璃的时间/温度指示器的反射光谱的变化。图 13.8(b)显示，如果将膜在 25℃下放置 3 h，我们可以通过肉眼清楚地观察到裂解反应，即薄膜会由无色变成深蓝色。638 nm 处反射率的变化是由裂解分子浓度增加引起的[图 13.8(d)]。图 13.8(e)显示的是在 25℃条件下，表面涂覆了 3 号材料的薄层色谱板在 3 h 内颜色的变化过程。图 13.9 表明，在改变取代基后，得到的 4 号材料将经过更长的时间才能发生颜色变化，这类材料可用来监测可长时间放置于 25℃下的食物的新鲜程度。

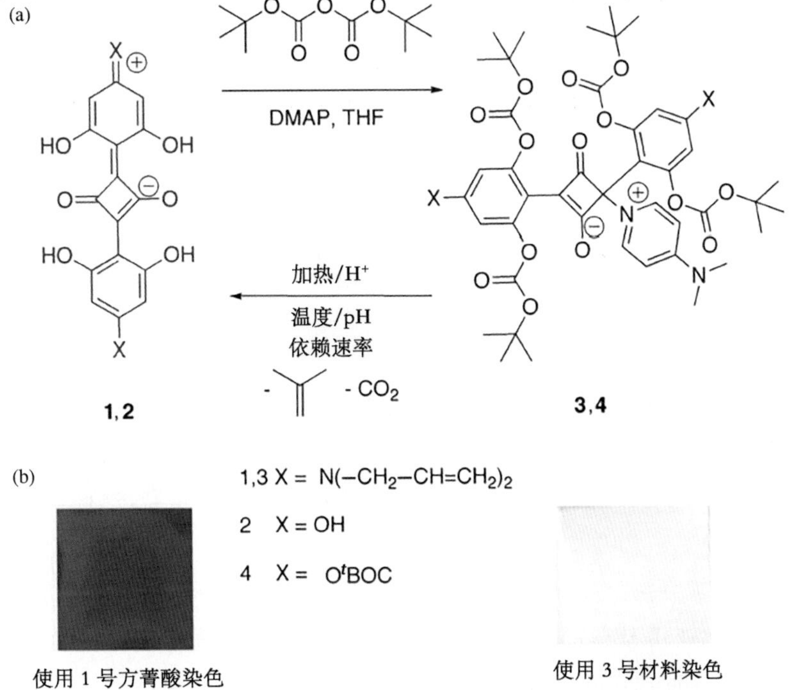

图 13.7　1、2 号方菁酸通过裂解法制备 3、4 号材料的反应式(a)；涂覆了 1 号方菁酸和对应的 3 号材料的薄层色谱板(b)

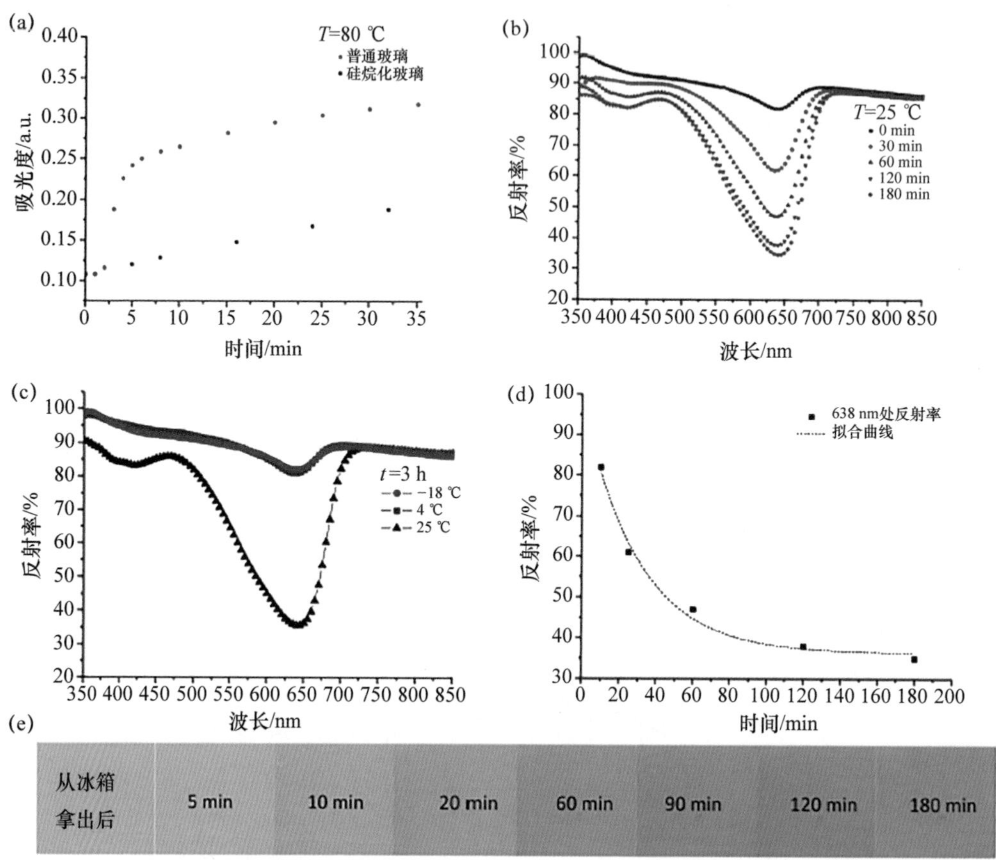

图 13.8 涂覆在普通玻璃和硅烷化玻璃上的 3 号材料在 80℃ 650 nm 处的吸收峰(a)；涂覆在载玻片上的 3 号材料在经过不同时间(b)、不同温度(c)后反射光谱的变化；3 号材料在 25℃、638 nm 下的反射率随时间的变化关系及相应的拟合曲线(d)；25℃下涂覆 3 号材料的薄层色谱板经历不同时间的照片(e)

为了延长食物保质期，食品包装内密封的通常是改良的气体(modified air)。改良气体由低浓度氧(＜0.1%～2%)和高浓度二氧化碳组成，这样可以防止食物腐烂。Roberts 等人开发了一种基于电致变色机理的触发式氧气指示器，这种指示器可以应用于食品包装中[19]。如图 13.10 所示，在低氧气浓度(＞0.1%)环境、紫外线照射条件下，聚紫精比亚甲基蓝在视觉上具有更强烈的颜色对比。这是由于在氧化状态下，聚紫精的颜色比亚甲基蓝的颜色要浅。为了评估几种电致变色材料对氧气的敏感性，他们测量了几种选定的电致变色材料在活化前的紫外-可见光谱。图 13.11 显示了亚甲基蓝、聚紫精、亚硫氨酸和 2,2′-二氰基-1,1′-二甲基-4,4′-联吡啶二甲磺酸盐

(DDDD)对氧气的耐受浓度分别为 1.16%、2.45%、0.03%和 4%。DDDD 显示出最高的氧化稳定性，这是由于该紫精化合物具有更高的阳极氧化还原电位。结果表明，亚硫氨酸和 DDDD 可用于制备对氧敏感性较低的氧指示剂。

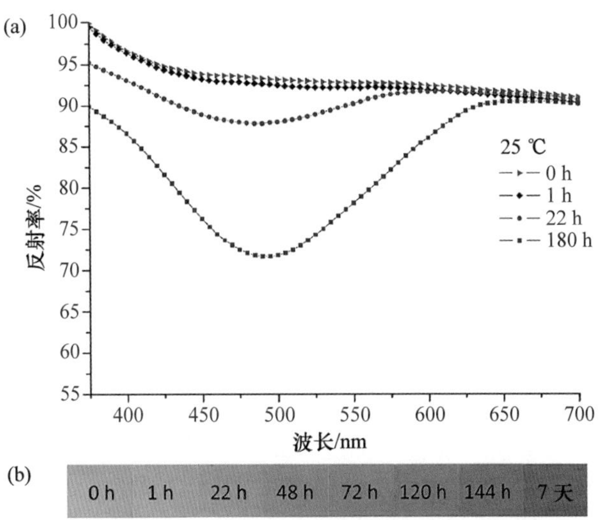

图 13.9　25℃下涂覆在薄层色谱硅板上的 4 号材料的反射峰随时间的关系(a)；一周内不同时间拍摄的样品(空气环境下)的照片(b)

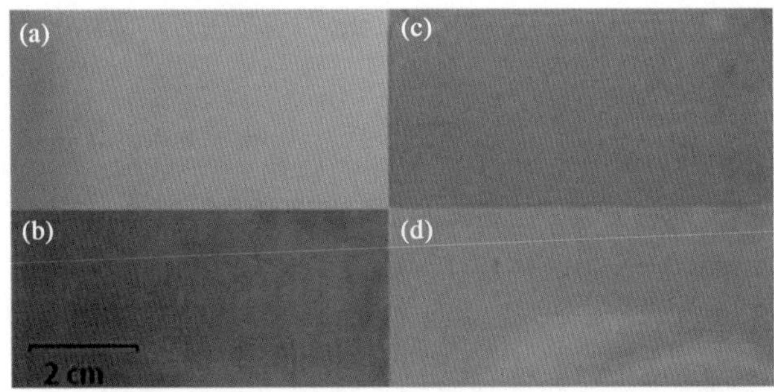

图 13.10　基于亚甲基蓝(c)(d)和聚紫精(a)(b)的电致变色器件在紫外光照射前(a)(c)与后(b)(d)的颜色对比图片

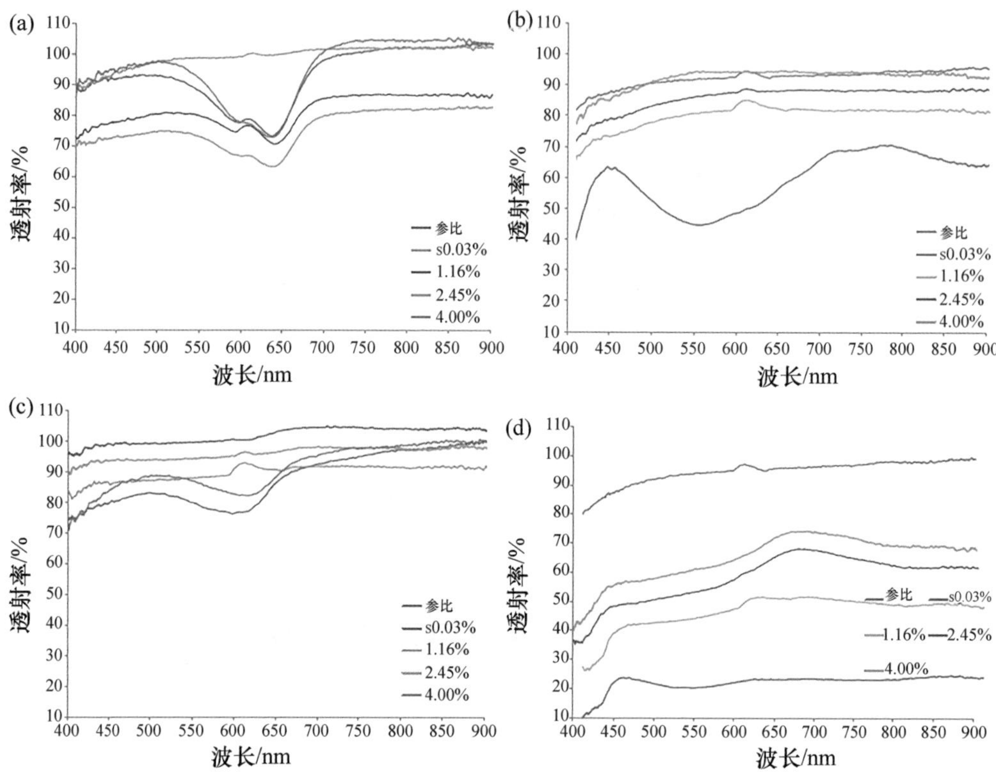

图 13.11 亚甲基蓝(a)、聚紫精(b)、亚硫氨酸(c)、2,2′-二氰基-1,1′-二甲基-4,4′-联吡啶二甲磺酸盐(d)在改良空气中的紫外-可见光谱(氧气浓度：0.03%～4%)

13.3.2 电致变色器件在生物传感方面的应用

电致变色器件在生物离子传感及美容医疗指示领域有广泛的应用，由于该类器件具有人眼可见的电致变色特性，不需要像其他传感器那样需要电信号变化测量装置，能有效简化传感器结构，降低传感器成本。

Yang 等人通过集成染料敏化太阳能电池和电致变色器件，开发出了用于生物离子检测的手持式自供电光电化学设备[20]。TiO_2 和 Ni 掺杂的 WO_3 分别用作染料敏化太阳能电池和电致变色器件的吸光层材料和变色层材料，当有白光照射染料敏化太阳能电池时，电池产生的电压给电致变色器件供电。研究人员用该装置对焦磷酸盐离子(PPi)进行了测试，结果表明焦磷酸盐离子与 WO_3 可发生水解反应产生蓝色的氢钨铜，实现了对焦磷酸盐离子的可视化测试(图 13.12、图 13.13)。该光电化学装置为未来可视化的实际应用提供了重要的参考。

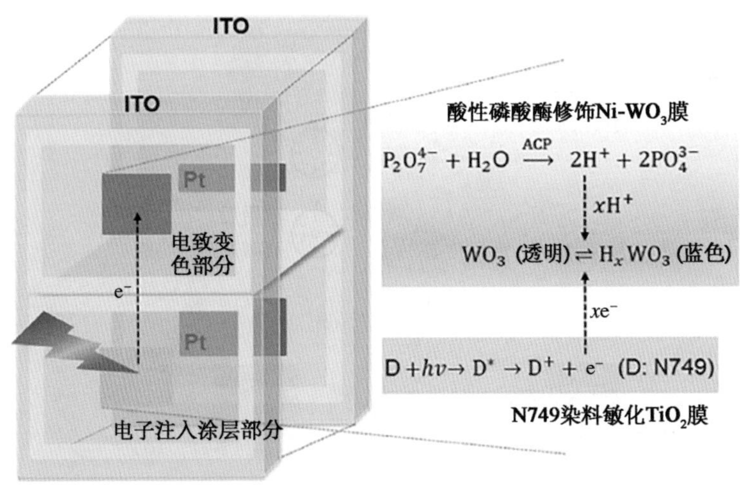

图 13.12　自供电光电化学装置结构示意图

图 13.13　不同浓度焦磷酸盐离子下 WO_3 的颜色变化

Nishizawa 等人构筑了全有机可抛的电致变色时间指示器，该电致变色器件以果糖脱氢酶(FDH)作阳极，通过吸收生物细胞能量实现自供电的功能[21]。以导电聚合物 PEDOT∶PU 作阴极材料，同时兼具变色功能。器件结构如图 13.14 所示，该器件可以与创可贴联用，器件颜色会随着时间发生变化，因此这个器件能起到时间指示作用(图 13.15)，在未来医疗及美容等领域有重要的应用前景。

研究人员在应用于电致变色生物传感器的新型材料方面也做了大量的研究工作。Azak 等人通过电化学聚合合成了以 DTP-alkoxy-NH_2 为单体(图 13.16)的聚合物，并对这种聚合物的电化学、光电化学和葡萄糖氧化酶的探测行为进行了研究[22]。当在电极两端加不同的电压时，器件可实现从红橙色到深蓝色的可逆转变(图 13.17)。当器件接触不同浓度的葡萄糖氧化酶时，可注意到器件电流与葡萄糖氧化酶的浓度(0.05～0.9 mmol・L^{-1})成较好的线性关系(图 13.18)，说明该种聚合物对葡萄糖氧化酶有较好的探测性能。

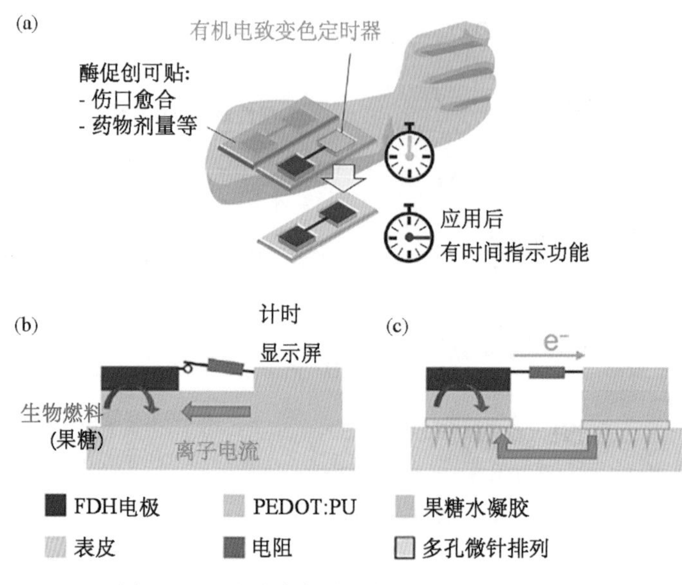

图 13.14 电致变色时间指示器的结构示意图

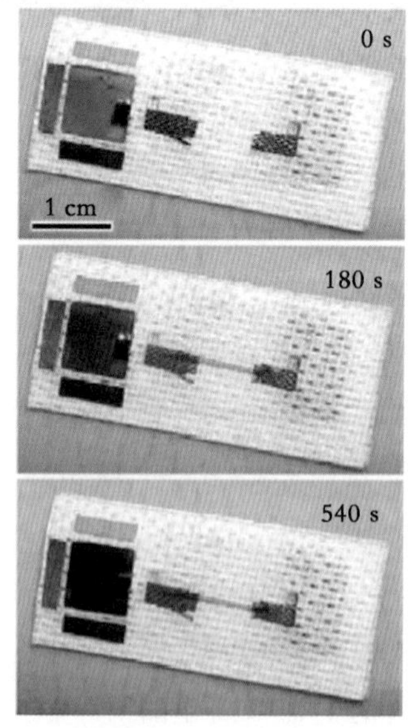

图 13.15 PEDOT：PU 的颜色随时间的变化

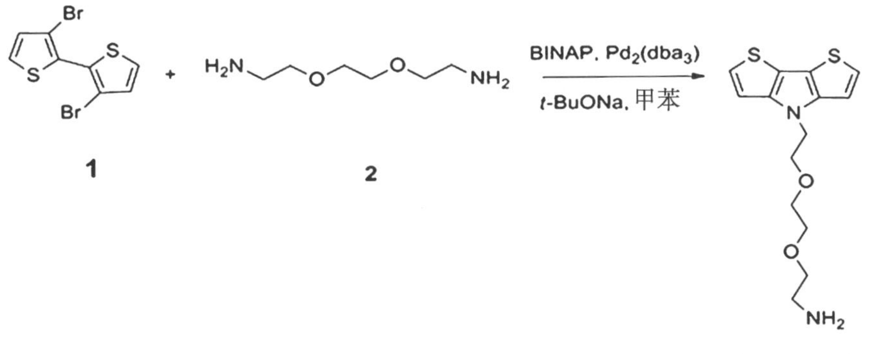

Br, S, Br, **1** + H_2N–O–O–NH_2 **2** $\xrightarrow[t\text{-BuONa, 甲苯}]{\text{BINAP, }Pd_2(dba_3)}$ **DTP-alkoxy-NH_2**

图 13.16　单体材料 DTP-alkoxy-NH_2 的合成路径

应用电压 颜色	0 V	0.1 V	0.2 V	0.4 V	0.6 V	0.8 V	1.0 V	1.1 V	1.20 V
L	108.2	105.8	104.3	87.5	68.8	61.2	51.1	60.1	64.4
a	71.3	68.7	55.8	59.7	55.5	47.5	49.3	49.4	55.1
b	44.5	41.1	34.3	37.2	38.7	34.6	37.4	39.8	43.3

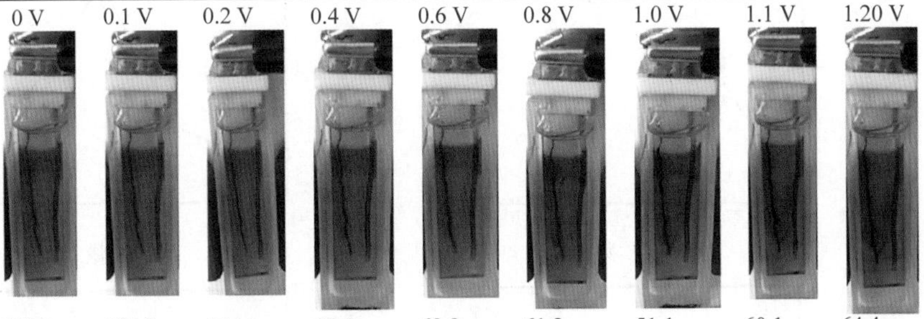

图 13.17　不同电压下 P(TCP)薄膜的电致变色颜色及相应的颜色标尺

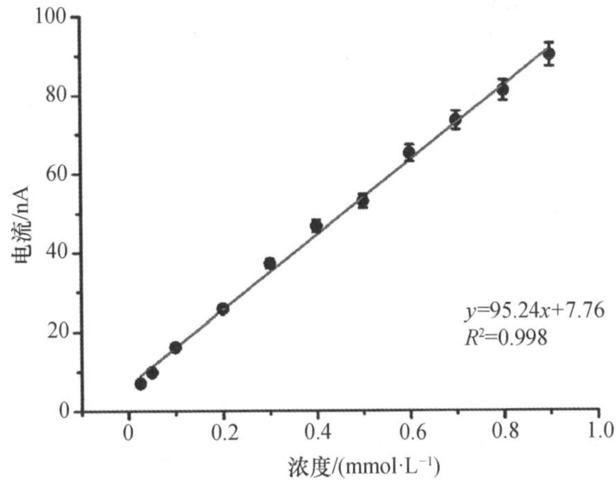

图 13.18　葡萄糖氧化酶的校正曲线(缓冲液 pH 为 7,浓度为 0.1～0.7 mol · L^{-1})

Soylemez 等人通过循环伏安法合成了双极性材料 PTTzFr，单体的合成路径如图 13.19 所示[23]，通过将这种聚合物作活性材料，构筑的电致变色器件对葡萄糖氧化酶的检测下限可以达到 12.8×10^{-3} mmol·L^{-1}（图 13.20），说明这种材料在葡萄糖氧化酶检测方面有巨大的应用潜力。

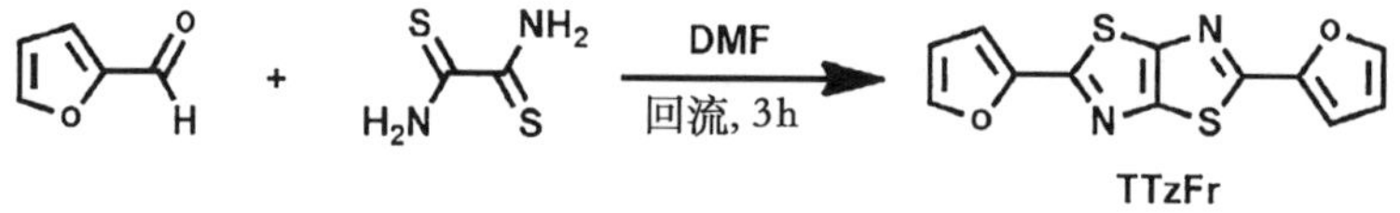

图 13.19　合成 TTzFr 的路径

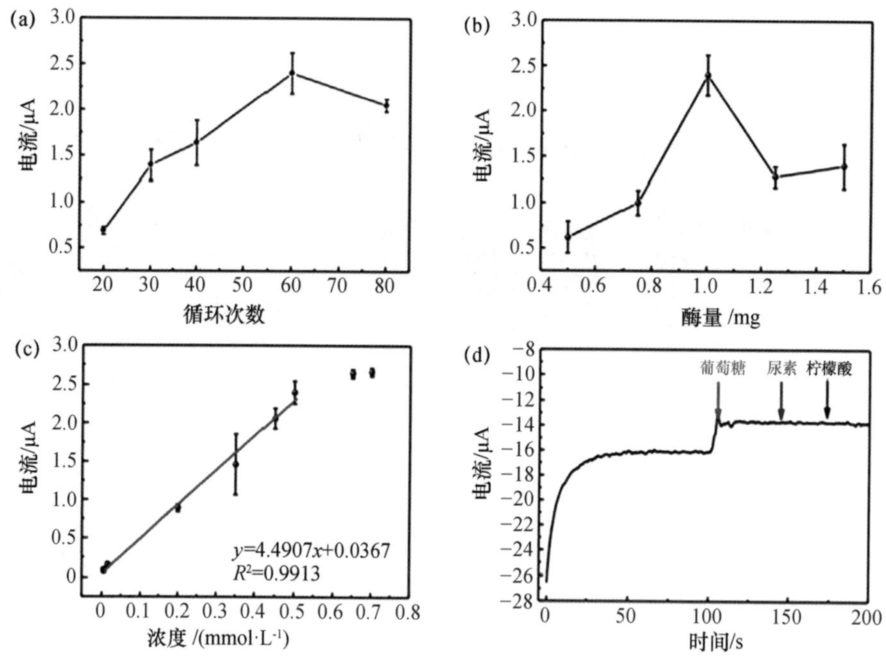

图 13.20　在 50 mmol·L^{-1} 磷酸盐的缓冲液中检测葡萄糖氧化酶

（缓冲液 pH 为 7，温度为 25℃，电压为 −0.7 V）

Pellitero 等人将传感器和电致变色屏幕结合，构筑了自供电的可视化生物传感器[24]。传感器结构如图 13.21 所示，电致变色器件以普鲁士蓝作变色层，该电致变色器件结构的创新之处在于，与以往电极垂直排列不同，该器件的阴极和阳极平行排列。生物传感器（阳极）接触到葡萄糖氧化酶之后为电致变色器件（阴极）提供电子，电子从阳极到达阴极的过程中，会选择电阻最小的路径同行，这样会使变色层颜色逐渐发生变化，并最终稳定。不同浓度下，变色层稳定后的颜色如图 13.22 所示。该器件能够自供电，并且检测结果可视化，在葡萄糖氧化酶的检测方面有巨大的应用前景。

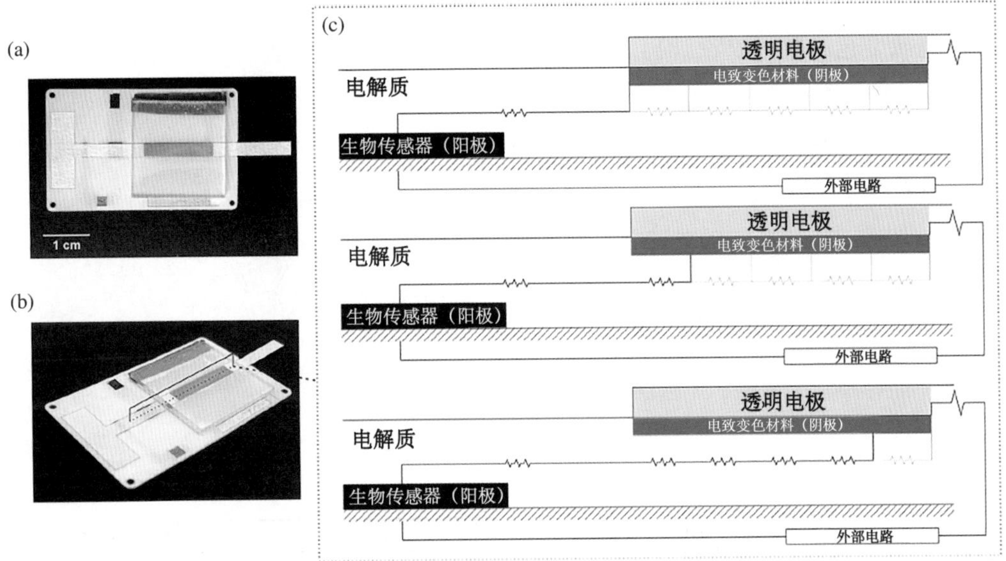

图 13.21　电致变色生物传感器的器件结构(a)(b)及工作原理图(c)

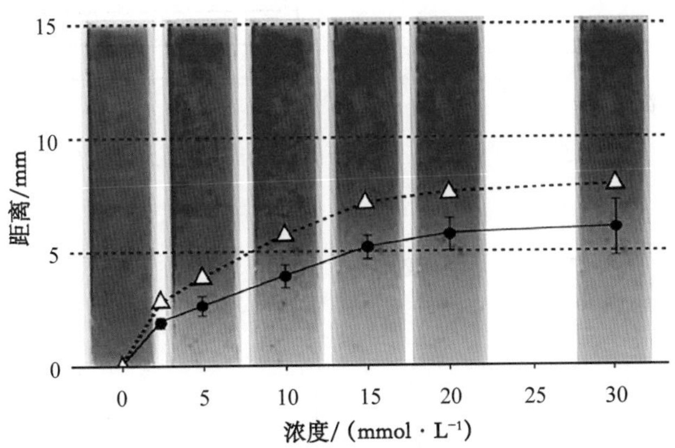

图 13.22　在加入不同浓度葡萄糖氧化酶溶液 30 s 后器件屏幕的照片

13.4 电致变色器件在显示领域的应用

Goto 等人基于三芳胺和联苯设计了新的氧化性电致变色材料(图 13.23),通过这些电致变色材料可以设计出青色、品红和黄色的电致变色器件[25],器件结构如图 13.24 所示。除此之外,通过喷墨打印法,将 CMY 颜料中的两种混合,可以调配出红、绿、蓝三种颜色,通过合理调配三种颜料也可以得到黑色(K)(图 13.25)。因此,可以通过喷墨打印法开发带有电致变色性能的装饰玻璃。图 13.26 显示了构筑的玻璃在

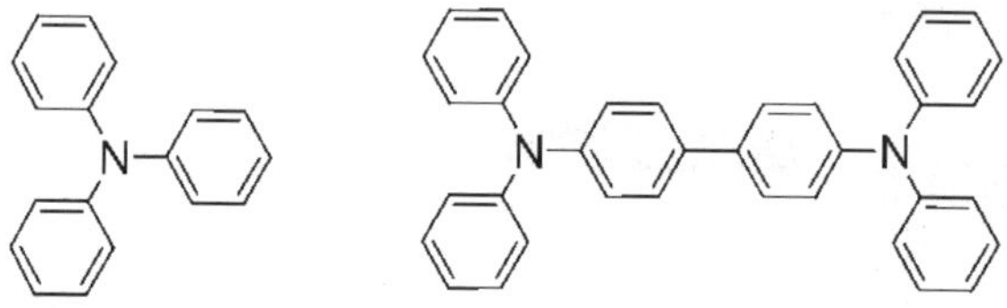

图 13.23 氧化性电致变色材料

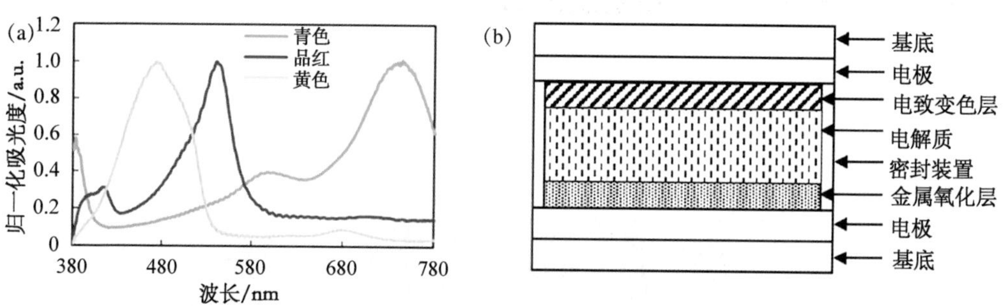

图 13.24 电致变色材料的紫外-可见光谱(a);电致变色器件的结构示意图(b)

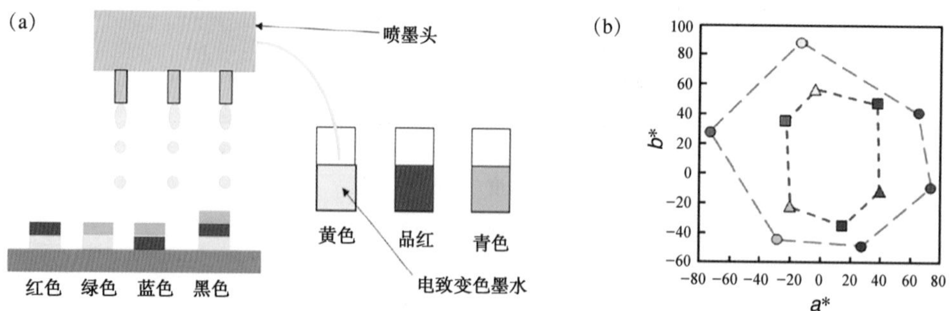

图 13.25 通过喷墨打印法印刷电致变色材料的示意图(a);RGBK/CMY 电致变色器件的 CIE1976 颜色空间(b)

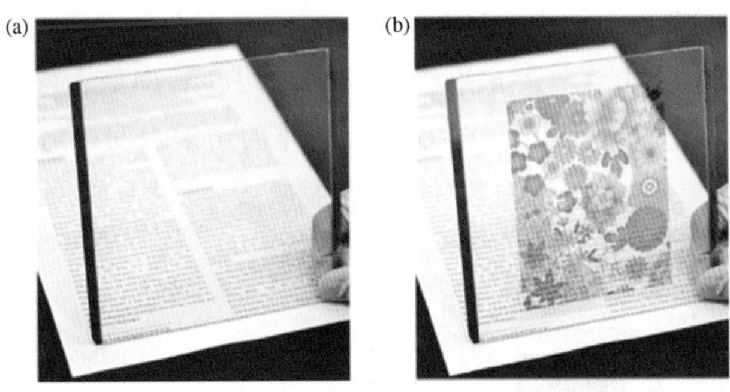

图 13.26 基于电致变色器件的装饰玻璃在褪色状态(a)和着色状态(b)的照片

着色和褪色状态下的照片。在褪色状态下的透射率可以超过 80%。在外加 1.5 V 电压的条件下,褪色状态可在 10 s 内转换成着色状态;去掉电压 15 s 内可从着色状态回到褪色状态。这项研究工作采用氧化性电致变色材料,结合喷墨打印技术,成功地制备出了基于电致变色器件的装饰玻璃。

Takamatsu 等人报道了一种光笔输入设备和电致变色显示屏幕结合的写字板,如图 13.27 所示[26]。光笔的本质是一个传感器阵列,基于细菌视紫红质(bR)和导电

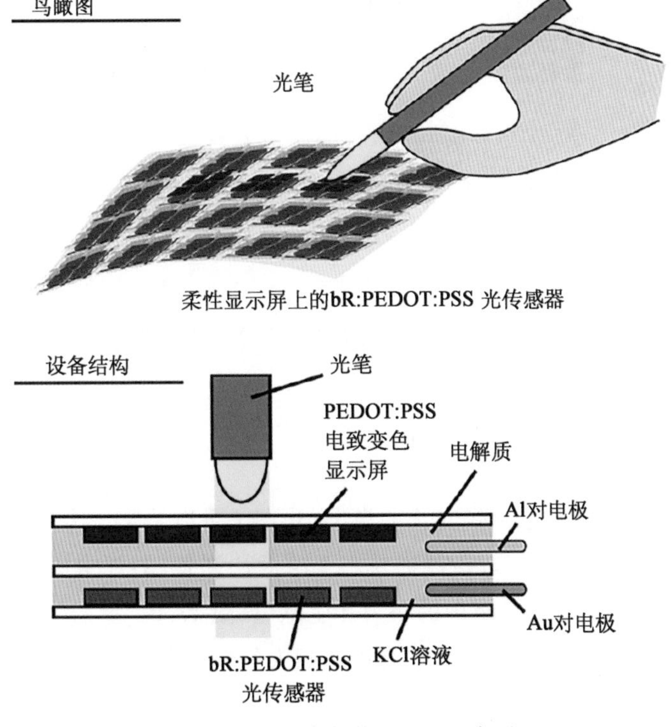

图 13.27 设备结构及配置示意图

聚合物 PEDOT：PSS。电致变色显示屏幕同样是基于 PEDOT：PSS。有机材料的应用可以保证器件制备在柔性基底上。如图 13.28 所示，即使在弯折的条件下，器件依然可以识别出不同的输入模式。这项研究工作的结果表明，通过更换具有不同光学特性的细菌视紫红质，并把他们与导电聚合物复合，可以形成大面积的功能性柔性光学系统。

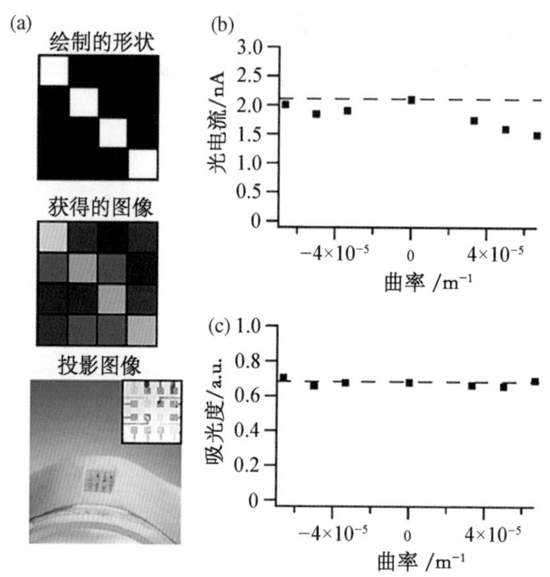

图 13.28　器件弯折测试

［图(a)弯曲到曲率半径为 30 mm 时的器件工作演示；图(b)弯曲时的光敏性能；图(c)弯曲时的光吸收性能］

13.5　电致变色器件在其他领域的应用

13.5.1　在电子皮肤领域的应用

Bao 团队受变色龙皮肤颜色变化的启发，开发了可以根据压力实现变色的器件，器件结构如图 13.29 所示[27]。该器件采用全溶液法制备，器件中压力传感器部分有较宽的电阻值范围，能对较大范围的压力产生感应(图 13.30)。器件还可以根据颜色指示压力大小，在可穿戴设备、假肢和智能机器人等领域有重要应用。

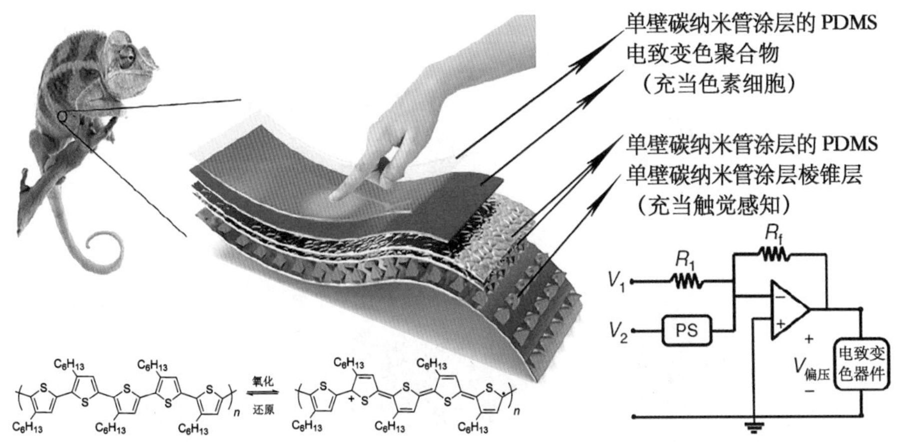

图 13.29 受变色龙启发的电子皮肤的结构示意图

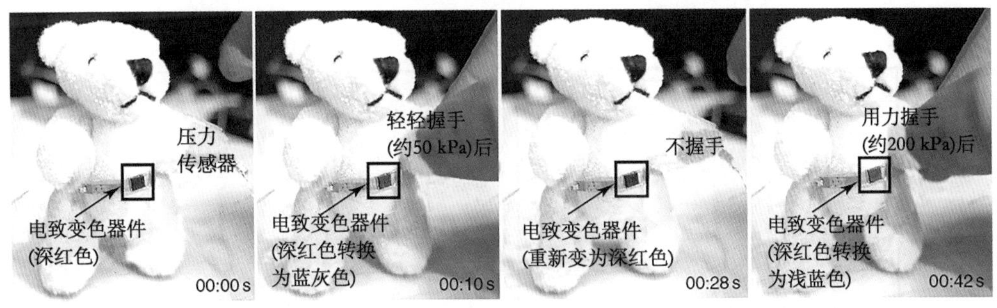

图 13.30 触觉感应导致的器件颜色变化

13.5.2 在织物领域的应用

Yu 等人合成了三种给体-受体聚合物，单体结构如图 13.31 所示[28]。PG3 材料在近红外和红外附近有较强的吸收，导致这种材料展示出独特的蔬菜绿色和沙漠岩石黄色(图 13.32)。在完全中性状态和完全氧化状态下的切换时间分别为 1 s 和 1.5 s。与 PG1 和 PG2 聚合物相比，带有更长支链的 PG3 聚合物在常见溶剂如二氯甲烷和甲苯中有更好的溶解性(图 13.33)。最后，他们用 PG3 材料作工作电极，制备了一个可以变色的织物，构筑的器件在合适电压下，可以在蔬菜绿色和沙漠岩石黄色之间自由切换，在军事伪装领域有重要应用。

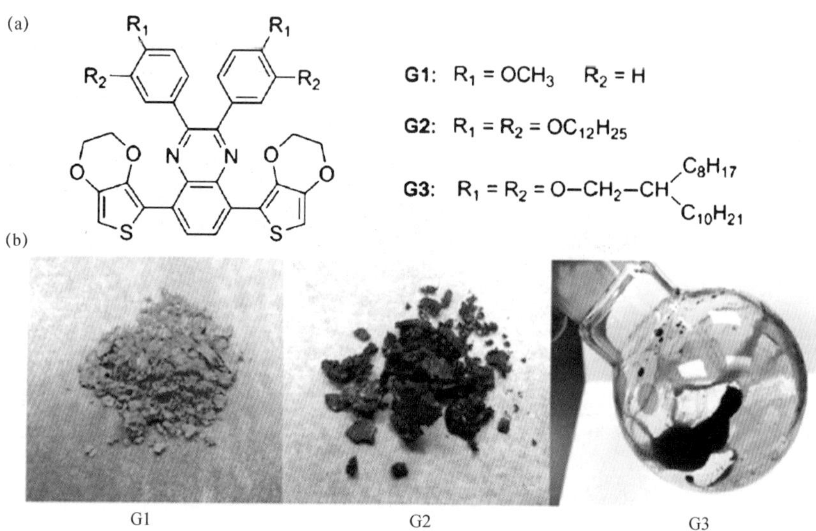

图 13.31　G1、G2 和 G3 的分子结构(a)及相应状态的图片(b)

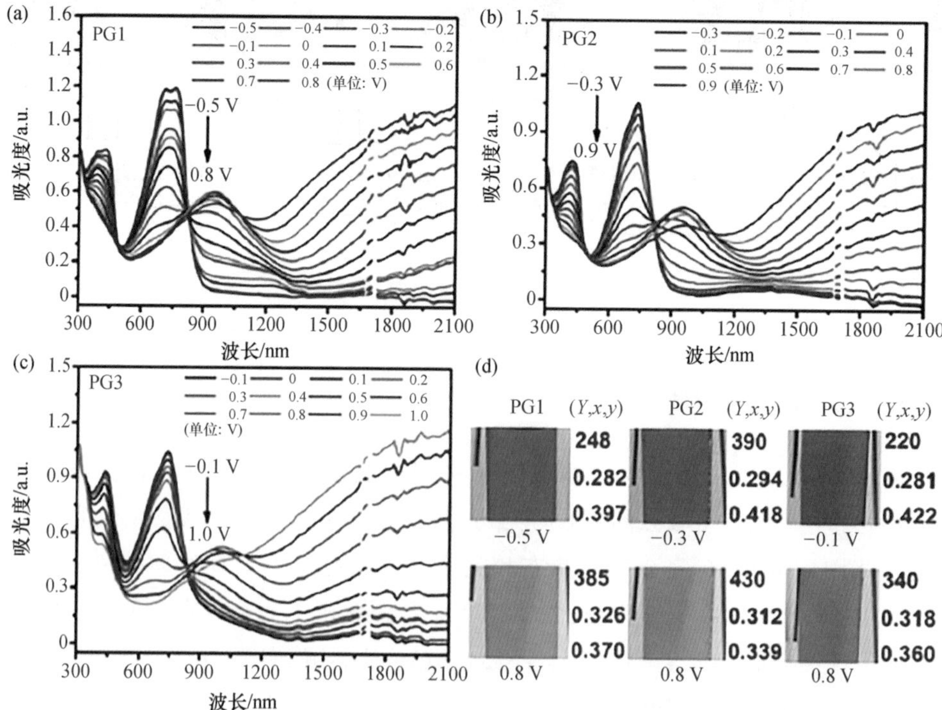

图 13.32　PG1、PG2 和 PG3 在 ITO 玻璃上的电化学光谱(a)～(c)；在完全中性状态和完全氧化状态下涂覆在 ITO 玻璃上的 PG1、PG2 和 PG3 的图片和相应的(Y,x,y)值(d)

[外加电压：(a) −0.5～0.8 V；(b) −0.3～0.9 V；(c) −0.1～1 V]

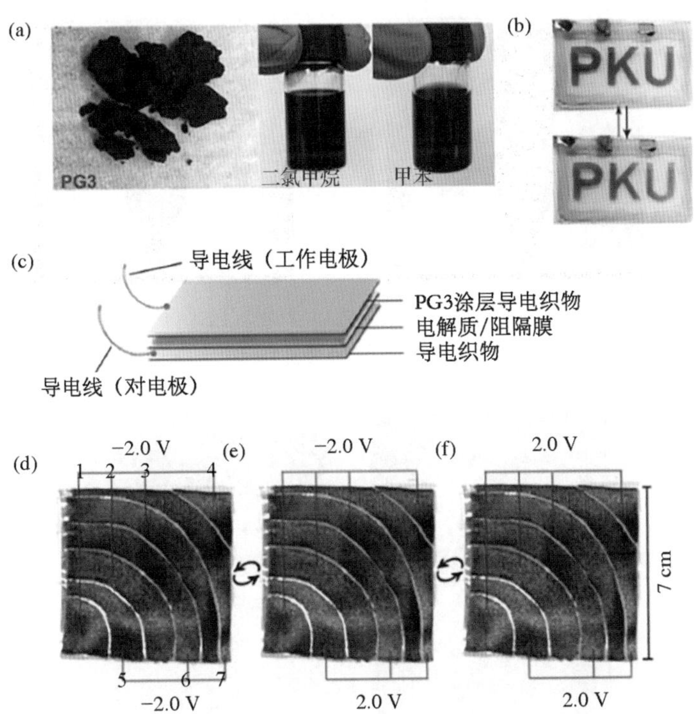

图 13.33　PG3 及其溶解在二氯甲烷和甲苯中的照片(a)；器件在中性状态和氧化状态下的颜色照片(b)；变色织物器件的断面图(c)；1～7 号片在不同状态下作工作电极(d)～(f)
[图(d)：1～7 号为中性状态；图(e)：1～4 号为中性状态，5～7 号为氧化状态；图(f)：1～7 号为氧化状态]

13.5.3　在手机领域的应用

在 2019 年，电致变色设备被中国手机品牌“一加”成功应用到了概念机里[29]。这款手机带有一种新功能，即使用电致变色技术的隐藏摄像头，这种技术在手机行业中是前所未有的。如图 13.34(a)所示，电致变色技术成功地将后置摄像头模块隐藏在手机后盖下，在不需要照相时很难发现摄像头。只有当使用后置摄像头时，我们才能看到它[图 13.34(b)]。电致变色设备从黑色转换到透明色只需要 0.7 s，到目前为止，这是电致变色设备最快的转换速度。这一特点可以归功于一种 ITO 透明合金，当 ITO 应用到玻璃上时，它可以使玻璃表面导电，电荷可以改变玻璃的分子组成，使得透过的光减少。如图 13.35 所示，华为公司在最新授权的一体式手机上也应用了这种隐藏式后置摄像头。未来这项技术有望广泛地应用到手机上。

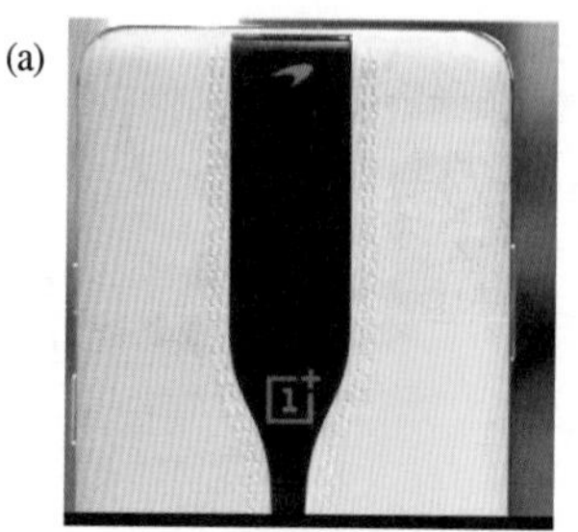

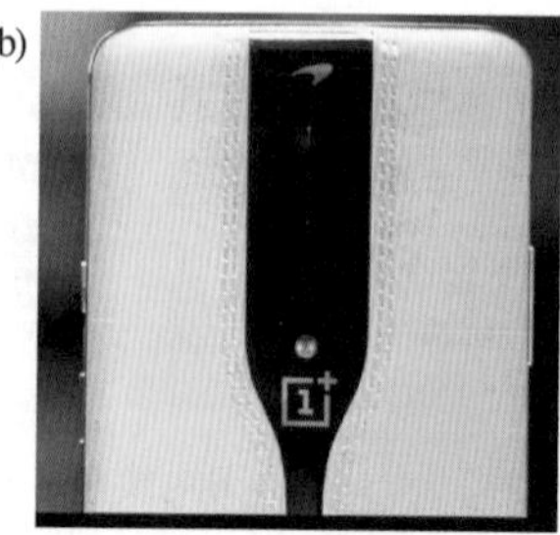

图 13.34 后置摄像头被隐藏(a)及显现出来(b)的照片

图 13.35 一体式手机的正视图和后视图

参考文献

[1] Kim H N, Cho S M, Ah C S, et al. Electrochromic mirror using viologen-anchored nanoparticles. Materials Research Bulletin, 2016, 82: 16-21.

[2] Kim Y, Han M, Kim J, et al. Electrochromic capacitive windows based on all conjugated polymers for a dual function smart window. Energy & Environmental Science, 2018, 11(8): 2124-2133.

[3] Yun T G, Kim D, Kim Y H, et al. Photoresponsive smart coloration electrochromic supercapacitor. Advanced Materials, 2017, 29(32): 1606728.

[4] Lahav M, Van Der Boom M E. Polypyridyl metallo-organic assemblies for electrochromic applications. Advanced Materials, 2018, 30(41): 1706641.

[5] Osterholm A M, Shen D E, Kerszulis J A, et al. Four shades of brown: Tuning of electrochromic polymer blends toward high-contrast eyewear. ACS Applied & Materials Interfaces, 2015, 7(3): 1413-1421.

[6] Zheng R, Wang Y, Jia C, et al. Intelligent biomimetic chameleon skin with excellent self-healing and electrochromic properties. ACS Applied & Materials Interfaces, 2018, 10(41): 35533-35538.

[7] Cai G, Eh A L S, Ji L, et al. Recent advances in electrochromic smart fenestration. Advanced Sustainable Systems, 2017, 1(12): 1700074.

[8] Rosseinsky D, Mortimer R. Electrochromic systems and the prospects for devices. Advanced Materials, 2001, 13(11): 783-793.

[9] Baetens R, Jelle B P,Gustavsen A. Properties, requirements and possibilities of smart windows for dynamic daylight and solar energy control in buildings: A state-of-the-art review. Solar Energy Materials and Solar Cells, 2010, 94(2): 87-105.

[10] Dyer A L, Bulloch R H, Zhou Y, et al. A vertically integrated solar-powered electrochromic window for energy efficient buildings. Advanced Materials, 2014, 26(28): 4895-4900.

[11] Lampert C M. Towards large-area photovoltaic nanocells experiences learned from smart window technology. Solar Energy Materials and Solar Cells, 1994, 32 (3): 307-321.

[12] Granqvist C G. Chromogenic materials for transmittance control of large-area windows. Critical Reviews in Solid State and Materials Sciences, 1990, 16(5): 291-308.

[13] Tian Y, Zhang X, Dou S, et al. A comprehensive study of electrochromic device with variable infrared emissivity based on polyaniline conducting polymer. Solar Energy Materials and Solar Cells, 2017, 170: 120-126.

[14] Xiao Y, Zhong X, Guo J, et al. The role of interface between LiPON solid electrolyte and electrode in inorganic monolithic electrochromic devices. Electrochimica Acta, 2018, 260: 254-263.

[15] Lin S, Bai X, Wang H, et al. Roll-to-roll production of transparent silver-nanofiber-network electrodes for flexible electrochromic smart windows. Advanced Materials, 2017, 29(41): 1703238.

[16] Liu H M, Saikia D, Wu C G, et al. Solid polymer electrolytes based on coupling of polyetheramine and organosilane for applications in electrochromic devices. Solid State Ionics, 2017, 303: 144-153.

[17] Pan M, Ke Y, Ma L, et al. Single-layer electrochromic device based on hydroxyalkyl viologens with large contrast and high coloration efficiency. Electrochimica Acta, 2018, 266: 395-403.

[18] Galliani D, Mascheroni L, Sassi M, et al. Thermochromic latent-pigment-based time-tempera-

ture indicators for perishable goods. Advanced Optical Materials, 2015, 3(9): 1164-1168.

[19] Roberts L, Lines R, Reddy S, et al. Investigation of polyviologens as oxygen indicators in food packaging. Sensors and Actuators B: Chemical, 2011, 152(1): 63-67.

[20] Yang Q, Hao Q, Lei J, et al. Portable photoelectrochemical device integrated with self-powered electrochromic tablet for visual analysis. Analytical Chemistry, 2018, 90(6): 3703-3707.

[21] Kai H, Suda W, Yoshida S, et al. Organic electrochromic timer for enzymatic skin patches. Biosensors and Bioelectronics, 2019, 123: 108-113.

[22] Azak H, Yildiz H B, Carbas B B. Synthesis and characterization of a new poly[dithieno (3,2-*b*: 2′,3′-*d*) pyrrole] derivative conjugated polymer: Its electrochromic and biosensing applications. Polymer, 2018, 134: 44-52.

[23] Soylemez S, Kaya H Z, Udum Y A, et al. A multipurpose conjugated polymer: Electrochromic device and biosensor construction for glucose detection. Organic Electronics, 2019, 65: 327-333.

[24] Pellitero M A, Guimera A, Kitsara M, et al. Quantitative self-powered electrochromic biosensors. Chemical Science, 2017, 8(3): 1995-2002.

[25] Goto D, Yamamoto S, Sagisaka T, et al. Printed multi color devices using oxidative electrochromic materials. Journal of Photopolymer Science and Technology, 2017, 30(4): 489-493.

[26] Takamatsu S, Nikolou M, Bernards D A, et al. Flexible, organic light-pen input device with integrated display. Sensors and Actuators B: Chemical, 2008, 135(1): 122-127.

[27] Chou H H, Nguyen A, Chortos A, et al. A chameleon-inspired stretchable electronic skin with interactive colour changing controlled by tactile sensing. Nature Communications, 2015, 6: 8011.

[28] Yu H, Shao S, Yan L, et al. Side-chain engineering of green color electrochromic polymer materials: Toward adaptive camouflage application. Journal of Materials Chemistry C, 2016, 4(12): 2269-2273.

[29] Oppo Guangdong Mobile Communications Co. L. Storage medium and method for controlling the electrochromic portion of electrochromic device: CN109116656A. 2019-01-01.

第十四章　商业化有机电致变色材料和相关专利简析

14.1 引　言

在本章中，我们将重点介绍企业工业生产中的专利。有机电致变色工业起步较早。商业化的电致变色设备最初是在1980年初由金泰克斯公司给出的，但是在过去的几十年中，该行业关注的焦点已经发生了重大变化。越来越多的公司将其侧重点从寻找新化合物转变为设计具有新型结构的器件，这与当前由传统技术和产品向服务和应用导向产品转化的市场竞争焦点相一致。虽然总体趋势如此，仍有一些公司专注于开发性能更优秀的新型材料。

由于许多相关因素的影响，可用于商业化的有机电致变色材料的种类较少。紫精、苯胺衍生物和噻吩化合物是较为常见的电致变色材料。特别地，紫精是最早且使用最广泛的一种。最初，电致变色设备被应用于汽车的防眩目后视镜上，但随着技术产业的发展进步和人们需求的不断增加，电致变色设备已被越来越多地用于其他领域中。

14.2 金泰克斯公司

金泰克斯公司是一家拥有40多年历史的公司。金泰克斯及其子公司在2018年占据了全球自动调光室内镜市场的92%。与之相对应的，金泰克斯公司拥有674项关键词为有机电致变色的专利，还有数以千计的相关专利。金泰克斯公司于1982年开始研究和开发一种用于汽车自动后视镜系统的新产品,并于 1987 年申请了第一项相关专利[1]。在这些专利中,金泰克斯公司发现了最早的商业化材料——紫精。下面将简要介绍一下该公司的专利。

金泰克斯公司经营的主要产品和主要的关注点在于驾驶员安全和信息功能、侧盲区辅助功能、前行驾驶辅助功能和后盲区辅助功能。金泰克斯公司的早期产品主要致力于将所有车辆后视镜从全反射模式更改为部分反射模式,以保护驾驶员不受反射的眩光影响。

通常,电磁辐射可逆透射率改变装置是由电致变色材料实现的。在之前的专利中,通常的设备结构具有四个反射器(图 14.1)[16]。但是,研究人员希望寻找到更简单更易于生产的器件。在解决了一些诸如电极容易被电致变色液体材料腐蚀、电致变色材料不能同步地在电极上变亮和变暗的问题后,金泰克斯公司对控制电路进行了新的研究[2-7],并提出了一种新的简化结构[8,9]。在该设备中,将一层透明导电材料置于反射镜的第二表面上,并将另一层透明导电材料或组合的反射器/电极置于反射镜的第三表面上[10]。

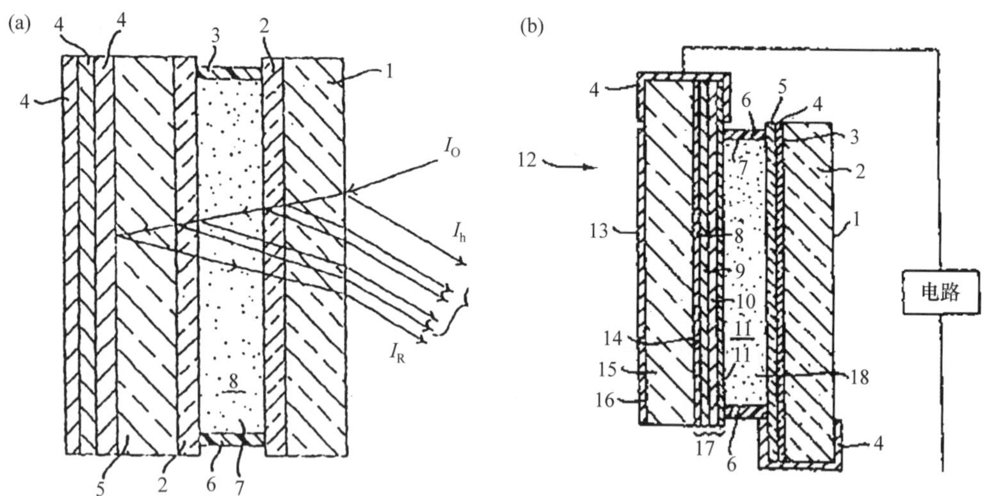

图(a):1—前平面元件;2—透明导电涂层;3—密封件;4—反射器;5—后平面元件;6—密封件;7—电致变色介质;8—腔室。

图(b):1—前透明元件前表面;2—前透明元件;3—前透明元件后表面;4—导电弹簧卡子;5—透明导体层;6—密封件;7—内部周壁;8—基底涂层;9—导电金属或合金;10—反射材料;11—腔室;12—内部反射镜;13—电阻加热器;14—后玻璃元件前表面;15—后玻璃元件;16—后玻璃元件后表面;17—反射器/电极;18—电致变色介质。

图 14.1 机动车后视镜的前视图:传统的四反射器结构(a)和三反射器结构(b)[3]

电致变色材料的选择也是商业生产中非常重要的部分。电致变色材料包括阴极材料、阳极材料和氧化还原调节剂。阴极材料的典型代表是紫精，金泰克斯公司报道了大量相关化合物，期望获得高灰度等级的器件[11—14]。而阳极材料可以是吩嗪、吩噻嗪、咔唑、带有烷基链的二茂铁及其同系物等[12]。

金泰克斯公司发明了一种简单且稳定的器件生产设备，该设备至今仍被广泛使用(图 14.2)[17]。这些设备使用了交联的聚合物凝胶(由异氰酸酯和二醋酸二丁基锡形成)，可大大减少视觉观感上的不规则性并提高商品的热稳定性和循环稳定性[15]。

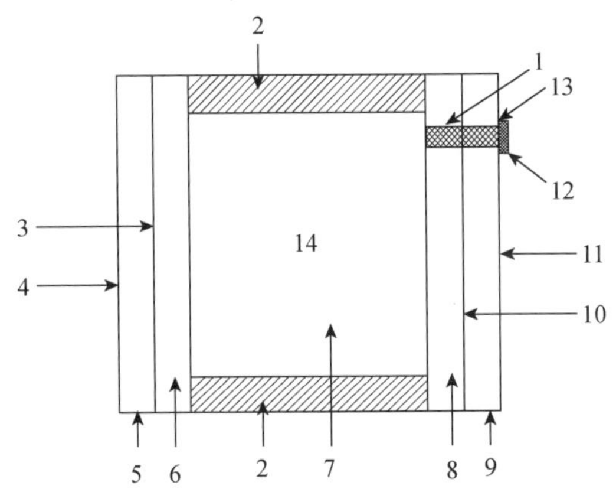

1—填充端口；2—密封构件；3—第一基材前表面；4—第一基材后表面；5—第一基材；6—导电表面；7—电致变色介质；8—导电表面；9—第二基材；10—第二基材前表面；11—第二基材后表面；12—多个栓塞；13—一个栓塞；14—腔室。

图 14.2　通用设备结构[17]

除此之外金泰克斯公司还涉足了其他电致变色相关产品，如可变透射玻璃[18]、电化学储能装置[19]、非二聚体紫精电致变色装置[20]、红外透射涂层[21,22]和原始电致变色装置的改进版本[23—27]。由于篇幅限制，不再过多赘述。

随着人们提出更多更新的需求，工业产品更新的频率也越来越快，因此金泰克斯公司也继续合成更多的新功能化合物以满足各种需求(图 14.3)[28—32]。

总的来说，金泰克斯公司是汽车后视镜领域的绝对领导者，其成功地将紫精和一系列材料商业化，是一家非常注重创新的优秀公司。而也正是由于其在汽车后视镜行业中占据了绝对的垄断地位，其他相关公司不得不开始将注意力放在其他产业上。

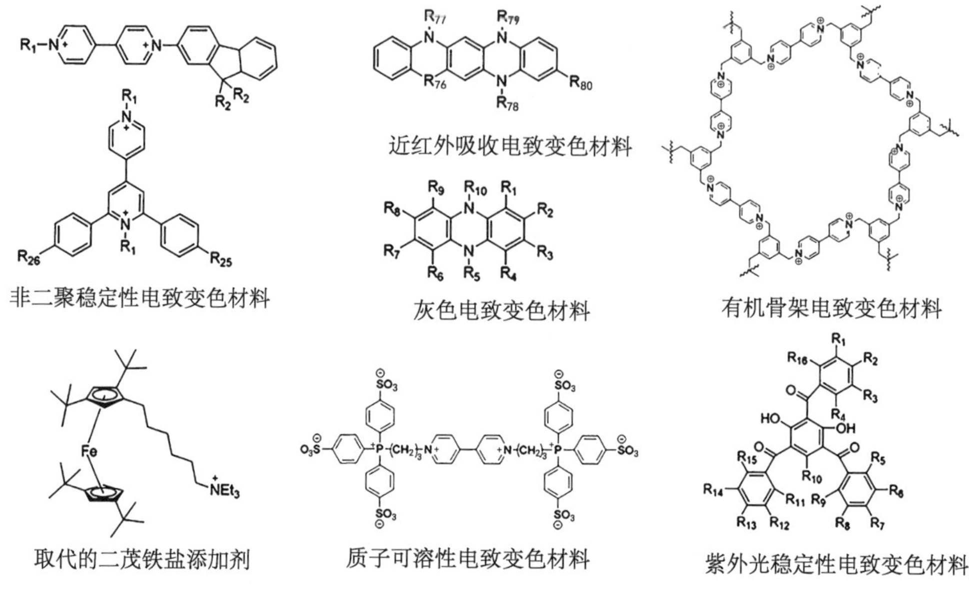

图 14.3 金泰克斯公司生产的代表性电致变色材料[28—32]

14.3 理光集团

理光集团是日本著名的办公设备和光学设备制造商，也是世界 500 强企业之一。理光株式会社的前身是由市村清于 1936 年成立的物理化学研究所。1963 年，它正式更名为理光，并于同年成立了香港分公司。

理光集团的主要经营范围是办公设备、光学仪器和数码相机。因此，理光集团对电子纸行业非常感兴趣。传统的电子纸技术是通过滤光器实现彩色显示，而滤光器会降低产品的反射率和光学对比度。理光集团开始把目光投向了不需要滤光器即可实现彩色显示的电致变色器件。然而电致变色技术用于制造电子纸的最主要问题是响应时间过长。因此，理光集团提出了如图 14.4 所示的发明[33]。

不同的电致变色材料吸附在不同层的金属氧化物电极的表面，并且不同的电极彼此绝缘以实现独立的变色[33]。由于电子纸需要丰富的色彩，理光集团合成了更多色彩丰富的电致变色化合物(图 14.5)[34]。其中，图 14.5(a)中 X_1、X_2、X_3、X_4、X_5、X_6、X_7、X_8 和 X_9 在每个独立的基团中为氢原子、卤素基团、硝基、氰基、羧基、磺酸基、氨基或者具有 1～6 碳数的下列基团：烷氧基羰基、烷基羰基、氨基羰基、单烷基氨基羰基、二烷基氨基羰基、烷氧基磺酰基、烷基磺酰基、芳基磺酰基、氢磺酰基、氨基磺酰

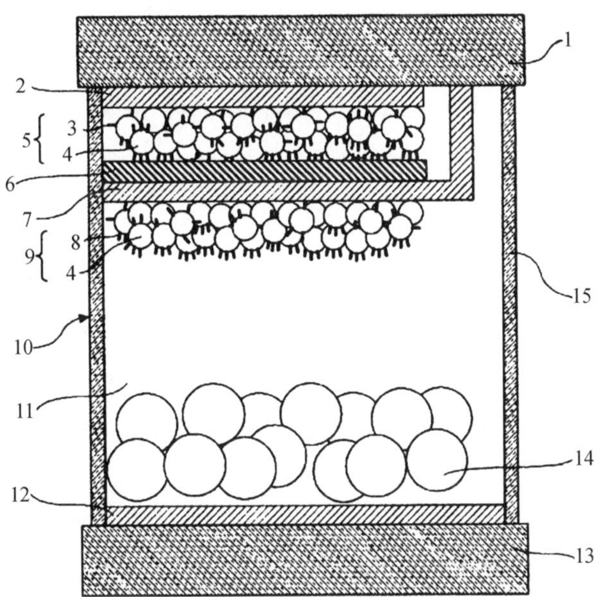

1—显示基板；2—第一显示电极；3—第一电致变色化合物；4—第一电致变色化合物的金属氧化物；5—第一电致变色层；6—绝缘层；7—第二显示电极；8—第二电致变色化合物；9—第二电致变色层；10—向室；11—电解质；12—相对电极；13—与显示基板相对设置的相对基板；14—白色反射层；15—隔离物。

图 14.4 多层快速变色装置的横截面[33]

基、单烷基磺酰基、二烷基氨基磺酰基、单芳基氨基磺酰基、二芳基氨基磺酰基、单烷基胺、烷基、烯基、炔基、芳基、烷氧基、芳氧基、烷硫基、芳硫基或杂环基；E 表示 O、S 或 Se；A、B 为单价阴离子。图 14.5(b)中 X_1、X_2、X_3、X_4、X_5、X_6、X_7 和 X_8 中的每一个为独立的氢原子、卤素基团、羧基、羟基、硝基、氰基、取代或未取代的烷氧基羰基、取代或未取代的芳氧基羰基、取代或未取代的烷基羰基、取代或未取代的芳基羰基、氨基羰基、取代或未取代的单烷基氨基羰基、取代或未取代的二烷基氨基羰基、取代或未取代的单芳基氨基羰基、取代或未取代的二芳基氨基羰基、磺酸根、取代或未取代的烷氧基磺酰基、取代或未取代的芳氧基磺酰基、取代或未取代的烷基磺酰基、取代或未取代的芳基磺酰基、氨基磺酰基、取代或未取代的单烷基氨基磺酰基、取代或未取代的二烷基氨基磺酰基、取代或未取代的单芳基氨基磺酰基、取代或未取代的二芳基氨基磺酰基、氨基、取代或未取代的单烷基氨基、取代或未取代的二烷基氨基、取代或未取代的烷基、取代或未取代的烯基、取代或未取代的炔基、取代或未取代的芳基、取代或未取代的烷氧基、取代或未取代的芳氧基、取代或未取代的烷硫基、取代或未取代的

未取代的芳硫基、取代或未取代的杂环基；R_1 和 R_2 为取代或未取代的烷基、取代或未取代的烯基、取代或未取代的炔基、取代或未取代的芳基；A 为取代或未取代的含有 N、O、S、Se 中的一个或多个碳原子数为 5 的杂环；L 是取代或未取代的亚芳基；B、C 为单价阴离子；n 的取值为 1～3。

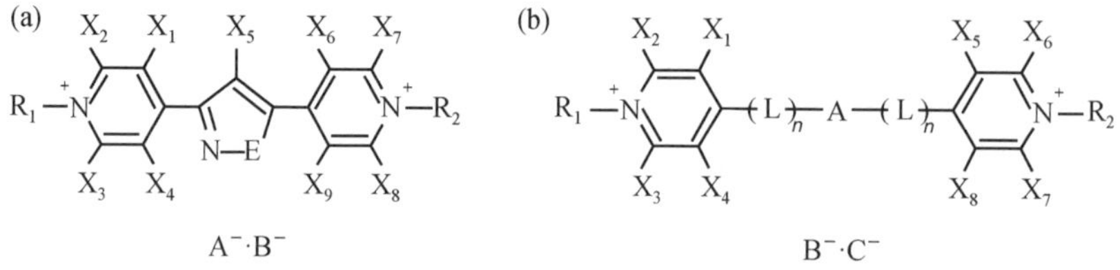

图 14.5　电致变色化合物的结构式[34]

与金泰克斯公司专利中使用的聚合方法相比，理光集团倾向于使用可光固化的树脂，这种树脂可以在较低的温度和更短的时间内形成电解质层[35]。他们使用紫外线辐射聚合来形成三维树枝状大分子，电解质以连续相的形式分散在电解质层中，以此消除由长时间使用导致的图像模糊[36]。

理光集团围绕电子纸这一产品的核心，同样革新了电极生产工艺。他们采用简单的沉积、喷墨和印刷方法，在电极表面覆盖了一层金属氧化物，并在对电极上引入了相对应的氧化还原反应，以获得稳定的着色和褪色效果[37]。

时至今日，理光集团在原始设备的基础上进行了许多改进(图 14.6)[38]。他们在设备中添加了长纤维导电颗粒，获得了在物理性能方面比 ITO 更好的透明导电材料[39]。他们还合成了全新的电致变色材料，包括非紫精化合物和紫精化合物(图 14.7)[40—50]。

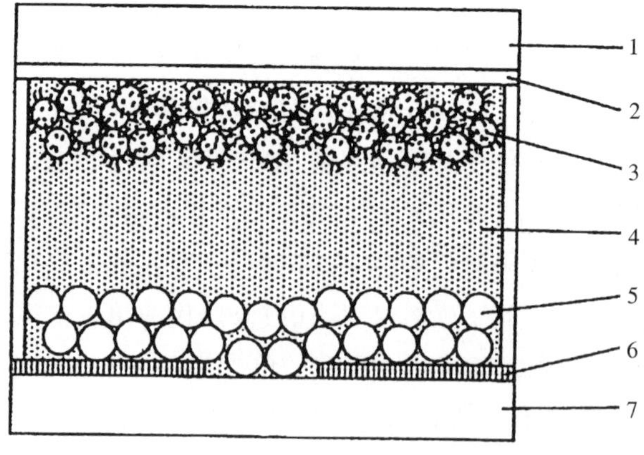

1—显示基板；2—显示电极；3—电致变色层；4—电解质层；5—白色反射层；6—相对电极；7—相对基板。

图 14.6　包含白色反射层的器件结构[38]

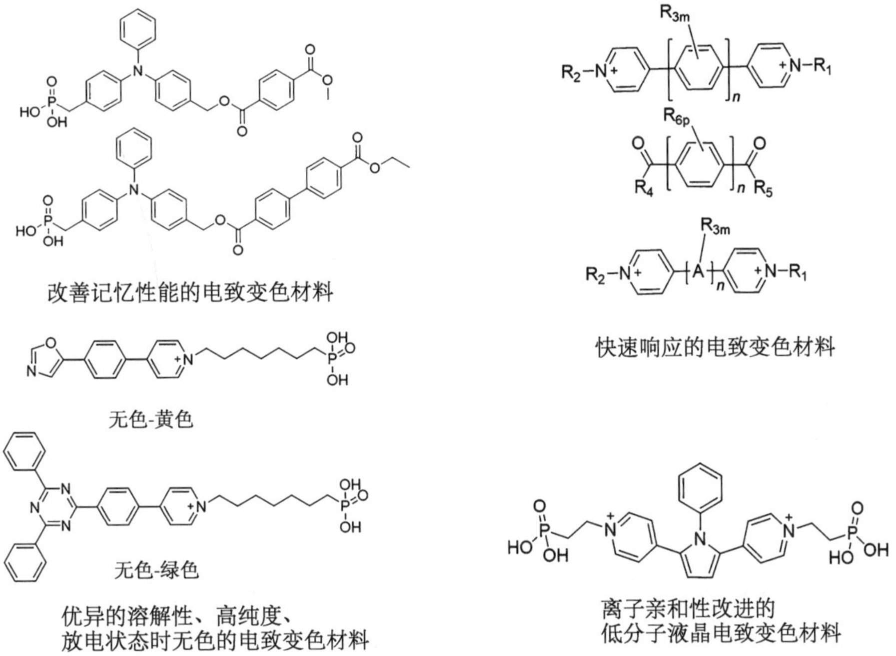

改善记忆性能的电致变色材料

快速响应的电致变色材料

无色-黄色

无色-绿色

优异的溶解性、高纯度、
放电状态时无色的电致变色材料

离子亲和性改进的
低分子液晶电致变色材料

图 14.7　理光集团的代表性电致变色材料[40—50]

14.4　佳能公司

佳能公司起源于 1933 年成立的精密光学仪器实验室,并于 1935 年注册了"佳能"商标。经过多年的不懈努力,佳能公司将业务全球化并扩展到各个领域。它已跻身世界 500 强公司之列。

佳能公司的产品系列主要分布在三个领域:个人产品、办公设备和工业设备。佳能公司认为,传统的紫精化合物中自由基的氧化态不稳定,并且,紫精将在反复结晶过程中不可逆地产生副产物沉淀。佳能公司期望在保证系统本身稳定的前提下,追求更高的自然状态透明度、更高的透射率变化以及更稳定的光学性能。如图 14.8 所示,佳能公司合成了一系列化合物[51—54]。

就佳能公司提出的专利而言,如果要将电致变色材料应用于全彩色显示器或类似的显示器,则需要找到颜色为青色、品红色和黄色的材料。因此进一步增加应用范围将需要增加电致变色材料可产生的光谱范围以及产生颜色的纯度。

电致变色有机化合物：可减少温度变化引起的吸收光谱变化

应用于光控镜和电子纸的电致变色材料

A: 烷基、烷氧基、取代芳基等

B:

Y:

可见光区高透明电致变色材料

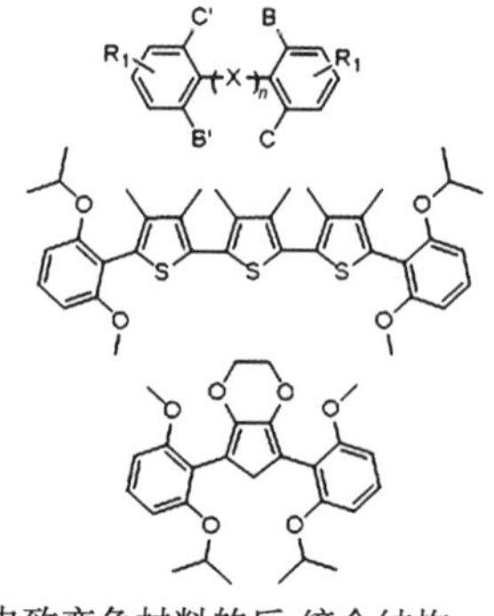

电致变色材料的反-缔合结构

图 14.8 佳能公司独特的电致变色材料[51—54]

14.5 京东方科技集团股份有限公司和 OPPO 广东移动通信有限公司

京东方科技集团股份有限公司(以下简称“京东方”)和 OPPO 广东移动通信有限公司(以下简称“OPPO”)都是新成立的技术公司，目前的电致变色专利申请数量已进入全球前十。两家公司都专注于新设备结构的研发和性能优化，并且他们的专利相似度也很高，因此将他们放在一起做简要介绍。

京东方成立于 1993 年 4 月，是一家物联网公司，提供用于信息交互和人类健康的智能接口产品和专业服务，京东方的三大核心业务是接口设备、智能物联网系统、智能医学与工程集成。

在传统的液晶显示器屏幕中采用 RGB 彩色光致抗蚀剂的方法会导致可见光的 2/3 被光致抗蚀剂层吸收[55]，从而降低了可见光的利用率。研究人员设计了一种如图 14.9 所示的新设备，其中电致变色膜附着在公共电极的表面[56]。然后对简单模板[57,58]和彩色滤光片[59]进行了一系列改进。

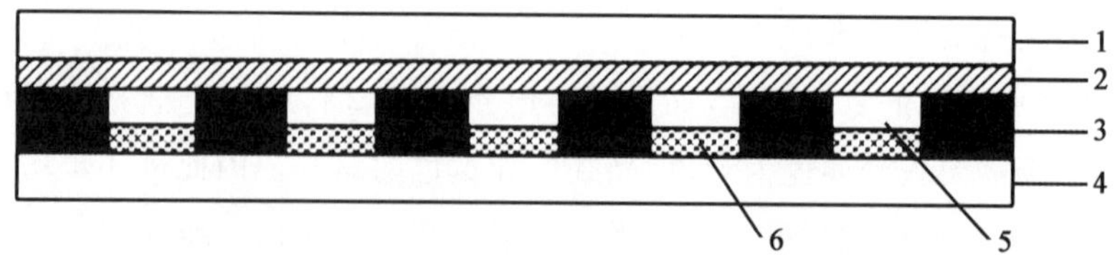

1—上衬底；2—公共电极层；3—黑色矩阵；4—下衬底；5—电致变色薄膜；6—子像素电极层。

图 14.9 带有电致变色膜的液晶显示屏[56]

为了在两个基板中实现不同颜色的电致变色溶液的分区填充，研究人员使用了由光致抗蚀剂形成的像素墙来隔离不同类型的电致变色溶液(图 14.10)[60]。

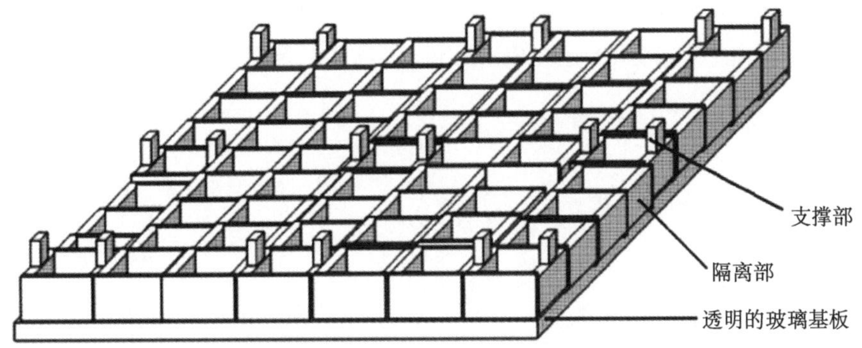

图 14.10　基板被像素墙隔离[60]

近年来，3D 显示技术已经成为一种新兴的潮流，而实现这种技术通常需要使用者佩戴一副 3D 眼镜，这就增加了显示的成本和操作的难度，给使用者带来了各种不便。而光栅装置可以在无眼镜状态下进行 3D 显示(图 14.11)[66]，而由像素墙隔离的上述电致变色器件就是一种有源光栅。并且这些光栅还可以在 2D 和 3D 之间自由切换[61—64]。在此基础上，为了减少光栅的响应时间，京东方采用了新的凝胶电解质[65]。

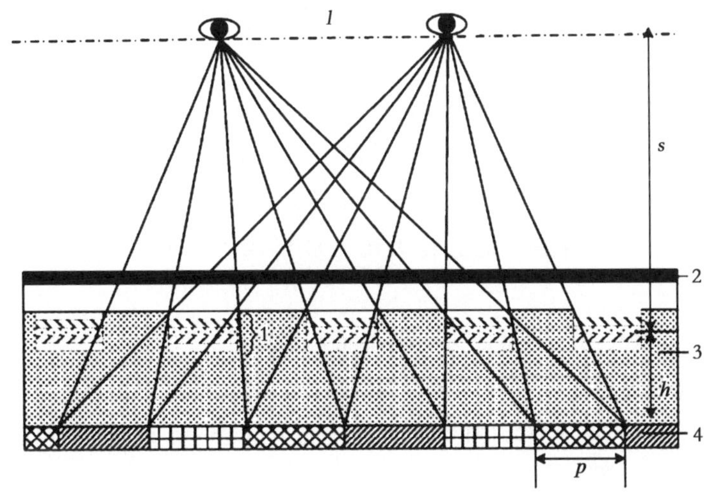

1—电致变色光栅；2—衬底基板；3—平坦层；4—彩色滤光层；s—最佳观看距离；l—两眼的视距；h—电致变色光栅与彩色滤光层的距离；p—亚像素区的宽度。

图 14.11　无眼镜 3D 光栅[66]

对于一家显示设备的制造商来说，电致变色材料还具有显色和变色的一般功能。而这也为京东方产生了大量的专利，这些专利通常与液晶显示器相关[67—72]。尽管京东方是一家成立不到30年的公司，但其相关专利申请的数量已跃居世界第一，并且还在不断增长。此外，京东方还合成了红色、蓝色和绿色三种颜色全新的电致变色材料(图14.12)[73—75]。

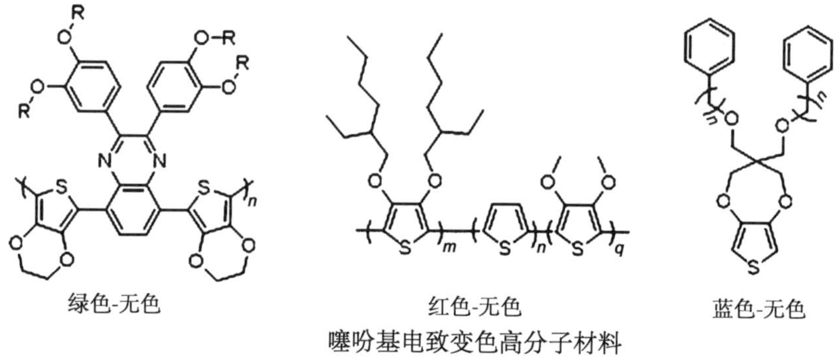

绿色-无色　　红色-无色　　蓝色-无色

噻吩基电致变色高分子材料

图14.12　红色、蓝色和绿色全新的电致变色材料[73—75]

OPPO成立于2004年，其核心业务是电子产品、手机和移动互联网。2018年，OPPO成为中国国内智能手机销量最多的品牌，是一家非常具有潜力的公司。

现代社会的人们已经开始追求个性和时尚，因此对手机的外观提出了更高的要求，而电致变色材料所具有的颜色多样性和易操作易生产的特性正好迎合了这种潮流。

通过在主板上植入不同的电致变色设备，人们仅使用一种产品就可以满足不同需求，不仅节省了原材料，还提高了商品的时尚性(图14.13)[83]。根据这种想法，OPPO认为可以将这种电致变色设备植入手机外壳中[76—79]。此外，颜色变化还可以用作信息提醒，这意味着可以通过在关键区域形成不同的颜色来提醒设备使用者注意[80—82]。

OPPO手机以其出色的摄像头系统而闻名。由于电致变色膜可以可逆地改变透射率，所以电致变色器件也可以用在照相设备中。将电致变色技术应用于光圈，可以通过电压改变光圈的透射率，从而灵活地确定光圈的透射率区域，使相机镜头更易于放置在移动设备上[84,85]。

两家公司都专注于显示技术领域，他们更加注重电致变色器件的应用，以实现一系列功能，如显色或改变透射率。因此，这两家公司的专利很少涉及电致变色器件的研究，而更多地关注整体应用。

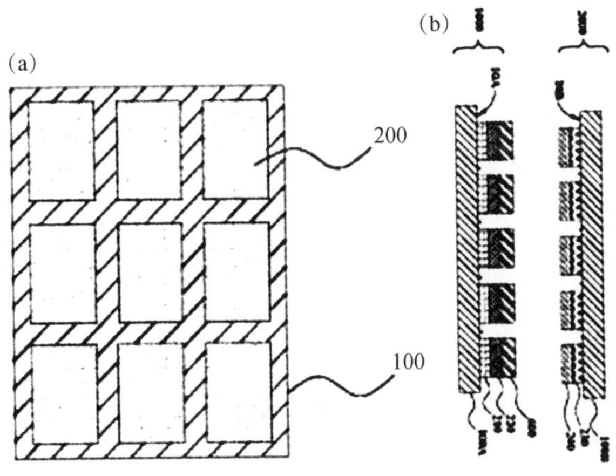

图 14.13 电致变色母板(a)及电致变色单元(b)[83]

14.6 其他重要的公司

除上述公司外，还有许多较小的新兴公司也从事有机电致变色研究。尽管规模很小，但他们的工作也很出色，同样值得关注。

14.6.1 宁波祢若电子科技有限公司

宁波祢若电子科技有限公司(以下简称“祢若”)于 2010 年 6 月 21 日在宁波注册。祢若的主要业务范围是高性能膜材料、纳米材料和光电子材料的研发、制造与加工，以及电子产品的研发等。

祢若的主要产品是汽车后视镜和智能玻璃。作为一个新成立的公司，祢若更加注重新材料的合成。在该公司的专利中，研究人员合成了一系列在 3,6 位被取代的紫精化合物(图 14.14)[86]。

研究人员希望增加紫精分子在常规状态下的位阻，并且进一步减少紫精在自由基状态下由于转动造成的能量损失[87]，从而获得更稳定的器件结构和更高的光学对比度。此外，该公司还合成了聚合物支链紫精和含三个季铵化链环的紫精化合物(图 14.15)，希望增加光谱的多样性[88,89]。

祢若的器件材料的一般配方：将材料溶解在 γ-丁内酯或聚碳酸酯和聚电解质(质量分数 4%)中，阴极材料和甲基吩嗪(30 mmol · L^{-1})比例为 1∶1。工艺流程简单，只需将电致变色溶液注入准备好的基材中，最后用 UV 胶将其密封即可

(图 14.16)[90]。

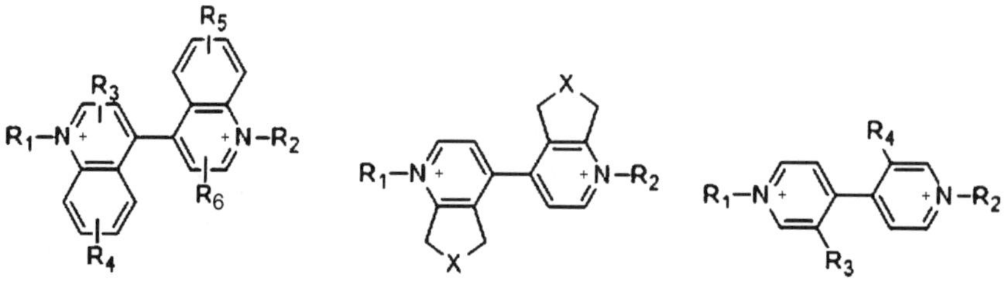

图 14.14 电致变色化合物的结构[86]

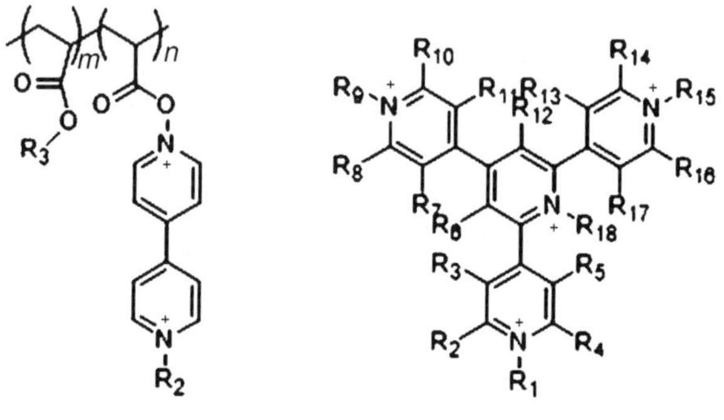

图 14.15 电致变色化合物的结构[88,89]

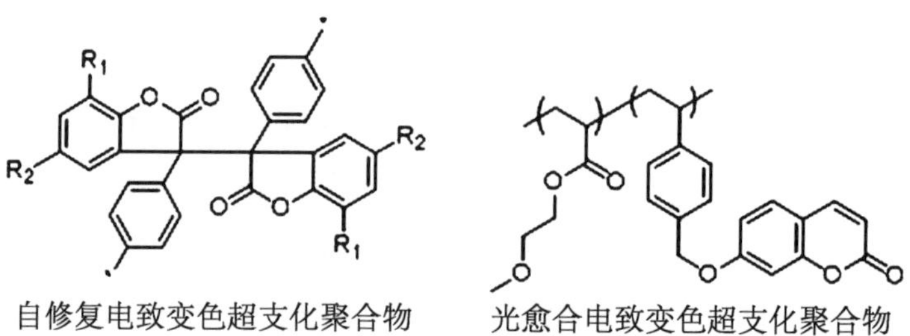

图 14.16 可自修复凝胶[90]

物理冲击可能会导致电致变色装置破裂，泄漏有毒的电致变色溶液，从而可能危及驾驶员或其他人员的安全。为了在实践中应对这些问题，祢若利用 2-苯并呋喃酮的可逆自由基聚合和香豆素基团在光照下的环加成反应制得可自修复的凝胶基质(图 14.16)[91,92]。

14.6.2　深圳市光羿科技有限公司

深圳市光羿科技有限公司(以下简称“光羿科技”)是一家专注于电致变色领域的公司,于 2017 年在硅谷、深圳和印第安纳州同时成立。其主要产品包括自动变光镜、天窗、窗户、建筑彩色玻璃。

光羿科技独自合成了一种新化合物,是一种与紫精系列化合物有着本质上的不同的聚合物。具有相同单体、不同聚合比率的聚合物表现出不同的电致变色颜色(图 14.17、图 14.18)[93,94]。

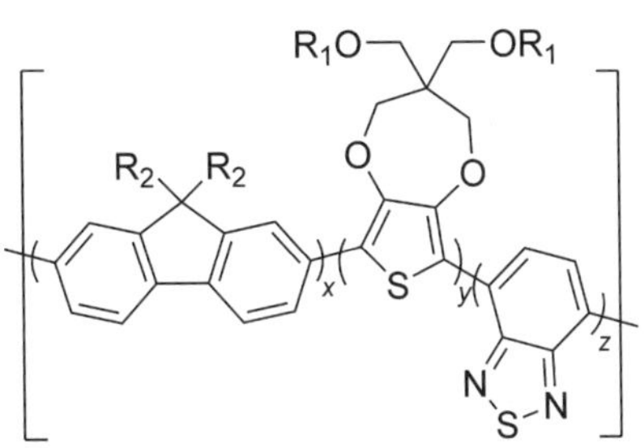

图 14.17　绿色电致变色化合物($0.3\leqslant x\leqslant 0.6, 1\leqslant y\leqslant 1.45, 0.25\leqslant z\leqslant 0.6$)[93]

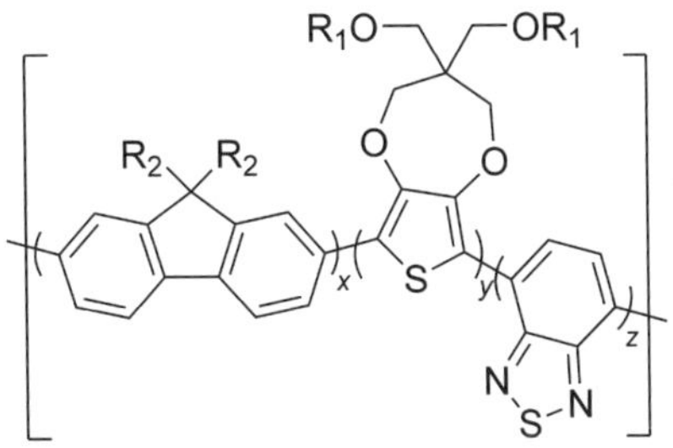

图 14.18　黑色电致变色化合物($0.15\leqslant x<0.3, 1.4<y\leqslant 1.7, 0.15\leqslant z\leqslant 0.3$)[94]

基于这两种聚合物,研究人员通过溶剂预处理或激光辐照实现了具有预设图案的电致变色器件[95]。

14.6.3　Furcifer 公司

Furcifer 公司成立于 2015 年。其主要产品是电子显示产品和智能窗。

电致变色聚合物在智能窗和保护个人隐私方面具有巨大潜力。Furcifer 公司公布了一系列新的半导体电致变色聚合物,它们在可见光区域表现出高的光学对比度。

在一个实施方案中，该聚合物结构包括彼此间隔开的多个 π-π 共轭生色团，其中每个生色团在中性态显示一种颜色，以氧化态着色后颜色发生改变(图 14.19、图 14.20)[96]。

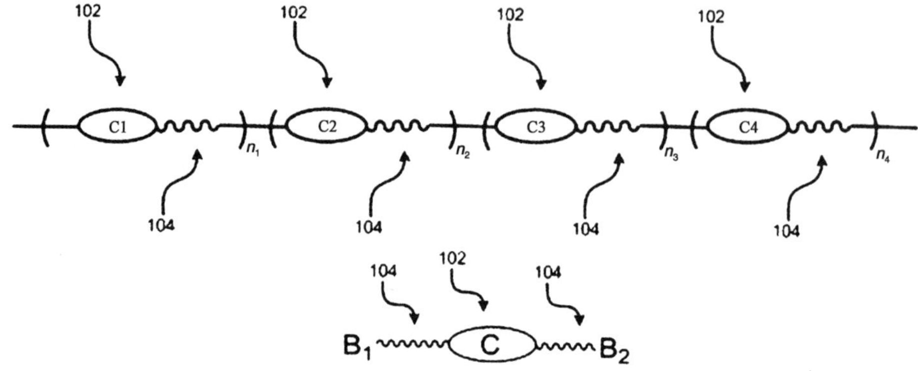

图 14.19 聚合物形成过程(n_1、n_2、n_3、n_4 为 1～50 的整数)[96]

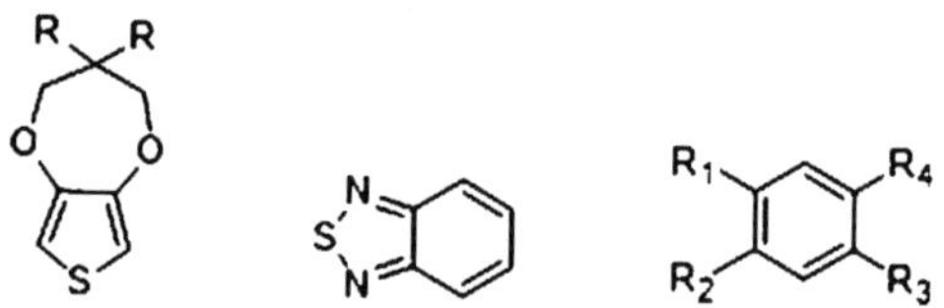

图 14.20 聚合的单体[96]

Furcifer 公司采用了给体-受体方法，可以控制聚合物的组成，进而影响聚合物的物理和化学性质，这使得加工非常容易，且能够有效地将聚合物的优点发挥在电致变色器件中[97]。

14.7 结论与展望

当前电致变色行业的总体发展速度趋于平缓，但是近来受到关注的电致变色聚合物提供了全新的发展前景。电致变色聚合物可能成为未来的重要发展方向。

参 考 文 献

[1] 金泰克斯公司. Single-compartment, self-erasing, solution-phase electrochromic devices, solutions for use therein, and uses thereof: US4902108A. 1990-02-20.

[2] 金泰克斯公司. Electronic control system: US5451822A. 1995-09-19.
[3] 金泰克斯公司. Outside automatic rearview mirror for automotive vehicles: US5448397A. 1995-09-05.
[4] 金泰克斯公司. Automatic rearview mirror incorporating light pipe: US5434407A. 1995-07-18.
[5] 金泰克斯公司. Electrochromic devices with bipyridinium salt solutions: US5336448A. 1994-08-09.
[6] 金泰克斯公司. Bipyridinium salt solutions: US5294376A. 1994-03-15.
[7] 金泰克斯公司. Variable reflectance mirror: US5282077A. 1994-01-25.
[8] 金泰克斯公司. 包含显示器/信号灯的电致变色后视镜组件: CN102062983B. 2013-11-06.
[9] TONAR W L. Coatings and rearview elements incorporating the coatings: US60779369P0. 2006-03-03.
[10] 金泰克斯公司. Electrochromic mirror with two thin glass elements and a gelled electrochromic medium: US5940201A. 1999-08-17.
[11] 金泰克斯公司. Electrochromic compounds with improved color stability in their radical states: US10040763B2. 2018-08-07.
[12] 金泰克斯公司. 电光窗组件 emi 屏蔽罩: CN105408203B. 2018-12-21.
[13] 金泰克斯公司. 电致变色化合物和相关介质与装置: CN102165032B. 2014-07-09.
[14] 金泰克斯公司. 电致变色装置: CN106662787B. 2020-03-20.
[15] 金泰克斯公司. Electrochemical energy storage devices: US9964828B2. 2018-05-08.
[16] 金泰克斯公司. 包含显示器/信号灯的电致变色后视镜组件: CN1643444B. 2010-12-29.
[17] 金泰克斯公司. 质子可溶性有机电致变色化合物: CN108699431B. 2021-04-27.
[18] 金泰克斯公司. Electrochromic medium having a self-healing cross-linked polymer gel and associated electrochromic device: US6635194B2. 2003-10-21.
[19] 哈米尔顿森德斯特兰德公司. Switched reluctance electric machine including pole flux barriers: US10666097B2. 2020-05-26.
[20] 金泰克斯公司. 在自由基状态下具有改进颜色稳定性的电致变色化合物: CN107406389B. 2021-05-11.
[21] 金泰克斯公司. 用于电光元件的 ir 透射涂层: CN108369361B. 2021-11-05.
[22] 金泰克斯公司. 近红外吸收化合物及引入其的装置: CN109906219A. 2019-06-18.
[23] 金泰克斯公司. 具有塑料衬底的电化学装置: CN107438793A. 2017-12-05.
[24] 金泰克斯公司. 电致变色装置的阻燃性: CN108885378A. 2018-11-23.
[25] 金泰克斯公司. 超薄液相电致变色装置: CN109564372A. 2019-04-02.
[26] 金泰克斯公司. 电致变色装置中的色彩偏移缓解: CN109690395B. 2021-06-15.
[27] 斯伦贝谢技术有限公司. 用于陆地地震系统中的电流泄漏检测的系统和方法: CN109073697B. 2021-09-17.

[28] 金泰克斯公司. Near infrared-absorbing electrochromic compounds and devices comprising same: US6193912B1. 2001-02-27.

[29] 金泰克斯公司. Protic-soluble organic electrochromic compounds: US20180224706A1. 2018-08-09.

[30] 金泰克斯公司. Electrochromic organic frameworks: US20180321565A1. 2018-11-08.

[31] 金泰克斯公司. Ultraviolet light stabilizing compounds and associated media and devices: WO2010036295A1. 2010-04-01.

[32] 金泰克斯公司. Electrochromic media and devices with multiple color states: WO2018075951A1. 2018-04-26.

[33] 株式会社理光. 电致变色显示装置: CN102414610A. 2012-04-11.

[34] 株式会社理光. 电致变色化合物、电致变色组合物和显示元件: CN102666778B. 2015-09-02.

[35] 株式会社理光. 电致变色显示装置及其制造方法: CN102193263A. 2011-09-21.

[36] 柯尼卡美能达商用科技株式会社. 清洁装置和图像形成装置: CN102243467B. 2015-11-25.

[37] 株式会社理光. 电致变色显示装置: CN102540609B. 2015-06-10.

[38] 株式会社理光. 电致变色显示元件、显示装置和驱动方法: CN103562787B. 2016-06-15.

[39] 株式会社理光. 电致变色显示器和用于制造电致变色显示器的方法: CN103323998B. 2016-05-18.

[40] 株式会社理光. 电致变色化合物、电致变色组合物和显示元件: CN104768960B. 2017-03-01.

[41] 株式会社理光. 电致变色显示元件: CN106886113B. 2020-08-25.

[42] 株式会社理光. 电致变色显示装置和电致变色显示装置的生产方法: CN110383162A. 2019-10-25.

[43] 株式会社理光. Electrochromic apparatus, electrochromic element, and method of manufacturing electrochromic element: US9869918B2. 2018-01-16.

[44] 株式会社理光. Electrochromic compound, electrochromic composition, and display device: US8625186B2. 2014-01-07.

[45] 株式会社理光. Electrochromic device and method for producing electrochromic device: US9891497B2. 2018-02-13.

[46] 株式会社理光. Electrochromic compound, electrochromic composition, display element, and dimming element: US9932522B2. 2018-04-03.

[47] 株式会社理光. Electrochromic device and production method thereof: US20150198857A1. 2015-07-16.

[48] 株式会社理光. Electrochromic display element: US8531754B2. 2013-09-10.

[49] 株式会社理光. Electrochromic compound, electrochromic composition and display device: US7894118B2. 2011-02-22.

[50] 株式会社理光. Electrochromic display element and image display device: US9500926B2. 2016-

11-22.

[51] 佳能株式会社. Organic compound and electrochromic element including the same：US9310660B2. 2016-04-12.

[52] 佳能株式会社. Organic compound，electrochromic element containing the same，optical filter，lens unit，imaging device，and window component：US9701671B2. 2017-07-11.

[53] 佳能株式会社. Method and apparatus for driving an electrochromic element：US20160041447A1. 2016-02-11.

[54] 佳能株式会社. Electrochromic element，optical filter，lens unit，imaging apparatus，and window member：US20180052375A1. 2018-02-22.

[55] 京东方科技集团股份有限公司. 彩膜基板、液晶面板及彩膜基板的制备方法：CN102879946A. 2013-01-16.

[56] 京东方科技集团股份有限公司. 一种彩膜结构、显示屏及显示装置：CN202013465U. 2011-10-10.

[57] 京东方科技集团股份有限公司. 彩膜基板及显示装置：CN203250096U. 2013-10-23.

[58] 京东方科技集团股份有限公司. 一种显示面板及显示设备：CN102830526B. 2015-04-01.

[59] 京东方科技集团股份有限公司. 彩色滤光片、彩色滤光片制作方法和显示装置：CN103217832B. 2015-06-17.

[60] 京东方科技集团股份有限公司. 一种电致变色显示面板及其制作方法、显示装置：CN104808413A. 2015-07-29.

[61] 深圳市光羿科技有限公司. 一种柔性电子器件中间层及其制备工艺：CN111218223A. 2020-06-02.

[62] 北京控制工程研究所. 一种 aps 星敏感器电子星空模拟器：CN103033196B. 2015-05-27.

[63] 京东方科技集团股份有限公司. 主动式光栅、显示装置及主动快门眼镜：CN202948233U. 2013-05-22.

[64] 京东方科技集团股份有限公司. 3D 光栅、彩膜基板、显示装置及其控制方法：CN104834103B. 2017-04-12.

[65] 京东方科技集团股份有限公司. 一种电致变色光栅、其制作方法、显示面板及显示装置：CN104570537A. 2015-04-29.

[66] 京东方科技集团股份有限公司. 一种电致变色光栅、显示面板及显示装置：CN104570536A. 2015-04-29.

[67] 京东方科技集团股份有限公司. 一种显示面板、显示装置以及显示面板的制备方法：CN104216177A. 2014-12-17.

[68] 京东方科技集团股份有限公司. 显示面板及其制作方法与显示装置：CN103323999B. 2016-03-16.

[69] 京东方科技集团股份有限公司. 一种透明显示装置及制作方法：CN103412434B. 2016-03-09.

[70] 京东方科技集团股份有限公司. 显示面板、显示装置：CN205176447U. 2016-04-20.
[71] 京东方科技集团股份有限公司. 显示面板及显示装置：CN205539835U. 2016-08-31.
[72] 京东方科技集团股份有限公司. 显示面板及其制造方法、驱动方法、显示装置：CN104965371B. 2018-01-26.
[73] 京东方科技集团股份有限公司. 一种绿色聚噻吩类电致变色材料及其制备方法与组件：CN103772664A. 2014-05-07.
[74] 京东方科技集团股份有限公司. 一种蓝色电致变色材料及其制备方法与组件：CN103666445B. 2015-02-18.
[75] 京东方科技集团股份有限公司. 一种红色电致变色材料及其制备方法与组件：CN103524718B. 2015-09-02.
[76] OPPO广东移动通信有限公司. 壳体及制备方法、电子设备：CN108549185A. 2018-09-18.
[77] OPPO广东移动通信有限公司. 壳体及制备方法、电子设备：CN108761950A. 2018-11-06.
[78] OPPO广东移动通信有限公司. 壳体、电子设备：CN208580287U. 2019-03-05.
[79] OPPO广东移动通信有限公司. 信息提示方法、装置、存储介质及电子设备：CN109104529A. 2018-12-28.
[80] OPPO广东移动通信有限公司. 设备控制方法、装置、存储介质及电子设备：CN109143090A. 2019-01-04.
[81] 深圳市光羿科技有限公司. 一种电致变色控制电路及后视镜：CN210270462U. 2020-04-07.
[82] OPPO广东移动通信有限公司. 电子设备、工作状态提示方法及存储介质：CN109240416A. 2019-01-18.
[83] OPPO广东移动通信有限公司. 电致变色母板、电致变色单元、壳体以及电子设备：CN108519709A. 2018-09-11.
[84] OPPO广东移动通信有限公司. 光圈结构、摄像头及电子装置：CN110794634A. 2020-02-14.
[85] OPPO广东移动通信有限公司. 镜头模组、成像装置及终端：CN110727102A. 2020-01-24.
[86] 仝泽彬. 电致变色材料及电致变色器件：CN103059831A. 2013-04-24.
[87] 宁波祢若电子科技有限公司. 一种电致变色材料的制备方法：CN104910892B. 2018-06-05.
[88] 仝泽彬. 一种电致变色材料及电致变色器件：CN102690646B. 2014-10-15.
[89] 宁波祢若电子科技有限公司. 一种阴极电致变色化合物和相关介质与装置：CN106916582A. 2017-07-04.
[90] 宁波祢若电子科技有限公司. 电致变色材料及电致变色器件：CN103045228B. 2015-03-25.
[91] 宁波祢若电子科技有限公司. 一种室温下可凝胶化且自修复的电致变色溶液及其应用：CN108251100A. 2018-07-06.
[92] 宁波祢若电子科技有限公司. 一种光照下可凝胶化且自修复的电致变色溶液及其应用：CN108251099A. 2018-07-06.
[93] 深圳市光羿科技有限公司. 一种绿色电致变色高分子材料及其制备方法和应用：

CN107674185B. 2019-09-20.

[94] 深圳市光羿科技有限公司. 一种黑色电致变色高分子材料及其制备方法和应用: CN107880253B. 2019-09-20.

[95] 深圳市光羿科技有限公司. 一种图案化电致变色器件、电致变色玻璃以及应用: CN110133935A. 2019-08-16.

[96] Furcifer Inc. MPCU. Multicolored electrochromic polymer compositions and methods of making and using the same: US09975989B2. 2018-05-22.

[97] Furcifer Inc. MPCU. Integration of electrochromic films on a substrate: US10392301B2. 2019-08-27.

第十五章 有机电致变色器件商业化面临的主要挑战

15.1 引 言

电致变色是氧化还原活性材料的一种有趣的特性，在电化学还原或氧化时呈现出颜色变化。有机电致变色器件已应用于许多领域，如用于环保建筑和车辆的智能窗、能耗较低的电致变色显示屏、安全性更高的防眩光汽车后视镜以及具有更好的紫外线防护功能的智能眼镜等[1—5]。在航空业也实现了高端电致变色材料新的应用，例如，最新波音 787 梦幻客机的变色窗替代传统的塑料遮光板，让许多乘客大吃一惊。然而，有机电致变色器件的大规模商业化仍面临诸多挑战，如有机电致变色材料的长期稳定性、柔性器件的机械稳定性、大面积工艺技术等。

15.2 有机电致变色材料的长期稳定性

电致变色器件的基本原理是当施加合适的电位时，能够改变有机薄膜的颜色。如果电极电位高于器件的平衡电位(阳性)，则对有机薄膜进行氧化；如果电极电位较低(更负)，则对有机薄膜进行还原或使其褪色[图 15.1(a)][6]。工作原理决定了器件结构，进而影响电致变色器件的稳定性。氧化还原反应发生在有机薄膜中，它们需要与电极接触，因此电致变色有机薄膜被涂在单独的透明导电基板上(通常是涂有 ITO 的柔性基板或玻璃)。电解质层夹在有机涂层之间，起到电气绝缘和离子存储的作用。图 15.1(b)所示的多层结构目前在大多数的有机电致变色器件中使用[7,8]。为满足实际应用需求,有机电致变色器件应具有鲜艳的色彩和高稳定性。通常来说,有机电致变色器件的稳定性受其各个组件的影响,即透明电极、电解质、电致变色材料及它们之间的兼容性。

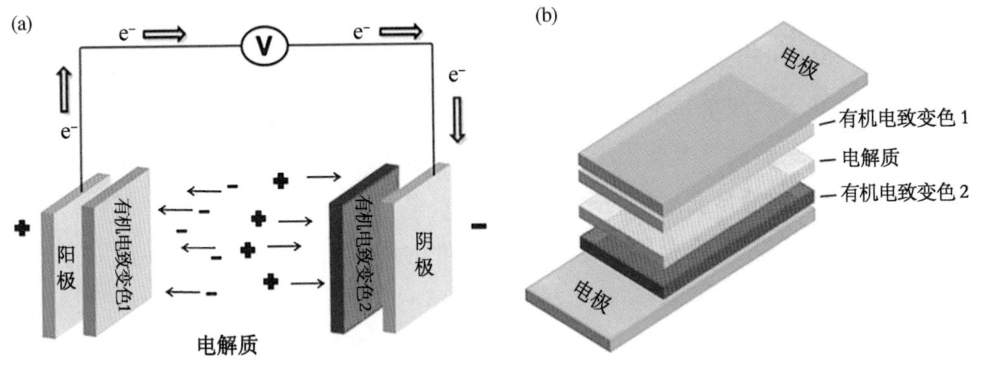

图 15.1　有机电致变色器件的工作原理(a)和结构(b)[6—8]

循环伏安法是评价电化学稳定性、光谱电化学和长期光学对比度测量的基本技术。从电化学稳定性的角度来看,LUMO 和 HOMO 能级也具有重要意义,因为它们定义了器件运行的电化学窗口。除此之外,有机电致变色材料容易因不可逆的电化学氧化或还原而发生降解。具有相对较高 HOMO 能级的有机电致变色材料很容易被氧化,因此会被来自电解质层的阴离子掺杂(p-掺杂)。另外,高 HOMO 能级对器件的驱动也是有利的,因为较低电位就足以在氧化还原状态之间驱动器件。

一般来说,对判断大多数给体-受体型有机电致变色材料的光化学稳定性的经验法则为:烷基侧链、第四位点和 C—N/C—O 键被认为会导致材料光化学稳定性变差,而芳香多环能够提高材料光化学稳定性[9]。在不同类型的电致变色材料中[10,11],共轭聚合物如聚吡咯、聚氨酯、聚噻吩、聚硒吩[12—14],特别是聚(3,4-乙烯二氧噻吩)及其衍生物[15,16],由于机械可挠性、颜色易调节以及大面积器件的低成本加工潜力等优点,越来越受到人们的关注[17]。呋喃、呋喃寡聚物和呋喃高聚物稳定性较差[18,19]。然而,呋喃寡聚物、呋喃高聚物及其衍生物在一些方面表现出比噻吩寡聚物、噻吩高聚物更好的特性,如更高的荧光、较小的重叠积分、较低的极化性和更好的溶解度[20—22]。Zhen 等人将聚(3,4-乙烯二氧噻吩)接入聚呋喃主链,合成了三种电致变色聚合物,即聚 5-(呋喃-2-基)-2,3-二氢噻吩[3,4-*b*][1,4]二噁英(EDOT-Fu)、聚 5,7-二(呋喃-2-基)-2,3-二氢噻吩[3,4-*b*][1,4]二噁英(Fu-EDOT-Fu)和聚 2,5-双(2,3-二氢噻吩[3,4-*b*][1,4]二噁英-5-基)呋喃(EDOT-Fu-EDOT)。与聚呋喃相比,这三种聚合物均具有更好的热稳定性和长期氧化还原稳定性，其中 EDOT-Fu-EDOT 薄膜在 3000 次循环后，交换电荷的量仍然保持在 81%[23]。Liou 等人报道了主链含咔唑取代的三苯胺的聚肼和聚(1,3,4-噁二唑)。聚合物可以提供无定形的高玻璃化转变温度薄膜、良好的热稳定性和氧化还原稳定性[24]。研究表明，在咔唑的电化学活性位点(C-3 和 C-6)上引入受体基团，可以增强电化学和形貌稳定性[17,25]。Hsiao 及其同事报道，在三苯胺单元中苯基的邻位引入电子给体或受体基团，如甲氧基或叔丁基等，能够得到稳定的三苯胺阳离子自由基，降低氧化电位，从而获得氧化还原稳定性和电致变色稳定性显著增强的聚酰胺[26]。

研究人员也研究了聚合物基电致变色器件的降解机理。Xing 等人研究了基于聚[2,3-双-(3-辛基氧基苯基)喹啉-5,8-二乙基-醛-噻吩-2,5-二基](TQ1)的电致变色器件降解机理。他们发现三个主要因素参与了电致变色过程中 TQ1 的降解。第一个因素是阴离子(ClO_4^-)的不可逆俘获，第二个因素是噻吩基团在 TQ1 中的过氧化作用。这两个因素都会影响 TQ1 的电导率和电致变色。第三个因素是结构弛豫，在 CV 扫描(0～1 V)400 个循环时，产生更大的 TQ1 共轭体系。然而，当电位范围为 0～0.7 V 时，三个因素均被禁止，电致变色衰减不再发生。他们的工作表明，使用适当的电位操作对于延长电致变色器件的寿命至关重要[27]。

紫精是一种特别突出的小分子有机电致变色材料，其具有光学对比度高、响应速度快、通过分子设计容易获得丰富的颜色的特性[28,29]。Xiao 等人合成了双(二羟基烷基)紫精、双(2,3-二羟丙基)4,4′-双吡啶二氯化衍生物，将其作为电致变色的发色团，并采用聚乙烯基丁基(PVB)-碳酸盐凝胶作为电解质，制作一体化电致变色器件(图 15.2)。该器件可在透明和深蓝色之间可逆切换。电化学光谱研究表明，器件的着色电压低至−0.6 V，着色效率高达 301 $cm^2 \cdot C^{-1}$。在−1.0～0 V 连续运行 10000 个循环后，ΔT 仅降低 1%[30]。此外，他们还报道了另外两种紫精，1,10-双(2-磺胺托乙基)紫精(SEV)和 1,10-双(3-磺胺托丙基)紫精(SPV)。采用相同的器件结构，着色效率可达 304 $cm^2 \cdot C^{-1}$，响应时间小于 3 s，驱动电压小于−0.8 V。基于 SEV 和 SPV 的水凝胶电致变色器件显示出高循环稳定性，ΔT 分别在 10000 个循环后减少 2%，和 8000 个循环后减少 1%[31]。

两个电极充放电能力的匹配决定了电荷平衡和电致变色器件的寿命。Xu 等人设计了两种新型兼容电致变色材料，阴极为 1-(9-己基-9*H*-咔唑)-10-(丙基膦酸)-4,40-二氯化双吡啶(CPD)，阳极为 4-(二苯胺基)苯基甲基膦酸(DPP)。以 CPD 和 DPP 改性后的 TiO_2 为电极，PC/EC/$LiPF_6$ 为电解液。CPD 和 DPP 通过膦酸间的化学吸附

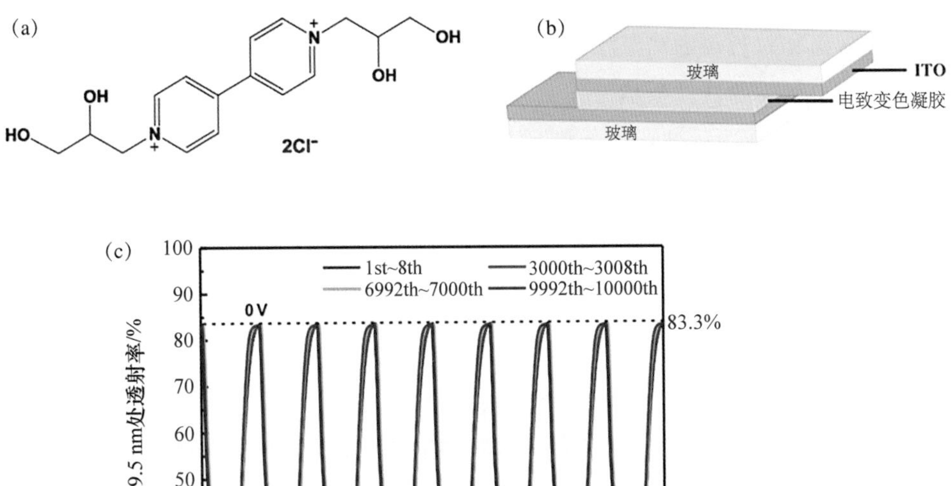

图 15.2 $DHPV^{2+}2Cl^{-}$ 的化学结构(a);一体化电致变色器件的结构示意图(b);在 599.5 nm 下褪色(0 V 持续 10 s)和着色状态(-1.0 V 持续 15 s)的 PVB 基凝胶电致变色器件循环时的透射率随时间变化曲线(c)[30]

固定在涂有 TiO_2 的电极上。固定化的电致变色材料结构使其具有快响应速度(小于 1 s)和良好的电致变色记忆效应(15 h),并且经过相似的处理,使两电极在色度、变色电压、充电容量等方面匹配良好。因此,该器件具有很长的寿命(超过 100 000 的转换周期)[32]。

电解质的热稳定性、循环稳定性和电化学稳定性对提高电致变色器件的长期稳定性也至关重要。合适的聚合物电解质应具有良好的热稳定性,因为在器件运行过程中可能会释放热量,导致电致变色器件降解。电解质在工作温度下应具有较长的循环稳定性。它们还应在器件开关的电压范围内具有适当的电化学稳定性。理想情况下,电解液 Li/Li^{+} 的电化学稳定域应该从 0 V 扩展到高达 4.5 V,以便与 Li 电极材料兼容。此外,在电致变色器件的结构中,电解液必须表现出良好的化学稳定性,这样当与电极或电池包装材料接触时,就不会发生不必要的化学反应。在沉积和循环过程中,电解液也必须保证化学稳定性。出于安全和稳定的目的,易燃和有毒材料应尽量避免[33]。

电解质按其状态分为液体电解质、凝胶电解质和固体电解质。虽然传统的液体电解质表现出相对较快的离子扩散,但它们也存在潜在的泄漏问题。相比之下,采用凝胶或固体电解质的器件虽然一定程度上降低了离子扩散速率,但能够有效避免发生泄漏。此外,采用凝胶或固体电解质还可以在特定的情况下提高电子器件的运行稳定性。Ko 等人通过 0.077～0.77 $mol\cdot L^{-1}$ $LiClO_4$ 和 N-甲基吡咯烷酮制备的具有微孔结构的有机聚合物合成了凝胶电解质。采用该凝胶电解质相比于采用液体电解质的电致变色器件显示出更好的操作稳定性(1000 次循环 ΔT 保留 88%),这得益于紫精分子的高效分离[34]。

15.3 有机电致变色器件的机械稳定性及封装技术

下一代理想的柔性电致变色器件如柔性电致变色显示器和智能服装,应保持较高的机械性能而不退化,甚至在弯曲、扭转或拉伸时也不退化,这是传统的刚性电致变色器件很难做到的。电致变色器件的机械稳定性有两个弱点,即电解液层和导电基底[6]。液体电解质很难处理,因此电致变色器件需要仔细密封,以防止潜在的泄漏。为了避免这种情况,电解液需要凝胶或固体[35]。电致变色器件的切换时间取决于电解质的离子迁移率,电解质的离子迁移率随电解质黏度的增加而下降。使用固体电解质降低了开关时间,因而用于电致变色器件的凝胶电解质是更好的选择。Krebs 等人通过使用离子液体/聚甲基丙烯酸甲酯的聚合物凝胶发现,电解液层可以通过槽模或喷涂涂布有效地沉积到聚合物层上,响应时间为秒级[36]。Liou 等人用含三芳胺基团聚酰亚胺、9Ph-PMPI 为电致变色材料,基于聚甲基丙烯酸甲酯和 $LiClO_4$ 的凝胶电解质制备了柔性电致变色器件。该器件在电致变色过程中具有高的光学对比度和电化学稳定性,在不同的电位下具有多种颜色。柔性电致变色器件在机械弯曲应力作用下也可以获得可靠的、可重现的开关行为[37]。Hsiao 等人还报道了一种以含双三芳胺基团双极性聚酰亚胺为电致变色材料的全聚合柔性电致变色器件。将聚酰亚胺喷涂到涂有 ITO 涂层的 PET 上,干燥后,将凝胶电解质涂覆在电极的聚合物涂层一侧。器件在绿色状态时在 940 nm 显示最大 ΔT 为 85%,深蓝色状态时在 760 nm 显示最大 ΔT 为 91% [38]。Liu 的团队报道了一系列基于 3,4-乙烯二氧噻吩和芳香基团的共轭低聚物的柔性有机电致变色器件。基于 PET 的柔性电致变色器件的循环稳定性分析表明,随着 3,4-乙烯二氧噻吩基团数量的增加,低聚物的氧化态更加稳定[39]。

ITO 具有良好的光电性能，目前被广泛用作透明电极材料。这在大面积器件中是有问题的，因为 ITO 具有很大的表面电阻。大的表面电阻会在基片产生欧姆电压降，切换不平衡，在外部触点附近电位增大[40,41]。此外，ITO 机械稳定性较差。从商业角度来看，ITO 的成本也太高[42]。有研究报道了一些其他的柔性电极，如导电聚合物[14]、金属网络[43]和碳材料[44]是 ITO 更好的替代品。然而，这些材料还存在一些缺点。一般来说，导电聚合物着色效率低、循环稳定性和化学稳定性差。碳材料的光电性能相对较差（表面电阻总是高于 20 $\Omega \cdot sq^{-1}$，透射率小于 90%）；具有较好性能的碳材料通常是由热蒸镀或等离子体辅助化学气相沉积方法制备，这两种加工方式都不经济[45]。金属网络容易受到电解液的腐蚀，尤其是使用最广泛的 Ag 和 Cu 网络[46,47]。保护金属网络的理想涂层材料要求在电解液中具有稳定性，对电致变色电极的光学性能和电学性能影响不大。PEDOT：PSS 因其良好的导电性、高透光性、可溶液加工性以及在电致变色电解质中的稳定性而被广泛应用[48—52]。Lee 的团队通过在聚二甲基硅氧烷（PDMS）中嵌入 WO_3 和 Ag 纳米线，成功地制备出了一种可伸缩、可穿戴的弹性导体，独特的夹层结构提高了机械稳定性和耐久性[53]。他们还开发了一种基于 Ag NN/PEDOT：PSS 的稳定透明电极（图 15.3）。有了 PEDOT：PSS 钝化层的保护，在电致变色和超级电容应用中的电极的耐大气腐蚀和循环稳定性都得到提高[54]。Liu 等人提出了一个 WO_3/Ag NN/PEDOT：PSS 多层三明治结构的透明导电电极，该电极具有优异的电导率（表面电阻低至 1.08 $\Omega \cdot sq^{-1}$）和透明度（85%）。此外，该柔性透明电极在弯曲和拉伸时表现出良好的机械稳定性。该电极可以进一步与 WO_3 层紧密结合形成电致变色器件，同时具有短的切换时间（褪色、着色时间分别为 0.75 s、1.82 s）和高的循环稳定性（循环 30000 次后 ΔT 保留 86%）[55]。

虽然密封胶不是电致变色器件的必需组件，但用适当的密封胶密封器件可大大增强电致变色器件的坚固性，从而延长其使用寿命。电致变色器件失效可能由多种原因引起，包括紫外线、氧气和湿气引起的电致变色材料的降解。因此，如果密封胶可作为屏障防止上述有害物质渗透到电致变色器件中，密封胶是有效的。为了封装这些器件，人们已经投入了大量的精力来研究阻隔膜。阻隔膜的要求是很高的，如 10^{-5} $cm^3 \cdot m^{-2} \cdot d^{-1}$ 的氧透过率（OTR）和 10^{-6} $g \cdot m^{-2} \cdot d^{-1}$ 的水汽透过率（WVTR）[56,57]。这些阻隔膜可以通过真空沉积方法直接沉积在有机电子器件上。另一种方法是在聚合物衬底上沉积阻隔膜，然后用边缘密封胶或层压膜将其密封在器件周围[58—61]。后一种封装过程受到更多关注，因为它提高了制造率并降低了成本，特别是在卷对卷的制造过程中。

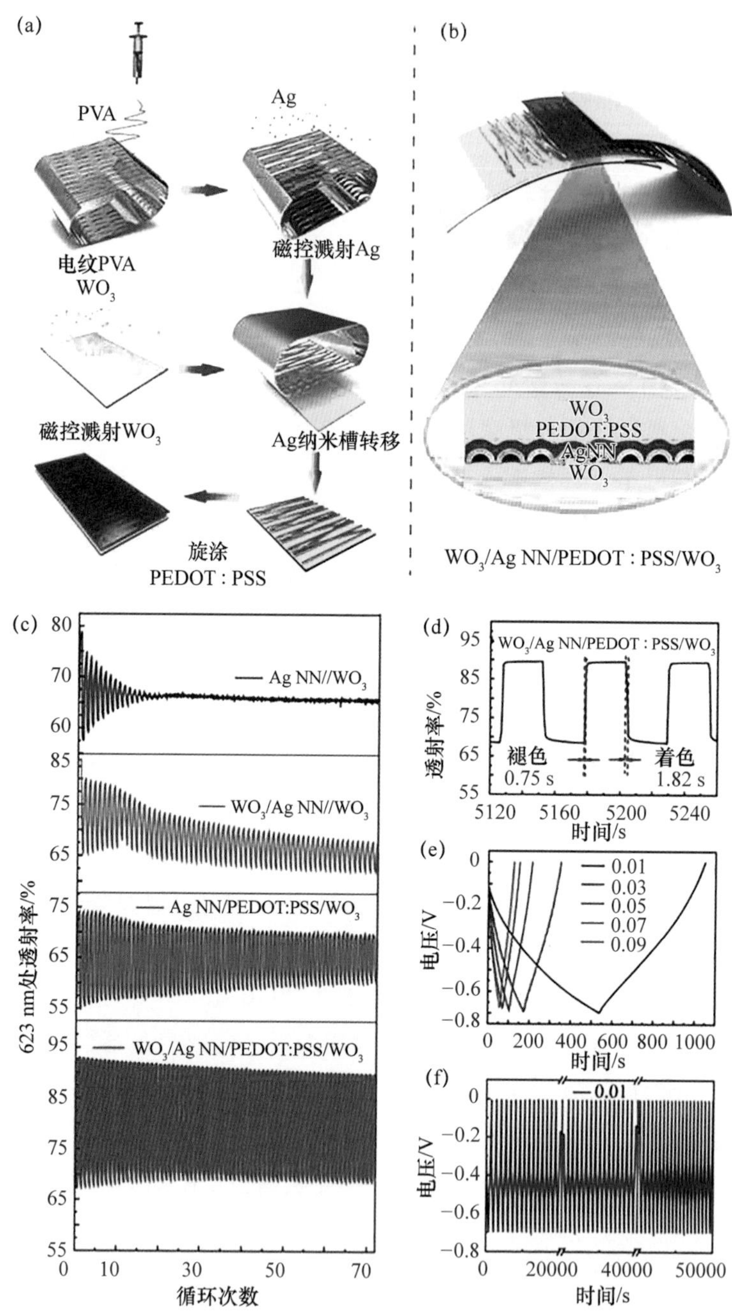

图 15.3　WO_3/Ag NN/PEDOT : PSS 透明电极的制造工艺(a)；WO_3/Ag NN/PEDOT : PSS/WO_3 的横截面示意图(b)；通过测量开关时间表征着色/褪色速率(c)和着色/褪色时间(d)；电流密度为 0.01～0.1 mA · cm^{-2}(e)和 0.01 mA · cm^{-2}(f)时的恒流充/放电曲线[55]

虽然分层密封方法在器件封装中有一些明显的优点，但这种方法的主要缺点之一在于封边剂本身的性能。用于有机电子器件封装的封边剂通常由热固化或紫外固化的环氧树脂[62,63]或其他黏合剂[58—61]组成，它们需具有较长的扩散途径，提供较长的渗透时间，以改善封边剂的性能。此外，一种填充了干燥剂的聚异丁烯封边剂也被用来封装电致变色器件。结果显示，使用环氧基材料进行密封的器件的储藏寿命有所提高，在恶劣环境（50℃和80%相对湿度）下存储器件的光学对比度损失较小。在增强电致变色器件的抗紫外线能力方面，人们也对紫外线屏障箔进行了研究。封边剂的其他重要功能是防止电解液的蒸发，以及维持电致变色器件的物理结构[64]。

15.4　大面积工艺技术

近年来，对大面积有机薄膜廉价且快速加工已成为许多研究领域的一个日益重要的目标，其中有机电子器件的溶液加工具有实现这一目标的潜力。在这种背景下，精密卷对卷无真空涂布和印刷是一个新兴处理方法用于有机/聚合物薄膜领域的器件制造。在一般情况下，在硬质衬底如玻璃上制备和调整一个多层结构非常不同于在移动的柔性衬底上精确涂布和/或大面积印刷[65]。下面对有机电致变色器件中使用的卷对卷或卷对卷兼容涂布和印刷技术做简单介绍。

15.4.1　喷墨打印

喷墨打印是一种全数字化、无冲击、按需生成图像的印刷方法。二维图形是通过像素化的模式确定分辨率，即每个像素接收或不接收墨水滴。最广泛使用的方法是“按需滴液”(drop-on demand，DOD)，它使用压电材料从基板上方约 1 mm 的喷嘴喷出液滴。DOD 系统需要很多喷嘴，这些喷嘴在早期限制了卷筒速度和分辨率，但是目前，高卷筒速度和高分辨率都可以通过现有的商业化产品实现。图 15.4 所示的图案是在一台分辨率为 600 dpi 且卷筒速度$\leqslant 75\ \mathrm{m \cdot min^{-1}}$的卷对卷喷墨打印机上打印出来的。与其他 2D 打印技术相比，喷墨打印技术的主要优点是可以轻松地在计算机上更改/调整打印模式，而不需要制作打印模板，因为它使用的是一个数字母版。喷墨打印是一项相对较新的工业化规模的技术，在加工速度和油墨配方方面存在一定的局限性。特别是后者限制了有机成膜技术的应用。

喷墨打印是制备图案化电致变色器件非常有用的方法。Shim 等人的研究很好地说明了这一点。他们的研究显示，将聚苯胺或聚(3,4-乙烯二氧噻吩)包覆的 SiO_2

纳米颗粒的复合分散体印刷到 PET/ITO 上可以制造具有良好分辨率的电致变色器件。Chen 等人研究了基于金属超分子聚合物(MEPE)的喷墨多色电致变色器件的电化学响应,以评估在一个电致变色器件中呈现多种颜色的可行性。印刷的电致变色器件表现出良好的光学对比度($\Delta T=40.1\%$)和超高的着色效率($445\ cm^2\cdot C^{-1}$),切换时间为 2 s。相对应的柔性器件也显示相同的切换时间,弯曲条件下仍有 30.1% 的高 ΔT[66]。Reynold 课题组还提出一系列基于烷氧基功能化聚(3,4-亚丙基二氧噻吩)的喷墨打印电致变色油墨材料,从蓝绿色/品红色/黄色变到无色。

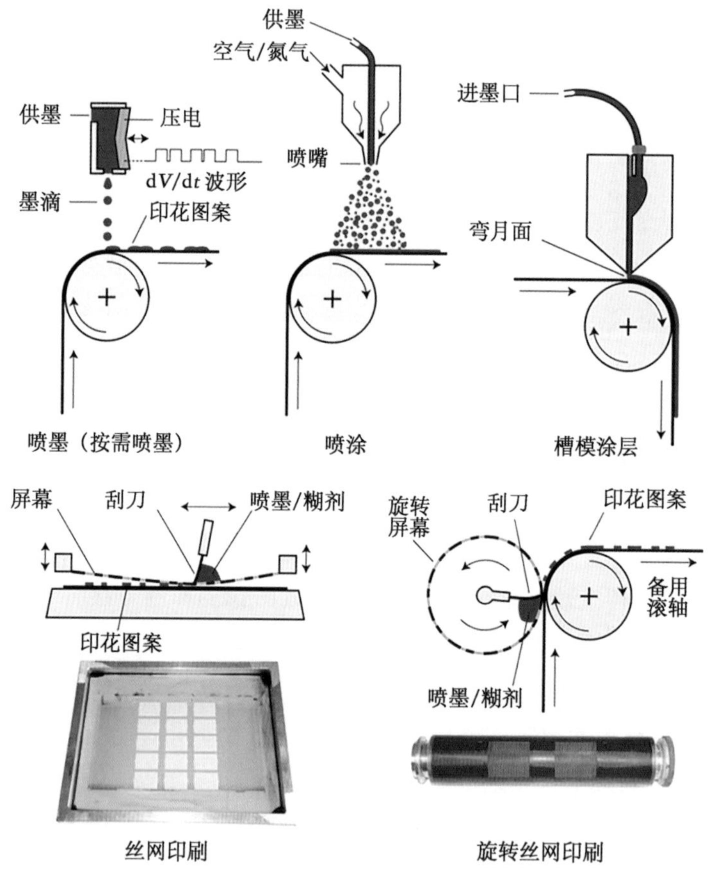

图 15.4　涂布印刷工艺示意图[65]

15.4.2　喷涂

在喷涂过程中,在喷嘴中产生连续的墨水喷雾。在以空气为基础的系统中,墨水在喷嘴处雾化,加压的空气或氮气将液体本体分解成液滴。液体特性(表面张力、密度和黏度)、气体流动特性和喷嘴设计影响整个雾化过程。液滴的动能帮助它们扩散到基底上。涂层的质量取决于几个工艺参数,如喷嘴与基底的距离、喷涂速率和喷涂层数。只有在掩模版的帮助下,喷涂涂层才有可能形成图案。喷涂法与卷对卷兼容度高,但也要考虑到墨雾的缺点,会对设备造成污染。当使用掩模版时,墨水损失和低边缘分辨率也是一个基本的缺点。作为一种完全覆盖层的涂层方法,它可以与激光烧蚀或其他图案化方法结合使用并进行后膜处理。

Reynolds 团队已经识别了一系列不同颜色的聚合物,并优化了使用喷涂加工的技术条件[68—72]。Dyer 等人也用喷涂方法加工了基于聚(3,4-亚丙基二氧噻吩)的电致变色器件[73]。

15.4.3 夹缝式挤压涂布

在夹缝式挤压涂布中,油墨被泵入离基底非常近的涂布头中。连续供应的油墨在移动基底和涂布头之间形成弯液面,最终形成大面积均匀厚度的连续涂层。根据弯液面导轨的形状,可以涂布不同宽度的条纹。由于泵的使用,湿层厚度可以根据泵速、弯液面宽度和卷筒速度进行精确调整。夹缝式挤压涂布涂料适用于多数油墨,对油墨黏度和溶剂无特殊要求。它对衬底的浸润性要求也相对较低,因为墨水是“倒”到衬底上的。而对其他印刷技术来说,油墨的表面张力和表面能具有十分重要的意义。如果油墨的表面张力大于基底的表面能,就会发生不浸润现象。高表面张力油墨的浸润可以通过电晕或等离子体处理等预处理工艺来实现,这些预处理工艺提高了基底的表面能。

夹缝式挤压涂布的加工速度可在 0.1～200 $m \cdot min^{-1}$。Krebs 小组报道了夹缝式挤压涂布加工的在柔性基片上的电致变色器件。18 cm×18 cm 器件的 Ag 电极采用弹性印刷高速加工(10 $m \cdot min^{-1}$)在 PET 衬底上,电致变色聚合物-品红由夹缝式挤压涂布加工而成,表明卷对卷技术具有快速加工大量低成本的柔性电致变色器件的潜力[74]。他们还演示了使用弹性印刷和夹缝式挤压涂布方法在一个方向上按顺序堆叠制造柔性固态电致变色器件的方法。该器件通过电解液层的原位光交联从底部向上建造[75]。

15.4.4 丝网印刷

在丝网印刷中,所需的图案是由网孔的开口面积决定的。一个橡胶滚子相对于网格移动,迫使油墨通过开口区域到达基底上。丝网印刷通常是获得相对厚的湿膜(10～500 μm)。这种技术通常只适用于具有触变(剪切变稀)特性的高黏度油墨,因为黏度较低的油墨只会穿过网格。丝网印刷有两种：平版印刷和圆网印刷。平版印刷是一个分步过程，把丝网放在承印物的上面，然后用刮刀在丝网上滑动，转移油墨，最后把丝网抬起，形成一层潮湿的薄膜。平版印刷不适合大规模生产，因为它很耗时。然而，对小型实验室来说，平版印刷是一种实用且有效的方法，无论是在桌面装置或在一个小到中等规模的卷对卷装置，因为使用的丝网很容易进行各种大小的图案化处理，成本也比较低。采用圆网印刷可实现全连续加工。在圆网印刷中，丝网的卷筒被折叠成一根管子，里面放有刮刀和油墨。当屏幕以与衬底相同的速度旋转时，油墨通过固定的刮刀不断地推过丝网的开口区域，每次旋转都会产生一次完整的印刷。与平版印刷（0～35 $m \cdot min^{-1}$）相比，使用圆网印刷（>100 $m \cdot min^{-1}$）可以达到更高的处理速度，但折叠的丝网非常昂贵，而且由于进入丝网内部的通道有限，更难以清洗。此外，与平版印刷相比，圆网印刷调整过程需要更长的时间。这将导致更高的初始浪费，但是一旦运行圆网印刷流程，它将非常可靠。

早在 1999 年 Brotherston 等人利用丝网印刷，PEDOT 和 V_2O_5 分别在单独 ITO 涂层的聚酯薄膜衬底上，并在两个衬底之间夹上电解质制成器件[76]。Zhou 等人报道了基于 PEDOT：PSS 的全丝网印刷的有源矩阵电致变色显示器，它采用碳纳米管薄膜晶体管，在一次性标签、医疗电子和智能家用电器方面具有潜在的应用[77]。Santiago 等人提出了一种新型丝网印刷油墨，该油墨由电致变色聚合物-品红、掺杂锑的氧化锡（ATO/TiO_2）颗粒和聚（偏二氟乙烯共六氟丙烯）[P（VDF-co-HFP）]黏合剂组成。丝网印刷的薄膜在低电位（0.3 V vs. Ag/AgCl）下显示出显著的颜色变化，具有较高的光学对比度和着色效率[78]。

15.5 结论与展望

虽然有机电致变色材料和器件在过去二十年取得了显著进展，但长期稳定性、机械稳定性和大面积工艺技术等问题仍未得到充分解决。一方面，有机电致变色材料和器件的可用色性、稳定性、切换速度和着色效率有待进一步提高。另一方面，在工业环境中高效生产高质量的涂料和器件同样重要。在像玻璃这样的硬质衬底上制备一个多层结构和在移动的柔性衬底上精确地涂布和/或大面积印刷之间有巨大的差异。这就要求有很高的技术水平，能够结合科学技术，懂得如何调整油墨的化学和物理性能，以及了解不同的加工工艺和适用条件的技术知识。器件工程需要解决电解液的稳定性和电极的电阻率问题。这些瓶颈的解决必将促进电致变色产品在未来的大规模生产。

参考文献

[1] Shin H, Seo S, Park C, et al. Energy saving electrochromic windows from bistable low-homo level conjugated polymers. Energy & Environmental Science, 2016, 9(1): 117-122.

[2] Xu W, Fu K, Bohn P W. Electrochromic sensor for multiplex detection of metabolites enabled by closed bipolar electrode coupling. ACS Sensors, 2017, 2(7): 1020-1026.

[3] Lv X, Li W, Ouyang M, et al. Polymeric electrochromic materials with donor-acceptor structures. Journal of Materials Chemistry C, 2017, 5(1): 12-28.

[4] Lahav M, Van Der Boom M E. Polypyridyl metallo-organic assemblies for electrochromic applications. Advanced Materials, 2018, 30(41): 1706641.

[5] Wang S M, Hwang J, Kim E. Polyoxometalates as promising materials for electrochromic devices. Journal of Materials Chemistry C, 2019, 7(26): 7828-7850.

[6] Jensen J, Madsen M V, Krebs F C. Photochemical stability of electrochromic polymers and devices. Journal of Materials Chemistry C, 2013, 1(32): 4826.

[7] Mecerreyes D, Marcilla R, Ochoteco E, et al. A simplified all-polymer flexible electrochromic device. Electrochimica Acta, 2004, 49(21): 3555-3559.

[8] Mallouki M, Aubert P H, Beouch L, et al. Symmetrical electrochromic device from poly[3, 4-(2, 2-dimethylpropylenedioxy) thiophene]-based semi-interpenetrating polymer network. Synthetic Metals, 2012, 162(21-22): 1903-1911.

[9] Manceau M, Bundgaard E, Carlé J E, et al. Photochemical stability of π-conjugated polymers for polymer solar cells: A rule of thumb. Journal of Materials Chemistry, 2011, 21(12): 4132.

[10] Somani P R, Radhakrishnan S. Electrochromic materials and devices: Present and future. Materials Chemistry and Physics, 2002, 77: 117-133.

[11] Mortimer R J. Electrochromic materials. Annual Review of Materials Research, 2011, 41(1): 241-268.

[12] Sonmez G. Polymeric electrochromics. Chemical communications, 2005, (42): 5251-5259.

[13] Patra A, Bendikov M. Polyselenophenes. Journal of Materials Chemistry C, 2010, 20(3): 422-433.

[14] Beaujuge P M, Reynolds J R. Color control in π-conjugated organic polymers for use in electrochromic devices. Chemical Reviews, 2010, 110: 268-320.

[15] Groenendaal L, Jonas F, Freitag D, et al. Poly(3,4-ethylenedioxythiophene) and its derivatives: Past, present, and future. Advanced Materials, 2000, 12(7): 481-494.

[16] Groenendaal L, Zotti G, Aubert P H, et al. Electrochemistry of poly(3,4-alkylenedioxythiophene) derivatives. Advanced Materials, 2003, 15(11): 855-879.

[17] Hsiao S H, Wang H M, Guo W, et al. Enhancing redox stability and electrochromic performance of polyhydrazides and poly(1,3,4-oxadiazole)s with 3, 6-di-tert-butylcarbazol-9-yltriphenylamine units. Macromolecular Chemistry and Physics, 2011, 212(8): 821-830.

[18] Distefano G, Jones D, Guerra M, et al. Determination of the electronic structure of oligofurans and extrapolation to polyfuran. The Journal of Physical Chemistry, 1991, 95(24): 9746-9753.

[19] içli-Özkut M, ipek H, Karabay B, et al. Furan and benzochalcogenodiazole based multichromic polymers via a donor-acceptor approach. Polymer Chemistry, 2013, 4(8): 2457.

[20] Takimiya K, Kunugi Y, Konda Y, et al. 2,6-Diphenylbenzo[1,2-*b*: 4,5-*b*′]dichalcogenophenes: A new class of high-performance semiconductors for organic field-effect transistors. Journal of the American Chemical Society, 2004, 126(16): 5084-5085.

[21] Hutchison G R, Ratner M A, Marks T J. Intermolecular charge transfer between heterocyclic oligomers. Effects of heteroatom and molecular packing on hopping transport in organic semiconductors. Journal of the American Chemical Society, 2005, 127 (48): 16866-16881.

[22] Gidron O, Dadvand A, Sheynin Y, et al. Towards "green" electronic materials. Alpha-oligofurans as semiconductors. Chemical Communications, 2011, 47(7): 1976-1978.

[23] Zhen S, Xu J, Lu B, et al. Tuning the optoelectronic properties of polyfuran by design of furan-EDOT monomers and free-standing films with enhanced redox stability and electrochromic performances. Electrochimica Acta, 2014, 146: 666-678.

[24] Liou G S, Huang N K, Yang Y L. Thermally stable, light-emitting, triphenylamine-containing poly(amine hydrazide)s and poly(amine-1,3,4-oxadiazole)s bearing pendent carbazolyl groups. Journal of Polymer Science Part A: Polymer Chemistry, 2007, 45(1): 48-58.

[25] Tsai M H, Lin H W, Su H C, et al. Highly efficient organic blue electrophosphorescent devices based on 3,6-bis(triphenylsilyl)carbazole as the host material. Advanced Materials, 2006, 18 (9): 1216-1220.

[26] Wang H M, Hsiao S H. Enhancement of redox stability and electrochromic performance of aromatic polyamides by incorporation of (3,6-dimethoxycarbazol-9-yl)-triphenylamine units. Journal of Polymer Science Part A: Polymer Chemistry, 2014, 52(2): 272-286.

[27] Xing X, Wang C, Liu X, et al. The trade-off between electrochromic stability and contrast of a thiophene-quinoxaline copolymer. Electrochimica Acta, 2017, 253: 530-535.

[28] Madasamy K, Velayutham D, Suryanarayanan V, et al. Viologen-based electrochromic materials and devices. Journal of Materials Chemistry C, 2019, 7(16): 4622-4637.

[29] Shah K W, Wang S X, Soo D X Y, et al. Viologen-based electrochromic materials: From small molecules, polymers and composites to their applications. Polymers, 2019, 11(11): 1839.

[30] Zhao S, Huang W, Guan Z, et al. A novel bis(dihydroxypropyl) viologen-based all-in-one electrochromic device with high cycling stability and coloration efficiency. Electrochimica Acta, 2019, 298: 533-540.

[31] Xiao S, Zhang Y, Ma L, et al. Easy-to-make sulfonatoalkyl viologen/sodium carboxymethylcellulose hydrogel-based electrochromic devices with high coloration efficiency, fast response and excellent cycling stability. Dyes and Pigments, 2020, 174: 108055.

[32] Li M, Wei Y, Zheng J, et al. Highly contrasted and stable electrochromic device based on well-matched viologen and triphenylamine. Organic Electronics, 2014, 15(2): 428-434.

[33] Thakur V K, Ding G, Ma J, et al. Hybrid materials and polymer electrolytes for electrochromic device applications. Advanced Materials, 2012, 24(30): 4071-4096.

[34] Ko J H, Lee H, Choi J, et al. Microporous organic polymer-induced gel electrolytes for enhanced operation stability of electrochromic devices. Polymer Chemistry, 2019, 10(4): 455-459.

[35] Byker H J. Electrochromics and polymers. Electrochimica Acta, 2001, 46: 2015-2022.

[36] Jensen J, Dam H F, Reynolds J R, et al. Manufacture and demonstration of organic photovoltaic-powered electrochromic displays using roll coating methods and printable electrolytes. Journal of Polymer Science Part B: Polymer Physics, 2012, 50(8): 536-545.

[37] Chen C J, Yen H J, Hu Y C, et al. Novel programmable functional polyimides: Preparation, mechanism of CT induced memory, and ambipolar electrochromic behavior. Journal of Materials Chemistry C, 2013, 1(45): 7623.

[38] Wang H M, Hsiao S H. Ambipolar, multi-electrochromic polypyromellitimides and polynaphthalimides containing di(tert-butyl)-substituted bis(triarylamine) units. Journal of Materials Chemistry C, 2014, 2(8): 1553.

[39] Wan Z, Zeng J, Li H, et al. Multicolored, low-voltage-driven, flexible organic electrochromic devices based on oligomers. Macromolecular Rapid Communications, 2018, 39(10): 1700886.

[40] Kaneko H, Miyake K. Effects of transparent electrode resistance on the performance characteristics of electrochemichromic cells. Applied Physics Letters, 1986, 49: 112-114.

[41] Ho K C, Singleton D E, Greenberg C B. The influence of terminal effect on the performance of electrochromic windows. Journal of The Electrochemical Society, 1990, 137: 3858-3864.

[42] Emmott C J M, Urbina A, Nelson J. Environmental and economic assessment of ITO-free electrodes for organic solar cells. Solar Energy Materials and Solar Cells, 2012, 97: 14-21.

[43] Hsu P C, Wang S, Wu H, et al. Performance enhancement of metal nanowire transparent conducting electrodes by mesoscale metal wires. Nature Communications, 2013, 4: 2522.

[44] Qiu T, Luo B, Liang M, et al. Hydrogen reduced graphene oxide/metal grid hybrid film: Towards high performance transparent conductive electrode for flexible electrochromic devices.

Carbon, 2015, 81: 232-238.

[45] Guo W, Xu Z, Zhang F, et al. Recent development of transparent conducting oxide-free flexible thin-film solar cells. Advanced Functional Materials, 2016, 26(48): 8855-8884.

[46] Yao S, Zhu Y. Nanomaterial-enabled stretchable conductors: Strategies, materials and devices. Advanced Materials, 2015, 27(9): 1480-1511.

[47] Park S, Parida K, Lee P S. Deformable and transparent ionic and electronic conductors for soft energy devices. Advanced Energy Materials, 2017, 7(22): 1701369.

[48] Tseng Y C, Mane A U, Elam J W, et al. Ultrathin molybdenum oxide anode buffer layer for organic photovoltaic cells formed using atomic layer deposition. Solar Energy Materials and Solar Cells, 2012, 99: 235-239.

[49] Zhang W, Zhao B, He Z, et al. High-efficiency ITO-free polymer solar cells using highly conductive PEDOT:PSS/surfactant bilayer transparent anodes. Energy & Environmental Science, 2013, 6(6): 1956.

[50] Kim Y S, Chang M H, Lee E J, et al. Improved electrical conductivity of PEDOT-based electrode films hybridized with silver nanowires. Synthetic Metals, 2014, 195: 69-74.

[51] Noh Y J, Kim S S, Kim T W, et al. Cost-effective ITO-free organic solar cells with silver nanowire-PEDOT:PSS composite electrodes via a one-step spray deposition method. Solar Energy Materials and Solar Cells, 2014, 120: 226-230.

[52] Aleksandrova M, Videkov V, Ivanova R, et al. Highly flexible, conductive and transparent PEDOT:PSS/Au/PEDOT:PSS multilayer electrode for optoelectronic devices. Materials Letters, 2016, 174: 204-208.

[53] Yan C, Kang W, Wang J, et al. Stretchable and wearable electrochromic devices. ACS Nano, 2014, 8: 316-322.

[54] Cai G, Darmawan P, Cui M, et al. Highly stable transparent conductive silver grid/PEDOT:PSS electrodes for integrated bifunctional flexible electrochromic supercapacitors. Advanced Energy Materials, 2016, 6(4): 1501882.

[55] Liu Q, Xu Z, Qiu W, et al. Ultraflexible, stretchable and fast-switching electrochromic devices with enhanced cycling stability. RSC Advances, 2018, 8(33): 18690-18697.

[56] Lewis J. Material challenge for flexible organic devices. Materials Today, 2006, 9(4): 38-45.

[57] Kim D E, Kang B H, Hong S M, et al. Evaluation of thin film passivation using inorganic Mg-Zn-F heterointerface for polymer light emitting diode. Thin Solid Films, 2010, 518(14): 4010-4014.

[58] Krebs F C. Roll-to-roll fabrication of monolithic large-area polymer solar cells free from indium-tin-oxide. Solar Energy Materials and Solar Cells, 2009, 93(9): 1636-1641.

[59] Krebs F C, Gevorgyan S A, Gholamkhass B, et al. A round robin study of flexible large-area

roll-to-roll processed polymer solar cell modules. Solar Energy Materials and Solar Cells, 2009, 93(11): 1968-1977.

[60] Krebs F C, Tromholt T, Jorgensen M. Upscaling of polymer solar cell fabrication using full roll-to-roll processing. Nanoscale, 2010, 2(6): 873-886.

[61] Gevorgyan S A, Medford A J, Bundgaard E, et al. An inter-laboratory stability study of roll-to-roll coated flexible polymer solar modules. Solar Energy Materials and Solar Cells, 2011, 95(5): 1398-1416.

[62] Lewis J S, Weaver M S. Thin-film permeation-barrier technology for flexible organic light-emitting devices. IEEE Journal of Selected Topics in Quantum Electronics, 2004, 10(1): 45-57.

[63] Liao Y, Yu F, Long L, et al. Low-cost and reliable thin film encapsulation for organic light emitting diodes using magnesium fluoride and zinc sulfide. Thin Solid Films, 2011, 519(7): 2344-2348.

[64] Kim Y, Kim H, Graham S, et al. Durable polyisobutylene edge sealants for organic electronics and electrochemical devices. Solar Energy Materials and Solar Cells, 2012, 100: 120-125.

[65] Søndergaard R R, Hösel M, Krebs F C. Roll-to-roll fabrication of large area functional organic materials. Journal of Polymer Science Part B: Polymer Physics, 2013, 51(1): 16-34.

[66] Chen B H, Kao S Y, Hu C W, et al. Printed multicolor high-contrast electrochromic devices. ACS Applied Materials & Interfaces, 2015, 7(45): 25069-25076.

[67] Österholm A M, Shen D E, Gottfried D S, et al. Full color control and high-resolution patterning from inkjet printable cyan/magenta/yellow colored-to-colorless electrochromic polymer inks. Advanced Materials Technologies, 2016, 1(4): 1600063.

[68] Reeves B D, Grenier C R G, Argun A A, et al. Spray coatable electrochromic dioxythiophene polymers with high coloration efficiencies. Macromolecules, 2004, 37: 7559-7569.

[69] Beaujuge P M, Ellinger S, Reynolds J R. Spray processable green to highly transmissive electrochromics via chemically polymerizable donor-acceptor heterocyclic pentamers. Advanced Materials, 2008, 20(14): 2772-2776.

[70] Mortimer R J, Graham K R, Grenier C R, et al. Influence of the film thickness and morphology on the colorimetric properties of spray-coated electrochromic disubstituted 3,4-propylenedioxythiophene polymers. ACS Applied Materials & Interfaces, 2009, 1(10): 2269-2276.

[71] Amb C M, Beaujuge P M, Reynolds J R. Spray-processable blue-to-highly transmissive switching polymer electrochromes via the donor-acceptor approach. Advanced Materials, 2010, 22(6): 724-728.

[72] Dyer A L, Craig M R, Babiarz J E, et al. Orange and red to transmissive electrochromic polymers based on electron-rich dioxythiophenes. Macromolecules, 2010, 43(10): 4460-4467.

[73] Jensen J, Dyer A L, Shen D E, et al. Direct photopatterning of electrochromic polymers.

Advanced Functional Materials, 2013, 23(30): 3728-3737.

[74] Søndergaard R R, Hösel M, Jørgensen M, et al. Fast printing of thin, large area, ITO free electrochromics on flexible barrier foil. Journal of Polymer Science Part B: Polymer Physics, 2013, 51(2): 132-136.

[75] Jensen J, Krebs F C. From the bottom up—flexible solid state electrochromic devices. Advanced Materials, 2014, 26(42): 7231-7234.

[76] Brotherston I D, Mudigonda D S K, Osborn J M, et al. Tailoring the electrochromic properties of devices via polymer blends, copolymers, laminates and patterns. Electrochimica Acta, 1999, 44(18): 2993-3004.

[77] Cao X, Lau C, Liu Y, et al. Fully screen-printed, large-area, and flexible active-matrix electrochromic displays using carbon nanotube thin-film transistors. ACS Nano, 2016, 10(11): 9816-9822.

[78] Santiago S, Aller M, Campo F J, et al. Screen-printable electrochromic polymer inks and ion gel electrolytes for the design of low-power, flexible electrochromic devices. Electroanalysis, 2019, 31(9): 1664-1671.